AF356488

35893

LE MONDE

AVANT LA CRÉATION DE L'HOMME.

BRUXELLES. Imprimerie de Delevingne et Callewaert.

LE MONDE PRIMITIF.

ONZIÈME ÉDITION.

LE MONDE

AVANT LA CRÉATION DE L'HOMME

OU

LE BERCEAU DE L'UNIVERS.

HISTOIRE POPULAIRE DE LA CRÉATION ET DES TRANSFORMATIONS DU GLOBE,
RACONTÉE AUX GENS DU MONDE,

PAR

LE Dr W.-F.-A. ZIMMERMANN.

TRADUIT DE L'ALLEMAND PAR L. STRENS.

ILLUSTRÉ DE 250 GRAVURES SUR BOIS ET DE 3 PLANCHES.

PARIS.
SCHULZ ET THUILLIÉ,
12, rue de Seine.

BRUXELLES.
C. MUQUARDT, ÉDITEUR,
Place Royale.

ET CHEZ MM. BOSSANGE ET Cie, COMMISSIONNAIRES POUR L'ÉTRANGER, A PARIS.

1862

TABLE DES MATIÈRES.

Pages.

INTRODUCTION.

Dès que l'homme, en interrogeant la nature, ne se contente pas d'observer, mais qu'il fait naître des phénomènes sous des conditions déterminées, dès qu'il recueille et enregistre les faits pour étendre l'investigation au delà de la courte durée de son existence, la PHILOSOPHIE DE LA NATURE se dépouille des formes vagues et poétiques qui lui ont appartenu dès son origine; elle adopte un caractère plus sévère; elle pèse la valeur des observations; elle ne devine plus, elle combine et raisonne. Alors les aperçus dogmatiques des siècles antérieurs ne se conservent que dans les préjugés du peuple et des classes qui lui ressemblent par le manque de lumières.

ALEXANDRE DE HUMBOLDT, *Cosmos*, vol. I, p. 3.

La géologie est une science entièrement nouvelle. Enfant du dernier siècle, elle a vu le nôtre inaugurer sa jeunesse. Aucune science n'a fait des progrès aussi rapides, vaincu des préjugés plus nombreux, dompté plus d'erreurs et de superstitions; aucune autre n'a fourni des preuves plus frappantes de la puissance du génie humain, résolu de plus vastes problèmes, excité un plus puissant intérêt.

1

Si les annales de l'humanité ont été reprises avec quelque certitude, à vingt siècles en arrière, tout ce qui précède les récits d'Hérodote, si bien surnommé le père de l'histoire, peut nous sembler douteux.

L'homme a refait l'histoire des corps célestes. Il a retrouvé dans les hiéroglyphes des monuments d'Égypte, dans les annales de la Chine, la trace des études primitives; nous connaissons la place qu'occupait le soleil dans le zodiaque, il y a quarante ou quarante-cinq siècles; nous pouvons rattacher à l'histoire de l'astronomie quelques éléments de l'histoire de l'humanité; nous savons que des peuples depuis longtemps oubliés s'occupaient jadis de la plus abstraite et de la plus profonde des études, de la science des astres.

Quatre ou cinq mille ans écoulés nous semblent une bien longue série d'âges, mais que deviennent-ils à côté de l'âge du monde? L'histoire et l'astronomie paraissent être les plus nobles sciences, parce que leurs annales remontent à des milliers d'années; mais qu'est-ce que cela, comparé aux annales de la géologie? Là nos sources sont la fable, la légende, la tradition passée de bouche en bouche et, enfin, la parole écrite; ou bien c'est l'œil qui mesure l'incommensurable profondeur des espaces, et les mathématiques viennent à son aide pour nous enseigner les règles qui dirigent les mouvements des corps célestes. Ici, pour la géologie, quelles sources avons-nous? — *Le sable et les pierres que nous foulons aux pieds.*

Et pourtant c'est en étudiant ce sable et ces pierres qu'on est parvenu à rassembler les archives du monde primitif, et à exhumer de ce trésor immense l'histoire positive et distincte des différentes époques du globe, des générations de plantes et d'animaux, dont l'existence remonte à une telle antiquité que près d'elle l'âge du genre humain n'est qu'un néant sans valeur, et que mille fois le nombre d'années que nous lui assignons serait bien peu de chose encore, comparé à l'âge du monde.

Si, de la surface de la terre, nous pénétrons dans son écorce, nous traverserons une série de couches très-diverses de sable, d'argile, de calcaire et d'autres roches; le forage d'un puits quelconque, mais surtout des puits artésiens (à cause de leur grande profondeur), nous montre cette succession de couches. Elle est figurée dans la gravure ci-après, qui représente le puits artésien de la prison-modèle de Pentonville (Londres). C'est au-dessus de ces terrains qu'est bâti Londres. Le puits a 421 pieds de profondeur et traverse huit couches toutes différentes.

Les puits artésiens de Hampstead, de Dalefield et de Trafalgar square, tous dans l'enceinte de Londres, traversent, à peu près à la même profondeur, exactement les mêmes couches, — circonstance très-importante, parce qu'elle se reproduit partout et que c'est à elle qu'est due la possibilité d'étudier la formation de l'écorce terrestre, vu que la succession des couches est toujours la même, c'est-à-dire que jamais, par exemple, le terrain crétacé ne se trouve superposé au sable et à l'argile.

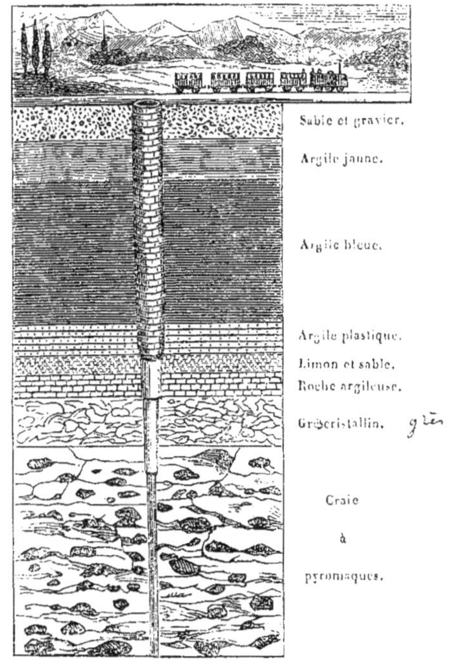

C'est en creusant ainsi les terrains de l'écorce du globe qu'on a

découvert les vestiges des êtres animés qui peuplaient le monde primitif ; chaque couche renferme des *fossiles* qui lui sont propres, des pétrifications de plantes ou d'animaux.

D'abord, c'est-à-dire dans les couches les plus rapprochées de la surface, nous rencontrons des êtres offrant des analogies frappantes avec des animaux vivants ; ainsi l'*elephas primigenius*, représenté au bas de la page précédente, ou le mammouth de Sibérie, ou le cerf-géant

ci-dessus, trouvé dans une tourbière d'Irlande, sont presque entièrement semblables aux animaux du même genre qui appartiennent à notre époque, avec cette différence qu'ils paraissent avoir été de dimensions plus grandes. Il est vrai que l'on rencontre encore dans l'Inde des éléphants de 7 mètres de haut, ce qui dépasse la taille d'un mammouth. Mais les énormes défenses que l'on a découvertes près de Canstatt, dans le Wurtemberg, et qui ont 19 pieds de long, sur un pied de diamètre, trahissent une race plus gigantesque encore.

Cependant, déjà dans la période qui précède immédiatement le monde actuel, et que l'on a appelée la période antédiluvienne, nous trouvons des animaux d'une forme tout à fait extraordinaire, se rattachant à peine aux espèces aujourd'hui vivantes, comme, par exemple. le *mylodon*, surnommé *robustus,* dont le squelette a été découvert dans le limon rougeâtre des *pampas,* sur les bords du Rio de la Plata. près de Buenos-Ayres. et dans lequel on reconnaît difficilement. à cause de ses formes gigantesques, le représentant primitif de la race de l'*aï* ou *paresseux.*

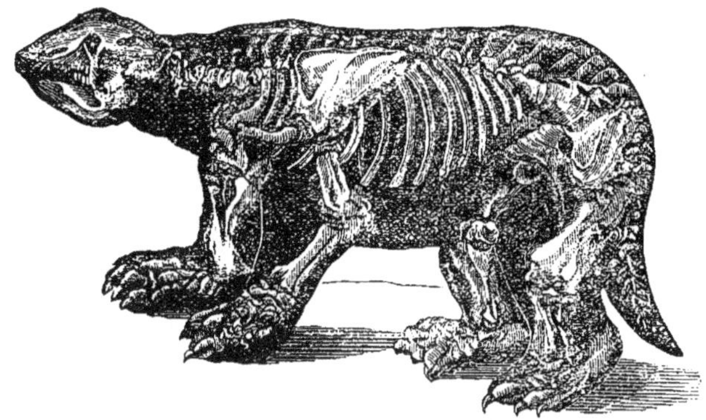

Nous aurons l'occasion d'y revenir. ainsi qu'aux autres. dans la partie de notre travail qui s'occupera de la période antédiluvienne.

Les plantes fossiles que l'on rencontre dans les mêmes couches ont aussi des rapports intimes avec les végétaux de notre époque. Nous voyons en premier lieu des pins. des sapins. des érables. des ormes. et l'on a découvert de magnifiques pétrifications de troncs entiers. comme de feuilles et de fleurs. Un arbre de cette période semble avoir disparu. C'est l'arbre à ambre jaune (*pinus succinifera*). dont on retrouve la résine durcie, en grandes quantités. sur les rivages du Nord.

On pourrait croire. d'après ces faits. qu'au milieu d'un si grand nombre de plantes et d'animaux. on dût rencontrer aussi des vestiges d'êtres humains. et cette erreur a été longtemps accréditée. Le savant Scheuchzer découvrit un jour le squelette complet d'un être qu'il baptisa du nom de *homo diluvii testis.* Mais cet homme témoin du déluge s'est transformé. grâce à l'anatomie comparée. en une gigantesque salamandre. et rien ne ferait supposer qu'à l'époque du *mylodon*. des cerfs-géants et des mammouths. il eût vécu des hommes. si l'on n'avait fait dans le Wurtemberg une découverte des plus remarquables. En creusant une colline pour y poser les fondements d'un château de plaisance. à proximité de Canstatt. on a trouvé neuf colossales défenses d'éléphants posées l'une sur l'autre en croix. et. à côté. les traces incontestables d'un feu de braises. ce qui démontre l'intervention d'êtres intelligents. Hors de là on n'a rien découvert de sérieux, et les hommes pétrifiés de la Guadeloupe ne le sont qu'à la façon des fleurs que l'on a trempées dans les sources bouillantes de Carlsbad.

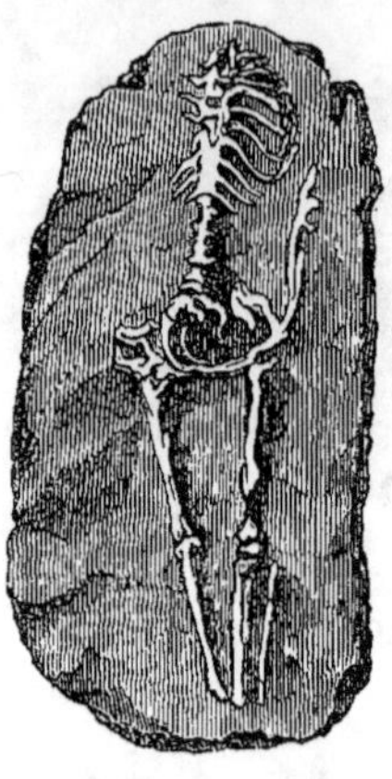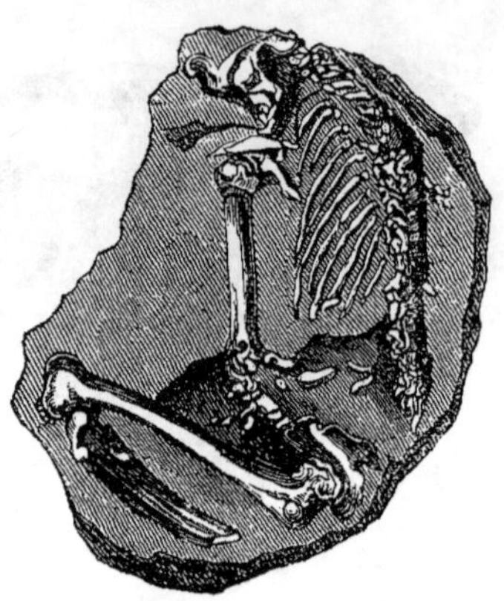

Ces squelettes pétrifiés ont été trouvés dans le courant de notre siècle; l'un d'eux est actuellement au Muséum britannique; l'autre fait partie des collections du Jardin des Plantes, à Paris. Ce dernier est particulièrement remarquable, parce qu'il est dans la position que les indigènes donnent encore aujourd'hui à leurs morts en les ensevelissant. Il est démontré que ces restes humains ne peuvent pas remonter à plus de deux siècles. L'eau salée qui arrose ces rivages a formé sur les squelettes une sorte d'enduit qui les préserve de la putréfaction.

Plus nous avançons dans nos recherches, plus nous approfondissons les couches de globe, et plus nous rencontrons des plantes et des animaux singuliers et simples à la fois. La plus récente des périodes antédiluviennes nous révèle la première les mammifères; c'est à cette époque seulement que la terre est assez parfaite pour qu'ils y puissent habiter. — Dans la période qui précède immédiatement, et qu'on appelle la formation *secondaire,* les tortues et les lézards sont les animaux les plus parfaits, avec cette différence que ces créatures, aujourd'hui inoffensives, avaient, les tortues de 16 à 18 pieds de longueur, sur 7 d'épaisseur ou de hauteur, et les lézards la taille de la plus énorme baleine. A une de ces monstrueuses espèces appartient le squelette de 120 pieds de long, que l'on a promené dans toute l'Europe sous le nom de *hydrarchos,* — un autre animal, ayant à peine le quart de cette dimension, le *plesiosaurus,* auquel nous joignons un troisième monstre qui paraît justifier toutes les légendes des temps

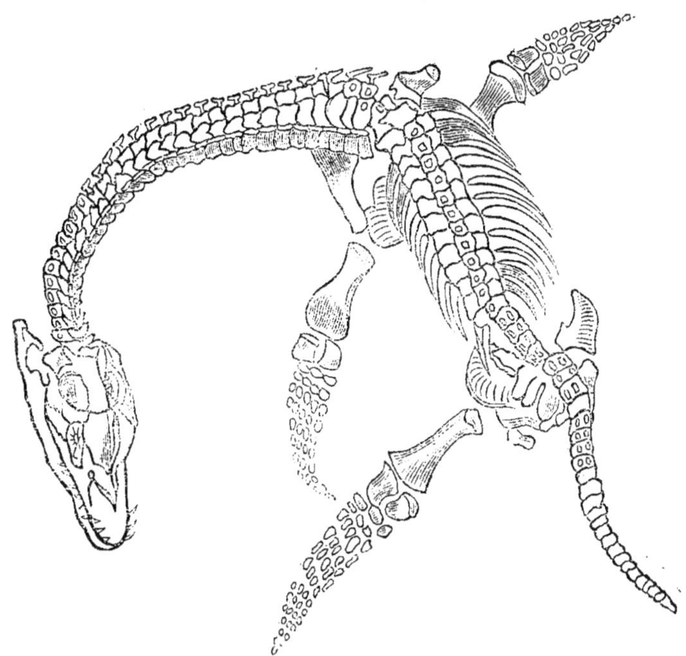

antiques sur les dragons ailés. C'est le *ptédoractyle,* qui nous rappelle
le vampire ou *phyllostome* de l'Amérique du Nord. sauf que ce n'est pas
un mammifère. et que la membrane qui lui sert au vol ne se déploie pas
entre les doigts. mais. comme chez les écureuils volants. entre le pied
de devant et le pied de derrière, de façon à laisser les griffes libres
pour saisir la proie. La tête du monstre est presque aussi grande que
la moitié du tronc. Sa mâchoire est armée de dents aiguës et
recourbées qui devaient en faire un redoutable ennemi pour les
animaux exposés à ses attaques.

Pour donner une idée de la grandeur de ce monstre. nous plaçons à
côté une chauve-souris ordinaire. (Voir page 8.)

Dans la formation secondaire. les poissons aussi sont déjà représentés. non-seulement sous les formes tout à fait primitives des
ganoïdes, mais aussi par des poissons accomplis. munis de nageoires
caudales régulièrement formées. et de nageoires dorsales, anales,
ventrales et pectorales: le *platax altissimus,* que représente la figure
de la page 9. en est un des plus curieux spécimens.

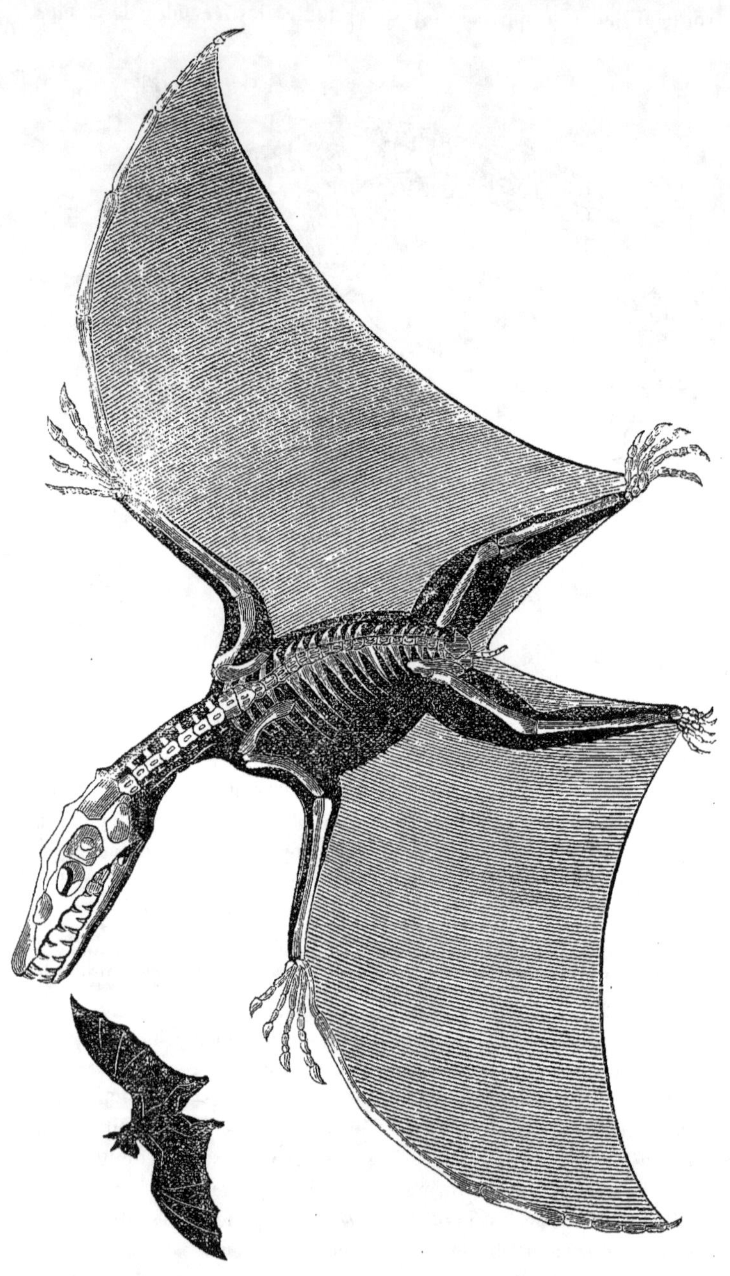

Nous étudierons plus tard les végétaux de cette époque, les sigillarias, les lépidodendres, les cycadées et les autres arbres qui s'en
rapprochent.

Dans les formations plus anciennes, les animaux n'ont plus qu'une
organisation imparfaitement développée. Nous ne trouvons d'eux que
des empreintes de pas, en grande partie d'oiseaux, et plus encore de
grenouilles gigantesques. Ces dernières empreintes ont la forme de
mains, et la grenouille a des mains; de plus, les pieds de devant sont
beaucoup plus petits que les pieds de derrière, ce qui indique un
animal conformé spécialement pour sauter. Mais quand la grenouille
ne bondit pas, quand elle marche lentement, elle pose à terre son petit
pied de devant et retire après elle le pied postérieur du même côté;
de là cette bizarrerie que, dans les vestiges que l'on a découverts, on
voit (V. les deux figures, page 10) une grande et une petite main, placées

l'une devant l'autre, du même côté, tandis que, pour les autres quadrupèdes, on trouve à côté d'un pied droit postérieur un pied gauche de
devant, de telle sorte qu'en courant ils doivent toujours se trouver
sur deux pieds reliés par une diagonale.

Les membres isolés que l'on a retrouvés de ces animaux, surtout les têtes
et les dents, font supposer une grandeur extraordinaire, près de laquelle
la grenouille-bœuf des marais d'Amérique ressemble à un fœtus qui
sort de l'œuf. On pense que ces grenouilles géantes ont été carnassières.

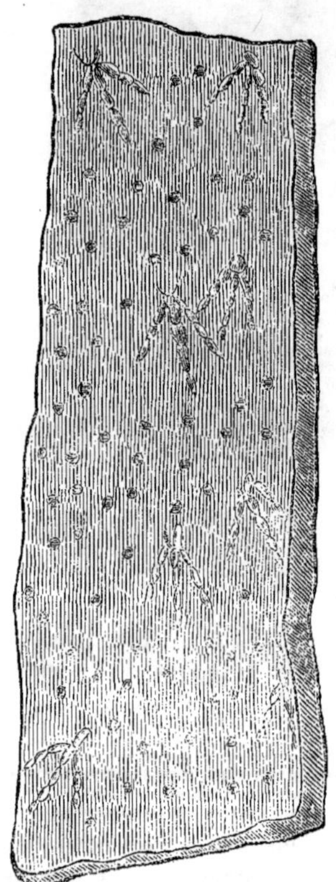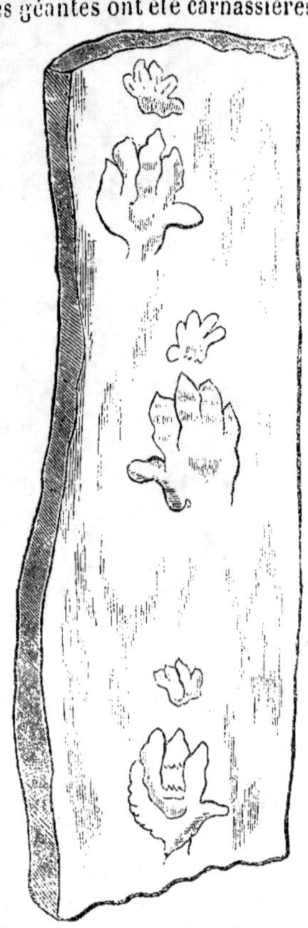

On sait d'ailleurs que la grenouille l'est encore, puisqu'elle vit
d'insectes, et que nous rangeons parmi les carnassiers tous les animaux
qui en dévorent d'autres. Évidemment, si ce monstre primitif que nous
signalons était une grenouille, il devait vivre de proie, mais non
d'insectes, et bien de créatures plus considérables. On attribue à ces
amphibies, grenouilles, lézards ou salamandres, la plupart des dents
fossiles que l'on a trouvées, et dont la structure étrangement tordue

et embrouillée leur a fait donner le nom de *labyrinthodontes*. Ces
êtres, mi-poisson, mi-grenouille, ou du genre des lézards, trouvaient
sans doute leur principale nourriture dans leur élément liquide.
Mais la plupart des animaux étaient recouverts de carapaces comme
les tortues, ou d'écailles comme les poissons, ou de coquilles comme
les moules et les gastéropodes. Il fallait donc des dents plus solides
pour que les labyrinthodontes en pussent faire leur aliment, et la
nature a fait preuve, dans la structure de leur mâchoire, d'une
admirable prévoyance. La denture de ces animaux était indestructible,
et sa force défie toute comparaison. Dure comme le roc, ou le fer,
ou l'acier, serait trop peu dire, car l'acier le mieux trempé s'émousse
sur l'émail de ces dents, dont la substance se compose, comme chez
tous les animaux, d'éléments tendres, par la combinaison desquels la

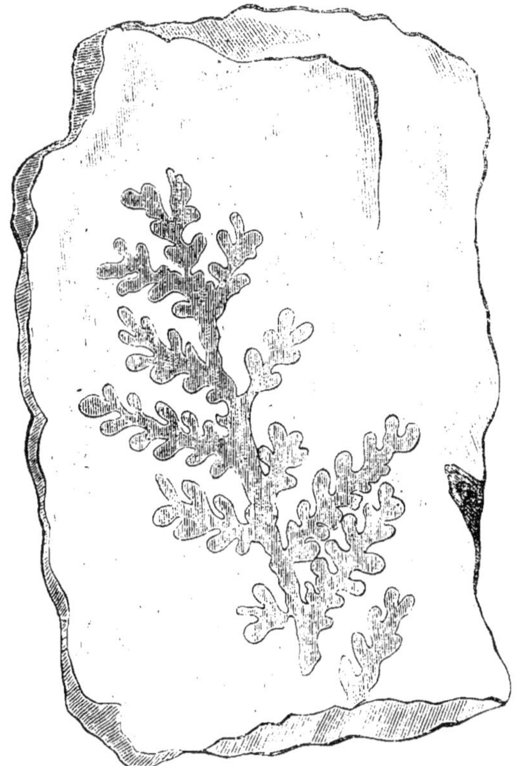

nature a su former des matières d'une dureté prodigieuse : de chaux,
d'acide phosphorique, d'acide fluorhydrique, combinés sous forme de
phosphate de chaux et de fluorure de calcium. La science humaine a

dérobé à la nature le secret de cet artifice, pour produire des corps d'une extrême dureté par la combinaison chimique de deux corps peu durs. C'est ainsi que le cuivre et l'étain mêlés produisent le bronze dont on fait les canons, et qui dépasse ces deux ingrédients en ténacité comme en résistance. C'est ainsi, enfin, que le carbone et le fer le plus doux produisent l'acier, et avec l'addition d'un millième d'argent, l'acier indien (autrement dit *woods*), qui est encore beaucoup plus dur.

Cette propriété des dents était indispensable à l'alimentation de ces animaux, et c'est en amassant en faisceaux tous ces points épars que le naturaliste arrive à reconstruire la création disparue.

Les plantes de cette époque appartiennent aux espèces les plus imparfaites. Ce sont des roseaux, des *calamites*, des équisétacées. d'une dimension colossale, mais privés des fleurs brillantes et des fruits précieux des formations moins anciennes.

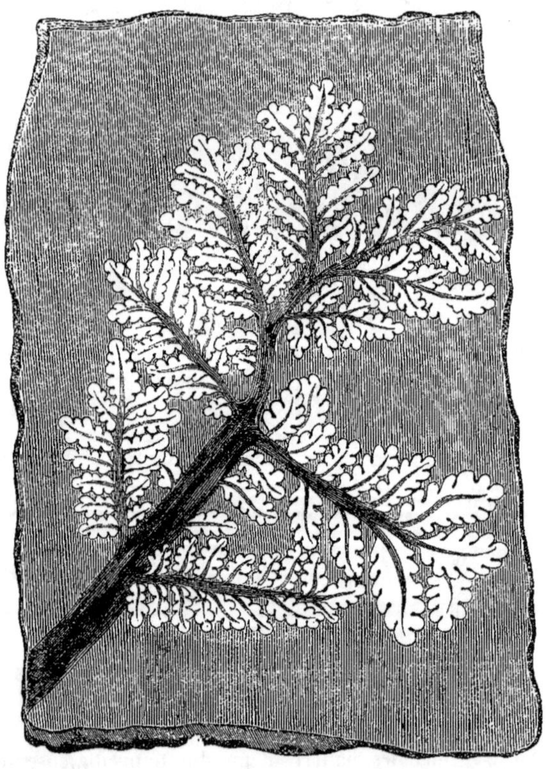

En feuilletant plus avant les archives du monde primitif, nous arrivons à l'époque où s'est formée la matière dont se compose la

houille. Ici, nous perdons toute trace d'animaux articulés. Nous trouvons des poissons, fort rares encore, des gastéropodes et d'autres
mollusques ; mais, à côté d'eux, des végétaux splendides, particulièrement des fougères et des palmiers, des sigillarias et des lépidodendres. Les deux derniers genres sont tout à fait éteints. L'analogie
de ceux qui précèdent avec les végétaux encore existants ressort des
dessins, pages 11 et 12 empruntés au magnifique ouvrage de MM. Dunker
et H. de Meyer.

Les gravures qui suivent représentent les empreintes fossiles d'une
fougère, d'un tronc de lépidodendre et d'une branche du même arbre.

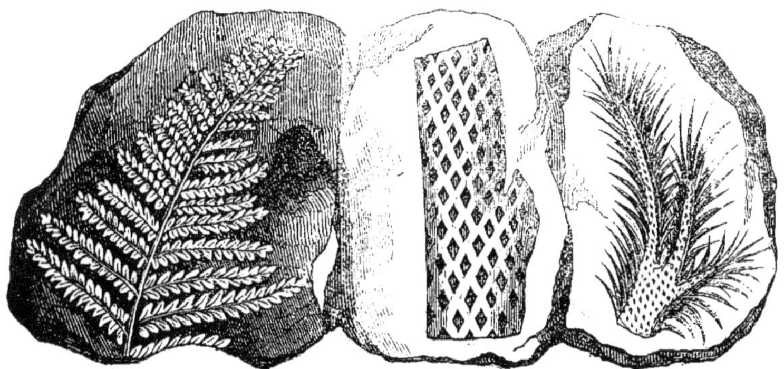

Dans les couches les plus anciennes qui recouvrent immédiatement
les roches primitives, antérieures à tout être organique, nous
voyons la vie végétale et animale, réduite aux organisations les
plus simples, composées de cellules seulement, sans os et sans articulations, à des algues, des varechs, des polypes et des étoiles de
mer (V. la gravure, page 14), qui les premiers ont peuplé ce globe
conduit par tant de révolutions successives au degré qu'il occupe
aujourd'hui dans la série des mondes. Ces différents degrés de l'échelle
organique, que nous n'avons ici qu'effleurés, formeront le sujet de
notre étude dans le cours du présent ouvrage.

Pour cette étude, les archives du monde primitif nous offrent
25.000 animaux et 2.000 plantes d'espèces différentes, dont 24.500
appartiennent à la seule Europe. — Les autres parties du monde
n'étant pas encore suffisamment connues, cette abondance de matériaux peut, à bon droit, être qualifiée d'immense trésor.

C'est sur ces bases positives, sur ces restes que nous avons sous les
yeux, et non sur les descriptions fantastiques des poëtes, ou les fanfaronnades des amis du merveilleux, que nous allons établir l'édifice de

la géognosie, l'histoire des métamorphoses et des perfectionnements du globe.

Nous apprendrons à nos lecteurs ce que nous savons, — et non des hypothèses.

Une seule chose nous est imparfaitement connue : la création. En

revanche la formation, réalisée dans une série de périodes très-distinctes, nous apparaît avec une clarté parfaite. La création ne nous offre que les choses créées, et non pas le mode de leur origine.

Au sujet du système planétaire, de l'origine de la terre et du soleil, nous n'avons jusqu'ici que des probabilités, ou des hypothèses, qui, toutes vraisemblables qu'elles puissent être, ne sont pas appuyées sur des faits. Ce que ces hypothèses et ces probabilités renferment de plus sérieux, est consigné dans les pages suivantes. Après elles, nous quitterons le champ des suppositions, pour reprendre le terrain des faits et ne plus l'abandonner.

PREMIÈRE PÉRIODE.

ORIGINE DU SYSTÈME PLANÉTAIRE.

Forces naturelles, attraction.—Matière gazeuse primitive.—Dégagement du système
solaire. — Condensation de la matière. — La gravitation. — Force d'inertie, force
centrifuge.— Mouvement.—Séparation des anneaux. rotation, accélération. ralen-
tissement. — Les anneaux s'enroulent. — Formation des planètes. — Différence
dans la densité. — Différence de la vitesse dans l'orbite et dans la rotation. —
Création des satellites. — Les planétoïdes. — La terre et la lune. — Le soleil. —
Condensation du globe terrestre.

Le monde, l'univers, non pas tel que l'embrasse le regard, aidé
même des secours de l'art mécanique, mais tel qu'on en comprend à
peine l'incommensurable étendue, est régi par des forces puissantes
qui traversent les espaces. Une de ces forces est l'attraction. Par elle,
les molécules d'un même corps s'agrègent, chaque corps attire tous
les autres et est attiré par eux. Cette dernière propriété est prouvée
par des expériences irréfutables : la première résulte de tous les faits
qui se passent sous nos yeux, chaque objet se composant de molécules
qui n'adhèrent les unes aux autres qu'autant que l'attraction les rassemble, puis s'écartent dès l'instant où une force plus puissante vient
dominer la première.

L'attraction ne produit pas la contiguïté absolue, mais un rapprochement infiniment grand. Plus les molécules se rapprochent, plus
l'attraction est forte, et plus il est difficile de les séparer. D'après tout
ce que nous a enseigné l'expérience, il serait impossible de séparer des
molécules parfaitement contiguës. Mais la contiguïté proprement dite
n'existe pas. Ceci n'est pas une hypothèse, mais un principe hors de
toute contestation.

La contiguïté est l'expression de la proximité la plus grande possible. La plus grande en exclut une plus grande encore ; dès que deux parties d'un corps peuvent encore être rapprochées, c'est qu'elles n'étaient pas contiguës. La plupart des corps peuvent être réduits par la pression qui en rapproche les molécules. Cette faculté n'est pas toujours aussi visible que dans les métaux, mais le verre lui-même ou le cristal de roche se modifie tellement par la pression que la différence se mesure aisément, sinon au mètre, du moins par le rayon lumineux.

Cette propriété a une limite. Quand on pose l'une sur l'autre deux lentilles convexes, et qu'on cherche à les rapprocher par la pression, de manière à produire une sorte de contiguïté, elles éclatent en mille morceaux, et quand on comprime un morceau de verre de manière qu'il produise les figures connues dans la lumière polarisée, il en résulte une destruction complète.

Mais là où s'arrêtent les forces de l'homme, la nature continue son œuvre. Une tige d'acier durci, qu'aucune force ne peut plus comprimer, se raccourcit et s'amincit visiblement et d'une façon appréciable, par le refroidissement ; ses molécules se rapprochent, mais ne deviennent pas contiguës, car un plus grand froid peut les rapprocher davantage encore.

Ainsi nulle part on ne trouve la contiguïté. La force d'attraction dépend du degré de rapprochement des molécules entre elles. Ces distances peuvent être artificiellement grossies ou diminuées ; dans le premier cas, les corps perdent en densité ; dans l'autre, ils gagnent. Le moyen consiste à introduire ou à retirer le calorique. Par l'effet de la chaleur, les corps, s'étendant dans tous les sens, deviennent plus souples et plus légers ; — ainsi un pouce cube de fer, chauffé à cent degrés, pèse moins qu'un pouce cube de fer chauffé à dix degrés (1).

La glace à 0° se brise facilement. A — 10° elle supporte les fardeaux les plus lourds, non parce qu'elle est plus épaisse, mais parce qu'elle est plus ferme, et elle est plus ferme parce qu'elle est plus froide, et que ses molécules sont plus rapprochées. Le chariot qui a traversé l'Elbe sur la glace, épaisse d'un pied, au milieu du mois de janvier, brise sous ses roues la glace de même épaisseur, à la fin de février,

---

(1) Si l'on pèse un pouce cube de fer chauffé à 10 degrés et qu'on le chauffe ensuite à 100 pour le peser encore, le poids sera identique. — Mais chauffé à 100 degrés ce n'est plus un pouce cube de fer, c'est un morceau de fer plus considérable ; si on l'avait rogné de manière à faire en sorte que le bloc chauffé à 100 degrés fût un pouce cube, de même que le morceau chauffé à 10, le poids de ce dernier fût resté supérieur.

alors que la température n'est plus que de 0°. Nous appelons cela être *friable* (*mürbe*), mais cette expression n'a d'autre sens que *non dense, non froid, non compact.*

Cette force d'attraction appartient à tous les corps, quelle que soit leur forme. Elle appartenait également à la terre, à l'époque où elle flottait encore à l'état de globe de vapeur dans l'immensité ; elle appartenait à tout le système solaire, à toute la substance qui remplissait l'infini, dans ces âges où il n'existait encore ni étoiles, ni soleil, ni planètes.

Nous ne commettrons pas d'erreur en appelant cette substance, dont nous ignorons la composition, le fluide primitif, et en considérant celui-ci comme gazeux, divisé en molécules infiniment petites, et remplissant tout l'espace. Il ne s'agit que de savoir si nous ne trouvons pas, dans les planètes, la terre et le soleil, une trop grande quantité de molécules pour la supposer réduite en gaz, et si toutes les substances que nous connaissons sont de nature à prendre cette forme gazeuse. La première question se résout par des chiffres, et à la seconde nous pouvons sans crainte répondre affirmativement.

Il n'y a pas de corps, pouvant soutenir l'action du feu, qui ne puisse être transformé en gaz, depuis le diamant jusqu'à l'or et au platine. Tout métal, à l'état de fusion, colore la flamme qui l'enveloppe, preuve que certaines de ses parties s'échappent à l'état de gaz. — Une pièce d'argent, suspendue au-dessus du creuset qui renferme de l'or en fusion, se couvre d'une couche d'or, mais très-légère et impondérable, ce qui prouve, outre l'évaporation de l'or sous forme de gaz, que sa division est infiniment petite. Quand un creuset de graphite contenant de l'or en fusion reste pendant vingt-quatre heures soumis à l'action d'un foyer ardent, l'or, en s'évaporant, teint la flamme d'une nuance verte, sans qu'il s'opère une diminution appréciable de poids. L'or volatilisé se transforme en gaz et colore la flamme, mais la quantité est inappréciable, preuve d'une subdivision de l'or qui dépasse notre intelligence, preuve d'autre part de la possibilité de transformer l'or en un fluide gazeux.

Examinons de plus près la question de chiffres posée plus haut.

La distance qui sépare le soleil des étoiles fixes les plus rapprochées, comprend de 4 à 12.000 billions (1) de milles (2). Si nous admettons que le soleil soit égal en grandeur aux étoiles fixes les plus

(1) Les calculs varient, mais l'une ou l'autre supposition est vague et impossible à préciser, et quelle que soit celle qu'on adopte, le raisonnement reste le même.

(2) 5 milles allemands font 5 lieues de France.

rapprochées, nous devons supposer aussi que son action s'étend à une sphère au moins égale, soit à un rayon de 6,000 billions de milles ; le diamètre entier de la sphère sera donc de 12.000 billions de milles et la contenance équivaudra à :

904""""520.052""""000000"""000000"000000'000000'000000 milles cubes.

Pour ceux qui éprouvent de la difficulté à énoncer d'aussi énormes totaux, nous exprimerons celui-ci en ces termes : 904 sextillions, 520.052 quintillions de milles.

Comme l'attraction des planètes entre elles et du soleil vis-à-vis des planètes nous permet d'apprécier leur poids, nous pouvons évaluer le poids du soleil et de toutes les planètes connues jusqu'à ce jour à 5 quintillions et 418,600 quadrillions de livres. Nous basant sur ce calcul, nous en conclurons que chaque demi-once de cette formidable masse se meut et se développe dans un espace de 1,150,500 milles cubes, ou bien, en d'autres termes, que dans un mille cube il n'existe que $\frac{1}{1,150,500}$ d'once de matière.

Nous n'exigeons pas de nos lecteurs qu'ils se gravent ces chiffres dans la mémoire comme un élément de la science de la formation du monde ; ces calculs sont bien trop vagues, peut-être trop élevés, peut-être aussi trop bas, pour être acceptés comme une base positive, mais ils démontrent que la substance des corps célestes se meut dans un espace assez vaste pour qu'ils soient susceptibles d'une subdivision, près de laquelle la ténuité du gaz hydrogène (14 fois plus léger que l'air) est une densité considérable, car ce gaz, quelque léger qu'il soit, n'en atteint pas moins le poids d'une demi-once dès qu'il remplit cinq pieds cubes (1).

Il est donc impossible de nier l'évaporation possible de toute substance, et le moyen qu'a cette vapeur de s'étendre dans l'espace.

Là où existe la matière, existe aussi la force d'attraction, qui est la force primordiale, inséparable de l'idée même de la matière. Ainsi, de même que le soleil attire une comète à travers des espaces incommensurables, de même chaque atôme de poussière en attire un autre, aussi longtemps qu'il ne se présente pas un corps plus puissant qui les attire tous ensemble.

Mais ce corps plus considérable existe dès l'instant où deux atomes se sont réunis en un seul. Ils deviennent un point central autour

---

(1) Nous supposons que le gaz soit bien purifié et parfaitement sec. Dans les conditions ordinaires il pèse bien davantage.

.l d'autres s'accumulent, et l'on voit s'opérer un rapprochement
)lécules, et par suite une condensation de la matière.

Cette condensation ne peut s'opérer sans le mouvement. Les parties
les plus éloignées se précipitant vers les parties plus proches, le mouvement se fait nécessairement vers un point central, mais en même
temps s'opère une séparation dans des sens différents, un partage de la
substance primordiale en une foule de parties dont chacune a son existence indépendante.

Que dans ce travail opèrent, ainsi que des auteurs le prétendent,
ces affinités en vertu desquelles l'acide sulfurique cherche le fer, ou
l'acide carbonique le calcium, après l'oxydation de ces minéraux par
l'oxygène, c'est ce dont nous ne nous occuperons pas pour le moment,
de peur de nous laisser entraîner trop loin. Mais il nous paraît au
moins inutile de recourir à ce système, alors que le seule force d'attraction, appelée ici la gravitation universelle, nous suffit amplement.
— La répartition de la matière en plusieurs systèmes solaires ne gêne
en rien la généralisation de la gravitation par tout l'univers, car ces
systèmes solaires ne sont à leur tour dans l'immensité que des atomes
qui décrivent leur orbite autour d'un point central, que l'on croit (1)
avoir trouvé dans la constellation du Taureau.

Si nous considérons de plus près notre système solaire (2), nous
voyons que du principe de la gravitation universelle, ou, ce qui revient
au même, de la pesanteur et de son action mécanique qui produit le
mouvement, surgissent comme premier résultat la condensation et
ultérieurement la caléfaction. Tout corps, quelle que soit sa température, s'échauffe par la compression. Une pièce d'un thaler, placée sous
le balancier, dépourvue d'empreinte, s'échauffe en la recevant; une
médaille qui subit plusieurs coups, devient brûlante: une tige de fer
froid dont on frappe la pointe à diverses reprises sur l'enclume,
s'échauffe au point d'enflammer le bois, et l'air comprimé au dixième
de son volume atteint la température du charbon ardent.

Le globe de gaz issu de l'attraction des parties de la matière de
l'univers, tout en conservant un diamètre de plusieurs milliers de millions de milles, s'est réduit au dixième, puis au centième de sa grandeur primitive: la force d'attraction croissant avec la densité, il est
devenu de plus en plus dense et s'est échauffé et rapetissé en proportion.

(1) Madler.

(2) Ce qui est vrai du soleil est vrai de toutes les étoiles, en tant que représentants de leur système solaire, attendu que nous ne voyons qu'elles et non pas leurs
planètes.

D'autre part, toutes les parties se portant vers le centre, il s'est produit un mouvement qui n'a pu être que circulaire ; le globe de gaz, en opérant sa rotation, s'est aplati et a pris une forme sphéroïdale.

A la gravitation, à la densité, au mouvement, viennent se joindre aussitôt deux forces nouvelles : — la force d'inertie, qui conserve à un corps l'impulsion acquise, jusqu'à ce qu'une autre force lui commande le repos, et la force centrifuge, qui se manifeste dès que le mouvement donné s'accomplit autour du centre.

Aussitôt que le mouvement d'un corps a mis en action la gravitation et la force centrifuge, elles modifient plus sensiblement sa forme que ne le peut la gravitation ou l'attraction isolée. Dans la rotation, la force centrifuge agit d'autant plus énergiquement que le mouvement est plus rapide ; le *maximum* de rapidité est à l'équateur, le *minimum* au pôle ; à l'équateur, la force centrifuge oppose sa résistance à l'attraction ; aux pôles, cette résistance disparaît, et il en résulte que le globe de vapeur, poussé par cette force motrice, doit s'aplatir de plus en plus et prendre une forme lenticulaire.

Cela étant, la matière devenant sans cesse plus dense et se rétrécissant à mesure, le mouvement s'accélère de plus en plus, car les molécules, grâce à la force d'inertie, perpétuent le mouvement qu'elles ont apporté de la circonférence extérieure du globe ; mais le mouvement, s'opérant dans un espace de plus en plus restreint, paraît plus rapide encore. La force centrifuge s'accroît par la même raison, et il doit y avoir une limite de temps et d'espace où la force centrifuge, non-seulement balance la gravitation, mais même la domine.

Quand cette limite est dépassée, il se produit une brusque séparation. La corde qui retient la pierre dans la fronde se casse lorsque le mouvement est trop accéléré, ou dès que, par l'effet du mouvement, la force centrifuge l'emporte sur la solidité de la corde ; il en est de même pour les corps en rotation, dont la disposition à suivre cette tendance se manifeste aussitôt que commence l'aplatissement de la sphère.

Les parties de la lentille de gaz qui en occupent la marge extérieure échappent à l'action de la gravitation ; les parties plus proches du centre sont plus vivement attirées ; n'étant plus retenues par la force centrifuge, elles se précipitent avec une violence nouvelle vers le centre, et forment un sphéroïde plus petit et dont la rotation est plus rapide.

Mais l'anneau qui vient de se séparer de la masse continue sa rotation comme auparavant, et sans devenir indépendant de la masse gazeuse à l'intérieur, laquelle au contraire le soutient et l'entraîne.

Les moindres irrégularités de l'anneau ont pour résultat que les molécules se concentrent sur le point le plus volumineux, devenu plus
puissant; l'anneau se brise; la partie détachée attire de plus en plus à
elle des molécules de l'anneau, et forme avec elles un petit globe de
vapeur qui gravite autour de son aîné à la distance où il s'en est
séparé.

Mais, comme l'anneau a deux faces, l'une intérieure, l'autre extérieure, et que le mouvement de chacune d'elles diffère selon son diamètre, les molécules extérieures, en se dégageant, ont dû précéder les
autres dans la formation du nouveau globe; celles-ci restent en arrière,
et de cette façon s'accomplit encore pour ces corps isolés, irréguliers,
à côté du mouvement opéré dans la grande orbite primitive, un autre
mouvement sur eux-mêmes, un mouvement de rotation. De cette
façon se forme tout naturellement une planète, qui elle-même subit
toutes les influences dont nous avons parlé, se condense, s'aplatit par
l'action de la force centrifuge, prend la forme lenticulaire, dégage des
anneaux, en fait des satellites, ou les laisse graviter en anneaux autour
des corps principaux, comme cela a lieu pour Saturne, etc.

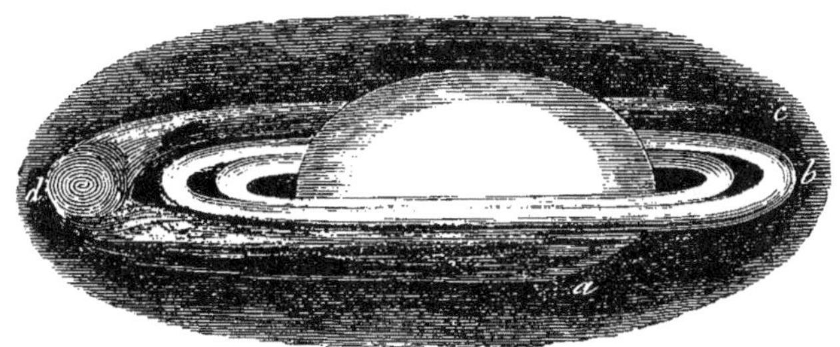

Ce fait s'étant passé sur la limite du globe solaire encore immense,
il en est résulté que la masse dont s'est formé l'anneau, et après lui la
planète, n'était pas encore tout à fait condensée, et le peu de densité
de la substance des planètes les plus éloignées du soleil est la conséquence naturelle du peu de densité du fluide dont elles se sont
formées.

La condensation se poursuit dans la grande sphère comme dans les
petites sphères isolées: plus la matière s'accumule autour du point
central, et plus la densité s'accroît; tandis que, par l'action de la force
centrifuge, les parties les plus denses de la masse se trouvent constamment à la limite extérieure de la lentille en rotation. Il en résulte
nécessairement le détachement d'un nouvel anneau, qui suit la même

loi que le premier; seulement il sera un peu plus lourd et plus dense, quelle que soit sa grandeur, car la masse qui s'est détachée en anneau du globe central, fût-elle plus ou moins considérable que celle du premier anneau, doit être évidemment plus lourde, attendu qu'elle appartient à un corps devenu déjà plus pesant.

Ces lois nous font connaître une différence très-remarquable dans les corps célestes. Leur pesanteur s'accroît à mesure qu'ils se rapprochent du point central du globe de gaz auquel ils ont emprunté leur substance; on ne trouve d'exception à cet égard que dans Saturne, qui est un peu plus léger que la planète qui le précède, peut-être parce que sa densité a diminué par la rapidité de sa rotation autour de son axe.

Cette rapidité dépend de la largeur de l'anneau qui, pour la formation de la nouvelle planète, s'est détaché de la masse; plus cette largeur est considérable, plus, évidemment, la rotation est rapide, puisqu'elle résulte, comme nous le savons déjà, de la différence de vitesse des deux faces de l'anneau.

Quand on fait tourner un disque sur son axe, le centre reste tout à fait immobile, tandis que le *maximum* de vitesse est à la périphérie. Si l'on divise le disque de telle manière que l'anneau intérieur ait la moitié du diamètre de l'anneau extérieur, le point *b* de l'anneau

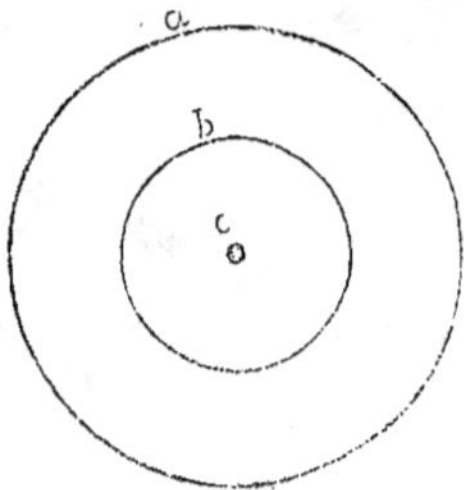

intérieur parcourra le cercle tout entier dans le même laps de temps qu'il faudra au point *a* pour parcourir le cercle extérieur. Mais comme le cercle extérieur a deux fois l'étendue de l'autre, et que les deux distances sont parcourues en un temps égal, il en résulte que le point *a* possède une vitesse double de la vitesse du point *b*.

Si nous appliquons ce principe aux anneaux qui se sont séparés de l'immense disque de l'ellipsoïde du soleil, le même résultat se produira, et si la bande qui s'est détachée vient à se fractionner, les parties extérieures acquerront un mouvement plus rapide et le conserveront en vertu de la force d'inertie, même en modifiant leur orbite, par suite de l'attraction des sections d'anneaux entre elles; il se produira ainsi une rotation d'autant plus rapide, que l'anneau détaché de la masse aura eu une plus grande largeur.

Si maintenant, en examinant la figure ci-dessus, nous supposons que les molécules du cercle extérieur se soient précipitées jusqu'au cercle intérieur en conservant leur vitesse, il en résultera que ces atomes parcourront deux fois le cercle intérieur dans le temps qu'il leur avait fallu pour parcourir le cercle extérieur. Il est évident que plus le cercle se rétrécira, plus la vitesse augmentera, et il en résultera une rotation d'une rapidité tout à fait inconcevable.

Seulement, nous n'avons considéré jusqu'ici que les parties qui appartiennent à la circonférence de l'anneau, et non pas celles qui appartiennent à la face intérieure et aux espaces intermédiaires de la bande annulaire séparée de la masse.

Pour que les parties intérieures atteignent la même vitesse que les autres, il faut qu'elles soient poussées par une autre force quelconque, comme serait l'impulsion des molécules plus rapides de la circonférence. Or, tout joueur de billard sait que lorsqu'une bille roulant vite en rencontre une autre roulant plus lentement, toutes les deux ne continuent pas à rouler avec la vitesse de la première, mais qu'à partir de la rencontre, la rapidité de la bille poussée augmente, tandis que l'autre se ralentit, c'est-à-dire qu'elle perd en vitesse ce qu'elle a communiqué à la première. Il en est de même de tous les corps. Deux masses agissent l'une sur l'autre comme les parties de ces masses.

Les molécules de la circonférence de l'anneau rencontrent les molécules de la face intérieure et leur impriment une vitesse plus grande. Seulement, les molécules de la face intérieure, grâce à leur force d'inertie, opposent une résistance à ce mouvement accéléré, lequel se trouve bientôt vaincu, mais seulement dans ce sens qu'il s'établit une moyenne entre les deux vitesses, et que, si la molécule extérieure accomplissait 4 pieds par seconde, contre 2 accomplis par l'autre, elles accompliraient ensemble $4 + 2$, ou 6, divisé par 2, c'est-à-dire 3 pieds.

Ceci se reproduit pour toutes les parties moléculaires. Le mouvement du tout est toujours égal au total du mouvement des parties, divisé par leur nombre. Ainsi, par exemple,

$$\frac{6 + 5 + 4 + 3 + 2 + 1}{6}$$

c'est-à-dire 21 divisé par 6, ce qui donne pour résultat 3 ½.

Comme, dans le mouvement des molécules d'un pareil anneau il y a d'énormes différences, le résultat final est nécessairement très-composé, mais toujours conforme à la règle.

Si l'anneau a une grande largeur, il est vraisemblable qu'il se divisera encore et formera des zones distinctes.

La cohésion d'une masse purement aériforme, d'une finesse et d'une ténuité tout à fait impossibles à formuler, est naturellement très-faible. Il a donc suffi d'une très-petite force pour faire cesser tout à fait la cohésion, pour amener, par exemple, la rupture de l'anneau compris dans la figure ci-dessous, entre les lettres a et b. Aussitôt ce fait

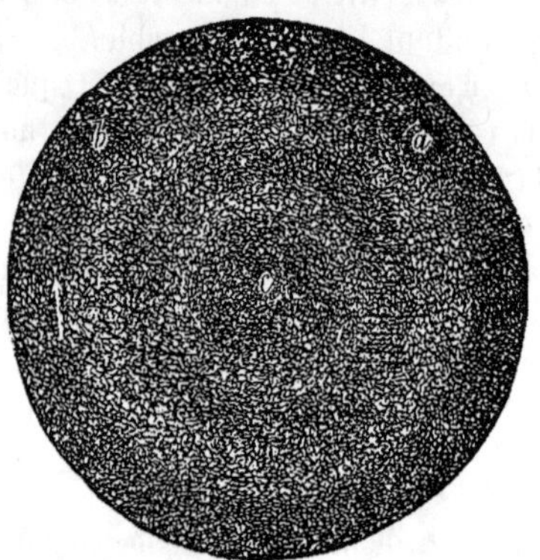

accompli, toute la masse des deux ailes de l'anneau rompu se rassemble en un point opposé au point de rupture, tandis que chaque extrémité d'aile s'isole des autres, chacune n'ayant de matière pour s'accroître que d'un côté. Du côté tourné vers le point de séparation, elle n'en possède plus. Dans ce cas, l'aile qui trouve de la matière dans le sens de son mouvement (dans la direction de la flèche) est attirée par celle-ci avec une force double, s'y porte avec une vitesse croissante, et doit grandir en absorbant une quantité toujours plus considérable de la matière dont l'anneau se compose.

L'autre moitié de l'anneau, c'est-à-dire l'aile qui ne trouve plus devant elle d'élément de croissance, marchera donc plus lentement que la première moitié, et de même que celle-ci a absorbé les molécules en allant les chercher, de même la seconde moitié de l'anneau les absorbera en les attendant; en allant, en quelque sorte, à leur rencontre. Il en résulte nécessairement que les deux moitiés finissent par se rencontrer vis-à-vis du point de rupture, et que leur rencontre donne lieu à une catastrophe qui doit produire de nouveaux anneaux, de nouveaux corps, de nouveaux satellites; en un mot, de nouveaux mondes.

Dans toute cette partie de notre hypothèse, formulée d'abord par

Kant. et en suite par le plus illustre des astronomes. Laplace. il n'y a
rien que de raisonnable. rien de forcé. rien de hasardé. Les progrès
de la science n'ont guère modifié ces déductions, et ce que Laplace
a mis en avant a été démontré avec une exactitude mathématique.
pour les planètes les plus lointaines comme pour les plus rapprochées.
par M. Gruson (major du génie dans l'armée prussienne). Lorsque
Laplace s'écriait : « Philosophe. montre-moi la main qui a jeté les
planètes sur la tangente de leur orbite! » la science a entrepris de
rechercher cette main dans les forces inhérentes à la matière, et de
prouver que par elles tout a dû arriver à cette admirable organisation
dont nous sommes les témoins.

En différents endroits du firmament, nous apercevons comme de
faibles lueurs se détachant de l'obscurité du fond. ou bien des étoiles
qui. au lieu d'un point lumineux circonscrit. nous montrent une clarté
qu'on dirait voilée. On appelle cela des *nébuleuses*. A œil nu. on n'en
distingue qu'un très-petit nombre. Mais les puissants télescopes. d'invention moderne. nous ont révélé là tout un nouveau monde et des
aspects tout nouveaux. Pres de 4.000 nébuleuses ont été observées.
Leur forme est tantôt ronde. tantôt ellipsoïde. tantôt en spirale et
tantôt tout à fait irrégulière.

Dans quelques-unes. on a reconnu des groupes d'étoiles; d'autres.
au contraire. n'ont pu être décomposées même à l'aide des meilleurs
télescopes. et il y a de puissants motifs pour supposer que ces dernières
ne sont autre chose que des corps célestes dont la formation n'est
pas encore accomplie: des masses de matière lumineuse qui doit se
condenser dans le cours des siècles pour devenir étoile. Les nébuleuses
au centre desquelles on aperçoit un point brillant semblent déjà
avancées dans leur formation. tandis que les autres paraissent devoir
être d'origine plus récente. Ce qui aujourd'hui, dit M. Mädler. un

des plus célèbres astronomes de notre époque, est encore *nébuleuse,* sera un jour constellation, et il fut un temps où il n'existait rien que des nébuleuses sans limites. »

Poursuivant l'exposé de notre système solaire, nous trouvons que ces dégagements d'anneaux gazeux se répètent, et que cette répétition est une nécessité aussi bien que la première formation. Nous voyons aussi la pesanteur spécifique s'accroître de plus en plus. Plus se restreignent les limites du vaste globe de gaz, et plus sa vitesse augmente, plus devient grande la puissance à l'aide de laquelle la force centrifuge pousse les atomes vers le cercle extérieur, vers l'équateur, et les corps qui se forment de cette matière primitive, de plus en plus dense, doivent se mouvoir dans leur orbite avec une rapidité d'autant plus intense qu'ils se rapprochent davantage du centre définitif du globe de fluide, le soleil.

L'astronomie donne à cette hypothèse l'appui le plus éclatant. Elle nous apprend qu'Uranus a la pesanteur du bois de frêne, Saturne celle du bois de saule ou de peuplier, Jupiter celle d'une brique bien cuite, Mars celle du grenat, la terre à peu près celle du chrome, c'està-dire cinq fois la pesanteur de l'eau, tandis que Vénus a six fois et Mercure huit fois cette pesanteur.

C'est ainsi encore que la vitesse croît sans cesse à mesure qu'on se rapproche du point central. Uranus, en décrivant son orbite, franchit un mille par seconde, Saturne $1\frac{3}{10}$, Jupiter $1\frac{7}{10}$, les petites planètes $2\frac{1}{2}$ à $2\frac{7}{10}$, la terre $4\frac{7}{10}$, Vénus $4\frac{9}{10}$, et Mercure $6\frac{7}{10}$.

Par contre, la rotation autour de l'axe devient plus lente à mesure que les planètes se rapprochent du soleil. Mais si la rapidité de la course de la planète dans son orbite provient de la vitesse de la rotation de l'anneau à l'endroit où il s'est séparé du corps principal, tandis que la rapidité de la rotation de la planète résulte, au contraire, de la différence du mouvement des parties des anneaux entre elles, cela suffit pour faire disparaître ce que ce phénomène semble avoir de paradoxal.

Les premiers anneaux détachés de la masse étaient d'une immense largeur; on en juge par le volume des planètes qui se sont formées de leur masse, quoique celle-ci fût beaucoup moins dense que celle des planètes créées plus tard. Les anneaux ayant une largeur de plusieurs centaines de millions de lieues (ce qui est démontré par la distance respective des planètes), la différence de vitesse entre les zones intérieures et les zones extérieures a été nécessairement très-grande; par conséquent, la rotation résultant de cette différence, très-rapide, et le temps dans lequel elle s'est opérée, très-restreint (9 à 10 heures pour Saturne et Jupiter), ce qui, pour des planètes d'une dimension aussi colossale, est tout à fait merveilleux et extraordinaire. En se détachant en un point plus rapproché du centre du système solaire, les anneaux ont dû être moins larges et, par conséquent, produire des planètes plus petites; la rotation a dû devenir plus lente et la marche plus rapide. La différence de rapidité du mouvement entre les zones intérieures et extérieures d'anneaux n'ayant plus que de 10 à 20 millions de lieues de largeur, a été beaucoup moindre, et par là s'explique cette apparente irrégularité qui est le résultat logique du merveilleux ensemble des lois du monde.

Relativement à la création des satellites des planètes, nous avons déjà donné quelques indications; nous avons dit qu'elle était analogue à la création de ces dernières dans des proportions moindres, et il est possible que nous ayons encore devant nous l'exemple d'une création semblable de corps célestes de second rang dans les merveilleux anneaux de Saturne que la science a tant de peine à expliquer.

Du double aplatissement de Saturne, nié d'ailleurs par Bessel, on a conclu que l'anneau avait appartenu autrefois à la planète, et s'en était violemment séparé, par suite de la force centrifuge résultant de sa rotation précipitée.

Il est très-possible que, tout au contraire, l'anneau présente les dimensions qu'avait Saturne avant la formation de son dernier satellite; il est possible aussi que le corps principal soit réduit jusqu'au point où nous le trouvons dans cet anneau, par la perte de la substance qui forma ses satellites; il est possible enfin que des deux anneaux se forme un huitième ou neuvième satellite, mais dans un temps trop éloigné pour que nos fils ou nos petits-fils en soient les témoins. Quelques astronomes ont accepté cette opinion comme une confirmation positive de l'hypothèse de Kant et de Laplace sur la formation des corps célestes, et la considèrent comme passée à l'état de théorie.

« C'est ici, dit M. Gruson, que nous surprenons à l'œuvre le grand architecte de l'univers, et que nos yeux, traversant l'espace, vont pénétrer le secret de ses conceptions. Nous ne demandons pas la preuve plus positive de la vérité de nos calculs. C'est ici que nous trouvons, dans un petit anneau arrêté dans l'espace, l'histoire de la formation des planètes et, sans aucun doute, de tous les corps célestes. Nous acquérons en même temps la conviction que le Créateur n'a pas voulu que son œuvre restât un secret pour l'homme. Il l'a mis lui-même sur la trace, et, pour l'honneur du génie humain, nous pouvons dire que l'indication d'en haut lui a suffi.

« Comment il est avenu que Saturne seul, après la formation de sept satellites, ait conservé le huitième à l'état d'anneau, c'est ce que.

probablement. on ne parviendra jamais à expliquer d'une manière satisfaisante. Il se peut que les molécules séparées du corps principal, pour former cet anneau, aient déjà en elles-mêmes une cohésion trop grande pour que la force de rotation ait pu opérer un nouveau déchirement. »

La conclusion qui termine ces lignes nous paraît erronée. Si nous admettons que Saturne et ses satellites nous représentent le développement du système planétaire, alors il n'est pas exact de supposer que le huitième satellite se soit arrêté à l'état d'anneau; seulement, il ne s'est pas encore enroulé de manière à former un globe planétaire; mais nous voyons le commencement de cette transformation dans la séparation de l'anneau en deux moitiés inégales, dût l'accomplissement de ce travail durer encore plusieurs milliers de siècles. Le petit monde de Saturne est complet jusqu'au septième satellite. Le huitième et le neuvième sont en voie de formation. il n'en existe jusqu'ici que les matériaux (1).

Le double ou triple anneau de Saturne nous aide puissamment à expliquer l'origine des petites planètes, ou planétoïdes, dont le nombre connu, qui est aujourd'hui de 55, atteindra probablement plus haut encore. Nous avons admis que, pour la formation de chaque planète, un anneau s'est détaché du soleil. — Saturne possède trois de ces anneaux à la fois; — dès lors, il est très-possible qu'à l'endroit où, cherchant une grande planète, nous en avons trouvé jusqu'ici 55 petites, le grand anneau détaché du globe de vapeur se soit fractionné, ou bien que la séparation de la masse se soit opérée en plusieurs endroits. La distance qui sépare les petites planètes du soleil prouve qu'elles ont toutes appartenu au même anneau primitif. Celui-ci, d'après la position qu'il occupe entre les anneaux de Jupiter et de Mars, doit avoir au maximum une largeur de 20 millions de milles. Le cercle dans lequel ces petites planètes se meuvent autour du soleil occupe encore aujourd'hui une largeur de 17 millions de milles, et leur vitesse moyenne est toujours la même, comme il a dû arriver nécessairement, si elles sont les fragments d'un même anneau. D'autre part, cependant, leurs vitesses particulières diffèrent jusqu'à un certain point, comme cela doit être si l'anneau tout entier s'est fractionné successivement en plusieurs petits anneaux, ou que les fragments se soient enroulés en planètes dans les diverses phases du mouvement accéléré ou ralenti, tel qu'il doit résulter du fractionnement. Les plus éloignées parcourent $2\frac{5}{10}$ milles en une seconde, les plus proches $2\frac{7}{10}$ dans le même laps de temps.

(1) En 1848, M. Lassel, de Liverpool, a découvert un huitième satellite de Saturne.

En étendant à la terre notre étude de la formation des corps issus du fluide primitif, nous trouvons qu'elle aussi, comme toutes les planètes, s'est formée d'un anneau détaché de ce fluide. Nous la voyons distante du soleil de 20 millions de milles environ; son poids nous est connu par sa force d'attraction, et l'on peut aisément calculer le degré de ténuité de la substance dont elle s'est formée. En évaluant à 9 millions de milles la largeur de l'anneau d'où la terre est issue (depuis la moitié de la distance de Mars dans le périgée jusqu'à la moitié de la distance de Vénus au même point), on arrive à lui attribuer la 58.000^{me} partie de la densité de l'eau, ou la 48e de la densité de l'air, c'est-à-dire une ténuité qui échappe aux sens, puisque l'hydrogène le plus pur possède encore 4 fois le poids ci-dessus. Et pourtant la matière primitive était déjà condensée au point de produire des corps aussi pesants que Mars, la Terre, Vénus et Mercure.

Quand cette masse s'enroula en globe, elle dut naturellement croître en densité, à mesure que ses molécules se rapprochaient. Nous voyons la preuve de cette action se manifester dans la lune, qui est le résultat du dégagement d'un anneau du globe terrestre, à une époque où celui-ci avait 52.000 milles de rayon. D'une largeur de plusieurs millions de milles, d'une longueur de 150 millions de milles, le fluide de notre planète s'était condensé en un globe de 100.000 milles de diamètre, quand la lune s'en sépara à l'état d'anneau pour constituer, à son tour, un globe qui n'a que $\frac{1}{5}$ de la masse de la terre et le tiers de son diamètre.

La masse fluide continuant à se condenser, la terre finit par atteindre sa densité actuelle; une plus grande contraction l'eût rendue plus dense encore, ainsi que Vénus et Mercure, dont le poids spécifique dépasse le sien.

Il nous reste à rechercher de combien le soleil est plus dense que les planètes les plus rapprochées. Si la densité augmente à mesure que les corps se rapprochent du soleil, celui-ci devrait être le corps le plus dense. Mais l'expérience enseigne que le soleil est un corps plus léger que la terre, qu'il n'a que le quart de sa densité, qu'il n'est guère plus lourd que le buis, qu'il l'est moins que le phosphore, l'ivoire ou l'albâtre.

En suivant le développement des planètes, nous trouvons que toutes se sont formées d'anneaux enroulés, que toutes étaient, à l'origine, de dimensions plus grandes qu'aujourd'hui, et que toutes se sont réduites au point que comporte leur densité actuelle.

Le soleil ne s'est pas formé d'un anneau, mais de ce qui restait de la masse de fluide primitif, après la séparation de toutes les planètes.

Cette masse n'avait pas les énormes dimensions qu'on serait tenté de lui supposer d'après le volume actuel du soleil; son diamètre était loin d'atteindre la largeur des anneaux planétaires. Si la masse de l'énorme sphéroïde ne se fût sans cesse condensée en se rétrécissant, le soleil serait devenu le plus petit de tous les corps; mais, comme ce fut précisément la masse primitive qui se condensa le plus, il en resta dans l'espace de quoi excéder 700 fois toutes les planètes, et cet immense excédant est la bride par laquelle le soleil les retient, empêchant ainsi qu'elles ne voguent à la dérive dans l'espace, pour arriver à la portée d'un autre soleil qui les attire et les fasse les satellites de son propre système.

La densité de la masse du soleil dépend de son volume. Selon toutes les probabilités, le noyau de cette masse est beaucoup plus dense que ne semble l'indiquer la grandeur du soleil; il doit être aussi beaucoup plus petit, car ce que nous voyons n'est pas le corps du soleil, mais son atmosphère lumineuse. Peut-être aussi que, pareil au huitième et au neuvième satellite de Saturne, le soleil n'est pas achevé; peut-être se rétrécit-il encore, et sa densité augmente-t-elle à mesure. S'il perd un ou deux pieds par an, il se sera rétréci d'un mille d'ici à 12,000 ans. Qui donc contestera la possibilité de ce résultat, alors que tout dans l'univers progresse, se développe et se modifie? Cette réduction dont nous parlons n'est mesurable ni par les yeux, ni par le calcul. Le rétrécissement annuel fût-il cent fois plus fort que le chiffre ci-dessus, encore ne le mesurerions-nous pas : un mille en 120 ans ou 40 milles en 50 siècles! Un instrument aura-t-il jamais la précision voulue pour mesurer, à 40 milles près, le diamètre du soleil, alors surtout que le peu de transparence de l'air et une foule d'autres causes, indépendantes même de l'imperfection du travail humain, viennent y mettre obstacle? — Et la gravitation universelle? demandera-t-on peut-être? — Un changement de vitesse des planètes dans le parcours de leur orbite ne peut indiquer la modification de la grandeur du soleil, attendu que cette modification n'implique pas une différence dans sa masse, de laquelle seule dépend la gravitation universelle.

ORIGINE DE LA TERRE.

Condensation. — La température s'élève. — Le globe se forme. — Devient sphéroïde.
— Chaleur ardente de la terre dans les temps primitifs — Rayonnement dans
l'espace. — Lenteur extraordinaire du refroidissement. — Commencement de
coagulation. — Substances primitives et leurs combinaisons. — Combinaisons
primaires. — Combinaisons secondaires. — Étapes du refroidissement. — L'eau et
son action. — Les premiers organismes. — Roches sédimentaires. — Leur stratification. — Soulèvement des couches. — Les plateaux et les plaines basses. —
Classement des formations.

Nous avons donné ci-dessus un aperçu de l'origine possible, vraisemblable même du système solaire. Nous n'examinerons pas la question de savoir si les autres systèmes solaires, représentés par les étoiles
fixes, ont été créés de la même manière : quelque savante, quelque
conforme aux lois de la nature que soit la théorie développée ci-dessus
et confirmée en outre par le phénomène des nébuleuses et des groupes
d'étoiles, on ne peut pas, cependant, en démontrer la réalité avec une
certitude mathématique. Désormais, nous ne nous occuperons plus que
d'un seul des corps célestes, de la Terre.

La Terre se présente à nous comme une portion du fluide primitif,
séparée du grand tout. De sa masse se dégage encore la lune, puis elle
ne cesse de se restreindre à des proportions de plus en plus étroites.

Tous les corps connus s'échauffent par le rapprochement des molécules qui les composent.

Le mouvement des molécules les plus éloignées, vers le centre,
s'opère avec une rapidité d'autant plus grande que la partie intérieure
est devenue plus dense, et cette densité elle-même augmente en raison
de la rapidité avec laquelle les molécules extérieures sont amenées.
En même temps, la masse s'accroît, et avec elle la force d'attraction, si
bien que, plus elle se développe, plus elle tend à se développer encore.

La vitesse de sa marche dans son orbite ne se modifie probablement
point, mais sa rotation devient plus rapide à mesure que les molécules
des zones extérieures se rapprochent et décrivent, dans des zones

plus étroites. leur mouvement précédent. A 50,000 milles du point central. il fallait aux molécules du globe de gaz 27 jours (temps que met la lune à tourner autour de son axe) pour accomplir leur révolution ; à 900 milles du centre de la terre. il ne leur faut plus qu'un jour.

Une condensation aussi extraordinaire que celle que subit la terre pour passer d'un diamètre égal à celui de l'orbite de la lune, à un diamètre de 1.800 milles, doit avoir été accompagnée d'une élévation de température dont les habitants du globe ne peuvent se faire d'idée. et dont nous trouvons un exemple dans le soleil. dont le rayon de chaleur, traversant une loupe d'une superficie de deux pieds carrés, est assez puissant pour fondre de l'or. malgré une distance de 21 millions de milles. et quoique traversant un corps qui absorbe une quantité très-appréciable de chaleur.

Il est hors de doute qu'une pareille température a dû suffire pour mettre en fusion toutes les substances connues de l'homme. De là résulte cette conséquence directe que la matière que nous avons vue servir à la formation primitive du monde se serait ainsi mise en fusion. et aurait subi des lois nouvelles, par exemple la loi des affinités chimiques, qui n'exercent pas plus d'influence sur les gaz que sur les solides. mais à laquelle la forme liquide est une condition indispensable.

Une autre conséquence de la liquéfaction est la forme sphéroïdale. A toutes les températures, les molécules s'attirent. mais avec moins de force à la température la plus élevée, par conséquent moins à l'état gazeux qu'à l'état liquide, et moins à l'état liquide qu'à l'état solide. L'élévation de la température amène toujours un changement de l'agrégation des molécules, à moins qu'une pression artificielle ne s'y oppose. Ainsi. l'eau se vaporise ordinairement à 100 degrés centigrades ; sous une pression suffisante, elle reste liquide jusqu'à 2 et 500 degrés. Le globe gazeux de la terre a donc pu, par la pression de sa masse sur l'intérieur. devenir liquide. alors que la température. s'élevant toujours. par la condensation même, eût fait évaporer l'élément liquide en l'absence de cette pression.

Si les molécules s'attirent déjà à l'état gazeux, à plus forte raison elles s'attireront à l'état liquide ; ceci résulte de la stillation, qui est un résultat de la force d'attraction, résultat que nous pouvons constater partout et dans toutes les dimensions. Le petit globule de mercure. presque invisible à l'œil, est une goutte aussi bien que le soleil et les planètes. Tout corps liquide, libre et qu'aucun obstacle n'arrête, prend la forme sphéroïdale ou globulaire. Ceci a été admirablement démontré

par les expériences de M. Plateau. Au milieu d'un vase de verre rempli
d'eau-de-vie, ayant la pesanteur spécifique de l'huile avec laquelle on
veut faire l'expérience, on place un siphon se terminant en pointe et
rempli d'huile, comme ci-dessous :

On tient l'extrémité du siphon au milieu du verre, puis on retire le
doigt de l'embouchure supérieure pour livrer passage à l'huile. Immédiatement on voit celle-ci se montrer à l'extrémité opposée sous la
forme d'une goutte. La goutte grossit, atteint les proportions d'un
pois, d'une noisette et, si l'expérience est bien faite, jusqu'à la dimension d'une noix ordinaire. Telle est donc la forme que prend un liquide
livré à lui-même, indépendant de tout obstacle.

L'expérience ne réussirait pas avec de l'eau. Sa pesanteur étant plus
grande que celle de l'huile, elle la repousserait à la surface où l'huile
ne pourrait prendre la forme globulaire, attendu qu'elle doit se
mettre en équilibre et que la force d'attraction de la terre est plus
grande que la force d'attraction des molécules de l'huile entre elles.
Avec de l'esprit-de-vin on ne réussirait pas davantage, parce que dans
ce cas l'huile descendrait au fond, comme tout à l'heure elle serait
remontée à la surface. Mais si l'on verse d'abord de l'eau dans le vase,
pour le remplir ensuite prudemment d'un mélange d'eau et d'esprit-
de-vin qui ait la pesanteur spécifique de l'huile, et auquel on ajoute
un peu d'alcool absolu, en ayant soin de ne pas produire de mélange
entre les trois liquides, on fera entrer l'huile dans la couche interme-

diaire, et l'on verra les gouttes prendre une forme globulaire et
représenter pour ainsi dire un globe parfait.

Si maintenant on fait tourner un pareil globe d'huile sur son axe,
sa forme change : il devient un sphéroïde aplati aux deux extrémités
les plus rapprochées de l'axe. L'expérience se fait aisément avec les
gouttes d'huile dans l'eau-de-vie. On attache un bouton de métal à
une tige que l'on fait tourner à l'aide d'un rouage. On descend ce
bouton au milieu du mélange d'esprit-de-vin et d'eau. Le rouage est

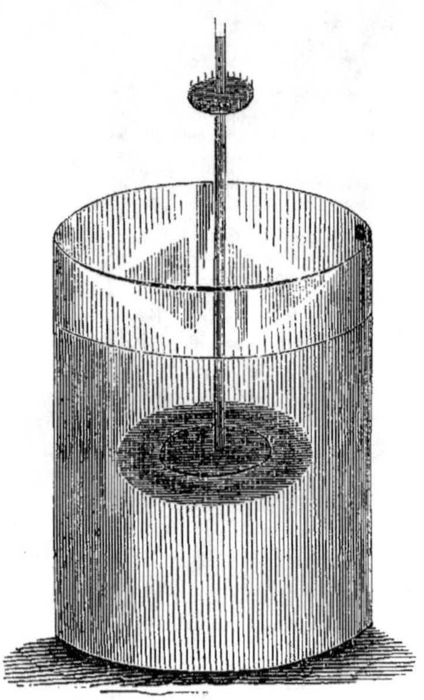

nécessairement maintenu hors de l'eau et disposé de telle manière
que la tige et le bouton qui la termine ne fassent que tourner sur
leur axe, sans autre mouvement ou secousse. — Tout étant ainsi
disposé avec soin et au repos, on laisse la goutte d'huile s'échapper du
siphon et descendre sous le bouton. Elle forme immédiatement un
petit globe autour de celui-ci et d'une petite partie de la tige. Si alors
on fait tourner lentement sur son axe la tige de métal, la goutte de
liquide acquerra une partie de ce mouvement, dont la vitesse ira en
croissant. Aussitôt que la rotation de la goutte d'huile devient visible,
celle-ci change de forme; elle s'aplatit comme une orange ou comme
les planètes, et en accélérant adroitement la rotation, on peut aller
jusqu'à faire en sorte que le diamètre de la goutte d'huile atteigne
le double de la longueur de son axe. Mais si l'on va au delà, la cohésion

cesse. la zone extérieure se détache et la goutte d'huile devient semblable à la planète Saturne.

Ceci démontre, ce qu'explique d'ailleurs la connaissance des lois naturelles. que la rotation des corps à l'état liquide modifie leur forme en raison de leur volume et de la vitesse de leur rotation. C'est ainsi que la terre revêt une forme qui se rapproche tellement de la forme globaire que son diamètre de l'un à l'autre pôle ne diffère que de $\frac{1}{300}$ du diamètre de l'équateur, différence qui, en tant que régulière, dépend uniquement de sa rotation. Mais elle n'est pas tout à fait régulière, et cela parce que la terre, pendant sa formation, étant molle. n'a pas subi seulement les effets de sa rotation. mais aussi l'influence d'autres corps, tels que les planètes, la lune et le soleil.

De ce qui précède, il résulte que le corps terrestre a été jadis liquide ou mou. c'est-à-dire plastique. Mais c'est là une hypothèse qu'il est impossible de démontrer. Notre connaissance de l'intérieur du globe date d'hier; elle est très-limitée. et nos suppositions seront d'autant plus vraisemblables qu'elles seront plus simples, qu'elles seront plus conformes aux lois qui ont de tout temps régi la nature.

Or. en consultant ces lois. nous trouvons qu'une très-grande quantité de substances terrestres démontrent d'une manière irréfutable l'existence d'une grande chaleur, capable d'opérer la fusion, et nous révèlent des couches de minéraux transformés par le feu, sur lesquelles s'étalent d'autres substances jadis en fusion. Nous sommes donc en droit d'avancer l'hypothèse que la terre fut jadis à l'état de fluidité ignée.

Ce fait une fois admis et s'il n'est démontré d'une manière absolue. il est cependant peu contestable), toutes les conséquences en découlent de la façon la plus naturelle. La terre a dû prendre la forme d'un globe et. par suite de la rotation. s'aplatir aux extrémités de son axe. que nous appelons les pôles. Dès lors. sans doute. la terre avait une atmosphère. mais probablement beaucoup plus étendue et tout autrement composée que l'atmosphère actuelle.

Peut-être que cette atmosphère se dessinait à la façon de celle des comètes; qu'elle avait des millions de lieues d'épaisseur et se composait surtout d'oxygène. auquel les métaux et les métalloïdes. ardents et en fusion. se seraient alliés de manière à former des terres 'oxydes métalliques,. des minéraux et des alcalis. à solidifier l'oxygène et à réduire de plus en plus l'immense enveloppe gazeuse du globe.

Il est impossible de déterminer la température de la terre en fusion. Toujours est-il que pour former la lave et les basaltes et fondre le granit, elle a dù atteindre aux environs de deux mille degrés au-dessus de zéro (1).

Il est impossible aussi de déterminer le temps qu'a duré cette température extraordinaire. Mais elle a dù diminuer par ce fait que la terre se meut (comme tous les corps célestes) dans un espace où règne une température très-basse (c'est-à-dire d'au moins 60 degrés au-dessous de zéro), et dans lequel sa chaleur se perd avec un rapidité d'autant plus vive que cette chaleur est plus intense. Nous pouvons observer tous les jours ce phénomène. Une bouilloire contenant de l'eau bouillante, n'étant plus chauffée par une lampe, perd ses dix premiers degrés de chaleur, de 100 à 90, dans le quart du temps qu'elle met à perdre le neuvième dixième, de 20 à 10.

L'atmosphère a dù avoir une influence active sur le refroidissement, par cela même que sa substance, qui est l'air, étant mobile, a dù sans cesse changer son point de contact avec la terre. Tous les corps liquides ont la propriété de se mettre en mouvement quand on les chauffe : les parties inférieures s'élèvent et prennent la place des parties plus froides; celles-ci descendent près du foyer, pour s'élever à leur tour à mesure qu'elles s'échauffent.

Évidemment, la couche d'air qui était la plus proche de la terre ardente a dù s'échauffer au contact et transporter cette chaleur dans des régions supérieures. Par cela même, il se fit, au-dessous, de la place pour l'air moins chaud et plus lourd, qui s'étendit sur la surface terrestre, s'y échauffa, suivit à son tour l'air chaud qui s'élevait, et ainsi de suite.

Mais la partie qui était parvenue aux régions les plus élevées que l'air puisse atteindre, — mais qu'il ne peut dépasser, parce qu'il est retenu par l'attraction prédominante de la terre, — se refroidit, projeta sa chaleur dans l'espace, retomba — trop lourde pour les hautes régions — et remplaça de nouvelles couches d'air chaud, qui, à leur tour, projetèrent dans l'espace un rayonnement nouveau.

De cette manière, le manteau d'air qui, dans son épaisseur primitive, n'étant pas transparent comme l'atmosphère actuelle et s'opposant par là à ce que le calorique de la terre se répandit directement dans le vide, eût dù concentrer la chaleur du globe terrestre, contribua au contraire lui-même à lui en enlever une bonne partie.

Ce refroidissement graduel de la terre dut donner à la surface terrestre une sorte de consistance pâteuse, car beaucoup de substances

---

(1) Les récentes recherches ont détruit les calculs fabuleux qui faisaient porter cette température à la chaleur de la fusion du fer et même à celle du four à porcelaine (6,000 et 20,000 degrés R.).

ne passent pas directement de l'état liquide à l'état solide, comme l'eau qui devient glace, mais traversent une phase intermédiaire dans laquelle elles peuvent être pétries, telles que le fer, la cire, etc.

Si l'on demandait le temps qu'il faut à ces transformations, qui donc oserait répondre? Un exemple nous permettra de juger du vague de ce problème : M. de Humboldt, après son voyage dans l'Amérique du Sud, publia des détails pleins d'intérêt au sujet du petit volcan Jorullo, qui avait surgi tout à coup en 1759. En quelques jours, il s'était dressé au milieu d'une plaine couverte d'une riche végétation tropicale, atteignant une hauteur de 1,550 pieds et vomissant des torrents de lave ardente.

Comme ce phénomène s'était produit au milieu d'un pays habité, on put observer le volcan, et l'on trouva que sa lave se refroidissait avec une extrême lenteur. Il lui fallut de longues années pour gagner un peu de consistance, c'est-à-dire pour devenir à moitié solide, puis sa surface se couvrit d'une croûte qui se fendit en plusieurs endroits et montra, à travers ses crevasses, la matière toujours à l'état de fluidité ignée. — Vingt ans après l'éruption, il en était encore ainsi; et M. de Humboldt, visitant le volcan au commencement de ce siècle, c'est-à-dire 44 ans après sa formation, vit la lave entre les fissures, non plus à l'état liquide, mais toujours ardente, au point qu'on y pouvait allumer un cigare. Il fallait même, afin de ne pas se brûler les mains en s'approchant, placer le cigare au bout d'une baguette fourchue. Pendant bien des années, on voyait la lave fumer encore, et 87 ans après l'éruption, en 1846. M. E. Schluder, visitant le volcan, vit la vapeur s'échapper de deux crevasses. Après bientôt un siècle, la matière n'était pas encore complétement refroidie.

Il résulte de cet exemple qu'un corps ardent, des trillions de fois plus grand que cette masse de lave, n'a pu qu'après des milliards d'années se refroidir assez pour permettre l'existence du règne animal ou végétal.

Le professeur Bischof, de Bonn, a fait, sur des boules de basalte de 2 pieds de diamètre, mises en fusion, le calcul du temps qu'il a fallu à la terre pour arriver à la température actuelle, et a trouvé comme résultat 555 millions d'années. Le temps où la terre sur toute sa surface, grâce à sa chaleur intérieure, possédait même aux pôles un climat tropical; le temps où vivaient sans l'action du soleil des éléphants, des rhinocéros, des mammouths; où des palmiers et des fougères arborescentes pouvaient exister dans les zones aujourd'hui glaciales; en un mot, l'époque de la formation houillère, est, d'après ce calcul, antérieure de 1,590,000 ans au temps présent.

Il reste à voir évidemment jusqu'à quel point on a pu éliminer de ce calcul l'influence de l'air atmosphérique, car la terre s'est refroidie dans le vide et la boule de basalte s'est refroidie dans l'air. Mais quoi qu'il en soit, le nombre d'années écoulées dépasse notre compréhension. Que sont du reste des millions d'années dans la carrière du monde? L'éphémère, s'il pouvait raisonner, dirait que la vie du hanneton dure éternellement. Que sommes-nous, faibles mortels, sinon des éphémères, en comparaison de la durée de l'univers!

Nous ne pouvons aborder ici la théorie du flux et du reflux; tout le monde sait que ces phénomènes sont le résultat de l'action du soleil et de la lune. Le soleil a vraisemblablement existé avant la terre; la lune s'est formée en même temps. Lorsque la terre était à l'état liquide, le flux et le reflux ont dû être plus puissants, puisque toutes les parties de la substance terrestre, et non pas la surface seulement, subissaient l'attraction de la lune et du soleil.

Ce mouvement universel a pu hâter beaucoup le refroidissement, puisqu'il amenait sans cesse à la surface de nouvelles parties du foyer intérieur, jusqu'à ce que toute la masse terrestre fût dans l'état où nous voyons le fer lorsque avec de grandes fourches on le retire de la fournaise pour l'étirer en barres sous le martinet de la forge : sans être en fusion, il est encore ardent, mou, plastique. De même, il a dû venir un moment où la surface de la terre commençait à se solidifier, où le noyau incandescent du globe était entouré d'une enveloppe encore ardente, mais déjà coagulée, se refroidissant d'autant plus vite qu'elle recevait moins de matières ardentes du foyer intérieur, tandis que celui-ci se refroidissait plus lentement qu'à l'époque où, étant liquide et tenu en mouvement par le flux et le reflux, il envoyait sans cesse de nouvelles matières à la surface.

Les lois de la nature permettent de déterminer par où la solidification a dû commencer. L'opinion d'après laquelle une ceinture solide se serait formée autour de l'équateur et de là se serait étendue de chaque côté a été pendant longtemps admise; mais la science la justifie moins que l'opinion contraire. La température primitive du globe terrestre, à l'époque où il n'était plus extensible à l'état liquide, mais déjà condensé à l'état de globe, a dû être la même sur tous les points; mais l'immense étendue de l'enveloppe gazeuse et la grande force centrifuge qui en résultait durent rendre son épaisseur très-inégale; la plus grande masse se porta vers l'équateur, forma un ellipsoïde dont les axes différaient beaucoup, c'est-à-dire que l'axe de l'équateur était le double de l'axe des pôles; ici l'enveloppe gazeuse avait moins de consistance qu'à l'équateur, et par suite le rayonnement de la chaleur

terrestre dans l'espace fut beaucoup plus fort aux pôles, de sorte que
là le refroidissement a dû s'opérer plus vite et la coagulation se
produire plus tôt.

Dans le globe à l'état liquide existaient tous les éléments voulus pour
les combinaisons chimiques. Il n'est guère contestable que le fluide
primitif, d'où le monde entier est issu, ne portât en lui les éléments
de tous les corps, ni que la force d'attraction et la pesanteur n'aient
suffi pour rendre possibles les combinaisons de ces éléments entre eux.
Dès lors, elles ont dû avoir lieu d'après les lois naturelles.

Les corps simples primitifs devaient être avant tout l'hydrogène,
l'oxygène, l'azote, le carbone, le silicium, le soufre, les métaux alcalins
et autres.

De ces substances naquirent, aussitôt que le rapprochement leur
permit de se combiner, les terres, les alcalis, les acides, et parmi
ceux-ci, en premier lieu, les acides silicique et carbonique; nous
voyons, en effet, les acides siliciques (silice, cristal de roche, sable,
topaze, améthyste) répandus en quantités extraordinaires dans le
granit et dans les autres roches primitives; nous trouvons, d'autre
part, l'acide carbonique dans les matières à base de chaux, c'est-à-dire
dans tous les calcaires, depuis la craie jusqu'à la pierre à chaux, ce qui
prouve autant leur nature primitive que leur abondance.

Il en est de même pour les alcalis. La soude et la potasse apparaissent
en quantités extraordinaires, quoique moins abondantes que la silice
et la chaux. L'argile et le talc sont des combinaisons extrêmement
répandues d'un métal avec l'oxygène.

Mais deux combinaisons surtout, l'une mécanique, l'autre chimique,
sont d'une importance énorme pour l'existence de la terre et son
habitabilité : le mélange de l'oxygène avec l'azote, formant l'air atmosphérique, et sa composition avec l'hydrogène, formant l'eau. Sans air
ni homme ni plante ne peuvent exister; sans eau, aucun des deux ne
peut vivre. Il fallait donc, pour que la terre fût habitable, que l'un et
l'autre préexistassent, et il est probable que ce qui subsiste de tous les
deux n'est plus qu'un faible reste de l'énorme quantité des époque,
primitives.

L'oxygène possède une affinité si prononcée pour les demi-métaux,
tels que le potassium, le sodium, le calcium, etc., et pour plusieurs
métaux proprement dits, qu'aucun de ces corps ne se rencontre
jamais dans la nature à l'état isolé, mais toujours combiné avec
l'oxygène; et quand, par un procédé chimique, on parvient à les
isoler, ils se combinent de nouveau avec une violence qui rend leur
conservation à l'état pur très-difficile. Ainsi, le potassium et le sodium

ne peuvent être maintenus à l'état métallique qu'à la condition d'être conservés dans un liquide qui ne contienne pas d'oxygène, comme, par exemple, le pétrole ou naphte; car si l'on expose ces corps à l'air atmosphérique, ils en absorbent tellement l'oxygène qu'il se produit du protoxyde de potassium et de sodium; le contact de l'eau amène une violente explosion et produit du feu et de la lumière; toutes les combinaisons de ce genre ont lieu d'une façon analogue, et il en résulte constamment un dégagement considérable de chaleur. Ceci est prouvé et suffirait même, à défaut de la condensation de la matière, pour embraser et mettre en fusion les éléments constituants des corps lorsqu'il s'opère un contact, et peut-être pour produire la chaleur de l'or en ébullition. De là résulte nécessairement une température excessivement élevée et également durable du globe terrestre, parce que les différents corps qui se combinaient, qui s'oxydaient (ce qui est une véritable combustion), n'ont pu le faire tous à la fois, mais successivement, prolongeant ainsi la durée de la température élevée. Ce sont aussi ces combinaisons qui expliquent cette circonstance qui fait que nous trouvons les terres réfractaires à l'état de fusion. Au moment de leur formation (*status nascens,* comme disent les chimistes), elles ont, par le fait de ces combinaisons, passé à l'état de fusion, et la chaleur du foyer central les y a maintenues pendant un certain temps, tandis qu'elles-mêmes perpétuaient l'état ardent de ces couches intérieures.

Le noyau de la terre pourrait bien contenir des métaux, puisqu'il est de principe que les substances les plus pesantes se réunissent autour du centre de la force d'attraction. Peut-être la partie la plus centrale de la terre se compose-t-elle exclusivement de platine et d'or, au-dessus desquels seront venus se placer ensuite les autres métaux pesants, que les mouvements du flux et du reflux auront mêlés en couches diverses. Sur ce noyau liquide se seront déposés, en forme également liquide, les minéraux plus légers, parmi lesquels prédominaient la silice, la chaux, l'alumine, la potasse, la soude : la silice seule formant 70 p. c. de la masse de la terre, l'alumine 16 p. c., la potasse de 5 à 6, et la soude 5 (1); le talc, le calcaire, le manganèse, etc., formant le reste.

Nous nous trouvons ici en présence des combinaisons primaires. Les combinaisons secondaires vont en résulter. Un corps simple se combinant avec l'oxygène produit un alcali, une terre, un acide; les combinaisons d'alcalis avec les acides ou avec les terres produisent les sels. La combinaison de l'acide silicique avec un alcali engendre le plus abondant de tous les sels, le silicate, espèce de *verre* que l'on produit artificielle-

(1) Burmeister, *Histoire de la création,* 8ᵉ édition, Leipsick, 1854.

ment pour les besoins de l'industrie. Ainsi, tous les verres manufacturés, depuis les bouteilles communes jusqu'aux glaces les plus unies, sont des silicates parfaitement clairs, transparents et incolores, lorsqu'ils sont tout à fait purs, mais auxquels on donne toutes les couleurs à l'aide d'oxydes métalliques; le rouge, à l'aide du cuivre et de l'or; le jaune, par l'argent et l'antimoine; le bleu, par le cobalt; le violet, par le manganèse; le vert, le brun ou le noir, à l'aide du fer; le rouge d'hyacinthe, par le nickel; l'orange, par l'antimoine et le minium, etc. Quelques-unes de ces combinaisons ne s'obtiennent qu'artificiellement, mais la nature en a créé un grand nombre en rapprochant les silicates simples des oxydes métalliques et en les combinant dans une fusion ardente. La plupart des pierres demi-fines se sont formées de cette manière.

Du moment que la pesanteur spécifique des corps détermine leurs gisements, il est naturel que les plus lourds se soient placés aux couches inférieures, les oxydes métalliques les plus pesants, après les métaux eux-mêmes; tandis que les combinaisons plus légères, les silicates plus ou moins mélangés d'oxydes colorants, restèrent au-dessus et se combinèrent de nouveau entre elles, leur pesanteur spécifique ne différant pas assez pour leur permettre de s'enfoncer perpendiculairement dans la masse visqueuse du globe en fusion.

Ce furent principalement deux combinaisons de silice avec l'alumine et les alcalis qui prévalurent, et que nous retrouvons en quantités énormes : le feldspath et le mica, qui sont tous les deux des mélanges de silicate d'alumine avec du silicate de potasse, sauf cette différence que dans le mica l'alumine est en proportion quadruple. Les deux silicates subissent des combinaisons très-nombreuses entre eux, ainsi qu'avec la silice pure, le quartz, et forment ainsi la roche primitive, au delà de laquelle nous ne connaissons plus rien des formations intérieures de la terre, en dehors de ce que nous révèlent la lave, le basalte et les autres roches volcaniques.

Le mélange de ces substances s'appelle du granit, et il en existe de nombreuses variétés, qui se distinguent par la coloration du feldspath et du mica, comme par la grossièreté ou la finesse de leur grain. La texture du granit annonce qu'il ne s'est pas opéré ici de combinaison chimique, mais que les différents silicates se sont mélangés par parcelles de la grosseur d'un pois, ou plus ou moins grandes, ce qui fait que l'on peut parfaitement distinguer le granit très-grenu du granit le plus fin, et établir ainsi un caractère distinctif pour cette substance.

Une roche qui offre beaucoup d'analogie avec le granit est le gneiss (*gneus*). Il se compose des mêmes substances; seulement ses parties intégrantes ont acquis par l'agglomération une grande finesse, et comme le mica y domine, cette roche conserve un aspect schisteux, et, sans pouvoir se fendre par grandes lames, offre d'innombrables feuillets micacés.

Selon que le feldspath est coloré, les roches dont il constitue l'élément principal ont aussi leurs couleurs. Dans le granit gris, le feldspath est blanc, le quartz, comme toujours, transparent, le mica noir. Dans le granit bleuâtre, les grains sont plus petits, de telle sorte que le mica brille à travers le feldspath. Dans le granit rouge, rougeâtre et brun, le feldspath redevient l'élément principal, le mica y paraît en brun, mais toujours fort brillant, tellement que le vulgaire y voit un métal (or de chat, argent de chat).

Un autre mélange analogue est la syénite, dans laquelle au granit se mêle l'amphibole, ou roche de corne striée (*hornblende*), qui parfois la compose toute seule avec le feldspath.

Cette indication sommaire prouve combien les combinaisons sont simples ; elles se forment d'une couple de terres, de quelques alcalis et de quelques acides, qui se reproduisent de nouveau sous d'autres formes, partout mis en fusion par une température élevée, et se transformant par la solidification en un corps demi-cristallin.

Si nous avons cherché déjà au pôle le commencement de la solidification graduelle, nous avons simplement voulu dire qu'il s'y est formé des couches solides, d'une dimension plus ou moins grande, flottant sur le globe en fusion. Celui-ci subissait un flux et un reflux plus puissant et plus profond que le globe actuel, et à sa surface agissait un courant analogue à celui du globe aqueux auquel il s'est par degrés réduit.

Le courant qui, à la surface, se dirigeait sans cesse du pôle à l'équateur, tandis qu'à l'intérieur il se dirigeait du centre vers les périphéries polaires, devait nécessairement pousser vers l'équateur les couches de minéraux solidifiées, qui flottaient sur la masse en fusion comme le plomb sur le vif-argent. Par là, bien des fragments ont pu être fondus de nouveau et se perdre dans le mélange de toute la masse intérieure ; d'autres finirent par se porter à l'équateur et par s'y ajouter à la masse qui s'y trouvait déjà ; à ces parties il s'en joignit d'autres encore, et une enveloppe de plus en plus compacte, à demi coagulée, à demi mobile, se forma des combinaisons de silice, d'alumine et de chaux avec les alcalis qui furent les premiers solides dont se couvrit la surface de la terre.

Dans cette période de coagulation, nous avons à compter de nouveau des millions de révolutions du corps terrestre autour de la masse centrale, que nous appelons maintenant soleil, mais qui, à cette époque, ne donnait ni lumière ni chaleur, et se bornait à attirer et à diriger le mouvement. Mais il nous faut répéter à ce propos que le temps n'est rien pour la création du monde, pas plus que pour l'éternité, et qu'une durée de 500 millions d'années n'est pas une raison de contester la justesse de nos hypothèses.

A mesure que s'opérait le refroidissement, que l'enveloppe, solide ou ne l'étant qu'à moitié, devenait plus compacte, elle a pu entraver en partie le mouvement des masses liquides restantes et beaucoup plus considérables, et même les repousser vers les zones polaires, de telle sorte que la terre perdit quelque peu de sa proéminence autour de l'équateur, et fut amenée à sa forme actuelle : ou bien, la force centrifuge n'étant pas trop forte pour cette dernière, il a pu s'opérer un autre phénomène. La ceinture de corps solides qui entourait l'équateur a dû, en tout cas, se resserrer sous l'empire du refroidissement (1); si, autour du noyau liquide, il s'est formé une croûte qui se refroidissait et se contractait sans cesse, sans que le noyau pût céder, ni se comprimer dans un plus étroit espace, cette croûte a dû se soulever, se rompre et se fendre sur une grande étendue.

Qui sait quelles catastrophes surgirent de ce phénomène, des catastrophes auprès desquelles nos orages, nos éruptions volcaniques, ne sont que des feux d'artifice ! mais l'existence de ces déchirements et de ces cataclysmes, l'éruption de masses considérables par les fentes de la première écorce solide de la surface terrestre, est certaine; la preuve en est écrite dans les archives du monde primitif; nous la retrouvons à chaque pas dans les montagnes, et il est impossible de contester la vérité de ces bouleversements terribles.

Jusqu'au moment où l'eau passa à l'état liquide, elle ne pouvait guère concourir aux modifications de l'écorce terrestre, puisqu'elle se trouvait suspendue dans l'atmosphère à l'état de vapeur ; son passage à l'état liquide fut l'effet de la température. Non point parce que l'eau ne devient liquide qu'à 80 degrés Réaumur ou moins : sous une pression suffisante, nous savons qu'elle reste liquide même à plusieurs centaines de degrés : seulement, un certain abaissement de la température est toujours nécessaire à la pression; il a donc fallu que le globe se fût considérablement refroidi avant d'en arriver à une température par laquelle l'eau devient liquide, avec une pression 100 fois plus forte peut-être que celle qu'elle subit aujourd'hui. Mais dès lors l'eau a dû grandement accélérer le refroidissement. Il est clair que chaque goutte

(1) Les liquides ne se laissent pas comprimer. Leur compression fait éclater le vase qui les renferme.

qui s'est formée, venant en contact avec le sol encore ardent, s'est évaporée comme sur une pierre brûlante; seulement, la pierre n'accomplit pas cette opération sans perdre en même temps de sa chaleur. Les 460 degrés que la pierre brûlante communique à l'eau pour la transformer en vapeur, diminuent d'autant la sienne propre. L'eau s'échappe à l'état gazeux, puis elle se refroidit dans des régions plus élevées et retombe à l'état liquide, s'évapore de nouveau sur la roche ardente, et lui enlève une nouvelle partie de sa chaleur.

Dès que le globe est assez refroidi pour que l'eau, sous la pression de plusieurs centaines d'atmosphères, puisse exister et l'envelopper (à une chaleur de plusieurs fois cent degrés), l'action dissolvante de l'eau doit se manifester et détacher des masses infinies de substances pour les entraîner dans son sein, formant peu à peu un océan de glutens minéraux plutôt qu'un océan d'eau, incapable d'opérer un dépôt, à cause de son ébullition et de son tourbillonnement continuel. Car, lors même qu'il s'est établi, entre la température et la pression de l'air, un équilibre qui permette à l'eau d'exister, le globe ardent et l'eau en ébullition absorbent l'oxygène de l'air, indispensable à une infinité de combinaisons, et dont la diminution amène avec elle une diminution de pression, ayant pour résultat l'évaporation d'une partie de l'élément liquide; jusqu'à ce que la vapeur de l'eau remplace la pression de l'air, et qu'ainsi ait lieu un nouveau refroidissement du globe terrestre.

Toutes les substances dont se composait la surface à moitié coagulée, rendues solubles dans l'eau à l'aide des alcalis et de l'acide carbonique, ont dû rester plongées, jusqu'à saturation complète, dans la mer primitive, qui a dû être un liquide silicé, une eau vitreuse; mais comme ses propriétés dissolvantes ont dû diminuer avec la chaleur qui s'abaissait sans cesse, une conséquence nécessaire du refroidissement a été de déposer les corps dissous antérieurement, et ce sont ceux-là que nous trouvons répandus sur la surface du globe; ils constituent les premières formations neptuniennes, appelées roches sédimentaires.

Ainsi s'expliquent de la façon la plus complète les formations silicées et argileuses. L'acide silicique se sépare de ses éléments alcalins par l'action de l'eau; il est soluble dans celle-ci, tandis que l'alumine, quoique insoluble, se divise à tel point qu'elle flotte dans l'eau à l'état de nuage, s'en sépare à l'état de limon, et se solidifie par l'évaporation de l'eau. Il est beaucoup plus difficile d'expliquer l'existence de la chaux carbonatée, attendu que cette combinaison n'est guère soluble dans l'eau, et n'est pas fusible, si ce n'est dans un espace hermétiquement fermé, et sous une très-forte pression. En admettant que cette pression ait été exercée jadis par l'atmosphère, alors, dans ce foyer ardent, la chaux carbonatée aurait pris la texture cristalline, et se serait solidifiée à l'état de marbre, tandis qu'ordinairement on la rencontre très-peu grenue, sans la moindre trace de cristallisation, ferme, disposée par couches très-étendues, minces et fendillées à la façon du schiste, dénotant que les eaux l'ont déposée à des époques différentes.

Toutefois un grand excédant d'acide carbonique rend la chaux soluble dans l'eau, et la diminution de cet acide aurait pu l'y faire précipiter comme le sel dans les sources bouillantes. Seulement, cette opinion n'est guère admissible ; car, à la diminution de la chaleur, qui se poursuit sans relâche, se rattache nécessairement une augmentation d'eau, de celle que la chaleur a transformée en vapeur et qui retombe à l'état liquide, grâce à l'abaissement de la température. Tout cela aidant, l'eau devait augmenter, et la solution, au lieu de se concentrer, se diluer davantage.

Il ne nous reste, pour sortir de cette difficulté, qu'à recourir aux renseignements que nous fournissent les êtres organisés. Quoi que nous fassions, nous autres pauvres mortels, le commencement et l'origine des êtres organisés restent pour nous un mystère. Ils existent ; mais d'où sont-ils venus? C'est là un problème qu'il ne nous est pas donné de résoudre. Nous nous trouvons arrêtés par la *generatio æquivoca*, telle que nous la trouvons dans la moisissure du pain, dans les infusoires. Des plantes et des animaux organisés se présentent à nous soudain, sans que nous sachions d'où ils viennent : dès qu'ils ont apparu, ils se propagent de la manière que chacun sait, soit par génération proprement dite, soit par *bourgeons,* celui-ci étant le mode ordinaire parmi les êtres de l'ordre le plus infime. — Dans tous ces mystères primitifs, un mot nous arrête et se dresse devant nous, le *fiat* du Créateur. Nous avons pu suivre avec quelque certitude la succession des planètes et de la terre, mais l'origine du fluide primitif d'où le monde a surgi nous est inconnue; nous ne la connaîtrons jamais : de même, nous pouvons remonter l'échelle des minéraux, des plantes et des animaux, mais leur origine est au delà de nos moyens d'investigation, et nous devons nous contenter d'étudier leurs commencements.

Nous voyons des plantes marines, telles que les algues et les fucoïdes, se présenter en foule; nous trouvons leurs empreintes sur les dépôts calcaires dont nous ne pouvions pas nous expliquer la formation : à l'aide de ces plantes, nous allons y parvenir. Nous savons que, pour vivre, elles ont dû consommer une grande partie de carbone. Et où donc pouvaient elles le puiser, si ce n'est dans l'air ou dans l'eau qui leur servait de séjour? S'il en est ainsi, l'eau a dû perdre une grande quantité de cette force qui dissolvait les minéraux : le calcaire a pu se précipiter et enfouir dans son sein les témoins de son origine, les causes de sa transformation, les premières plantes.

Ces premières plantes, les plus frêles de toutes, sont les algues et les fucus ou varechs. Les premières sont des plantes d'eau douce, les autres des plantes marines ; elles offrent de grandes analogies, mais les algues sont de beaucoup plus frêles. De nombreux filaments très-minces partent d'un point central comme la figure ci-dessous.

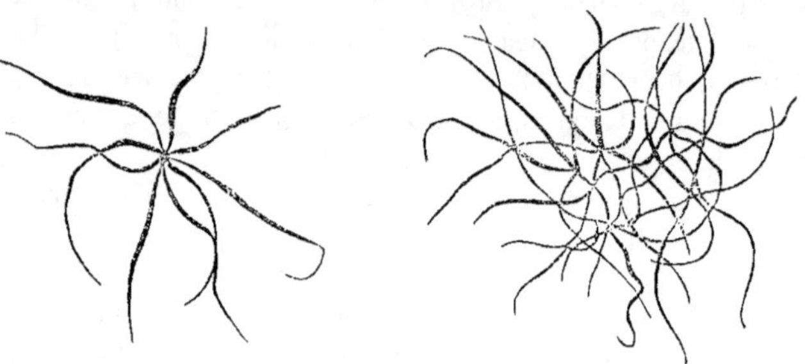

Aussitôt que plusieurs plantes de ce genre se rassemblent, comme dans la deuxième figure (1), il se forme une espèce de tissu, une sorte de limon glutineux, demi-transparent, qui, examiné au microscope, se divise en une quantité de filaments invisibles à l'œil nu.

Les fucus que la mer renferme en quantités innombrables sont beaucoup plus vigoureux et plus solides. Les plus petits ont la forme que montre la figure ci-après, qui est la copie d'un fossile trouvé

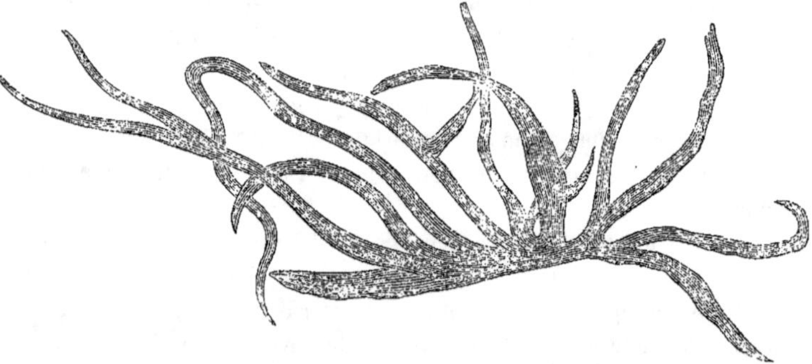

dans le grès calcaire de New-York. Ici ce ne sont plus des filaments,

(1) Toutes deux sont dans des proportions fort grossies.

mais des bandes qui partent d'un seul point, autour duquel elles rayonnent. Ce sont toujours des plantes extrêmement simples, des cellules accolées, sans racines, mais formant dans la mer, par leur accumulation, un tissu serré qu'un navire a parfois quelque peine à traverser.

Les commencements de la vie animale, telle que nous la retrouvons dans les pétrifications du monde primitif, et encore actuellement dans les infusoires, offrent une simplicité analogue. Le groupe ci-dessous de

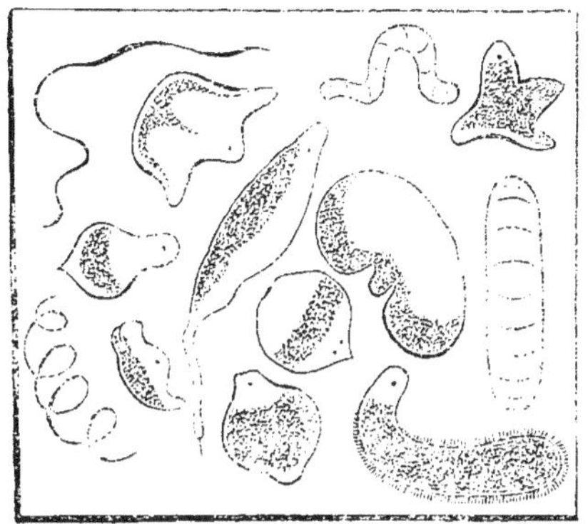

créatures invisibles à l'œil nu appartient à ce degré infime de l'échelle organique. Quand le vinaigre est exposé pendant quelque temps à l'air, il s'y forme des animalcules, des infusoires, pareils aux filaments dessinés dans les angles de gauche de la planche ci-dessus. Les autres appartiennent à l'espèce de l'*euglena viridis*, un infusoire qui revêt successivement toutes les formes représentées dans ce dessin, non pas dans un ordre déterminé, comme la larve, qui devient d'abord chenille, puis chrysalide et enfin papillon, mais sans aucune succession régulière de ces différentes métamorphoses.

Quand on voit le règne animal et le règne végétal ramenés à cette simplicité primitive, on doit considérer déjà comme des êtres organisés d'une façon plus parfaite, ceux dont on a retrouvé, dans le calcaire ou dans le schiste, les coquilles et les carapaces.

Ces traces d'une existence végétale et animale se présentent dans toutes les roches sédimentaires, depuis le schiste argileux jusqu'au *zechstein* ou calcaire du terrain pénéen; dans les roches primitives, au contraire, nous n'en découvrons aucun vestige, preuve que celles-ci datent de l'époque où, par suite de la haute température de la terre, l'existence d'êtres organisés n'était pas possible. Entre la formation des sédiments argileux et siliceux, et la formation des sédiments calcaires, il a pu, il a dû même se passer des millions d'années. Car d'abord, avant la formation du sable et de l'argile primitifs, la mer était une vase épaisse dans laquelle aucun animal n'a pu vivre; en second lieu, elle était d'une température tellement élevée, que toute existence organique s'en trouvait exclue, à moins que les plantes et les animaux de cette époque ne fussent organisés d'une façon toute différente; les animaux n'auraient pu être composés en majeure partie d'albumine, puisque celle-ci se coagule à 60° Réaumur; les plantes sont organisées plus délicatement encore, puisqu'elles meurent quand on les arrose d'eau chauffée à 55 degrés.

De plus, cette mer limoneuse suivait un mouvement perpétuel de flux et de reflux : à la surface, de l'équateur aux pôles; au fond, des pôles à l'équateur; et ce n'est qu'après l'abaissement de la température que l'on peut songer au dépôt de la première masse minérale, dont la température n'admet pas encore l'existence d'êtres organisés. Et avant que la température de la terre fût descendue à 50 degrés, que de siècles ont dû s'écouler !

Quand, plus tard, le carbonate de chaux se déposa de la manière indiquée, le sulfate de chaux, le phosphate de chaux et le spath fusible ou fluorure de calcium ont pu très-bien se former et se précipiter avec lui, ce qui était indispensable à la formation du règne animal; car il était impossible aux animaux de vivre au milieu des vapeurs hydrofluatées, phosphoriques et sulfureuses, et ces substances devaient exister dans le fluide gazeux qui enveloppait la terre, puisque nous les retrouvons dans les minéraux de l'écorce du globe; tandis que dans ses profondeurs, en tant que nous les connaissons par les éruptions volcaniques, elles n'existent plus, à l'exception du soufre.

Cet autre fait, que toutes les roches sédimentaires se retrouvent dans toutes les zones, dans toutes les régions, à toutes les hauteurs, nous apprend en outre que la cause créatrice existait partout, que la mer, au sein de laquelle les minéraux se sont déposés, couvrait tout le globe terrestre.

Qu'on ne se méprenne pas ici sur nos opinions. Nous ne prétendons pas que les plus hautes cimes des Cordillères, des Alpes ou de l'Himalaya aient été recouvertes par la mer; nous disons que la mer entourait d'une façon égale, à une hauteur de deux mille pieds environ, la surface à peu près plane de tout le globe terrestre, à peine sorti de son état de fusion. Avant que l'eau pût se rassembler en grandes masses et couvrir de vastes contrées, il fallait qu'il y eût eu un repos, que les forces actives de la nature eussent pu prendre haleine, qu'il y eût

eu. — non pas un arrêt, car il n'y en a pas dans l'œuvre de la nature,
— mais une pause, dans laquelle eussent agi d'autres influences que les
fureurs du feu.

C'est pendant ce repos que l'eau a dû se précipiter de l'atmosphère
compacte et surchargée, plus compacte que le plus épais brouillard
anglais, interceptant les rayons et la lumière du soleil, si le soleil
existait déjà comme source de lumière et de chaleur; c'est alors que
toutes les matières solubles ont dû descendre de l'air dans l'eau, qui
garda dans son sein les parties solubles des masses qui formaient son
lit, aussi longtemps que le foyer intérieur les mit en ébullition, mais
qui les déposa aussitôt que la température se fut assez abaissée pour
que l'ébullition eût cessé d'avoir lieu.

Les roches sédimentaires, abandonnées par les eaux, ont dû être
pendant des milliers d'années molles et plastiques; il y eut des couches
entières, soulevées par des bulles de gaz de plusieurs milliers de milles
cubes de contenance, telles que l'intérieur de la terre en pouvait
aisément contenir; ailleurs, des enfoncements d'autres couches, par
l'explosion de ces bulles, qui venaient se vider à la surface, ce qui
explique les premiers soulèvements et les abîmes au fond des mers.
Mais ces phénomènes n'auraient pu se produire de cette façon, une
fois les roches de sédiment devenues solides. Telles que nous les
voyons devant nous, en pente douce, courbées et recourbées, ondulant

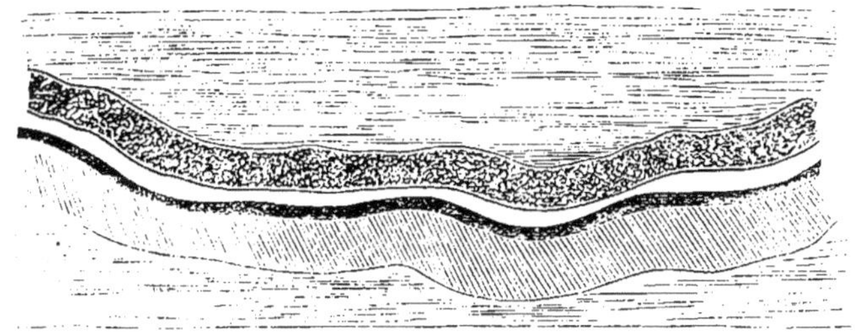

sans rupture et sans éclats, les stratifications n'ont pu se former à l'état
solide. Comme nous retrouvons fréquemment ces dispositions du
calcaire, du grès et du schiste, primitivement horizontaux, nous
sommes forcés d'admettre que ces roches y ont été amenées par une
pression subie à l'état plastique, tandis qu'on n'oserait en dire autant
pour les déplacements indiqués sur la planche suivante. Là, les angles,
les côtés, les déchirures, les cassures, sont trop bien indiqués (1) pour

<hr>

(1) Cette planche représente la coupe de la houillère de la Vieille Pompe, département de Saône-et-Loire, en France.

qu'il soit possible de douter qu'ils aient été le produit de soulèvements survenus quand l'écorce terrestre était arrivée à l'état solide.

Les premières transformations de la surface de la terre eurent donc lieu pendant l'état encore malléable des masses sédimentaires, auxquelles, même lorsqu'elles sont tout à fait privées d'argile, on ne peut contester une certaine plasticité, moins grande, il est vrai, que celle de l'argile. Chacun se rappelle assez les jeux de son enfance pour savoir que l'on peut donner toutes les formes au sable mouillé, et cette propriété est d'un grand secours aux mouleurs dans les fonderies de métaux.

Ces transformations survenues à la surface ont dû créer des montagnes et des vallées sous-marines ; mais la mer, qui nivelle tout, n'en a trouvé que plus d'occasions de ressaisir les substances qu'elle avait déposées ; et là où les soulèvements furent assez forts pour atteindre la surface, là où ils se rattachaient à une éruption surgissant du fond jusqu'à l'extérieur, cet effet dut se produire à un degré plus élevé, l'air opérant une décomposition à mesure que l'eau entraînait les corps, ou celle-ci engloutissant de nouvelles substances, qu'elle mêlait aux masses sédimentaires.

La preuve de l'immense développement de la surface plane de la terre résulte des dépôts sédimentaires qui s'étendent sur un espace de plusieurs centaines de mille lieues carrées, en couches horizontales ou à peu près, sans avoir été troublés, si ce n'est çà et là, par des influences souterraines. On rencontre ces vastes couches dans le nord de l'Afrique, de l'Asie et de l'Amérique.

Mais il va de soi que les soulèvements ont dû entraîner après eux des excavations ; par cela seul que certains points étaient plus élevés, d'autres devaient être d'autant plus bas. A mesure que la formation de la terre se poursuit, les soulèvements se succèdent les uns aux autres ; après les îles isolées viennent des archipels ; ceux-ci se rattachent par des langues de terre et forment un continent, et, en dernier résultat, les premières îles sont devenues des monts, et les groupes d'îles des chaînes de montagnes.

L'élévation de [illegible] restes [illegible] ne sera naturellement pas uniforme. — L'[illegible] d'un continent qui se forme, plus malléable que les parties depuis longtemps [illegible], solidifiées et résistantes des contrées [illegible], s'élèvera plus haut que les parties englobées; c'est ainsi que se forment les plateaux et les plaines basses, les chaînes de collines qui ondulent [illegible] un pays plat, lequel, maintenu sous l'eau tandis que les [illegible] font, a dû conserver des restes de la mer primitive, devenue [illegible] définitivement, une mer fermée, comme la mer Caspienne et la mer d'Aral, en Asie, ou le lac Salé d'Amérique.

[illegible] établies, la mer se trouve chassée de son domaine [illegible] dans les plus vastes profondeurs, et, relativement [illegible] elle va [illegible] avec plus de force et travailler à la con[illegible] [illegible] tandis que la terre, délivrée de l'action des vagues, [illegible] de ses transformations, sous l'influence [illegible].

[illegible] d'une atmosphère aussi épaisse, aussi dense, ont [illegible] plus [illegible] et plus terribles que celles dont nous [illegible] les témoins. [illegible] précipités ont dû remplir les [illegible] de la [illegible] un réseau de fleuves [illegible] sur la [illegible] terrestre qu'[illegible] l'Océan; [illegible] par [illegible] [illegible] et [illegible] par [illegible] les [illegible] stériles en métaux [illegible], que les pluies [illegible] transportaient dans les plaines et les [illegible], disposer [illegible] le sol en devenant [illegible] les plantes, nourriture du règne [illegible].

C'est ainsi que, par [illegible] de ces [illegible] causes, [illegible] d'abord les roches primitives, toutes [illegible] et mises en fusion; [illegible] ensuite vinrent les [illegible] de la mer et puis ceux des eaux [illegible] [illegible] qui se sont [illegible] à la [illegible] [illegible] [illegible] [illegible] [illegible] [illegible] [illegible] [illegible] [illegible] [illegible] [illegible] déposés par la mer. [illegible] [illegible] [illegible] [illegible].

[illegible]
[illegible]
[illegible]
[illegible]
[illegible]
[illegible]
[illegible]

DEUXIÈME PÉRIODE.

POPULATION DU GLOBE TERRESTRE.

Imperfection des sens humains. — Histoire fabuleuse de la terre. — Fossiles. — Opinions diverses sur l'origine de l'organisme. — Affinité des diverses substances. — Règne inorganique. — Organique. — Transformation de la matière. — Croissance. — La vie, la mort. — Valeur de la forme. — Endosmose. — Fonctions de la vie. — Homunculus. — Propagation. — Origine primitive. — Marche de l'organisation. Création primitive. — Les premières plantes. — Zoophytes. — Lithophytes. — Différences entre les animaux et les plantes.

Le tableau très-incomplet que nous pouvons nous tracer de l'origine de la surface terrestre comprend l'incommensurable durée des temps, depuis que la terre surgit à l'état de corps distinct ou séparé, en globe de vapeur, jusqu'au jour où elle revêtit sa forme définitive et devint habitable. Ce que nous disons de cette période infinie n'est pas, pour nous, à l'état de science, mais d'hypothèse ou de rêve. Ce que nous croyons être arrivé serait conforme aux lois de la nature, telles qu'elles ont existé de tout temps; mais il n'est pas dit que ce soit arrivé précisément ainsi, car, très-probablement, nous ne connaissons pas toutes les lois de la nature; le sens nous manque même pour la perception d'un grand nombre de faits; nous le prouverons par un exemple.

Nous voyons le chien, le cheval courir, et le limaçon ramper; le sens de la vue perçoit le mouvement du cheval et du limaçon; il ne perçoit plus celui de l'éclair : il est trop rapide. Il ne perçoit pas davantage le mouvement de la croissance des plantes : il est trop lent.

Une courge plantée dans un bon terrain, bien exposée au soleil et convenablement arrosée, produit en trois mois dix tiges, au moins, de 50 pieds de longueur. Une de ces tiges pousse en un jour de six pouces au moins; mais nous ne nous en apercevons pas : nous constatons l'effet, nous ne le voyons pas se produire.

De même, nous ne sentons pas le mouvement de rotation de la terre et sa course dans son orbite. L'un et l'autre pourtant existent; il est même constaté que la terre éprouve des oscillations dans sa marche. Or, nous avons le sens des cahots d'une voiture qui nous fait faire deux lieues à l'heure, mais nous ne sentons pas les ébranlements de ce grand véhicule dont nous occupons l'impériale, qui s'appelle la terre et qui nous fait parcourir 28,000 lieues en une heure!

Jusque-là nous ne constatons que l'imperfection des sens; mais il est des phénomènes pour la perception desquels ils nous font entièrement défaut. Comment savons-nous si une barre d'acier ou de fer est aimantée ou non? Nous ne pouvons le reconnaître ni à la vue, ni à l'ouïe, ni au goût, ni à l'odorat, ni au toucher. L'acier aimanté est aussi poli et aussi dur que l'acier ordinaire; il n'est ni plus long, ni plus court; il a exactement le même son: pour découvrir s'il est aimanté, il nous faut faire une expérience, sans laquelle l'homme au sens le plus délicat est hors d'état de découvrir les propriétés magnétiques de la substance. Mieux que cela, tout en connaissant l'attraction magnétique, on est resté vingt siècles avant de découvrir celle des propriétés de l'aiguille aimantée qui fait qu'elle se dirige du sud au nord.

Une autre force de la nature, force agissant partout et déterminant les phénomènes les plus importants, est restée, par suite de cette absence de facultés, complétement ignorée jusqu'à nos jours. Nous voulons parler du rapport intime qui existe entre la chaleur, l'électricité et le magnétisme, rapport en vertu duquel l'une de ces forces peut remplacer et produire l'autre. Ce ne fut qu'en 1819 et 1820 que le hasard fit découvrir à OErsted l'électro-magnétisme et qu'un travail assidu amena Seebeck à trouver le thermo-magnétisme; et pourtant ces deux forces de la nature ont agi sans interruption dans l'univers, et avec une telle puissance qu'un savant naturaliste, le professeur Pohl, veut en faire aujourd'hui la force qui règle le mouvement de la terre et des corps célestes.

Du moment que nul n'est à même de distinguer par les sens d'un fil ordinaire et indifférent le fil que parcourt le plus puissant courant galvanique; quand nul ne peut, sans faire une expérience, découvrir l'action magnétique d'un appareil thermo-électrique; quand, en dehors de ces propriétés cachées, des lois suprêmes, comme celles de la pesanteur et de la gravitation universelle, inscrites au firmament en lettres de feu, ont dû attendre Galilée et Newton pour être révélées, alors que chacun sent leurs effets, et que depuis l'origine du monde les savants en recherchaient le mystère, — nous n'avons plus le droit de nous étonner d'apprendre qu'il est très-possible que nous ne connaissions pas encore toutes les lois de la nature, que nous en découvrions un jour de nouvelles, qui nous dévoileront de profondes erreurs dans bien des systèmes adoptés aujourd'hui.

Il nous faut donc renoncer à poser une base positive et certaine de la formation du globe terrestre, et nous contenter de ce qui nous paraît probable et admissible.

Parcourant le domaine des mythes, il nous faut dégager le vrai du faux, dépouiller la fiction de son plus bel ornement, de ce qu'elle offre de plus séduisant, la poésie. Dans l'histoire primitive de l'humanité, la légende se lie aux faits d'une manière si étroite qu'il est presque impossible d'arriver à la découverte de la vérité.

Pour l'étude de l'histoire du monde moderne, nous avons des documents innombrables, d'où les faits découlent avec une incontestable certitude.

Si ce que nous avons raconté jusqu'à présent est l'histoire fabuleuse de la terre, l'histoire ancienne entremêlée de mythes, comme l'histoire grecque avec ses Argonautes et son siége de Troie, comme l'histoire romaine avec le fils de Mars et la céleste amie de Numa, — ce que nous abordons en ce moment sera l'histoire du moyen âge du monde. Nous n'écrirons pas celle-ci comme on écrit l'histoire moderne du genre humain, avec des extraits de journaux ; nous chercherons nos renseignements dans les archives. Ces dépôts sont immenses, et il se peut très-bien que nous négligions une foule d'éléments dans cet inappréciable trésor, enfoui dans les profondeurs du sol, dans les vastes terrains des plateaux et dans les pics géants des Alpes. Toujours chercherons-nous à réunir les éléments les plus importants et les plus certains, pour retracer avec toute la clarté possible les époques les plus frappantes des annales du globe.

Dans les innombrables pétrifications d'êtres créés, les uns analogues à ceux qui existent, les autres tout à fait différents, nous trouvons la preuve bien établie de tout un monde animal et végétal disparu.

C'est un grand problème que celui-ci : D'où sont venus ces animaux? Comment sont-ils nés? Répondre que Dieu les a créés en quelque sorte par un caprice de sa toute-puissance est une solution peu satisfaisante et peu digne. L'Être Suprême qui a façonné le système solaire et la voie lactée ne peut être descendu jusqu'à modeler de l'argile, jusqu'à fabriquer des modèles d'animaux, les faire promener par la terre et, les trouvant mal faits, en refaire de plus convenables.

Toute l'étendue de ce que nous appelons l'univers, — quoique l'idée incommensurable qu'exprime ce mot soit au-dessus de notre compréhension, — a été construite, ordonnée, régie en vertu de lois éternelles et permanentes auxquelles il n'y a pas d'exception. Mais l'homme a pris l'habitude de traiter d'impossible ce qu'il ne peut concevoir, parce qu'il s'est posé comme le type de toutes choses. Cette prétention est aussi folle qu'inadmissible, même quand elle est formulée par des savants illustres.

L'auteur se rappelle avoir trouvé dans un ouvrage aux allures scientifiques, publié en 1854, que Dieu, dans les temps primitifs, a développé avec excès la végétation du globe, « afin d'en faire de la houille et du lignite, parce qu'il avait prévu, dans sa sagesse, que l'homme n'aurait pas soin de conserver les forêts et qu'il viendrait un jour à manquer de bois. »

Cette théorie, sérieusement formulée, est néanmoins d'un haut comique. Elle vous amène tout naturellement à vous demander : Pourquoi Dieu, prévoyant la folie de l'homme, ne l'a-t-il pas plutôt créé sage que de laisser périr les 99 centièmes de la végétation primitive, pour en réserver un centième tout au plus, afin de chauffer nos poêles et alimenter nos fabriques? Si l'on demandait à un enfant : « Pourquoi Dieu a-t-il fait croître des arbres dans les forêts? » et qu'il répondît : « Pour que nous pussions y jouer à cache-cache, » la réponse ne serait pas plus ridicule que l'hypothèse posée ci-dessus.

Ce que nous appelons matière ou substance est gouverné par des lois en vertu desquelles s'opèrent le mouvement et l'attraction. Ces lois sont mécaniques et peuvent se traduire en formules mathématiques.

Mais la matière possède d'autres propriétés, que les mathématiques ne peuvent formuler, ce que la chimie essaye depuis peu seulement. Ces propriétés consistent dans la combinaison de deux corps simples en formant un troisième, dans lequel s'absorbent les éléments fondamentaux des deux autres. L'oxygène, qui est une substance aériforme, et le métal calcium forment ensemble une terre, la chaux; l'oxygène et le fer combinés produisent la rouille.

On a appelé cette faculté de se combiner, qu'ont deux substances, d'un nom aujourd'hui rejeté, mais pourtant fort expressif : *affinité*.

Mais quand ces combinaisons premières, mises en rapport avec d'autres, en produisent de nouvelles par leur action réciproque, on appelle la propriété qui se manifeste alors *affinité élective*, simple ou double.

Simple, quand les corps ainsi combinés peuvent être séparés par l'addition d'un troisième, qu'une nouvelle combinaison s'opère et qu'une substance précédemment combinée est extraite de la combinaison.

Ainsi, l'acide sulfurique a une certaine affinité pour le cuivre et forme, en l'oxydant d'abord et le dissolvant ensuite, du sulfate de cuivre. Si, dans cette combinaison, l'on introduit un autre métal, par exemple de l'or ou de l'argent, elle restera inaltérée. D'où l'on conclut que l'acide sulfurique a une plus grande affinité pour le cuivre que pour l'or ou l'argent. Mais si l'on y ajoute du fer, il s'opère aussitôt une décomposition, et une combinaison nouvelle se produit. L'acide sulfurique se combine avec le fer, et le cuivre reparaît à l'état de métal.

La double affinité élective est celle en vertu de laquelle deux couples de substances qui ont été combinées se séparent et réalisent d'autres combinaisons, chacune de son côté. Si l'on mélange une solution de sulfate de soude avec de l'hydrochlorate de baryte, l'acide hydrochlorique se combine avec la soude et abandonne la baryte; de même l'acide sulfurique se combine avec la baryte et abandonne la soude, de telle sorte qu'il s'opère un croisement entre les deux composés.

Toutes ces combinaisons se produisent d'après des règles invariables, ainsi que les formes des corps qui en résultent. Les substances simples elles-mêmes ont des formes déterminées; ce sont des polygones irréguliers que l'on appelle *cristaux*. Aucun corps simple, aucun cristal, n'est terminé par des lignes courbes, et quand deux de ces corps simples se combinent par un procédé chimique, il en résulte un cristal d'une autre espèce.

On connaît actuellement 65 substances simples, qui produisent des variétés de corps infinies. Il en est qui ne prennent pas la forme cristalline, par exemple le silicate de potasse ou verre; mais alors ils prennent, comme l'eau, la forme du vase dans lequel on les verse, ou bien la forme qu'on leur donne artificiellement, et dès lors ces produits de l'industrie humaine ne rentrent plus dans notre examen.

Sur les 65 corps simples, il en est quatre, l'oxygène, l'hydrogène, le carbone et l'azote, qui se combinent entre eux d'une manière particulière et forment des corps toujours arrondis, jamais anguleux.

Les différents groupes de corps ont donc un caractère distinctif qui permet de les reconnaître aisément. Les uns sont terminés par des lignes droites et s'appellent inorganiques; les autres ont les contours arrondis et sont nommés organiques. Une bulle de verre, une boule d'agate peuvent être rondes, mais alors ce sont des produits artificiels dont nous n'avons plus à nous occuper.

Ce signe distinctif est frappant sans doute. mais il en est encore quelques autres qu'il nous faut citer ici pour compléter notre explication.

Les corps inorganiques sont ou bien tout à fait fluides. comme l'eau, le mercure et l'air. ou bien tout à fait solides. comme les métaux. Il existe aussi des corps inorganiques qui se composent de parties solides et de parties liquides. tels que. par exemple, le sel de cuisine et le sulfate de cuivre: mais ces corps sont composés de telle manière que les parties aériformes et solides. ou liquides et solides. recomposent ensemble un corps solide.

Les corps organiques ne sont jamais exclusivement fluides ou solides. Ils se composent toujours de parties solides et liquides à la fois. L'animal même qui paraît n'être formé que d'eau claire. le mollusque gélatineux. que la mer abrite par milliers. renferme cette eau dans une enveloppe solide. et les parties les plus dures du corps de l'animal. les os ou les cornes. renferment dans leur masse résistante de la graisse et de la gélatine.

Un autre caractère qui distingue les corps organiques des corps inorganiques. c'est l'*élasticité* des premiers. qui résulte de leur composition à la fois solide et liquide: les corps inorganiques sont ou l'un ou l'autre. et. par conséquent. ou tout à fait durs ou fluides (tels que l'eau et l'air).

Une troisième différence consiste en ce que les corps inorganiques forment constamment un tout. tandis que les corps organiques se composent de parties ou. pour mieux dire. d'organes (d'où l'appellation *organiques*, c'est-à-dire *articulés*). En clivant un bloc de spath calcaire rhomboïdal. on obtient plusieurs cristaux de la même forme; que l'on poursuive l'opération tant que le permettent les instruments. les fragments conserveront toujours le même contour. La plante, au contraire. donnera. par la division. des parties dissemblables. feuilles. tige. racine. épis. et dans ces épis des cosses. des graines. dans ceux-ci de la farine: — de l'animal qu'on aura divisé, il restera la tête. les pieds. le tronc. etc.

Les corps organiques ont des parties (organes) de diverses formes: le partage les mutile. tandis que les moindres subdivisions des corps inorganiques forment constamment un tout.

L'analyse des corps organiques et des corps inorganiques nous montre encore que la diversité de leur composition respective s'étend jusqu'à leurs plus petites parties. Dans les corps organiques. toutes les parties sont de nature différente. tandis que dans les autres. elles sont homogènes, quelque considérable que soit leur masse. Tout fragment de cristal a les mêmes propriétés qu'un bloc quelconque de la même matière; dans les corps organiques, au contraire, on trouve l'écorce, les fleurs, la moelle, le sang, les os, la chair, qui se distinguent parfaitement les uns des autres, et en outre, leurs plus petites parcelles, les *cellules*, ont leurs parois formées d'une substance qui diffère de celle que ces parois enveloppent.

Une des plus grandes différences entre les corps organiques et les corps inorganiques, c'est que les premiers croissent, tandis que les autres ne croissent pas. Jamais personne n'a vu se former un cristal, même au microscope solaire. Il existe, il ne croît pas; un cristal parfait s'ajoute à un autre cristal parfait.

Il n'en est pas ainsi des corps organiques, des plantes et des animaux. Ils absorbent les substances qu'il leur faut et les transforment selon leurs besoins. Dans le fumier et la terre qui alimentent l'épi de froment, il n'existe pas de fécule, mais la paille, le purin, l'argile, ou la terre sur laquelle croît la plante, se transforment en carbone, en oxygène, en azote et en hydrogène, et dans toutes ces substances, dans l'alcali de l'argile et la silice du sable, le germe de la plante puise sa sève; seulement, il n'absorbe pas le carbone ou la silice à l'état primitif, mais il les transforme en petites cellules qui s'ajoutent les unes aux autres et forment des tissus plus grands. Il en est de même chez les animaux.

C'est à cette opération qu'est subordonnée l'existence des corps organiques. Dès qu'on l'entrave, ils cessent de vivre. C'est ce qu'on appelle la croissance. Les pierres ne croissent pas. La croissance est donc un des principaux caractères de l'organisme. Tout ce qui est inorganique est stationnaire. Tout ce qui est organique se modifie. Le cristal, qui ne subit pas l'influence de circonstances extérieures, reste toujours ce qu'il est, tandis qu'un corps organique change à toute heure, à chaque seconde; il perd sans cesse une partie de sa substance pour en acquérir une autre; dès que ce travail cesse, le corps cesse d'être organique, et devient inorganique; il meurt. La cessation de ce travail est donc ce qu'on appelle la mort. Mais comme dans la nature rien ne se perd, la matière du corps organique ne cesse pas plus d'exister que celle des corps inorganiques, qui ne meurent pas. Seulement, elle se transforme à rebours.

Les matières premières, le carbone, l'hydrogène, l'oxygène et l'azote, plus la chaux chez les animaux, et chez les plantes la silice (pour former les os et l'écorce) s'étaient transformées en cellules pour alimenter et faire croître le corps : — c'était *la vie*; maintenant les cellules redeviennent ce qu'elles étaient d'abord, azote, carbone, etc. La cohésion cesse d'exister, le corps se décompose et se putréfie, et dans ses restes nous retrouvons aisément les matières premières ; quelques-unes d'entre elles se dégagent et trahissent leur dégagement par l'odeur, comme l'hydrogène sulfuré. Cette terminaison de l'existence par suite de circonstances extérieures, ou de désordres intérieurs, *la mort*, est aussi nécessaire à l'organisme que *la vie*. Naître, vivre et mourir, telle est la loi de l'organisme. Exister et durer, telle est la loi des corps inorganiques.

Nous avons pris ici les mots vivre et mourir dans le sens purement matériel. Il n'appartient pas à la géographie physique de s'occuper d'une autre vie, de l'existence de l'âme. Cette tâche est du domaine des métaphysiciens et des psychologistes. Que le lecteur ne nous fasse donc pas un reproche de ce que nous nous arrêtons à la vie matérielle. C'est celle-ci que nous nous proposons d'étudier dans ses plus petites différences avec la nature morte, comme le comporte notre cadre.

Dans la nature inorganique, la différence de substance est très-grande, non pas à cause des 65 éléments dont nous avons parlé, mais à cause des centaines de milliers de combinaisons qu'ils forment. Dans la nature inorganique, la substance est le caractère essentiel, tandis que les corps organiques se distinguent surtout par la forme. Les substances primitives y sont très-peu nombreuses. Nous en avons désigné quatre qui appartiennent à tous les corps organisés ; nous y ajouterons le calcium, le silicium, le phosphore et le soufre, et enfin le fer comme élément colorant et fortifiant du sang. Avec cela, tout se trouve créé, sauf l'émail des dents, qui est formé de fluate de chaux et non pas de phosphate, comme les autres parties osseuses.

Ce sont donc principalement quatre éléments qui, avec quelques autres, composent tous les corps organisés ; et les 80.000 plantes et les 160.000 animaux que portent la terre, se distinguent les uns des autres par la forme seulement : si l'on ne tient compte que de la matière première, on ne peut même presque pas considérer les animaux et les plantes comme deux subdivisions différentes. On avait cru cette distinction possible jadis, parce que l'on avait découvert que les plantes ne contenaient pas d'azote, et que cette substance appartient exclusivement aux animaux. Mais la chimie nous a appris depuis, qu'il existe aussi bien des plantes renfermant de l'azote, que des parties animales auxquelles il fait défaut. Il en est de même pour la silice, qui, contrairement à ce que l'on croyait jadis, entre dans la composition des animaux, aussi bien que des végétaux (les plumes des oiseaux contiennent de la silice ; c'est à cette substance qu'elles doivent leur dureté). La distinction est ainsi non avenue, et chez les corps organisés la forme l'emporte sur la matière. Les plantes se reconnaissent par l'observation et non par un procédé chimique. Il y a une trentaine d'années, le professeur Schulze a voulu, de la quantité d'hydrogène et de carbone contenue dans les plantes, et du rapport qui existe entre ces éléments, conclure à leur espèce. Mais ces recherches n'ont conduit à aucun résultat pratique ou admissible.

Un point très-remarquable sépare les êtres organiques et vivants, des corps inorganiques et morts. — La matière qui s'accroît chez les premiers ne suit pas un chemin que l'on puisse retracer. — Une cellule s'ajoute à une autre cellule ; chacune d'elles est composée de parois contenant un liquide, mais ces parois n'ont pas d'ouvertures qui laissent entrer ou sortir le liquide. Le microscope le plus puissant, qui nous montre des plumes dans la poussière essuyée de l'aile d'un papillon, qui nous montre des carapaces complètes d'animaux dans la poudre blanche que la craie laisse sur nos doigts, — ne découvre dans le tissu cellulaire ni ouvertures, ni pores, et pourtant il y a modification continuelle de la matière qu'il contient. Dans le langage scientifique, cette modification, sur laquelle reposent la croissance de l'organisme, s'appelle *endosmose* et *exosmose*.

Les figures ci-après montrent de quelle manière les cellules s'ajustent, et comment elles procèdent sur des parties toutes faites de l'organisme. Il va de soi que ce dessin représente la nature infiniment grossie. La paroi qui renferme le liquide n'offre d'ouverture nulle part. Aucune communication n'est établie entre deux cellules attenantes.

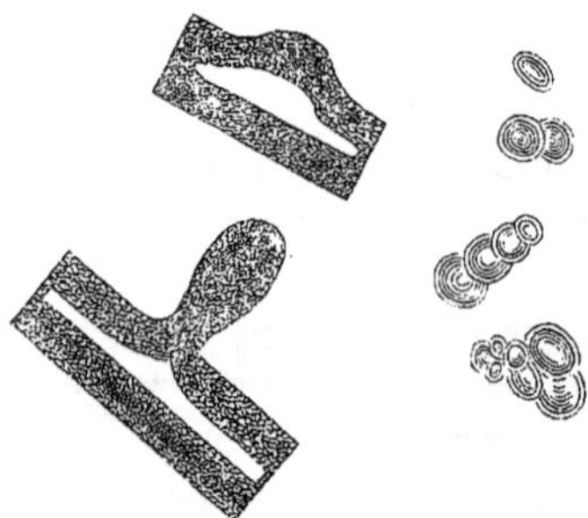

La modification de la matière est une fonction qui appartient à la vie et cesse d'exister dans le cadavre. La décomposition de l'organisme, la fermentation putride, l'infection, sont produites par la rupture des parois cellulaires ; les liquides alors se confondent et forment des combinaisons, telles que l'art en produit à dessein, lorsqu'il change l'amidon en sucre, ce qui a lieu, soit en chauffant l'amidon dans l'eau, soit en y ajoutant de l'acide sulfurique : l'un ou l'autre procédé détruit les parois des cellules qui constituent les globules d'amidon, et leur contenu se décompose et se modifie.

Le travail qui se fait dans le corps vivant empêche cette décomposition et amène de lui-même les modifications qui lui sont nécessaires, ce qui ne peut avoir lieu dans les corps inorganiques ; mais dès que la vie cesse, la combinaison des parties liquides avec les parties solides devient une cause de décomposition ; c'est pourquoi on ne peut pas conserver des corps organiques, à moins de les réduire ou à l'état liquide ou à l'état de dessiccation complète.

Le vin, l'esprit-de-vin, l'huile, se conservent tant qu'ils sont parfaitement soustraits à l'action de l'oxygène ; on a du vin, conservé depuis le temps des Romains et des Grecs. La même conservation a lieu pour les momies, pour les substances desséchées, torréfiées, calcinées. Sous ces formes, les corps organisés prennent toutes les propriétés des corps inorganiques et restent inaltérables comme eux.

La modification de la matière par succion est donc un caractère distinctif des êtres organiques *vivants*, car la succion cesse à la mort de l'individu : la succion qui se produit dans les corps vivants n'a pas non plus d'analogie avec celle de l'éponge, de la craie et des autres substances inorganiques. Ici « succion » est même un terme impropre, car il ne s'agit pas (comme dans les corps organisés) de s'infiltrer à travers des parois qui n'ont aucune ouverture, mais simplement de pénétrer dans les interstices que laisse la cohésion imparfaite de la matière : ce n'est pas la vie qui agit, mais la capillarité. Les parties liquides et solides restent isolées ; quand elles se combinent, par exemple en se dissolvant, elles perdent leurs propriétés particulières et forment une nouvelle substance ; tandis que, chez les êtres organisés, la succion et la transformation des substances absorbées sont des conditions essentielles d'existence.

Après avoir indiqué tous ces caractères distinctifs des corps organiques et inorganiques, nous pouvons nous demander comment ils se sont produits, et comment ils ont acquis la forme qui les distingue.

Pour les matières inorganiques, la réponse est facile. Placées dans les conditions voulues de repos et de température, elles ont la propriété de prendre certaines formes, de se produire à l'état de cristaux.

Ce fait est admis par tout le monde, et nul ne songe à dire qu'il n'est basé sur aucune preuve. L'observation nous le révèle : c'est tout ce que l'on en sait ; mais s'il s'agit de hasarder une hypothèse semblable sur la formation des corps organisés, tout le monde est porté à la repousser. Pourtant, là aussi, nous n'en savons pas davantage. L'existence des matières premières, la température, le repos, sont nécessaires également à la formation des êtres organisés. On dira qu'il faut, en plus, la préexistence d'un être de même nature. Cela peut, jusqu'à un certain point, se dire aussi des corps inorganiques. — On extrait bien plus facilement le sel d'une dissolution saline quand on y a introduit un cristal du même sel. On peut même décomposer un mélange de diverses solutions salines en y introduisant successivement un cristal de chacune des différentes espèces qui s'y trouvent en dissolution ; chacun attirera à lui la substance pour laquelle il a de l'affinité. Il en est de même chez les êtres organisés : le poulet s'assimile la graine qu'il a mangée, et l'homme, après avoir mangé le poulet, s'en assimile la chair. La sécrétion, les transformations des substances et l'agglomération des cellules, s'opèrent aussitôt que les conditions sont réunies, sans que l'être organisé, plante ou animal, en ait la conscience, ou puisse exercer son action dans ce travail ; la plante ne peut faire que son fruit soit ligneux ou sa tige sucrée ; le sucre va au raisin et le bois au sarment. L'homme ne peut faire que son foie distille de la salive, que son estomac ait des larmes ou que ses yeux sécrètent de la bile. C'est sans le concours de sa volonté que le foie produit la bile, l'estomac la salive, et l'œil les larmes.

On voit dès l'abord que, malgré certaines analogies, une profonde différence sépare l'œuvre de formation des corps organisés et celle des corps inorganiques.

En premier lieu, il est impossible d'arriver à la fabrication artificielle d'un être organisé. Les alchimistes ont regardé comme le comble de la science de composer par des moyens chimiques un *homunculus*, un être organisé, un animal. Non-seulement cette œuvre est impossible, mais on ne peut même arriver à la production d'aucune des substances dont se compose l'être organisé. Nous savons bien ce qu'il y a d'azote, de carbone, d'oxygène et de fer dans le sang, ce qu'il y a de soufre dans les jaunes d'œuf et de phosphore dans les os ; mais en mêlant toutes ces substances au degré voulu, nous n'obtiendrons ni du jaune d'œuf, ni du sang, ni des os.

Que ne donnerait l'amirauté anglaise pour le secret de la fabrication du lait ! Que ne donnerait la femme de ménage pour le secret de fabriquer de la viande ! — la viande qui se gâte en été, qui, transportée de la ville à la campagne, y arrive puante et atteinte par les vers. S'il était possible de produire de la viande dans une cornue, on se contenterait d'avoir dans le garde-manger du graphite, de l'acide nitrique et de l'eau, et, en modifiant les combinaisons, on obtiendrait, aujourd'hui des côtelettes de mouton, demain une tranche de porc, après-demain des bécassines, et le dimanche une oie grasse.

Mais ce qui est impossible pour les corps organisés, nous le pouvons pour les matières inorganiques. Ainsi le chlore combiné au sodium nous donne du sel de cuisine. La combinaison d'oxygène, d'azote et de potassium produit du salpêtre. Mais aucun mélange ne peut nous donner un flocon de laine ou une goutte de blanc d'œuf. L'origine des corps organisés renferme donc un mystère qui échappe aux plus actives recherches.

Aujourd'hui, pour qu'il se produise des plantes et des animaux, il faut des plantes et des animaux de la même espèce. Comment en est-il né à une époque où d'autres ne préexistaient pas? — Ceci est la vieille énigme de Pythagore : « Qu'est-ce qui a existé d'abord, la poule ou l'œuf? — D'où est venue la poule qui a pondu le premier œuf? D'où est venu l'œuf d'où est sortie la première poule? » — « Eh bien, les premières créatures ont dû se produire comme les vers intestinaux, comme le ver qui ronge les poumons de la brebis, comme les grains de ladrerie qui se trouvent au plus épais de la chair de porc, comme le ver qui ronge les cadavres. » — Tout cela n'est pas une explication, et d'autant moins que ces mêmes vers dont nous parlons sont les larves d'insectes plus grands, qui se propagent de cette manière et ne naissent donc pas d'eux-mêmes.

On en est réduit, par conséquent, à une hypothèse, à une supposition gratuite, mais qu'il est difficile de ne pas accepter tant qu'on n'en a pas trouvé une meilleure. On dit que la matière organique, dans son état primitif, avait la faculté de produire elle-même l'organisme, sans secours du dehors. — C'est ce qu'on appelle la *generatio æquivoca* ou *originaria*, la naissance de l'organisme, sans œuf et sans embryon.

Quoi qu'il en soit, cette production n'existe plus de notre temps. Mais, à ce propos, M. Burmeister dit, avec une parfaite justesse, que si nous ne voyons plus de plantes ni d'animaux naître de cette manière, c'est qu'aujourd'hui tous sont pourvus des organes nécessaires à leur propre reproduction. Aujourd'hui que chaque être organisé propage son espèce, il est inutile que la matière primitive en produise de nouveaux. Peut-être aussi l'élément qui pourrait servir à la production fait-il défaut, attendu que la substance organique est déjà déposée dans les êtres vivants, et qu'il n'y en a plus pour former des êtres nouveaux, autrement que par la génération. Enfin, le besoin d'alimentation, qui existe chez tous les êtres, rend la réunion de matière organique à l'état libre en quelque sorte impossible, puisque même les organismes morts servent de nourriture à d'autres êtres, et qu'il n'en retourne probablement qu'une quantité extrêmement petite aux éléments organiques.

Mais, à l'époque de l'organisation primitive, il en était autrement, et les corps se sont formés probablement d'une manière toute différente. A défaut de mieux, il faut donc admettre que les premiers êtres organisés sont issus de la force créatrice spontanée de la matière, et que si cette force ne persiste pas, c'est que les lois de la nature n'admettent que le nécessaire et laissent de côté le superflu.

Maintenant, on se demande tout d'abord, d'où est venue la matière première qui a produit les êtres organisés.

Cette question a déjà été résolue indirectement par notre essai d'un exposé de la formation planétaire. La terre, qu'entourait une écorce solide, était imbibée d'eau chaude; son atmosphère, qui s'étendait beaucoup plus loin dans l'espace, était saturée de vapeur d'eau et d'acide carbonique. Il en est encore ainsi aujourd'hui à un degré modéré; mais, à une époque où la température de la terre atteignait partout 60 degrés, — sauf aux pôles, où, n'étant peut-être que de 40 degrés, elle permettait un commencement de végétation, — l'atmosphère a dû être considérablement plus chargée de vapeur d'eau et d'acide carbonique; de vapeur d'eau, à cause de l'élévation même de la température, et d'acide carbonique, parce que les nombreuses crevasses de la terre naissante en exhalaient sans cesse, ainsi qu'on le voit encore maintenant dans les contrées volcaniques.

La condition fondamentale pour la production des êtres organisés,— leur matière première, — *existait* donc; il se présente maintenant une deuxième question, plus difficile à résoudre : *De quelle manière* se sont formées les substances organiques?

Nous trouvons dans la nature une puissante tendance à la production, laquelle ne se repose jamais. La grande chaleur détruit tous les organismes. La chaleur ardente n'admet l'existence d'aucun être vivant, et la fantaisie des poëtes peut seule peupler les flammes de salamandres; une brique que le feu a rougie devrait être, par cela même, le sol le moins favorable à une production organique, et pourtant il y reste encore une partie féconde. Les tuiles d'un toit neuf se tapissent, dès le premier printemps, de lichens, qui se montrent au jour en cercles innombrables, de couleur verte, ayant les nuances de l'aigue-marine, mais pourtant si clairs, que le reflet verdâtre n'apparaît que lorsqu'on les place à côté d'un morceau de toile blanche.

L'automne met fin à l'existence de ces plantes; mais, malgré la pluie et la neige, elles laissent après elles tant d'humus, et modifient si bien la nature de la tuile, qu'au printemps suivant celle-ci se couvre, non plus de simples lichens, mais de mousses touffues, lesquelles, croissant de plus en plus, finissent par endommager la toiture, par y amener des crevasses et des fentes, en y introduisant leurs racines; et le propriétaire négligent qui omet de nettoyer à temps son toit finit par le voir complétement détérioré.

Quand on voit un pareil phénomène se passer tous les jours, sur un sol auprès duquel le granit raboteux et humide est une vraie terre de jardin, on comprend que des existences plus vivaces puissent germer sur des roches que l'efflorescence a rendues pulvérulentes, et dont la surface plane et unie se trouve exposée à l'humidité et à la chaleur. Il est vrai que le fait cité ne résout pas à fond le problème de la formation primitive. On pourra toujours prétendre que les semences de ces lichens ont été portées sur les toits par le vent, sous forme de poussière; que la pluie les y a fixées, les a jetées dans les interstices où elles ont poussé des racines, et qu'il ne s'est, en réalité, produit aucune formation spontanée. A cette objection parfaitement juste nous n'avons rien à répondre; aussi l'énigme de la création primitive devra-t-elle rester à jamais sans solution, car toutes nos études ne nous mènent qu'à des possibilités. Seulement, l'hypothèse la plus vraisemblable sera toujours celle qui aura le plus d'analogie avec les phénomènes qui se passent autour de nous, et qui repoussera le plus loin l'intervention de forces extraordinaires.

En supposant donc que les premiers êtres créés aient été des individus en quelque sorte incomplets, soumis, avant d'atteindre leur forme définitive, à des métamorphoses conformes aux lois qui président encore au développement des êtres, nous aurons dit tout ce qu'il est possible de dire au sujet de leur origine. Déclarons-le dès l'abord, nos moyens de perception sont insuffisants pour tracer les contours d'un tableau quelque peu sérieux de la création primitive, et jamais l'imagination du peintre ne pourrait atteindre assez haut pour y arriver. Qu'il soit donc ce qu'il fut le premier jour de la vie du monde! Nous n'avons plus d'yeux pour le connaître, plus de sens pour le comprendre, et plus de crayon pour le retracer.

Les êtres organisés qui peuplent la terre appartiennent à deux règnes différents : le règne animal et le règne végétal; il s'agit d'examiner en quoi ils diffèrent, et lequel des deux a précédé l'autre.

Le dernier point est le plus facile à résoudre. Les plantes furent indubitablement créées les premières; ce qui le prouve, c'est qu'elles peuvent vivre sans le secours des animaux, tandis que ceux-ci ne peuvent se passer des plantes, — même le lion et le boa, qui mourraient de faim peut-être dans un grenier de grain ou sur une meule de foin;

mais le lion, qui ne mange ni feuillage, ni herbe, ni fruits, se nourrit d'animaux herbivores, lesquels, à défaut de végétaux, n'existeraient point, ce qui rendrait impossible l'existence du lion. Il en est de même de l'aigle et du crocodile, et jusqu'à l'hirondelle, qui, ne se nourrissant que d'insectes, ne pourrait vivre dans un monde dépourvu des plantes qui font exister sa proie.

A côté de cette raison évidente, il en existe une autre, également puissante. Les animaux qui respirent à l'aide de poumons ne peuvent supporter une atmosphère surchargée d'acide carbonique; il a donc fallu que cet acide, qui dominait primitivement dans l'air, se dissipât, et les plantes, qui ont besoin d'une grande quantité d'acide carbonique, se sont chargées de l'absorber. Les archives du monde nous montrent, aux époques les plus reculées, uniquement des animaux aquatiques, munis d'appareils respiratoires qui leur permettaient de se passer

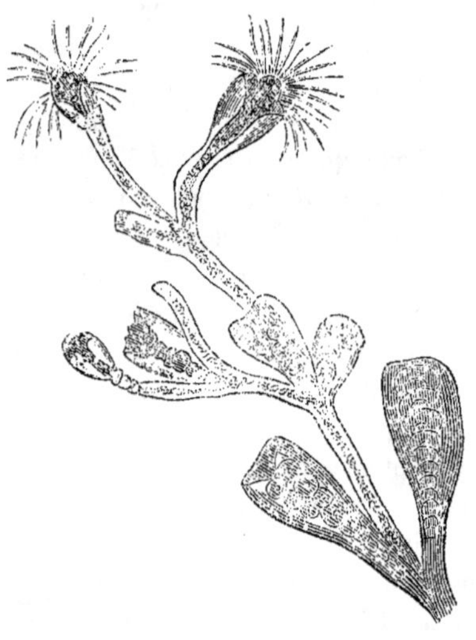

jusqu'à un certain point de l'oxygène de l'air. Les amphibies ont une conformation semblable : le crocodile peut rester des journées entières dans un espace rempli d'azote ou d'acide carbonique, dans une atmosphère où un animal hématherme, un oiseau, un lapin, trouverait la mort à la première aspiration.

Il est moins aisé de répondre à la première question, car les deux ordres, les plantes et les animaux, offrent dans leurs formes primitives, dans leurs plus simples expressions, tant d'analogie, tant de rapports intimes, qu'il est difficile et que jadis il était impossible de trouver une ligne de démarcation entre les deux règnes, que l'on a cru longtemps se confondant l'un avec l'autre d'une manière insensible, comme dans les zoophytes.

Nous donnons ci-dessus un dessin de la *sertularia geniculata*, une sorte de polype, offrant tous les caractères apparents des végétaux. Il n'a pourtant avec les plantes d'autres rapports que son adhérence à un point fixe, comme tous les coraux.

On a cru aussi que le règne végétal allait se confondre avec le règne minéral, comme dans les lithophytes, dont nous donnons ci-dessous l'*apiocrinites rotundus*, qui est également un polype.

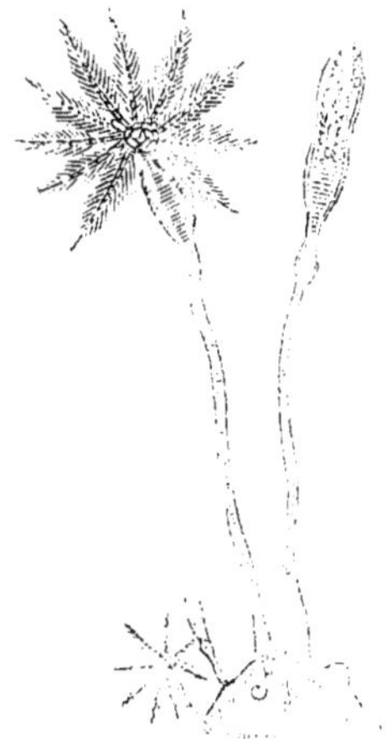

Ce qui, dans cette figure, ressemble aux pétales d'une fleur n'est autre chose que des serres acérées, mobiles, moitié muscles, moitié pierre, pourvues d'innombrables articulations et donnant la mort à ce qui vient se mettre à leur portée; la corolle et la tige de la fleur sont également de la pierre articulée. Nous reparlerons avec plus de détails de cette espèce.

Bien des lecteurs trouveront notre assertion de tout à l'heure au moins singulière. « Je distingue parfaitement un cheval d'un chêne, s'écrieront-ils, et un chat d'un brin d'herbe. Qu'on me donne le premier animal venu, et je le distinguerai de la première plante venue. » La première partie de l'affirmation est inattaquable : la deuxième est plus hasardée. Il n'est personne qui, voyant dans un cabinet d'histoire naturelle un grand nombre de coraux, n'ait remarqué l'analogie qui existe entre eux et un instrument qui, dans sa première jeunesse, lui a causé peut-être bien des souffrances, cet instrument que Lichtenberg appelle « le pinceau de bouleau à l'aide duquel on peint en rouge les fesses des méchants garçons, » cet instrument qui *emollit mores, nec sinit esse feros.* — Pourtant l'analogie entre une branche de corail et une poignée de verges n'est qu'apparente, tandis que les polypes et les algues, et cent autres végétaux et animaux, se rapprochent tellement qu'il est souvent difficile de les reconnaître et de les distinguer au premier coup d'œil.

Les caractères communs aux plantes et aux animaux sont, d'abord, la cellule, comme premier degré de formation, puis le mélange de parties solides et liquides, la croissance, la faculté nutritive, la reproduction, la variété infinie des formes, l'organisation, l'articulation, l'application des organes à certaines facultés, telles que la reproduction, l'alimentation, etc., et enfin la naissance, le développement et la mort.

Tous ces caractères, qui n'existent pas dans les minéraux, sont communs aux plantes et aux animaux, et il s'agit de savoir si nous trouverons assez de traits distinctifs pour reconnaître toujours l'animal de la plante et pour maintenir la démarcation entre les genres.

A cet effet, nous chercherons les différences au fond des analogies mêmes.

La plante et l'animal ont besoin de nourriture, mais la plante *trouve* la sienne et l'animal la *cherche*. La plante emprunte à l'air et à l'eau le carbone, le transforme en cellules et se nourrit ainsi. Lui offre-t-on des substances nuisibles, elle les absorbe et meurt. L'animal *choisit* sa nourriture; si elle ne convient pas à sa nature et à ses besoins, il la repousse. En agissant ainsi, il finit par mourir également, mais ce n'est point la mauvaise nourriture qui le tue, c'est l'absence de nourriture. La plante meurt empoisonnée, l'animal meurt de faim.

Certes, l'homme peut aussi empoisonner les animaux; seulement, l'animal livré à lui-même choisit ses aliments, et n'en choisit pas qui puissent lui nuire. La vache au pâturage ne mange ni prèle (*equisetum*), ni plante de cette famille; pourtant elle la consomme quand on la lui donne mêlée de foin dans l'étable; mais c'est une contrainte qui la lui impose. Au contraire, la plante à l'état sauvage absorbe les substances nuisibles du sol qui la porte, et périt.

Pour que l'animal cherche sa nourriture, il faut qu'il puisse se mouvoir, ou du moins qu'il puisse atteindre plus loin que ne le fait son corps à l'état de repos. Le cerf et le lièvre courent, les vers rampent; les polypes sont en partie attachés à un endroit quelconque, mais à l'aide de leurs bras ils *cherchent* et saisissent dans l'élément mobile, dans l'eau, les substances qui leur conviennent et dont ils ont besoin.

A ce caractère de locomotion qui distingue les animaux des plantes, s'en ajoute un autre. L'animal, cherchant sa nourriture, l'attire à lui ou la repousse, c'est-à-dire qu'au plus bas degré de l'échelle organique il possède un sentiment qui manque complétement au végétal.

Le lecteur a vu peut-être une sensitive (*mimosa pudica*), et s'écriera : Là aussi je trouve la sensation. Mais il n'en est pas ainsi. C'est simplement l'impression de la lumière qui déplie les feuilles dormantes de l'acacia, c'est l'effet du contact qui resserre convulsivement les folioles ouvertes de la sensitive.

Les plantes et les animaux excrètent les substances qu'ils ont absorbées; mais les plantes les rendent uniquement à l'état de gaz, tandis que les animaux le font sous cette forme d'abord, et en outre sous la forme liquide et solide. La manière d'absorber la nourriture est également différente pour les deux règnes. Les plantes prennent leurs aliments sous la forme fluide seulement; le carbone lui-même, répandu dans l'air sous forme de gaz, leur arrive porté par l'air. L'animal consomme surtout des aliments solides; il absorbe bien du liquide quand il boit, mais le plus petit infusoire en trouve encore un plus petit que lui, qu'il dévore comme aliment solide. Le poisson, la moule, le scarabée mangent des substances solides. La distinction est donc ici complète entre l'animal et la plante. Mais de cette différence aussi il résulte que les végétaux sont les pourvoyeurs de tout le règne animal. Aucun animal ne saurait absorber sous leur forme primitive les substances nécessaires à sa nourriture: aucun ne saurait prendre à l'état pur de l'azote, du carbone, de l'oxygène et de l'hydrogène; il ne prend ces corps que lorsqu'ils ont subi des transformations qui lui permettent de se les assimiler sans péril. C'est ainsi qu'il absorbe du chlore et du sodium à l'état de sel, et les combinaisons de ce genre, moins celle que nous venons de citer, sont opérées par les plantes. Ce serait peine inutile que de chercher à nourrir une souris ou un écureuil avec de l'azote, du carbone, de l'oxygène ou de l'hydrogène; mais dans le froment et les noisettes ces substances se trouvent combinées sous forme d'amidon, de sucre, de graisse et d'huiles essentielles, que l'animal consomme.

On a cru pendant longtemps que l'oxygène se combinait directement à l'animal, au moment où celui-ci respire l'air atmosphérique qui en est saturé; mais cette supposition est complétement fausse. Le sang des poumons n'absorbe pas d'oxygène: la masse de sang qui reflue du cœur à ces organes, et qui ramène tout le carbone répandu dans l'économie, l'abandonne à l'air aspiré et repousse celui-ci, par l'expiration, à l'état d'acide carbonique, d'où il résulte que le sang, débarrassé d'une partie de carbone. sans être plus riche en oxygène, poursuit, plus rouge, plus frais et plus vivifiant, sa marche à travers le corps.

Si les plantes sont indispensables aux animaux, ceux-ci, au contraire, ne procurent pas aux végétaux d'avantage essentiel. Tout au plus leur haleine répand-elle une partie d'acide carbonique qui, mêlée à l'air, peut être absorbée. Tel est leur plus grand service, car si le fermier trouve un puissant secours dans ses engrais solides et liquides, certes les quelques champs de blé de l'Europe ne sont rien auprès des masses infinies de végétaux répandus sur le reste du globe, et que ne féconde jamais d'autre fumier que celui que par hasard un animal y dépose en passant. Pourtant, il est hors de doute que tout animal rend à la terre ce qu'il en a reçu, et finit par solder sa dette en lui abandonnant son cadavre; on peut donc admettre qu'une compensation s'établit.

Ici surgit cette question : D'où les plantes empruntent-elles sans cesse leur nourriture? Pour y répondre, il n'y a qu'à montrer les forêts primitives, quel que soit le coin du globe où elles s'étendent. Là, gisaient des masses si énormes de carbone, enfouies dans l'*humus* et la terre végétale, que l'on voit les plantes laisser en mourant plus d'aliment qu'il n'en faut à celles qui leur succèdent, de sorte qu'il s'opère, par la succession infinie des espèces, une accumulation de carbone, qui donne au colon destructeur la perspective de la plus abondante moisson de céréales, et prouve que l'acide carbonique de l'air est en grande partie absorbé par les végétaux.

Les plantes et les animaux croissent, mais les plantes ont une croissance illimitée qui dure tant qu'elles vivent en bonne santé. — L'âge n'est pas pour elles une maladie, comme pour les animaux. Ceux-ci cessent de croître lorsque leur formation est complète. Il arrive un moment de maturité où l'animal ne grandit plus. L'engraissement est un état artificiel, et encore cette sorte de croissance ne dure-t-elle pas jusqu'à la mort naturelle. Mais la plante pousse sans cesse; qu'elle soit brin d'herbe ou arbre de mahoni, la mort seule arrête son développement.

Les plantes et les animaux se composent de parties, d'articulations. d'organes. L'animal d'une espèce en compte un nombre fixe qui n'augmente ni ne diminue; la plante en possède une quantité toujours variable. Chacun sait qu'à l'idée de cheval, de chien, de chat, se rattache l'idée de quatre pattes; plus ou moins que ce chiffre, constitue une monstruosité. Qui pourrait dire, à côté de cela, combien il faut compter de rameaux pour reconnaître un rosier, combien de feuilles pour distinguer un cerisier? Le rosier du voisin, qui porte 50 branches, n'est pas moins un rosier que celui qui n'en a que quatre, tandis qu'un animal à six pieds (s'il n'est pas un phénomène) ne sera pris par personne pour un mammifère. On l'appellera un insecte. comme on appellera ver, serpent, larve ou poisson. un animal sans pieds.

Ces exemples nous prouvent que le nombre de quatre pieds n'est pas corollaire de l'idée d'animal. car il en existe avec plus et moins de quatre pieds. Mais ce qui constitue ce corollaire, c'est l'invariabilité du nombre ; elle n'existe pas chez les plantes. Un chêne est aussi complet avec deux branches qu'avec vingt. et avec cinq cents feuilles qu'avec dix mille.

Il y a donc une limite à la croissance de l'animal. et il n'y en a pas à celle des végétaux. Cette propriété des plantes contribue puissamment à leur fonction. de produire des éléments organiques, par la combinaison d'éléments inorganiques pour l'alimentation des animaux. Elles ne consomment pas elles-mêmes. mais préparent la consommation de l'autre règne. Chaque plante est un magasin. un grenier, où s'accumule tous les ans (ou tous les jours chez celles qui ne vivent que six mois) une nouvelle quantité de nourriture, destinée à des créatures plus parfaitement organisées ; de là provient aussi leur croissance indéfinie.

Il n'en est pas ainsi des animaux. Ceux-ci n'accumulent pas, ils consomment. La matière organique qu'ils absorbent se transforme en d'autres substances organiques pour leur alimentation. ou bien elle est évacuée en partie. Avec les déjections s'en vont les substances que le corps ne peut pas utiliser. L'animal croit. tant qu'il absorbe plus qu'il ne rend ; il conserve sa force. sa forme. sa grandeur. tant que les deux fonctions se balancent ; il perd. vieillit. faiblit. aussitôt qu'il absorbe moins qu'il ne rend. c'est-à-dire quand il digère et s'approprie moins. Ce n'est pas la masse de nourriture qui le fortifie ; la preuve en est dans certains enfants, maigres et chétifs malgré une nourriture surabondante. C'est l'assimilation et non pas l'absorption qui nourrit.

Lorsque la vigueur animale est tellement déchue que l'assimilation ne se produit plus. il en résulte la mort ; la substance organique se décompose et va se confondre avec la matière inorganique.

Après avoir indiqué ci-dessus les nombreuses différences qui distinguent la plante de l'animal. il nous reste à indiquer les diversités de formes qui les séparent ; car, la substance étant la même chez les uns et les autres. c'est la *forme* qui est le principal distinctif des êtres organisés : elle est diversifiée à un degré inouï. Chaque ossement est conformé de telle façon que l'on peut. d'après lui. reconstruire l'animal tout entier. de même que. d'après chaque fleur et chaque fruit. presque d'après chaque feuille. on peut reconstruire toute la plante.

Comment se peut-il. dira le lecteur. que l'on établisse un type primitif. d'après lequel on ramène à leur origine les milliers d'animaux et de plantes de la création? Il en est ainsi pourtant, et la difficulté du problème gît dans sa simplicité même. C'est l'histoire de l'œuf de Colomb. Le corps de l'animal est constitué de telle façon que l'on peut, par une section, le partager en deux moitiés égales. Chez les plantes, ce partage n'est qu'accidentel; chez les animaux, il résulte d'une loi, et cette construction normale s'appelle la *symétrie*. Il suffit de prononcer le mot pour que la règle paraisse claire à chacun, et tout le monde sait comment doit être tracée la section pour diviser en deux parties égales une souris, un moineau, une grenouille, un serpent. Mais personne ne songera à prétendre que l'on puisse partager en deux moitiés égales un palmier, un fraisier, une fougère, un brin d'herbe.

Chez les animaux comme chez les plantes, la variété des formes est infinie, et l'on doit nécessairement établir des subdivisions. La symétrie complète n'existe que chez les animaux complets, tels que les vertébrés, dont les représentants les plus importants sont les mammifères, les oiseaux, les amphibies et les poissons. Aux degrés inférieurs de l'échelle, à défaut de symétrie, on rencontre quelque chose qui en approche. La symétrie se trouve encore chez la plupart des vers et des insectes, que l'on peut partager en deux moitiés égales, par une seule section. Les rayonnés, au contraire, tels que les mollusques, les étoiles de mer, les polypes, se partagent en plusieurs sections. On peut représenter les animaux à organisation parfaite par une ligne droite, des deux côtés de laquelle partent des appendices, et les autres par une étoile ayant un nombre impair de rayons.

Dans la première figure, page 72, AB est la ligne de séparation que

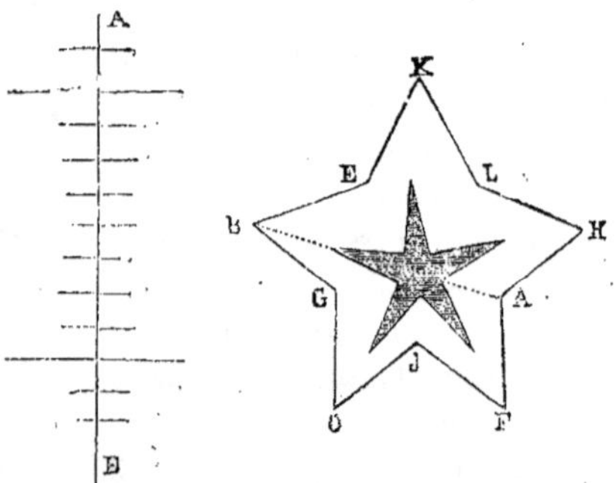

suit constamment l'épine dorsale, et qui traverse d'un côté le milieu du dos, de l'autre le milieu de la poitrine. Les grandes lignes des côtés représentent les bras, les pieds, les griffes, les nageoires, les ailes, c'est-à-dire les extrémités avec leurs noms divers, selon la classe à laquelle appartient l'animal. Les petites lignes sont les côtes, les arêtes, les anneaux de la carapace, comme chez les insectes et les crustacés; elles sont, comme les appendices plus longs, toujours en nombre pair.

Dans la deuxième figure, qui présente le type de la plupart des mollusques, on trouve une construction radiante ou étoilée. Ici, la division peut également se faire en deux parties égales, et non-seulement par une seule section, mais par dix sections différentes, allant de A vers B, et ainsi de suite, d'un angle rentrant à l'angle saillant du côté opposé, comme l'indiquent les lettres E F, K J, etc. Cette division multiple caractérise les animaux de l'ordre infime.

Les infusoires, ou bien encore des animaux plus grands, tels que certains testacés, ne peuvent se diviser symétriquement en deux parts; mais ce sont des animaux placés pour ainsi dire au degré le plus bas de l'échelle organique. Ils font exception à la règle qui existe pour tous les animaux doués de plus d'un sens.

Malgré toute leur diversité, les plantes ont cependant aussi un caractère fondamental, qui consiste en ce qu'elles sont fixées au sol par les racines, déploient leur feuillage dans l'atmosphère, et possèdent un tronc perpendiculaire qui joint la racine au feuillage. De ce tronc partent des racines et des branches plus ou moins horizontales.

Chose curieuse, les deux règnes, les animaux et les plantes, échangent entre eux leurs caractères réguliers et irréguliers. Ainsi, chez l'animal le *tout* est symétrique, dans la plante, la *partie*. Chez l'animal la *partie* isolée manque de symétrie, dans la plante c'est au *tout* qu'elle fait défaut.

Pour mieux préciser ce fait, disons qu'une main, un pied, ne peuvent se partager de telle façon que les deux moitiés soient égales: il en est de même d'un bras, d'une jambe, d'une côte, d'un os. Dans les plantes (à peu d'exceptions près), les feuilles sont symétriques, ainsi que les fleurs et les fruits; le partage peut se faire en deux ou en un plus grand nombre de parties égales. Les feuilles ne donnent que deux parties égales: les fruits, tels que les noix, les pêches, admettent une double section; d'autres, tels que les melons et les oranges, en admettent un nombre infini, comme tous les fruits sphériques, pourvu qu'on fasse abstraction de l'endroit occupé par la graine, comme il convient de le faire, puisqu'il ne s'agit que de la forme extérieure; les mammifères eux-mêmes ne sont pas symétriques à l'intérieur, puisqu'ils ont d'un côté le cœur, de l'autre le foie, etc.

Tous les êtres organisés ont un axe (tronc, épine dorsale, ligne médiane du torse). Les plantes se distinguent des animaux, en ce que leur axe est toujours vertical, tandis que les animaux, sauf l'homme, ont l'axe horizontal. Nous devons cependant faire remarquer ici que la règle n'est pas tout à fait absolue quant aux animaux, puisque les polypes et les rayonnés ont également un axe vertical. Mais les plantes n'en ont pas d'autre, et en principe absolu on peut dire que l'axe des animaux suit diverses directions, tandis que l'axe des plantes suit toujours la direction de bas en haut.

PÉRIODE DE LA FORMATION HOUILLÈRE.

LES PLANTES DU MONDE PRIMITIF.

Nous nous sommes demandé dans le précédent chapitre, après avoir indiqué les différences qui existent entre les plantes et les animaux, lequel des deux ordres avait précédé l'autre sur la terre. La question ayant été résolue en faveur des plantes, il nous semble utile d'examiner de plus près les différents groupes de celles-ci et leurs organes.

La cellule constitue la partie fondamentale de tous les corps organisés. On pense que la cellule se forme de petits globules (tels qu'on en trouve dans le sang et la graisse), par leur absorption sans ouverture (*endosmose*). Ce travail s'opère dans la plante comme chez l'animal.

La cellule croît par l'absorption, tant que le permet sa paroi ; elle grossit bien encore par la nutrition de la paroi même ; elle forme de nouvelles cellules à l'intérieur, puis les expulse en se déchirant, mais se referme aussitôt, et reprend la faculté d'en créer d'autres, qui commencent à leur tour à vivre de leur existence propre.

Voilà le procédé élémentaire de la propagation des êtres organisés, tel que le microscope nous l'a révélé : il est commun aux végétaux et aux animaux, et la seconde cellule qui forme un infusoire ne semble différer de la seconde cellule qui forme une plante, qu'en ce point, que celle-là se sépare de la cellule mère, tandis que les cellules végétales restent adhérentes à la cellule génératrice et grossissent l'individu.

Mais d'autres différences entre l'animal et la plante ne tardent pas à se produire. A l'origine, toute matière organique a été cellule, chez les plantes comme chez les animaux de l'ordre le plus inférieur, tels que les infusoires non articulés. Dans les plantes, cet état se maintient, tandis que l'animal modifie sa substance par les nécessités constantes de la vie. Chez l'animal, la cellule est l'élément subordonné, tandis que chez la plante son existence se perpétue jusqu'à l'âge le plus avancé. Constamment de nouvelles cellules se forment, se joignent les unes aux autres, se nourrissent et croissent par *endosmose*, et contribuent à la nutrition des cellules voisines par *exosmose* (expiration), jamais par l'introduction directe de la substance d'une cellule dans une autre. Il arrive bien, chez les plantes, que deux cellules s'unissent l'une à l'autre, qu'une troisième et une quatrième s'ajoutent aux deux premières dans une même direction, que cette opération se poursuive pendant quelque temps et qu'ainsi se forment de petits tubes; mais ces tubes eux-mêmes ne sont que des cellules agrandies; ils sont tout à fait séparés, dépourvus d'ouverture, sans liaison avec d'autres conduits; il est impossible de les comparer aux veines de l'organisme animal; ils conservent le caractère cellulaire, sont séparés par des parois et n'opèrent le transfert de la substance que par succion et par expiration.

Ce même fait se perpétue jusqu'à la mort de la plante. Ses cellules sont partout fermées; l'hypothèse d'après laquelle elles auraient, comme les animaux, des pores pour l'absorption et la sécrétion des substances, est erronée, et repose sur des observations inexactes; les fibrilles des racines, tout comme les extrémités des feuilles, sont hermétiquement fermées; en un mot les plantes ne se nourrissent que par succion. Les animaux, à l'exception des infusoires *astomes*, ont au moins une ouverture pour l'introduction des aliments, laquelle sert en outre à l'évacuation des matières inutiles; la plupart en ont deux, les organisations plus parfaites en ont trois, dont deux pour évacuer séparément les substances solides et liquides; enfin, ces derniers possèdent en outre des pores sans nombre, pour l'évacuation des liquides à l'état de vapeur. C'est là un privilége exclusif des animaux les mieux organisés, privilége que les plantes les plus parfaites ne partagent point, que l'auteur ne trouve pas digne d'envie, et dont il verrait volontiers les animaux privés, attendu que la faculté d'absorber plus que le corps ne réclame, et la puissance très-peu appétissante d'évacuer les substances inutiles, à l'état d'excréments solides ou liquides, de *mucus*, de salive ou de sueur, ne lui paraissent pas des propriétés qui accordent à l'animal un avantage sur la plante. — Mais le fait existe, et le caractère distinctif d'une organisation inférieure est l'absence de ces inconvénients, sans lesquels cependant les créatures à organisation parfaite ne peuvent vivre, car nous savons par expérience que la suppression d'une seule de ces sécrétions amène infailliblement la mort.

Les organisations les plus simples, en tant que nous les connaissons aujourd'hui, se composent exclusivement de cellules toutes pareilles, qui n'offrent de différence ni à la racine, ni au tronc, ni à l'axe ; il leur manque les feuilles, les fleurs et les fruits, signes distinctifs d'une organisation plus élevée. Les plantes les plus humbles se multiplient par la séparation des cellules que l'on appelle *spores* ou *sporules*. Il existe deux groupes de cette nature : les algues, qui ne vivent que dans l'eau, et les lichens, qui ne viennent que sur la terre ferme.

Pour nous représenter la flore primitive, il nous faut considérer ces deux espèces ; elles sont les plus anciennes qui aient vécu. Les algues peuplaient les mers et les eaux stagnantes, les lichens la terre ferme. Nous ne possédons pas de spécimen des algues et des lichens du monde primitif ; mais une des roches sédimentaires les plus anciennes révèle leur existence.

La couche inférieure des dépôts formés par la mer est le schiste argileux, une masse argileuse, ferme et dense, la vase primitive de l'Océan encore chaud, et refroidi depuis lors, qui couvrait le globe terrestre. Cette roche, employée, selon sa texture plus ou moins feuilletée, à faire des carreaux, des ardoises ou des pierres à aiguiser, est de couleur grise, brune ou noire ; dans les deux derniers cas, la couleur provient du mélange de houille très-fine. On suppose que c'est dans ce schiste que se sont déposés les premiers germes de la végétation, les algues, quoique d'une manière peu apparente, leur substance étant trop molle et trop tendre, et incapable de supporter la pression et la température élevée de l'air.

Une autre espèce de plantes pourrait se comparer aux animaux parasites, qui vivent des organismes éteints. De même que les vers se nourrissent de cadavres d'animaux, de même certains champignons vivent des cadavres des plantes. Leur présence indique par conséquent l'existence d'autres plantes. La découverte de vestiges de petits champignons, dans les gisements de schiste les plus anciens, démontre indirectement qu'avant eux vivaient déjà d'autres plantes, qui pourvoyaient à leur existence et leur donnaient la vie. Mais tout ce que ces vestiges nous ont révélé est tellement effacé, qu'il en résulte une image très-peu nette. et d'autant moins que, en même temps que les traces vagues et à peine reconnaissables de champignons pédonculés, se produisent les traces distinctes de feuilles de fucus, en bandes allongées. Là où l'on croit être le plus certain de reconnaître des champignons, on trouve des masses sphériques et isolées, d'une autre argile que celle qui forme la base du schiste. Le champignon mou, enfermé dans une masse qui l'enveloppait de toutes parts, dut pouvoir. comme une vessie pleine d'eau, résister à une pression extraordinaire. Enfin, sa substance. étant absorbée par l'argile environnante. dut laisser un espace vide, dans lequel s'infiltra de l'eau, qui détacha les matières durcies. les enleva, et forma ainsi l'empreinte qui nous est restée.

Le dessin ci-joint d'un fossile trouvé près de Stonesfield, et décrit

dans le magnifique ouvrage de MM. Dunker et H. de Meyer, *Palæontographica,* prouve combien il faut apporter de précaution dans l'examen des pétrifications. A première vue, on croirait voir de jeunes champignons ; or, les objets représentés n'ont pas le moindre rapport avec des champignons : ce sont les molaires d'un saurien.

Dès l'instant où des organismes d'un genre quelconque existent, ils se multiplient spontanément ; les plantes de l'ordre le plus inférieur se reproduisent par *scission,* par des cellules qui se détachent des cellules existantes, les champignons par une poussière dans laquelle, à l'aide du plus fort microscope, on n'a pas pu reconnaître une semence, mais qui doit l'être pourtant, puisque de cette poussière se forment de nouveaux champignons.

Ce n'est pas sans raison que l'on se demande si le phénomène a pu se produire dans la mer ou sur la terre primitive. la température de l'eau ou du sol qu'elle a quitté d'abord, ayant dû être fort élevée; et tout en étant moindre à l'époque où sont nées les premières plantes, ayant dû dépasser encore ce que peuvent supporter des matières organiques pour rester capables de croissance et de reproduction. L'albumine se coagule à 60 degrés Réaumur; or. ne pas se coaguler est pour l'œuf une condition d'existence, et il ne faut même pas le chauffer à une température aussi élevée, pour que l'incubation demeure sans effet.

Les Égyptiens font éclore artificiellement des œufs dans des fours construits à cet effet ; et cette coutume est tellement ancienne, que la nature s'est peu à peu inclinée devant elle. Ainsi, les poules et les oies écloses dans ce pays ne couvent pas, elles pondent des œufs tout à fait mûrs et capables de reproduction, mais elles abandonnent le soin de les couver aux habitants. Cette bizarrerie n'est point imposée par le climat, car les poules d'Europe, apportées à Alexandrie ou au Caire par des Européens, n'ont pas abandonné leur mode naturel d'incubation, pas plus que les oiseaux qui y vivent à l'état sauvage.

L'observateur s'est emparé de cette méthode artificielle, afin de surprendre les secrets de la nature. On place deux douzaines de bons œufs dans une boîte de fer-blanc, bien garnie d'ouate ; on pose la boîte sur un récipient que l'on remplit d'eau chauffée à 52 degrés Réaumur. L'espace dans lequel se trouvent les œufs, protégé par l'ouate contre le trop brusque changement de température, ne reçoit que la chaleur de 50 1/2 degrés, nécessaire pour l'incubation, et l'on peut, en ouvrant un œuf tous les jours, observer les progrès de la formation de l'animal. D'abord, se montre à la périphérie intérieure du jaune d'œuf une légère pulsation : c'est la place où bat le cœur du poussin futur ; puis apparaissent deux points bleus qui sont les yeux, etc. Cette étude est pleine d'intérêt, et a fourni à la physiologie une foule de détails remarquables.

Il faut nécessairement apporter un soin tout particulier à cette expérience, dont la durée est de trois semaines. Si, par négligence, on laisse la température s'élever à 40 degrés, on détruit l'existence de tous les êtres qui restent à éclore ; le blanc d'œuf se coagule, et l'on obtient des œufs cuits au lieu d'œufs couvés.

Or, s'il est prouvé que la terre et l'eau dont elle était entourée, avaient une température de bien plus de 40°, il en résulte évidemment que l'albumine a dû se coaguler et perdre son germe fécondant.

Il est très-remarquable que cette conclusion, tout à fait exacte pour les animaux et les plantes d'un ordre supérieur, ne soit pas admissible pour les créatures d'un ordre inférieur, ainsi que le prouvent des expériences décisives.

Pour ne parler que des plantes, on pourrait dire que la moisissure du pain est née de la poussière dont nous avons parlé tout à l'heure, laquelle constitue sa semence. Le plus léger souffle transporte au loin la poussière séminale du lycopode, et combien cette poussière est-elle épaisse encore à côté de celle de la moisissure, dont cent plantes réunies n'ont pas, à elles toutes, la dimension d'un grain de lycopode!

L'inadmissibilité de cette hypothèse est prouvée aussi par des expériences spéciales. Le pain moisit très-facilement, même à l'intérieur, où la poussière des mucédinées a pu difficilement pénétrer à travers la croûte fortement cuite. Quand ce pain est resté quinze jours dans le garde-manger, et qu'on le cherche alors pour en faire usage, on trouve dans l'intérieur des couches de moisissure. La même chose arrive pour la matière animale. Les grands fromages que l'on fabrique en Italie, en Suisse, dans les plaines de la Prusse, ne portent pas seulement à l'extérieur une innombrable quantité de mites, mais à l'intérieur aussi, une couche verte de moisi apparaît à chaque tranche.

On a prétendu également que le germe de la moisissure est déjà dans le lait, dans la farine, et qu'il s'est transformé en forêt de plantes sur le sol nourricier du fromage et du pain. Seulement, le lait, qui, en devenant aigre, s'est séparé du caséum, a été chauffé dans un chaudron jusqu'à ce que le caséum et l'albumine fussent coagulés, ce qui a dû faire perdre au pollen toute puissance fécondante. Mieux encore pour le pain. Celui-ci, dans le four du boulanger, subit une chaleur de plusieurs centaines de degrés. Le four est chauffé jusqu'à incandescence de la brique ; le pain lui-même à l'extérieur est d'un ton brunâtre, ce qui annonce un commencement de carbonisation, et lorsqu'il est de très-grande dimension (comme le gros pain de Westphalie), la croûte doit être tout à fait noire, c'est-à-dire carbonisée, pour que la cuisson soit parfaite.

Maintenant, qu'on place ce pain tout chaud, à l'intérieur même du four, sur un plateau de verre et sous une cloche, ayant tous deux la température du four ; il est impossible, sans doute, que des semences de l'extérieur pénètrent dans la substance. Et pourtant, on a observé, à diverses reprises, qu'au bout de douze à vingt jours, la moisissure se montre à l'intérieur du pain, comme s'il avait été librement exposé à l'air.

D'après cela, on pourrait bien considérer comme résolue la question de savoir si quelque chose d'analogue a pu se passer dans l'eau, dont la température a jadis dépassé cent degrés. Si le carbone et l'azote peuvent, dans le pain chauffé à plusieurs centaines de degrés, se modifier assez, au bout de quinze jours, pour y produire des organismes, pourquoi ce phénomène ne se serait-il point passé après des milliers d'années, dans l'eau jadis en ébullition et sur la terre jadis ardente, d'autant plus que les circonstances étaient moins défavorables que dans nos expériences, d'où il a fallu exclure l'air atmosphérique et cette chaleur de 25 à 50 degrés, si favorable à la germination?

Si ces plantes sont nées de la matière primitive. elles se perpétuent
d'après le mode qu'on appelle *naturel*, bien que l'autre mode. qui
existe encore aujourd'hui comme dans les premiers temps. n'ait rien
de contraire aux lois de la nature.

Mais la propagation par semences ou par *gemmes* s'opère bien
plus rapidement chez ces êtres que la génération primitive. Un plat de
terre. renfermant de l'eau. placé au soleil et toujours conservé plein
de liquide. se couvre bientôt d'un épiderme uni. qui devient vert. et
dont on découvre à l'aide du microscope la nature végétale. Il suffit
d'un été pour obtenir une couche de mousse deux fois épaisse comme
le dos d'une lame de couteau. L'eau d'un étang. quand il n'est pas traversé par un courant. tapisse le fond d'une couche de limon. qui
atteint. au bout de quelques années. l'épaisseur de plusieurs pieds. qui
est tout à fait de nature végétale et ne renferme. en fait de substances
minérales (argile, silice ou chaux . que ce que l'eau en tient en dissolution et en dépose pour la nourriture des plantes.

Sur ces dépôts. fort riches en éléments nutritifs pour la plupart des
végétaux. se développent peu à peu des plantes marécageuses, parmi
lesquelles les équisétacées. les joncs et les roseaux prédominent.

Il est à peu près certain que ces plantes ne naissent plus aujourd'hui
d'une façon spontanée. Il a dû en être autrement aux époques primitives ; comme aujourd'hui. aux algues ont dû succéder dans les marécages les équisétacées, et les mousses aux lichens. Il n'y avait pas de
semences : il faut donc bien qu'il se soit produit une génération primitive, car les plantes sont là et en quantités étonnantes.

En ce qui concerne les équisétacées. la chose semblera peut-être
moins merveilleuse à quiconque a examiné. à travers le microscope. un
morceau de pain moisi : au premier moment. il a sans doute cru voir
une forêt d'équisétacées. telles qu'elles apparaissent. au printemps. dans
les champs ou prairies encore sèches. ayant une longue tige droite et
cannelée. portant un chapeau élevé et étroit. sortes de champignons
allongés ; il a peut-être vu là une affinité (qui n'existe que dans la
forme du genre primitif). et il ne s'étonnera plus que la nature.
qui engendre sous nos yeux une forêt de petits champignons. soit assez
puissante pour engendrer des champignons de trente pieds de long et
d'un demi-pied d'épaisseur. Cependant. lorsqu'on a vu de ces végétaux
atteignant l'épaisseur et la longueur du plus fort étançon de muraille ;
lorsqu'on considère leur organisation merveilleuse. leur solidité. leur
tronc élevé. leur feuille filamenteuse. leur couronne. leur écorce siliceuse. on se demande si tout cela a pu naître dans de telles proportions. sans un germe. sans la préexistence d'espèces analogues.

Cette question, il est impossible de la résoudre ; mais nous pouvons faire remarquer à nos lecteurs qu'un bambou de 100 pieds de long, ou

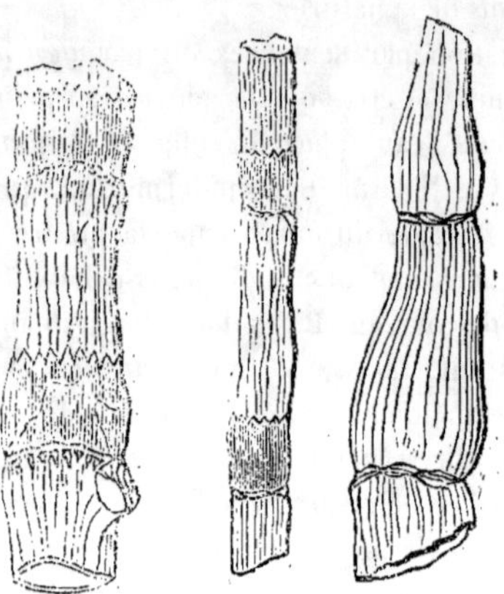

une équisétacée de 50 pieds, se développant en vertu de la puissance créatrice originelle de la nature, ne doit pas les étonner plus que le chêne au vaste ombrage, naissant d'un gland, ou le pavot à trente têtes, s'élevant d'un petit point noir. Nous sommes habitués à ces derniers phénomènes, parce qu'ils se répètent tous les jours sous nos yeux, mais ils n'en sont pas plus compréhensibles. Toutes les recherches du savant ne peuvent que l'amener à constater le fait, la marche, la carrière accomplie ; quant à l'origine, à la cause, à la force agissante, il n'en sait pas plus au sujet de la formation toute nouvelle de l'épi, issu du grain de blé, qu'au sujet de la création primitive d'un champignon, sans qu'il y ait eu de semence.

On a retrouvé également des roseaux fossiles (*calamites*) gigantesques, ayant un tronc vigoureux et de larges feuilles ; leur solide structure a pu résister mieux à la pression des masses superposées d'argile et de sable, ainsi qu'aux effets de la décomposition ; aussi ces formes se présentent-elles, très-reconnaissables et très-nombreuses, dans les plus anciennes roches sédimentaires renfermant des fossiles, dans les psammites (*grauwacke*).

Nous en dirons autant d'une plante que l'on ne rencontre aujourd'hui que fort dégénérée, relativement à ce qu'elle était dans les temps primitifs : la fougère, qui, dans nos contrées, forme au milieu des bois ombreux et humides, des buissons épais de verdure vivace et fraîche, ayant de larges feuilles découpées de toutes les façons, tandis que dans

les pays chauds, elle est beaucoup plus grande, et devient parfois un
arbre dont le tronc a plus de 20 pieds de hauteur.

Mais cette hauteur n'est rien en comparaison des troncs de fougères

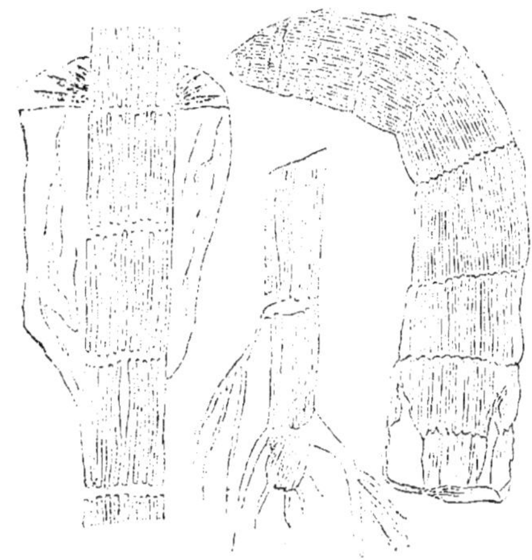

que l'on trouve à l'état fossile. Leur variété est telle qu'on en a déjà
découvert 500 espèces. Les fougères résistent parfaitement à la putréfaction. Elles sont à l'abri de la décomposition, ainsi que les troncs des
palmiers et le bois de cactus; c'est pour cela sans doute que l'on trouve
des couches de houille d'une épaisseur de 50 pieds, presque exclusivement composées de fougères. Là où le charbon est schisteux, il s'est
principalement formé de feuilles, dont les empreintes se retrouvent
dans la plupart des charbons de terre. Mais dans le schiste argileux,
on les a retrouvées dans un tel état de conservation, qu'on y a reconnu
les plus petits filaments, les traces les plus fines du tissu réticulé, et
qu'à l'aide du microscope on a pu reconnaître, à la face inférieure des
feuilles, la marque des enveloppes séminales, et dans celles-ci la
semence elle-même, quoique à l'état carbonisé.

On s'arrête ébahi devant cette prodigieuse quantité de plantes primitives, devant cette puissance créatrice et nutritive de la terre, quand
on retrouve des gisements de houille dans lesquels des troncs de
60 pieds de hauteur se sont conservés debout avec leurs racines, et
qu'à partir de ces racines, enclavées dans le schiste argileux, et
jusqu'au-dessus du tronc, toute la masse de houille est composée
uniquement de feuilles entassées de ces fougères, palmiers et roseaux.

Les empreintes de ces plantes ne se retrouvent pas dans les roches
les plus anciennes; celles-ci n'offrent que la trace des plantes cellulaires

les plus simples, et encore ne sont-elles pas assez conservées pour
qu'on puisse exactement se les représenter. La période qui suit immé-

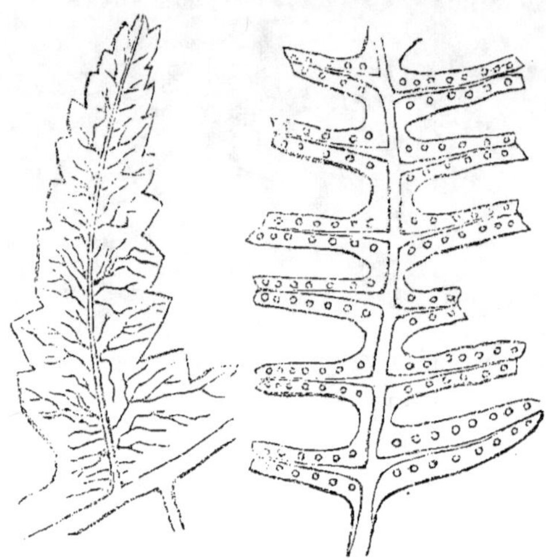

diatement est celle des fougères, et avec elle apparaît simultanément
le plus ancien des dépôts charbonneux, la houille, exclusivement formée
de végétaux, ce que l'on reconnaît d'une manière indubitable, non-
seulement aux empreintes qu'on y retrouve, mais, en outre, à ce que
certains blocs se divisent à l'infini en feuillets, entre lesquels on découvre
encore, parfaitement conservés, les ramifications, les troncs, les noyaux
solides ou les fruits ligneux, d'après lesquels on peut reconnaître les
espèces qui ont accumulé le carbone.

C'est ainsi que les figures ci-après montrent, dans toute leur perfection, des fruits de *trigonocarpes* et de *cardiocarpes,* tels qu'on
en trouve en quantités considérables dans le terrain houiller.

Il n'y a de doute que sur le mode de formation de la houille, et l'on
ne peut déterminer si elle s'est formée à l'endroit où on la trouve, ou
bien si elle y a été transportée par les eaux.

Celui qui a parcouru une forêt vierge des tropiques a dû voir
sous ses pieds une telle quantité de débris de plantes, qu'il n'a rien dû
trouver d'étrange dans la pensée, qu'après des milliers d'années, les
arbres puissent avoir disparu et être enfouis sous le détritus végétal
dont ils ont couvert le sol.

L'abondance des troncs qui restent encore debout dans la houille
compacte, ne nous oblige pas nécessairement à supposer que là où sont

ces troncs, est née aussi la masse de végétaux qui a fourni les éléments

de la formation houillère. Nous voyons de nos jours le feuillage, les épines, les branches d'arbres, entraînés par le vent ou la pluie, descendre des collines boisées vers le fond des vallées, où ils remplissent des cavités de plusieurs pieds de profondeur. Pourquoi dès lors, à une époque où la puissance de la végétation était infiniment plus grande, et où l'atmosphère était bien plus agitée qu'aujourd'hui, ce fait ne se serait-il pas accompli plus aisément et plus souvent? Là où nous trouvons les troncs et les racines debout dans la houille, là, peut-être sur l'étendue d'une lieue carrée, s'est amassé le feuillage d'un espace cent fois plus vaste, s'accumulant autour des arbres jusqu'au point où se balançaient leurs cimes, que brisa peut-être le même phénomène qui avait accumulé les feuilles et les branches. Mais il nous reste à considérer des agglomérations bien autrement puissantes de matière charbonneuse, que les torrents gigantesques du monde primitif ont transportée à des distances énormes.

Nous avons déjà constaté que l'absence d'animaux à organes respiratoires, pendant la période qui précède la formation du charbon, annonce qu'il y avait dans l'air une surabondance de carbone, sous forme d'acide carbonique. La vigueur extraordinaire de la végétation primitive a été causée par cette surabondance, en même temps que par la température plus élevée de la surface terrestre (laquelle ne dépendait pas encore du soleil, ce qui fait que les zones polaires pouvaient produire des plantes tropicales), et enfin, par la vapeur d'eau au moins aussi abondante que l'acide carbonique. Tous ces éléments réunis ont dû produire une végétation dont la richesse nous jette dans l'étonnement.

Quand nous voyons aujourd'hui le Mississipi enlever aux forêts de l'Ouest, au delà des Prairies, et porter à l'Océan des végétaux de toute nature, depuis les fougères jusqu'aux troncs les plus puissants, en quantités telles qu'elles forment dans la mer un train de bois flottant, large de plusieurs lieues, et cent fois plus long, lequel s'en va jusqu'en Groënland, en Islande ou en Norwége, — nous devons comprendre qu'un fleuve plus vaste encore, le Mississipi primitif, puisant dans une végétation plus considérable, ait dû emporter des masses de plantes bien autrement colossales.

Or, lorsque de profondes cavités reçurent les masses liquides, et que le bois le plus lourd (le palmier, les fougères) descendit au fond, ainsi que le bois plus léger alourdi par l'eau (1), il a dû s'amasser des quantités énormes de végétaux, et il ne serait pas étonnant que, par exemple, le golfe du Mexique abritât dans son lit les gisements de houille les plus étendus, attendu qu'indubitablement ce golfe a été jadis une vallée parfaitement close, exclusivement remplie par les eaux du Mississipi et des petits courants riverains (plus grands alors qu'aujourd'hui), qui n'ont pu qu'enfouir dans ses profondeurs les troncs d'arbres et les restes de végétaux qu'ils amenaient dans son sein.

Partout on trouve les charbons en gisements superposés qui atteignent parfois le chiffre de plusieurs centaines. Les gisements sont séparés par des couches d'argile et de grès. Leur épaisseur varie de deux pouces et même moins, au chiffre énorme de 40, 60 et 100 pieds. L'accumulation de la matière charbonneuse s'est donc faite avec une force très-variable et de nombreuses interruptions. Entre ces périodes d'interruption, une couche végétale s'est déposée sur les couches de grès et d'argile, et a été recouverte de nouveau par des roches sédimentaires. Cette alternation a dû continuer ainsi, mais probablement à de très-grands intervalles.

Quant au temps qu'il a fallu à ces formations, des recherches ont été faites par des savants, tels que le professeur Bisschoff, MM. Dechen, Cotta et autres. Il ne sera pas sans intérêt de faire connaître les résultats de leurs calculs.

En supposant que la végétation de ces temps reculés n'ait pas été plus puissante que ne l'est aujourd'hui, dans des circonstances favorables, la végétation des forêts tropicales ; que les plantes qui ont formé la houille aient poussé à l'endroit même où nous les retrouvons aujour-

---

(1) On appelle « bois canard » (*Senkholz*) ce bois qui, dans tous les grands fleuves, offre un danger permanent à la navigation.

d'hui à l'état de charbon (1) ; dès lors il a fallu, pour former un gisement de houille d'environ 50 pieds d'épaisseur, une période d'un peu
plus d'un million d'années.

Il y a certes de fortes objections à faire à l'hypothèse de la formation de la houille sur le terrain même où on la retrouve ; on peut dire,
entre autres, que les arbres absorbent de nouveau dans leur substance
la plus grande partie des feuilles et des branches qu'ils laissent successivement tomber, attendu que le bois pourri, transformé en humus
imbibé d'eau, se voit privé d'une partie de son carbone, qui, transformé
en acide carbonique, profite de nouveau à l'arbre, que nourrissent
ainsi ses propres produits. Malgré tout cela, la masse de carbone
augmente toujours ; il lui faut pour cela un long espace de temps, mais
certes un million d'années n'est pas déjà si peu de chose.

Nos forêts actuelles elles-mêmes nous donnent la preuve que la masse
végétale s'accroît. Nous voyons sur le sable, mêlé à un peu d'argile,
dont se composent les dunes de la mer Baltique, s'élever des forêts. Le
carbone qu'elles renferment a dû leur être apporté du dehors. Les
feuilles tombées sur ce sol ont fait de la couche supérieure de sable
un terrain végétal d'un demi-pied d'épaisseur, sur lequel croissent des
mousses et des lichens de tous genres, qui puisent leur nourriture
dans cette couche de terre, et en augmentent la fertilité par leur
propre substance. Les bois de bouleau et de tilleul, en Russie, plantés
sur un sol semblable, possèdent déjà une couche de terreau de 4 à
10 pieds d'épaisseur, et les forêts de l'Amérique du Nord nous offrent
des couches de terre végétale pure, d'une épaisseur double, qui
n'étaient autrefois que du détritus de feuilles, mêlé au sable du sol.
Ce premier élément s'est débarrassé peu à peu du sable pour ne plus
conserver que la terre végétale, l'humus, qui se forme des feuilles
pourries et des branches décomposées.

Un autre calcul de Bischoff, qui s'ajoute au premier, évalue le temps
écoulé depuis cette formation houillère à 9 millions d'années; de sorte
que, s'il a fallu déjà un million d'années aux éléments du charbon pour
s'accumuler, il s'en est écoulé dix millions depuis le commencement de
la formation houillère.

Dans nos régions, la végétation est moins vigoureuse que sous les
tropiques, ou qu'elle ne l'a été jadis sous l'empire d'une chaleur et
d'une humidité tropicales, ainsi que de l'abondance de l'acide carbonique dans l'air.

(1) Cela a pu avoir lieu sur plusieurs points, attendu que beaucoup de plantes sont
dans un état de conservation qui exclut l'idée d'un transport lointain par eau.

Prenant pour point de départ cette végétation, observée pendant une période de 65 ans, un savant français, M. Chevandier, a calculé la quantité de carbone que produit un bois de hêtres, et a trouvé qu'en un siècle il doit former un gisement de houille de 7 lignes, un peu plus d'un demi-pouce, ce qui ferait 250 pieds environ en un demi-million d'années. On voit combien ces calculs sont vagues et manquent de base. Seulement, quels qu'ils soient, ils font voir ce qu'il a fallu de temps, même dans des circonstances favorables, avant que la matière première de la houille, telle que nous la connaissons, existât dans la nature.

Il nous reste à considérer un autre mode de formation de cette matière, celui peut-être qui offre le plus de vraisemblance, quoique cette hypothèse ait contre elle le fait que les empreintes de plantes que renferme la houille sont pareilles sur toute la surface de la terre: que l'on y retrouve sans cesse les mêmes fougères, les mêmes roseaux, les mêmes équisétacées, ce qui ne serait guère possible dans l'hypothèse que nous allons examiner. Cette cause, encore actuellement existante, et peut-être unique, de la formation de la houille, est la tourbe.

Tout le monde croit connaître la tourbe, quoiqu'il soit très-difficile de la distinguer du lignite terreux. D'ailleurs, cela même semble indiquer que les deux substances ont une origine identique.

La tourbe se forme de la racine décomposée d'un groupe de plantes, désignées sous le nom générique de *sphaigne des marais* (*sphagnum*). Cette mousse, qui paraît jouer un grand rôle dans l'économie de la nature, forme sur le sol humide abandonné par la mer, des mottes dont l'épaisseur va toujours croissant, et qui deviennent des couches de tourbe d'une puissance de 40 à 100 pieds.

Une pareille accumulation exige une série d'années. Car bien que la tourbe paraisse croître avec une assez grande rapidité, la couche supérieure seule progresse et produit une tourbe d'un brun clair et très-peu consistante. Pour que la tourbe gagne en cohésion, devienne d'un brun foncé, presque noir, il faut qu'elle ait reposé pendant des siècles sous sa propre pression; et s'il est vrai qu'une tourbière produit en 50 ans à son propriétaire un revenu aussi assuré qu'un bois mis en coupe réglée, il n'est pas moins vrai que la croissance qui suit de près l'extraction ne produit qu'un élément mauvais et peu consistant.

Les tourbières d'ancienne formation, qui sont très-répandues, ont une tout autre nature que celles dont nous parlons ci-dessus. On reconnaît parfaitement en elles les restes de plantes de diverses espèces qui n'appartiennent pas aux sphaignes. Ce sont des feuilles et des tiges

de roseaux. des racines de plantes aquatiques ; et dans quelques tourbières. entre autres aux environs de Bayreuth. on trouve des racines
de conifères en telles quantités. qu'en exploitant la tourbe on les
extrait de leur enveloppe molle et on les sèche pour les vendre ensuite
par mesures. comme bois bitumineux.

Cette conservation parfaite. les plantes la doivent à un acide qui joue
un grand rôle dans la formation de la tourbe : l'acide humique, lequel.
s'infiltrant dans les racines. les feuilles et les branches. les préserve de la
putréfaction. et cela pendant des milliers d'années. attendu que l'on a
trouvé dans des tourbières profondes des restes d'animaux primitifs.
qui. disposés à côté de restes de végétaux ni carbonisés ni pétrifiés.
mais ligneux ou fibreux. permettent de conclure à un dépôt datant des
plus anciennes époques de la création animale. Dès l'instant où la présence d'animaux antédiluviens dans les tourbières. les déplacements et
les déchirements des couches recouvertes de dépôts sédimentaires.
viennent prouver que ces tourbières ont pris part aux grandes révolutions du globe. rien ne s'oppose à l'idée qu'elles aient contribué à la
formation de la houille. d'autant moins que nous voyons avec étonnement l'espace immense sur lequel s'étendent ces tourbières dans
diverses contrées. Toute la côte méridionale de la Baltique et de la
mer du Nord en est richement fournie. et elles y atteignent parfois
une profondeur de 80 pieds. Leur origine diverse s'y reconnaît parfaitement. Elles procèdent de laiches. de joncs. de bruyères (communément de l'*erica tetralix* et de la *calluna vulgaris*). comme en
Hollande et en Frise. sous les immenses landes ; de plantes des bois de
tous genres. tant de mousses que de lichens et d'arbres entiers de
toutes les espèces. parfaitement reconnaissables pour le botaniste :
enfin de la sphaigne. qui pousse toujours vers le haut. tandis que ses
racines. placées dans l'eau. forment une couche de plus en plus solide
et dure. à mesure qu'elles s'élèvent. Mais la contrée qui offre les plus
vastes tourbières est l'Irlande. où on les trouve. comme dans
l'Amérique du Nord. d'une longueur de 70 lieues sur 40 de large.
offrant. à 270 et 500 pieds de profondeur. des tourbes dont le sondage
a prouvé que la base avait déjà pris une consistance pierreuse.

L'observation attentive des restes des végétaux que l'on trouve dans
les formations de houille les plus récentes. et leur parfaite analogie
avec ceux que l'on trouve dans les tourbes les plus anciennes. de plus
la similitude des anciennes tourbes avec le lignite terreux. qui est telle
qu'on distingue à peine les unes de l'autre. tout cela mène à l'opinion
que les lignites sont nés de tourbières antédiluviennes. et cette opinion
se confirme par le fait que l'on rencontre aussi bien des tourbières

pierreuses, composées de sphaignes et recouvertes de couches épaisses
de terrain alluvien, que des gisements de lignite, exposés au grand air,
sans être recouverts de quelque formation que ce soit.

Il serait difficile d'élever une objection sérieuse contre l'hypothèse
que les charbons de terre et les lignites doivent essentiellement leur
substance aux plantes primitives. Mais en admettant comme prouvée
cette accumulation de la substance végétale, encore le merveilleux procédé de carbonisation par lequel une matière végétale s'est transformée en une matière minérale, n'est-il pas expliqué.

Nous devons réfuter tout d'abord une objection que l'on pourrait tirer
des derniers mots de la phrase qui précède. Il n'existe pas de substance
végétale simple. Le charbon, le carbone, sont des matières aussi complétement inorganiques que la silice ou la chaux, et l'on pourrait tout aussi
bien demander comment, de la substance organique des os, se forme un
minéral, le marbre. Or, ceci ne se produit jamais. Les plantes contiennent du carbone, et les animaux de la chaux; le carbone et la
chaux ne sont pas pour cela des substances organiques; ils ne le
deviennent que par leur combinaison avec l'hydrogène, le phosphore,
l'azote, l'oxygène, etc.

Sur ce point donc, il n'y a pas de difficulté; mais il en reste toujours
pour expliquer la transformation de la plante en charbon. Ce qui
prouve combien l'explication est ardue, ce sont les détours par lesquels
on a passé pour atteindre au point où l'on est arrivé aujourd'hui.
Parmi les idées les plus étranges que l'on ait mises en avant, il en est
une d'après laquelle les plantes se seraient transformées en charbon
par l'effet de l'acide sulfurique. A l'appui de cette idée, on disait que,
si elles avaient subi l'action du feu, on aurait dû trouver des cendres
et non du charbon, le feu ayant dû, sans doute, transformer d'abord le
végétal en charbon, mais ensuite consumer également celui-ci. La
quantité de soufre mêlée à la houille pourrait bien aussi avoir sa part
dans cette hypothèse.

Cette opinion se réfute, rien que par le fait de la carbonisation opérée
dans un fourneau. Pour que le charbon que l'on obtient par la combustion du bois sec ne soit point consumé, il suffit d'intercepter l'entrée de
l'air. Si la carbonisation s'opère dans un espace hermétiquement fermé
(soit vase de métal, soit appareil distillatoire), dans lequel les gaz sont
concentrés, il se produit un autre résultat encore. Les gaz qui se
dégagent sont maintenus à l'état liquide, soit par la pression extraordinaire qu'ils subissent, soit par le refroidissement du récipient; ou bien
ils restent tout entiers dans la matière carbonisée. Si l'on distille
des plantes, on obtient dans le récipient de l'acide pyroligneux, du

goudron, etc., et au fond de la cornue. le charbon reste presque à l'état pur: mais si l'on emploie pour la carbonisation un vase de métal solide et résistant, et qu'on l'expose à une forte chaleur, le charbon devient impur et résineux.

Il est tout à fait hors de doute que la terre, longtemps après avoir été peuplée de plantes. a encore subi des modifications profondes. Des masses minérales en fusion se sont soulevées de l'intérieur du globe, et. se rapprochant des substances combustibles. les ont transformées en raison de leur plus ou moins grande proximité du feu.

Quelles que soient les plantes qu'on examine. les fiers palmiers des tropiques, ou les lichens et les mousses des tourbières, on les trouve toutes composées de carbone (en très-majeure partie), d'hydrogène et d'oxygène. On y trouve aussi une faible part d'azote, de chaux, de silice et de potasse; mais ces éléments sont de peu d'importance, sont variables, et ne se rencontrent pas dans toutes les plantes. Ainsi, le roseau et l'équisétacée renferment de la silice dans leur écorce, mais le réséda et la giroflée n'en ont pas.

En analysant le charbon de terre, nous y retrouvons les mêmes substances. seulement avec une plus grande prédominance de carbone ; mais les charbons diffèrent entre eux sous ce rapport. Ils sont d'autant plus riches en carbone qu'ils gisent plus bas, et l'oxygène et l'hydrogène leur font défaut en proportion.

Ce que nous remarquons ici se voit chez les plantes qui gisent pendant longtemps sous l'eau. La dissolution n'emporte qu'une faible partie de carbone. mais une grande quantité d'oxygène, laquelle s'échappe avec le carbone à l'état d'acide carbonique ; il se forme de même entre le carbone et l'hydrogène des combinaisons que l'eau laisse dégager à l'état aériforme. Cette opération explique l'appauvrissement des gisements de houille en fait d'oxygène et d'hydrogène.

Sous l'eau. se forme en outre. de la combinaison du carbone et de l'hydrogène. une substance particulière. volatile et puante : le bitume. C'est ainsi que la tourbe qui gît à une grande profondeur est généralement très-bitumineuse, et par son âge. par sa composition bitumineuse et terreuse. dans laquelle on ne reconnaît presque plus les restes des plantes. elle se rapproche si bien du lignite qu'il faut une connaissance toute spéciale pour distinguer la tourbe terreuse du lignite terreux.

Nous avons maintenant devant nous les éléments requis pour la formation de la houille. Le carbone accumulé en masses énormes sous la forme de débris végétaux. couverts en partie de couches de plus récentes formations. qui opèrent. ainsi que les détritus végétaux.

eux-mêmes. une pression puissante sur les couches inférieures, et d'autant plus fortes que celles-ci sont plus profondes.

Si maintenant s'opère une révolution plutonienne, une ascension de chaleur ardente vers la surface de la terre (ce qui a eu lieu à diverses reprises. ainsi qu'on peut le démontrer à des endroits innombrables). les combinaisons gazeuses du carbone et de l'oxygène. du carbone et de l'hydrogène. seront immédiatement expulsées, et les autres substances liquides et volatiles seront évaporées et chassées.

« Vers où ? » dira t-on. A cette question la réponse est facile : des couches les plus basses vers les plus élevées, lesquelles étant, par leur éloignement du foyer. moins chaudes et moins denses. sont parfaitement à même d'absorber des substances gazeuses. de les précipiter et de les incorporer dans leur masse.

Si l'on observe de plus près les gisements carbonifères. on trouve que tel a dû être le procédé accompli. Dans les gisements les plus considérables. on voit les charbons inférieurs beaucoup plus foncés, souvent tout à fait noirs. libres de tout mélange de bitume ; puis ils deviennent brillants et bitumineux. jusqu'à ce qu'ils passent à l'état de houille ordinaire. A mesure qu'on s'élève, celle-ci devient plus bitumineuse ; elle perd peu à peu sa densité et sa couleur foncée ; elle devient brune, et la transition s'opère de la houille au lignite, qui est tellement chargé de bitume, que. dans les endroits où il sert de combustible. une forte odeur l'annonce à plusieurs lieues de distance. comme dans les environs de Halle et d'Altenbourg. où le vent du matin répand au loin les émanations bitumineuses.

Le charbon qui gît le plus bas. et qui a perdu tout élément bitumineux et toute substance végétale, s'appelle *graphite*. Il contient une petite quantité de fer, mais il ne renferme aucun mélange d'oxygène. d'hydrogène ou d'autres substances végétales, et peut être considéré comme du charbon à l'état presque pur ; ses propriétés sont d'être infusible et incombustible. sauf dans l'oxygène. Le charbon absolument pur, le diamant, peut rester des heures entières dans le feu le plus ardent (excepté dans l'oxygène), sans subir d'altération. Il en est à peu près de même du graphite ; il ne peut donc servir pour le chauffage ; au contraire, il se consume si peu, qu'on en fabrique des creusets pour les métaux peu fusibles. le platine excepté.

Le graphite est l'élément de nos crayons de mine de plomb. qui ne renferment aucune trace de plomb. Les crayons de dessin anglais se composent de parallélipipèdes de graphite taillés ; les crayons autrichiens, de graphite pulvérisé et lavé, mêlé d'un peu d'argile comme ciment. Les premiers, taillés par la scie dans le graphite solide et fin, sont de tous points les meilleurs ; mais l'élément colorant des autres ne diffère guère du leur ; et il paraît résulter, d'ailleurs, des observations les plus attentives, que ces accumulations de carbone ne sont pas du tout originelles, mais résultent de la transformation des substances végétales.

La couche suivante de charbon moins parfait s'appelle *anthracite* (vulgairement *houille éclatante*). Il est difficile à allumer et ne brûle, isolé d'autres combustibles, qu'à une chaleur très-vive. Certaines espèces d'anthracite résistent à une chaleur qui fait fondre le fer. Mais comme, en général, l'action d'un feu intense finit par consumer l'anthracite, on voit que la transformation des substances végétales ne s'y est pas accomplie au même degré que dans le graphite.

La troisième couche comprend la houille proprement dite, dans laquelle on trouve les substances dégagées par distillation des couches inférieures : l'asphalte ou goudron minéral, le bitume, le soufre ; plusieurs substances qui ne se montrent qu'à la distillation s'y trouvent solidifiées. La fabrication du gaz d'éclairage a fourni l'occasion d'étudier ces substances sous des formes nombreuses et très en grand ; l'asphalte, sous la forme de goudron minéral, est un très-grand embarras pour les entreprises de ce genre, et quoique on l'emploie au pavage des trottoirs et à la couverture des toits plats, la consommation n'en est pas aussi considérable que la production ; par conséquent, le goudron minéral est un résidu aussi peu précieux que l'est en Angleterre l'acide muriatique, que l'on obtient en extrayant la soude du sel de cuisine.

Toutefois, ces substances solides ne présentent d'inconvénient que dans les cas indiqués, mais elles n'enlèvent rien à la vertu combustible du charbon : au contraire, elles l'augmentent.

En soumettant ce charbon du troisième degré, la houille proprement dite (1), à une température très-élevée, en interceptant l'entrée de l'air atmosphérique, tout en favorisant le dégagement de la vapeur, il se forme un nouvel élément, précieux pour l'industrie, et que l'on appelle *coke*.

S'il fallait une preuve de plus à l'appui de la théorie qui fait procéder la houille des substances végétales, on la trouverait dans cette circonstance qu'il existe du *coke* naturel.

Lorsque des gisements carbonifères se trouvent à proximité du porphyre, ou mieux encore du basalte, deux puissantes roches pluto-

---

(1) Il ne faut pas perdre de vue qu'il en existe une foule de variétés qui diffèrent grandement de valeur, selon les opérations auxquelles on veut les faire servir.

niennes (1), les charbons les plus rapprochés de ces roches jadis ardentes sont carbonisés derechef, c'est-à-dire transformés en un genre de *coke* qui se distingue du *coke* artificiel par une plus grande solidité, résultant de ce que la combustion s'est faite sous une pression beaucoup plus considérable. Ici l'action du feu éclate d'une façon tout à fait évidente. Ces gisements carbonifères sont composés de couches qui diffèrent grandement l'une de l'autre. Le plus près du foyer, se trouve le charbon éteint, qui a brûlé sans fumée, annonçant une action énergique et prompte; puis, non loin de là, l'anthracite, qui possède la même propriété, mais qui se consume beaucoup plus difficilement, quoique ayant perdu également tout principe bitumineux; puis la houille, mais par degrés très-inégaux de perfection; et enfin, après un grand intervalle, commence une formation ultérieure, le lignite. Le lignite est beaucoup plus dense dans ses couches inférieures, se brise en blocs irréguliers, qui trahissent une stratification schisteuse, est d'un brun sombre qui va jusqu'au noir en descendant, ou devient clair en remontant; perd en consistance et en densité, jusqu'à ce qu'il ne semble, pour ainsi dire, plus être carbonisé, et qu'il devienne ce qu'en Saxe et en Thuringe on appelle de la tourbe. Humecté, taillé en briques, et séché à l'air, ce lignite est employé pour le chauffage, tout comme la tourbe elle-même.

Sans aucun doute, l'opinion que les lignites sont des formations plus récentes que la houille, est juste. On en trouve la preuve dans les restes de végétaux qu'ils renferment et qui appartiennent à des époques plus récentes; mais le mode de formation est le même.

Il ne faut pas, d'après ce qui précède, s'imaginer que, partout où il y a des charbons de terre on trouve d'abord du graphite, puis de l'anthracite, et puis de la houille. Seulement, quand les degrés sont reconnaissables, ils suivent cet ordre, et quand une des gradations manque, l'ordre des autres n'est cependant pas interverti. Il en est de même du lignite. Il se présente parfois seul, sans être accompagné de couches inférieures de houille. Si toutefois, en creusant, on trouve le lignite modifié, les modifications sont toujours conformes à la règle que nous avons énoncée, et il est aujourd'hui si bien démontré que la règle est vraie et générale, que dans des contrées lointaines l'exploitation des mines confirme ce que de savants chercheurs avaient découvert sur un petit coin de terre, comme la Thuringe ou la Silésie.

C'est ici que doit trouver place la citation suivante, empruntée à la *Géologie* de Cotta :

(1) On appelle ainsi les roches qui, de l'intérieur du globe en fusion, se sont élancées, à l'état liquide, au-dessus de l'écorce déjà coagulée.

« Les gisements de houille du pays de l'Ohio, lorsqu'ils s'étendent à l'intérieur de montagnes soulevées par l'action plutonienne, sont, sur de grands espaces, tout à fait privés de bitume, et transformés en anthracite, brûlant sans fumée, tandis que dans les plaines contiguës les mêmes houilles se composent de couches bitumineuses. Près de Worcester, dans le Massachusets, une couche de houille ordinaire, très-combustible, et intercalée dans un schiste argileux, se transforme, en se prolongeant, en graphite incombustible, intercalé dans le mica-schiste. Dans les Alpes de Savoie, de même que dans la « Stangenalp » en Styrie, on trouve également des gisements d'anthracite, qui, d'après les empreintes de plantes qu'ils renferment, font partie du terrain houiller ordinaire, et se sont transformés en anthracite, par l'influence des forces plutoniennes qui ont soulevé ces vastes chaines de montagnes. »

Récapitulant ce que nous avons dit, nous avons le droit de poser les conclusions suivantes : Il résulte indubitablement de toutes les observations enregistrées, que la première couche végétale de la terre, quelle qu'elle fût, a servi de base à la formation de la houille, de la plus ancienne aussi bien que de la plus récente; un procédé de distillation sèche, accompli par l'effet d'une température élevée, sous une pression puissante, a carbonisé la matière végétale accumulée; par sa décomposition, ont été amenées d'autres combinaisons d'hydrogène, de carbone et d'oxygène; ces substances, chassées des couches les plus voisines du foyer, ont été repoussées plus haut; enfin, la transformation des végétaux en charbon de terre et en lignite s'est modifiée encore par l'action prompte et énergique, longue ou momentanée, de températures particulièrement élevées. Les plantes soumises à cette opération étaient d'espèces très-diverses; nous en avons des preuves convaincantes : ainsi, dans la houille schistoïde, composée presque entièrement de fougères, on a retrouvé des fragments de substances d'une tout autre texture, dans lesquels on a reconnu des racines et des troncs semblables à ceux du sapin, ce qui prouve d'une manière suffisante que ce ne sont pas des plantes d'une seule espèce qui ont formé les gisements. Le charbon de cette nature a été appelé *charbon de bois fossile*, et se distingue du charbon de terre en ce que, trouvé dans des couches de houille solide et dense, il n'a pas plus de consistance que le charbon de bois ordinaire, en possède tout à fait la texture et ne renferme aucune trace de bitume.

Nous étudierons de plus près les lignites, en parlant des formations tertiaires auxquelles ils appartiennent.

Avant d'abandonner cet objet et l'étude des plantes du monde primitif (1), il nous faut dire quelques mots sur les moyens de découvrir la houille. Et d'abord, il faut noter que là où nous apparaissent comme formations distinctes, comme base du sol, les roches cristallines, le granit, le gneiss, le porphyre et le schiste argileux primitif, il ne peut être question de houille. Les habitants des hautes montagnes n'en peuvent jamais trouver dans leur voisinage, la houille appartenant à une formation plus récente, à celle qu'on appelle la formation *stratifiée*.

Celle-ci d'ailleurs ne date pas toujours d'une même époque, et en Allemagne on ne trouve de la houille ni dans l'espèce de grès qu'on y appelle *grauwacke* (2), et qui compte parmi les roches sédimentaires les plus anciennes (5), ni dans le *grauwackenschiefer* (arkose?), ni généralement dans aucune des roches qu'on désignait jadis sous le nom de « terrains de transition. » En Angleterre, cependant, quelques-unes de ces roches renferment de la houille.

Il existe une sorte de grès rougeâtre, que, dans les montagnes du Harz, on nomme *roth-todt-liegendes* (sol rouge, stérile). Ce nom, emprunté au langage des mineurs, a été adopté par les géologues. En voici l'explication : le métal, ou le minerai, se présente par filons ou *gangues ;* ce qui est au-dessous des filons s'appelle le sol ou *plancher ;* ce qui se trouve au-dessus se nomme *le toit* (roche pendante). Si la roche ne contient pas de minéraux dignes d'exploitation, on l'appelle roche morte. Dans le Mansfeld, le schiste cuivreux (*kupferschiefer*) gît au-dessus de ce grès. Ce dernier constitue donc le sol ; ne contenant pas de minérai, il est stérile, ce qui avec sa couleur rouge ou rougeâtre, lui a fait donner le nom ci-dessus.

Cette roche, composée de fragments innombrables de granit, de porphyre, de gneiss, de micaschiste, de diorite, de schiste argileux, gros comme le poing, comme une noisette ou comme un pois, reliés par du sable ferrugineux, forme ordinairement le toit du filon houiller. Là où elle se trouve par couches, la présence du charbon de terre n'est pas toujours certaine, mais du moins très-probable.

Plus les formations qui apparaissent au jour sont récentes, plus

---

(1) Nous parviendrons peut-être à reconstruire, des restes des végétaux du monde primitif, les arbres et les plantes, et à les représenter par la gravure, ce qui nous sera facile en suivant l'ouvrage de l'habile professeur Unger : « *Les diverses périodes du monde primitif.* »

(2) Psammite, d'après M. Brongniart ; traumate d'après M. d'Aubuisson

(5) Ce grès comprend dans un ciment d'argile solide, des grains de quartz et de schiste siliceux, qui forment entre eux de gros rognons et donnent à la pierre un aspect de rudesse qui lui a valu le nom de *conglomérat de grauwacke.*

diminue l'espoir de trouver de la houille ou du moins de l'atteindre de
manière à en tirer quelque profit. Ainsi, par exemple, la craie, occupant le dessus, ne serait pas un indice très-favorable pour faire des
recherches, attendu qu'habituellement on trouve au-dessous d'elle le
quadersandstein, ou grès propre à faire des carreaux (grès de
Kœnigstein, d'après M. de Humboldt), le calcaire jurassique, le calcaire
liasique, le grès keuprique, le calcaire conchylien, le grès bigarré et le
calcaire alpin (*zechstein*), et alors seulement le *rothliegendes*, qui
généralement recouvre immédiatement le terrain houiller au-dessus
du calcaire carbonifère.

Peut-être nul ne croira-t-il que toutes les couches de formation
récente soient ainsi disposées. Pourtant, il résulte d'observations, faites
par centaines, que jamais le terrain crétacé ne se trouve au-dessous du
calcaire conchylien, ni le grès bigarré au-dessus du calcaire jurassique;
que par conséquent, lorsqu'on rencontre un de ces terrains, il doit y
avoir au-dessous de lui un ou deux de ceux qui suivent, jamais de ceux
qui précèdent. Il arrive parfois que des couches entières font défaut,
qu'il manque toute une série de terrains intermédiaires; que, par
exemple, immédiatement après le grès de Kœnigstein on trouve le calcaire conchylien, ou après le calcaire jurassique le grès rouge; il
arrive même qu'à la couche supérieure, qui est la plus récente,
succède immédiatement le terrain houiller. Le cas se présente surtout
dans le bassin de la Ruhr, où, de tous les terrains qui ordinairement
recouvrent les gisements houillers, on ne rencontre que la formation
crétacée. Mais celui qui se contenterait de cet indice exceptionnel,
sans être soutenu par d'autres preuves, pour chercher de la houille,
dans un sol que recouvriraient à la surface des roches appartenant à
la formation crétacée, telles que, par exemple, des groupes de pyromaques, serait exposé à ne rien trouver de bien avantageux. Alors
même que l'on a suffisamment appris à connaître un terrain et les
coteaux avoisinants, pour s'assurer de l'existence des roches sous
lesquelles apparaît habituellement le charbon de terre, il faut encore
savoir distinguer la succession des couches et la nature de leur développement. La direction enfin s'apprécie le mieux, en ayant soin de
rechercher les têtes de couches, c'est-à-dire l'extrémité, l'endroit
auquel elles viennent au jour.

Les endroits où les rivières traversent des vallées profondes, ou bien
les tranchées pratiquées pour les voies ferrées, donnent sur ce point
des indications certaines. Il n'est pas rare qu'en creusant de profondes
marnières, on trouve les renseignements voulus. Les tranchées permettent de suivre avec certitude la succession des couches de haut en

bas, et les chemins de fer de la Thuringe, du Harz, de la Westphalie, ont fourni les plus belles données sur les gisements, à l'appui des principes que nous avons indiqués ci-dessus, et ont prouvé que nulle part cet ordre n'est interverti.

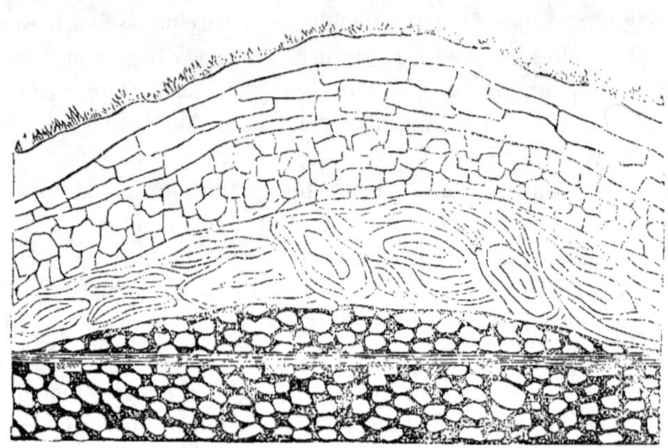

La figure ci-dessus nous montre un spécimen d'une tranchée de cette nature. L'espace blanc supérieur représente le terrain détritique transformé en terre arable ; au-dessous se trouve une formation très-récente, le grès de Kœnigstein ; puis vient, par omission du calcaire jurassique, du calcaire liasique et du grès keuprique, le calcaire conchylien, auquel succède le grès bigarré. Enfin, par suite de l'absence de quelques autres terrains, parmi lesquels le *zechstein*, on arrive au grès rouge, à travers lequel on a mené le chemin de fer, non loin d'Eisenach.

Dès qu'on a trouvé les têtes de couches, il est facile d'en retracer la marche. Parfois on la reconnaît immédiatement à la partie mise à nu ; parfois on la distingue d'après la direction ascendante ou descendante des lignes ; ou bien, quand elles sont horizontales, quelques coups de bêche suffisent pour indiquer si elles s'élèvent ou s'abaissent.

Le plus souvent, la couche supérieure est couverte de sable, de marne ou de terre. En supposant qu'à l'endroit où se montre la tête de couche, cette surface ait 5 pieds d'épaisseur, et qu'en creusant à cent pas de cet endroit, par exemple au point *a* de la figure ci-dessous, on n'atteigne la roche qu'à une profondeur de 4 pieds, on en conclura que la roche s'incline de ce côté. Cette opinion sera confirmée si, en creusant à cent pas plus loin (au point *b*) on ne l'atteint qu'à 5 pieds de profondeur. Si le contraire a lieu. si l'on atteint la roche à deux pieds. et ensuite à un seul pied de profondeur, on dira que la stratification s'élève.

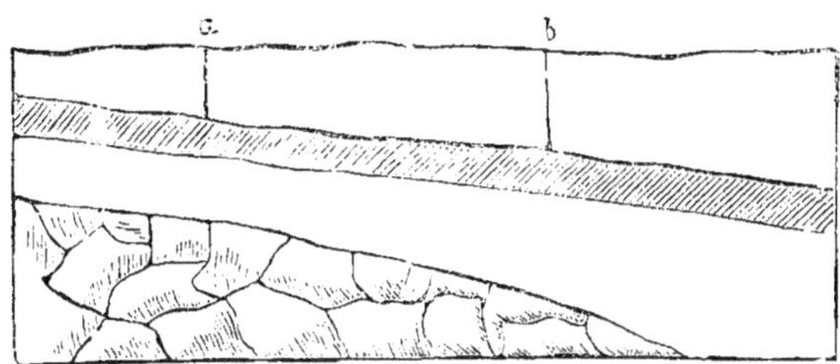

Il se peut naturellement que. malgré les calculs ci-dessus. le contraire ait lieu. c'est-à-dire que. là où les couches semblent s'élever. en réalité elles descendent. Mais aucun homme intelligent ne se laissera prendre à ces apparences. Ce cas se présentera quand la surface du sol. s'élevant au lieu d'être horizontale. les strates. tout en étant plus profonds. semblent l'être moins. à cause de l'ascension plus considérable du sol. On conçoit qu'il faille avoir soin. pour ne pas se tromper. de procéder d'abord à un nivellement du terrain.

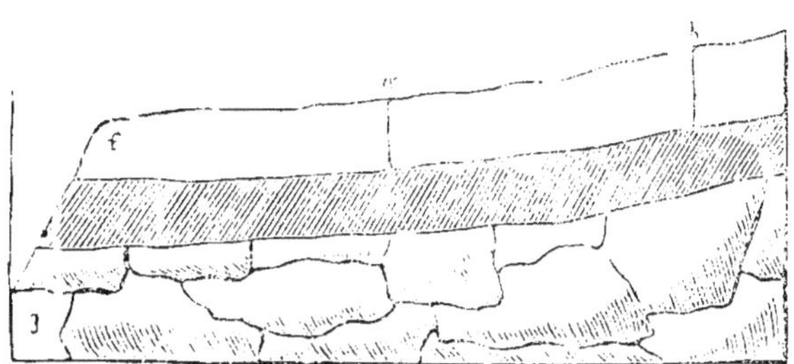

Si. par exemple. entre *f* et *g*. un talus à pic s'incline vers le cours d'eau. et que l'on y trouve. se succédant. les têtes de couches du diluvion. de la craie. du grès de Kœnigstein. et que l'on fore ou creuse au point *a*. et puis au point *b*, la plus grande profondeur du forage *b* n'indiquera en rien une descente du gisement crétacé. attendu que la surface de *a* à *b* s'élève plus que le forage n'est profond. Dans l'exemple ci-dessus. une simple promenade indiquerait de quel côté s'incline le terrain. Mais. dans les cas où cette inclinaison n'est pas aussi sensible. on aura recours au nivellement hydraulique.

Une fois que l'on a constaté si. à partir des têtes de couche. les gisements montent ou descendent vers l'intérieur, on pourra entreprendre un forage afin de rechercher la houille. Le résultat est favorable, quand les couches laissent supposer l'existence du charbon de terre à une profondeur modérée, et que les gisements s'enfoncent au lieu de monter. Il faut surtout fixer son attention sur les points où l'inclinaison des couches s'arrête, attendu que le charbon s'accumule le plus souvent par bassins qui augmentent habituellement en épaisseur, des bords de l'excavation vers le milieu.

Un gisement régulier et une pente égale et douce sont un présage heureux, du moins en tant que l'on n'ait pas à craindre de rencontrer des déplacements et des bouleversements que les forces volcaniques et plutoniennes ont pu amener, au grand détriment de l'exploitation houillère. Quand une surface plane est couverte d'une couche d'argile encore plastique, et que, sous l'influence d'une force souterraine, il s'opère un soulèvement, comme celui du volcan Jorullo, qui, en 1759, surgit à une hauteur de 1550 pieds dans une vaste plaine, il en résulte que l'argile, étant encore plastique, s'élève en forme de dôme, de cloche, sans se déchirer. Si, au contraire, étant sèche, elle a cessé d'être plastique, il s'opère un déplacement qui sera bien plus violent encore dans les roches dures, telles que le grès, le calcaire ou le schiste. Il est de la plus haute importance, pour l'exploitation des mines de houille, qu'il n'y ait pas eu de ces déchirements intérieurs, qui rendent très-incertaine la poursuite du filon houiller.

Si, en creusant un puits, on est arrivé, du point *o* (de la figure ci-après)

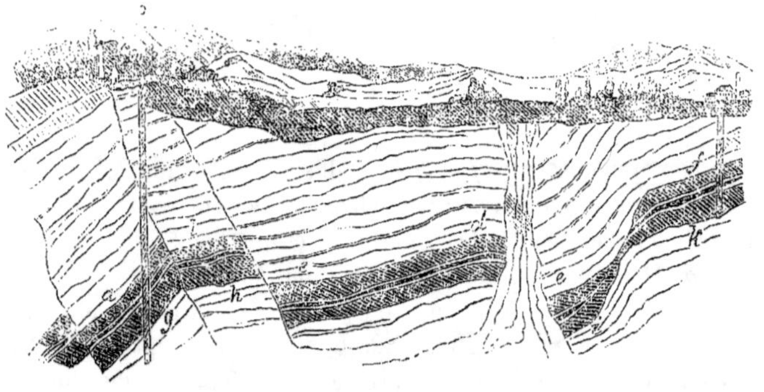

au filon de houille *ab,* et qu'au point *b* on rencontre une interruption du filon. qu'il s'enfonce à cet endroit, ou que *cd* ait été sa hauteur primitive. *ab* s'étant soulevé par l'action d'une force souterraine, l'exploitation sera nécessairement entravée. Construira-t-on alors une galerie nouvelle afin de retrouver la houille, et cette galerie, la fera-t-on monter ou descendre? La question n'est pas aussi facile à résoudre sous terre que sur le papier. Le dessin nous déciderait à l'instant : mais qui montrera la route au mineur que n'éclaire que la faible lueur de sa lampe?

Ce seront précisément les connaissances pratiques en géognosie. Il a découvert, en creusant le puits, que les terrains alluviens, les couches d'argile et de sable, forment les gisements supérieurs, et qu'au-dessous se trouvent le calcaire conchylien et le grès rouge, auquel ont succédé la houille et le calcaire carbonifère.

Après le point *b,* la houille cesse ; mais une autre roche doit nécessairement se présenter au point d'interruption, et là sera l'itinéraire du mineur. Il trouve du grès rouge, et aussitôt il sait qu'il doit descendre pour atteindre de nouveau le filon de houille qui lui a échappé.

Après avoir exploité la partie affaissée du filon, il devra, parvenu au point *d,* où se présente une nouvelle interruption, examiner la roche qu'il rencontre alors : ce n'est plus du grès rouge ni du calcaire carbonifère, mais bien du psammite (*grauwacke*). L'expérience lui a appris que la houille ne se trouve ni dans ce terrain ni plus bas, mais plus haut. Il fera donc monter sa galerie, atteindra le calcaire carbonifère, et arrivé là, il saura que la houille n'est plus loin, qu'il la trouvera un peu plus haut, et il finira par déboucher en *e f,* qui est la troisième section de la houillère.

On voit de quelle utilité peuvent être les connaissances géognostiques, combien l'interruption du filon amène d'embarras et comment on les surmonte. Seulement, il faut aussi connaître les roches qui constituent les couches de l'écorce terrestre. Notre livre n'étant pas un traité de minéralogie, nous ne pouvons pousser plus loin cette description.

Lorsque, par l'étude de la surface, du terrain, des gisements, par l'absence des roches de cristallisation, telles que le granit en masses considérables, on s'est assuré de la possibilité ou de la probabilité de l'existence de la houille à une profondeur modérée, le moment est venu d'opérer des sondages afin de la rencontrer. A cet effet, on choisit de préférence l'endroit le plus bas du terrain, qui se rapproche ordinairement davantage du gisement houiller. S'il arrive qu'on le trouve à une profondeur raisonnable, on creuse immédiatement afin d'apprécier son étendue et la valeur de l'exploitation ; mais on répète les sondages en trois ou quatre endroits à une certaine distance, afin de suivre la direction des couches. — Le reste doit être abandonné nécessairement au mineur pratique.

Laissant là cette courte digression, qui n'aura pas été sans intérêt, pour en revenir aux végétaux du monde primitif, nous verrons qu'une singulière imperfection les caractérise : nous n'avons devant nous que des plantes tout à fait dépourvues de fleurs.

Les plantes du rang le plus inférieur. composées de filaments délicats. les algues dans les eaux, les mousses sur le sol humide, les lichens sur la terre sèche, n'entrent que carbonisés et divisés en parties très-fines, comme substance colorante dans les roches schisteuses, où elles ne se reconnaissent que très-difficilement et dans des cas très-rares. On reconnaît mieux les fucoïdes filamenteux ou rubanés.

Là où commence la formation houillère, surgissent aussi des végétaux d'une nature plus robuste, à même de résister à de puissantes influences. tandis que les champignons, les algues, les mousses fines et molles, n'ont laissé que leur empreinte sur le limon également tendre qui les a engloutis. et qui est resté immobile, se desséchant lentement et sans l'action d'une température très-élevée.

Les terrains houillers nous révèlent surtout les équisétacées, les calamites. les fougères gigantesques. dont il a déjà été question. Leur forme extérieure est exactement celle des plantes de la même espèce, à notre époque. Mais nous restons ébahis devant leurs dimensions. Sans doute, il est absurde de qualifier de gigantesques toutes les productions du monde primitif. Les plantes et les animaux de notre temps sont beaucoup plus grands que ceux des temps les plus reculés, où pas un arbre n'eût pu lutter de hauteur avec les pins alpestres ; nos mélèzes, nos pins d'Écosse, nos chênes et nos hêtres, nos châtaigniers, sont des végétaux bien plus massifs et plus splendides que toutes les plantes de la période antédiluvienne. Les arbres de mahoni, les cèdres des tropiques sont plus grands encore. Dans ces régions, on voit les arbres atteindre une hauteur dont les pins de Norwége peuvent à peine nous donner une idée ; tel est le cirier ou palmier des Andes (*ceroxylon andicola*) dont parle Alexandre de Humboldt, et qui s'élève à une hauteur de 440 pieds, comme la cathédrale de Strasbourg, où le clocher de Saint-Étienne à Vienne.

On peut en dire autant des animaux antédiluviens, dont le plus colossal n'a pas les dimensions de notre gigantesque mammifère, la baleine. Seulement, le règne animal et végétal primitif avait pour caractère une simplicité extrême, dont le développement prodigieux a donné une apparence de grandeur extraordinaire à l'organisme. Il est vrai que nos équisétacées n'atteignent qu'une hauteur de 4 à 5 pieds et ne sont pas plus grosses qu'un tuyau de plume, tandis que ces végétaux dans le monde primitif mesuraient 5 toises de hauteur et d'un à 6 pouces d'épaisseur. Les fougères arborescentes qui, sous les tropiques, s'élèvent à 10 ou 12 pieds, portaient leur couronne touffue à 50 pieds au moins, et la mousse de nos forêts, le lycopode, avait, dans les forêts primitives, les proportions d'un arbre. Mais conclure de là que nos chênes de 100 pieds aient eu des prédécesseurs de 100 toises, qu'à nos pins de 200 pieds en aient préexisté qui en comptaient 1.500, 1.800, et 40 à 60 pieds de diamètre, serait une profonde erreur ; loin de là, ces grands et magnifiques végétaux n'existaient pas à cette époque ; la terre naissante dépensait toute sa séve au développement des roseaux et des fougères, des mousses et des champignons ; et tandis qu'on trouvait des mousses pareilles à des arbres, et peut-être des champignons gros comme des montagnes, il n'existait pas de plantes plus grandes que celles de nos jours ; il n'en existait, somme toute, pas même d'aussi grandes.

Il nous paraît superflu de décrire les équisétacées et les fougères des temps primitifs ; il suffira de se les figurer pareilles aux plantes de nos marais et de nos bois, mais portées à une hauteur de 40 pieds et à une grosseur proportionnelle. Ce sera mieux les faire connaître que par le dessin le plus achevé. Nous possédons des représentants de cette forme simple, dans la famille des graminées. L'herbe que les chevaux et le bétail consomment à l'état de foin atteint généralement la hauteur d'une aune ; l'auteur en a vu, dans les riches prairies bordant la Vistule, s'élever jusqu'à 5 aunes. Telle est aussi la hauteur de la tige du seigle. Le jonc atteint chez nous 10 aunes, en Italie 20 (*arundo donax*), et dans l'Amérique du Sud et les Indes, 50 ; ce dernier est le bambou, avec lequel les Chinois tressent des tasses à thé et les habitants de Bornéo construisent des cabanes.

Au monde primitif, en tant que nous sachions, appartient exclusivement un arbre dont il ne nous reste plus de représentant : c'est le *sigillaria*, ainsi nommé parce que les stigmates du tronc ressemblent à des sceaux. La plupart des plantes projettent leurs feuilles de telle façon que, lorsqu'elles tombent, le tronc en conserve la trace. Celle-ci est ordinairement l'empreinte exacte de la base du pétiole. Ainsi, là où cette base est concave, le stigmate est convexe, et *vice versâ*, disposition nécessaire à l'attache et à l'alimentation de la feuille, deux choses qui eussent été impossibles si le point de contact eût été uni. D'autres plantes, telles que la plupart des graminées, enveloppent de leurs feuilles une grande partie du tronc ; ces feuilles en tombant laissent sur le roseau des stigmates que l'on appelle des nœuds ; d'autres enfin composent leur tronc uniquement de pétioles, ne renfermant en elles aucun jonc, telles que le maïs, qui présente le moins de stigmates.

Dans les végétaux cités d'abord, nous en avons qui se rapprochent des *sigillarias* ; mais il n'y a ni plantes européennes, ni autres encore vivantes, dont la forme extérieure ressemble à l'aspect de ces végétaux disparus. En effet, dans ces derniers, le tronc tout entier a dû être couvert de feuilles serrées ; des losanges composant une sorte d'échiquier dérangé, s'ajoutent les unes aux autres, du bas jusqu'au haut du tronc, et chacune de ces losanges porte l'empreinte de l'attache d'une feuille. Ce pétiole étant triangulaire, et le tronc présentant des saillies analogues, pour que la feuille fût portée librement et détachée du tronc, il en résulte que l'arbre était couvert de pyramides aplaties et étroitement agencées.

Une autre espèce de cette famille, très-commune à l'époque de la formation houillère, montre sur le tronc,—cannelé comme une colonne (avec cette différence que les cannelures ne sont pas rondes, mais aiguës, et les courbes tournées vers l'extérieur, comme des bourrelets, ainsi qu'il est indiqué dans la coupe ci-dessous),—la trace des feuilles,

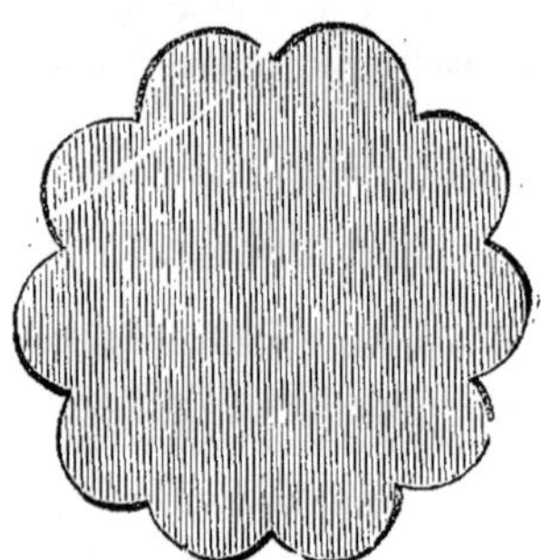

alternant de telle sorte que, sur chaque convexité, on trouve une série non interrompue de facettes ou de stigmates ; seulement, ces facettes sont disposées en quinconces, comme les arbres d'une pépinière.

D'autres arbres de cette famille sont cuirassés du haut en bas de boucliers hexagonaux, qui tous portent en même temps les traces des feuilles ; ou bien ces sortes d'écussons sont trois fois plus longs que larges, et ne portent les attaches des feuilles qu'à l'angle supérieur, ce qui produit une configuration analogue, mais pourtant très-distincte.

Une autre forme également singulière. celle des *stigmarias,* qui a
beaucoup d'affinité avec celle que nous venons de décrire, a donné lieu

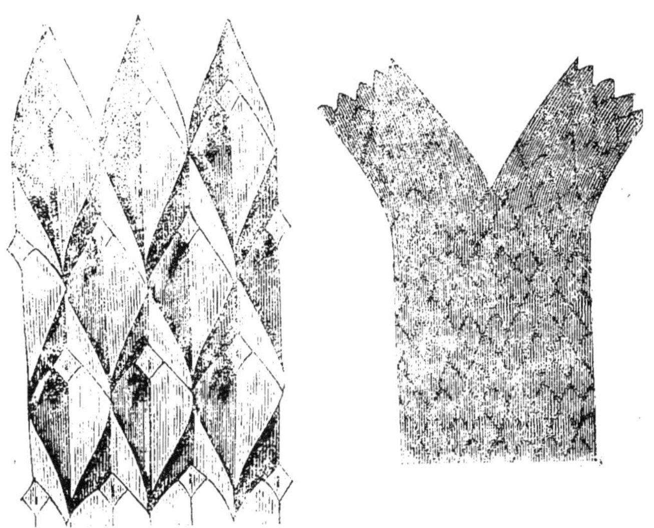

à maintes erreurs. jusqu'à ce que l'on eût découvert le mot de
l'énigme.

Dans les terrains houillers, on trouvait les troncs plus ou moins
courbés. mais jamais tout à fait droits. d'une espèce étrange: elle se
distinguait surtout par une surface ondulée, par un rétrécissement
très-rapide du tronc. et enfin par des marques. de la grosseur d'un
pois. qui s'enroulaient autour de la tige en spirales régulières. Ces
marques étaient de petits sceaux. des empreintes de feuilles qui. dans
les sigillarias (comme dans nos beaux palmiers et nos fougères). sortaient
du tronc même: mais ces feuilles ne semblaient en aucune façon appartenir à la même famille. De plus amples recherches firent découvrir
des souches portant de pareilles feuilles. ligneuses. cylindriques;
c'étaient les pétioles plutôt que les feuilles. Enfin. on trouva un tronc
magnifique de sigillaria. portant encore ses racines. et il fut constaté
que ce qu'on avait appelé *stigmaria,* considéré comme un tout.
comme un arbre isolé. n'était autre chose que la racine du *sigillaria.*

La première figure de la page 105 nous représente cette souche
avec ses racines. telle qu'on en trouve en abondance. depuis que l'on

observe plus attentivement les fossiles, et qu'on s'occupe avec plus de soin de leur conservation.

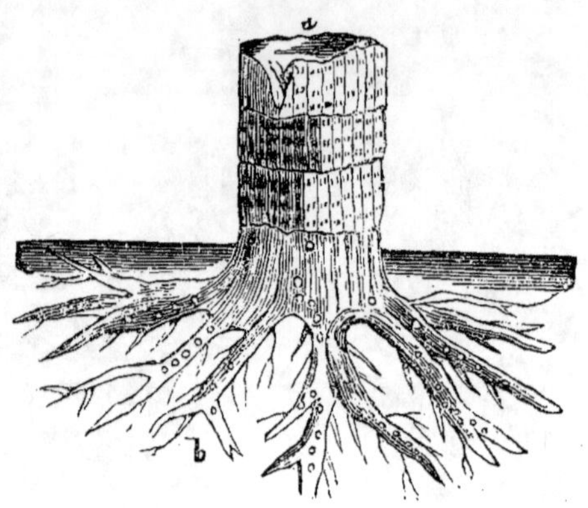

La figure suivante donne un petit fragment de cette racine, grandeur nature, ainsi qu'un échantillon des prétendus pétioles.

Ce qu'on avait pris jusqu'ici pour des feuilles s'est traduit en racines nourricières, telles qu'en possèdent les arbres de nos forêts, avec cette différence qu'elles sont moins régulières et moins abondantes.

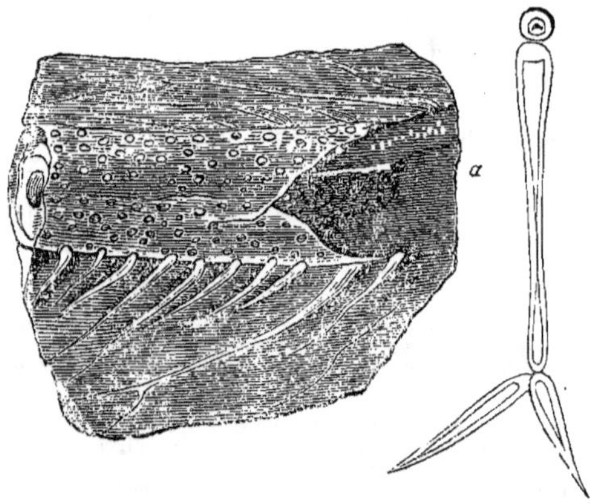

Si l'on se représente la figure ci-après comme la racine déterrée d'un grand sapin des montagnes, on n'y verra rien que de naturel. Mais si l'on s'imagine un végétal extraordinaire, dont le tronc a 2 pieds de haut sur 7 de large, tandis que les rameaux rayonnent dans toutes les directions, on ne comprend pas sur quoi ce tronc a reposé, comment

il a poussé des racines. Ces espèces sont très-communes dans le schiste
bitumineux d'Angleterre ; on les y trouve, ayant encore en partie leurs

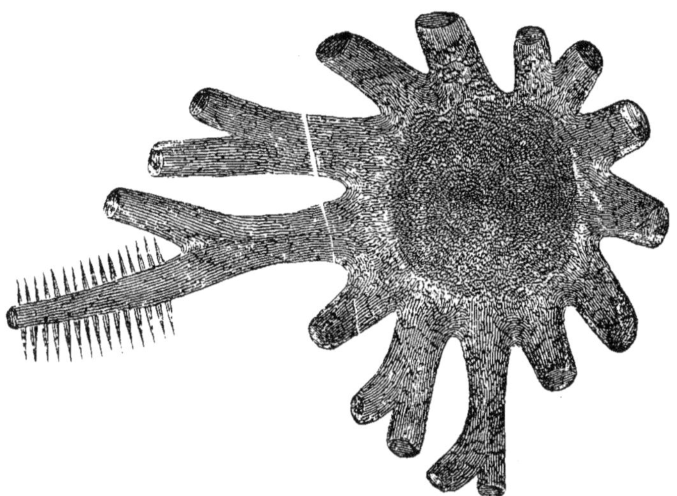

feuilles courtes et subulées, renflées à la base en forme de nœuds et
attachées à la branche par un appendice très-court. M. Vogt a représenté un de ces végétaux, dans son *Manuel de géologie* d'après lequel
nous reproduisons la figure ci-dessus, et l'on comprend à peine qu'à la
première vue de cette souche, qui rappelle tout à fait celle d'un pin
abattu d'après toutes les coutumes forestières, on n'ait pas songé que
l'on avait affaire aux racines d'un arbre de grande dimension. C'est
tout récemment que la découverte d'un tronc complet de sigillaria,
auquel adhérait un stigmaria formant les racines, a constaté la vérité,
tandis que M. Unger, dans son livre *le Monde primitif illustré*, nous
donne encore des dessins très-achevés du prétendu stigmaria.

Toute cette espèce disparaît donc de la flore primitive ; mais les sigillarias se transforment en fougères, les plus belles et les plus superbes
plantes arborescentes de cette famille. Ce que nous appelons aujourd'hui de ce nom n'est plus qu'un pâle vestige de ces énormes végétaux d'autrefois. Le dessin de la page 108 donne une idée de l'aspect
d'ensemble d'un arbre de cette nature. Il est à remarquer cependant
qu'on le distingue très-facilement du palmier. Celui-ci ne porte que des
feuilles *unipennées*, tandis que les feuilles des fougères sont *bipen-
nées* et parfois même *tripennées*. En outre, les jeunes feuilles des fougères naissent en grand nombre à la fois et sont enroulées comme les

cheveux dans des papillottes ; tandis que les feuilles des palmiers naissent l'une après l'autre et s'élancent du tronc étroitement serrées, comme une

queue de billard, grossissant de haut en bas jusqu'à ce que la tige se développe en lances très-minces, traversées au milieu par un pétiole très-long et très-solide.

Quand on considère les formes bizarres des arbres primitifs, il n'y a pas lieu de s'étonner de la confusion que nous venons de signaler. Les *stigmarias*, considérés comme arbres, en faisant abstraction de leur assemblage en *nucleus* de racine, n'avaient rien qui en fît des plantes plus anormales que les sigillarias. On ne peut pas trouver extraordinaire cette différence par suite de laquelle les stigmates étaient circulaires, au lieu d'être des polygones plus ou moins irréguliers. Les végétaux qui affectionnent les marécages, et qui possèdent, en outre, une tendance à se développer vers le haut, de manière à exiger une forte alimentation, sont d'une construction analogue. Les roseaux nous en fournissent l'exemple ; leur racine est charnue, épaisse, et aurait, après la chute des souches nourricières et la pétrification de la masse compacte, une forme analogue à celle du tronc des prétendus stigmarias (1). Les facettes circulaires ne font défaut à aucune d'elles. Or, les marais étaient le sol dans lequel vivaient tous ces végétaux de la formation houillère ; on en trouve la preuve dans ceux que l'on a découverts

____

(1) A moins d'avoir la forme des racines représentées plus haut.

à demi carbonisés ou pétrifiés, et que, par suite, on a pu comparer avec les plantes de notre époque.

Les fougères, dont les sigillarias font partie, sont également des plantes qui, outre l'ombre et l'humidité, aiment la chaleur, car toutes celles qu'on a trouvées révèlent un climat tropical, lequel a dû être produit par la chaleur de la terre, indépendamment de sa position par rapport au soleil.

Les plantes transformées en silice n'appartiennent peut-être pas à la formation houillère, mais elles sont incontestablement des produits de la période du grès rouge, qui suit immédiatement. Peut-être ces végétaux, s'étant développés à l'époque de la formation houillère, sans être incinérés ou carbonisés, ont-ils été retenus à la surface, recouverte de sable et d'argile; puis, la substance siliceuse se sera séparée du mélange pour se déposer dans les fibres ligneuses, ou bien, le carbone y étant rare, les supplanter et n'en conserver que la forme, le carbone servant de matière colorante. C'est ainsi que nous trouvons en abondance ce que nous appelons du bois fossile, transformé en agate, en calcédoine, en pyromaque, et il est merveilleux que toutes les fibres, toute la texture de la plante, la pulpe, etc., aient conservé leur forme, alors que la substance elle-même a complétement disparu.

Dans beaucoup d'endroits, on retrouve encore des couches entières de bois pétrifié. L'hôtel de ville de Nordhausen renferme un escalier en grès, dont chaque fragment indique, de la façon la moins équivoque, qu'il a été primitivement de bois, et, mieux encore, que sa masse s'est accumulée d'année en année en couches ligneuses, formées des fibres, des tiges et des branches; sur d'autres points, on trouve la masse ligneuse transformée en agates superbes, parfois transparentes, parfois opaques et teintes des couleurs les plus variées. Sur la terre de Van Diémen, il existe, dans le vallon de Derwent, une forêt d'arbres pétrifiés et transformés en opales. Sir James Ross en parle en ces termes :

« Une des curiosités naturelles les plus merveilleuses, qui attirent l'attention des géologues visitant la terre de Van Diémen, est la vallée des arbres pétrifiés, dont un grand nombre se sont transformés en opale. Le comte Strzelezki, dans sa remarquable description de ce pays, dit que nulle part il n'a vu de plus belle pétrification de bois que dans le vallon de Derwent, et que nulle part la structure originelle du bois ne s'est mieux conservée. Tandis que l'extérieur offre une surface luisante et homogène, pareille à celle d'un sapin revêtu d'écorce, l'intérieur se compose de couches concentriques qui paraissent tout à fait compactes et de même nature, mais se laissent parfaitement fendre dans toute leur longueur.

« J'ai eu l'occasion, ajoute le capitaine Ross, de voir ces restes remarquables, en compagnie du gouverneur sir John Franklin et de M. Barker, le propriétaire du domaine de Rose-Garland, sur lequel ce dernier en fit la découverte. Celui-ci les a préservés du marteau destructeur des géologues. Malgré cela, le plus beau des arbres est très-maltraité et a été en grande partie enlevé. M. Barker eut l'amabilité de m'offrir ce qui en restait pour le Musée britannique ; mais je regardai comme un sacrilége d'arracher un pareil trésor à sa place primitive. où il était si plein d'un précieux intérêt pour les géologues, et, comme j'avais déjà envoyé en Angleterre, de l'île de Kerguelen, des spécimens plus complets encore, je déclinai l'offre et conseillai au contraire à M. Barker de prendre des mesures plus efficaces pour la conservation de ces reliques.

« Le plus remarquable de ces arbres surgit verticalement d'une couche de lave bulleuse. du haut d'un rocher qui domine de 70 pieds le niveau de la rivière. L'arbre lui-même n'a que 6 pieds de haut et mesure au sommet 15 pouces de diamètre. Non loin de là s'en trouve un autre. planté dans une sorte de cheminée naturelle, beaucoup plus longue que la souche et dont les empreintes indiquent que, dans le vide qu'elle renferme, l'arbre se continuait jadis. Cet espace vide a 7 pieds de long. Comme tous les arbres pétrifiés, ceux-ci sont verticaux ; d'où il semble résulter qu'ils étaient encore en pleine croissance lorsque la lave ardente les atteignit, consumant les feuilles et les branches, et ne trouvant qu'à une certaine profondeur du végétal une résistance suffisante pour ne pas le carboniser et peut-être pour se refroidir. Il serait intéressant de rechercher les racines. dont l'existence démontrerait que les arbres sont encore à leur place primitive ; peut-être cependant ont-ils été amenés debout par le flot brûlant, semblable au glacier qui entraîne avec lui les objets enfermés dans ses flancs. »

L'île de Kerguelen et les pétrifications qu'on y a trouvées sont mentionnées par sir J. Ross dans le récit qui précède. Voici ce qu'il en dit ailleurs :

« Au sud du port (le port de Noël, dans l'île de Kerguelen), se trouve le remarquable rocher décrit par Cook et dont le profil occupe une si grande place dans son dessin de la baie. C'est une énorme masse de basalte. de 500 pieds d'épaisseur, beaucoup plus récente que le rocher sur lequel elle repose et d'où elle paraît avoir surgi à l'état mi-liquide, à une hauteur de 600 pieds au-dessus du niveau de la mer. C'est entre ces deux roches, d'ancienneté différente, que l'on a trouvé des arbres pétrifiés: on en a déterré un de plus de 7 pieds d'épaisseur, que l'on a expédié en Angleterre. Quelques fragments de ce bois pétrifié paraissaient encore si vivaces qu'il fallut se livrer à un examen très-attentif, pour se convaincre que c'était de la pierre qu'on avait sous les yeux. Leur degré de pétrification varie depuis la houille très-combustible, jusqu'au silex capable d'entamer le verre. Une couche de schiste, de plusieurs pieds d'épaisseur, déposée sur les arbres, paraît en avoir empêché la carbonisation, lors de l'invasion de la lave. Un des caractères géologiques les plus curieux de cette île est précisément qu'on y trouve des couches de houille superposées, d'une épaisseur variant de quelques pouces à plusieurs pieds. »

L'écrivain anglais, au lieu de décrire la stratification de ces roches, ajoute ici que, sans savoir si l'abondance de la houille dans ces îles permet d'en former un objet de trafic, il croit les couches assez riches pour en tirer de quoi établir un dépôt de combustible à l'usage des vapeurs de passage.

Ceci, sans doute, intéresse les Anglais, dont le commerce est toujours la principale préoccupation, mais beaucoup moins les géologues, ou ceux qui ne cherchent qu'à se familiariser avec les propriétés physiques de la surface actuelle du globe. Ce qu'il y a pour nous de plus curieux dans ce récit, c'est qu'au-dessus de la formation houillère et des couches qui la recouvrent, des pétrifications siliceuses ont été trouvées, aussi bien à l'extrémité sud de la Nouvelle-Hollande (terre de Van Diémen), qu'à la distance d'un quart de la circonférence du globe, sous la même latitude: dans l'île de Kerguelen, aussi bien que dans le centre de l'Allemagne.

Les plantes transformées en silice, qu'on a trouvées dans nos régions, sont des fougères. La manière dont elles ont été amenées à leur état actuel nous est inconnue. Le fougères ont la propriété de projeter de leur tige, de haut en bas, une quantité de racines qui, d'abord aériennes, finissent par descendre le long du tronc, rencontrent la terre, fortifient la plante et lui procurent la séve, tandis que la couronne poursuit sa croissance.

Dans le grès rouge et au-dessous de cette roche, on trouve des arbres pétrifiés de telle façon que, d'abord, le tronc lui-même, avec toutes ses petites lignes et ses fibres étrangement tourmentées, et puis les racines, ont dû se transformer en silex, puis enfin, le tout se couvrir et se pénétrer d'une masse siliceuse, généralement de la calcédoine: ces troncs, coupés transversalement, sciés en plaques et polis, donnent des carreaux de luxe pour tous les usages, aussi beaux que l'agate ou la cornaline. A cause de leur couleur noire et des taches claires et

ovales qui les marquent, on les appelle « pierre-étourneau » (*staar-
stein. — psaronius*), attendu qu'elles ont quelque analogie avec la
robe tachetée de blanc de l'étourneau. Le dessin ci-dessous est la
représentation d'un de ces troncs, coupés transversalement, et de gran-

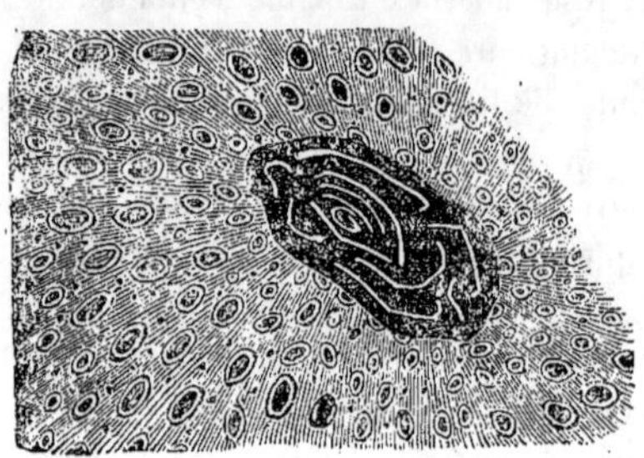

deur naturelle. La tache noire au milieu est le tronc primitif, qui
apparaît toujours aplati; les lignes blanches qui serpentent tout autour,
sont les faisceaux de fibres pétrifiées; l'intervalle est rempli par la
calcédoine. Les points ovales, qui sont disposés autour du tronc d'une
façon à peu près régulière, sont les racines coupées transversalement,
également pétrifiées en blanc, tandis que la partie creuse s'est remplie
d'une substance noire, comme la masse qui forme la pierre et enveloppe le tout.

On ne trouve pas de feuilles de fougères, pétrifiées de la sorte; nous
ne connaissons donc pas la plante entière qui est renfermée dans la
pierre-étourneau. Il semble que le silex, le gros sable, le conglomérat, dans lequel on trouve les troncs enfouis, aient réduit en
poussière les parties tendres et les fins éventails des feuilles; dans le
schiste argileux, au contraire, on retrouve l'empreinte des feuilles,
parfois même les feuilles à moitié carbonisées, si belles et si parfaites,
que l'on peut sans peine retracer l'image de la plante, et qu'il n'est
besoin, pour se la représenter, d'aucun effort d'imagination.

Les végétaux dont nous avons parlé jusqu'à présent constituent
la flore de la première période des êtres organisés. Ces plantes
sont toutes de la texture la plus élémentaire et ne possèdent ni fleurs
ni fruits.

La seconde période a déjà un tout autre caractère. A l'origine, on
ne trouvait que des plantes de marais, une immense quantité d'individus et un petit nombre d'espèces, ce qui indique un espace restreint,
probablement des îles; dans la seconde période, le nombre des indi-

vidus a moins d'importance, tandis que celui des espèces augmente.

Le groupe de terrains désigné sous le nom de formation secondaire est superposé au grès rouge et au *zechstein*; il commence, à partir de l'étage inférieur, par le grès bigarré, tel qu'on le trouve à Gotha, d'une beauté surprenante, et dans mille autres lieux, quoique de couleurs moins brillantes et moins variées.

Sur ce grès reposent ordinairement le calcaire conchylien, le grès keuprique et les terrains jurassique, liasique et veldien; puis vient le grès de Kœnigstein et enfin le terrain crétacé, qui forme l'étage supérieur et clôt le groupe des terrains secondaires.

On ne peut méconnaître qu'ici les terrains se distinguent parfaitement les uns des autres, qu'ils sont de composition toute différente, et enfin que ces diverses roches se sont formées à des milliers d'années d'intervalle. On a cependant le droit de les comprendre dans une même période de formation, car les plantes et les animaux qu'ils renferment ont le même caractère dans les couches supérieures et inférieures. Dans le grès bigarré, on trouve les mêmes espèces que dans le calcaire keuprique et liasique et dans le terrain crétacé. Dans toute cette période, la surface terrestre ne s'est donc point modifiée, mais elle présente des différences sensibles, relativement à la période précédente, d'abord en ce que la formation du globe n'a plus été générale, mais présente un caractère plus local. La formation crétacée s'étend sur toute la surface de la terre; seulement, celle que nous voyons très-répandue en Europe, sous le nom de formation jurassique (nom qui ne résulte pas de ce qu'on la trouve uniquement dans les monts Jura, mais de ce qu'elle y est mieux caractérisée), manque dans l'Amérique du Sud et dans l'Amérique du Nord, où l'on ne trouve pas non plus les merveilleux fossiles que cette formation renferme en Europe. Nous en tirons cette conclusion que les climats commençaient déjà à se différencier, pour atteindre peu à peu leur diversité actuelle. Sur le même espace, nous trouvons des plantes qui appartiennent exclusivement aux marécages, à côté d'autres qui possèdent les propriétés dues à un sol sec. Il y avait donc déjà des montagnes et des vallées.

Tout d'abord, et en grand nombre, nous rencontrons les plantes que nous connaissons déjà, sous les anciennes formes et en espèces nouvelles, c'est-à-dire les fougères, les roseaux, les joncs, les équisétacées et les lycopodes. Mais, chose remarquable, les grandes espèces des deux dernières familles disparaissent, se rapprochent beaucoup des plantes actuelles, ou du moins offrent avec elles des analogies, et ne s'en distinguent plus que sous le rapport de la dimension.

La famille des joncs se présente abondamment, non pas par couches considérables de matières végétales carbonisées, — celles-ci font à peu près défaut, dans la deuxième phase de la transformation de l'écorce terrestre, dans les terrains secondaires, — mais sous forme de nombreuses empreintes que recèlent les puissantes couches de l'espèce de grès (*schilfsandstein*) qui leur emprunte son nom.

Une plante qui, dans les époques antérieures, nommément dans la formation houillère, n'apparaît qu'en quatre espèces, et n'en compte aujourd'hui que quarante, apparaît dans la formation secondaire en quantités tellement extraordinaires, que l'on peut dire qu'elle en est en quelque sorte le trait caractéristique : c'est la famille des *cycadées*. — (Le *cycas revoluta* est encore aujourd'hui un des plus précieux ornements de nos serres.) — Cette plante se trouve dans le terrain liasique en 20, dans le jurassique en 50, et dans le keuprique, le grès bigarré et le terrain crétacé, en 15 variétés différentes, c'est-à-dire en 25 de plus qu'elle n'en comprend aujourd'hui. La figure ci-après donne une idée de la forme générale des végétaux de cette famille.

Ce groupe de plantes, allié de près aux palmiers, trahissant une origine tropicale, part du terrain houiller pour traverser, en s'élevant, tous les autres terrains (sauf le calcaire conchylien, qui n'en renferme pas), et se multiplie à la fois comme genre et comme individu. Mais il prouve, ainsi que les calamites et les fougères, que l'organisation des végétaux, dans les périodes successives qui ont dû s'écouler pour la formation des divers terrains, a subi une transformation partielle, quoique la nature soit restée fidèle à la grande loi de son développement, c'est-à-dire que les formes imparfaites se reproduisent sans interruption et dans des représentants toujours nouveaux, tant que la surface terrestre conserve le même caractère qui, à l'origine, dans sa grossièreté primitive, exclut les organismes plus parfaits.

On dirait que des îles ont continué à surgir du fond de la mer, mais que la terre ferme a conservé le caractère humide, marécageux, et la fermentation qui, sans aucun doute, prédominaient antérieurement.

C'est ainsi que, jusqu'à l'heure actuelle, on voit, dans les terrains qui leur conviennent, se reproduire la forme des fougères et des équisétacées ; c'est ainsi encore que l'on peut suivre la forme des cycadées (*cycas, zamia, zamites*), qui, dans toutes les périodes de transformation de la terre, depuis la formation secondaire jusqu'à l'époque où nous vivons, apparaissent en telle abondance, que les pétrifications de leurs fruits, de leur feuillage et de leur corps tout entier, ne sont pas rares.

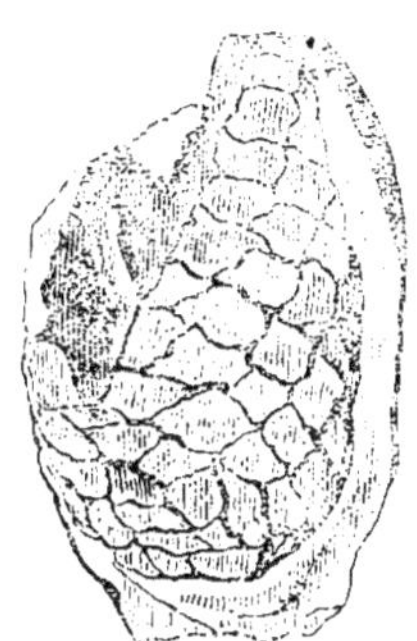

La figure ci-dessus représente deux fruits différents : celui du *zamia ovata* (avec les grandes écailles), et celui du *zamia crassa* (avec les écailles plus petites et plus nombreuses). La figure qui se trouve à la page suivante représente le fruit du *zamites lanceolata*, grandeur naturelle. Ce fruit ressemble à une noix de coco.

Les cycadées atteignaient une hauteur de trente-quatre à trente-six pieds. On a trouvé des troncs de cette longueur. Les plantes actuelles de cette espèce mesurent rarement plus de trois pieds. Aujourd'hui, les cycas arborescents sont remplacés par les formes analogues, mais bien plus belles, des palmiers.

Une preuve manifeste de la modification du sol se trouve dans les groupes liasiques et jurassiques. Là, nous rencontrons déjà quelques plantes à floraison, et tout d'abord les conifères, dont les feuilles sont aciculées, c'est-à-dire cylindriques et pointues comme des aiguilles, et dont les fruits s'appellent *pommes de pin, pignons,* etc. La forme

conique de ces fruits a motivé le nom de l'espèce. Dans la chaîne de montagnes qui s'étend entre Adersbach et Kudowa, tout près du village de Radowenz, en Bohême, on a découvert, en 1857, toute une forêt, de 2 1/2 milles de long sur 1/2 mille de large, d'arbres pétrifiés. Jamais on n'avait vu rien de semblable : il y a des endroits où la masse de bois pétrifié que l'on embrasse d'un coup d'œil a été évaluée à 50,000 *centner,* provenant exclusivement de conifères. Une nouvelle espèce a reçu le nom d'*araucaria Schrolliana,* en l'honneur du naturaliste qui, le premier, a révélé l'existence de cette forêt. — Dans le terrain houiller, aux environs de Pilsen (Bohême), on a mis à nu des troncs de 24 pieds de long sur 5 pieds de diamètre, tantôt couchés, tantôt debout, et pétrifiés de la même manière ; on suppose que ce sont les eaux siliceuses qui les ont ainsi transformés.

Les arbres de cette famille font présupposer l'existence d'un terrain sec et d'un climat plus froid ; la terre avait donc dû perdre en partie son caractère marécageux et insulaire ; elle avait dû sécher, former des collines et des montagnes : la simultanéité des fruits et des troncs complets des conifères avec les palmiers, qui demandent l'humidité et la chaleur. tandis que les premiers veulent un sol sec et une température plus fraîche, nous conduit. des coteaux et des collines. aux montagnes. où l'on trouve les conifères. même dans les régions tropicales.

Burmeister dit à ce sujet : « Nous pouvons conclure de là qu'il existait des chaînes de montagnes couvertes de bois touffus de conifères. peut-être des plateaux enclavés dans l'intérieur des terres. tandis que les cycadées. les fougères. les lycopodes, mêlés de palmiers et de liliacées. entouraient les rives de ces vastes terrains intérieurs. La vie organique paraît s'être accumulée surtout dans les ravins de ces collines boisées. car c'est principalement dans les bassins isolés qu'on en retrouve les restes.

Là aussi ont dû s'attacher au tranquille repos du rivage. de nombreux végétaux aquatiques que la haute mer ne supporte pas : car. dans les endroits où se trouvent de nombreux fossiles. les plantes marines ne font généralement pas défaut.

Parmi les diverses espèces de conifères. nous trouvons surtout en abondance des *araucarias*, dont les formes sont d'une singulière beauté.

Nous en représentons ci-après une branche. mais telle qu'on les

trouve mutilées à l'état fossile. A l'état vivant. les araucarias portent leurs branches enroulées régulièrement autour du tronc. dans la forme verticillée, et constituent ainsi un type d'une parfaite élégance.

Outre les araucarias et une couple d'autres espèces de conifères, analogues à celles qui existent encore actuellement, on en a trouvé quelques-unes dont le type est aujourd'hui entièrement perdu.

On constate une plus grande différence entre la végétation de la période antérieure et celle qui se trouve dans les terrains superposés à la formation jurassique, surtout quand ce sont des sédiments d'eau douce. Ainsi le grès de Kœnigstein, qui renferme surtout des algues et des fucus (1), est facile à distinguer des roches qui ne contiennent que des végétaux appartenant aux forêts riveraines, et mieux encore, d'une troisième formation, dont la flore, toute de terre ferme, fait conclure à l'existence de contrées étendues entièrement asséchées. C'est ici que l'on reconnaît distinctement les premiers arbres à feuillage, et nous voyons par eux aussi combien les végétaux suivent constamment la progression du sol. Les premiers arbres à feuillage sont des saules, espèce qui se contente des terrains les plus mauvais, les plus grossiers, pourvu qu'elle trouve l'humidité qui ne manqua jamais dans les époques primitives. Puis apparaissent les peupliers et les noisetiers ; nous n'oserions pas, malgré les apparences, affirmer que des feuilles trouvées dans ces couches sédimentaires appartinssent aux tilleuls, ou même aux tulipiers, dont l'organisation est plus parfaite encore ; toujours est-il que les débris de végétaux de ces couches supérieures doivent leur assemblage à une formation d'eau douce. De grandes masses d'eau ont dû descendre des régions élevées et apporter avec elles des plantes de diverses formes. C'est ce que prouve encore leur apparition isolée sur des points distincts.

Le charbon de terre de cette période, peu ou point connu autrefois, repose à une grande profondeur au-dessous du grès keuprique.

Ce grès, le plus bigarré de tous, composé de nombreuses couches parallèles de sable et d'argile de diverses couleurs, commence presque toujours par une marne schisteuse d'un gris clair, qui bientôt devient sablonneuse et passe à un grès très-argileux, d'où se séparent des fragments d'argile et même des paillettes de mica. La couleur grise de cette marne lui vient du mélange de résidus organiques carbonisés. Dans cette roche, les plantes elles-mêmes se trouvent à l'état carbonisé, sous le nom de lignite argileux ; de nombreux fossiles y sont renfermés.

Le grès keuprique, qui se rencontre fréquemment, en couches cent

---

(1) Une roche très-riche en végétaux de cette espèce lui a dû son nom de *grès à fucoïdes*.

fois superposées, de couleurs diverses, jaune clair, blanc, jaune foncé, vert, brun, rouge, bleuâtre, et qui renferme de nombreuses pétrifications de plantes et d'animaux, ne contient plus de charbon, la période de sa formation ne paraissant pas avoir amassé ici des substances susceptibles de se carboniser.

Nous constatons, dans les terrains qui recouvrent l'écorce de la terre, une troisième phase de développement, que l'on a nommée la *formation tertiaire*. Les organismes qu'elle renferme se distinguent de ceux de la deuxième période, plus que ceux-ci ne se distinguent des êtres de l'époque la plus ancienne, et ils se rapprochent davantage des créatures aujourd'hui vivantes dans le règne animal et végétal, si bien que nous pouvons remonter sans aucune hésitation, sinon à l'espèce, du moins à la famille. Les fossiles trouvés dans ces terrains appartiennent parfois à des espèces qui vivent encore dans les mêmes contrées.

Ce dernier caractère distingue surtout la formation tertiaire. On doit supposer qu'à l'origine, le climat de la terre, devenue habitable pour les plantes et les animaux, était indépendant de sa position par rapport au soleil; que l'inclinaison de l'axe de la terre, d'où résulte la différence des zones, n'entraînait pas cette distinction dans les temps primitifs; non pas qu'elle n'ait pas existé (nos hypothèses ne remontent pas si loin), mais parce que le soleil n'était pas encore assez compacte pour répandre la lumière et la chaleur, ou bien que l'atmosphère était trop dense, ou trop remplie de vapeur d'eau, pour laisser passer le rayon solaire. Nous savons combien peu il faut pour qu'il en soit ainsi. Au soleil, on voit distinctement l'ombre que projette la vapeur d'une bouilloire; une couche de brouillard, de vingt pieds d'épaisseur, suffit pour cacher entièrement le soleil à nos yeux. Il s'ensuit que, dans la période primitive, le caractère de la végétation était le même sur toute la surface du globe; dans la seconde, il diffère déjà selon que le terrain est sec ou humide; dans la troisième période, les différences de climats sont incontestables. Dès lors, on ne trouve plus en Allemagne ni cycas, ni palmiers, ni fougères, ni herbes arborescentes; en Bohême seulement, on prétend avoir découvert quelques troncs qui auraient appartenu à des palmiers: ces troncs sont conservés au musée de Prague, et ressemblent, sinon à des troncs de palmiers, du moins à des bambous des tropiques. Toutefois, ces plantes tropicales ont pu, il y a 20.000 ans, être originaires de ces contrées, quoiqu'on ne les trouve pas dans le royaume de Saxe, sous la même latitude. C'est ainsi que les ananas poussent en pleine terre dans la Lusace, et non pas dans la Marche, attendu que, dans la première contrée, l'incendie souterrain d'une vaste mine de houille chauffe à tel point le sol, que la gelée ne l'atteint pas, que la neige même n'y tombe jamais, parce que l'air chaud la fait fondre avant qu'elle ne touche le sol. Il n'est pas impossible, malgré cela, que la terre autrefois ait été plus chaude qu'aujourd'hui ; mais, en tout cas, il existait des différences de climats, résultat de l'action du soleil, démontrées par la flore souterraine, par la végétation de la période antédiluvienne.

Dans les terrains gypseux, et dans les vastes gisements de calcaire d'eau douce, on trouve d'innombrables empreintes de fragments de plantes de tous genres, feuilles, branches, fleurs et fruits, préservés de la putréfaction, et si bien conservés dans leur forme primitive, que l'on distingue le tissu de la plante et la plus petite fibre de chaque pétale. La figure ci-après représente une gousse d'acacia, ce qui est d'autant plus indubitable que l'on a retrouvé également des feuilles de mimosa (acacia).

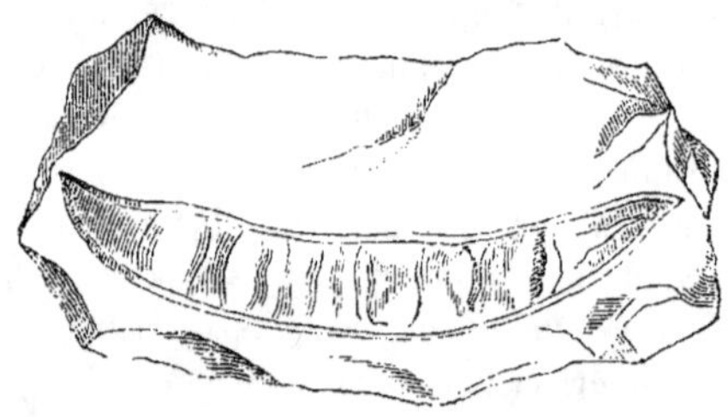

L'empreinte ci-dessus permet de reconnaître avec certitude que ces plantes appartiennent à un sol de même nature que le sol actuel, et que nous avons appelé terre ferme, à la différence du sol marécageux des périodes antérieures. Il ne faut pas en conclure, toutefois, qu'il n'existe plus, dans la formation tertiaire, de plantes marécageuses ou marines. Le calcaire grossier et maintes espèces de grès et d'argile en renferment une grande quantité, et de ce mélange de plantes de diverses espèces résulte une immense variété dans la flore de la période tertiaire.

On y trouve non-seulement les empreintes des végétaux plus tendres, mais ces végétaux eux-mêmes ; leurs parties les plus fines se rencontrent en empreintes très-nettes : ainsi des algues marines et des fucus dans le calcaire d'Italie, et les plus belles mousses dans les mêmes terrains aux environs de Paris.

Dans le plâtre de cette dernière contrée, on rencontre les fruits d'une espèce d'équisétacée encore vivante, le *chara* ou *lustre d'eau*. Cette espèce appartient à la famille des naïades ; les ménagères du sud de l'Allemagne la connaissent sous le nom de *wasserschaffheu* et s'en servent pour faire briller le cuivre et l'étain, par le frottement de l'enveloppe siliceuse qui entoure les équisétacées et les roseaux. Ces plantes croissent dans les marais, en forêts touffues, mais restent le plus souvent sous l'eau, portent de petits globules rouges dans chaque pli de la feuille, enfilée autour de la tige comme une étoile ; l'anthère ou le fruit a environ la dimension de la semence de l'agrostemme ou fausse nielle, sorte de mauvaise herbe farineuse qui a quelque rapport avec le bluet. Ces petits globules se rencontrent en telle quantité dans le plâtre de Paris et dans la pierre à chaux, que ces roches en paraissent composées presque exclusivement : ces pétrifications prouvent que, dans la formation dont il s'agit, les équisétacées ne font pas défaut, d'autant plus qu'elles se produisent encore en beaucoup d'autres espèces, sauf qu'au lieu des proportions gigantesques qu'elles avaient à l'époque de la formation houillère, elles ont à peu près leurs proportions actuelles. Il existe des membres de cette famille végétale qui se sont continués en séries non interrompues, depuis les temps les plus reculés jusqu'à ce jour, sans autre modification que celle de leurs dimensions. Les lycopodes traversent également toutes les époques : de même que les fougères et les équisétacées, ils séjournaient dans les forêts humides, et diffèrent seulement par leurs dimensions des lycopodes de nos jours. Les fougères, au contraire, ont tellement changé de nature, que plusieurs espèces, telles que les sigillarias, n'ont plus aujourd'hui de représentant.

Dans la formation tertiaire, la carbonisation des végétaux est imparfaite ; les substances ne sont pas noires comme la houille ou le graphite, ni plus ou moins exemptes de bitume, comme celui-ci ou comme l'anthracite ; au contraire, elles sont très-riches de cette matière, et ce que nous appelons bitume se trouve à l'état liquide et solide et en masses considérables dans les terrains de cette période. Il n'y a aucun doute sur l'origine de ce charbon très-imparfait, très-puant à la combustion. Il appartient à la formation la plus récente, et s'il est resté imparfait, c'est peut-être parce que la terre, n'éprouvant plus les puissants soulèvements plutoniens qui rapprochaient le foyer de la surface, n'a plus élevé à un si haut degré de température cette dernière, dont la masse coagulée et refroidie, était devenue beaucoup plus compacte.

Les terrains sablonneux et argileux de la formation tertiaire, entre lesquels gît habituellement le lignite, alternant fréquemment avec eux, révèlent, ainsi que ce charbon lui-même, une formation récente, en comparaison des terrains antérieurs du même genre. Là où l'on trouvait le grès ou le schiste argileux, on trouve, dans la formation tertiaire, des matières arénacées et de l'argile. Les premières ont encore, du moins dans l'intérieur de la terre, une consistance pierreuse, mais elles ne peuvent pas servir aux constructions, attendu qu'en se desséchant elles se réduisent en sable fin et micacé; l'argile est à l'état plastique, et propre à tous les travaux de la poterie. La faïence, la plus fine porcelaine, les tuiles pour les toitures, les carreaux que l'on emploie en Allemagne pour faire les poêles dans les appartements, possèdent la même base, et les divers objets qu'on en fabrique ne se distinguent que par l'addition d'un ingrédient (comme dans la porcelaine) qui met l'argile en fusion, et par l'enduit qui la recouvre à l'extérieur. La terre glaise dont on fait les briques est, dès son origine, mêlée de silex, ou de sable plus ou moins fin, et s'emploie ainsi sans préparation.

Entre les couches d'argile et de sable, se trouvent intercalés les lignites dans leurs diverses gradations; leur origine végétale est encore mieux démontrée que celle de la houille. A propos des charbons de terre, nous avons déjà parlé de leurs parties résineuses et huileuses, du bitume; mais il ne sera pas inutile de revenir sur ce point, les gisements de lignite contenant cette matière en grande abondance.

Toutes les plantes, mais surtout les plantes résineuses, développent, dans la distillation sèche, une substance grasse, une huile qui se dessèche, et qui est le goudron. Cette substance se trouve dans le sol, très-peu modifiée; de nombreuses contrées en possèdent en abondance, telles que l'Asie Mineure, le versant oriental du Caucase, l'île de la Trinité, etc. Dans la forme ordinaire, elle a presque entièrement perdu son état liquide, et prend alors le nom de poix; pour la distinguer de la poix végétale artificielle, on l'appelle poix minérale, et, par suite de son origine, bitume de Judée, asphalte. Lorsqu'elle n'est point solidifiée, on la nomme goudron minéral; à l'état liquide, elle prend le nom de pétrole ou huile minérale. Cette substance est brunâtre, d'une odeur particulière et pénétrante, plus légère que l'eau, grasse au toucher, et brûle avec une véhémence extrême, en donnant beaucoup de suie; mais à l'air, elle possède une force lumineuse tellement grande, qu'on s'en sert en quelques endroits pour éclairer les rues. Dans un espace renfermé, on ne peut en faire usage, à cause de son odeur. A l'état le plus pur, cette huile minérale s'appelle *naphte*; elle est alors incolore, très-liquide, et, s'il est possible, encore plus combustible que le pétrole.

Le goudron minéral, ou bitume, est donc un produit naturel de la distillation de matières végétales. On le trouve en telle abondance dans certaines régions, qu'il y couvre de vastes espaces; dans la mer Morte, après avoir surgi à l'état liquide du fond de l'eau, il apparaît à la surface et se solidifie bientôt en mottes, qui sont jetées sur le rivage et le couvrent au loin. Dans l'île de la Trinité, il existe un lac qui rejette cette poix minérale par masses si considérables, que, sur certains points, ses rives paraissent bordées de puissants rochers que l'asphalte seul a formés. Jadis, quand le bitume de Judée venait exclusivement de la Palestine, il était très-cher, et par conséquent on n'en faisait guère usage. Aujourd'hui, qu'on en tire en abondance de l'île de la Trinité (dans la mer des Caraïbes, aux bouches de l'Orénoque), on s'en sert pour le pavage des rues, et le *Pitch-lake* (lac de poix), presque aussi grand que la mer Morte, en fournit si copieusement, qu'on ne suffit pas à l'exploiter. Ce lac tout entier ne contient que cet asphalte mou qui se renouvelle sans cesse, en s'élevant du sol de sable et d'argile. La surface même du lac n'est pas couverte d'eau, quoique six ruisseaux viennent s'y jeter et le traversent. La poix prédomine tellement, qu'elle modifie sans cesse le cours des ruisseaux.

Le pétrole naturel le plus pur, le naphte, vient de Baku. Il découle en telles quantités de divers points du rivage sablonneux de la mer Caspienne, qu'on y attache très-peu de prix, et que les qualités supérieures seules sont recueillies pour le commerce. Sur d'autres points, il surgit, sous forme de gaz, de la terre ardente, et sert, dans notre siècle de prose, à cuire des briques, tandis qu'autrefois les Persans, adorateurs du feu, en faisaient l'objet de leur culte.

Quelle que soit la forme de l'huile bitumineuse, ou de la poix, il n'y a pas moyen de méconnaître son origine. C'est un produit distillé à la longue par des matières végétales qu'une forte pression a graduellement chauffées: le lignite même est une accumulation de matières végétales, dont la caléfaction n'a pas encore atteint (comme dans l'anthracite) l'intensité voulue pour chasser le bitume, qui, par conséquent, y reste mélangé en quantité considérable.

L'âge des lignites a une grande influence sur leur qualité. Les lignites des étages inférieurs du terrain tertiaire (1) sont beaucoup plus riches, plus pierreux et plus fortement carbonisés; ils contiennent par conséquent moins de poix minérale. Les formations plus récentes sont beaucoup moins compactes et plus mélangées de débris végétaux. Dans cet ordre se range le bois bitumineux, c'est-à-dire les branches et les troncs de l'époque où s'est formé le lignite, lesquels ont absorbé dans leur masse ligneuse une forte dose de bitume; la fréquence de ce bois bitumineux fait conclure à l'existence de forêts entières, que des

____

(1) Le lignite se trouve à tous les étages des terrains tertiaires.

quantités énormes de débris végétaux, amenés par alluvion, ont recouvertes et transformées avec elle.

Là où ce charbon procède spécialement des feuilles, son origine se reconnaît à sa texture, et lui a fait donner le nom de *houille feuilletée*.

La distillation dont nous avons parlé n'a pas seulement pénétré la substance carbonisée qui lui a donné naissance, mais aussi les gisements voisins d'argile et de sable. C'est ainsi que l'on trouve de l'argile bitumineuse, de la marne et du grès bitumineux, tellement riches de cette substance, qu'ils deviennent combustibles. Dans quelques villages du centre de la France, on mêle à cette argile de la paille et du fumier, pour la rendre plus inflammable, et on la pétrit en briques, que l'on brûle ensuite comme la tourbe. L'argile bitumineuse est généralement un indice de gisements carbonifères. Avec un peu plus de sagacité, les paysans français, au lieu de prendre leur combustible à la surface, creuseraient à une vingtaine de pieds et trouveraient du lignite. Cette substance si utile existe sans doute aussi dans beaucoup d'endroits de l'Allemagne, où on ne l'a pas encore cherchée. Tout au moins il est certain que, si dans quelques localités elle fait positivement défaut, elle appartient à tous les étages de la formation tertiaire.

Il existe entre autres dans les lignites un suc résineux fossile, l'ambre jaune ou succin ; même l'arbre dont provient cette substance, et qui porte le nom de *pinus succinifera* (1), se rencontre, avec sa gomme et ses fragments transformés, dans les lignites, à la formation desquels il a donc contribué.

Or, dans les sables de tout le nord de l'Allemagne, on trouve, enfoui à une certaine profondeur, l'ambre jaune, tantôt à l'état de galets que le frottement du sable a rendus unis, tantôt à l'état de rognons rocailleux, parsemés de bouffissures, qui permettent à peine de reconnaître que, sous cette enveloppe grossière, gît un noyau de véritable ambre jaune, dont la qualité est considérée, dans les contrées maritimes de la Prusse orientale, comme préférable à celle du succin qu'on recueille sur les rivages de la mer. Ailleurs, cependant, ce n'est plus d'ambre, mais seulement de *succinite*, que se composent ces noyaux, et que l'on attribue à la caléfaction des matières végétales au moment de leur transformation dans le lignite. Le succinite n'a ni la

____

(1) Cette dénomination lui a été donnée à tort, car cet arbre n'a jamais produit d'ambre jaune ; la résine qu'il a produite, comme le cerisier produit de la gomme et le sapin de la colophane, n'était pas de l'ambre jaune, et ne l'est devenue qu'après avoir été renfermée pendant plusieurs milliers d'années dans un sol humide.

dureté, ni la belle couleur de l'ambre jaune ; il est cassant, bulleux et impropre aux usages industriels.

Aussi, dès qu'on trouve l'ambre jaune, on a lieu de supposer que le lignite n'est pas éloigné, et ce ne serait pas un travail stérile que d'en entreprendre la recherche, d'autant moins que l'augmentation toujours croissante de la population fait de plus en plus disparaître les forêts et le bois qui fournit le combustible.

La présence du lignite, dans des cavités qui ont presque toujours la forme de bassins, indique que leur substance s'est accumulée par alluvion. Le lieu du dépôt était une cavité naturelle que les eaux inondèrent à diverses reprises, en y déposant les substances qu'elles charriaient. Ce furent probablement toujours des courants d'eau douce qui accumulèrent ces énormes quantités de résidus végétaux, et non pas les eaux de la mer. On en trouve la preuve dans le petit nombre de débris d'animaux, entre autres de coquillages, qu'elles renferment, et qui appartiennent toujours à des espèces d'eau douce, jamais à des espèces marines.

Le caractère distinctif que les lignites présentent tout d'abord, c'est la grande variété des différentes espèces : elles diffèrent avec chacun des bassins qui les renferment. La raison de cette variété pourrait bien être que, le lignite appartenant à la formation la plus récente, on y reconnaît mieux l'âge des couches successives qu'on ne le pourrait à l'égard de la houille. Nous voyons la même chose dans la vie humaine : chez un homme de 50 ans, une année ne produit guère de différence ; personne ne remarque le changement, tandis que l'âge d'un enfant d'un an est doublé au bout d'une année, et personne ne s'y trompe en le voyant. Si l'âge de la houille s'élève à plusieurs millions d'années, une vingtaine de siècles fera une très-petite différence ; tandis que le lignite n'ayant en tout que quelques milliers d'années, les différences d'âge sont plus sensibles d'une couche à l'autre.

Outre cela, dans ces terrains récents, il se manifeste une grande diversité, selon qu'ils ont mis plus ou moins de temps à se former. Le lignite se montre en quantité considérable, quand par exemple un fleuve ou un lac, par la rupture de ses rives, a rempli d'arbres et de végétaux, que le courant a rencontrés sur sa route, une vallée ou un ravin. Au contraire, les gisements sont plus ou moins épais, superposés, alternant avec des couches de sable et d'argile, quand les alluvions, au lieu de s'opérer en une fois, se sont succédé à de longs intervalles, ou que le bassin, devenu lui-même un lac, a déposé, sur les gisements de lignite, le sable et l'argile contenus dans ses flots. Si la transformation des végétaux accumulés s'est faite rapidement, on distingue en plusieurs points la texture ligneuse, les feuilles, les branches et les fruits; si, au contraire, la distillation sèche des plantes s'est opérée longtemps après l'alluvion, il a dû se faire une décomposition, plus ou moins rapide en raison des circonstances, c'est-à-dire du plus ou moins d'alternatives d'humidité, de chaleur, de sécheresse. Dans ce dernier cas, on ne trouve plus dans le lignite ni troncs ni racines.

Toute ancienne cave au bois peut nous fournir la démonstration que les choses ont dû se passer ainsi. Si, depuis cinquante ans, cette cave a servi exclusivement à la conservation du bois, et qu'elle ne soit pas tout aussi sèche que le fameux « Bleikeller » de Brême, on y marchera sur une substance molle, d'un brun foncé, recouverte, comme toujours, des éclats du dernier bois apporté, mais formée, à un pied de profondeur, d'une matière qui ressemblera tout à fait au lignite terreux, sauf que le bitume ne se sera pas encore développé, la cause de son développement, l'élévation de la température, ayant fait défaut.

Les arbres à feuillage, dont les restes prédominent dans le lignite, dénotent un degré de développement bien plus considérable que les débris de plantes des terrains plus anciens. Il y a bien encore des conifères de plusieurs espèces, mais en même temps des hêtres, des saules, des aunes, des peupliers, des noisetiers, des noyers, des érables et des tulipiers (*liriodendrum*), ces derniers très-reconnaissables par la forme de leurs feuilles, qui ressemblent bien à celles de l'érable, mais que l'on en distingue à première vue, en ce qu'elles manquent de la pointe du milieu, ce qui leur donne la forme d'un carré long, forme qui constitue une anomalie dans le règne végétal.

Quoique ces plantes, ainsi que nous l'avons dit déjà, dénotent un climat conforme au nôtre et dépendant des saisons, il ne faut cependant pas méconnaître qu'il a dû faire plus chaud, ou que la température a été plus également répartie. Car on trouve dans les lignites du centre de la France, en Auvergne, des myrtes, des lauriers, des cotonniers, de petits palmiers et même quelques cactus, à côté de nos mûriers sauvages, de nos pins vulgaires, et d'autres plantes semblables.

Il est vrai que le *chamærops humilis*, le palmier nain ou palmier-éventail, vient généralement sur les rives de la Méditerranée, et que l'*opuntia ficus indica*, espèce de cactus, fleurit aux environs de Naples et en Sicile, et y porte des fruits bons à manger; aussi ces pays sont-ils doués d'une température voisine de celle des tropiques : malgré cela, il serait téméraire de conclure de ces faits que jadis, à l'époque de la formation du lignite, il en ait été ainsi au centre de la France et en Bohême; car, en Irlande, où même une reinette ne mûrit pas, le myrte et le laurier vivent en plein air et portent une verdure luxuriante (1). Et si l'on considère les propriétés d'une atmosphère bien plus élevée, bien plus dense, et saturée de vapeur d'eau, comme a dû l'être l'atmosphère primitive, on s'explique, sans devoir recourir à un climat tropical ou semi-tropical, comment, dans un pays qui, s'il ne voit jamais le soleil de l'équateur, est en même temps exempt de gelée, et où la température se maintient plus égale dans les diverses saisons (2), ont pu se produire des plantes de genres aussi différents, et qui exigent aujourd'hui des climats si divers. Personne, d'ailleurs, n'a osé prétendre qu'elles aient fleuri ou porté des fruits mûrs : c'est là, pourtant, ce qu'il faudrait pour démontrer leur développement complet.

Ce que nous savons jusqu'ici nous porte à admettre que la végétation, à partir du moment où elle surgit avec force, a d'abord été nourrie par une température élevée, une humidité abondante et une quantité proportionnelle de carbone; que peu à peu ces conditions se sont modifiées, de telle manière que l'alimentation des plantes ne s'est plus opérée avec la même vigueur qu'au début, et qu'ainsi, dans les périodes subséquentes, la masse végétale ne s'est plus accumulée en aussi énormes quantités. — Les plantes se composent de carbone et d'eau : elles absorbent ces éléments par les racines et les feuilles; par les premières à l'état d'eau, par les feuilles à l'état d'air, l'un et l'autre imprégnés d'acide carbonique. Lorsque cette absorption est favorisée par une température convenable, nous voyons se produire ce développement puissant qui nous émerveille sous les tropiques, où, en six mois, le germe d'un bananier produit une tige de 40 pieds de haut, tout à fait semblable à la tige du maïs, et portant 8 à 10 feuilles de 2 pieds de large et de 10 à 12 de long, et deux grappes de fruits dont une seule forme une charge suffisante pour un chariot attelé de deux bœufs. Et quand, ce but étant accompli et le fruit formé, son tronc dépérit, il laisse après lui 6 à 8 tiges de 10 à 15 pieds de haut, destinées à former de nouvelles herbes arborescentes.

(1) ZIMMERMANN. *Globe terrestre*, vol. I, p. 248.
(2) Comme encore aujourd'hui en Irlande et dans une partie de l'Angleterre.

LES ANIMAUX DU MONDE PRIMITIF.

Animaux microscopiques,— irréguliers.— réguliers.— polypes.— animaux rayonnés.
— Échinodermes,— crinoïdées,— holothuriens.— Mollusques.— Acalèphes.— Céphalopodes,— seiches,— nautiles.— Gastéropodes. — Polypes à bras.— Animaux fabuleux. — Bélemnites.

Plus l'air est riche en acide carbonique, plus le développement des
feuilles est puissant ; c'est pourquoi, dans les marais chauds en même
temps que saturés de carbone, tel que les *swamps* du midi des États-
Unis de l'Amérique et le *delta* de l'Orénoque, les plantes croissent
avec une extrême vigueur, et la couche d'*humus* est d'autant plus
riche en débris végétaux, mais l'atmosphère d'autant plus nuisible aux
animaux. Ceux-ci veulent surtout de l'oxygène ; l'acide carbonique, au
lieu de les nourrir comme les feuilles des plantes, les empoisonne. Il
n'en est pas ainsi de l'acide carbonique mêlé à l'eau. Dès lors, il n'est
plus aspiré, mais consommé par l'estomac. Les animaux sans poumons
ou à poumons très-imparfaitement développés pourront vivre dans
l'atmosphère très-saturée de carbone, et il existe de ces animaux. Les
recherches de M. de Humboldt ont démontré que plusieurs amphibies,
les alligators, les serpents et autres animaux analogues, vivent longtemps dans une atmosphère qui serait mortelle pour l'homme.

La vie a débuté sur le globe par les plantes, les organismes les plus
simples ; la vie végétale a préparé la terre à la vie animale, en produisant tout d'abord des aliments pour les animaux et en purifiant l'air de
l'acide carbonique qui l'empoisonnait. Le développement le plus naturel du règne animal sera celui qui suivra cet ordre. Les premiers
animaux ont dû vivre dans l'eau de la mer (il n'en existait pas d'autre),
pouvoir se passer de la respiration et être herbivores (aucun animal
n'ayant jamais, que nous sachions, consommé des substances inorganiques). Ces trois faits sont prouvés d'une manière tout à fait évidente. La vie animale la plus ancienne, celle qui a précédé toutes les
autres, est celle des animalcules marins.

Plus tard. beaucoup plus tard. sont venus les poissons cartilagineux et les amphibies. des animaux n'ayant qu'une charpente osseuse incomplète et des branchies au lieu de poumons. et pouvant se passer de l'air oxygéné: en effet. nous ne trouvons dans les plus anciens sédiments qui nous ont conservé des vestiges d'animaux. nous ne découvrons dans les archives du monde primitif. aucune créature d'un ordre supérieur. pas un animal terrestre. pas un oiseau. Mais les êtres que nous trouvons sont organisés avec une sagesse infinie pour leur séjour et leur existence : nous voulons parler des plus petites créatures. invisibles à l'œil nu. mais d'une variété de formes, d'une force vitale et d'une résistance vraiment prodigieuses, en un mot de ces petits êtres que nous voyons tous les jours se produire d'une manière inexpliquable et que l'on nomme *infusoires*.

Grâce au microscope. nous avons obtenu sur ce monde invisible de remarquables révélations. En outre . le microscope solaire nous a fourni, au sujet de la température que peuvent supporter ces animaux. des renseignements tout à fait ignorés autrefois. Quand on voit. dans le foyer du microscope. se mouvoir avec vivacité . jouer. se poursuivre . se saisir . s'entre-dévorer . les animaux contenus dans la goutte d'eau comprimée entre deux lames de verre. on ne comprend pas la possibilité de ce qu'on voit. Certes. ces petits êtres périssent pendant l'expérience, mais seulement lorsque l'eau devient bouillante. tandis qu'à 50 et 60 degrés Réaumur ils vivent pendant des heures entières. quoique. selon toute apparence. la lumière intense qui les inonde ne leur soit pas favorable. De toute manière. il résulte de cette expérience qu'une température de 60 degrés Réaumur n'est pas mortelle pour ces animalcules. et qu'ils sont viables aussi longtemps que l'albumine. dont ils sont principalement composés. ne se coagule point.

Les premiers animalcules étaient des cellules rondes ou stelliformes. Il leur fallait une ouverture pour l'introduction des aliments: celle-ci existe toujours. Ils possédaient aussi un orifice destiné à évacuer le superflu. — mais c'était le même. La bouche et l'anus ne faisaient qu'un. Des organes de reproduction leur étaient inutiles, attendu qu'ils se reproduisaient par scission et que. dans l'intérieur de chaque animal. il s'en trouvait déjà cinq ou six. ou plus encore. de même nature. qui de nouveau en portaient d'autres dans leur sein: ainsi l'animalmère se déchire. éclate. et tous les petits. qui sont déjà des mères à leur tour. sortent de leur enveloppe. commencent une vie indépendante. jouent gaiement dans leur élément restreint. y accomplissent avec une grande vitesse des voyages dont la longueur dépasse de plusieurs millions de fois celle de leur corps (ce qui, généralement, n'a pas lieu chez l'homme), jusqu'à ce que, ayant porté à maturité le fruit qu'ils contiennent, ils crèvent à leur tour pour mettre au monde une génération nouvelle.

Ces merveilleux animalcules ont des formes variées à l'infini et souvent d'un grotesque parfait. Leur bouche nous apparaît munie de roues à palettes, à l'aide desquelles ils font des tourbillons dans l'eau, amenant ainsi la nourriture à leur estomac (1).

D'autres infusoires sont armés de hideuses tenailles et d'instruments meurtriers de tout genre, à l'aide desquels ils saisissent leur proie, la brisent, la broient et la dévorent. Les sens les plus élevés, la vue, l'ouïe et l'odorat, paraissent leur faire défaut; en revanche, le toucher est d'une telle délicatesse, qu'il les avertit mieux que ne ferait l'œil ou l'oreille de l'approche du péril; on voit ces petits animaux bondir en avant avec une étonnante agilité; à une distance six fois grande comme leur corps, ils rencontrent un animal ennemi qui pourrait les dévorer, mais, de même qu'ils sont arrivés avec la vitesse d'une flèche, ils rebroussent chemin avec une égale rapidité, sans se retourner. Leurs mouvements s'opèrent, comme ceux du serpent, par l'élasticité des anneaux qui entourent leur corps, ou, comme ceux du ver de terre, par allongement et raccourcissement alternatif. Mais cette locomotion se produit avec une telle rapidité que, de cette sorte de convulsion, il résulte un élan en ligne droite ou en ligne courbe, car ils peuvent suivre, à volonté, l'une ou l'autre direction.

Quelques-uns d'entre eux sont pourvus de cuirasses formées d'anneaux et d'écailles, comme chez les écrevisses. Ils jouent un rôle très-important dans l'économie de la nature, car ils façonnent en partie la surface du sol d'après leurs propriétés. Ils forment des couches considérables de fine terre siliceuse ou de silex. Ces dernières substances ne sont autre chose que les cuirasses de ces animalcules dont des centaines de millions tiennent dans l'espace d'un pouce cube. D'autres forment de

______

(1) Ce qui nous fait l'effet de roues se compose, en réalité, de pellicules à peu près carrées, attachées tout autour de deux petits boutons; ces pellicules se meuvent en sens contraire avec une rapidité extraordinaire et de telle sorte que l'on croirait voir deux roues de moulins à eau, très-rapprochées, se mouvant en sens contraire. L'eau qui se trouve entre ces roues contribue (sous le microscope) à l'illusion, car elle se verse dans un courant en forme d'entonnoir, entraîne ce qu'elle contient, en passant par la bouche de l'animal, et va se décharger de l'autre côté.

Il ne sert à rien de se dire que l'on se trompe, qu'il n'y a point là de roues, mais seulement des membranes qui se remuent; on voit l'effet, et l'on n'admet qu'à grand'peine l'explication de la cause réelle.

vastes gisements de chaux carbonatée ; les terrains crétacés se composent des écailles calcaires de testacés également petits, que l'on retrouve
aussi dans la marne et dans la craie de la Méditerranée, ainsi que dans
les pyromaques des terrains crétacés, sur les bords de la mer Baltique.

Les animalcules dont nous venons d'esquisser quelques particularités appartiennent à la classe des *irréguliers*, attendu qu'on ne peut
comprendre leurs formes dans aucun système quelconque. Ils sont
globulaires, anguleux, cylindriques ou semi-circulaires, en un mot,
irréguliers comme l'indique leur nom. Ils forment le degré infime de
l'échelle des organismes ; comment ils naissent, c'est ce qu'aucun être
créé ne saurait dire : toute CRÉATION est un impénétrable mystère. La
naissance du premier cheval ou du premier papillon nous est tout aussi
inexplicable que celle des infusoires, que celle-ci ait lieu par bourgeons
ou par *scission*, l'animal se partageant par le milieu, ou un côté
gauche s'ajoutant à son côté droit, ou *vice versâ*. En ce qui concerne
les animaux d'un ordre plus élevé, nous savons du moins qu'ils se
reproduisent, mais d'aucun d'eux nous ne pouvons dire comment il
s'est produit la première fois ; or, comme en résumé nous ne faisons,
en constatant la reproduction des espèces, qu'enregistrer le résultat
de l'expérience, nous en finirons une fois pour toutes avec cette question, en disant que la Providence a produit, spontanément et en vertu
de sa force créatrice, les plantes et les animaux, et que la manière dont
elle a procédé est un secret et le sera probablement toujours.

Immédiatement après les animaux irréguliers, en suivant la marche
ascendante, nous trouvons les animaux *réguliers*, presque aussi imparfaits, dépourvus encore de plusieurs sens, mais ayant des organes
perceptibles ; leur corps est une sorte d'enveloppe à cinq ou six faces,
large et aplatie, pourvue, à l'un des côtés plats, d'une ouverture où
s'attachent les organes le plus souvent triangulaires, et reliés par un
des deux côtés à l'une des cinq faces du tronc, de manière à former
une étoile à cinq rayons.

La figure représentée à la page 14 nous offre l'image d'une étoile de
mer ou *astérie*, trouvée dans le calcaire conchylien, et montrant distinctement l'ordonnance de bras autour du corps. Ces animaux peuplent encore les mers en différentes espèces. Celle dont nous avons
donné le dessin, est le *pentagonaster regularis*, étoile régulière à
cinq rayons, et peut servir de type de tous les animaux de cette classe.

Ici déjà nous apercevons des muscles. Ce sont d'abord de petits
anneaux contractiles, des *sphincters*, placés à la bouche et à l'anus, et
semblables aux cordons d'un sac à tabac ; ils servent surtout à ouvrir
et à fermer l'orifice ; à ces muscles s'en ajoutent d'autres qui se diri-

gent vers les organes. Or, comme sans nerfs il n'y a pas de mouvement musculaire possible (quoiqu'on ait cru longtemps que le cœur des animaux d'un ordre supérieur fût dépourvu de nerfs, parce que la ténuité de ceux-ci les fait échapper à l'examen) ; que c'est par les nerfs que la volonté de l'animal est transmise aux muscles, et que le mouvement musculaire, produit par une excitation extérieure (ce qu'on appelle la *contractilité*), n'est qu'une fonction nerveuse (d'après ce que nous savons jusqu'ici, du moins), — il s'ensuit nécessairement que ces animaux, qui sont doués d'une mobilité dépendant autant de leur volonté que d'une excitation extérieure, possèdent aussi des nerfs, et, en effet, l'existence de ces derniers est chez eux parfaitement reconnue. Le cerveau, en tant que source du système nerveux, leur fait défaut ; mais une sorte de ganglion leur tient lieu d'organe central. A l'ouverture qui sert de gosier, se trouve un tissu nerveux qui projette ses rayons vers toutes les extrémités, et qui indique par là, chez les animaux qui n'ont pas de parties réellement saillantes, en combien de sections se partage leur corps, ou combien de rayons aurait l'étoile, si l'animal était assez développé pour atteindre la forme étoilée.

Les figures représentées ci-dessous, et qui appartiennent à la classe nombreuse des *échinodermes*, permettent de saisir très-clairement

cette disposition des nerfs et des muscles. La première figure représente un individu de l'espèce appelée *nucléolites*, dont le corps à la forme ovale à cinq sections ; de l'orifice qui tient lieu de bouche partent les cinq filaments nerveux avec le système musculaire qui en dépend ; cette espèce constitue déjà une transition de l'ordre des *réguliers* à celui des *symétriques*, attendu qu'elle possède un deuxième orifice qui sert à l'évacuation des matières fécales, et, de plus, un tube intestinal.

L'autre figure nous offre une vue latérale du *diadema seriaie*, sur laquelle on reconnaît distinctement dix sections, ce qui en donne vingt pour le corps entier. Sous chaque section se trouve un nerf recouvert de son tendon.

Les *échinodermes* doivent être rangés parmi les animaux d'une organisation déjà un peu plus élevée ; leur corps est mou et gélatineux.

mais doué de muscles et recouvert d'une enveloppe calcaire, formée de nombreuses écailles et hérissée de pointes, dont la gravure fait reconnaître distinctement la place. Le nom vulgaire de ces animaux est *oursin de mer*; presque toutes les mers les renferment encore aujourd'hui, et l'on montre leurs écailles dans les cabinets d'histoire naturelle.

Lorsque les animaux ont atteint ce degré de développement, une simple cavité ne suffit plus pour les fonctions nutritives; les organes de la digestion deviennent plus compliqués : il y a un intestin; à l'extrémité des nerfs se présente quelque chose qui a au moins de l'analogie avec l'un des sens d'un ordre plus élevé : on y voit de petits points rouges qui sont leurs yeux.

Les animaux de cet ordre vivent bien encore après qu'on les a coupés en morceaux, mais ce n'est plus là leur seul mode de propagation; ils pondent des œufs d'où naissent des petits de leur espèce.

Leurs attributions comprennent quatre fonctions importantes de la vie organique : 1° la digestion des aliments absorbés, c'est-à-dire leur transformation par voie de nutrition; 2° l'aspiration de l'air dans les organes créés à cet effet, poumons ou branchies; 3° la circulation du liquide préparé par la nutrition et par la respiration, c'est-à-dire du sang : et 4° la propagation de leur espèce par la génération.

Ces quatre fonctions ne sont pas, toutefois, dévolues également à tous les animaux classés dans ce groupe; un grand nombre d'entre eux sont dépourvus de branchies aussi bien que de poumons; chez d'autres, c'est l'ovaire qui fait défaut.

L'embranchement des animaux *réguliers*, dont nous venons d'indiquer les caractères généraux, se subdivise en deux classes, celle des *polypes* et celle des *rayonnés*.

Les polypes constituent une création éminemment merveilleuse, et dont l'importance, au point de vue de la structure de la terre, quoique à peine soupçonnée autrefois, est néanmoins très-grande, quelque petits qu'ils soient eux-mêmes. (Ils sont, cependant, un peu plus gros que les coquillages imperceptibles dont se composent certains terrains calcaires, formant des amas semblables à des montagnes.) Leur diamètre atteint tout au plus celui d'une tête d'épingle; l'intérieur de leur corps est une cavité cylindrique, aboutissant en haut à un orifice fermé par une espèce de lacet (*sphincter*), et en bas à une sorte de pied ou de tige. Autour de l'orifice sont attachés les bras ou cornes (qu'en langage scientifique on appelle *tentacules*), au nombre de six, huit ou douze; au milieu de la partie supérieure du tronc se trouve la cavité qui sert d'estomac, et d'où part un canal qui traverse le pied et se termine par le deuxième orifice nécessaire aux fonctions naturelles. Chez quelques espèces de polypes, le pied est fixé au sol d'une manière permanente et alors l'animal n'est pas susceptible de locomotion; d'autres espèces peuvent, à leur gré, fixer ou ne pas fixer leur pied dans le sol.

Les bras servent aux polypes pour amener la nourriture à la bouche; cette nourriture se compose d'autres animaux encore plus petits; les polypes séjournent dans l'eau et ils ont la faculté d'en extraire le carbonate de chaux, en quelque minime quantité qu'il s'y trouve. Ils le déposent au-dessous d'eux et s'en servent pour partager leur demeure en cellules; lorsqu'ils n'ont pas de bras, leur cellule est demi-circulaire; lorsqu'ils ont douze bras, ils construisent leur cellule en étoile, à douze rayons nettement accusés.

Quoique les polypes soient ovipares, ce qui est même leur seule manière de produire de nouveaux individus, ils se propagent aussi par scission et par bourgeons, ce qui sert à multiplier les familles.

La forme du polype est à peu près celle d'une poire; autour du sommet sont disposés les bras qui servent à saisir la proie; la figure ci-après montre l'une des cellules étoilées qu'occupe le pied de l'animal,

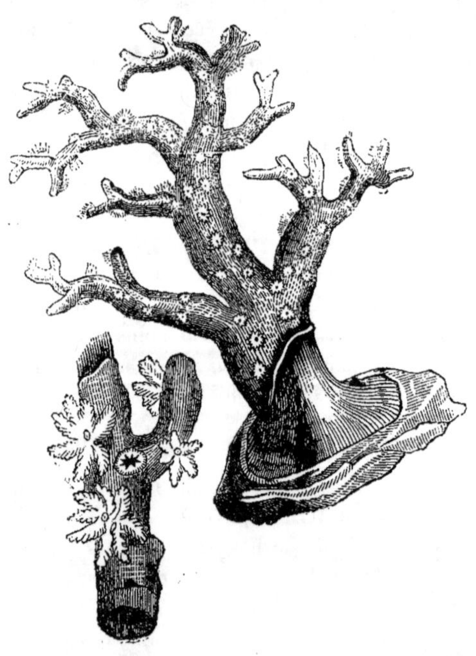

qui peut s'y retirer tout entier. L'arbrisseau de corail est composé, en totalité, de la substance calcaire que l'animal dépose au-dessous de lui, pour construire ce qu'on serait tenté d'appeler son soubassement; à mesure que les polypes se multiplient, le tronc calcaire s'élève, puis se divise en deux, quatre ou plusieurs branches, et ainsi de suite, jusqu'à former de véritables arbres, comme on en voit dans les cabinets d'histoire naturelle, et après les arbres, des rochers entiers, des îles et enfin des archipels complets, tels qu'on les rencontre dans les mers de l'Australie et tels que, dans les temps primitifs de l'existence du globe, ils doivent avoir été répandus à peu près en tous lieux, à en juger par les fossiles retrouvés en immenses quantités dans les montagnes, et non-seulement dans la zone torride, qui est aujourd'hui leur principal séjour, mais partout où apparaissent les terrains jurassiques.

La deuxième classe de ces animaux réguliers comprend les *rayonnés* ou *radiaires*; ceux-ci ont moins d'importance au point de vue de la structure de la terre; ils n'ont pas contribué à la formation de l'écorce terrestre; il importe toutefois de les connaître, parce que, malgré leur affinité avec la classe précédente, ils possèdent non-seulement une organisation plus parfaite que celle des infusoires, mais ils sont doués d'une faculté qui manque aux polypes, celle de la locomotion spontanée.

Les archives du monde primitif n'ont conservé aucune trace des mollusques appartenant à cette classe nombreuse. Leur corps gélatineux n'était pas de nature à laisser des empreintes sur le sable qui les entourait. Il est probable, toutefois, que les espèces actuellement vivantes correspondent à peu près aux espèces éteintes; nous pouvons nous les représenter comme des polypes munis de nombreuses paires de bras, mais sans tige; chaque bras ressemble à un arbre en miniature, composé d'un tronc et d'un grand nombre de branches; à l'extrémité de la branche il y a un organe qui sert à saisir la proie, et à la porter à la bouche, située au centre d'où partent tous ces bras, dont le nombre varie de huit à douze, ou plus encore; parfois l'animal, au lieu d'engloutir sa proie, se borne à la sucer au moyen de ses organes préhensiles. La taille de ces animaux varie depuis celle des polypes de corail jusqu'à un diamètre de plusieurs pieds, en mesurant de l'extrémité d'un bras étendu à l'extrémité opposée du bras qui fait face au premier. La locomotion a lieu par l'aspiration de l'eau qu'ils repoussent ensuite avec rapidité, ou bien par la contraction et l'allongement successif de leur corps, mouvements qu'ils exécutent avec une grande rapidité et qui leur permettent, comme aux infusoires, de se diriger à leur gré.

Chez les rayonnés, ce n'est plus la forme cylindrique qui prédomine, comme chez les polypes, mais bien la forme lenticulaire, avec cette différence que la circonférence de leur corps n'est pas circulaire, mais polygonale; lors même qu'à première vue elle paraît circulaire, un examen plus attentif fait reconnaître la présence de rayons qui partagent le corps en sections, dont le nombre est ordinairement de quatre ou de cinq, ou d'un multiple de ces chiffres. Ces animaux sont appelés *acaléphes* : on les divise en *cténophores, discophores* et *siphonophores*.

Ce que nous venons de dire de la forme du corps des rayonnés proprement dits s'applique aux échinodermes, dont nous avons déjà fait mention, ainsi qu'aux *crinoïdées*. Les premiers sont revêtus d'une sorte de boîte calcaire qui ne constitue pas leur enveloppe extérieure, mais bien la charpente sur laquelle est tendu le tissu cutané. Le corps même de l'animal a la forme d'une orange bien pelée (V. la figure ci-après) c'est-à-dire d'un sphéroïde composé d'un grand nombre de

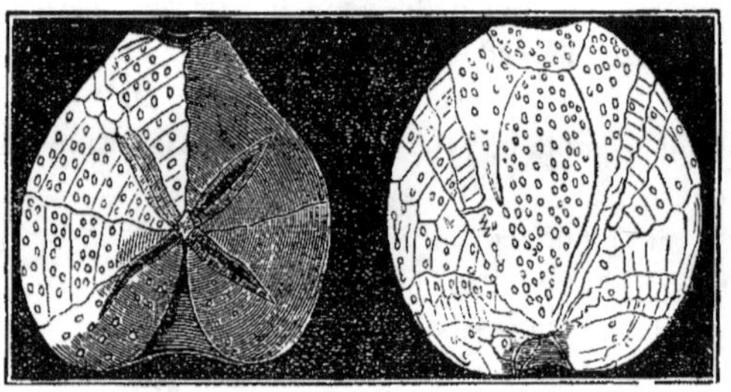

sections, dont les proéminences dorsales sont garnies de piquants. C'est là ce qui a fait donner à cette classe le nom d'échinodermes (peaux à épines).

Là où les bosselures de l'enveloppe cutanée ont le plus de saillie, se  trouvent les piquants les plus forts. Au point où convergent toutes les sections de l'enveloppe, est située l'ouverture buccale, relativement grande et douée d'une certaine mobilité. Du côté opposé il n'y a pas de deuxième ouverture. Lorsque ces animaux sont mobiles, la bouche est en dessous; lorsqu'ils sont fixés par le dos, la bouche est en haut, mais dans ce cas les sections de la moitié d'en haut sont mobiles et font l'office d'organes de préhension.

D'innombrables exemplaires de cette classe d'animaux nous ont été conservés dans les terrains sédimentaires marins. Les crinoïdées, que

l'on rencontre rarement complètes, ou du moins. à cause de leur fragilité. jamais avec leur tige tout entière. sont reproduites par la figure
ci-après. Les petites étoiles plates représentent les articulations dont
se compose la tige. et qui parfois sont tellement nombreuses que cet
étrange animal. espèce de tulipe minérale. a dû avoir une hauteur de
plusieurs toises.

A la classe des *échinodermes* appartient encore un autre ordre
que l'on dirait à peine devoir en faire partie : ce sont des animaux à
corps cylindrique que les Allemands nomment « vers étoilés » (*stern-
würmer*), à cause de leurs bras disposés en étoile autour de la bouche. Ces animaux fourmillent dans les mers chaudes ; ils sont gros comme le doigt et atteignent une longueur de 10 à 12 pouces ; quelques espèces, entre autres les *holothuries*, que l'on recueille sur le rivage de la mer. dans les tropiques, sont considérées par les Chinois comme une friandise : un Européen gagnerait des nausées. rien qu'à les voir.

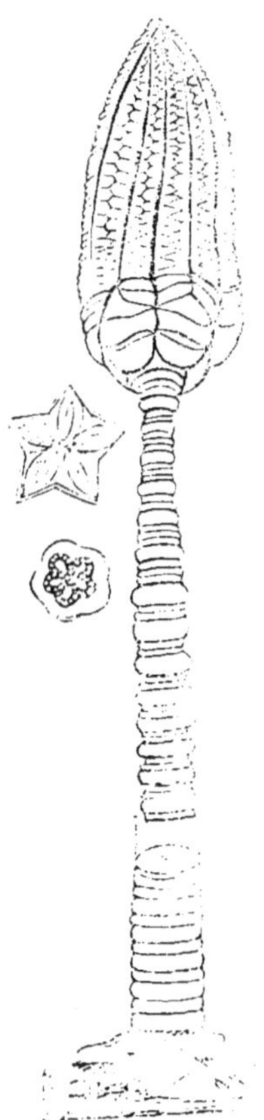

Plusieurs familles de cette classe possèdent également la propriété qui a donné lieu à la dénomination de *réguliers*, savoir : celle d'être divisibles par plusieurs sections différentes. et toujours en deux moitiés égales (V. page 72 ci-dessus. La forme de leur corps étant cylindrique. on peut toujours les partager en deux moitiés égales. pourvu qu'on passe la section dans l'axe du cylindre. en prenant pour guide l'étoile que forment, à l'une des extrémités. les racines des bras.

Parmi les vers cylindriques munis de tentacules en forme d'étoile. il y a déjà plusieurs espèces qui dénotent une transition du système régulier au système symétrique. attendu que l'on distingue la face dorsale et la face ventrale de leur corps ; que cette dernière est munie d'un plus grand nombre de suçoirs, et qu'enfin on distingue une sorte d'estomac,
aboutissant à un canal intestinal qui revient sur lui-même et se dirige
vers l'ouverture buccale : toutes ces particularités s'écartent de l'orga-

nisation des réguliers proprement dits , et se rapprochent de la symétrie.

Ces indices d'un développement plus parfait se présentent au complet dans une autre classe d'animaux, les MOLLUSQUES ou *animaux à manteau* (ainsi nommés d'après leur enveloppe), dont un sous-ordre est celui des gastéropodes, dits vulgairement *limaçons de mer*, que l'on ne distingue guère des « *vers étoilés* » que si l'on est naturaliste et familiarisé avec des différences qui paraissent minimes et qui sont pourtant très-essentielles.

Dans le corps des mollusques, on reconnaît distinctement l'appareil de la digestion et de la nutrition, le canal intestinal, le foie sécrétant la bile, le cœur simple mais complet, les branchies, etc. La partie du corps des mollusques sur laquelle sont disposés les organes des sens et ceux de la locomotion, adhère au tronc par une espèce de col, et on l'appelle tantôt *tête*, tantôt *tronc*, et quelquefois même *pied*. Autour de la bouche se trouvent deux tentacules, et aux extrémités de ceux-ci les yeux : dans la bouche on distingue les mâchoires garnies de dents, et entre les deux mâchoires on observe même une langue. La présence de tous ces organes indique que nous avons affaire à des animaux déjà plus développés et mieux organisés.

Il n'y a toutefois que les ordres supérieurs de la classe des mollusques qui jouissent de toutes les prérogatives que nous venons d'énumérer ; les ordres, au contraire, qui se rattachent de plus près à la classe des *réguliers* sont dépourvus de tête (*acéphales*) et d'organes des sens.

Les ordres inférieurs de la classe des mollusques ont le corps enveloppé d'un manteau, tantôt mou, tantôt coriace, entièrement fermé et percé de deux ouvertures, près de l'une desquelles se trouve la bouche. Quelques espèces sont fixées, d'autres nagent librement ; jamais leur manteau ne sécrète une substance calcaire, comme fait la famille des *conchifères* (comprenant les huîtres et les moules), dont nous allons nous occuper.

Ces coquillages ont été trouvés par quantités innombrables, à l'état fossile , précisément parce que la substance calcaire sécrétée par le manteau les rendait susceptibles de se conserver dans les archives du globe terrestre.

Chez les *conchifères*, le tronc est comprimé et enveloppé de deux côtés par le manteau, par une fente duquel l'animal peut faire sortir son pied, qui lui sert à volonté, soit pour la locomotion, soit pour se fixer quelque part, soit pour creuser le terrain. Le manteau a deux prolongements creux, dont l'un sert à l'aspiration de l'eau et l'autre à la rejeter quand la substance nutritive en a été extraite dans l'appareil de la digestion. C'est ainsi que les *conchifères* se nourrissent, car, à l'exception des *pectinés* (qui nagent en ouvrant et fermant alternativement leurs coquilles par un mouvement cadencé), les autres espèces sont privées de toute locomotion. Quelques-unes se fixent même au moyen d'une espèce de filament, que l'on appelle *byssus*, au sol sous-marin.

Le manteau sécrète, de la nourriture absorbée par le corps, le carbonate de chaux dont il forme une coquille bivalve pour s'y renfermer avec tout l'individu. Des ligaments élastiques réunissent les deux valves au moyen d'une charnière artistement formée.

Certaines parties du corps, adhérentes aux coquilles, possèdent une force musculaire qu'on ne supposerait jamais à des animaux formés exclusivement d'une substance gélatineuse, et qui leur permet de fermer si hermétiquement leur coquille qu'il faut toute la vigueur d'un homme et l'aide d'un couteau fait exprès, pour ouvrir seulement la coquille d'une huître grande comme la main, et encore n'y parvient-on qu'en brisant la coquille à l'endroit où l'on a appliqué le couteau. Les *arondes perlières* (*avicula margaritifera* L.) sont tellement difficiles à ouvrir, qu'on ne l'essaye même pas et qu'on les laisse mourir, pour qu'elles s'ouvrent d'elles-mêmes. Quant aux acéphales de grande dimension, tels que l'*ostrea gigas*, il y a impossibilité absolue d'ouvrir leurs coquilles, et l'imprudent qui oserait porter la main entre les deux valves, lorsqu'elles sont entre-bâillées, la perdrait à l'instant même.

Il y a une espèce d'acéphales dont les sciences naturelles font un sous-ordre distinct de tous ceux dont nous venons d'indiquer les caractères généraux : ce sont les *brachiopodes*, dont le corps gélatineux, au lieu d'être comprimé latéralement comme ceux des autres acéphales, est comprimé de haut en bas. Les mers primitives doivent avoir contenu des quantités inimaginables de ces mollusques, car on les trouve à l'état fossile, accumulés au point de former des amas énormes que la géologie connait sous le nom de terrains calcaires conchyliens. Comme transition des acéphales aux gastéropodes, viennent se ranger les *ptéropodes* : ce sont des mollusques de la longueur d'un pouce environ, mais beaucoup mieux développés que les autres, car ils ont une tête et celle-ci est pourvue d'organes des sens; on les appelle ptéropodes, parce que le manteau qui les recouvre à moitié se termine par deux lobes cutanés, en forme d'ailerons (*ptéron*, aile. Les limaces nues nous offrent à peu près l'image des ptéropodes; ceux-ci fourmillent dans les mers et servent de pâture principalement à la baleine. On ne les trouve pas à l'état fossile, quoique plusieurs variétés possèdent un rudiment de coquille.

En revanche, on trouve dans les terrains sédimentaires d'autant plus de gastéropodes, dont les caractères généraux sont trop connus pour que nous ayons besoin de les décrire ; il y a lieu, cependant, de faire remarquer quelques traits distinctifs entre les gastéropodes terrestres (limaçons) et les gastéropodes marins. Ces derniers respirent au moyen de branchies, tandis que les limaçons ont de véritables poumons et une ouverture spéciale pour la respiration. En fait de particularités, il faut noter la forme de la coquille, qui se présente de quatre manières : il y a d'abord la forme conique que tout le monde connaît ; puis la forme plate, s'enfonçant des deux côtés vers le milieu ; en troisième lieu, il y a la coquille cloisonnée, comme celle des nautiles et des papyracés ; il y a enfin la forme plate et enfoncée, sans qu'un anneau intérieur corresponde à l'anneau extérieur. La figure ci-après représente un curieux animal de cette dernière espèce, auquel on a donné le nom de *ancyloceras matheronianus*. Un animal tout à fait exceptionnel, et qui pourrait constituer une cinquième forme, est le *chiton*, dont la coquille est composée de six à huit pièces ; mais comme on n'en a encore trouvé qu'un exemplaire, il ne peut pas entrer dans une classification générale.

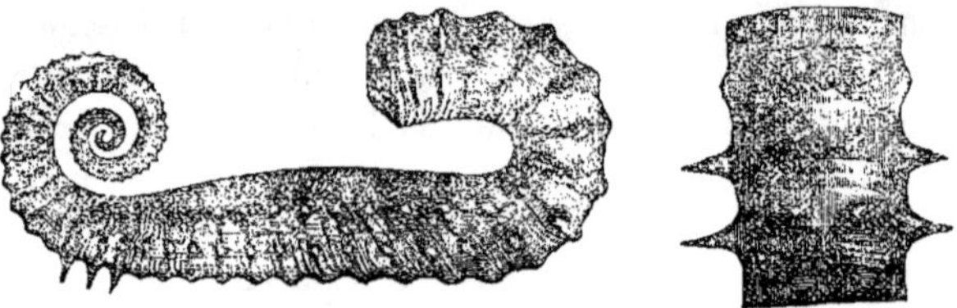

Les mollusques à coquille cloisonnée doivent être considérés comme un ordre à part, qui n'a d'affinité avec les gastéropodes que par la ressemblance extérieure de la coquille calcaire. Les ouvrages d'histoire naturelle les comprennent sous le nom de *céphalopodes* : ce sont les mieux organisés parmi les mollusques, et l'on peut envisager comme leur principal représentant le *poulpe commun* (*sepia octopodia* L.), quoiqu'il n'ait pas de coquille.

Le corps des céphalopodes est cylindrique et enveloppé d'un vaste manteau ouvert par le haut et passant par tous les degrés d'épaisseur, depuis la finesse de l'or en feuilles jusqu'à la consistance de la coquille des nautiliens. Les uns portent le corps étendu en ligne droite (telle est la *seiche*), d'autres le portent recourbé comme un cornet de pos tillon : tels le *papyracé*, le *nautile*, l'*ammonite* ; chez ceux dont le corps est tout droit, la substance calcaire se trouve à l'intérieur : on la connaît sous le nom d'*os de seiche* ; chez les autres, elle est en dehors et forme la coquille.

Dans les terrains à fossiles, on a retrouvé de grandes quantités de coquilles appartenant aux mollusques de cet ordre, et de grandeurs très-diverses. Il y en a de tout droits et de recourbés ; parmi les tout droits, ceux que l'on trouve à chaque pas dans le sable des anciens rivages de la Vistule, à une hauteur où le fleuve n'atteint plus, même par les plus fortes inondations, sont d'un aspect jaunâtre et corné : on les appelle « pierres de foudre » *donnerkeile* : ceux que l'on a trouvés par masses énormes dans les roches des Alpes wurtembergeoises, intercalés dans le schiste, et de la longueur d'un pied et même plus, ont reçu le nom scientifique de *bélemnites* ; les uns et les autres proviennent de la *seiche* ou *sépia*, et se sont formés tantôt par la pétrification de l'enveloppe conique extérieure à laquelle la roche où ils sont renfermés adhère sous forme de rayons cristallins, et tantôt par la pétrification de la charpente osseuse interne. Les coquilles recourbées, que l'on désigne par le nom d'*ammonite*, existent à l'état

fossile en masses tellement prodigieuses, qu'elles forment des chaînes entières de montagnes. Leurs dimensions varient depuis la grosseur d'une tête d'épingle jusqu'au diamètre d'une roue de chariot de moyenne grandeur.

Aujourd'hui, plusieurs espèces de céphalopodes habitent encore les mers des tropiques et des zones tempérées ; la race des ammonites est complétement éteinte, sauf dans les deux espèces déjà nommées, les papyracés et les nautiles *argonauta argo* et *nautilus pompilius*, qui sont les deux seuls mollusques à coquille cloisonnée.

La figure ci-dessus représente la coquille du papyracé ou argonaute, telle qu'on la trouve à l'état fossile. Cette coquille est d'un blanc de neige, parsemée de taches brunâtres aux endroits saillants et sur les bords ; chacun des cercles correspond à un compartiment à l'intérieur ; la coquille est mince comme du papier, d'où le nom vulgaire de papyracé.

Ce qui constitue la particularité de cette espèce de céphalopode, c'est qu'en commençant à former leur coquille par le petit point central, ils en ferment l'extrémité postérieure par une cloison en nacre très-fine, dans laquelle ils ne laissent qu'une petite ouverture qui sert au passage d'un conduit ou siphon.

Au fur et à mesure de sa croissance, l'animal agrandit sa coquille, et dès qu'il a construit un espace suffisant, il le ferme de nouveau par une cloison, également percée d'un petit trou par lequel passe le siphon ; successivement, il construit ainsi un deuxième, un troisième et jusqu'à un vingtième compartiment, chacun desquels est un peu plus grand que celui qui le précède. L'animal ne se retire pas à l'intérieur de ces compartiments, comme on l'a cru d'abord ; ils lui servent uniquement, selon toute apparence, à nager avec plus de facilité, au moyen de l'air qu'ils renferment. Le tube membraneux qui traverse l'ouverture des cloisons est le seul lien par lequel l'animal adhère à sa coquille. La fragilité de ce lien fait que parfois il la perd, et devient la proie des poissons voraces, tandis que la coquille vide est recueillie par les pêcheurs ou se brise contre les récifs du rivage.

Dans les contrées de la zone torride, les habitants emploient les plus fortes parmi les coquilles extérieures du *nautilus pompilius*, à la fabrication de gobelets, de seaux ou même de marmites.

Parfois on trouve, dans l'intérieur de ces coquilles, une petite pierre blanche et alabastrine ; elle fait pour les naturels de ces contrées l'objet de maintes superstitions, par suite desquelles ils la considèrent comme un trésor dont la possession porte bonheur, et ils la renferment avec soin dans un étui où, parfois, la petite pierre *fait des jeunes*, — présage tout particulièrement heureux. Ce phénomène n'est pas tout à fait imaginaire, et les anciens le connaissaient déjà, car Pline, dans le xxxvii° livre de son *Histoire naturelle*, décrit, sous le nom de *pæantides* et *gemonides*, ces pierres qui font des petits. En réalité, la substance nacrée dont l'accumulation par petits globules a formé ces pierres, finit par se crevasser en se desséchant ; alors il s'en détache de petites parcelles, que la superstition et l'amour du merveilleux ont transformées en *jeunes de la pierre*.

Les coquilles de céphalopodes trouvées à l'état fossile présentent encore une autre particularité. On rencontre assez souvent, dans le dernier compartiment extérieur (celui qu'habitait l'animal), les deux valves séparées d'une autre coquille, pétrifiée comme le céphalopode lui-même, mais qui, évidemment, ne faisait point partie de son corps : on présume que ce sont les restes de quelque autre animal avalé par le céphalopode, — restes qu'il n'avait pas encore rejetés lorsque la couche — encore molle — de schiste ou de calcaire est venue l'enterrer, pour le conserver à travers des millions d'années jusqu'à nos jours.

Le coquille du nautile papyracé est tellement mince, qu'on la dirait faite de pain à cacheter blanc ; elle constitue un des plus beaux ornements des cabinets de conchyliologie ; les habitants des tropiques, sur les bords de l'Océan, en font même un si grand cas, qu'ils la conservent parmi leurs joyaux, pour en faire parade dans les occasions solennelles, entre autres les jours de noce, où la mariée la porte à la main et l'expose aux regards, dans les différentes attitudes de la danse.

La structure du corps est, chez tous les céphalopodes, à peu près la même que chez l'espèce nommée *poulpe* ou *seiche* (*sepia octopodia*). Le cou sépare le corps de la tête : celle-ci supporte les organes des sens, la bouche garnie de branchies, ayant la forme d'une sorte de bec de perroquet ; deux grands yeux saillants et mobiles, placés au bout d'un pédoncule ; les tentacules, et huit pieds, ou plus, mais toujours en nombre pair. C'est la disposition de ces pieds autour de la tête, qui a valu à l'animal le nom de céphalopode (*képhalos*, tête : *pous*, pied).

La forme des pieds est à peu près cylindrique, sauf qu'ils vont en diminuant vers les extrémités. Ordinairement, ils sont garnis d'une ou de plusieurs séries de papilles, d'une structure toute particulière : à l'état de repos, ces papilles forment sur les bras ou pieds — ces termes sont synonymes, en parlant de céphalopodes — de petites protubérances lenticulaires ; mais l'animal peut les retirer de telle sorte qu'elles deviennent creuses, et forment alors des enfoncements ; cette faculté en fait de véritables ventouses, et, lorsque les bras saisent un corps vivant, toutes les papilles qui le touchent font l'office de sangsues qui, arrachées de la peau avec violence, occasionnent une vive douleur et laissent une cloche, semblable à celle que produisent les ventouses appliquées par les chirurgiens.

Au-dessous du cou commence le corps, de forme cylindrique et atteignant parfois la longueur d'un pied et au delà, sur une grosseur de près de quatre pouces ; tout près du cou se trouve une espèce de goitre qui, en se rétrécissant, va former l'œsophage ; ce goitre sécrète une humeur âcre qui amollit les aliments et en prépare la digestion, car cet animal est très vorace et engloutit, après l'avoir déchiré avec son bec recourbé, tout ce que ses huit bras, longs de deux pieds, parviennent à atteindre.

Derrière le goître est situé l'estomac. et un peu plus loin le foie, très-volumineux. auquel adhère une vaste bourse ou vessie qui contient la couleur dite *sépia,* d'un ton brun très-chaud et fortement colorante. On n'est pas encore certain si cette substance constitue l'urine de l'animal, ou bien une autre sécrétion qui lui est particulière. D'après son adhérence au foie. d'où elle tire son origine, d'après son écoulement dans l'estomac, d'après sa couleur. sa nature savonneuse et son goût amer, l'auteur est porté à la considérer tout simplement comme le fiel de l'animal. Celui-ci. cependant, en tire encore un autre parti.

A l'approche d'un danger (et l'absence de toute armure défensive l'expose assez souvent à devenir la proie de quelque gros poisson carnassier), le céphalopode laisse échapper une certaine quantité de ce liquide noirâtre. L'eau tout alentour se trouble et se colore, au point que l'animal poursuivi devient invisible à son ennemi et peut rester abrité dans sa cachette d'eau noircie, la substance colorante étant tellement antipathique aux autres animaux aquatiques. qu'elle les décide à rebrousser chemin dès qu'ils arrivent à l'eau troublée. Dans la Méditerranée. où les seiches sont très-abondantes et servent même à la nourriture des classes pauvres. on peut tous les jours observer ce phénomène.

Les seiches habitent en grand nombre les lagunes de Venise, dont les eaux, parfaitement transparentes, n'ont généralement pas plus de sept pieds de profondeur; là, il est facile. en se promenant en gondole, de suivre leurs allures, surtout si la gondole, au lieu d'être conduite à rames, marche à voiles par un petit vent. les coups de rames chassant les seiches, qui. hors de là, aiment à venir s'ébattre au soleil.

Quelques espèces sentent fortement le musc. d'où leur nom de *sepia moschata ;* ce sont celles qui. plus encore que les autres. produisent (par les cellules chromatophores que contient leur derme) de singuliers changements de couleur. Lorsqu'on les voit, à l'état de repos, s'accrochant par les bras à un pieu ou à un bâton flottant, leur couleur paraît d'un jaune sale. à peu près comme la peau des hommes du bas peuple en Italie (lesquels n'ont de brun que la figure), mais si l'on agace l'animal, ou qu'il s'élance après sa proie, on voit la peau de son dos présenter de magnifiques reflets; on dirait que le corps se couvre de larges rubans multicolores, entre lesquels on voit successivement paraître et disparaître des taches d'un brun rougeâtre ; tout à coup, la peau du ventre devient d'un bleu vif, ayant l'éclat métallique du plumage des oiseaux de la zone torride ; puis cette couleur s'évanouit comme les autres , et tout le corps prend une teinte d'un rose foncé, à peu près comme le visage humain lorsqu'il est injecté de sang.

Cet animal, qui existait déjà dans le monde primitif, se montre le long des côtes de toute l'Europe, mais particulièrement dans les mers chaudes ; une espèce, entre autres, atteint le volume du tronc d'un homme, c'est-à-dire la longueur d'une aune et plus, sur moitié de grosseur ; les huit bras qui s'insèrent autour de la tête dépassent 10 pieds de long et sont garnis de fortes ventouses, au nombre de plus de cent paires par bras. C'est une variété de *sepia octopodia*, à laquelle les anciens donnaient le nom de polypes et que le peuple appelle encore ainsi ; ils sont très-dangereux pour l'homme, non qu'ils puissent le dévorer, mais parce qu'ils enlacent de leurs bras les baigneurs et les entraînent sous l'eau. On prétend que, dans les mers de la Grèce, où l'on rencontre les *sepia octopodia* très-fréquemment et de taille extraordinaire, les hommes ne se baignent qu'en portant, attaché par une courroie autour des reins, un couteau bien aiguisé. Lorsqu'un de ces monstres, que l'on aperçoit difficilement dans l'eau, à cause de la transparence de leurs corps, s'approche assez pour se trouver en contact avec le baigneur, celui-ci s'empresse de couper le bras qui veut l'enlacer. Ceci est facile puisque la substance en est molle ; mais, pendant que le malheureux coupe l'un des bras, les sept autres l'enlacent, et, avant qu'il parvienne à les couper tous, leurs ventouses ont déjà pompé une partie de son sang ; les blessures qu'elles occasionnent sont, à ce que l'on dit, tellement graves, que des gens revenus de pareille rencontre en ont souffert pendant plusieurs mois.

C'est là, sans doute, ce qui a donné lieu à la fable du *kraken*. Montfort, célèbre naturaliste du XVIIIe siècle, décrit, d'après les récits de marins et de naufragés, un polype gigantesque dont les proportions augmentent à mesure que l'auteur avance dans sa narration. D'abord le monstre engloutit des hommes ; un peu plus loin, il saisit les canots des nègres sur la côte africaine ; ailleurs, il enlève les matelots qui montent aux haubans ; mais quand l'auteur en vient aux récits des matelots américains, son polype tourne au fantastique : on a trouvé, dit-il, dans le corps d'une baleine, des bras de polype de 40 pieds de long sur deux pieds d'épaisseur aux extrémités, garnis de ventouses larges comme une assiette. (La baleine, comme chacun sait, ne se nourrit que de très-petits poissons ; elle ne pourrait pas avaler un esturgeon, encore moins un animal qui, d'après ce qui précède, aurait la grosseur du grand mât d'un vaisseau à trois ponts). Mais ce n'est pas tout : les matelots d'un baleinier américain auraient vu un polype enlacer de ses bras une baleine (probablement pour se venger de celle qui avait avalé l'autre polype ; et pour couronner le tout, un autre de ces monstres aurait entraîné sous l'eau douze navires à la fois ; —

après cela, il ne reste plus qu'à supposer qu'il les a aussi dévorés, sans gagner la moindre indigestion.

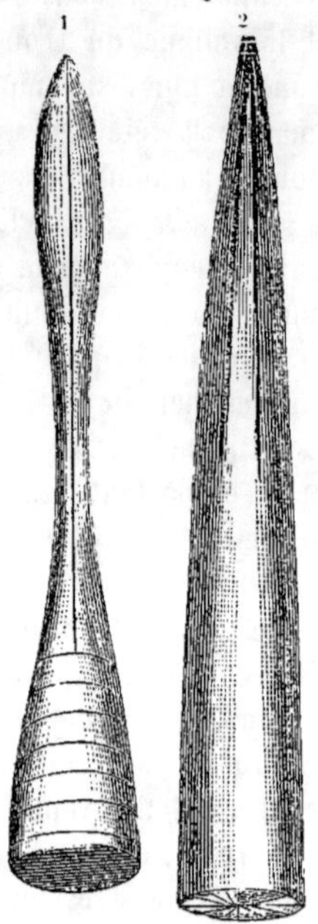

Il est étrange qu'un auteur comme Montfort, qui a pourtant écrit un complément de l'histoire naturelle de Buffon, ainsi qu'un grand ouvrage sur les mollusques, ait osé, à la fin du XVIIIe siècle, répéter de pareilles fables. Que l'évêque Pontopidan ait raconté de ces fantaisies au commencement du XVIIIe siècle, passe encore; mais pour l'année 1799, l'extravagance est trop violente.

Aujourd'hui, ce terrible monstre, le kraken, qui n'existait qu'en un seul exemplaire, incapable de reproduction, mais immortel, a baissé autant que le fameux serpent de mer; comme lui, il a passé à l'état de *canard*, bon tout au plus à être donné en pâture aux journaux américains, par un capitaine de navire à qui rien d'intéressant n'est survenu dendant sa traversée.

Tous les animaux dont nous avons parlé jusqu'ici (moins les monstres fabuleux) figurent parmi les types primitifs de la création; on les trouve, à l'état fossile, dans les terrains les plus anciens, et l'on peut suivre leur filiation à travers tous les temps; leurs races sont encore vivantes, mais n'ont aujourd'hui qu'un petit nombre de représentants; des sépias, on ne trouve, à l'état fossile, que l'espèce de squelette calcaire; dans les terrains moins anciens, on rencontre parfois aussi la bourse au noir, le bec et quelques autres cartilages. Ces débris de céphalopodes sont appelés *bélemnites*.

Ordinairement, ce ne sont que des fragments que l'on rencontre, tels que nous en avons décrit page 141; d'après les recherches les plus récentes, ces fragments ont beaucoup plus d'importance qu'on ne le supposait, lorsqu'on prenait pour une coquille de céphalopode l'espèce de cône tronqué, d'une substance cornée, que l'on trouve d'ordinaire et que représentent les figures ci-dessus. La fig. 1 nous montre le fragment qui revient le plus fréquemment, aussi bien de la grandeur du dessin qu'avec des dimensions plus considérables; la fig. 2 est une autre espèce que l'on appelle *belemnites hastatus,* à cause de la forme de lance (*hasta*), qu'a l'extrémité inférieure.

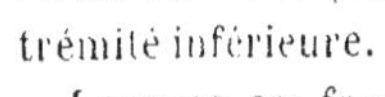

Lorsque ces fossiles sont entièrement massifs. l'autre extrémité présente une surface à rayons. dans laquelle on croit reconnaître les caractères de la cristallisation ; dans le cas contraire. cette surface présente des creux plus ou moins profonds, dont un côté est toujours plus épais et en même temps moins cohérent que l'autre.

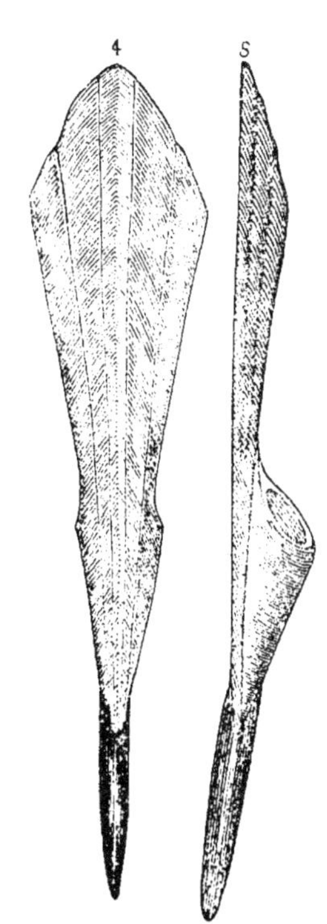

Toutefois. on trouve aussi des fossiles ayant l'une des formes 1. 2 ou 3 des figures ci-contre : on ne savait trop comment les classer ; dans la forme 3. on reconnaît encore assez bien un fragment de la plaque dorsale de la sépia ; mais les autres ne se prêtaient à aucune explication. Finalement. on eut l'idée d'adapter la fig. 1 de la première gravure à la fig. 1 ou 2 de la deuxième gravure. et d'y joindre. du côté le plus large. la fig. 3. ce qui produit la fig. 4 ou. vue de côté. la fig. 5. et. par suite. démontre que les figures de la première planche ne sont autre chose que la partie inférieure du squelette des sépias.

Cette découverte n'a été faite que tout récemment. car. pour les naturalistes, la chose n'était pas aussi facile que pour nos lecteurs. à qui nous avons présenté les divers fragments tels qu'ils doivent s'adapter les uns aux autres. Ces fragments existent bien en grand nombre. mais on ne voit guère. réunies dans la même collection. les pièces que l'on pourrait ajuster ensemble : il faut donc une grande expérience pour reconnaître que. par exemple. le fragment n° 1 d'une collection à Gotha doit aller à la pièce n° 2 d'un cabinet à Berlin. La science qui conduit à ces résultats s'appelle anatomie comparée : c'est une étude des plus difficiles et des plus pénibles, mais qui aboutit aux résultats les plus intéressants.

L'animal dont on a ainsi recomposé le squelette, qui n'avait été trouvé tout entier nulle part, a dû être une espèce de sépia, car certains fragments de bélemnites, — de ceux que l'on a rencontrés, non pas à la surface du sol, dans les éboulis, mais à l'intérieur des roches, — présentent des traces distinctes de la bourse au noir. Ceci étant démontré, l'animal rentrerait dans la classe des céphalopodes, ce que semblent indiquer aussi, d'ailleurs, les cavités placées au milieu des pièces n° 4 et n° 5.

Quelques espèces de céphalopodes avaient probablement leurs longs bras munis, au lieu de ventouses, de crochets avec lesquels ils retenaient leur proie : plusieurs de ces crochets ayant été trouvés auprès des débris de bélemnites, on a lieu de supposer que les animaux dont proviennent ces débris étaient armés de la sorte.

Avant de quitter ce sujet, il nous faut rectifier une erreur, assez généralement répandue naguère, sur le mode de locomotion des gastéropodes marins. Deux des pieds ou bras qui s'insèrent autour de la tête du nautilus, ainsi que du papyracé, s'élargissent vers leur extrémité, comme une main; on a cru que ces organes constituaient des rames, ou même qu'étendus en l'air ils servaient de voiles pour prendre le vent; mais en ce cas l'animal devrait avoir sa coquille *au-dessous* de lui, tandis qu'au contraire c'est *au-dessus* qu'il la porte, et il ne saurait en être autrement, puisqu'elle forme en quelque sorte sa vessie natatoire. Les bras ne font, lorsqu'il nage, d'autre office que celui de retenir la coquille, à laquelle l'animal n'adhère que par le tube membraneux qui pénètre à travers les compartiments. La locomotion a lieu par l'aspiration de l'eau que l'animal repousse avec violence par les branchies.

LES ANIMAUX ARTICULÉS.

Trilobites. — Écrevisses. — Poissons. — Encrines ou lis marins. — Formes des poissons du monde primitif. — Lézards. — Répartition égale ou inégale de la chaleur.
— Diversité des climats. — Organismes de l'ordre infime. — Organismes un peu
plus développés.

La classe très-nombreuse des animaux articulés n'est guère représentée, dans le monde primitif, que par une espèce particulière de
crustacés, que l'on a nommés *trilobites*. Tandis que nos crustacés
(écrevisses, crabes, etc.) ont la tête et le corps abrités sous une
même carapace, et que la queue, qui leur sert de rame, est leur seul
organe de locomotion dans l'eau, les trilobites ont la tête, le corps et
la queue bien distincts l'un de l'autre; la tête et la queue se composent
chacune d'une seule pièce; le corps, au contraire, est formé d'articulations dont le nombre varie considérablement. Ces articulations
s'étendent tout le long du dos et rendent l'animal si flexible qu'il peut
se rouler comme une boule, pour renfermer, à l'instar du hérisson,
toutes les parties molles de son corps à l'intérieur de la carapace.

Les *trilobites* étaient des animaux d'une forme extrêmement cu-

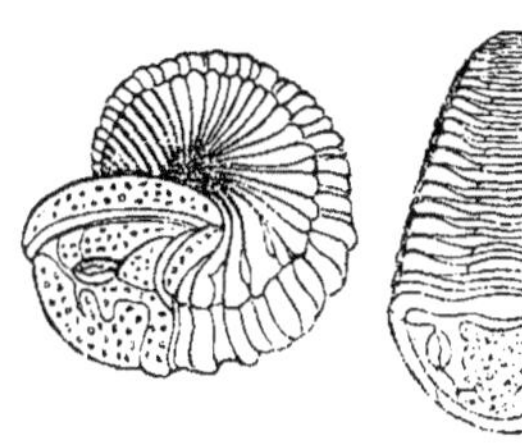

rieuse; la partie de la carapace qui
couvrait leur tête a la forme d'un
croissant très-convexe vers le milieu;
aux deux côtés se trouvent les yeux,
à facettes comme ceux des insectes.
Chez quelques espèces, les extrémités
du croissant étaient allongées de manière à dépasser la longueur du corps,
au delà duquel elles se bifurquaient à peu près comme les pinces des
écrevisses, mais sans être mobiles; elles ne servaient donc point
d'organes de préhension.

La figure ci-contre nous montre cette carapace, appartenant à

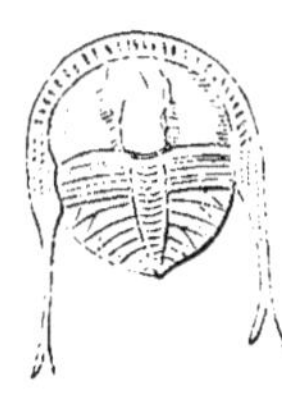

l'espèce *trinucleus*; le bord arqué qui entoure les
bosses de la tête est percé de trous profonds; comme
on n'en connaît pas l'usage, et qu'on n'a pas jusqu'ici
trouvé des yeux à cette espèce, comme aux autres, on
est porté à croire que ces trous représentent les
orbites; dans ce cas, l'animal aurait eu, non pas des
yeux à facettes, mais une centaine d'yeux autour de
la tête.

Ces animaux nageant à reculons à l'aide de leur queue, on ne comprend pas bien à quoi pouvaient servir les prolongements de la carapace; il semble même qu'ils devaient entraver leurs mouvements, à moins toutefois que leur utilité ne consistât à préserver le corps du contact des rochers et à permettre à la queue, dont ils dépassaient la longueur, de se mouvoir plus librement, même à proximité d'un obstacle.

Ce groupe d'animaux clôt la faune la plus ancienne du globe; on a bien trouvé encore, dans les couches sédimentaires inférieures, de petites dents, que l'on a attribuées à des poissons, voire même à des requins; mais ces dents sont tellement petites qu'on n'a pu les reconnaître qu'à l'aide du microscope, et l'on n'a trouvé aucune autre trace des animaux auxquels on les attribuait.

Si donc les crustacés étaient l'expression la plus élevée de la faune du monde primitif, nous pouvons dire à bon droit que le règne animal de cette époque était excessivement pauvre, comparé au règne animal actuel. Pas la moindre trace d'animaux d'un développement plus parfait : ni poissons, ni amphibies, ni animaux terrestres; tout ce que nous voyons n'est, en quelque sorte, que le germe d'une organisation plus complète. De nos jours, il n'y a plus même d'animaux de la catégorie

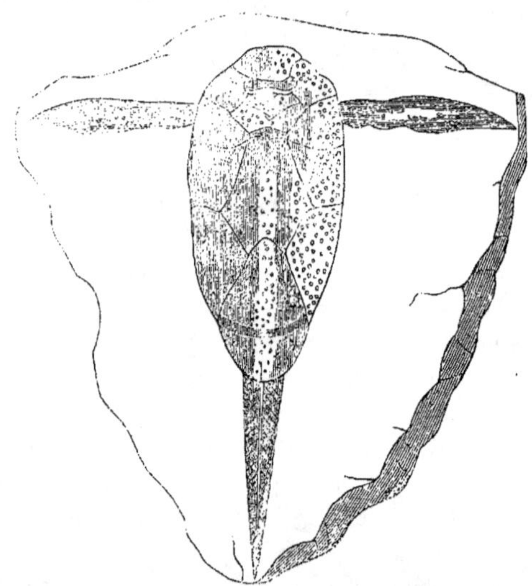

des trilobites; l'espèce qui s'en rapproche encore le plus est le crabe, et il ne s'en rapproche guère. Tous les autres animaux de cette époque

sont, comme dit le naturaliste allemand Vogt, aux animaux d'aujour-
d'hui ce que les embryons sont aux corps développés.

Ce n'est que dans les terrains beaucoup plus récents (quoique appartenant encore à la formation primaire, mais déjà dans le voisinage des
terrains houillers), que l'on a trouvé des animaux pisciformes, non pas
vertébrés, mais cartilagineux, ayant une ressemblance lointaine avec
l'esturgeon. Ces poissons, nommés *ganoïdes*, sont d'une nature si
étrange que l'on a été longtemps sans savoir comment classer leurs
débris.

Le dessin de la page précédente représente un animal de cette espèce,
le poisson-volant, ou *dactyloptère*. Son corps est renfermé dans une
véritable carapace de tortue; la queue, garnie d'écailles, était mobile,
tandis que le corps, à l'exception des nageoires, ne l'était probablement
pas; les nageoires s'inséraient comme des ailes, à la partie antérieure du
corps, là où d'autres animaux ont les épaules; ces nageoires étaient
très-articulées et très-mobiles; de chaque articulation partaient des
rayons semblables à des plumes. Sur le devant de la tête, on reconnaît
distinctement les yeux, au-dessus desquels se trouvaient des cornes. On
a rencontré ces poissons fossiles dans le grès rouge d'Écosse, en telles
quantités qu'on pourrait les mesurer par cargaisons.

Ailleurs, et particulièrement dans la chaîne de montagnes qui traverse la contrée dite Eifel (Prusse rhénane), on a trouvé, également
dans le grès rouge, un autre crustacé fossile, d'une conformation si
singulière qu'il vaut la peine d'être examiné de plus près.

Cet animal, appelé *arges armatus*, a la tête ronde, très-convexe au

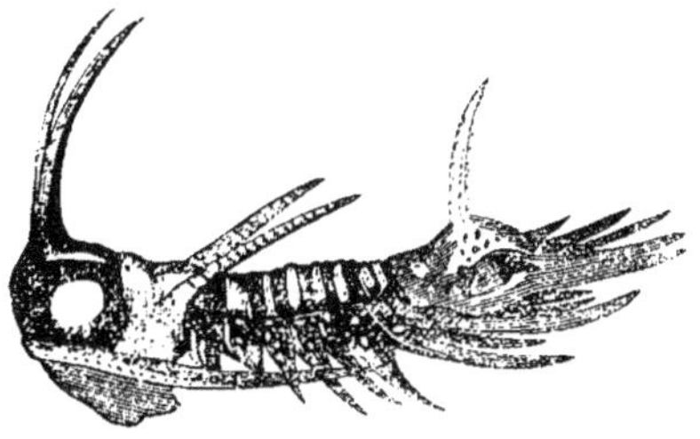

front, qui est surmonté de deux cornes légèrement recourbées, comme
celles du bouc. Les deux côtés de la tête ont la forme de deux bosses
arrondies comme des boules et reposant sur un rebord demi-circulaire,
qui se termine par deux longues épines. Un peu plus haut que ces
épines, deux autres piquants ou cornes s'élèvent au-dessus du dos; cette
tête, armée ainsi de trois paires de cornes, adhère à un corps couvert
d'une carapace à huit articulations, chacune desquelles se termine, des

deux côtés, par un piquant dirigé en arrière et vers le bas ; la première paire de piquants, du côté de la tête, est la plus courte ; la longueur des autres augmente progressivement. La queue est également couverte d'une carapace d'une seule pièce et garnie de longues épines ; sur la proéminence la plus rapprochée du tronc, il y a encore une corne dont la pointe est dirigée aussi en arrière.

Ce curieux animal ne pouvait pas faire usage de ses cornes comme armes offensives ; on suppose donc que, comme les épines du hérisson, elles devaient simplement le préserver des attaques des poissons carnassiers.

Avant la période houillère, on n'a rien trouvé qui permît de supposer l'existence d'animaux vertébrés ; mais, dans le grès rouge d'Angleterre, on a découvert les traces de pas d'un petit animal qui paraît être une espèce de salamandre ; on a découvert également des fossiles en forme de petites boules, dans lesquels on a cru reconnaître les œufs ; récemment enfin on a mis à nu, dans ces mêmes terrains, le squelette presque entièrement conservé d'une salamandre d'environ cinq pouces de long, avec sa colonne vertébrale, ses côtes, ses hanches, ses pieds et sa queue ; la tête seule y manque.

Tel est le seul animal du groupe moyen de la formation primaire (terrain *dévonien*), qui rentre dans la catégorie des amphibies, fournissant ainsi la preuve qu'il y avait, dès cette époque, un commencement de terre ferme.

Au temps de la formation houillère se présente un état de choses tout différent. Les couches sédimentaires de cette période révèlent, outre les animaux dont il a été question jusqu'ici (coraux, brachiopodes, céphalopodes, tous mieux développés que précédemment), la présence indubitable de poissons, d'amphibies et d'insectes : — la séparation de la mer, de la terre et de l'air était donc un fait accompli.

Les organismes simples n'y sont, toutefois, guère autrement représentés que dans les couches inférieures ; mais les animaux trouvés dans les terrains houillers paraissent avoir atteint un développement plus complet. Nous en citerons un seul exemple. La figure ci-après nous montre un individu de l'espèce des *platycrinus triacontadactylus*, vulgairement appelé lis marin. Cette espèce appartient à la nombreuse famille des encrinites ; l'individu que nous mettons sous les yeux du lecteur est un des plus complets que l'on ait retrouvés.

Une tige, entièrement formée de disques plats de calcaire alternant avec des cartilages, tige semblable à la colonne vertébrale des mammifères, fixait l'animal au fond rocheux de la mer, où sa structure singulière lui permettait d'attirer à lui et de saisir sa proie.

Malgré sa substance calcaire, cette tige, longue de près d'une toise
et s'amincissant vers le haut, était très-flexible, attendu qu'elle conte-

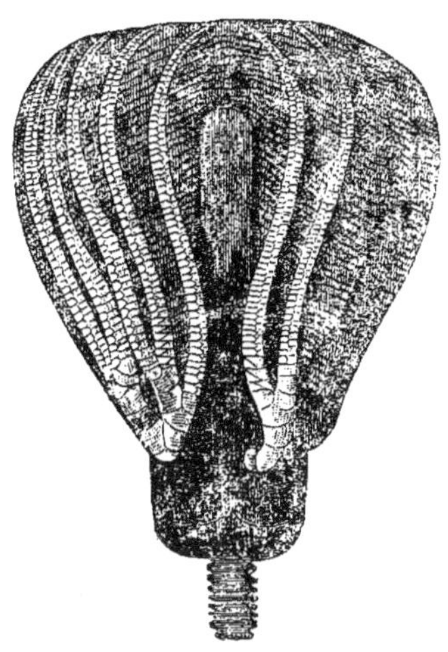

naît dans toute sa longueur un ou plusieurs canaux coriaces ; sur cette
tige était porté le corps de l'animal, semblable à la corolle d'une
fleur ; de la corolle partaient, en guise de pétales, les bras de ce polype
vorace.

Au centre de la racine des bras se trouvait le canal digestif, pareil
au pistil d'une fleur, par exemple de la *calla æthiopica,* composé d'un
certain nombre de lamelles hexagonales, dont la grandeur allait en
diminuant de bas en haut. Ce canal digestif était entouré des bras du
polype, avec leurs tentacules.

Cette belle fleur minérale, qui, lorsqu'elle est aussi complète que la
représente le dessin ci-dessus, forme un des plus beaux ornements des
cabinets de minéralogie, se trouve en abondance, quoique plus ou
moins bien conservée, dans les terrains à fossiles. Elle ne se nourrissait
pas, cependant, de séve tirée de la terre au moyen de sa tige et de ses
racines, mais bien de petits animalcules marins, qu'elle attirait par le
mouvement de ses bras étendus, qui, produisant une espèce de tourbillon, faisaient arriver sa proie à sa portée ; elle la saisissait alors
avec ses tentacules pour l'amener à sa bouche.

Les mers du monde primitif ont dû fourmiller de ces zoophytes, car
les débris fossiles de leurs tiges forment des montagnes tout entières.

La nature avait pris soin de leur conservation, précisément en les fixant au sol. Car, dans ces mers houleuses, dont les bords étaient des rochers escarpés (le sable n'existait pas encore, puisqu'il n'a été produit que par le frottement des vagues contre les rochers), un animal formé de fines lamelles calcaires n'aurait pu subsister à l'état mobile : les vagues agitées par l'ouragan l'auraient brisé contre les écueils, tandis que sa tige le retenant au fond de la mer, elles passaient au-dessus de lui sans l'atteindre.

Que la forme de ces animaux fût motivée par la nature rocheuse des mers, c'est ce qui résulte à l'évidence des deux faits suivants : d'abord on ne trouve pas d'encrinites là où le fond de la mer est sablonneux, marécageux ou marneux; ensuite, cette espèce devient plus rare, à mesure qu'on avance vers les terrains plus récents, que les bords de la mer deviennent plus plats, et que le fond se couvre de sable. De nos jours, il n'en existe plus qu'une seule famille : *pentacrinus caput Medusæ.*

Cette disparition successive d'espèces dont l'existence était subordonnée à certaines conditions, nous permet d'arriver à une conclusion importante, savoir, que les animaux fossiles en général, et les encrinites en particulier, « n'ont été autre chose que les phases non parvenues à « maturité, et peu à peu supprimées, d'un développement progressif « dont la marche fut déterminée ou entravée par des circonstances « intrinsèques ou extrinsèques (1). »

A l'époque de la formation houillère, les organismes supérieurs sont déjà beaucoup mieux développés, parce que la mer, la terre et l'air, ainsi que nous l'avons dit plus haut, se trouvent séparées, et que des animaux dont l'existence eût été impossible jusque-là ont désormais le milieu qui leur est nécessaire. Les premiers poissons sont suivis maintenant d'autres espèces, d'une organisation plus anologue à celle des espèces actuelles; on y remarque, toutefois, un trait caractéristique par lequel, aux yeux du naturaliste, ils se distinguent essentiellement de ces dernières ; si peu apparent que soit ce distinctif, il a cependant une grande importance.

Les poissons de notre époque possèdent une rame puissante, leur queue au moyen de laquelle ils s'élancent en avant avec rapidité, en faisant le mouvement que les bateliers leur empruntent, lorsque, au lieu de deux rames fonctionnant des deux côtés de la barque, ils en fixent une seule à l'arrière, et l'appuient alternativement de chaque côté, comme fait le poisson de sa queue. Celle-ci est partagée en deux,

(1) **Burmeister.** *Images géologiques.*

comme chacun sait (fig. 1. ci-après): la colonne vertébrale se termine par une partie large et comprimée. qui n'est plus une vertèbre. et autour de laquelle s'insèrent les rayons des nageoires, divergeant vers le haut et vers le bas en nombre égal ou à peu près.

Il en est autrement de la queue des poissons du monde primitif ; elle a la forme que représente la fig. 2 de la gravure ci-dessus : la colonne vertébrale ne se termine pas en avant des nageoires, elle continue dans la partie supérieure de celles-ci : les vertèbres dorsales deviennent des vertèbres caudales et se prolongent jusqu'à l'extrémité de la queue, à laquelle les nageoires s'insèrent par le bas seulement.

Parmi les poissons de notre époque. le requin. l'esturgeon. et un petit poisson d'eau douce. une espèce de brochet qui vit près des côtes de l'Amérique du Sud. sont les seuls dont la queue ait cette construction. qui paraît être la moins parfaite. à en juger d'après l'observation suivante. Le saumon est un des gros poissons les mieux organisés ; on a pu l'observer dans différentes phases de son existence : or sa queue. qui a chez l'adulte la forme symétrique ordinaire. présente. pendant la jeunesse de l'animal. tant que son corps n'est pas complétement développé. la même construction que celle des poissons antédiluviens ; cette construction semble donc l'indice d'un animal inachevé. d'un embryon. et nous pouvons en conclure que les poissons conservant dans leur pleine maturité ce distinctif de l'imperfection. constituent en quelque sorte les embryons de l'espèce. Le requin et l'esturgeon sont de ce nombre. car leur construction est imparfaite : leur charpente n'est pas osseuse. mais simplement cartilagineuse. d'où leur nom générique de poissons cartilagineux ou *chondroptérygiens*.

Il n'est pas certain qu'à l'époque dont nous parlons. il y eût des lézards : l'animal que nous avons mentionné ci-dessus appartient plutôt au genre salamandre. et n'est d'ailleurs qu'une apparition isolée. Un autre animal. de grande taille. à tête de crocodile. mais. à la tête près. ressemblant plutôt à une grenouille qu'à un crocodile. ne peut donc être rangé davantage parmi les lézards ou *sauriens*. malgré le nom

d'*archegosaurus,* que lui ont donné les premiers naturalistes qui l'ont
découvert ; sa taille, toutefois, est hors de comparaison avec celle des
grenouilles de nos jours ; la tête seule a plus d'une demi-aune de long ;
les restes du tronc dénotent une longueur totale de sept à dix pieds
(y compris les pattes postérieures). Une pareille grenouille (si grenouille
il y a) devait être formidable, même en la supposant tout à fait inoffen-
sive, ce que semblent démentir ses dents pointues, ayant un demi-pouce
de longueur.

Quel qu'il fût, cet animal a complétement disparu de la terre, sans
laisser de représentant, ni parmi nos grenouilles indigènes, ni dans la
grande espèce d'Amérique, aucune desquelles n'a de dents, tandis que
l'*archégosaure* les a très-fortes ; classé d'après elles, il fait partie de
la famille des *labyrinthodontes,* ainsi nommés parce que leurs dents
se composent de lamelles d'une substance vitreuse, contournée en
méandres tortueux.

Le dessin ci-après représente la section transversale d'une pareille

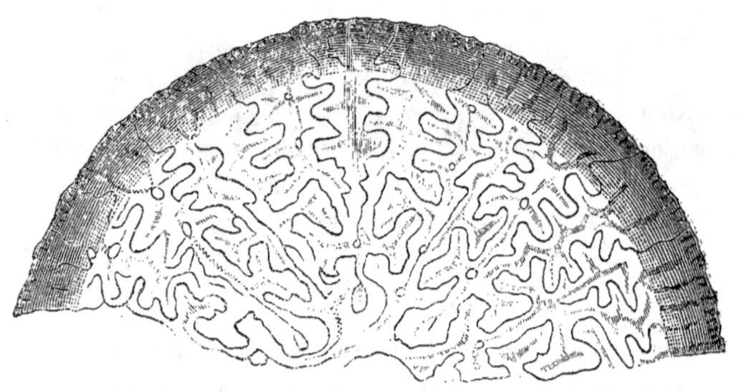

dent, fortement grossie ; on peut voir que, malgré une irrégularité
apparente, les méandres y sont disposés dans un ordre merveilleux ; la
substance la plus dure entoure, en sinuosités non interrompues, toute
la surface ; la substance intérieure adhère d'une manière très-étrar.ge à
ce contour, sans jamais l'interrompre ; disposée par secteurs triangulaires, elle va de la circonférence au centre, où se trouve l'ouverture
qui livre passage au nerf.

Si l'*archégosaure ,* n'ayant pu être classé avec certitude parmi les
amphibies, laisse indécise la question de savoir si, à l'époque de la formation houillère, la terre ferme existait déjà, cette question se trouve
résolue par la découverte, dans les gisements houillers de la Bohême ,

de scorpions fossiles et de débris de scarabées. Ceux-ci sont évidemment des animaux terrestres. La constatation de ce fait n'était pas même indispensable, puisqu'il existait sans contredit des plantes terrestres ayant fourni la matière première de la houille.

Immédiatement au-dessus de la couche houillère, il y a des roches que l'on comprenait jadis parmi les terrains houillers ; ce sont le grès rouge (*roth todtliegendes*), le schiste cuivreux, le *zechstein* et le grès bigarré ou *pécilien ;* aujourd'hui on a fait de ces roches un groupe à part, que l'on nomme le système *permien*, parce que c'est dans le gouvernement russe de Perm qu'on les trouve dans leur plus grande pureté. Cette distinction a été amenée par la stratification différente que présentent ces roches , comparées à la formation précédente ; elle est donc parfaitement justifiée ; on a lieu , toutefois, d'être surpris de ce que, dans ce classement, il ait été si peu tenu compte de la flore et de la faune : l'une et l'autre auraient, à elles seules, fourni des motifs suffisants pour établir cette distinction, la rareté de résidus organiques attestant la destruction du monde animal et végétal qui avait préexisté. On ne rencontre, en effet, dans ce groupe, que de faibles débris d'espèces que la formation du terrain houiller a détruites.

La flore du terrain houiller dénote partout le même climat tropical. On trouve, il est vrai, dans tel bassin une plus grande quantité d'arbres d'une même espèce, par exemple d'araucarias ; dans tel autre, des sigillarias avec leurs puissantes racines, dites stigmarias ; dans un troisième, des fougères et des lycopodes arborescents ; mais partout on doit se borner à reconnaître la prédominance de telle ou telle espèce, sans qu'aucune d'elles soit entièrement exclue de la combinaison : cela prouve que la matière houillère s'est déposée sur le sol natal des végétaux qui l'ont produite, et que ces végétaux ne se développaient pas mieux dans l'Amérique du Sud que dans les contrées septentrionales de l'Allemagne ou de l'Ecosse.

Il en est tout autrement dans le système *permien*. Les animaux que l'on y rencontre varient selon les différentes contrées. L'Ecosse nous montre de tout autres fossiles dans son *old red sandstone*, que la France dans son vieux grès rouge, ou l'Allemagne dans son *roth todtliegendes* (1). On ne peut expliquer ce fait qu'en admettant des variétés de climat ; et il devait en être ainsi du moment que, par la puissance de végétation de la période antérieure, l'atmosphère, — en grande partie libérée de ses vapeurs d'eau et de son acide carbonique,

(1) Ces trois dénominations désignent une roche de même espèce, qui est partout superposée au terrain houiller.

— avait acquis quelque transparence et permis l'action du soleil sur la surface terrestre, qui, dès lors, pouvait se refroidir par son rayonnement dans l'espace. Ce refroidissement devait s'accomplir plus promptement dans les contrées qui ne reçoivent qu'obliquement les rayons du soleil, ou qui en sont privées pendant six mois de l'année, comme les régions polaires.

Il est entendu que la terre tout entière avait encore, à cette époque, une température très-élevée et pouvait produire, sur toute sa surface, des plantes et des animaux qui, aujourd'hui, ne sauraient exister dans les contrées où se fait sentir le froid de l'hiver. Dans le premier volume de son ouvrage « *Le Globe terrestre* », l'auteur a itérativement appelé l'attention sur ces différences considérables de température sous les climats extrêmes ; il ne peut s'empêcher de faire remarquer ici que ces différences de température sont déterminées beaucoup moins par les chaleurs de l'été que par les froids de l'hiver. Les Méridionaux sont tout surpris de voir « les barbares du Nord, que la nature a traités en marâtre », supporter parfaitement bien un climat chaud ; le Napolitain, lorsqu'il voit les visages blancs des hommes du Septentrion, s'imagine que le premier soleil du Midi va les faire fondre, et il est tout émerveillé de ce que parfois ils y résistent mieux que lui-même. Avec un peu plus de connaissance des lois de la nature, il saurait que, si les hivers du Midi sont beaucoup plus doux que ceux du Nord, en revanche une journée d'été, qui dure 18 heures à Berlin, y développe une chaleur plus intense qu'une journée semblable de 15 heures à Naples, suivie de 11 heures d'une nuit assez fraîche, tandis qu'à Berlin le coucher du soleil n'est séparé de l'aurore suivante que par six heures de crépuscule.

Cette chaleur intense du soleil, qui fait qu'à Saint-Pétersbourg le thermomètre monte aussi haut qu'à Caracas, et qui, à l'extrémité du golfe de Bothnie, près de Tornea, fait pousser des plantes tropicales en pleine terre et permet de cultiver, à Archangel sur la mer Blanche, des ananas en serre, — cette même chaleur donne aux ananas qui ont mûri dans les climats septentrionaux une saveur plus douce peut-être que dans leur patrie, où une végétation trop hâtive les rend ligneux, de même que nos légumes les plus délicats dégénèrent, lorsqu'on leur donne un sol trop gras et une trop grande chaleur.

C'est l'hiver qui détermine les diversités de climats ; quand il y a, sous les tropiques, + 50° centigrades, et dans les régions polaires — 30°, il en résulte un écart de 80 degrés ; en été, au contraire, la chaleur s'élève ici jusqu'à + 50°, et là, elle ne dépasse guère + 35° ; l'écart n'est donc plus que de 5 degrés.

Ces différences sont produites actuellement par la position du soleil. savoir. la température de l'hiver par les six mois de son séjour non interrompu sous l'horizon. la température de l'été par son action tout aussi prolongée sur l'horizon. Or. si nous supposons. dans les temps primitifs. une température terrestre de $+ 50°$. il est évident qu'une pareille chaleur a dû produire ses effets même en l'absence du soleil. et c'est là ce qui explique la distribution . sur toute la surface de la terre. d'animaux et de végétaux qu'on ne rencontre plus aujourd'hui que sous les tropiques.

Et si. d'autre part, les régions polaires ont perdu. depuis lors. une grande partie de leur chaleur. par le rayonnement de la terre dans l'espace. au point de n'avoir plus aujourd'hui que celle qui résulte de l'action du soleil. — il est tout naturel que les animaux et les plantes des tropiques aient disparu petit à petit des régions polaires. A l'époque dont nous parlons . on commence en effet à remarquer, selon les climats. certaines différences. moins tranchées sans doute qu'elles ne le sont aujourd'hui. par exemple . entre l'ours blanc et le chien d'Amérique à poil ras. ou bien entre le loup et le léopard; mais telles. néanmoins. que le naturaliste les reconnaît. et qu'une observation attentive en démontre l'existence.

Dans les fossiles des terrains primaires. on remarque une certaine uniformité: ils paraissent appartenir tous à des espèces ne vivant que dans l'eau. et d'une organisation assez peu développée pour que le plus ou moins de pureté de leur milieu leur fût indifférent. Quelques poissons séjournent de préférence dans l'eau trouble des marais; mais la plupart veulent une eau pure. riche en oxygène ; quelques-uns même ne se tiennent que dans l'eau tout à fait limpide des ruisseaux ; telle la truite. qui meurt si on la transporte dans l'eau fluviale ordinaire. Des poissons de cette dernière espèce . il n'y en a pas de trace dans les terrains primaires : on n'y rencontre que les débris de poissons de mer ; or. les mers primitives constituaient naturellement un milieu impur. et encore l'expérience nous dit-elle que les poissons de mer ne recherchent pas les endroits où l'eau est relativement pure. Ces animaux n'éprouvaient donc pas le besoin d'un air salubre et oxygéné comme celui que nous respirons ; ils respiraient une atmosphère qui eût été mortelle pour des animaux terrestres. tels que les mammifères et les oiseaux. Quelques espèces supportaient même les gaz délétères mélangés à l'eau : il y a des gastéropodes et des annélides qui séjournent sous des roches où l'eau est saturée de gaz hydrosulfurique : de même. on voit des limaces se tenir à proximité des sources sulfureuses et y prendre leur nourriture : certaines eaux marécageuses. contenant beaucoup d'acide carbonique , sont habitées par des vers, des moules et des crustacés; on peut en dire autant de quelques endroits où, à côté du gaz hydrosulfurique, se développe un gaz plus pernicieux encore, l'hydrogène phosphoré.

Tous ces faits étant des indices d'un développement infime, la présence, dans les archives du globe, de débris de ces animaux, nous permet de conclure que le milieu où ils vivaient différait essentiellement de celui dans lequel la terre se meut actuellement , et qu'au contraire, là où se présentent des animaux mieux organisés, l'atmosphère était, sinon pareille, du moins analogue à la nôtre.

Il est digne de remarque que les animaux à organisation complète sont plus vulnérables que les animaux d'un ordre inférieur. On serait tenté de supposer le contraire, de croire qu'au nombre des prérogatives d'une organisation supérieure, dût figurer celle d'être peu vulnérable ; mais, dans le fait, il n'en est pas ainsi. Nul ne prétendra que le géranium soit un végétal d'un ordre plus élevé que le sapin ou le chêne ; néanmoins on ne peut reproduire au moyen de la greffe *par approche* un chêne ou un sapin, mais bien un géranium, et cent autres plantes semblables. Celles-ci portent, réunies dans chacun de leurs rameaux, les conditions de l'existence. Nous disons dans chacun de leurs rameaux, mais non pas dans chaque feuille, car toutes les parties d'un végétal ne sont pas également viables, et si l'asclépia et le camellia peuvent, comme on sait, se reproduire par une simple feuille , il faut qu'à cette feuille soient encore attachés le pétiole et la base par lesquels elle tenait au rameau.

Les mêmes différences se remarquent chez les animaux, selon leur organisation plus ou moins parfaite. Dans l'enfance du monde, le Créateur a eu soin de former des animaux capables de résister aux révolutions violentes de l'écorce terrestre encore imparfaite. De nos jours encore, il existe des animaux d'une vitalité extraordinaire. Ainsi, par exemple, une limace que la roue d'un chariot aura à peu près coupée en deux, n'est pas tuée pour cela. La partie écrasée et à moitié détruite se sépare de la partie restée intacte, la blessure guérit, une nouvelle partie repousse à la place de l'ancienne ; bref, au bout de très-peu de temps, l'animal est aussi complet et aussi bien portant que si rien ne lui était arrivé.

Chez les animaux d'un ordre plus élevé il n'en est plus ainsi. A commencer par l'écrevisse, à qui, au lieu d'une pince arrachée , il ne repousse qu'un membre de moindre dimension, les autres animaux ne reproduisent plus les parties de leur corps dont un accident quelconque les a privés ; l'oiseau dont l'aile a été atteinte par le plomb du chasseur, ne peut guérir de sa blessure que par les soins de l'homme, qui, cruel dans sa compassion, ne s'en occupe que pour l'enfermer dans une cage et prolonger ses tourments.

Les animaux d'un ordre inférieur ont non-seulement la faculté de reproduire une partie tronquée de leur corps, mais chacune de ces parties a une vie propre : si l'on coupe en deux un ver de terre, il repoussera une tête à la partie postérieure et une queue à la partie antérieure ; cette particularité est commune à tous les animaux de la toute première époque, ainsi qu'à un grand nombre de ceux des époques suivantes, et cela par le motif indiqué ci-dessus, savoir, que les révolutions épouvantables auxquelles la terre était sujette, pendant la période de la consolidation de son écorce, exigeaient que ses habitants eussent une nature plus résistante qu'il ne l'a fallu, du moment où la surface terrestre fut devenue plus calme.

La conclusion d'après laquelle les animaux d'un ordre plus élevé appartiennent à une époque plus rapprochée de la nôtre, est motivée, d'ailleurs, par les terrains où leurs débris ont été trouvés. Ces terrains sont superposés aux terrains plus anciens. Nous examinerons séparément, dans un autre chapitre, cet important sujet ; mais nous devons faire remarquer, dès ce moment, que l'on est fondé à considérer les diverses couches de l'écorce terrestre, comme d'autant plus récentes qu'elles sont plus rapprochées de la surface, et par contre à considérer comme la plus ancienne de deux couches données, celle qui gît au-dessous de l'autre. Le cas se présente bien parfois où des couches ont une stratification en pente très-roide ; on rencontre même des couches presque verticales ; mais jamais il n'arrive que l'ordre soit renversé, qu'une couche ancienne s'étende sur une couche plus récente : si, par suite d'une révolution plutonienne, comme on n'en a pas encore vu, pareille chose arrivait, les couches soulevées et interverties par le feu de la fournaise intérieure de la terre seraient brisées en millions de fragments tellement mélangés entre eux, qu'elles n'offriraient plus aucun caractère capable d'en faire déterminer l'ancienneté. Il résulte de là que la stratification donne toute certitude quant à l'ancienneté des couches. Ce point est admis par tous les géologues.

LA FORMATION SECONDAIRE.

Coraux. — Moules. — Gastéropodes. — Crustacés. — Ichthyosaure. — Coprolithes.
— Traces de pas d'animaux. — Jeune de l'ichthyosaure. — Plésiosaure. — Ptérodactyle. — Crocodiles du monde primitif. — Tortues.

Dans les terrains appartenant à cette formation, déjà moins ancienne,
le règne animal est représenté par des êtres plus nombreux et beaucoup mieux développés que les précédents. Ce ne sont plus seulement
toutes les espèces de mollusques et de crustacés, ainsi qu'une grande
variété de poissons, mais aussi des individus qu'il faut indubitablement
ranger parmi les amphibies, et enfin des animaux terrestres, ou, du
moins, deux classes d'animaux terrestres, savoir, des oiseaux et des
insectes. On croit même avoir reconnu des traces de mammifères,
mais elles sont tout au moins douteuses. Malgré ce développement
considérable du règne animal, les mers sont encore, sans contredit,
beaucoup plus peuplées que la terre ferme. Il y a abondance d'animaux
d'eau douce, moins cependant que d'animaux marins. On rencontre
bien aussi des animaux à quatre pattes, évidemment faits pour marcher sur la terre ferme, pourvu que le sol en soit uni et mou ; mais les
animaux à sabot, destinés à courir sur un sol durci et pierreux, font
entièrement défaut, aussi bien que ceux dont le pied bifurqué est fait
pour gravir les montagnes et les rochers. Les oiseaux de cette époque
sont également conformés pour un sol uni et marécageux, ce qu'indiquent leurs longs pieds et leurs grands pas.

De tout ce qui précède, il faut tirer cette conclusion irréfutable, que
la terre ferme a gagné en étendue, mais ne s'est pas encore élevée de
beaucoup au-dessus du niveau de la mer ; qu'il n'y a encore ni montagnes ni continents ; que la terre ferme se compose d'îles ; que les
espèces les mieux organisées du règne animal sont en quelque sorte
des intermédiaires entre les animaux terrestres et les animaux aquatiques, en un mot, que ce sont principalement des amphibies.

Le groupe de fossiles par lequel commence la formation précédente
manque entièrement dans les terrains inférieurs de la formation secondaire, terrains que l'on appelle *triasiques*. Ce nom leur a été donné
par le célèbre géologue Alberti, parce que les trois étages dont ils se

composent, savoir, le grès bigarré ou pécilien qui en forme l'étage inférieur, le calcaire conchylien qui se trouve au milieu, et le grès ou le calcaire keuprique (étage supérieur), ne se rencontrent jamais l'un sans l'autre. Depuis M. d'Alberti , les géologues ont généralement adopté ce nom de *trias* ou terrains *triasiques*.

Il est à remarquer, toutefois , que les fossiles tout à fait primitifs, qui manquent dans les terrains triasiques, se présentent, en revanche, très-fréquemment dans une formation plus récente, le terrain jurassique, où des montagnes tout entières en sont presque exclusivement composées.

Les animaux si petits, et néanmoins si puissants, dont ces fossiles sont les débris, ont probablement construit les espèces de digues que l'on connaît aujourd'hui sous le nom de *calcaire à polypiers :* si l'on examine un fragment de ce calcaire, que leurs corps gélatineux et diaphanes ont extrait de la mer, on n'y verra d'abord qu'un calcaire très-grenu, tout à fait ordinaire. Mais en le regardant à travers une loupe, ne grossit-elle que de deux ou trois fois , on reconnaîtra avec étonnement que toute la cassure de la pierre est couverte de petits dessins réguliers, et que toutes les pierres de l'espèce présentent les mêmes dessins, si distinctement tracés, que l'on peut à peu près reconstruire l'animal dont ce calcaire était la demeure; ainsi l'espèce repré

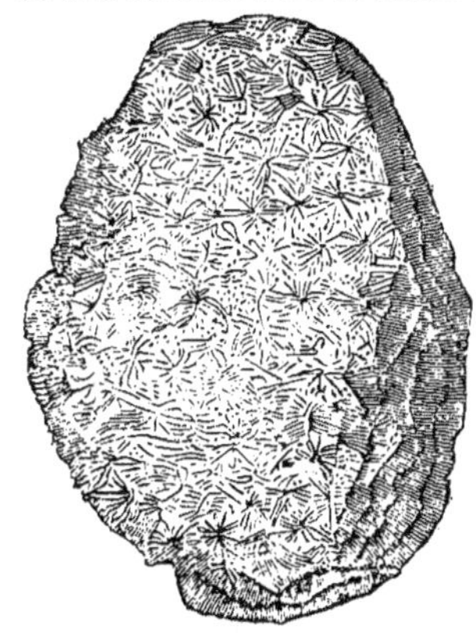

sentée par la figure ci-contre est appelée *primastræa oblonga ;* les cellules étoilées, habitées chacune par un de ces animalcules, y sont reproduites dans des proportions assez grandes pour que l'on puisse les distinguer à l'œil nu.

La première figure de la page suivante nous offre , considérablement grossies, quelques cellules de ce même polypier, habitation commune d'une agrégation d'innombrables animalcules, laquelle a construit *la moitié de toutes les montagnes* qui ne font point partie du système primitif.

Une branche de calcaire à polypiers, comme il arrive parfois de pouvoir en détacher de la masse, a l'aspect de la figure que nous avons donnée page 154, c'est-à-dire non pas justement de cette branche spéciale, mais d'une branche d'arbre quelconque, avec cette différence qu'elle n'est pas en bois, mais en pierre, et que l'écorce en est formée exclusivement de cellules superposées les unes aux autres.

L'absence de polypiers dans les terrains inférieurs à la formation jurassique a d'autant plus lieu de surprendre. qu'il s'y présente beaucoup d'autres fossiles ayant de l'affinité avec les polypes du corail. Il est très-intéressant d'en passer en revue les espèces les mieux caractérisées. Ainsi nous trouvons déjà . dans les étages inférieurs des terrains secondaires. des conchifères et des gastéropodes d'un beau développement. et parmi ceux-ci de magnifiques ammonites dont la surface extérieure présente des dessins très-variés. avec des cloisons. non pas unies ou creuses. mais bosselées et chiffonnées. au point qu'on ne

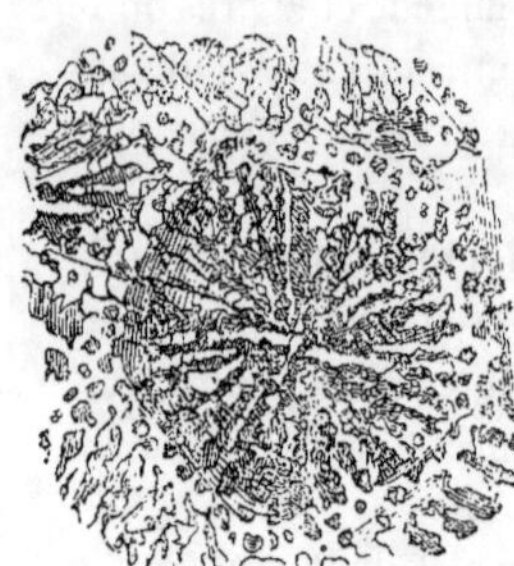

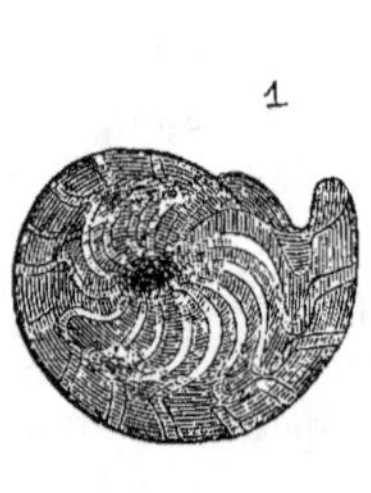

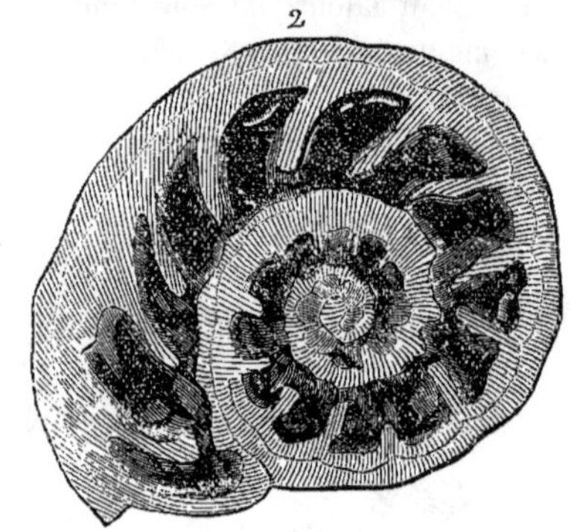

comprend pas comment l'animal a pu se loger commodément dans une pareille coquille ; la gravure ci-dessus nous en offre deux spécimens : la fig. 1 représente le *megasiphonia zigzag,* et la fig. 2 l'*ammonites lautus ;* les lignes crénelées de cette dernière indiquent l'étrange disposition de ces cloisons, qui ont fait classer l'ammonite parmi les gastéropodes à coquille cloisonnée.

Il y a, chez les ammonites, des formes très-variées. dont quelques-unes d'une beauté extraordinaire . comme par exemple l'*ammonites varians,* représenté ci-contre, ou bien l'*ammonites Jason* (*voir* la figure ci-après) trouvé dans le calcaire oxfordien.

Les terrains jurassiques renferment également des crustacés . mais leur

type le plus simple (*voir* la figure page 149) a complétement disparu ,
pour faire place à des espèces d'un ordre plus élevé, munies d'antennes
articulées. et de pattes qui se terminent par des pinces , dont les deux
premières sont très-fortes. La fig.
1 de la 2ᵐᵉ gravure de cette page
nous montre une de ces écrevisses
primitives . l'*astacus ornatus* ,
extrait de l'oolithe du Yorkshire.
La fig. 2. qui représente une pince
de l'*astacus sussexiensis* , fait
comprendre. encore mieux que la
première. la différence de conformation entre les écrevisses du
monde primitif et celles de notre
époque: leurs pinces. garnies de
dentelures aiguës , leur fournis-
saient les moyens de défense indispensables contre les nombreux
monstres voraces qui infestaient les mers.

En fait de poissons. ce sont principalement des débris de squales

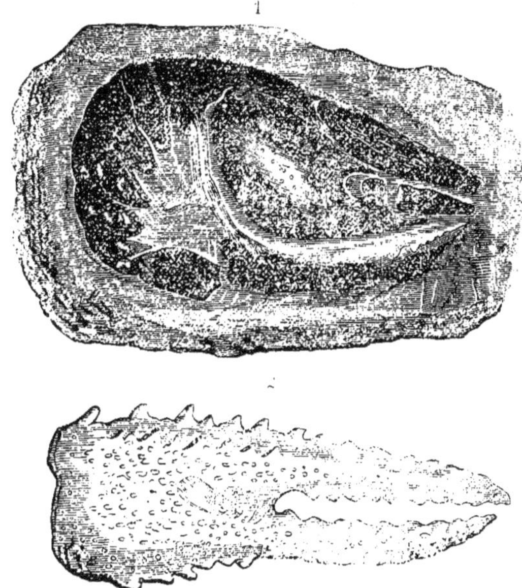

des piquants de l'enveloppe dorsale et d'autres débris, qui permettent de tirer des suppositions quant à la taille de ces poissons, de même que la quantité des débris fait comprendre combien ils étaient nombreux. Une espèce, entre autres, paraît avoir eu pour mission spéciale de mettre un frein à la trop grande multiplication des animaux à coquille, à en juger par la conformation étrange de son râtelier : non-seulement les incisives étaient d'une force extraordinaire, mais encore tout le palais était comme pavé en pierres, de sorte que ce poisson devait pouvoir broyer, sans effort, les coquilles les plus dures.

Le professeur Braun, à Baireuth, en possède, dans sa collection, une tête très-bien conservée ; les molaires dont est revêtue toute la surface du palais ressemblent aux pyromaques noirs et plats que l'on trouve sur les bords de la mer, dans les terrains crétacés.

Quelques-uns des prodigieux animaux de cette époque appartiennent à la famille des lézards ; ils s'en distinguent néanmoins par des particularités telles que les animaux actuels de cette famille ne leur ressemblent guère que par la forme extérieure : nous voulons parler de l'*ichthyosaure* (du grec *ichthys*, poisson, et *sauros*, lézard) et du *plésiosaure* (de *plésios*, voisin), ce dernier ainsi nommé parce qu'on le trouve toujours dans le voisinage de l'autre ; l'auteur est d'avis qu'on aurait dû plutôt chercher son nom dans la ressemblance que, lorsqu'il nageait à la surface de l'eau, son cou long et flexible et son dos voûté lui donnaient avec le cygne ; sa taille, cependant, était tellement gigantesque, que les plus monstrueux crocodiles du Nil et du Gange n'en approchent pas.

Le développement des amphibies, à cette époque, était plus parfait et plus varié que de nos jours ; on dirait, comme M. Burmeister en fait l'observation très-juste, que la nature a tenu à reproduire, sous les formes les plus variées et dans de nombreuses subdivisions, les êtres à organisation supérieure ; ce qui, dans les formations les plus récentes, a lieu également pour la classe la plus élevée, celle des mammifères.

A partir du moment où cette classe paraît sur le globe, les classes moins parfaites reculent, en quelque sorte, à l'arrière-plan ; parmi les animaux actuels, nous voyons un bien plus grand nombre d'espèces chez les mammifères que chez les amphibies, chez les oiseaux que chez les poissons, chez les insectes que chez les mollusques. Il en était de même dans le monde primitif, où les amphibies, étant les animaux les plus parfaits, présentaient des variétés infiniment plus nombreuses que les poissons.

Nous n'en examinerons que deux espèces, les deux sauriens nommés plus haut, dont MM. Mantell et Richardson ont publié d'excellentes descriptions.

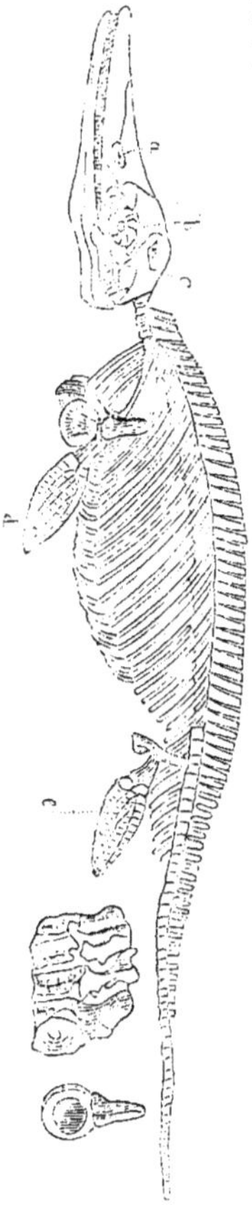

L'ichthyosaure, dont on retrouve les débris dans tous les terrains jurassiques , mais particulièrement bien conservés et complets dans ceux d'Angleterre, avait une longueur de 15 à 20 pieds, dont près d'un cinquième, c'est-à-dire 3 à 4 pieds, pour le crâne seulement. Ce crâne a une forme aplatie et pointue; les narines en fente *a*, sont très-rapprochées des orbites ; les mâchoires concaves ont de longues rainures, dans lesquelles sont plantées des dents coniques, courbées et très-pointues, dont le nombre s'élève jusqu'à 150. Ces dents ont des racines cylindriques, et sous leurs alvéoles il se formait de nouvelles dents, pour remplacer celles que la voracité de l'animal avait usées. Les nouvelles dents expulsaient les anciennes, comme chez l'homme , sauf que cette reproduction, paraît-il, avait lieu plus d'une fois.

Là où cessent les dents de la mâchoire supérieure, se présente l'orbite, ayant 7 à 8 pouces de diamètre. Abstraction faite de l'ensemble formidable de la structure de ce monstre, ses yeux, de la grosseur d'un boulet de canon du plus fort calibre, devaient lui donner un aspect tout à fait terrifiant.

A l'intérieur de l'orbite *b*, il y a un cercle, composé de 15 à 17 lames osseuses, qui servait probablement de support au blanc de l'œil, à cause de sa grande dimension ; l'ouverture du cercle livrait passage à la lumière. Une structure analogue de l'œil existe chez les oiseaux actuels et aussi chez la baleine, quoique ses yeux soient relativement petits; seulement la baleine a ce cercle tout d'une pièce et non pas composé de plusieurs lames.

A partir des yeux, le crâne du monstre devient d'un volume énorme: le front s'élève pour s'aplatir de nouveau à l'arrière; les os font saillie au milieu et des deux côtés jusqu'à l'occiput, en laissant ouvertes les cavités *c*, qui abritaient l'appareil musculaire destiné à faire mouvoir la vaste et longue mâchoire inférieure.

A cette énorme tête, il fallait un puissant soutien: c'est l'office que remplissait le cou, gros et court, et dont les vertèbres s'avançaient dans l'intérieur de la tête, tandis que la mâchoire inférieure se mouvait librement en avant et au-dessous d'elles. Les prolongements épineux qui forment la colonne vertébrale vont en grossissant à partir de la tête jusqu'au milieu du dos : ils servaient d'appui aux cordons musculaires qui s'étendaient le long de la colonne vertébrale, entre celle-ci et les côtes, cordons qui avaient probablement la grosseur d'un câble. Les vertèbres mêmes sont à peu près circulaires, plates et garnies d'échancrures pour les ligaments cartilagineux par lesquels elles sont reliées entre elles ; à les voir, on dirait des dames à jouer colossales, ayant 6 pouces de diamètre. La crête de l'épine dorsale, laquelle, chez d'autres animaux, est pour ainsi dire soudée aux vertèbres, n'y adhère que faiblement chez celui-ci, au point qu'on ne la retrouve tout entière que lorsque le squelette, enseveli dans la marne ou dans l'argile, s'est pétrifié avec le terrain même.

Chez les animaux de notre époque, le nombre des vertèbres est tellement déterminé qu'il sert de caractère distinctif des familles ; chez les sauriens, au contraire, il varie, ce qui indique un développement imparfait : il ne s'était pas encore formé de type constant ; l'épine dorsale se compose tantôt de 110, tantôt de 120, voire même de 145 vertèbres, dont 45 forment la racine d'autant de côtes, qui entourent tout le ventre.

La queue a de 80 à 85 vertèbres, dont les premières se continuent, des deux côtés, par des prolongements en forme de demi-côtes, allant en diminuant et cessant au point où cesse la crête du dos ; à partir de là, la queue devient tout à fait ronde.

Une autre particularité de cet animal consiste dans ses pieds palmés, qui rappellent les nageoires de la baleine, avec cette différence qu'ils ont un plus grand nombre de doigts ; mais ceux-ci se composent, comme la main de l'homme (moins le pouce), d'une série de phalanges, reliées entre elles par des muscles et des ligaments cartilagineux. Ces pieds semblent faits plutôt pour nager que pour marcher, mais ils ont pu cependant servir aux deux usages.

Les quatre membres de l'ichthyosaure avaient encore ceci de singulier, qu'ils étaient cuirassés comme un gantelet, tandis que le reste du corps se trouvait dépourvu d'armure défensive.

La charpente osseuse de ces membres est très-reconnaissable, sur la gravure qui précède (*voir* page 167), en *d* et *e ;* les membres de devant s'insèrent à l'omoplate, ceux de derrière à la hanche, chacun par un seul os très-solide, qui se termine par une cavité d'où partent deux os ; à la deuxième articulation, il s'y ajoute un troisième, puis successivement un quatrième et un cinquième os ; les membres de devant ont en plus, extérieurement. une série de petites phalanges. qui paraît avoir formé un sixième doigt : le nombre des phalanges varie. de l'un à l'autre doigt. de 15 à 17 : les membres de devant étaient composés. au total. de 90 os, les membres de derrière de 60 seulement.

Le grand nombre et la surface biconcave des vertèbres permettent de conclure à une très-grande agilité. grâce à laquelle ce monstre. si lourd en apparence. atteignait aisément sa proie. Si la longueur des quatre membres paraît insuffisante, par contre la structure des vertèbres caudales et leur comparaison avec celles des poissons à corps élancé. indiquent (comme l'a démontré l'habile anatomiste anglais R. Owen) que la queue de l'ichthyosaure était munie de larges et fortes nageoires. placées verticalement. comme chez tous nos poissons (ce qui lui a valu le nom d'ichthyosaure). et non pas horizontalement. comme chez la baleine; on comprend qu'à l'aide d'une pareille rame et de la forme allongée de son corps il ait pu fendre l'eau avec rapidité.

Il est très-curieux de voir à quel degré de perfection la connaissance des animaux antédiluviens a été portée. par les savants dont les travaux ont donné à l'anatomie comparée l'immense développement qui en a fait. en quelque sorte. une science toute nouvelle. Ainsi. par exemple. on sait aujourd'hui ce que mangeaient les ichthyosaures . quelles espèces d'animaux ils dévoraient: on sait comment était construit le tube intestinal par lequel se terminaient leurs organes digestifs. Ces connaissances sont dues à la découverte de certaines concrétions. nommées *coprolithes* (du grec *kopros*. excrément; *lithos*, pierre). conservées à l'état fossile avec les squelettes des animaux. L'examen attentif des coprolithes de l'ichthyosaure y a fait reconnaître distinctement des écailles de poisson. des dents. etc. Par la forme des écailles. on a su déterminer l'espèce à laquelle appartenaient les poissons dévorés; ceci paraîtra peut-être incroyable. mais l'anatomiste expérimenté connaît les particularités par lesquelles les écailles d'une espèce se distinguent de celles de l'autre. aussi bien que chacun de nous connaît la différence entre les poils des principaux quadrupèdes ou entre les plumes des oiseaux domestiques. et ne confondra certainement pas la crinière du cheval avec celle du lion. ni des plumes d'oie avec des plumes de coq.

Par ce procédé. on est même parvenu à établir que l'ichthyosaure dévorait des animaux de sa propre espèce: qu'il était donc plus vorace qu'aucun des animaux de notre époque : car. si nous voyons encore aujourd'hui le chat dévorer ses nouveau-nés. cela vient uniquement de ce qu'il les prend pour des rats. et dès que les petits courent tout seuls, ils n'ont plus rien à craindre des griffes paternelles: restent le rat et... l'homme. qui ressemblent sous ce rapport à l'ichthyosaure: mais le rat ne dévore ses pareils que lorsqu'il est renfermé dans un endroit d'où il ne peut s'échapper, et où il ne trouve pas d'autre nourriture ; l'homme en fait autant dans des circonstances analogues, par exemple en mer, lorsque les aliments viennent à manquer à des naufragés qui se sont sauvés dans un canot : ou bien il est anthropophage, comme certains indigènes des îles de l'Océanie, qui immolent et dévorent leurs prisonniers. Mais aucun des animaux de notre époque ne se nourrit *habituellement* de la chair de ses pareils, comme faisait l'ichthyosaure, à qui une autre nourriture ne pouvait manquer. au milieu de l'exubérance du règne animal, et dans les coprolithes duquel on a constaté la présence de vertèbres caudales et de phalanges de doigts d'animaux à peu près adultes de son espèce.

Une autre curieuse induction a encore été tirée de ces pétrifications. Les squelettes d'ichthyosaure n'ayant été trouvés recouverts d'aucune espèce d'écailles ni d'armure défensive quelconque. on en a conclu qu'ils n'étaient pas cuirassés comme les crocodiles, hormis aux pattes ou nageoires, attendu que la putréfaction, qui détruit les parties molles, ne s'étend pas à la substance cornée. La peau, au contraire, si coriace qu'elle fût, s'est putréfiée, et, à plus forte raison, les intestins. Rien donc ne semble avoir pu indiquer la conformation de ces derniers. Et pourtant, grâce à l'anatomie comparée, on a obtenu des renseignements même à ce sujet.

La cavité abdominale, où étaient les intestins, n'a que peu d'étendue ; si l'on considère qu'elle devait contenir aussi le cœur, le foie, les poumons et l'estomac du monstre, il ne restait que bien peu d'espace pour le tube intestinal, et celui-ci a probablement dû être à peu près droit et cylindrique ; c'est là une conclusion à laquelle l'anatomiste arrive tout naturellement. Or, les coprolithes sont contournées en spirales, comme des coquilles de limaçons ; il faut donc que la dernière partie du gros intestin, le rectum, ait eu une forme analogue, attendu que, chez tous les animaux, les matières fécales, lorqu'elles sont consistantes, prennent la forme de l'extrémité du tube intestinal par où elles passent.

Ces renseignements, sur la structure et les habitudes d'un animal dont l'espèce est entièrement perdue aujourd'hui, l'anatomie comparée les a puisés dans un objet qui ne semblait guère, à première vue, mériter qu'on s'y arrêtât ; on voit par là combien cette science importe au succès des recherches sur les phénomènes du monde primitif.

Nous allons en citer un autre exemple, relatif encore aux animaux de l'époque que nous passons en revue.

A l'intérieur de certaines roches, on a aperçu des traces de pas d'animaux qui ont passé jadis — il y a de cela des millions d'années — sur le sol qui porte encore leurs empreintes. Ces pas se sont imprimés en creux sur l'argile molle ; plus tard ce terrain s'est desséché, et de nouvelles révolutions du globe y ont amené des couches de sable qui, à l'aide d'un peu d'argile ou de chaux qui s'y trouvait mêlée, a fini par devenir du grès.

Maintenant que nous fouillons les entrailles des montagnes pour en extraire nos métaux, notre combustible, nos pierres à bâtir, on atteint ces couches de grès que l'on enlève sous forme de carreaux ou de dalles. Ainsi, par exemple, on a trouvé à Hessberg, non loin de Hildburghausen (Saxe), des dalles dont la surface inférieure portait en relief des traces de pas, ou pour mieux dire, les formes des pieds ou pattes qui avaient laissé leurs empreintes dans l'argile molle. Nous avons donné, page 10, une gravure représentant quelques-unes de ces empreintes, et nous y revenons ici, pour faire remarquer les inductions que l'anatomie comparée a su tirer de ces simples vestiges.

Les empreintes dont il s'agit ont été laissées par un animal qui avait quatre mains, ce qui lui a fait donner le nom de *chirotherium* (du grec *cheiros*, main, et *therion*, animal). Ses membres antérieurs étaient beaucoup plus petits que les postérieurs, qui avaient à peu près la forme d'une grosse et lourde main d'homme, avec cette différence que les doigts étaient encore plus courts et plus gros ; la longueur de ses mains de derrière était de 8 à 9 pouces, plus du double des autres.

On sait que, chez tous les animaux, le pouce ou le grand orteil est tourné en dedans, et le petit doigt en dehors. Si l'homme marchait à quatre pattes, le pouce et le grand orteil suivraient chez lui la même direction.

En examinant la gravure de la page 10, on remarque une disposition contraire. Les pouces sont évidemment tournés en dehors. Ceci a pu être contesté tant qu'on a perdu de vue que les dalles de grès portaient, au lieu de l'empreinte même du pied, le relief formé par cette empreinte et pétrifié dans la suite des temps : mais il suffit de regarder le dessin contre la lumière, pour se convaincre de l'exactitude de notre affirmation.

Ce fait permet à l'anatomie comparée de poser les conclusions suivantes : l'animal auquel appartiennent ces empreintes marchait, comme le cheval, en tenant les pieds très-rapprochés de la ligne médiane du corps, mais sa démarche était si incertaine que, pour ne pas tomber, il posait le pied droit à gauche de la ligne médiane, et *vice versâ* le pied gauche à droite. Ceci explique tout naturellement pourquoi les empreintes nous montrent les pouces en dehors; il n'y a pas d'autre explication possible, à moins de méconnaître tous les phénomènes analogues du règne animal; il n'existe aucune espèce, ayant un pouce là où nous avons le petit doigt, et l'on ne trouverait d'analogie avec ces empreintes que dans les traces de pas d'un homme qui aurait les deux pieds bots, parce qu'il devrait constamment croiser les jambes en marchant, et poser le pied droit à gauche et le pied gauche à droite.

La grandeur si différente des extrémités de ces animaux a fait penser qu'ils devaient avoir de l'affinité avec les kangourous; mais ces derniers ne marchent point, ils ne font que sauter sur leurs pattes de derrière, se servent de leurs membres antérieurs pour prendre leur nourriture, et ne les posent à terre qu'accidentellement. Les *batraciens*, au contraire, ont les extrémités en forme de mains et de grandeur très-différente; chez quelques espèces, chez les crapauds entre autres, les extrémités ne sont point palmées, et ces animaux ne sautent pas, mais ils marchent de la manière décrite à la page 9 de cet ouvrage.

Il résulte de ces faits que le *chirotherium* a dû être un amphibie de l'ordre des batraciens, une espèce de grenouille, et non pas une salamandre gigantesque, comme on a voulu le prétendre : une salamandre aurait laissé dans l'argile la trace de sa queue traînante, tandis que les batraciens (*anoures*), n'ont pas de queue. On a essayé, d'après les débris qui ont été trouvés, de reconstruire le squelette de cette grenouille monstre, et de dessiner les formes qu'elle a dû avoir : c'est ce que représente la figure ci-après.

Les traces des pas du *chirotherium* permettent aussi d'affirmer que cet animal était carnassier, les membres antérieurs apparaissant munis de fortes griffes ; parfois les dalles de grès en ont conservé des fragments très-distincts : mais les empreintes se sont mieux conservées dans l'argile, attendu qu'en enlevant les dalles, on a presque toujours brisé les griffes formées en relief sur le grès.

Laissant là cette digression. nous revenons à l'ichthyosaure. au sujet duquel il nous reste à relater un fait très-curieux. Il résulte des « Notices de Froriep » (vol. 57. p. 185) que l'on est parvenu à déterminer si ce monstre était ovipare ou vivipare. Si étonnant qu'il puisse paraître. ce fait est établi. non par de simples inductions (comme tantôt pour la forme du gros intestin. forme qui se présente d'ailleurs chez certaines espèces de squales). — mais bien par des preuves matérielles.

Le naturaliste Chaining Pearce a trouvé. dans le schiste argileux du terrain liasique du Somersetshire. le squelette fossile complet d'un ichthyosaure. couché sur le ventre. dans une position toute naturelle. Surpris par quelque cataclysme. l'animal avait été recouvert de sable. pétrifié depuis lors avec tout ce qu'il renfermait. moins les parties molles. détruites par la putréfaction. Pour exhumer ce fossile. on a procédé avec le plus grand soin ; on a levé le bloc tout entier pour le retourner . afin d'atteindre le côté enfoncé dans l'argile que recouvrait la pierre sédimentaire.

En enlevant avec précaution l'argile durcie. on a mis à nu toute la face ventrale du monstre : elle était parfaitement conservée. et la charpente osseuse au grand complet. ce que l'on n'aurait probablement pas obtenu si. au lieu de retourner le bloc. on avait commencé par en haut à détacher le grès à coups de ciseau.

Mais quel fut l'étonnement du naturaliste. en découvrant, dans la cavité du bassin de l'ichthyosaure. un autre animal de même espèce, en miniature. dont le squelette était couché tout du long. la tête tournée vers la queue de l'animal-mère. et à moitié emprisonné par l'os du bassin, comme si. au moment de mettre bas. la mère avait été foudroyée avec son produit.

Le fait de la découverte d'un embryon fossile dans le corps pétrifié de la mère est si prodigieux. qu'avant de l'admettre on n'a pas manqué de le scruter en tous sens ; toute vérification faite. on n'a pu conserver aucun doute sur sa réalité. Ainsi que nous l'avons dit. le grand squelette a été mis à nu par le bas : ce qui suffit déjà pour exclure l'idée que le petit squelette aurait été amené là par alluvion ; il est tout aussi inadmissible que le grand squelette soit tombé sur le petit. déjà enseveli dans la vase. et lui ait fait contracter la position d'un embryon qui va naître. La supposition que le petit animal ait été dévoré par le gros et soit venu ainsi se placer à l'orifice du tube intestinal. se réfute d'elle-même. puisque ce petit. d'une longueur de six pouces seulement. est tellement frêle. que sa faible charpente (qui a d'ailleurs tous les caractères de celle de l'ichthyosaure) eût été broyée dans l'estomac du gros monstre. — en supposant même que les dents l'eussent laissée intacte, — et serait sorti du tube intestinal à l'état de coprolithe, et non à celui de jeune ichthyosaure. Les docteurs Buckland et Owen, qui ont examiné cette remarquable trouvaille, sont convaincus qu'il en est ainsi; et d'un autre côté, la qualité de vivipare est inhérente à l'ordre des ichthyosauriens. Les requins, qui ont aussi le gros intestin contourné en spirale, sont également vivipares, de même que plusieurs familles de serpents, — les vipères entre autres, dont le nom même indique cette propriété (*viviparœ*, par opposition à *oviparœ*, couleuvres qui pondent des œufs), — les salamandres et quelques autres reptiles.

Si l'ichthyosaure est un animal très-curieux, le plésiosaure l'est peut-être encore davantage. C'est un saurien pourvu d'un cou de cygne, variété qui ne se voit plus dans la nature vivante. Le cheval, le cerf, le chevreuil ont le cou élancé; la girafe encore plus, mais sans qu'il excède la longueur du tronc, comme chez certains oiseaux, tels que l'autruche, le cygne, et surtout les oiseaux pêcheurs, le héron, la cigogne, le flamant; un amphibie, au contraire, de l'ordre des sauriens ou de la famille des testudinés — (on est tenté de classer le plésiosaure parmi ces derniers) — avec un cou dont la longueur a plus du double de celle du tronc, paraît quelque chose d'absolument inouï, et cependant il a existé; la nature a produit cette étrange anomalie, qui nous est révélée par un squelette parfaitement conservé, que l'on a extrait du terrain liasique de Lyme Regis. (V. la gravure page 7 de ce livre).

On voit au premier coup d'œil que la tête est tout à fait celle de l'ichthyosaure; les six cavités pour le système musculaire de la mâchoire inférieure et de la nuque, pour les yeux et pour les narines, sont à peu près identiques; mais cette tête, beaucoup plus petite que celle de l'ichthyosaure, n'est pas adjacente au tronc, comme chez ce dernier; le cou du plésiosaure est formé de vingt à quarante fortes vertèbres, et le tronc n'atteint guère plus de la moitié de la longueur du cou, y compris la tête.

La charpente osseuse des animaux de même espèce ayant toujours la même structure, il résulte de la différence dans le nombre des vertèbres des plésiosaures retrouvés jusqu'ici, que ces individus étaient des espèces différentes d'une famille très-nombreuse; le dessin de la page 7 représente le *plesiosaurus macrocephalus* (à grosse tête); il a 29 vertèbres cervicales.

Le cou n'est pas d'une grosseur égale dans toute sa longueur, comme celui de la cigogne ou du flamant; il va en grossissant d'avant en arrière; les larges et longues apophyses des vertèbres dénotent un système musculaire très-fort, comme il le fallait pour une tête armée

de douze puissants crocs (six de chaque côté, dans la mâchoire inférieure, formant saillie sur la mâchoire supérieure), surtout si, comme
on le suppose, le monstre pêchait sa proie au fond de la mer pour
l'amener à la surface, ou l'arrachait du rivage sans sortir de l'eau.

Le corps n'est pas allongé comme chez les lézards, mais plutôt court,
cylindrique et arrondi comme celui des grandes tortues marines; il
n'était recouvert ni d'écailles, ni de carapace, puisque l'on n'en a trouvé
aucun vestige auprès des autres débris.

Au point de jonction du cou et du tronc, une forte charpente osseuse
supportait les nageoires, entièrement semblables à celles de l'ichthyosaure, mais plus longues et plus élancées. Aux fortes dentelures de
l'épine dorsale, on reconnaît un vigoureux système musculaire, destiné
à mettre en mouvement les nageoires à l'aide desquelles l'animal avan-
çait dans l'eau avec rapidité. Les nageoires postérieures, pareilles aux

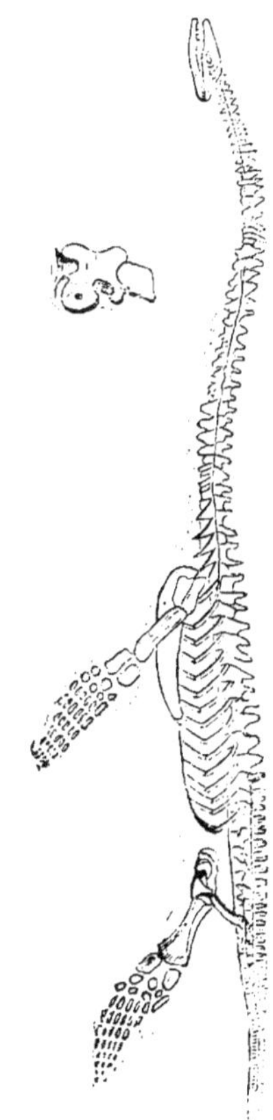

antérieures, sont placées tout près de l'extrémité
du tronc.

Si la structure des vertèbres caudales de l'ichthyosaure permet de supposer aux nageoires de sa
queue la disposition verticale, la structure de ces
organes chez le plésiosaure amène une conclusion
contraire. La queue avait bien environ la longueur du tronc, mais au lieu d'être aplatie, elle
était de forme ronde et pouvait tout au plus lui
servir de gouvernail. On pense, d'après cela, que
ses mouvements étaient plus lents que ceux de
l'ichthyosaure; de même qu'une grenouille, quelque agile qu'elle soit, et malgré ses mains palmées,
nage beaucoup moins vite qu'un poisson de même
taille, le poisson nage même trois fois plus rapidement (à égalité de taille) que le cygne, dont
les pieds palmés ont cependant une superficie
triple de celle du poisson tout entier. La même
remarque s'applique au plésiosaure, d'autant plus
que, comme le cygne, il ne nageait pas *dans* l'eau,
mais *à la surface.* En revanche, la longueur du
cou rachetait le défaut d'agilité. La tête, qu'il
portait très-haut, embrassait de ses grands yeux
un vaste horizon; et si les nageoires ne l'amenaient pas d'un seul bond sur sa proie, il y sup-
pléait en lançant en avant, grâce à la longueur
du cou, sa gueule, armée de crocs formidables.

Nous avons déjà dit que l'on connaît plusieurs espèces de plésio-saures. caractérisées par certaines différences de conformation; la figure de la page précédente représente le squelette du *plesiosaurus dolichoderius,* dont la forme est tellement élancée que, sans les nageoires, on le prendrait pour la femelle pleine d'un serpent.

Nous avons déjà fait mention, page 7, d'un autre étrange animal antédiluvien, le *ptérodactyle* (c'est-à-dire *à doigt ailé*), qui vivait en compagnie des précédents. et nous l'avons représenté sur la gravure de la page 8. Nous ajouterons ici que. pareil à plusieurs autres animaux de cette époque, il présente un mélange des caractères distinctifs de plusieurs espèces. Le cou. formé de sept vertèbres cervicales , dénote un mammifère; les membranes qui servent au vol et s'étendent entre les pieds de devant et ceux de derrière , appartiennent à une famille déterminée de mammifères, celle des vespertiliens, tandis que, d'après la structure du pied, on doit ranger le ptérodactyle parmi les reptiles, les mammifères ayant à tous les doigts le même nombre de phalanges ; les reptiles, au contraire, et notamment les sauriens , ont le plus petit nombre de phalanges au doigt qui occupe la place du pouce , et une phalange de plus à chaque doigt suivant. jusqu'au dernier, qui en a de nouveau une de moins que le précédent.

Le ptérodactyle, ayant exactement cette conformation des doigts. est donc classé avec les sauriens ; c'était une sorte de lézard volant. de grandeur modérée , et insectivore, à en juger par la quantité d'insectes que l'on découvre à proximité de ses débris . entre autres des libellules d'une très-belle espèce et qui formaient probablement sa principale nourriture.

On a constaté que le ptérodactyle était dépourvu d'armure défensive et même de poils, les empreintes qu'il a laissées n'en portant aucune trace.

Parmi les autres sauriens de cette époque, en revanche, les monstres cuirassés, des espèces les plus voraces. se montrent en grand nombre : on les désigne par le nom générique de *gavials* ou *dinosauriens,* comprenant les genres *téléosaure , mégalosaure , hylæosaure, mosasaure* et autres. M. Cotta les appelle « les hauts barons du » royaume de Neptune , armés jusqu'aux dents et recouverts d'une » impénétrable cuirasse, vrais flibustiers des mers primitives. »

Leur forme était celle des crocodiles, mais plus élancée et plus agile ; la longueur, de 25 à 40 pieds, dont 4 à 6 pour la tête ; la gueule, fendue bien au delà des oreilles, pouvait avoir jusqu'à six pieds d'ouverture et faire une seule bouchée d'un animal de la taille d'un bœuf ordinaire. L'espèce dite *iguanodon* (qui a servi de type au monstre fabuleux nommé *hydrarchos*), aurait eu, à ce que l'on prétend, jusqu'à 70 ou 75 pieds de long, ce qui en faisait une sorte de boa colossal, entièrement cuirassé, à gueule de crocodile.

La plupart de ces monstres ne se distinguent du crocodile du Nil, que par leur museau beaucoup plus long et un peu plus étroit ; par là, ainsi que par leurs puissantes défenses en forme de crampons, ils se rapprochent des crocodiles du Gange, ou gavials, d'après lesquels on les a nommés; il ne faut pas croire, cependant, que leur conformation fût absolument la même que celle des gavials de nos jours : il subsiste toujours des différences considérables, qui ne permettent pas de ranger les animaux antédiluviens dans la même famille que ceux de notre époque.

Les crocodiles du monde primitif étaient couverts d'une carapace formée de fortes écailles osseuses, d'une épaisseur et d'une dureté extraordinaires, les rendant à peu près invulnérables; leur queue, aplatie dans le sens vertical, faisait l'office d'une puissante rame ; les jambes, courtes, robustes et trapues, étaient peu propres à la natation, mais portaient d'autant mieux sur terre le fardeau de ce corps énorme. Le nombre des dents, garnissant dans toute sa longueur l'immense gueule, était nécessairement très-considérable.

Certaines variétés de ces crocodiles de 40 pieds de long, tels que le *dinosaure*, le *mystriosaure*, etc., avaient les pieds en forme de mains, et il ne serait pas impossible que quelques-unes parmi les empreintes dont nous avons parlé eussent été laissées par eux.

Les dents de l'*iguanodon* peuvent se comparer à des scies aiguisées des deux côtés. Les yeux, ayant le diamètre d'une assiette ordinaire, étaient placés tantôt sur les côtés de la tête, tantôt plus ou moins vers le milieu ; chez le *mystriosaure*, déjà nommé, ils se trouvaient tout à fait rapprochés, et au sommet de la tête.

Le saurien gigantesque dont on a trouvé, dans les carrières de Maestricht, le squelette entier, d'une longueur de 24 pieds, doit être également classé parmi ces « hauts barons de la mer. » Des débris de la même catégorie, mais plus monstrueux encore, ont été découverts dans les terrains crétacés de l'Amérique du Nord.

Parmi les fossiles de cette époque, on rencontre aussi des tortues d'une taille extraordinaire. Ce sont toutes espèces marines, qui se distinguent des espèces terrestres par leur structure plus aplatie, et par leurs pieds plus propres à la natation qu'à la marche. Comme elles ne peuvent faire rentrer ces membres dans leur carapace, il arrive qu'on les trouve souvent mutilées, sans doute par quelque saurien qui, ne pouvant dévorer la tortue tout entière, s'est contenté de lui emporter une patte.

Si l'on demandait pourquoi la tortue marine (ou *chélonée*, comme on l'appelle en langage zoologique) ne peut rentrer ses pattes (ou nageoires) dans sa carapace. nous répondrions qu'elle en a toujours besoin dehors. La tortue terrestre, quand elle a rentré ses pattes, demeure tranquillement couchée sur le sol : la chélonée tomberait au fond de la mer et serait le jouet des vagues ; l'espace à l'intérieur de la carapace pour y rentrer ses nageoires, lui serait donc absolument inutile, et la nature, qui ne produit rien d'inutile. le lui a refusé.

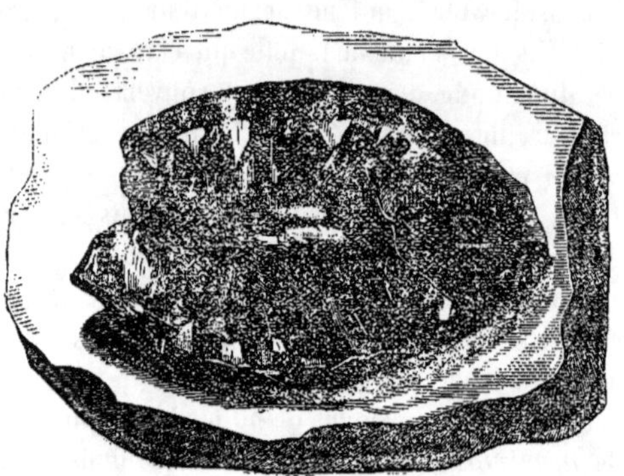

La figure ci-dessus nous montre une chélonée qui porte le nom du naturaliste Bensted. qui l'a découverte (*chelonia Benstedi*) ; les larges côtes, placées sous la carapace dorsale, en partie détruite, sont parfaitement visibles ; le bord de la carapace est même assez bien conservé pour qu'on puisse reconnaître les sutures qui réunissent les différentes pièces dont elle se compose. M. Mantell, qui a fourni le dessin de ce beau fossile, n'affirme pas cependant que la *chelonia Benstedi* doive être rangée parmi les tortues de mer. plutôt que parmi les tortues fluviatiles.

La plupart des naturalistes sont d'avis que les mammifères n'existaient pas encore à l'époque de la formation secondaire ; néanmoins, on a trouvé, dans les terrains secondaires de la Grande-Bretagne, des mâchoires d'animaux que l'on croit devoir classer parmi ceux qui allaitaient leurs petits ; et comme, parmi les mammifères, ce sont les marsupiaux dont les mâchoires ont le plus d'analogie avec ces mâchoires fossiles, on pense que les mammifères de la période secondaire appartenaient à l'ordre des marsupiaux, opinion qui est partagée, d'ailleurs, par le savant naturaliste R. Owen. Nous devons nous borner à mentionner le fait, le cadre de ce livre ne nous permettant pas d'entamer une discussion à ce sujet. Mais l'opinion que les débris trouvés dans les carrières de schiste de Stonesfield sont des débris de marsupiaux, s'étaye également de la règle d'après laquelle les espèces de l'époque actuelle sont toujours plus parfaites que les espèces similaires du monde primitif. Or, parmi les mammifères, ceux-là sont certainement les plus imparfaits, chez lesquels l'avortement est habituel. Le kangourou et tous les animaux du même ordre sont dans ce cas ; ils mettent bas leurs petits à peine ébauchés, et possèdent un organe, la bourse abdominale (*marsupium,* d'où leur nom), où les petits restent abrités jusqu'à leur entier développement. Ceci suffit pour justifier l'hypothèse d'après laquelle les premiers mammifères — créatures probablement très-imparfaites, — auraient été des individus de l'ordre des marsupiaux.

LA FORMATION TERTIAIRE.

Délimitation des climats. — Gastéropodes microscopiques. — Farine minérale ou tripoli. — Bacillariés. — Nummulines. — Zoophytes. — Zoolithes. — Lithophytes. Animalité du corail. — Propriétés des coraux, — leur croissance ; — extension des polypiers. — Transformation de la surface terrestre par les coraux. — Puissance de l'infiniment petit. — Polythalamés. — Foraminifères, — leur propagation. — Force vitale des animaux microscopiques ; — leur importance pour l'économie de la nature. — Polypes, moules, gastéropodes, crustacés, insectes, poissons, salamandres, cétacés, dauphins et marsupiaux de la période tertiaire.

Si déjà nous avons rencontré, dans la formation secondaire, des animaux à organisation beaucoup plus parfaite que dans le terrain houiller et dans tous les terrains antérieurs, la même progression subsiste, mais beaucoup plus sensible, pour la formation tertiaire. Tous les débris retrouvés se rapprochent de l'époque actuelle, qui forme le couronnement de l'édifice. On rencontre des fossiles appartenant à toutes les classes du règne animal, et les êtres dont ils proviennent ont tant d'analogie avec les espèces actuelles, que l'on arrive à démontrer l'affinité et souvent l'identité des familles. Ceci s'applique principalement aux animaux d'un ordre inférieur, mais là même où il y a le moins de concordance entre les êtres antédiluviens et ceux de nos jours, quelques genres seulement se trouvent en plus ou en moins : les familles existent toujours, le type est entièrement conforme à celui des espèces encore vivantes.

Partout on reconnaît la marche vers un développement plus complet. Quelques ordres ont, dans la période tertiaire, un nombre de représentants plus considérable qu'aujourd'hui, tels les pachydermes, les mammifères à plusieurs sabots, le rhinocéros, l'hippopotame et l'éléphant ; mais tous les êtres qui se distinguent par l'élégance ou la beauté des formes sont plus nombreux aujourd'hui qu'ils ne l'étaient autrefois.

L'observateur découvre encore une autre concordance entre la période tertiaire et notre époque : c'est la limitation de certaines formes à certaines contrées. Dans les temps les plus reculés, le climat, déter-

Mégathérion.   Mammouth.   Cerf géant   Salamandre.

LE MONDE ANTÉDILUVIEN.

miné par des causes intérieures, était partout le même ; dans la période
secondaire, on reconnaît déjà l'action du soleil : la terre est assez
refroidie pour subir l'influence extérieure, et l'air, éclairci et purifié,
permet à cette influence de se faire sentir. Mais dans la période tertiaire,
on voit, comme aujourd'hui, les régions polaires et les régions équato-
riales, les pays du levant et les pays du couchant habités par des animaux d'espèces différentes. Les *bradypes* (ou paresseux) gigantesques,
que l'on trouve dans les terrains tertiaires, n'ont habité que l'Amérique,
où vivent encore aujourd'hui leurs descendants dégénérés ; la grande
espèce est perdue. Les marsupiaux fossiles ne se trouvent non plus que
dans les contrées qui produisent les espèces vivantes, dans l'Australie ;
de même les débris fossiles de l'hippopotame ne se présentent qu'en
Asie (1), c'est-à-dire dans l'hémisphère oriental, tandis que l'autre
hémisphère ne connaît l'hippopotame ni vivant ni à l'état fossile.

Il ne faut pas cependant prendre cette assertion au pied de la lettre.
Il est certain que la température de l'écorce terrestre, dans la période
tertiaire, était plus élevée qu'aujourd'hui, et que les différences entre
les climats étaient moins tranchées ; ainsi, par exemple, il y avait des
éléphants dans les deux hémisphères, ce qui n'est plus le cas aujourd'hui ;
mais on ne peut méconnaître un commencement de démarcation entre
l'hémisphère oriental et l'hémisphère occidental, une température plus
élevée dans une zone que dans l'autre : les éléphants et les rhinocéros
trouvés dans les contrées boréales nous en fournissent un indice certain : non-seulement les pelisses dont ils sont revêtus, mais aussi leur
nourriture (branches de pin et graines de blé noir) révèlent un climat
rigoureux ; ces végétaux, dont on a trouvé des débris entre les dents
des fossiles ensevelis à l'état de conservation parfaite, dans les marais
gelés, sont indigènes des contrées froides de la zone tempérée, de latitudes plus boréales que celles qu'habitent aujourd'hui les animaux des
mêmes espèces.

Prenant pour point de départ de notre examen du règne animal
dans la période tertiaire, les organismes inférieurs, nous constaterons
que les animalcules de la plus petite catégorie, les infusoires et les
polypes, n'y sont pas moins nombreux que dans les formations précédentes. Dans la formation secondaire, les polypes avaient construit des
montagnes occupant une étendue de plusieurs centaines de lieues
carrées ; les infusoires, auxquels on doit l'origine des terrains crétacés,
composés en entier de leurs coquilles, ne perdent pas davantage dans

(1) On en trouvera sans doute en Afrique, le jour où l'intérieur de cette partie du
monde sera aussi connu que le sont aujourd'hui ses côtes.

les terrains tertiaires, leur importance pour la géologie et pour la consolidation de l'écorce terrestre.

Après avoir élevé, eux aussi, des chaînes de montagnes assez importantes, entre autres dans l'île de Rugen, en Belgique et en Angleterre, ils se présentent maintenant par groupes moins considérables, entourant de récifs ou de digues certaines îles. Les infusoires à coquille siliceuse, qui sont des animaux d'eau douce, forment des amas et accumulent dans de petits bassins une terre blanchâtre et plus ou moins poreuse, connue sous le nom de farine minérale ou tripoli ; quelques-unes de ces poudres siliceuses sont employées comme poudres à polir, à cause de leur dureté et de leur finesse, qui font qu'elles entament les métaux sans les rayer ; d'autres, mélangées d'alumine, et que l'on trouve en Toscane, notamment aux environs de Sienne, forment avec l'eau une pâte dont on fait des briques ayant la propriété, après la cuisson, de flotter sur l'eau, ce qui en fait une matière précieuse pour certains travaux d'art.

L'antiquité connaissait déjà ces sortes de briques, mais c'est tout récemment que l'on est venu à savoir de quoi elles se composaient ; avant cela, on avait entendu parler surtout des pierres légères de Pitane en Asie, de Moxilna et de Calentum en Espagne. Plusieurs essais furent tentés pour fabriquer de ces pierres, entre autres avec de la pierre ponce pulvérisée, mais sans succès, parce que les parcelles vitreuses qu'elle contient ne pouvaient pas agir comme ciment. La fabrication ne réussit que moyennant l'emploi, d'après les conseils du professeur Fabroni, de la terre argileuse dont nous parlons plus haut, et qui se trouve aussi sur la frontière de la Toscane et des États pontificaux, où on l'emploie sous le nom de *latte di Luna* (lait de Lune), comme poudre à polir. Cette poussière de dépouilles d'infusoires est connue en France sous le nom de « talc farineux » ; en Allemagne on l'appelle tantôt farine minérale (*Bergmehl*), tantôt « fausse écume de mer. »

En Laponie, on trouve encore d'autres variétés de poudres siliceuses, composées pareillement de matières organiques, ce qui est démontré non-seulement par le microscope, mais aussi par l'usage qu'en font les habitants de ces contrées stériles : après les avoir mêlées à la farine de blé, ils préparent leurs aliments avec ce mélange, qui serait nuisible, s'il y entrait une dose trop forte de substances inorganiques.

D'autres animalcules un peu plus gros, de petits gastéropodes à coquille cloisonnée, du diamètre d'un pois ou d'une lentille, mais plats, ont aussi construit, pendant la période tertiaire, des chaînes de montagnes ; on peut voir, par milliards, leurs représentants actuels sur

certaines plantes marines et dans le sable des rives de beaucoup de
fleuves. On les appelle *nummulines* et *calcaire numulite*, ou *lenti-
culite*, la roche qui leur doit son origine. C'est avec la pierre extraite
de ces roches que sont bâties les pyramides d'Égypte. Pendant les travaux, beaucoup de ces lentilles minérales tombaient de leurs enveloppes, et le sol en demeurait parsemé ; cette circonstance a donné
lieu, chez la gent crédule de ces temps-là, à la fable racontée par
Strabon, le plus ancien des géographes d'après lequel « les ouvriers
« avaient semé des lentilles, qui sont devenues des pierres, et ont servi
« à bâtir ces gigantesques monuments. »

Les terrains de la formation tertiaire renferment aussi des polypes
et des coraux, dont les constructions, toutefois, n'occupent pas des
espaces aussi considérables que dans les terrains antérieurs. Ce sont
eux, néanmoins, qui de tout temps ont exercé, sur la conformation de
l'écorce terrestre, une action plus puissante que celle des forces plutoniennes et volcaniques les plus formidables. Les unes et les autres
n'ont pu que soulever du centre à la surface ce qui existait déjà, ou
bien le détruire et le bouleverser. Les polypes, au contraire, construi-
saient, *créaient*, et agissant lentement, mais sans cesse, étaient parfaitement aptes à transformer dans le cours de milliers d'années, la face
de la terre. Le professeur Schleiden, à Iéna, dit à ce sujet, avec autant
de vérité que de justesse : « Les modifications de la surface terrestre
sont en partie l'ouvrage d'animaux et de végétaux que, d'ordinaire, on
croit destinés seulement à se faire porter et nourrir par la terre, leur
mère commune ; et, chose merveilleuse, ce ne sont pas les masses
colossales des baleines et des éléphants, ni les troncs puissants des
chênes, des figuiers et des baobabs, mais bien les polypes, gros comme
une tête d'épingle, les polythalamés, imperceptibles à l'œil nu, les
plus petites plantes microscopiques dont tous les marais recèlent
l'existence ignorée, qui ont exercé une action efficace sur la structure
de la terre. »

Nous contemplons avec admiration une longue suite de montagnes,
couvertes de vastes forêts de chênes et de hêtres, et nous passons
dédaigneusement devant l'écume verdâtre d'une flaque d'eau stagnante ;
et pourtant, dans cette écume méprisée se meut tout un monde de
petits êtres, occupés à construire des montagnes. Il en est ainsi dans la
mer, où une force productrice inépuisable couvre sans cesse les rochers
d'êtres qui construisent des rochers nouveaux, et ces êtres sont des
animalcules tellement petits, qu'ils se dérobent à l'œil humain.

Sans doute, il n'y a pas longtemps que l'on sait ces choses-là, car
rien ne s'en révèle à nos regards, et il a fallu de pénibles recherches,

de patientes observations sur l'origine, la croissance, la propagation et le mode d'existence de ces êtres, pour y reconnaître des animaux; pendant longtemps, on les avait pris pour des plantes, et on se figurait que les coraux, recherchés comme parure, travaillés et polis, étaient des fragments d'une plante, lesquels, mous et flexibles sous l'eau, se durcissaient à l'air. Cette manière de voir se trouvait même confirmée par les observations faites par quelques naturalistes, qui prétendaient avoir reconnu, dans le corail, non-seulement la forme extérieure d'un arbre, mais aussi la moëlle, puis une substance ferme et ligneuse, rayonnant de la moelle vers l'écorce tendre et colorée; ou bien qui avaient découvert qu'en cassant une branche de corail, il en sortait un suc laiteux, comme le suc du figuier, ou qui finalement (comme le comte Marsigli) déclarèrent avoir vu le corail en floraison.

Or, cette prétendue floraison, qui se fait jour lorsqu'on trempe une branche fraîche de corail dans l'eau de la mer, pourvu que celle-ci demeure tout à fait tranquille, — provient précisément des polypes qui s'épanouissent dans cette tranquillité où ils se complaisent, pour rentrer dans leur retraite de pierre, dès que le moindre mouvement de l'eau leur fait craindre un danger. Et encore après cette découverte, la Société géographique de Londres publia que sous l'eau le corail était flexible comme la cire, assertion que le premier matelot venu aurait pu démentir, et que se chargèrent de réfuter, à la terreur de l'Amirauté, les navires échoués sur des récifs de corail.

A la vérité, quelques voix s'élevèrent pour soutenir l'animalité des coraux; nous citerons entre autres l'Italien Ferrante Imperato, le Hollandais Rumphius, qui les avait étudiés à l'île d'Amboine, et Conrad Gessner, oublié depuis si longtemps; mais ces voix se perdirent dans le désert: plutôt que de chercher et de reconnaître la vérité, on préféra se lancer dans une nouvelle hypothèse. Ayant constaté qu'il entrait dans la corail une substance minérale, on affirma que c'était tout uniquement un cristal de calcium en forme d'arbrisseau. Certaines cristallisations métalliques, telles que l'arbre de Diane et l'arbre de Saturne, avaient donné lieu à cette hypothèse.

On obtenait ces cristallisations par un procédé dont on ne s'est rendu compte que beaucoup plus tard, et qu'aujourd'hui on appelle (improprement) galvanisation. Ce procédé est fort simple, et chacun de nos lecteurs pourra l'essayer, si cela lui fait plaisir. A cet effet, on dissout du sucre de Saturne dans l'eau distillée, on remplit de la solution un verre à large embouchure, et l'on fait pénétrer, à travers le bouchon de liége, une lame de zinc, de manière qu'elle touche tout juste la surface du liquide; aussitôt on verra une petite houppe de plomb se

séparer de la solution pour se déposer sur le zinc, et au bout de
24 heures, on aura un joli petit arbrisseau métallique qui se conserve
pendant des années dans le liquide : c'est ce qu'on appelle l'arbre de
Saturne.

Or, de même qu'on avait là un arbrisseau produit par un minéral
et dans un liquide salé, comme les coraux, on a conclu de l'analogie
des circonstances à l'identité de nature, et, transformant les coraux
en pierres, on les a classés dans le règne minéral, de sorte qu'en définitive, ils ont figuré successivement dans les trois règnes de la nature.

Les botanistes de ce temps-là, cependant, souriaient de pitié à ces
débats de leurs contemporains, et dédaignaient de réfuter les théories
également extravagantes, à leurs yeux, des minéralogistes aussi bien
que de ceux qui soutenaient l'animalité des coraux.

Le premier pas, pour ébranler l'opinion générale, a été fait par
Réaumur; mais ce fut d'abord un pas en arrière, car il déclara que les
coraux étaient des minéraux à l'intérieur et des végétaux à l'extérieur,
habités par des animalcules parasites, du genre des pucerons.

Peu après, néanmoins, Réaumur soumit à l'Institut les recherches
d'un savant (qu'il ne nommait pas, *de peur de le compromettre*),
tendantes à prouver que le corail appartenait bien réellement au règne
animal, et à une famille voisine de celle des anémones de mer. Et lorsque enfin on consentit à examiner ces preuves, il fallut bien se rendre
à l'évidence et donner raison à l'illustre Peyssonel, le même que
Réaumur n'avait d'abord pas osé nommer, le premier qui ait découvert et démontré scientifiquement l'animalité du corail. Alors seulement
on reconnut, dans les fleurs de ces lithophytes marins, des polypes ;
dans l'arbrisseau, leur loge, et dans les pétales et les étamines des pré-
tendues fleurs, leurs bras et leurs tentacules.

Tout le monde croit connaître les coraux et se contente de savoir
que ce sont des substances rouges, pierreuses, que l'on va chercher
dans la mer, pour les tailler, les polir, les enfiler en cordons et les
porter comme parure autour du cou. Chacun a vu quelque branche de
corail dans un cabinet d'histoire naturelle, mais ne connaît que celui-là,
rouge, arboriforme, sans se douter que les formes et les couleurs des
coraux varient à l'infini. Ce qui les caractérise tous, ce n'est pas l'axe
ou l'arbrisseau pierreux, mais le polype au corps gélatineux, presque
transparent, composé d'une cavité cylindrique avec une ouverture
buccale, autour de laquelle s'insèrent des bras plus ou moins longs
(toujours 4 ou 6 ou un multiple de ces nombres), qui sont tantôt en
mouvement pour saisir des animaux encore plus petits, invisibles à
l'œil humain, tantôt disparaissent dans une cellule artistement par-

tagée en compartiments. le plus souvent étoilée et située à l'intérieur

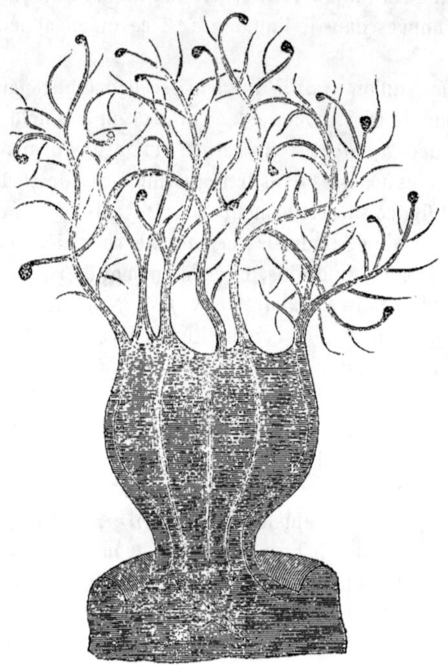

de l'enveloppe calcaire, habitation de ces animalcules. construite par
eux-mêmes.

Rien de plus merveilleux que la conformation de ces petits êtres et
l'incroyable diversité de leurs organes. Il est facile à ceux qui ont vu
une *seiche,* de se faire une idée (en grand) de la structure du polype ;
il est plus difficile de l'expliquer à ceux qui n'ont rien vu de pareil :
nous allons toutefois l'essayer.

Ainsi que nous venons de le dire, le corps du polype consiste. généralement, en un cylindre creux muni d'une ouverture buccale. et
offrant quelque analogie avec les bourses à nombreux cordons qui
servent de blagues aux paysans hongrois.

La figure ci-dessus représente un animalcule de ce genre . mais
grossi plus de cent fois , car sa grandeur réelle atteint tout au
plus celle d'une tête d'épingle. Au point où le corps adhère au tronc
commun, on voit une étoile tracée dans la masse calcaire : c'est là que
le polype peut se retirer avec tous ses tentacules, et, comme l'étoile

est entourée d'une sorte de bourrelet, y disparaître complétement.

Si la forme générale du corps est commune à la plupart des polypes, la variété des bras et des tentacules n'en est que plus grande.

Une des espèces plus simples est la *plumatella campanulata* (fig. 1 de la gravure ci-contre); son bras musculeux, contourné en spirale, garni des deux côtés de filaments, est très-flexible, et enlace la proie pour la porter à la bouche.

La fig. 2 représente le bras du polype appelé *veretillum cynomorium;* ce que l'on en voit est la face intérieure du bras, semblable à une feuille d'arbre et couverte d'innombrables papilles, au moyen desquelles le polype retient sa proie, qu'il peut encore entourer des lobes de ce bras foliacé, pour rendre sa fuite impossible.

La fig. 3 nous offre une autre variété : c'est le bras du polype nommé *syncoryne decipiens;* sa conformation, comme celle de *l'hydra aurantiaca,* est des plus curieuses; les petites cavités, indiquées sur la gravure, recèlent l'arme la plus meurtrière dont jamais animal fut muni. Dans les petites vésicules formant saillie sur la surface des bras, et ouvertes par le haut, se trouvent des hameçons à trois pointes, dirigées en arrière et attachées à un long filament, très-flexible et tordu en spirale : le polype peut, à volonté, lancer et retirer ces hameçons, dont le nombre est considérable. Quand un infusoire arrive à proximité de l'hydre guettant sa proie, les tentacules l'enlacent, les hameçons l'accrochent et l'entraînent dans la gueule du petit monstre. Aucun animal sur terre, même parmi les bêtes fauves les plus redoutables, n'est muni d'armes aussi dangereuses que ce polype presque imperceptible, dont la voracité et la puissance digestive sont également sans exemple.

On a pu observer, à l'aide du microscope, que ces animalcules, après avoir dévoré leur proie, en rejettent, au bout de quelques minutes, les restes complétement défigurés et dépouillés de leur substance nutritive : parfois ils engloutissent des corps plus gros qu'eux-mêmes ; alors on voit l'ouverture buccale, puis le cylindre creux qui forme le corps du polype, se dilater jusqu'au triple du volume ordinaire ; et si l'animal dévoré est armé d'une carapace, le suc dissolvant, contenu dans l'estomac du polype, la ramollit et la fait digérer.

Chose étrange pourtant, cette puissance digestive ne s'exerce que sur des corps étrangers, jamais sur des corps de polypes. Un observateur attentif, Trembley, en a recueilli la preuve irréfragable. Un polype avait avalé, en même temps que sa proie, un de ces tentacules : au bout de quelques instants, pendant que la proie se dissolvait dans le corps transparent du polype, son bras sortit intact de l'ouverture buccale. Le Hollandais Harting raconte (1) un trait encore plus surprenant, au sujet de l'*invulnérabilité* des polypes. Deux de ces animalcules se disputaient une proie ; aucun des deux ne voulait lâcher prise ; le plus fort finit par avaler le plus faible, et en même temps la proie à laquelle il se cramponnait. On croira sans doute que l'un et l'autre furent digérés ; point du tout : le vainqueur rejeta peu après les restes de son repas, et avec eux sortit, sain et sauf, l'autre polype ; il tournoya quelques instants dans l'eau, comme pour se rincer, puis reprit sa chasse, et avala à son tour des animaux plus petits que lui, absolument comme s'il n'avait pas éprouvé le moindre accident.

Afin de classer avec un certain ordre les variétés si nombreuses des polypes, on les a récemment divisés en quatre familles principales, d'après leur structure intérieure et d'après leurs organes digestifs ; il est utile de réunir sur ce point quelques notions, afin d'expliquer l'action que ces êtres microscopiques ont exercée sur l'écorce du globe, dont les montagnes, ainsi que nous l'avons dit déjà, ont été en partie construites par eux.

Chez les polypes du type le plus simple, le tube intestinal ne fait qu'un avec la cavité intérieure du corps ; en d'autres termes, leur corps consiste en une espèce de sac, dont le côté extérieur est leur peau, et le côté intérieur leur estomac, si bien qu'on peut les retourner, la peau, devenue estomac, digérant tout aussi bien que le faisait auparavant l'estomac, et celui-ci, en revanche, faisant l'office d'épiderme.

Ce polype d'eau douce est reproduit sur la gravure ci-après, d'après un dessin de M. Harting, et grossi de vingt fois. Le sac membraneux qui forme son corps n'est pas, cependant, tout à fait aussi simple qu'on pourrait le croire ; la zootomie (l'art de disséquer les animaux, comme l'anatomie est l'art de disséquer les corps humains) a fait voir, qu'entre la membrane extérieure et la membrane intérieure de ce sac, se trouve

______

(1) *Puissance de l'infiniment petit,* Leipzig, 1851.

disposé tout un système musculaire très-compliqué, au moyen duquel l'animal peut se contracter, s'étendre, et mouvoir, à volonté, ses longs et terribles bras, couverts d'innombrables papilles qui renferment les tentacules à hameçons, dont nous avons parlé ci-dessus. Chez quelques variétés, les papilles renferment, au lieu de tentacules, des piquants fins et creux, lesquels occasionnent, lorsqu'ils pénètrent dans la peau, une démangeaison urticaire, qui provient, non pas de la piqûre même, mais plutôt du venin qu'elle distille dans la blessure. Ce polype se fixe, au moyen d'un appareil à suçoirs, à quelque plante aquatique, d'où il étend les bras à la recherche de sa proie.

La gravure ci-dessus nous offre, sur le tronc, deux bourgeons : ce sont les organes par lesquels ce polype se reproduit ; sur un point quelconque du corps, la peau s'enfle ; une tumeur apparaît et prend la forme d'une tête et d'un cou : c'est la phase atteinte par le plus petit des deux bourgeons de la gravure ; mais bientôt la partie supérieure de la tête s'ouvre, et il en sort des tentacules, dont l'autre bourgeon de la gravure nous montre les rudiments.

L'espèce que nous venons de décrire est considérée comme la plus simple. Ci-contre nous voyons une *sertularia*, de la variété qu'on appelle *geniculata*. Personne ne trouvera étonnant qu'on l'ait prise pour une plante : on voit le tronc ; tout en bas, des feuilles ; plus haut, des bourgeons, et au sommet, des fleurs épanouies. Cependant, le tout est un animal ; de haut en bas, par toutes les ramifications, courent des tubes qui communiquent entre eux ; le tronc pierreux constitue le squelette, et l'écorce, dont la couleur est fort belle, forme la peau qui revêt tout l'individu.

La troisième des familles principales se distingue des précédentes par un tube intestinal parfaitement accusé ; ces trois familles ont cependant ceci de commun entre elles, que l'ouverture pour l'absorption des aliments sert en même temps à rejeter le superflu.

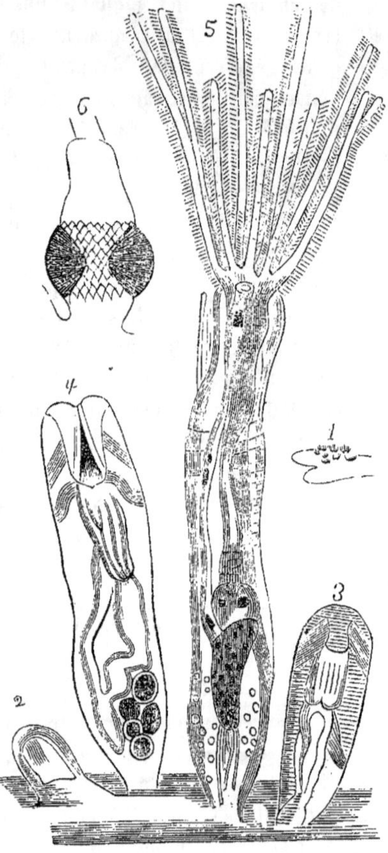

La quatrième famille possède un anus distinct de l'ouverture buccale. La *Boverbankia densa* (V. la gravure ci-contre) peut servir de type de l'espèce ; la fig. 1 nous la montre de grandeur naturelle ; dans les autres figures, elle est grossie 60 fois, figure 2, comme bourgeon à peine éclos, fig. 3, un peu plus développée, fig. 4, adulte, mais repliée, c'est-à-dire avec les bras rentrés, et fig. 5, dans son développement complet. En haut, on voit les bras, dont la multiplicité a valu aux polypes leur nom, parce que l'on avait pris ces bras pour des pieds ; — on aurait peut-être mieux fait de les appeler *polybrachionides* que polypodes.

L'enveloppe extérieure de chacune de ces figures est la peau coriace et colorée.

A l'intérieur du tronc cylindrique se dirige de haut en bas un canal double, qui part de l'espèce d'étoile formée par la racine des bras, se prolonge jusqu'au milieu de la moitié inférieure du tronc, où se trouve un appareil digestif, une sorte d'estomac d'oiseau, représenté séparément figure 6, dans des proportions encore plus grandes. Cet

estomac consiste en une dilatation du tube intestinal, garnie à l'intérieur de dents très-dures en forme de lime ; il est mû par deux énormes
muscles, comme l'estomac de l'oie. Ce sac stomacal se dilate de nouveau, pour former l'estomac proprement dit, où, après trituration, les
aliments sont digérés et préparés pour l'assimilation. Puis le tube
revient sur lui-même : le point de conversion se trouve au-dessous de
l'estomac, et l'orifice pour les déjections est placé en dehors de la racine des bras.

Ces particularités dénotent que, malgré l'exiguité de sa taille, ce
polype possède une organisation relativement supérieure; mais, de
même que les espèces plus simples, il n'est cependant qu'une partie
d'un ensemble de polypes, ou bien la souche qui produit une famille
d'êtres similiaires; en d'autres termes, le polype que nous venons de
décrire est tantôt la « fleur » d'un arbrisseau de corail, tantôt le point
de départ de cette tige commune de milliers et de millions d'individus,
qui vivent tous ensemble et l'un par l'autre.

Sans avoir vu un arbrisseau de corail, on peut s'en faire à peu près
une idée, en se figurant un buisson d'épines, très-branchu, mais sans
feuilles, couvert d'une écorce calcaire, unie et d'une belle couleur,
dont les stigmates seraient remplacés par de petites cavités en forme
d'étoiles; toutes ces étoiles aboutissent à un canal intérieur, par lequel
tous les polypes qui habitent l'arbrisseau, sont réunis entre eux.

Si l'on plonge dans un vase plein d'eau de mer une branche de corail
fraîchement cueillie, en ayant soin de ne pas agiter l'eau, on verra
bientôt les polypes sortir de leurs retraites et étendre leurs bras.
Met-on l'eau en mouvement, à l'instant tous les polypes disparaissent
à la fois. C'est déjà un indice d'une sensation commune à tous ; mais,
comme il se peut que le mouvement ait agi sur tous les polypes à la
fois, cet indice ne suffit pas pour démontrer la communauté de leurs
impressions.

Pour obtenir la démonstration, il faut prendre un arbrisseau d'une
certaine taille et ne produire qu'un faible mouvement, circonscrit à
une seule partie de l'eau ; dans ce cas, on verra d'abord se retirer les
polypes les plus rapprochés, puis les autres successivement, jusqu'aux
plus éloignés, qui ne disparaîtront peut-être qu'au moment où les premiers recommenceront à se montrer. Il suit de là que chaque polype
reçoit à son tour l'impression reçue d'abord par le premier, et que *l'effet*
se communique à tous, sans que *la cause* ait agi sur chacun d'eux.

Ces observations ont été confirmées par des expériences zootomiques,
qui ont démontré que tous les individus constituant une agrégation de
polypes n'ont en réalité qu'un seul corps, leur tige commune. Ce fait

est constaté chez tous les polypes; le mode d'agrégation seul est différent, selon les familles. Chez quelques-unes, le tube intestinal d'un individu est connexe avec celui d'un individu voisin; la cavité abdominale est commune et se compose d'un nombre plus ou moins grand de canaux affluents. Les aliments absorbés par l'un ou l'autre individu servent ainsi à la nourriture de toute l'agrégation.

Chez d'autres familles, le lien commun n'est pas formé par le tube intestinal, mais seulement par l'enveloppe coriace qui entoure extérieurement l'axe pierreux. Dans ce cas, les communications entre les individus sont accusées par des filaments très-fins qui entourent l'axe, au-dessous de l'enveloppe extérieure. Ces filaments sont en quelque sorte des nerfs, par lesquels il semble que se communiquent les sensations.

La répartition de la vie sur le polype entier fait comprendre, quoiqu'elle ne l'explique pas, le mode de reproduction de ces êtres : du moment que l'ensemble du polypier se présente comme un seul individu, on peut admettre qu'il se forme partout des bourgeons; il n'y a là qu'une grande analogie avec la pousse des plantes, laquelle a lieu également sur toutes les parties du tronc et des branches; le bourgeon n'est pas une nouvelle plante, mais une partie du tout; séparé de ce tout, il peut devenir plante à son tour. Les horticulteurs en font tous les jours l'expérience; le bourgeon qui réunit en lui les conditions de vie finit par devenir un arbre.

Chez les polypes, la nature a porté au plus haut degré la facilité de reproduction : une division, une scission ou un déchirement quelconque, engendre de nouveaux individus. Outre ces deux modes de propagation (par bourgeons et par scission), les polypes se multiplient aussi par œufs, et il est très-curieux d'observer comment, dans l'estomac de ces voraces animalcules, des œufs se forment entre les aliments en cours de digestion; comment ces œufs deviennent des petits, qui sortent de l'orifice unique du corps, sans que la mère interrompe un seul instant la poursuite, l'absorption et la digestion de ses aliments.

A la vie en commun et à la multiplication rapide des polypes s'ajoute un autre fait plus difficile à expliquer : la formation de la masse pierreuse qui leur sert de loge (le polypier).

Quoique les formes du polypier varient à l'infini, pareilles tantôt à un éventail, tantôt à un entonnoir, un gobelet, une sphère, etc., nous nous arrêterons à la forme d'arbrisseau, ce que nous en dirons étant applicable à toutes les autres.

Tout polypier a été commencé par un seul polype. Cet être mange et digère sans cesse, et quoiqu'il absorbe tous les jours plus de trente ou quarante fois son propre poids, il ne grandit pas d'un atome et n'est jamais plus gros qu'une tête d'épingle. Son corps est formé d'un tissu très-lâche ; tout autour du point où il est fixé, il accumule la substance que sécrète, non pas sa bouche, mais le tissu cellulaire de son corps.

Les animalcules que le polype dévore, ont, pour la plupart, des coquilles calcaires ; l'eau de la mer, dans laquelle il se meut, contient en abondance une solution de chaux : aussi la substance sécrétée par le polype est-elle un véritable calcaire.

Bientôt se forme sous lui une sorte de bouton, au sommet duquel il est fixé ; le bouton grandit toujours ; comme la charpente osseuse des animaux, il se compose de phosphate de chaux, susceptible de se développer et de se transformer ; et de même que, dans les os, malgré leur substance minérale, l'origine organique se révèle par la présence de la gélatine, de même on trouve dans l'axe du corail $9\frac{4}{10}$ pour cent de substance gélatineuse et azotée.

Le petit bouton devient rameau, le rameau devient arbrisseau ; de nouveaux petits sortent du corps de la mère ; sur les rameaux il en naît sous forme de bourgeons ; les sécrétions de tous ces polypes, se multipliant sans cesse, augmentent le volume du tronc, dont la texture rayonnée montre, au microscope, les fibres par lesquelles la nourriture de l'axe pierreux se répand dans tous les sens, et prouve ainsi que l'on n'a pas affaire à une masse inorganique, mais bien à un corps vivant. C'est à tort, en effet, que l'on n'a vu dans l'axe pierreux que la loge du polype : cet axe, c'est son corps, dont la base pierreuse est tout aussi vivante que le sommet ; si l'on casse une branche, et qu'on la plonge dans l'eau de mer, on verra suinter, de l'extrémité inférieure, une substance visqueuse et colorée, qui, au bout d'un temps très-court, fait que la branche s'attache au fond du seau, comme naguère elle était fixée au fond de la mer.

C'est donc par erreur que l'on a nié la croissance du polypier, puisque sa base se durcit sans cesse et le fait monter petit à petit jusqu'à dix, vingt, cinquante et cent pieds de hauteur ; tandis que les polypes mêmes, tout en se modifiant d'après la loi générale des substances organiques, conservent toujours leur nature gélatineuse et flexible, et n'augmentent pas de volume.

La théorie ci-dessus est basée sur de nombreuses observations, qui ont démontré à l'évidence l'impossibilité d'expliquer autrement le développement des polypiers, ou de considérer ceux-ci comme une masse minérale privée de vie. L'existence bien constatée de canaux digestifs, qui parcourent toutes les ramifications du polypier, implique, au centraire, son accroissement dans tous les sens. Cet accroissement, toutefois, doit avoir une limite, attendu que les canaux deviennent d'une ténuité d'autant plus grande, qu'ils s'éloignent davantage de la source de nutrition, et que le suc nutritif y pénètre de plus en plus difficilement, jusqu'à ce qu'enfin ils s'obstruent tout à fait et font cesser ainsi la vie du corail. Mais tandis que la base meurt, le sommet du polypier continue à se peupler d'animalcules de plus en plus nombreux, qui croissent et s'élèvent jusqu'à la surface de l'eau, — barrière qu'il ne leur est pas donné de franchir.

Parfois, les vagues brisent et entraînent dans l'abîme une partie plus ou moins grande du polypier : aussitôt les générations innombrables qui en habitent l'étage inférieur reprennent avec une nouvelle ardeur l'œuvre interrompue, et bientôt l'édifice est reconstruit; au premier polypier s'en ajoute un deuxième, et ainsi de suite; peu à peu les polypiers réunis forment un récif; les récifs deviennent des îles; les îles s'accumulent en un banc de corail de plusieurs centaines de lieues, et à la fin, des montagnes se trouvent avoir surgi du travail de ces animalcules imperceptibles.

Les polypes figuraient, sans aucun doute, parmi les plus anciens habitants de la terre : on a retrouvé leurs constructions dans les terrains tout à fait primitifs. Dans certaines couches, ils font défaut, mais ils se présentent en nombre d'autant plus grand dans certaines autres, telles que le calcaire jurassique, composé principalement de corail, surtout en Angleterre, où certaines roches de l'étage oxfordien et de l'étage bathonien ont reçu, par ce motif, le nom de *coral rag* ou *coral cray.*

Une roche de même nature constitue une partie notable du bassin de Paris; mais les masses les plus volumineuses se trouvent dans le Jura de Suisse et d'Allemagne, dans la Souabe et dans la Franconie, où ces roches s'étendent sur un espace de 250 lieues de longueur, dessinant une chaîne de montagnes dont la forme et les éléments ont la plus grande analogie avec le banc de corail de 500 lieues de la Nouvelle-Hollande. Lorsqu'un jour — dans quelques millions d'années peut-être — les eaux de la mer se seront retirées de ce banc de corail, celui-ci ne sera plus, à son tour, qu'une chaîne de montagnes composée de calcaire à polypiers, présentant la même stratification que le Jura et que tous les terrains qui ont emprunté leur nom à cette puissante formation.

Le rôle important que jouent les polypes dans l'économie de la nature, doit nous justifier de leur avoir consacré une si grande place, malgré leur petitesse; en dehors des polypes, des milliers d'autres espèces différentes ont travaillé à la structure de l'écorce terrestre. Peut-être ne sera-t-il pas sans intérêt de les examiner en passant.

Le sol que nous foulons est formé, en partie, de couches de craie et de couches de marne ; on sait, depuis peu seulement, que l'une et l'autre ne sont que les coquilles de petits animaux marins. Ce fut en 1720 que Réaumur annonça comme une grande nouvelle, à l'Institut émerveillé, qu'en Touraine, à 36 lieues de la mer, sur une plaine de 9 lieues carrées de superficie, s'étendait une couche de marne, composée presque exclusivement de coquillages. D'après la profondeur de la couche, Réaumur en calculait la quantité à 150 millions de toises cubes.

Ce qui, à cette époque, semblait inouï, n'étonne plus personne, aujourd'hui que cette partie de la science a fait de si grands progrès ; on sait qu'il y a des chaînes de montagnes entièrement formées de coquillages ; que ceux-ci se présentent non-seulement à 36 lieues, mais même à plusieurs centaines de lieues de la mer, au-dessus du niveau de laquelle ils s'élèvent jusqu'à une hauteur de 14,000 pieds ; non pas que les eaux de la mer aient jamais atteint cette hauteur, mais parce que des plaines, jadis riveraines, ont été soulevées par l'action des forces plutoniennes et volcaniques. De nos jours encore, on voit les générations vivantes accomplir une œuvre qui, plus tard, engendrera des montagnes ; ainsi, près de la petite ville de Barfleur (département de la Manche), se trouve un banc d'huîtres, long de 9 lieues, et dont l'épaisseur mesurée est de près de trois pieds.

Mais plus encore que par ces animaux, relativement grands, la structure de l'écorce terrestre est modifiée par des animaux d'une petitesse telle, qu'on les voit à peine ou point du tout à l'œil nu : ce sont les *foraminifères* et les *polythalamés*.

Depuis qu'il est démontré que les terrains crétacés sont composés principalement de leurs coquilles, on ne peut plus douter qu'outre les roches de calcaire à polypiers, il n'y ait encore d'autres montagnes dont l'origine est purement organique : les plus petits animaux de la terre parviennent donc, par leur nombre incalculable, à produire plus que ne le pourraient les forces combinées des animaux colosses, des baleines et des éléphants, alors même que l'homme, aidé par sa raison, les dirigerait vers un but déterminé.

Dans le sable de la mer on trouve fréquemment de petits coquillages ; dès les premières années du siècle précédent, deux savants italiens, Bianchi et Beccaria, se donnèrent la peine de calculer le nombre des coquilles contenues dans une once de sable de la mer Adriatique (aux environs de Bologne) : ils y trouvèrent 1,120 ammonites. Beccaria

constata que des collines entières de la terre ferme, au sud de Bologne,
sont formées exclusivement de ces coquillages. Mais à cette époque,
où, comme M. Harting le fait remarquer avec justesse, on avait l'habitude de mettre sur le compte du déluge tous les phénomènes analogues,
on ne comprit qu'imparfaitement l'importance géologique de ce fait ;
malgré des observations postérieures, des descriptions et des dessins
très-soignés, on continua à considérer ces coquillages microscopiques
comme de simples curiosités, que l'on plaçait dans d'élégants étuis, ou
dans des bagues chevalières, dont le chaton était fermé par une petite
loupe très-grossissante : ce n'est que dans les premières années de
notre siècle qu'on a commencé à s'en occuper au point de vue de la
science, depuis qu'on les eut rencontrés, non plus dans les terrains
meubles du rivage de la mer, mais à l'intérieur des roches compactes,
où ils étaient passés à l'état de fossiles, et après que les célèbres géologues Ehrenberg et d'Orbigny eurent démontré leur immense diffusion
et fait connaître, à leur sujet, une foule de particularités importantes.

Ces découvertes ne tardèrent pas à être confirmées par d'autres naturalistes, qui les étendirent plus loin ; de sorte que les *foraminifères*,
d'objets de fantaisie qu'ils étaient peu d'années auparavant, devinrent,
aux yeux de la science, un sujet d'études tout aussi important que les
polypes, bien qu'ils fussent encore plus petits et d'une structure plus
rudimentaire.

Si simple cependant que soit leur organisation, ces animalcules se
présentent sous des formes d'une étonnante diversité. On en connaît
jusqu'ici 1,500 variétés, et comme il existe encore des millions de lieues

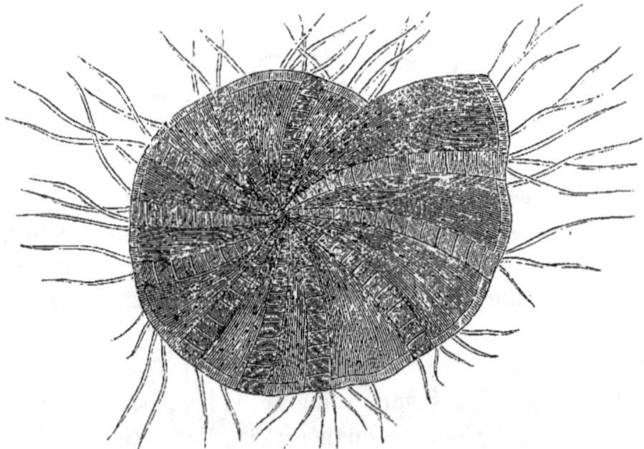

carrées de terrains inexplorés, — les recherches n'ayant été faites,

comme de raison. que dans les contrées d'un accès facile. à peu de
distance de la mer. — il s'ensuit que ce chiffre ne représente qu'une
faible fraction de l'incalculable nombre d'espèces qui ont peuplé les
mers antédiluviennes.

La figure ci-après. comme celles qui suivent, fait comprendre pourquoi on a donné à ces animaux microscopiques les noms de *foraminifères* (qui portent des trous, et de *polythalamés* (à plusieurs loges).

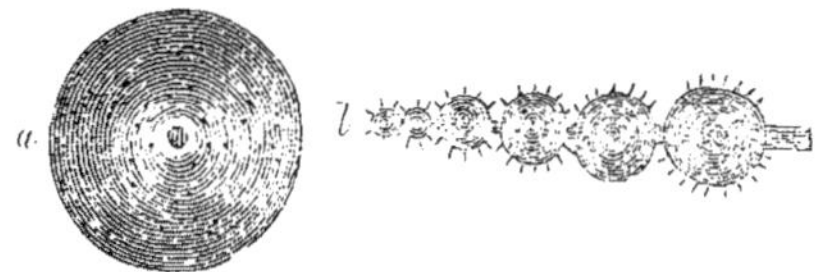

On les appelle aussi *rhizopodes,* parce qu'ils font passer, à travers
les petites ouvertures de leurs coquilles, des tentacules extrémement
fins, que. pendant longtemps. on avait pris pour des pieds.

Dans sa forme la plus simple. le corps de ces animalcules consiste en
un globule presque invisible. abrité dans une coquille également petite
et du dessin le plus élégant (V. la fig. *a* de la gravure ci-dessus). La
fig. *b* est un prolongement de la première : deux. trois ou plusieurs
globules s'ajoutent les uns aux autres et sont réunis par un filament
qui les traverse tous. Les coquilles sont toutes de même nature. mais
plates. tandis que le corps. extrait de la coquille. présente la forme
sphérique; tantôt on trouve des coquilles droites, tantôt on en trouve
de recourbées. comme les coquilles des limaçons. Dans chacune des
loges indiquées sur la gravure de la page 196. est renfermé un
des corpuscules que représente la fig. *a* de la gravure ci-dessus ; le
plus petit se trouve dans la loge la plus reculée; chaque loge ultérieure
en contient un plus grand que le précédent. Tous ces corpuscules
vivent en commun. mais chacun d'eux paraît cependant avoir aussi
sa vie propre.

La figure de la page 196 montre la section transversale . considérablement grossie . d'un de ces animalcules. Les larges secteurs
indiquent les endroits où se trouve le corps vivant et charnu ; les secteurs étroits constituent les cloisons. Les lignes blanches qui traversent
les cloisons marquent les filaments par lesquels les loges et les corpuscules qu'elles renferment communiquent entre eux.

Les coquilles sont percées d'innombrables trous, d'où leur nom de
foraminifères : par ces trous passent les bras. qui peuvent les boucher
en s'enroulant en pelotes.

On trouve ces animalcules, aussi bien à l'état fossile que vivants, dans toutes les régions du globe : les fossiles dans les montagnes des zones glaciales, tempérées et torride, et les animaux vivants dans les mers de toutes ces zones. Leur diffusion, toutefois, est subordonnée, d'une part, à la conformation des terrains, et d'autre part à la direction des courants marins ; ceci a été observé notamment sur les côtes de l'Amérique méridionale.

Un des plus puissants parmi ces courants se déverse constamment de la mer Glaciale (antarctique) vers les extrémités des continents ; l'un d'eux et arrêté et divisé par le cap Horn, d'où l'un de ses bras suit la côte occidentale de l'Amérique du Sud, le long des rivages du Chili, dans la direction de l'équateur, tandis que l'autre bras se dirige, à l'est de l'Amérique méridionale, également vers le nord. (Pour plus de détails, V. *Le Globe terrestre* de Zimmermann, vol. II.)

De même que le courant, les légions de foraminifères qu'il entraîne avec lui, sont divisées par le cap Horn, de telle sorte qu'on en trouve 50 espèces diverses dans les mers du Brésil, et 50 autres espèces, tout à fait différentes, dans les mers du Chili, *une seule* espèce étant commune aux deux mers.

Le fait de cette séparation a paru si extraordinaire, qu'on a révoqué en doute que les 80 espèces se trouvent effectivement réunies dans la mer Glaciale, qu'elles soient entraînées de là par le courant vers le continent américain, et qu'elles se partagent d'une façon si capricieuse, que 50 espèces prennent constamment la route du couchant et les 50 autres celle du levant. Il serait curieux de pouvoir vérifier le fait, en puisant de l'eau dans la mer Glaciale, à des profondeurs diverses, et en examinant s'il s'y trouve de ces animalcules, et de quelles espèces. L'auteur est d'avis que la séparation constante de ces espèces semble prouver, au contraire, qu'elles n'ont jamais été réunies, et qu'elles ne quittent même pas du tout leur séjour primitif ; l'espèce que l'on trouve des deux côtés du continent américain est peut-être la seule qui, amenée par le courant de la mer Glaciale, se dirige en partie vers l'est et en partie vers l'ouest.

Dans les temps primitifs, cette classe d'animaux était probablement beaucoup plus répandue qu'aujourd'hui, et il en a existé simultanément plusieurs centaines d'espèces différentes. C'est ainsi que, dans les environs de Vienne, en Autriche, on en trouve plus de 200 espèces fossiles, disséminées dans les montagnes qui entourent cette capitale. Partout où le continent européen a été exploré par les hommes de la science, dans le nord de l'Italie, en Allemagne, en France, en Belgique, en Angleterre et en Suède, la présence d'une quantité incroyable de fossiles du même genre a été constatée. Dans le calcaire grossier du bassin de Paris, on en a compté 58,000 individus dans un seul pouce cube de terrain; ce qui, pour dix pieds cubes, donnerait un chiffre plus élevé que celui de la population humaine de tout le globe. On peut donc affirmer, sans aucune exagération, que tout Paris et les localités environnantes sont bâties exclusivement avec les coquilles de ces animaux microscopiques; ce qui n'offre rien d'étonnant, quand on songe qu'une étendue de plusieurs centaines de lieues carrées de terrain ne consiste absolument qu'en foraminifères, et qu'avec les pierres extraites d'un seul myriamètre cube de terrain, on pourrait bâtir autant de villes qu'en renferme toute l'Europe.

L'agglomération des foraminifères n'est pas moins prodigieuse dans le terrain crétacé et dans les dunes, que dans le calcaire grossier. Les fleuves déposent autour de leurs embouchures les matières qu'ils ont amenées avec eux des montagnes, sous forme d'éboulis, de galets, de gravier et de sable, depuis le plus gros jusqu'à celui qui se réduit en poussière impalpable. Là où les dunes, s'élevant du fond de la mer, se sont amoncelées le long des côtes, on trouve les plus grandes masses de foraminifères: dans nos contrées, on n'en a pas calculé le nombre sur un espace donné; dans le sable des Antilles, on en a compté 3,840,000 dans une once. En général, les foraminifères séjournent en plus grandes quantités dans les mers du Midi que dans celles du Nord; à l'île de Cuba, M. d'Orbigny en a reconnu 118 espèces différentes. Mais ce qui dépasse toute compréhension, c'est la profusion de ces animalcules dans le terrain crétacé, qui s'étend sur une surface immense et atteint une épaisseur de plusieurs mille pieds.

Ils sont tellement petits que, sur une longueur de deux millimètres, on peut en placer 500, l'un à côté de l'autre. Les excellents travaux que M. d'Orbigny a publiés sur ces fossiles ont été poussés encore plus loin par M. Ehrenberg, qui a inventé une nouvelle méthode pour les observer.

Leur extrême petitesse en rendait l'examen des plus difficiles. Il ne servait à rien de pulvériser la craie, le pilon du mortier ne les entamant pas. La méthode d'Ehrenberg consiste à mouiller un peu de craie et à l'étendre sur le verre sur lequel on place les objets à examiner au microscope; lorsque la craie est sèche, on l'humecte avec une huile qui la rend transparente : on voit alors les coquilles se détacher très-distinctement des parcelles de craie réduites en atomes.

Mais ce qui prouve le mieux que ces coquilles, formées de la substance la plus fragile, sont indestructibles à cause de leur petitesse, c'est l'examen de la surface crayeuse d'une carte de visite, glacée à l'aide d'un cylindre d'acier : cette surface présente l'aspect d'une mosaïque, ornée des dessins les plus variés. On a essayé d'en donner une idée par la gravure ci-après, bien qu'il soit extrêmement difficile de reproduire exactement ces dessins, tant ils sont multiples et délicats.

La dimension réelle de la parcelle de carte représentée ci-dessus, grossie 200 fois, n'est que d'à peu près un demi-millimètre carré, c'est-à-dire d'une tête d'épingle ordinaire aplatie; on y voit les formes les plus élégantes et les plus curieuses. La craie de Rugen, lavée de manière à en écarter toutes les parties grossières, fournit les plus étranges configurations de ces coquillages microscopiques. Dans la figure ci-dessus, on remarque des coquilles siliceuses et des coquilles calcaires; les nombreux pyromaques mélangés d'ordinaire au terrain crétacé, sont produits par la substance siliceuse qui se sépare de la masse calcaire environnante; mais comme la séparation n'est jamais complète, un certain nombre de coquilles siliceuses restent toujours mêlées aux coquilles calcaires.

Si ces coquillages, par suite de leur ténuité, ne sont entamés ni par le pilon du mortier, ni par le cylindre à polir, la pression des montagnes que forme leur entassement, pression toujours uniforme, a moins encore pu en détacher la poussière calcaire qui entoure les coquillages. D'où vient donc cette poussière? On a supposé d'abord qu'elle devait provenir de coquilles concassées. Mais dans ce cas, le microscope, grossissant de 250 à 500 fois, devrait nous faire reconnaître au moins des fragments de coquilles; on en reconnaît bien, mais toujours entourés de carbonate de chaux, absolument amorphe (1), dans lequel le microscope même ne fait découvrir autre chose qu'une poussière excessivement fine.

Il a donc fallu chercher une autre solution. Tous les animalcules dont il s'agit sont marins. Or, il n'existe pas seulement de la craie déposée par les eaux de la mer, mais aussi de la craie d'eau douce, que l'on trouve, entre autres, sur les rives du Neckar et dans les montagnes situées entre cette rivière et la vallée du Danube, où elle est superposée à une couche d'argile bleuâtre. La craie d'eau douce a, en apparence, exactement les mêmes propriétés que celle de la mer; mais en l'examinant au microscope, *on n'y découvre pas la moindre trace des foraminifères*, qui sont un des caractères distinctifs de la craie marine. Il s'est donc formé ici des masses considérables de carbonate de chaux entièrement amorphe, et aussi peu compacte que la craie, sans que cependant les coquillages d'animalcules marins y aient eu la moindre part. Le seul phénomène par lequel on puisse expliquer la formation de la craie d'eau douce, est celui de la précipitation chimique, d'où il résulte que la chaux carbonatée amorphe, mêlée à la craie à foraminifères, doit avoir une origine analogue, ce qui nous dispense de supposer le broiement des coquilles, très-difficile à démontrer.

Il nous reste à examiner une autre catégorie d'êtres microscopiques, les *diatomées*, les *galionelles*, les *bacillariées*, etc., dont les figures ci-après nous présentent les formes. Celles-ci sont extrêmement diver-

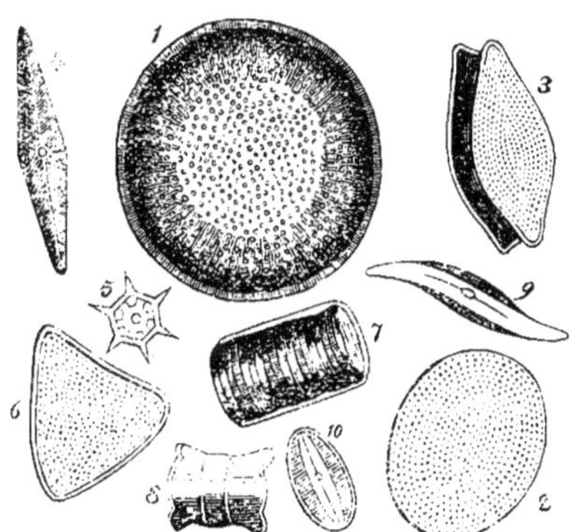

sifiées : fig. 1 et 2. *coscinodiscus radiatus* et *c. excentricus* sont

(1) Qui n'a aucune forme distincte.

discoïdes, comme le nom l'indique ; fig. 3, *zygoceras rhombus*, ressemble à ces petits pains blancs qu'en Souabe on appelle « *mitschele* » ; fig. 4, *navicula visidir*, a l'aspect d'un canot ; fig. 5, *dictyocha gracilis*, a quelque analogie avec le test d'une holothurie ; fig. 6, *triceratium striolatum*, est tout à fait triangulaire ; fig. 7, *melosira sulcata*, de la forme d'un cylindre cerclé, est classé parmi les *galionelles*, ainsi que, fig. 8, *odontella turgida* ; fig. 9, *ceratoneis*, et fig. 10, *cocconeis striata*. La plupart de ces merveilleux animalcules proviennent de la vase du port d'Enkhuyzen, en Hollande. Leur coquille toutefois n'est point calcaire, mais siliceuse : cette distinction est importante, car elle nous fait faire un pas vers la solution de la question, encore indécise, sur la nature animale ou végétale de ces petits êtres. Nous voyons, en effet, que les enveloppes des testacés et des crustacés sont formées presque exclusivement de calcaire, tandis que les écorces des végétaux contiennent, pour la plupart, de la silice, en quantités plus ou moins grandes ; dans les équisétacées, par exemple, cette matière se trouve en telle abondance, qu'elle entame l'acier ; avec l'espèce que les menuisiers emploient, sous le nom d'*asprèle*, pour polir le bois, on parvient même à mater une plaque d'acier bruni ; le meilleur couteau s'ébrèche en coupant un bambou ou même un jonc ordinaire, parce qu'il entre beaucoup de silice dans la composition de ces végétaux : sur la nacre, au contraire, qui est une des substances calcaires dont sont formées les coquilles des testacés, le ciseau de l'artiste ne s'émousse point, en y gravant les dessins les plus compliqués.

Quoi qu'il en soit d'ailleurs, il peut nous être indifférent, pour le moment, que les êtres en question appartiennent au règne animal ou au règne végétal ; l'important, pour nous, c'est l'action qu'ils exercent sur le sol que nous foulons. Les espèces vivantes se trouvent dans la vase, le long des côtes de plusieurs mers ; à l'état fossile, on les a remarquées dans la craie, dans les pierres à feu et dans le sel gemme ; en outre, de vastes étendues du sol en sont couvertes. Ainsi, tout le terrain de la ville de Richmond et du district environnant, dans l'État de Virginie, en Amérique, se compose d'une couche de diatomées fossiles, de 20 à 50 pieds d'épaisseur, appartenant à des espèces que, dans la mer Glaciale, on rencontre vivantes. Par contre, on a découvert, dans les lacs d'eau douce de l'Afrique occidentale, de semblables organismes vivants, d'une espèce qui est connue, à l'état fossile, en Suède et en Norwége, sous le nom de farine minérale.

Le duché de Lunébourg est généralement considéré comme une lande sablonneuse : ceci n'est vrai que pour quelques parties et pour la surface ; les terrains situés à une certaine profondeur se composent,

sur une étendue de plusieurs centaines de lieues carrées, d'une couche
de diatomées, ayant une épaisseur de 50 à 60 pieds ; on croit même
que ces êtres s'y produisent, s'y multiplient et y meurent encore actuellement, de sorte que, par eux, le sol de ces plaines continue à s'étendre
et à s'élever.

La couche de diatomées du Brandebourg, sur laquelle est bâtie la
ville de Berlin, a une épaisseur encore plus considérable : elle atteint
de 120 à 140 pieds ; mais elle est moins pure que celle du Lunébourg,
attendu qu'il s'y trouve beaucoup d'autres organismes et même des
matières inorganiques. Ces faits ont été consignés par M. Ehrenberg,
en 1857, dans son intéressant ouvrage intitulé : « Les infusoires fossiles
et le terrain vivant, » ainsi que dans un autre ouvrage qu'il publia
en 1845, sous le titre de « Diffusion et influence de la vie microscopique
dans l'Amérique du Nord et dans l'Amérique du Sud. »

Ce que l'on connaît sous le nom de farine minérale, schiste à polir,
tripoli, etc., dans différents pays, notamment aux environs de Bilin,
en Bohême, n'est autre chose qu'une masse de coquilles siliceuses d'êtres
microscopiques, tellement répandus en tous lieux que le capitaine
James Ross en a trouvé jusque dans les régions polaires antarctiques ;
il nous apprend que les côtes de la terre Victoria, ainsi que les alentours du volcan Erebus, se composent de coquilles de diatomées qui,
de même que les foraminifères, existant simultanément, continuent
toujours à modifier la conformation du sol ; l'assemblage de coquilles
siliceuses et de coquilles calcaires sur un même point se présente, du
reste, assez communément.

Quant au mélange de ces débris organiques avec des poussières inorganiques, il est motivé par le fait que les fleuves charrient à la mer des
fragments de roches, pulvérisés par leur frottement continuel, et qui,
dans la mer, se mêlent avec les êtres organiques. Là où ce cas ne se
présente pas, on trouve ces derniers à l'état de pureté ; entre autres, à
l'île de Java, où l'on a constaté leur présence à une hauteur de
4.000 pieds au-dessus du niveau de la mer, et dans d'autres localités,
où, comme en Laponie, ils servent de comestibles. M. de Humboldt
raconte même que certaines peuplades des Antilles en font une friandise, consistant en petits rouleaux d'une pâte préparée avec ces infusoires, et séchée au feu pour en faire une sorte de gâteau que les naturels appellent *ampo* ou *tohnah ampo*.

Nous avons déjà dit que ces êtres microscopiques sont répandus
dans toutes les contrées du globe, depuis les pôles jusqu'à l'équateur :
tous les êtres organiques de notre époque sont diversifiés selon les
climats ; les diatomées, au contraire, ne paraissent ressentir l'influence

ni du froid ni de la chaleur : les espèces trouvées en Chine et au Japon ont été reconnues identiques avec celles qui vivent dans la mer Baltique, sur les côtes de la Prusse. La Nouvelle-Hollande, dont tous les produits organiques se distinguent de ceux de l'ancien continent, possède des espèces qui sont répandues dans les régions torrides de l'Afrique et de l'Asie, aussi bien que dans les contrées froides de l'Europe et de l'Amérique ; les espèces que l'on a découvertes dans les sources chaudes de Carlsbad, se montrent aussi dans le voisinage des pôles ; celles, enfin, qui vivent à la surface de la mer, ont également été trouvées, au moyen de la sonde, à une profondeur de 1,800 pieds, où elles subissaient une pression de 60 atmosphères.

Il y a des faits importants qui s'expliquent par cette faculté de résister, avec plus de force que d'autres êtres organiques, aux impressions du dehors. Les couches les plus anciennes de l'écorce terrestre, celles qui, aussitôt après le refroidissement de la surface, ont été déposées par la mer encore en ébullition, ces couches-là, disons-nous, renferment des diatomées parfaitement conformes aux espèces actuellement vivantes. Les animaux les plus énormes du monde primitif, les mammouths de 14 pieds de hauteur, les tortues de 18 pieds de long, les monstrueux crocodiles et les lézards volants, ont tous disparu de la nature vivante, sans laisser d'autre trace que leurs débris fossiles. Les imperceptibles diatomées, au contraire, ont survécu à toutes les épouvantables révolutions du globe, à toutes les luttes des éléments déchaînés : leurs descendants peuplent encore ces mêmes mers qui ont englouti les ossements des animaux gigantesques, dont pas un seul n'est resté pour reproduire sa race. Si, d'une part, l'extrême petitesse des diatomées explique leur force de résistance, d'autre part leur puissance inouïe de reproduction fait comprendre leur importance pour l'économie de la nature.

Ces organismes ne sont pas, cependant, susceptibles de *génération*, dans le sens physiologique de ce mot ; ils se multiplient par scission, à peu près comme les végétaux. D'un de ces corpuscules, il s'en forme soudain deux, dont chacun grossit, se fend à son tour, en forme encore deux, et ainsi de suite, à tel point qu'on a pu établir, par une observation attentive, que dans des circonstances exceptionnelles, une seule diatomée peut produire en 48 heures un million, et dans l'espace de quatre jours, 150 billions d'individus de son espèce. Une reproduction si énorme n'a pas lieu ordinairement ; mais il est positif que, dans certaines eaux, leur accumulation peut se constater tant à vue d'œil que par le mesurage. La vase qui se dépose dans le port de Pillau (près de Kœnigsberg, en Prusse) est à moitié composée d'organismes microscopiques ; elle nécessite une activité incessante pour le curage du port, attendu que les nouveaux dépôts remplissent tous les ans un espace de 14,000 pieds cubes. Si l'on n'y mettait obstacle, le port deviendrait impraticable, et au bout d'un siècle on aurait là une couche de diatomées d'un million et demi de mètres cubes.

Il serait absurde de prétendre que ces petits êtres ont formé toute la surface terrestre; de supposer que notre globe ait été, dans le principe, une masse purement aqueuse dans laquelle se trouvaient quelques couples de ces petits êtres, qui, en se multipliant, en s'entassant les uns sur les autres, auraient peu à peu construit la planète que nous habitons. Pour se multiplier ainsi, ils devaient d'abord trouver dans l'eau une substance analogue à celle dont ils sont formés. Il est de fait, cependant, qu'on les trouve par couches immenses, et que la coquille, peu après la mort de l'individu qui l'habitait, se transforme en une matière absolument inorganique, une terre siliceuse, dont les gisements ont parfois plus de 50 pieds d'épaisseur et une étendue de plusieurs milliers d'arpents.

Un fait des plus remarquables est celui de l'attraction que ces couches de silice poreuse exercent sur l'eau, que, selon toute apparence, elles parviennent à élever bien au-dessus de son niveau hydrostatique. On trouve ainsi des sources dans des endroits où l'on ne saurait autrement expliquer leur présence, et où elles sont alimentées par la capillarité de la masse d'infusoires morts, tandis que, au-dessus de ceux-ci, elles en font subsister d'autres qui, périssant à leur tour, élèvent de plus en plus le sol et les sources qu'il renferme (1). Quelques-uns de ces infusoires, contenant de l'oxyde de fer, forment les petits amas d'ocre que l'on trouve dans certaines sources. A l'île Barbade, les lits de certains cours d'eau sont entièrement composés d'infusoires, et M. Ehrenberg a constaté, dans la mer, la présence d'une variété particulière, qu'il appelle *polycystines* et qui, de même que les foraminifères, s'accumule par gisements.

La tourbe se compose principalement de débris de végétaux; mais, entre ces débris, s'agitent sans cesse de petits animaux à coquille siliceuse, opérant la séparation des éléments et modifiant la surface, en accumulant la silice par petits monceaux. Dans les profondeurs de certains gisements de tourbe, parfois recouverts de couches de grès, il existe, d'après M. Ehrenberg, des infusoires vivants appartenant à des espèces qu'à la surface on ne rencontre qu'à l'état fossile.

(1) Telle est, du moins, la théorie exposée dans la *Géologie universelle* de BRONN; nous n'oserions pas affirmer que cette élévation des eaux soit causée par la capillarité.

(*Note de l'auteur.*)

Les différents faits que nous venons d'exposer suffiront pour faire comprendre l'importance du rôle que la nature a départi à ces êtres microscopiques. Les 150 billions de diatomées dont nous avons parlé plus haut, occupent tout juste l'espace de deux pieds cubes du schiste à polir de Bilin, en Bohème ; des gisements semblables, mais beaucoup plus importants, se trouvent sur tous les points du globe. Quand M. Ehrenberg nous parle d'un rocher de 1,100 pieds de hauteur, à l'île Barbade, lequel est composé en majeure partie d'organismes microscopiques, il ne cite qu'un seul exemple parmi des milliers encore ignorés. De puissantes couches de marne sont formées, à moitié d'écailles siliceuses de diatomées, et à moitié de coquilles calcaires de foraminifères. Les amas de pyromaques que l'on rencontre si fréquemment dans le terrain crétacé proviennent de débris semblables, et les éruptions des volcans en lancent des nuées ; le feu souterrain n'a guère modifié leur substance, et leur séjour dans les profondeurs inconnues de la terre prouve que nous n'avons pas même les moyens de déterminer les limites assignées à leur action.

Si, dans les terrains tertiaires, on ne trouve pas autant de polypes que dans les formations précédentes, il n'en résulte pas qu'il y en ait eu moins en réalité. Mais les terrains tertiaires, accessibles à la surface, se composant, en plus grande partie, de dépôts d'eau douce que de dépôts marins, on n'y a pas découvert autant de débris, parce que les polypes d'eau douce ont une enveloppe trop frêle pour s'être conservée. Peut-être aussi les sédiments marins qui renferment les polypes de cette époque gisent-ils encore au fond de la mer, et ne seront-ils mis au jour que dans des milliers d'années, par quelque nouvelle révolution de l'écorce terrestre.

Quoi qu'il en soit, les terrains tertiaires contiennent cependant plusieurs espèces de polypes : nous en citerons quelques-unes des plus remarquables. On les trouve dans le calcaire grossier, c'est-à-dire dans l'étage inférieur des terrains tertiaires, partout où cette roche forme des amas considérables ; une de ces espèces, dite *turbinolia*, a donné lieu à la supposition qu'il existait des encrinites dans les terrains tertiaires, leurs polypiers ayant, à première vue, quelque ressemblance avec les encrines ; toutefois, ils sont dépourvus de la tige qui est le caractère distinctif de ces derniers, et n'ont pas non plus leurs longs tentacules mobiles. La *turbinolia* fossile est simplement un polypier de forme très-élégante, dans les innombrables cavités duquel se tenaient les animalcules qui constituaient la partie vivante de l'agrégation, dont l'ensemble formait un seul être.

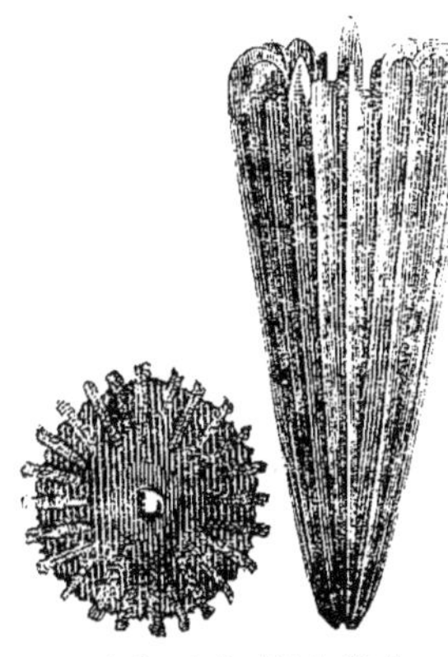

La figure ci-contre représente ce polypier :
sa forme a quelque analogie avec celle d'un
parapluie fermé ; il se compose d'articulations superposées, dont les rayons, au
nombre de 24, sont d'une régularité remarquable : quatre rayons atteignent le
point central ; huit autres n'y arrivent pas
tout à fait, et les douze derniers ne dépassent pas la moitié de la distance de la
périphérie au centre. La même gradation
se présente dans le sens longitudinal, où
quatre rayons seulement font saillie de
haut en bas, huit disparaissent avant d'ar-
river à l'extrémité inférieure, et les douze autres ne sont marqués que
dans la moitié supérieure.

Une autre espèce curieuse est l'*eupsammia* : ce polypier ressemble
à un petit godet, ovale par le bas, évasé du haut, et formant un creux
dans lequel sont disposées les cavités branchiformes qu'habitent les
polypes.

Nous disons plus haut qu'on ne trouve point d'encrines dans les
terrains tertiaires : on a cependant prétendu en avoir trouvé ; l'auteur
en a vu dans des cabinets, pourvus d'étiquettes d'après lesquelles ils
avaient été tirés d'éboulis ou de galets qui couvraient des terrains de
la période tertiaire : or, ces éboulis ou ces galets appartiennent à une
période antérieure ; leur forme, comme éboulis ou galets, est récente,
mais leur origine très-ancienne. Il ne viendra à l'esprit de personne
de conclure, des fragments de granit trouvés dans le sable des landes
du midi de la France, que le granit fait partie des terrains modernes ;
or, de même que l'on rencontre des fragments de granit de toutes les
dimensions, on voit aussi des galets calcaires ou autres, révélant à l'observateur attentif des fossiles très-bien conservés, qui appartiennent
indifféremment à l'une ou à l'autre formation, selon l'époque à laquelle
ils ont été amenés du haut des montagnes par les torrents, ou charriés de loin avec les glaçons.

Par contre, les terrains tertiaires n'en renferment que plus de gastéropodes et de coquillages de tout genre : plus de 4.000 espèces différentes ont été découvertes, classées, dessinées et décrites. La plupart
d'entre elles abondent à notre époque comme dans la période tertiaire,
et pullulent dans toutes les mers. Les quelques espèces qui n'existent
plus de nos jours ne se trouvent pas non plus dans les formations
antérieures à la période tertiaire, mais appartiennent exclusivement à

cette dernière, à l'exception toutefois de cinq d'entre elles, que l'on rencontre également dans l'étage supérieur de la formation secondaire, c'est-à-dire dans les terrains crétacés.

Les bélemnites, dont nous avons parlé pages 146 et suivantes, disparaissent également dans la formation tertiaire ; on n'y trouve que les espèces qu'on nomme *beloptera* et *belopsia* et qui forment en quelque sorte la transition des bélemnites à la seiche de notre époque : la ténuité de leur charpente calcaire, comparée à celle des bélemnites, distingue ces espèces des précédentes.

Les coquillages que l'on rencontre aussi bien dans la nature vivante que parmi les fossiles de la formation tertiaire, nous prouvent que les contrées où ces fossiles sont ensevelis jouissaient jadis d'un climat plus doux qu'aujourd'hui ;—la preuve en est dans ce fait que les mêmes espèces habitent actuellement des régions plus méridionales. Ainsi, les espèces que l'on trouve à l'état fossile dans le nord de l'Allemagne habitent aujourd'hui la Méditerranée, et font défaut — à très-peu d'exceptions près — à la mer du Nord et à la mer Baltique.

Il est beaucoup d'endroits où les coquillages se trouvent à foison dans des couches considérables de sédiments d'eau douce : telle est la vallée du Rhin, depuis Bâle jusqu'à Bonn, dont le sol se compose d'un conglomérat d'argile, de calcaire, de sable et de mica d'alluvion. On y

a constaté que la plupart des espèces auxquelles se rapportent ces débris organiques sont encore vivantes, aussi bien au point où les sédiments se déposent, que là où le Rhin les charrie, comme en Suisse.

Plus on descend dans la formation tertiaire, moins on trouve de concordance entre les fossiles et les espèces vivantes ; l'analogie grandit, au contraire, à mesure que l'on se rapproche des terrains modernes.

Parmi les espèces les plus répandues, nous citerons le *cerithium*, dont une variété, dite *hexaèdre*, est représentée ci-contre ; cette espèce compte plus de 500 variétés, en y comprenant celles de notre époque ; dans les couches supérieures des terrains tertiaires, on trouve ces coquillages par quantités telles, qu'ils forment le principal élément d'une sorte de pierres à bâtir qu'on extrait du calcaire grossier.

Celui-ci renferme également l'*hyalæa*, très-estimée dans les cabinets de conchyliologie, à cause de sa rareté ; sa frêle coquille paraît faite du verre le plus mince. Elle ressemble tout à fait à ces petits bénitiers

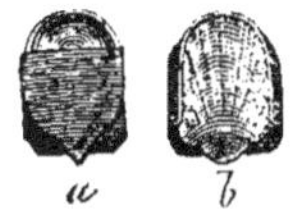

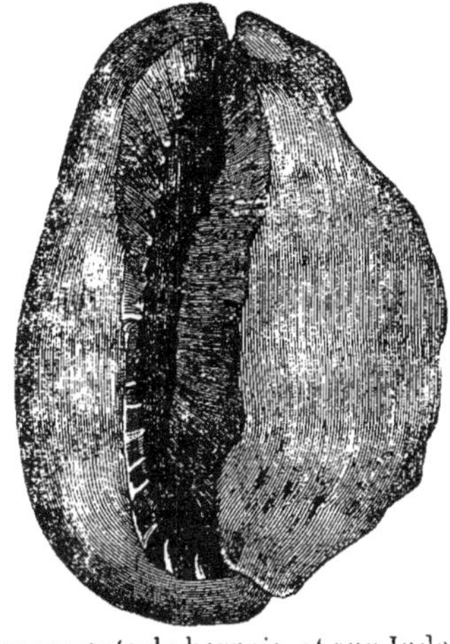

que, dans les pays catholiques, on voit dans les maisons. Les figures *a* et *b* de la gravure ci-contre représentent sous deux aspects différents la variété dite *hyalœa orbyniana* ; la fig. *a* nous en montre le devant, et la fig. *b* le dos ; en voyant la fig. *a*, on dirait qu'on n'a plus qu'à y percer un trou pour l'accrocher au mur ; le dos *b* est tout à fait plat ; la partie plus petite de *a* est une coquille très-bombée, formant un godet dans lequel pouvait se retirer l'animalcule, qui appartenait à la famille des ptéropodes.

Au nombre des plus belles espèces, on compte les *porcelaines* (appelées vulgairement *coquilles de Vénus*), dont les petites variétés sont employées chez nous comme ornements de harnais, et aux Indes comme monnaie de billon (*cauris*) ; de la variété dite *porcelaine argus*, on fait des tabatières. Les archives du monde primitif renferment cette espèce en abondance, sauf les *cauris*, que l'on ne connaît pas à l'état fossile. Le plus bel ornement de ces coquilles est leur surface lisse et polie, produite par la substance nacrée qui en enduit les deux faces. La gravure ne saurait en donner une idée ; nous reproduisons néanmoins, dans la figure ci-dessus, la variété nommée *cypræcassis rufa*, qui habite aujourd'hui l'océan Pacifique ; à l'état fossile, on la rencontre fréquemment dans les terrains tertiaires.

Parmi les animaux articulés, les crustacés jouent, dans ces mêmes terrains, un rôle important. Ici encore nous voyons le passé se lier en quelque sorte au présent ; depuis les *cirrhipèdes* (que Burmeister a démontré, par des arguments irréfutables, devoir être classés, non parmi les mollusques, mais parmi les crustacés) jusqu'aux homards et aux crabes, on trouve toutes les espèces aussi bien à l'état fossile (*crustacites*), dans la formation qui nous occupe, qu'à l'état vivant, dans la nature actuelle. Le genre le plus connu est celui des *squilles* ou *mantes de mer*, de la Méditerranée, et le crabe proprement dit, qui se distingue par sa forme aplatie et ronde, et par l'absence de la queue, qui, chez les autres animaux de cet ordre, constitue le plus puissant organe de locomotion.

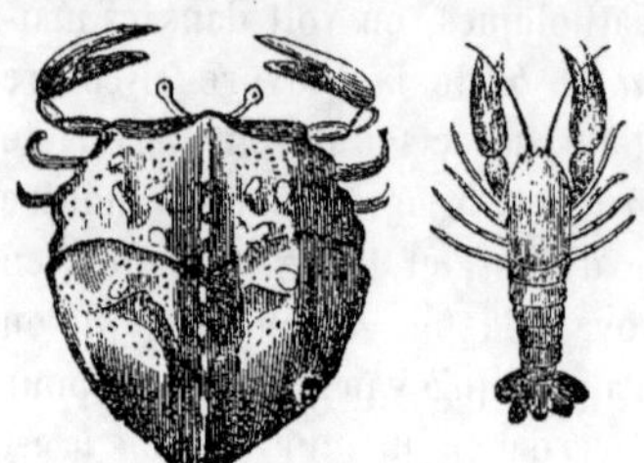

Ici aussi , la marche vers un développement plus parfait est distinctement reconnaissable. Les figures ci-jointes montrent combien les crustacites de la période tertiaire sont déjà différents des trilobites, appartenant exclusivement aux formations plus anciennes ; les fossiles représentés ici se distinguent si peu des espèces vivantes, que nous les considérerions volontiers comme identiques.

Des crustacés aux insectes, la transition est si peu marquée, qu'anciennement les écrevisses étaient classées parmi les insectes. Aujourd'hui, les classifications sont mieux définies ; les familles des cloportides et des asellides, qui semblent intermédiaires entre les insectes et les crustacés, sont rangées à bon droit, par les zoologues modernes, parmi ces derniers. Ce sont des crustacés terrestres, qui ont la plus grande ressemblance avec les trilobites ; certaines espèces, telles que l'armadille, ont même, comme eux, la faculté de se rouler en boule.

On trouve, renfermés dans l'ambre jaune, des exemplaires admirablement conservés de fossiles provenant de ces différentes espèces ; on les désigne quelquefois par le nom générique d'*oniscides*, tiré du grec (*oniscos*, petit âne, *aselius* en latin), peut-être parce que l'on a trouvé que le dos de ces petits crustacés ressemblait à celui de cet animal.

L'ambre jaune est très-précieux pour l'étude des insectes antédiluviens. Il découlait, sous forme de résine gluante, de l'arbre dont il est le produit : l'insecte qui, du bout de la patte ou de l'aile, touchait cette substance, se trouvait saisi et bientôt enveloppé par elle. La résine, imputrescible, préservait également de la putréfaction les insectes qu'elle englobait ; c'est ainsi que nous les retrouvons parfaitement conservés dans toutes leurs parties et par centaines d'espèces différentes. Le docteur Berendt, de Dantzig, possesseur d'une des plus belles collections d'insectes de cette nature, a considérablement avancé, par ses travaux, l'entomologie du monde antédiluvien, laquelle, sans lui, ne comprendrait qu'un très-petit nombre d'insectes. Hors du succin, on trouve cependant des insectes fossiles, en assez grandes quantités, dans les sédiments d'eau douce ; là, par exemple, où un ancien lac s'est desséché, le fond marneux, durci, renferme beaucoup d'insectes aquatiques, de scarabées et d'aptères.

De même que les autres classes du règne animal, les insectes de la période tertiaire annoncent un développement plus parfait que ceux des époques précédentes. et les insectes *à métamorphose complète* y possèdent un plus grand nombre de représentants.

On entend par *métamorphose* des insectes, les transformations que la plupart d'entre eux subissent dans le cours de leur existence. et qui sont au nombre de trois. En sortant de l'œuf, l'insecte est d'abord larve ou chenille ; puis il devient nymphe ou chrysalide, et enfin insecte parfait. pondant. à son tour, des œufs d'où sortent des larves, etc. La métamorphose complète est. chez les insectes. l'apogée du développement physique ; les insectes à demi-métamorphose. comme certaines espèces de mouches qui. au lieu d'œufs, déposent des larves vivantes, sont des êtres moins développés que les papillons.

Si, guidés par la connaissance de ce fait. nous abordons l'étude de l'entomologie antédiluvienne, nous trouvons tout d'abord que la proportion entre les insectes à métamorphose et les insectes sans métamorphose, est tout autre que dans la nature actuelle. Aujourd'hui. les neuf dixièmes des insectes sont compris dans la première catégorie. Dans le monde primitif, cette proportion devient de plus en plus faible, à mesure que les terrains sont plus anciens. Le nombre des insectes est immense : il comprend les quatre cinquièmes de tout le règne animal ; ceux à demi-métamorphose passent par l'état de nymphe. mais non par celui de chrysalide immobile. et parfois. au lieu de sortir d'un œuf. ils naissent à l'état de larves vivantes. Et de même que les premiers végétaux de la terre ont été sans fleurs. comme les équisétacées. les fougères et les lycopodes. de même les insectes à demi-métamorphose. sauterelles. blattes. etc.. se présentent les premiers ; aujourd'hui encore. les insectes ne séjournent guère sur nos lycopodiacées et nos prêles.

Les premiers insectes à demi-métamorphose se présentent dans la formation houillère ; peu après, on trouve des scarabées, des fourmis et des mouches. Mais c'est là tout. et le nombre des espèces est très-limité. car il ne dépasse pas 126 pour les deux plus anciennes formations : dans les terrains tertiaires. en revanche. on a rencontré plus de mille espèces différentes : deux localités. entre autres, Oeningen sur le Rhin. et Radoboy en Croatie. ont. à elles seules. enrichi les collections entomologiques de près de 500 espèces. trouvées dans leurs roches schisteuses. Ici. la marche ascendante du développement de cette classe d'animaux saute aux yeux : la proportion des insectes à métamorphose complète atteint déjà les deux tiers du nombre total. Elle progresse jusqu'à notre époque. puisque aujourd'hui. comme nous l'avons déjà dit. il y a tout au plus un dixième de la totalité des insectes qui ne subisse pas la métamorphose complète.

Les insectes qu'on rencontre le plus fréquemment à l'état fossile, dans la formation tertiaire, sont d'abord les termites ou *fourmis blanches,* qui aujourd'hui nous viennent des pays chauds, principalement des Indes, puis les cicadaires, les libellules, dont la figure ci-après

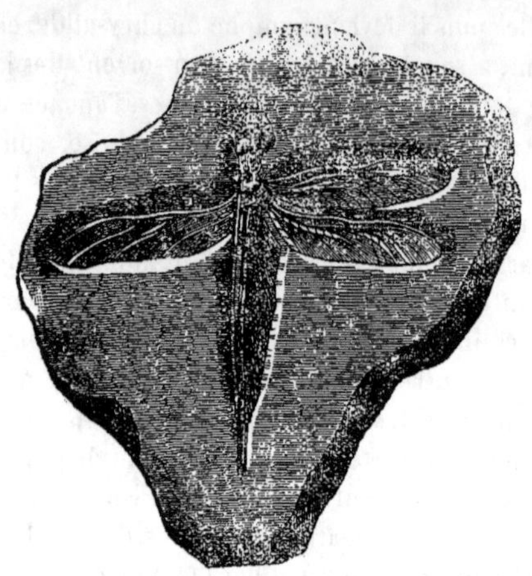

représente un exemplaire, parfaitement conservé, à une aile près, dans le schiste calcaire de Solenhof, — les sauterelles, les mouches, les abeilles, les odynères ou *guêpes de murailles,* et les scarabées. En fait de fourmis, les schistes de la Croatie en renferment à eux seuls 66 espèces différentes, c'est-à-dire 26 de plus qu'il n'y en a aujourd'hui dans toute l'Europe. En général, cependant, ces insectes fossiles paraissent indiquer, comme d'ailleurs tous les fossiles, que les pays où on les retrouve jouissaient jadis d'un climat plus chaud qu'aujourd'hui, car ils correspondent presque toujours à des espèces qu'on ne rencontre vivantes qu'aux Indes orientales et dans l'Amérique du Sud.

L'ambre jaune renfermant des insectes les a maintenus, pendant des milliers d'années, dans un état de conservation si parfaite, que les parties les plus délicates de leur corps s'y retrouvent absolument intactes. On y voit, par exemple, des diptères accouplés, des toiles d'araignée, des insectes dont les ailes sont restées ouvertes, comme si la résine les avait saisis au vol.

Après tout ce que nous avons dit de la formation tertiaire en général, on croira sans peine que les animaux vertébrés, et d'abord les poissons, y aient de nombreux représentants : partout la population de la terre s'était accrue, et celle de la mer encore plus. Les animaux marins présentent, à leur tour, une plus grande affinité avec les espèces actuelles.

Les poissons fossiles les mieux conservés sont, comme de raison, à écailles osseuses ou cornées, tels que l'esturgeon; mais ce ne sont pas les plus nombreux ; on rencontre plus fréquemment les poissons ordinaires, à squelette osseux et à écailles plates; le poisson fossile le plus répandu est le requin : on retrouve ses débris, et surtout ses dents, en quantités inouïes. Il est à supposer que ce monstre vorace se multipliait en raison de la nécessité de ramener à une limite plus étroite la masse des poissons, dont la reproduction extraordinaire aurait fini par combler l'espace.

On peut voir, par la figure ci-dessus, combien les dents de ces monstres étaient aiguës et fines, d'une forme toute particulière et propres à s'introduire avec facilité dans leur proie; presque toutes sont à double tranchant; courbées comme des languettes de feu et dures comme le diamant. L'absence de racines, de la forme ordinaire du moins, avait d'abord fait voir en elles des langues fossiles d'oiseaux ou de serpents : les premières ont en effet quelque analogie avec ces dents; on oubliait que la chair n'est pas plus susceptible de se pétrifier que la masse cérébrale. L'anatomie comparée fit enfin reconnaître le véritable caractère de ces fossiles : les dents du requin, n'étant point plantées dans l'os de la mâchoire, mais dans la chair des gencives, n'ont pas de racines pointues, mais sont fixées sur une base large qui, par conséquent, ne s'est pas brisée et nous a été parfaitement conservée, tandis que la chair qui l'entourait est tombée en putréfaction.

Parfois, on retrouve tout l'appareil dentaire des raies, lequel se distingue de celui des requins, en ce que les dents, au lieu d'être fixées sur plusieurs rangées dans la gencive, le sont dans des plaques cornées qui revêtent les mâchoires. La raie est remarquable, d'abord par sa forme aplatie, qui lui permet de nager dans les eaux les moins profondes, même lorsqu'elle atteint une longueur de 14 pieds sur 17 à 20 de largeur ; elle peut ainsi, dit-on, envelopper de son corps aplati, comme d'un manteau, l'homme qu'elle rencontre se baignant dans la mer, et l'entraîner au fond pour le noyer, quoiqu'elle ne se nourrisse pas de chair humaine ; sa queue est garnie de deux épines très-pointues, que le vulgaire croit venimeuses, bien qu'elles ne soient percées d'aucun canal qui puisse livrer passage au venin ; leur piqûre occasionne une vive douleur, que l'on aura attribuée à son action. Les mers antédiluviennes fourmillaient de raies de toute espèce, y compris la *torpille* ou raie électrique, reconnaissable à ses nageoires disposées en cercle tout autour du corps. Des torpilles ont été découvertes aux environs de Vérone, dans le mont Bolca, célèbre par ses nombreux fossiles ; elles s'y présentent avec des dimensions beaucoup plus considérables que celles des torpilles qui habitent aujourd'hui la Méditerranée.

Le calcaire grossier du mont Bolca a déjà fourni 77 genres de poissons, comprenant 127 espèces différentes, dont 59 genres — comprenant 81 espèces — sont encore vivants actuellement ; 46 espèces paraissent éteintes ; nous disons *paraissent,* parce qu'on ne peut pas l'affirmer avec certitude, la totalité des poissons actuellement vivants étant loin d'être connue. Les espèces fossiles ont aujourd'hui leurs représentants presque exclusivement dans les mers australes ; tel, par exemple,

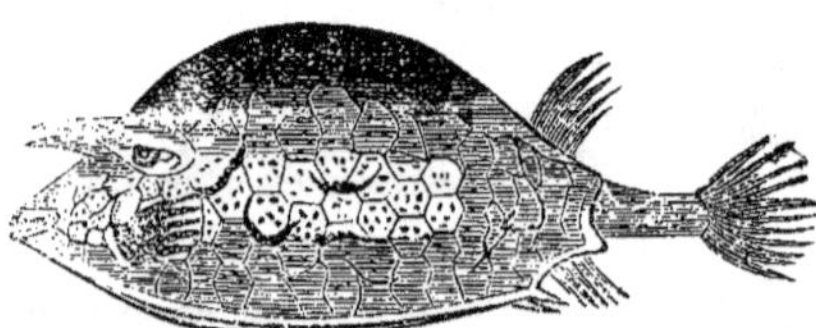

l'*ostracion quadricornis* (V. la figure ci-contre), ou le *coccosteus cuspidatus* (V. la figure suivante) ; le premier est remarquable par la singulière disposition de ses yeux, fixés sur de véritables cornes ; l'autre poisson fait partie de l'ordre des *ganoïdes ;* de larges plaques osseuses lui tiennent lieu d'écailles, et il n'a pas de nageoires : la queue est son unique organe de locomotion ; il a beaucoup de ressemblance avec la garde-lotte ou barbote, avec cette différence que son corps n'est pas rond, mais aplati.

Aix, en Provence, est également une localité célèbre pour ses poissons fossiles. On y rencontre surtout une espèce de carpe, *lebias cephalotes,* qui se distingue des autres carpes par sa bouche garnie de dents. Cette espèce existe encore de nos jours dans les eaux douces de la Provence. Elle comprend des petits poissons, longs d'un pouce,

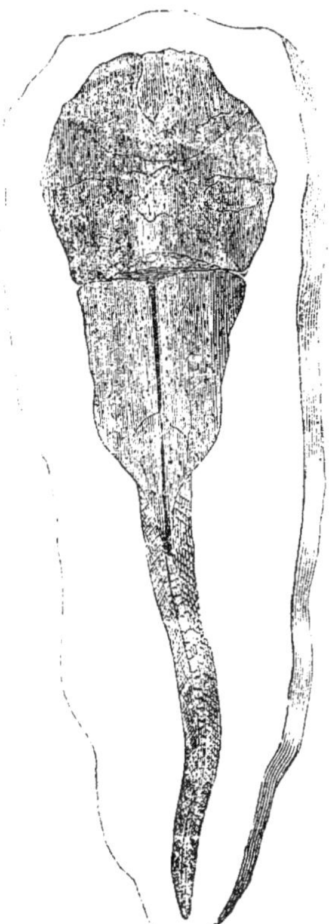

que l'on trouve réunis par centaines dans un fragment, gros comme la main, du schiste qui les renferme à l'état fossile. Le naturaliste Agassiz en a dessiné dans son excellente iconographie des poissons fossiles; la figure ci-dessous est gravée d'après ses dessins.

Dans les formations antérieures, les amphibies se trouvaient être les animaux les mieux développés; dans les terrains tertiaires, il n'en est plus ainsi ; précédemment, ils étaient aussi les animaux les plus forts, les plus nombreux et les plus grands, ce qui n'est plus le cas non plus dans la formation qui nous occupe. On y trouve en tout une cinquantaine de familles d'amphibies, dont 16 de tortues, 8 de sauriens du genre crocodile, autant de batraciens, six autres familles d'amphibies nus, c'est-à-dire de salamandres, et 8 familles de serpents.

C'est une salamandre qui a donné lieu à l'étrange méprise par suite de laquelle on a cru avoir trouvé un homme fossile. Hâtons-nous de le dire, il n'existe pas d'homme fossile. Voici ce qui est arrivé. Au commencement du siècle dernier, un savant suisse, Scheuchzer, annonça pompeusement qu'il avait découvert un squelette fossile humain, *homo diluvii testis,* comme il s'avisa de l'appeler. C'est à Oeningen, sur le Rhin,

que la trouvaille avait été faite : la tête, la colonne vertébrale,
les bras, les jambes, — pour les naturalistes de ce temps-là, — étaient

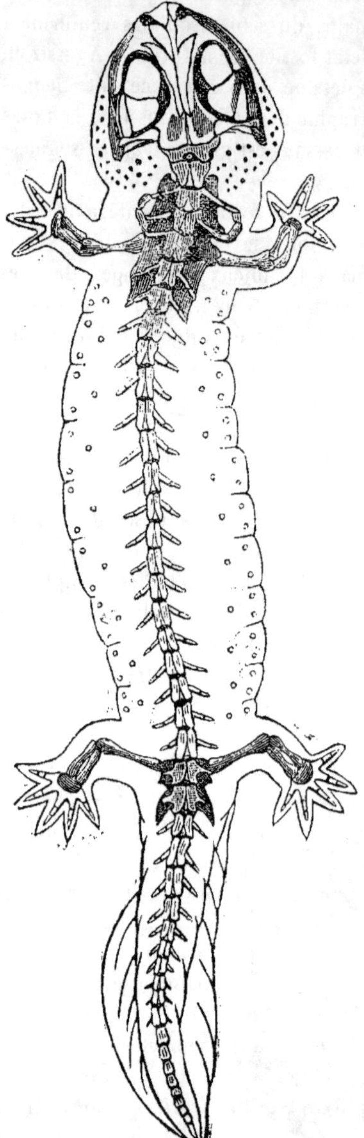

ceux d'un squelette humain.
Pendant assez longtemps, ce
« préadamite » fit grand bruit;
mais, bien qu'on invoquât à l'appui de son existence la découverte, sur les côtes de la
Guadeloupe, de véritables squelettes humains pétrifiés, on finit
par reconnaître sa nature réelle,
grâce encore à l'anatomie comparée. On constata que les fragments trouvés à Oeningen avaient
appartenu à une salamandre gigantesque, ce que ne tarda pas
à confirmer la découverte, sur
les bords du Rhin et au Japon,
de squelettes complets, de 3 à
5 pieds de long, de ces animaux
antédiluviens. Et quant aux
« hommes fossiles » de la Guadeloupe, il fut reconnu que la
pétrification de ces squelettes
avait été causée par l'eau de
mer, qui, s'infiltrant à travers
la mince couche de terre d'un
cimetière (établi depuis la conquête de l'Amérique par les
Européens), avait enduit les ossements d'une sorte de tuf
calcaire.

La figure ci-contre représente
un squelette complet de cette
espèce de salamandre, autour
duquel on a tracé les contours
probables du corps de l'animal.
En voyant le dessin, on a peine
à comprendre comment on a pu
confondre ce squelette avec celui
d'un homme; il faut se rappeler que l'on n'avait d'abord trouvé que des

fragments ; que presqu'un tiers du squelette, à partir des extrémités postérieures, faisait défaut ; que les bras étaient mutilés, tandis que les doigts se présentaient à l'état de conservation parfaite ; et qu'enfin une ressemblance lointaine avec le squelette humain pouvait — l'imagination aidant — devenir une identité parfaite, aux yeux de celui qui voulait à toute force prendre ses désirs pour des réalités.

Nous devons encore faire mention d'un autre animal dont la forme rappelle les sauriens et les salamandres, et qui paraît appartenir à la période tertiaire, quoique l'on ait prétendu le classer, sous le nom d'*hydrarchos* ou de salamandre géante, parmi les fossiles de la formation secondaire. Nous avons fait allusion, page 176, à l'hydrarchos, comme à un animal fabuleux : en effet, les dernières recherches de la science n'ont trouvé d'analogue à ce prétendu saurien que les débris d'un animal qu'on a nommé *zeuglodon* et classé parmi les cétacés. Des débris de ce genre avaient été découverts par M. A. Koch, à cinq lieues au nord de Mobile, près de l'embouchure du Tombekbee dans l'Alabama ; ce fossile parut à M. Koch trop défectueux et d'une dimension insuffisante, si bien qu'il s'avisa de le compléter (ou plutôt de le défigurer), en y intercalant des vertèbres dorsales et caudales en plâtre, portant ainsi la longueur du squelette à 114 pieds ; après quoi, il vint le montrer en Europe, sous le nom d'hydrarchos, jusqu'à ce que, le musée zootomique de Berlin en ayant fait l'acquisition, on le débarrassa de toute interpolation hétérogène et le réduisit à une longueur de 75 pieds.

Les étages inférieurs des terrains tertiaires de l'Alabama et de la Caroline du Sud sont la véritable patrie des premiers mammifères fossiles ; dans plusieurs endroits, ils sont tellement rapprochés de la surface, qu'on en met à nu des fragments en bêchant ou en labourant la terre. Des fouilles, à une faible profondeur, ont amené la découverte de squelettes entiers de l'espèce dont nous parlions tout à l'heure. Cet animal est donc aujourd'hui suffisamment connu. C'était indubitablement un cétacé ; il avait, toutefois, le corps plus élancé et la tête beaucoup plus petite que ne l'ont les baleines et les dauphins ; cette tête, longue d'environ six pieds, n'atteignait pas le douzième de la longueur totale du corps, tandis que, chez les baleines, la proportion de la tête au corps est d'un quart ou même d'un tiers. Ce monstre ne paraît pas non plus avoir été aussi inoffensif que notre baleine franche ; ses dents aiguës et puissantes trahissent une grande voracité, et la structure de ses robustes mâchoires semble prouver qu'il ne se bornait pas, comme la baleine, à dévorer des animaux d'un petit volume ; sa conformation svelte, qui pourrait faire prendre son squelette pour celui d'un serpent colossal, dénote en outre une grande agilité. C'est là peut-être ce qui, surtout après les « embellissements » dont M. Koch avait affublé le squelette du *zeuglodon*, a remis en vogue la vieille fable du serpent de mer, sur laquelle les journaux américains, connaissant la propension de leurs compatriotes au *puff* et au *humbug*, ont brodé toute espèce de récits fantastiques.

Les premiers mammifères fossiles que l'on rencontre dans les terrains tertiaires sont de ceux qui terminent la série des fossiles de la formation précédente, c'est-à-dire des embryopares ou marsupiaux, les plus imparfaits parmi les mammifères ; aujourd'hui, à l'exception des sarigues, ils sont confinés dans les terres de l'Australie. Pendant la période tertiaire, ils étaient beaucoup plus répandus : on en trouve les fossiles dans le plâtre de Montmartre, dans le crag de Suffolk et de Stonesfield, ainsi que dans une foule d'autres localités. Mais ce qui semble démontrer que ces animaux ont été créés principalement pour les contrées qu'ils habitent encore aujourd'hui, c'est que toutes les espèces de marsupiaux encore vivantes ont été retrouvées, dans les roches de la Nouvelle-Hollande exclusivement, à l'état fossile proprement dit, c'est-à-dire non pas enduits simplement d'une infiltration calcaire, mais pétrifiés avec la roche qui les renferme. On y trouve aussi bien le petit dasyure (*dasyurus Maugei* Geoff.) que l'espèce beaucoup plus grande et plus rapace, qui paraît avoir séjourné dans les cavernes à ossements de la vallée Wellington, à l'ouest des Montagnes Bleues, sur le fleuve Macquaire ; ses débris, comme ceux du kangourou ruminant, — (*halmaturus gigas*, le plus grand des mammifères australiens), et d'une autre espèce colossale, entièrement perdue (*halmaturus titan* ou *macropus major* Shaw). — y sont enfouis pêle-mêle avec d'autres restes d'animaux de la Nouvelle-Hollande.

D'autres fossiles d'ailleurs prouvent qu'il a existé, dans la Nouvelle-Hollande, des animaux de grande taille : on a trouvé, entre autres, les débris d'un animal de la grandeur probable du rhinocéros, mais qui paraît avoir appartenu plutôt à l'ordre des rongeurs qu'à celui des marsupiaux ; ses incisives, aiguës comme le tranchant d'un ciseau, sont dirigées en avant, ce qui devait les rendre propres à scier ou à ronger les noyaux pierreux de certains fruits, tels que les noix de coco.

La charpente osseuse de ces animaux se rapporte néanmoins aux marsupiaux ; l'étrangeté de ces faits dénote que la nature, en peuplant cette partie du monde, a suivi un plan tout particulier, dont les anomalies sont pour nous aussi surprenantes qu'inexplicables.

LA FORMATION TERTIAIRE.

Suite.

Les pachydermes du monde primitif : — dinothérium. — hyothérium. — palœothérium. — anoplothérium. — hippopotame, — rhinocéros, — siwathérium, — mammouth. — mastodonte. — Les rongeurs. — Les édentés. — Le cheval fossile. — Les ruminants : — renne, — cerf géant. — Les simiens. — Les mammifères marins ou cétacés. — Les bêtes fauves. — Les oiseaux fossiles. — Les gouttes de pluie pétrifiées. — Les insectes.

Jusqu'ici nous n'avons parlé que de ceux des fossiles de la formation tertiaire, qui se trouvent aussi dans les terrains antérieurs ; il nous reste à nous occuper des fossiles propres à cette période plus récente.

La figure ci-dessous représente un animal antédiluvien dont la race

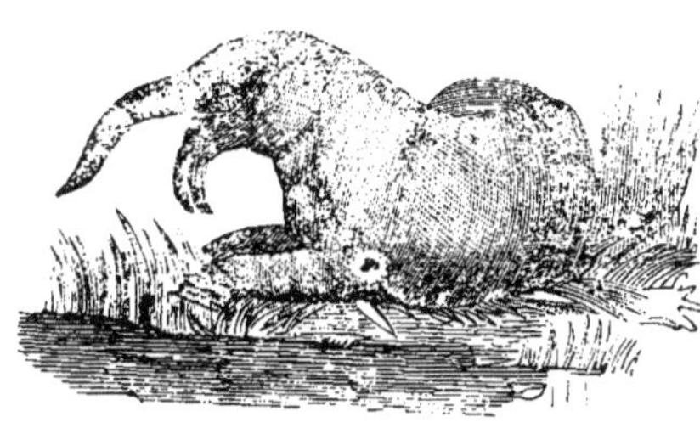

est éteinte : le *dinothérium* (du grec *deinos*, terrible, et *thér* ou *thérion*, bête féroce). Les débris incomplets qu'on en a retrouvés ne permettent pas de déterminer s'il faut le ranger parmi les animaux terrestres ou fluviatiles ; s'il était de ces derniers, il aurait quelque affinité avec l'hippopotame, et ses dimensions colossales, ainsi que ces défenses (dirigées vers la terre) perdraient en partie ce qu'elles semblaient avoir de redoutable au premier abord. L'hippopotame a des défenses semblables dont il se sert pour gravir les rivages escarpés. Les molaires du dinothérium dénotent un animal frugivore ; peut-être aussi se servait-il de ses défenses pour déraciner des végétaux aquatiques. La tête ayant 3 1/2 pieds de long sur 2 1/2 de large, la longueur totale de son corps a dû être d'environ 25 pieds, ce qui le mettrait au nombre des colosses du règne animal, en le supposant terrestre ; car la baleine, animal marin, atteint près de quatre fois cette taille. La structure de la tête indique que le dinothérium était muni d'une trompe ; c'est pourquoi la plupart des naturalistes le représentent à peu près sous la forme d'un tapir, et le classent parmi les pachydermes (éléphant, rhinocéros, hippopotame, porc). Cuvier est d'avis que ce colosse du monde primitif n'habitait pas la mer ; en effet, ses restes ont été trouvés dans les *roches terrestres* de la formation tertiaire de l'Allemagne méridionale, du nord de la France, de la Grèce et des Indes, entremêlés de débris d'éléphants, de rhinocéros et de chevaux.

Le plus petit de tous les pachydermes fossiles a beaucoup d'analogie avec nos cochons : on l'appelle *hyothérium* ; il se trouve fréquemment dans les roches tertiaires le long du Rhin ; dans les tourbières d'Irlande et d'Angleterre, on rencontre parfois des défenses et d'autres débris du sanglier proprement dit, mais il n'est pas bien constaté que ce soient des fossiles.

Le *palæothérium* appartenait à l'époque la plus reculée de la formation tertiaire, et comme ses débris cessent de paraître dans les terrains de date moins ancienne, on est fondé à croire qu'à l'époque du déluge, cette famille était entièrement perdue. D'après la conformation des os de la tête, le *palæothérium* avait la plus grande ressemblance avec le tapir ; sa taille ordinaire correspondait à celle du cheval, mais on en trouve des espèces de grandeurs diverses, notamment dans l'Amérique du Nord ; une de ces familles formait la transition du tapir au rhinocéros ; les espèces les plus petites ne dépassaient pas la taille du lièvre.

A côté de ces débris, on trouve ceux d'un animal également disparu, l'*anoplothérium* (du grec *anoplos,* sans armes) ; il avait le pied fourchu comme le cerf et le chevreuil. La plus grande espèce était à peu près de la taille de ce dernier, la plus petite, de celle d'une très-petite loutre ; c'est d'après la conformation de ses dents que les zoologues l'ont classé parmi les pachydermes ; sa forte queue rappelle le kangourou, qui s'en fait un appui, mais l'analogie cesse aux pattes de devant, qui sont beaucoup plus longues. Le squelette de cet animal se distingue par une crête placée au-dessus des épaules : peut-être avait-il une bosse comme le chameau.

Les ossements fossiles des deux dernières espèces ont été trouvés dans les carrières à plâtre aux environs de Paris, en grande abondance et si parfaitement conservés qu'ils surpassent en beauté les squelettes artificiels ; ils ont fourni à Cuvier l'occasion d'étudier leur structure jusque dans les plus petits détails et d'en tirer des inductions, non-seulement au sujet de la conformation du corps, mais aussi à l'égard de son pelage ; quelle que soit la valeur de ces inductions, toujours est-il que l'*anoplothérium*, comme aujourd'hui le cochon, qui joint aux propriétés des pachydermes le pied fourchu des ruminants, formait la transition de ceux-ci aux pachydermes.

L'hippopotame, connu dès la plus haute antiquité, et relégué aujourd'hui dans l'intérieur de l'Afrique, entre les cataractes du Nil et le désert, paraît avoir été plus répandu pendant les époques antédiluviennes ; on a trouvé de ses débris dans une foule d'endroits. Le cabinet d'histoire naturelle de Florence en renferme un si grand nombre, que Cuvier en a pu recomposer un squelette entier ; on les rencontre aussi dans le Yorkshire, en Angleterre, et parfois, mais plus rarement, en Allemagne.

Après l'hippopotame vient, dans l'ordre ascendant, le rhinocéros, qui présente, à l'état fossile comme dans la nature vivante, la même subdivision en espèce unicorne et en espèce à deux cornes. La corne du rhinocéros, quoiqu'elle ait pu lui servir une fois par hasard à éventrer un éléphant, n'est pas plus une arme que les fanons de la baleine ne sont des dents ; l'une et les autres sont formés, non d'une substance cornée ou osseuse, mais d'un amas de poils agglutinés. Toutefois, les cornes des rhinocéros sont assez larges et assez épaisses pour épouvanter les bêtes fauves les plus hardies, d'autant mieux que le rhinocéros est à peu près invulnérable, la balle du chasseur ne pouvant, pas plus que la griffe du tigre, entamer sa peau rugueuse, épaisse et plissée.

On trouve des débris fossiles de rhinocéros dans les terrains tertiaires inférieurs, mais plus encore dans les terrains tertiaires supérieurs, et toujours mêlés à des débris d'éléphants. La Sibérie est très-riche en ossements et en cornes de rhinocéros : elles ont jusqu'à trois pieds de long, et sont tellement bien conservées, que les naturels du pays les emploient à fabriquer leurs arcs. Dans le diluvion des bords de la Lena, aux environs d'Irkutsk, on a trouvé des cadavres tout entiers, avec la peau et les poils, parmi lesquels on a pu, aux particularités des dents, des os et des cornes, reconnaître plusieurs espèces distinctes, dont cinq se montrent aussi dans les terrains tertiaires de l'Allemagne.

Dans ces derniers temps, les constructions de voies ferrées ont rendu plus fréquentes les découvertes de débris fossiles antédiluviens. C'est ainsi que, dans les travaux de terrassement de la ligne saxo-bavaroise, en perçant au-dessus d'une roche porphyrique, on atteignit d'abord un dépôt diluvien, puis, à la profondeur de douze pieds au plus, une couche de sable brunâtre, intercalée entre une terre glaise et un sable marin blanc. Le sable brunâtre renfermait une quantité d'ossements de rhinocéros, de l'espèce que Cuvier appelle *rhinoceros tichorhinus*.

Le crâne et les dents étaient très-bien conservés; les autres os ont été, en partie, brisés par l'inadvertance des ouvriers; néanmoins, le squelette a pu être recomposé et se conserve à Altenburg, dans le musée de la Société des naturalistes.

Dans l'Inde, on a trouvé les débris fossiles d'un animal que, d'après une idole (*Siwa*) adorée dans ces parages, on a nommé *siwathérium*; on n'est pas sûr qu'il ait appartenu à la famille des rhinocéros ; de toute manière ça a dû être un monstre étrange et formidable. D'après le crâne, il avait la taille de l'éléphant; la conformation de ses dents dénote un herbivore, voire même un ruminant, mais les autres parties de la tête ne présentent d'analogie avec aucun animal connu. Cette tête était surmontée de quatre puissantes cornes, dont deux au haut du front, et les deux autres, beaucoup plus grandes, vers la région des sourcils, toutes les quatre fortement divergentes et plantées sur des apophyses du crâne, lesquelles, à elles seules, donnent à la tête un aspect tout à fait insolite et terrifiant.

Les os du nez, très-proéminents, font supposer que cet animal était muni d'une trompe; mais comme on n'a encore retrouvé de lui que la tête, il serait téméraire d'en conclure à la conformation du corps. On n'en est que plus fondé à s'étonner de ce qu'un naturaliste aussi distingué que Geoffroy se soit avancé à donner à cet animal le nom de *camelopardalis primigenius*, c'est-à-dire girafe primitive; une tête si lourde et munie d'armes si terribles ne pouvait surmonter le cou élégant et svelte de la girafe.

De tous les animaux antédiluviens, de même que de tous ceux de notre époque, le plus colossal est l'éléphant, avec cette différence que l'éléphant primitif avait le double de la taille de l'éléphant actuel et atteignait une hauteur de 19 à 20 pieds. On trouve plusieurs espèces d'éléphants fossiles, parmi lesquels on distingue ordinairement, sous le nom de *mammouth*, l'espèce asiatique, et sous le nom de *mastodonte*, l'espèce américaine; mais les débris retrouvés appartiennent indubitablement à un plus grand nombre de variétés.

Le mammouth est particulier à tout l'hémisphère boréal, et non pas à l'Asie seulement, où l'on en a trouvé les premiers débris. Otto de Guerike, l'inventeur de la machine pneumatique, fut témoin, en 1663, de la découverte d'ossements d'éléphants, aux environs de Quedlinbourg, dans les roches du *Sevekenberg*, enfouis dans la terre glaise qui remplissait les fissures du calcaire coquillier. Les énormes défenses furent prises pour des cornes, et le célèbre Leibnitz s'avisa de composer de ces débris un animal étrange, fantastique, portant une défense (en guise de corne) au milieu du front, et une douzaine de molaires,

longues d'un pied, dans chaque mâchoire (1), après quoi il donna à ce
produit de son imagination le nom de *unicornu fossile.*

Pendant un demi-siècle, on crut à ce monstre fabuleux, dont la description et le dessin se trouvent dans les œuvres de Leibnitz (2), jusqu'à
ce que, en 1696, on découvrit, dans le tuf calcaire qui forme le sol de
la vallée de l'Unstrutt, le squelette entier d'un mammouth, dans lequel
Tenzel, bibliothécaire du duc de Saxe-Gotha, reconnut les caractères
de l'éléphant antédiluvien.

Dans certains endroits, ces débris fossiles sont accumulés par
grandes masses. En 1700, un soldat wurtembergeois remarqua, dans
la terre glaise du *Seelberg*, près de Cannstadt, la présence de quelques
ossements. Le duc Everard-Louis, à qui l'on avait adressé un rapport
à ce sujet, ordonna des fouilles, qui firent découvrir un véritable cimetière d'éléphants. On en tira jusqu'à 60 défenses, sans compter les
débris sans valeur ; les défenses furent abandonnées à la pharmacie de
la Cour, qui ne sut rien en faire de mieux que de les employer à la
préparation du noir animal.

En 1816, à la suite de nouvelles fouilles, entreprises peu avant la
mort du roi Frédéric, on découvrit, dès le premier jour, 24 défenses;
le lendemain, on en trouva encore 15, posées en croix, les unes sur les
autres, à côté de charbons de bois éteints, d'où l'on prétendit tirer la
conclusion que des hommes avaient passé par là. Quelques-unes de ces
défenses existent encore au musée d'histoire naturelle à Stuttgard ; on
ne prit aucun soin des autres ossements, n'essayant même pas d'en
recomposer un squelette, malgré leur énorme quantité et malgré les
efforts de M. Jaeger et d'autres naturalistes.

C'est en Sibérie, toutefois, que les débris fossiles du mammouth sont
le plus abondants. Les défenses y constituent un article de commerce.
Tout l'ivoire dont se font les plaques, les palettes ou les sculptures, sort
des entrailles de la terre : nul éléphant vivant n'en fournit des pièces
assez grandes pour les calices de 7 pouces de diamètre, que l'on voit
dans les collections de Berlin, de Gotha, de Munich, etc. Ces débris
ont été trouvés principalement sur le bord des rivières, où le torrent a
miné le sol et où le dégel a amené des éboulements. Nous citerons à ce

(1) On sait que l'éléphant n'a en tout que quatre molaires, deux en haut et deux en
bas ; comme elles sont sujettes à s'user, pendant la vie si longue de cet animal, la
nature a pourvu à leur remplacement; à cet effet elles se succèdent, non pas verticalement, mais d'arrière en avant, de sorte qu'à mesure qu'une dent s'use, elle est en
même temps poussée en avant par celle qui vient après, et tombe aussitôt qu'elle est
remplacée.

(2) *Protogæa,* tab. XII.

propos la relation du Hollandais Isbrand Ides, qui, en 1692, traversa la Sibérie pour se rendre en Chine.

« Dans ce voyage, dit-il, j'avais avec moi un homme qui allait tous « les ans à la recherche de dents d'éléphants. Cet homme m'a raconté « qu'un jour lui et son compagnon trouvèrent une tête entière d'élé- « phant, laquelle sortait d'un de ces éboulis de terre gelée. L'ayant « ouverte, ils virent que la chair en était tombée en putréfaction; « qu'aux os du cou restait une trace de sang; mais que les dents « tenaient encore si bien qu'il fallut quelque peine pour les extraire. « Puis ils trouvèrent un pied de devant, et, après l'avoir coupé, ils « allèrent le faire voir dans la ville de Trugan; ce pied, à ce qu'ils « disent, avait la grosseur du corps d'un homme de forte taille. Les « Jakutes, les Tonguses et les Ostiaques prétendent que de tout temps « ces animaux ont existé dans la terre; qu'ils y vont et viennent, « quelque forte que soit la gelée; ils racontent aussi comme quoi il les « ont vus marcher et la terre se creuser sous eux en abîmes profonds. « Ils pensent en outre qu'aussitôt que l'un d'eux s'élève jusqu'à la sur- « face de la terre, de manière à voir ou à flairer l'air, il meurt, ce qui « fait que sur les bords des fleuves, où il leur arrive de sortir de terre « inopinément, on trouve leurs cadavres en si grand nombre.

« Telle est l'opinion qu'expriment les païens au sujet de ces ani- « maux, que pourtant ils n'ont jamais vus; les vieux Russes de la « Sibérie, au contraire, pensent et disent que le mammouth est un « animal du même genre que l'éléphant, hormis pour les dents, qui « sont plus courbées et plus serrées les unes contre les autres. Ils « croient d'ailleurs que les éléphants ont séjourné dans ce pays anté- « rieurement au déluge. Dans ce temps, disent-ils, l'air doit avoir été « plus chaud; le déluge les a noyés et ensevelis sous la terre. Après le « déluge, l'air, auparavant très-chaud, a été pénétré par un grand « froid, d'où il résulte que depuis lors ces corps sont gelés dans la « terre et ont été préservés de toute putréfaction. Cette opinion me « semble assez raisonnable, sauf qu'avant le déluge l'air n'a pas dû être « plus chaud dans ces contrées; mais il est bien possible que les « cadavres d'éléphants noyés y aient été amenés de fort loin par les « eaux du déluge, qui couvraient toute la terre. »

Ce récit naïf nous apprend que les débris d'éléphants fossiles étaient connus en Russie, il y a cent cinquante ans, comme en Allemagne, il y a deux siècles; que, de plus, on y exprimait à leur égard les mêmes opinions qui divisent encore aujourd'hui le monde savant, l'une disant que les éléphants sont originaires de ce pays, l'autre que leurs débris y ont été amenés par les eaux.

De semblables débris ont d'ailleurs fixé l'attention des hommes dès les temps les plus reculés; Théophraste, un des disciples d'Aristote, nous parle de l'ivoire fossile, dont on connaissait deux espèces, le blanc et le noir; il ajoute que dans la terre il se forme des os et que l'on trouve des pierres d'os. Les premiers documents relatifs à des ossements d'éléphants, découverts en Europe, se trouvent dans le Wurtemberg et remontent à l'année 1494. Dans l'église de Saint-Michel, à Hall, sur le Kocher, on montre une gigantesque défense d'éléphant, suspendue à des crochets de fer, avec la curieuse légende que voici :

> C'est le treizième jour du mois de février
> De l'an mil six cent cinq qu'on me vint déterrer,
> Près de Neubronn, de Hall dans la région alpestre,
> Et du torrent Behler, sur la rive sénestre,
> Avec force ossements et membres monstrueux :
> Devine, ami lecteur, ma souche, si tu peux (1).

Un ouragan ayant, en 1577, déraciné un chêne près du cloître de Reyden, dans le canton de Lucerne, on découvrit dans le sol de grands ossements, qui furent examinés, en 1584, par le docteur Félix Plater, médecin à Bâle, et attribués par lui à un géant de dix-neuf pieds de haut; on montre encore à Lucerne un dessin représentant ce prétendu géant.

Il paraît que c'est principalement la forme des molaires et celle des pieds, ayant chacun cinq doigts, — l'éléphant a, en effet, cinq doigts à chaque pied, — qui fit voir, dans ces ossements, ceux d'un géant de race humaine. La forme des molaires ne se rapportait à aucun des animaux connus des anatomistes de l'époque, pas plus que la présence de cinq doigts à chaque pied. On voit, par les *Mémoires de la Faculté de médecine de Paris*, combien cette erreur était profondément enracinée. Un chirurgien, du nom de Mazurier, avait trouvé au-dessous de Lyon, sur la rive gauche du Rhône, des dents et autres débris d'un mastodonte. Cet animal étant complétement inconnu à cette époque, le sieur Mazurier trouva bon de publier que ces ossements sortaient d'un tombeau par lui découvert, bâti en briques et long de 30 pieds sur 15 de large. Sur les ruines de ce tombeau, il avait lu, au-dessus de la

---

(1) ‑ *Tausend sechshundert und fünf Jahr*
   ‑ *Den dreizehnten Februar ich gefunden war,*
   ‑ *Bei Neubronn, in dem hallischen Land,*
   ‑ *Am Behlerfluss zur linken Hand,*
   ‑ *Sammt grossen Knochen und lang Gebein,*
   ‑ *Sag, Lieber, wess' Arth ich mag sein?* ‑

porte murée, l'inscription : *Teutobochus rex.* Tel était, en effet, le nom du roi teuton qui fit irruption dans les Gaules, à la tête des Cimbres, et livra bataille à Marius, près d'*Aquæ Sextiæ,* aujourd'hui Aix (Bouches-du-Rhône), d'où, ayant été vaincu et fait prisonnier, il fut emmené à Rome pour orner le triomphe du vainqueur. C'était donc là, sans aucun doute, disait Mazurier, le tombeau de ce roi, qui, d'après le témoignage des auteurs romains, dépassait de la tête tous les trophées arborés sur les lances dans les triomphes. Et, en effet, le squelette produit par Mazurier avait 25 1/2 pieds de long sur 10 de large (ce qui en faisait, malgré sa grande taille, un homme excessivement trapu). L'audacieux charlatan parcourut avec sa trouvaille l'Allemagne et la France. Le roi Louis XIII lui-même voulut le voir, et prit un grand intérêt à cette merveille.

La science des vrais naturalistes eut à soutenir de rudes combats contre les croyances superstitieuses de ce temps-là; on entama une guerre de plume très-vive sur la question de savoir si le père Adam n'avait pas réellement été un géant dont la taille atteignait la voûte des cieux, et qui, couché, touchait de la tête au levant et des pieds au couchant du soleil (1); livres sur livres furent publiés pour démontrer l'existence indubitable du géant primitif.

Peut-être la tradition d'après laquelle on attribuuait à Achille, à Ajax et à d'autres héros de la guerre de Troie, une taille de vingt pieds, se rattache-t-elle à la découverte d'ossements d'éléphants: du temps de Périclès, on prétendait avoir trouvé, dans le tombeau d'Ajax, une rotule de genou de la grandeur d'une assiette : c'était probablement un os d'éléphant. Ainsi, on voit à Berlin, pendues au coin d'une maison, sur le *Molkenmarkt,* une omoplate et une côte de baleine, lesquelles, aux yeux du peuple, sont des ossements de géants.

Il serait hors de propos de citer toutes les contrées où l'on a trouvé des ossements d'éléphants; nous nous bornerons à faire remarquer que le nord de l'Asie et de l'Amérique en présentent la plus grande abondance. En Sibérie, Saritschef décrivit le premier un cadavre d'éléphant, que des pêcheurs avaient trouvé dans la glace, sur les bords de l'Alaseia, au delà de l'Indigirka, encore couvert de la peau garnie de poils. La découverte la plus récente d'un éléphant antédiluvien, avec sa peau et des poils de deux sortes très-différentes, fournit à Adams l'occasion d'en dresser le squelette complet, recouvert de sa peau em-

(1) Un proverbe allemand dit : « Que le malheur reste aussi loin de ta maison que l'étoile du matin l'est de l'étoile du soir! » Or, comme l'étoile du matin est la même que l'étoile du soir (la planète Vénus), le souhait ne dit pas grand'chose; il en est à peu près ainsi du levant et du couchant.

paillée ; la chair avait été en partie dévorée par les bêtes sauvages, et avait, pendant sept étés (de trois mois chacun), servi de pâture aux chiens des Jakutes ; néanmoins, un côté seulement était dégarni ; la peau entière, une oreille et un œil se trouvaient encore intacts. La peau était couverte de soies longues de dix pouces, fortes, roides et clair-semées, entre lesquelles se dessinait une fourrure épaisse, laineuse, rougeâtre et d'une certaine finesse. Probablement, les soies roides devaient empêcher la fourrure de s'enchevêtrer. L'animal ainsi recon-struit a été placé au musée de Saint-Pétersbourg, qui l'acquit au prix de 10.000 roubles d'argent. La gravure ci-dessous nous présente l'aspect probable de cet animal, revêtu de sa fourrure à longs poils ; en même temps, elle nous donne une idée de ses proportions. Les défenses, d'une longueur de six pieds et du plus bel ivoire, sont courbées dans deux sens ; c'est-à-dire qu'à peu près parallèles au sortir de la mâchoire, elles se recourbent vers le haut et divergent en dehors, de la même manière que les cornes du taureau.

Ces cadavres d'éléphant se trouvent le plus souvent debout dans la

vase le long des rivières, comme s'ils s'y étaient enfoncés et que la vase, transformée ensuite en glace compacte, les eût conservés depuis lors jusqu'à nos jours. Cette opinion se fonde, d'abord sur le sang caillé que l'on remarque dans les vaisseaux les plus ténus de l'intérieur du crâne, et ensuite sur les aliments dont on voit encore les débris entre leurs dents, et qui consistaient en feuilles et fruits des différents conifères que la Sibérie produit aujourd'hui comme jadis. Si ces cadavres avaient été amenés de loin par les eaux, les débris de leurs aliments se rapporteraient à des contrées lointaines, et s'ils étaient morts autrement que par suffocation, les vaisseaux capillaires ne se seraient pas injectés de sang. Ces faits, aussi bien que la qualité de leur fourrure, leur ont fait donner positivement la Sibérie pour patrie. Il est très-possible d'ailleurs que, de leurs temps, cette contrée fût plus chaude qu'elle ne l'est aujourd'hui; peut-être le soulèvement des terres de l'Asie centrale a-t-il indirectement amené leur destruction (1), en abaissant la température du nord de l'Asie, comme conséquence nécessaire de ce soulèvement. On a objecté, il est vrai, que pour expliquer la congélation de ces cadavres avec la peau et les poils, il fallait admettre que le froid se fût déclaré subitement; mais, d'abord, on n'a trouvé qu'un très-petit nombre de cadavres dans cet état; et d'ailleurs, pour peu qu'on y songe, cette congélation cesse de paraître extraordinaire.

En Sibérie, le dégel ne se fait communément pas sentir à plus de trois pieds au-dessous de la surface du sol; il y a néanmoins des étés où, comme en 1854, il dégèle jusqu'à six ou sept pieds de profondeur. La gelée de l'hiver suivant, pourvu que la neige ne fasse pas entièrement défaut, ne redescendra pas à sept pieds de profondeur, mais l'humidité du sol dégelé pénétrera plus bas et amolira la vase qui est en dessous. Si deux étés très-chauds se succèdent, il peut fort bien arriver qu'un mammouth, s'avançant sur ce terrain marécageux, s'y enfonce au point de disparaître complétement. Et comme la température *habituelle* de ces contrées fait que la terre, à plus de trois pieds au-dessous du sol, y est à l'état de congélation permanente, il s'ensuit que l'animal englouti par le sol marécageux, ne tarde pas à être pris dans la glace, qui le conserve indéfiniment, à moins qu'une modification du cours des rivières, ou quelque autre transformation de la surface, ne mette à découvert le lieu de sa sépulture.

Ces conclusions sont confirmées aussi bien par la découverte de squelettes isolés, parfaitement conservés, que par celle des énormes îles et montagnes d'ossements fossiles de la mer Glaciale. Si tous les animaux antédiluviens avaient péri à la fois, on trouverait beaucoup plus de squelettes, mais point d'ossements accumulés, tandis que, pour former les masses de la mer Glaciale, il a fallu des séries de générations, se succédant pendant des milliers d'années. Plus on avance vers le Nord, et plus ces masses d'ossements fossiles sont puissantes et étendues : l'île de Lachou et la Nouvelle-Sibérie ne se composent, littéralement, que de glace et de dents d'éléphants, et chaque tempête en jette de nouvelles quantités sur la côte. Depuis cinq cents ans, le com-

(1) Quenstedt, *Manuel de la science des fossiles.*

merce exploite cet article pour l'importation en Chine, et depuis cent
ans pour l'importation en Europe; tous les ans on voit, en hiver, d'interminables caravanes de traîneaux attelés de chiens, et en été d'innombrables barques de pêcheurs, se dirigeant des *Iles à ossements*
vers le sud et vers l'est, sans qu'on s'aperçoive d'un appauvrissement
de ces mines d'ivoire. Chacune de ces défenses fossiles pèse de 120 à
480 livres.

Les relations de Chamisso, sur les voyages accomplis par lui sur le
navire russe *Rurik*, portent que, dans les possessions russes du nord
de l'Amérique, on découvre des ossements et des dents d'éléphants
antédiluviens, renfermés à l'intérieur des glaciers. Sur la glace s'étend
une couche de tourbe d'un pied d'épaisseur ; celle-ci est recouverte
d'une argile bleuâtre, transformée par efflorescence en terreau orné
d'un beau gazon. Un peu plus bas que ces couches, mais au milieu de
la glace, se trouvent, renfermés dans la vase et le sable gelés, les ossements d'éléphants, et avec eux des débris de cerfs, de chevaux et de
bêtes bovines.

Pendant quelque temps, on a cru ne pouvoir admettre l'existence
que d'une seule espèce d'éléphants antédiluviens ; il est prouvé maintenant qu'il y en a eu plusieurs ; aujourd'hui, deux espèces tout à fait
distinctes habitent chacune une autre partie du monde (l'Asie et
l'Afrique). L'espèce antédiluvienne la plus colossale se présente fréquemment dans la terre glaise d'alluvion de l'Amérique septentrionale,
ce qui, joint à l'observation analogue faite par rapport aux débris
asiatiques, semble prouver que les éléphants primitifs ont survécu à la
dernière révolution du globe que nous nommons déluge, et que leur
race n'a péri que plus tard, peut-être par suite de la modification du
climat, ou bien du défaut de nourriture, tout comme nous voyons
encore périr des familles entières d'animaux ; tels, en Europe, l'élan,
le castor et l'*urus* ou bison, et aux îles Mascareignes (île de la Réunion)
l'oiseau de proie nommé *dodo, doudou* ou *dronte*, qui avait la forme
d'un canard, et dont la race n'est détruite que depuis un siècle environ.

Le plus grand de tous les éléphants était probablement celui qu'on
avait d'abord appelé *animal de l'Ohio*, et que ses molaires tuberculeuses ont fait nommer *mastodonte* (du grec *mastos*, mamelon,
et *odons, odontos*, dent : *dents mamelonnées*). Dès l'année 1705, on
en avait trouvé un exemplaire le long du fleuve Hudson, près New-
York ; en 1759, on découvrit, dans les forêts vierges de l'Ohio, un
marais tourbeux qu'alimentaient plusieurs sources salines, et que les
indigènes connaissaient sous le nom du *grand lac salé* ; de tout temps

les troupeaux de ruminants, à l'état sauvage, y accouraient de près et de loin pour se repaître du sel dont ils ont toujours été avides. Toute la contrée est couverte de leurs ossements, car, dans leur cohue, ces animaux s'entr'étouffaient, ou bien s'enfonçaient dans la vase, affermissant ainsi le terrain pour leurs successeurs.

La culture a chassé les troupeaux d'animaux sauvages ; on ne trouve plus que leurs débris, et au-dessous d'eux — dans des couches qui ne datent pas de très-loin — les ossements et les dents de mastodontes, d'éléphants proprement dits et de chevaux, et les bois de cerfs géants et d'autres animaux du monde primitif. La parfaite conservation de ces débris concourt, avec une autre trouvaille intéressante (celle d'un estomac renfermant des végétaux à moitié digérés), à établir la preuve qu'ils ne remontent pas à une haute antiquité. L'animal dont proviennent les principaux de ces débris, est appelé par les indigènes « le père des buffles » et par les naturalistes *mastodon giganteum* (Cuv.). La gravure de la page suivante en donne le squelette.

Il en existe un exemplaire complet à New-York et un autre à Philadelphie. En 1840. M. Koch découvrit, dans Osage County, un squelette entier, si bien conservé et si frais, qu'il osa prétendre que l'animal avait vécu à l'époque où l'Amérique du Nord fut habitée par les Indiens. Sa longueur, depuis l'extrémité du nez jusqu'à la racine de la queue, est de 50 pieds ; quelque énorme que puisse paraître cette dimension, on trouve des ossements qui ont appartenu à des animaux d'une taille plus colossale encore.

Tout os d'un animal quelconque a sa conformation propre, et ne se distingue du même os d'un autre animal de la même espèce, que par les dimensions. A dimensions égales, il ne s'en distingue pas du tout. Le tibia du pied droit d'un cheval quelconque est parfaitement semblable au tibia du pied droit d'un autre cheval ; mais il diffère sensiblement du tibia d'un âne ou d'un zèbre ; il en est de même pour les côtes, les vertèbres, etc.; mais si la douzième vertèbre dorsale d'un taureau diffère de la onzième, dans le même individu, tous les taureaux de même espèce ont néanmoins la douzième vertèbre dorsale exactement pareille. Ce phénomène constitue la base de l'anatomie comparée, et permet à la science de déterminer, d'après une côte, d'après une phalange, d'après un os quelconque, l'espèce et la taille de l'animal auquel ils ont appartenu.

Or, on a trouvé un *axis* (1) d'éléphant, de près d'un pied de haut

---

(1) Nom donné, en anatomie, à la deuxième vertèbre cervicale ; quelques anatomistes disent *epistropheus ;* la première cervicale s'appelle l'*atlas*.

sur dix pouces de large (1) ; l'animal auquel appartenait cette vertèbre.
a dû être haut de 50 pieds. et long de 60.

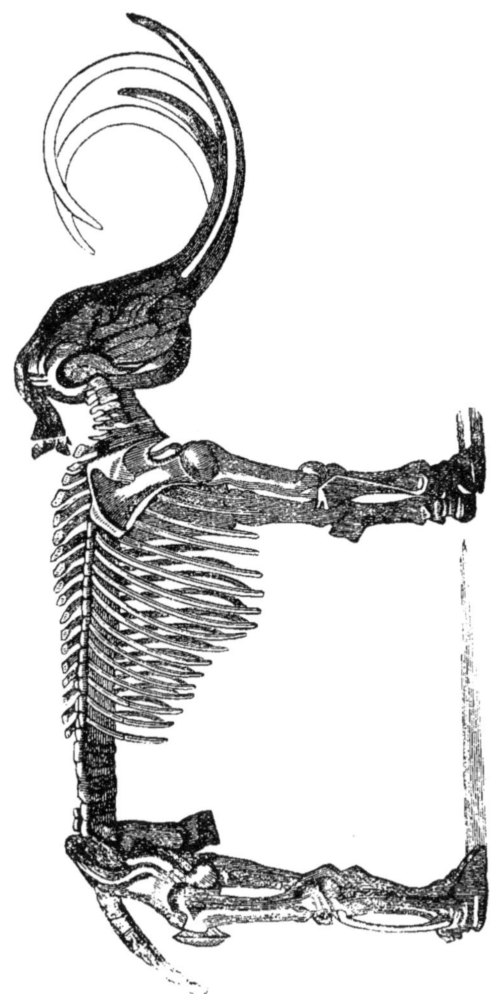

A une époque où il y avait des éléphants d'une longueur de 50 pieds.
les souris doivent avoir fait une singulière figure : il en pouvait tenir

(1) Cette pièce curieuse est en la possession du professeur Klippstein. connu par
ses travaux scientifiques sur les fossiles.

20 dans un seul sabot du mastodonte ; on en trouve cependant à l'état fossile, en grand nombre et de plusieurs genres, entre autres l'espèce de campagnol, dite *rat d'eau ;* la souris commune fait défaut, probablement parce qu'elle n'est qu'une variété du mulot ou rat des champs, modifiée par son genre de vie, au point d'offrir des différences réelles. Parmi les éboulis et les galets de la Méditerranée on trouve les ossements d'une race éteinte de souris, par masses presque aussi considérables que celle des nummulites ou autres menus coquillages renfermés dans le calcaire grossier ; les *brèches osseuses* paraissent formées exclusivement de vertèbres, de fémurs et de dents de souris antédiluviennes.

Quelques savants ont prétendu que ces ossements avaient été accumulés par de petits animaux carnassiers, tels que le putois ou la belette ; supposition tout aussi ridicule que celle qui ferait des pyramides d'Egypte des cristaux gigantesques de calcium.

Celui des mammifères rongeurs dont la taille se rapproche le plus du genre *rat,* est le *lagomys* ou lièvre des Alpes ; il vit actuellement dans le nord de la Sibérie, et se rend très-utile aux rares habitants des forêts, auxquels il fournit leur récolte de foin ; il en entasse des meules, de quatre pieds de hauteur, dans ses terriers, reconnaissables même par les plus fortes neiges, et tellement nombreuses, que le foin qu'elles renferment suffit au paysan de la Sibérie pour nourrir son bétail pendant tout l'hiver.

Si la découverte d'éléphants ayant vécu dans les contrées les plus septentrionales, fait conjecturer que jadis le climat de ces contrées était plus chaud, la présence du *lagomys* fossile, dans les terrains qui bordent la Méditerranée, depuis Gibraltar jusqu'en Grèce, par squelettes complets aussi bien que par ossements disséminés, autorise la supposition que la Corse et la Sardaigne, voire même l'Espagne et l'Italie, ont été, à une certaine époque, des pays très-froids, car cette espèce (le *lagomys alpinus*) recherche le froid et fuit la chaleur, séjourne sur la limite de la région des neiges et ne se présente déjà plus dans l'Oural, trop méridional pour lui.

Les cochons d'Inde n'ont été retrouvés à l'état fossile que dans l'Amérique du Sud, patrie de la petite espèce vivante, dont la taille dépasse rarement six pouces. Les ossements fossiles des castors sont répandus, depuis le Caucase jusqu'à la Russie d'Amérique, en plusieurs espèces, tantôt plus grandes, tantôt plus petites, que l'espèce actuelle. Les écureuils et les marmottes existent également à l'état fossile, et concourent à fournir la preuve que le règne animal était extrêmement riche à cette époque.

Une conformation particulière est celle des *paresseux* ou *bradypes* et de quelques autres familles de l'ordre des *édentés*. Ce nom paraît assez mal choisi, puisqu'ils ont des dents, mais il leur a été donné parce que les incisives et les canines, — d'après lesquelles les zoologues classent les mammifères, — leur font défaut.

La structure de ces animaux était tout à fait extraordinaire : ils avaient les membres postérieurs beaucoup plus longs que les antérieurs, la queue très-large, osseuse, traînant à terre et servant à soutenir le poids de leur corps lorsqu'ils grimpaient. La conformation de leurs membres indique qu'ils étaient peu propres à marcher, leurs pieds ne touchant à terre que par le rebord extérieur. Mais cela même les rendait particulièrement aptes à grimper sur les arbres, parce que la plante du pied, relevée du côté intérieur, se posait tout entière sur le tronc. Ces pieds, pourvus de longs doigts et d'ongles puissants, leur facilitaient la recherche de leurs aliments, qui consistaient exclusivement en feuilles d'arbres.

De nos jours, il n'existe que deux genres de *bradypes :* encore sont-ils dégénérés. Il y a d'abord l'*aï* ou *paresseux* proprement dit, dont les pieds de devant sont tellement longs, qu'en marchant il se traîne sur les coudes ; la difficulté qu'il éprouve à marcher, est sans doute l'origine de la fable d'après laquelle il séjournerait sur l'arbre où il s'est une fois établi, tant qu'il y reste une feuille. L'autre genre est l'*unau* (*bradypus didactylus*), moins lent que l'aï.

Le monde primitif possédait de nombreuses familles d'*édentés*. On s'étonne à bon droit de voir ces animaux grimpeurs atteindre parfois la taille de l'éléphant, et l'on se demande de quelle taille étaient les arbres qui supportaient de pareilles masses !

La figure de la page suivante représente le *mylodon robustus* grimpant sur un *sigillaria*. Son squelette a été retrouvé dans le sable du Rio de la Plata, non loin de Buenos-Ayres, et transporté à Londres, où on le conserve au *Surgeons'College :* il a la taille du rhinocéros, ses vertèbres lombaires sont très-développées et le pied adhère à angle droit au tibia, ce qui, avec sa large et forte queue, a dû l'aider à se tenir très-ferme en grimpant. Aux pieds de devant, le mylodon a cinq doigts, dont trois pourvus d'ongles très-robustes ; aux pieds de derrière, il n'a que trois doigts. Malgré sa taille et ses ongles, cet animal était inoffensif : son râtelier, dépourvu d'incisives et de canines, prouve qu'il ne se nourrissait que des parties molles des végétaux.

Un animal encore plus colossal que le mylodon, était le *mégathérium*, dont les débris, trouvés dans le terrain d'alluvion du Rio de la Plata, ont été réunis en squelette à Madrid. C'est l'animal le plus lourd et le plus massif que l'on puisse voir : le dessin du squelette ne suffirait

pas pour donner une idée de sa conformation gauche et grossière ; le développement du bassin, entre les membres postérieurs, était tel que l'animal ne pouvait pas les rapprocher ; l'humérus et le fémur avaient, d'ailleurs, un pied d'épaisseur. Les ongles, garnis de fortes épiphyses à la racine, pour les empêcher de se retourner, rendaient ces animaux aussi propres à fouir qu'à grimper, particularité qui a déterminé quelques savants à les classer parmi les *dasypiens* ; on est revenu de cette erreur, depuis que l'on a reconnu que les fragments de carapaces, découverts dans la terre glaise d'alluvion des pampas de l'Amérique du Sud, se rapportent à une toute autre espèce.

Des débris d'animaux gigantesques de cette famille ont été retrouvés également dans l'Amérique du Nord. M. Jefferson, président des Etats-Unis, a découvert, entre autres, dans une caverne de la Virginie, les ossements d'une espèce à laquelle on a donné le nom de *mégalonyx*, et dont plus tard un squelette complet a été mis à nu dans la vallée du Mississipi, dans un état de conservation si parfaite, que les cartilages, encore adhérents, n'étaient point putréfiés.

La patrie des bradypes antédiluviens, quoique circonscrite en Amérique, avait néanmoins une grande étendue : on rencontre leurs débris fossiles depuis le 40° degré de latitude australe jusqu'au 40° de latitude boréale, et en telles quantités, qu'on se demande comment ces animaux trouvaient à se nourrir, surtout si, comme le suppose le naturaliste Quenstedt, non-seulement ils dépouillaient les arbres de leurs feuilles, mais les brisaient sous le poids de leurs corps, faisant comme les sauvages de l'Afrique et de l'Amérique, qui abattent stupidement les cocotiers pour en récolter les noix.

Les animaux de l'ordre des *édentés* qui se rapprochent le plus des bradypes, sont les tatous ou *dasypiens*, également herbivores, mais non grimpeurs ; cette famille habite depuis le Mexique jusqu'à l'extrémité méridionale du continent américain. Elle a, de même que la taupe, les pieds propres à fouir la terre, et de plus une grande agilité et beaucoup de vigueur, jointes à la faculté de se rouler en boule comme le hérisson. Dépourvus d'incisives et de canines, mais non de molaires, — le tatou géant (*dasypus gigas*) en a de 94 à 100, c'est-à-dire plus qu'aucun autre mammifère, — ces animaux ont pour armure leur cuirasse d'écailles imbriquées, dans laquelle ils se mettent entièrement à l'abri, en se roulant en boule. La différence du nombre des anneaux qui forment les subdivisions de la cuirasse, fournit le caractère distinctif des espèces ; elles diffèrent également sous le rapport de la taille : le tatou géant, mentionné ci-dessus, atteint la longueur de trois pieds, tandis que le tatou tronqué (*chlamyphorus truncatus*), qui habite les montagnes du Chili, n'a que cinq ou six pouces de long.

Les espèces fossiles ne présentent pas moins de variétés, soit par la taille, soit par les anneaux de la cuirasse ; toutes cependant sont gigantesques, comparées aux espèces actuelles ; quelques-unes atteignent la taille du rhinocéros, de l'hippopotame ou tout au moins du taureau.

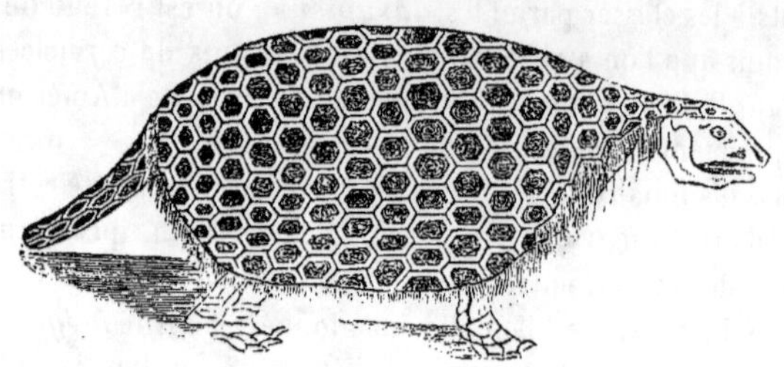

La figure ci-dessus représente l'espèce fossile, décrite par le naturaliste Lund sous le nom de *hoplophore* ; on en trouve fréquemment, dans l'Amérique du Sud, les écailles hexaèdres, disposées en anneaux ; sa patrie paraît avoir été le Brésil. D'autres fossiles, de la même famille, sont disséminés, dans l'Amérique méridionale, sur une étendue d'environ 25,000 lieues carrées. Dans la terre glaise et dans la vase des terrains modernes, on rencontre parfois des squelettes entiers, avec la peau, les écailles et de longs poils, à une très-petite profondeur, tantôt à l'état fossile, mais plus fréquemment à l'état d'ossements qui ont séjourné longtemps sous terre. La tête du tatou étant petite en proportion de son corps, la découverte d'une tête de la grosseur de celle de l'hippopotame, fait conclure à un animal tout à fait gigantesque. Or, une tête de cette grosseur a été effectivement trouvée par Darwin dans le Rio-Negro.

L'ordre des édentés, comme l'entendent les zoologues, comprend encore les fourmiliers et les pangolins, dont on a trouvé des débris fossiles, non-seulement dans les contrées habitées par les espèces actuelles (les Indes et l'Afrique) mais même en Europe. Cuvier décrit, d'après quelques ossements trouvés sous terre, dans le Palatinat, le pangolin du monde primitif, comme un animal de 24 pieds de long, tandis que les espèces vivantes atteignent tout au plus le dixième de cette taille.

Revenant à l'ordre des mammifères pachydermes, nous en mentionnerons ici la troisième famille, celle des *solipèdes*, formée du genre cheval, qui comprend l'âne et le zèbre ; cette famille se distingue de toutes les autres, en ce qu'elle n'a qu'un doigt apparent et un seul sabot à chaque pied ; le métacarpe et le métatarse sont formés chacun d'un os principal, très-allongé, que les vétérinaires nomment *canon*, et qui se termine par le doigt unique, recouvert d'un large sabot et supportant tout le poids de l'animal.

Le cheval est aujourd'hui un des plus fidèles animaux domestiques, et s'attache à l'homme presque autant que le chien ; il existait également dans le monde primitif, aux temps de l'*elephas primigenius*. On trouve ses débris fossiles dans les mêmes terrains que ceux du mammouth et du mastodonte ; le cheval fossile avait d'abord été décrit et classé séparément sous le nom d'*equus adamiticus* : des observations ultérieures ont démontré qu'il ne se distingue aucunement de l'*equus caballus*, le cheval domestique actuel. L'abondance des débris fossiles du cheval prouve que cet animal, de même que l'éléphant et l'hippopotame, a survécu au déluge. Dans l'antiquité, on en trouvait, en Europe, des troupes nombreuses à l'état sauvage. Les récits de Strabon parlent des chevaux sauvages des Alpes et de leur rencontre en Espagne par Varon. De nos jours, il n'y a plus de chevaux sauvages en Europe ; ceux que l'on désigne sous ce nom en Hongrie, en Pologne et dans l'île de Seeland (Danemarc), sont des chevaux qu'on laisse paître en liberté par troupeaux nombreux, mais qui ont leurs maîtres et leurs gardiens. De tout l'ancien continent, il n'y a que l'Asie centrale où l'on voie encore des chevaux absolument sauvages ; ils suivent dans leurs migrations les peuples nomades de la Mongolie.

L'Amérique présente, sous ce rapport, une succession de faits toute particulière. On y trouve, aussi bien qu'en Europe, des chevaux fossiles dans les terrains tertiaires supérieurs : le cheval sauvage a donc existé dans ces contrées ; pourtant, à l'arrivée des Espagnols, il n'y avait plus de chevaux en Amérique, puisque c'est surtout à l'aide de leurs coursiers que les Européens ont subjugué les naturels : la race chevaline était donc éteinte, tandis qu'aujourd'hui aucun pays, sans en excepter l'Ukraine, n'est aussi riche en chevaux sauvages que l'Amérique, surtout dans sa partie méridionale. Des troupeaux de plus de 10,000 têtes vaguent librement dans les immenses pampas, sans autres ennemis que les chiens sauvages et les taons. Pendant l'été, ils fuient ces derniers dans le sud de la Patagonie, où le froid empêche les taons de les suivre. Ils ne peuvent se mettre aussi aisément à l'abri des chiens, que n'arrête aucune différence de climat, et dont les plus faibles du troupeau deviennent la proie.

On prétend que les Espagnols, forcés, en 1537, d'évacuer La Plata et Buenos-Ayres, y ont laissé leurs chevaux, et que de ceux-ci descendent les troupeaux sauvages de la contrée. S'il en est ainsi, l'extinction et la reproduction successive de la race chevaline en Amérique constitueraient un des traits les plus curieux de l'histoire du règne animal.

Dans le sud de l'Asie, on trouve également des débris fossiles de chevaux, d'ânes et de zèbres ; le versant méridional de l'Himalaya, entre autres, a fourni un cheval fossile aux formes si élégantes, à la charpente si délicate, qu'on le prendrait pour un chevreuil si son pied ne le rangeait sans conteste dans la famille des solipèdes : peut-être était-ce le poney du monde primitif, ou bien avait-il avec le cheval le même degré d'affinité que le *chevrotain pygmée* de Ceylan avec notre cerf commun.

Au nombre des animaux antédiluviens qui ont le plus d'analogie avec ceux de notre époque, il faut compter les ruminants ; aussi ne les rencontre-t-on que dans les terrains les plus rapprochés du diluvion. Le caractère distinctif des ruminants, le pied fourchu, est connu de quiconque a jamais vu un bœuf ou un mouton, ces deux genres si différents de l'ordre qui comprend à la fois le cerf, le chevreuil, le bouquetin, le chamois, l'antilope, la gazelle, l'élan, le renne, la girafe, le chameau et le chevrotain. De tous ces genres, le plus ancien paraît être le bœuf : ses débris se trouvent à la plus grande profondeur dans l'étage moyen des terrains tertiaires. La race bovine fossile présente deux espèces principales, l'une ayant aux vertèbres dorsales des apophyses épineuses de quinze à seize pouces de long (1), qui ont dû former une bosse dans le genre de celle du bison, et l'autre espèce, plus trapue, d'une carrure plus forte, se rapprochant de l'urus (*Auerochs*) qui habitait jadis les forêts de l'Allemagne, et qui est peut-être le buffle actuel de l'Amérique du Nord.

L'*ovibos* ou bœuf musqué, qui, de nos jours, vit exclusivement dans les régions les plus septentrionales de l'Amérique, était jadis beaucoup plus répandu ; on en a trouvé, entre autres, dans le limon du *Kreuzberg*, près de Berlin, une tête parfaitement conservée, que l'on montre au Musée zootomique de cette capitale. Dans l'ancien continent, cette race est éteinte ; dans le nouveau, elle a survécu à la dernière révolution du globe. Les débris qu'on en a trouvés dans l'ancien continent font croire cependant qu'elle y a subsisté jusqu'à la dernière période des temps antédiluviens, car il n'est pas resté de débris des périodes antérieures, où les révolutions terrestres étaient causées par les forces plutoniennes.

Dans maint endroit de la Hongrie et de l'Italie, on a trouvé des cornes fossiles de 6 à 10 pieds de long, que l'on rapporte aux ancêtres de la race bovine actuelle de ces pays, laquelle possède encore des

______

(1) On sait que le garrot du cheval, de même que de tous les quadrupèdes de taille un peu haute, est également formé par les apophyses épineuses des huit premières vertèbres.

cornes de 3 à 4 pieds de long. Cette supposition est probablement tout aussi peu fondée que celle qui consisterait à faire du tigre l'ancêtre du chat domestique, ou du cheval l'ancêtre du poney. Outre la taille, il existe encore plusieurs autres caractères assez distinctifs pour ne pas permettre de dire, d'une manière absolue, que le petit animal descend en ligne directe de l'espèce plus grande.

Quoique les débris fossiles de moutons, de chèvres et d'antilopes, soient beaucoup plus rares que ceux de l'espèce bovine, on a cependant trouvé, à diverses reprises et en plusieurs endroits, tout au moins des dents de ces animaux. Une trouvaille intéressante a été faite près de Marathon, en Grèce; c'est celle de débris d'antilope, consistant en tubercules osseux du front, de l'espèce à cornes en spirale, qui ne vit aujourd'hui que dans le sud de l'Afrique; la Grèce paraît donc avoir été habitée jadis par les antilopes, peut-être à l'époque où les « lions de l'Hyrcanie, » dont parle Shakespeare, infestaient la contrée.

L'ordre des ruminants se divise en trois familles : l'une sans cornes et les deux autres à cornes de deux différentes sortes. Les cornes de la première sorte sont *creuses*, d'une substance demi-transparente et imbibée de graisse; plus ou moins courbées, elles prennent racine dans des tubercules osseux qui font saillie au sommet du front, au-dessus des yeux; telles sont les cornes de toutes les variétés de la race bovine, du genre mouton et du genre chèvre (chamois, bouquetin, antilope, gazelle, etc.). Les cornes de l'autre sorte ne sont pas creuses, ni plantées sur une protubérance osseuse du front, mais sont *pleines* de haut en bas, formées d'une substance sèche, osseuse, blanchâtre et non transparente, et revêtues d'une écorce rude, communément colorée en brun: tantôt elles ont la forme d'arbrisseaux (cerf, chevreuil), tantôt elles se terminent en palmes élargies (renne, élan).

La troisième section, qui comprend le chameau, le dromadaire, le chevrotain, etc., est dépourvue de cornes.

Le plus grand nombre des débris fossiles de ruminants se rapportent à des animaux de la deuxième famille, peut-être parce que ceux de la première, pour la plupart, se sont attachés à l'homme et ont été soumis à son pouvoir, tandis que, parmi les autres, le renne est le seul animal à peu près domestique. On en pourrait conclure que des hommes ont existé au temps de la formation tertiaire, et, après tout, pourquoi non? Toutes les conditions d'existence de l'organisme animal le plus développé se trouvaient réunies; toutes les espèces d'animaux, herbivores, frugivores et carnivores, étaient créées; le sol produisait tous les végétaux servant à la nourriture de l'homme : celui-ci a donc pu fort bien exister, quoique nous n'ayons pas jusqu'ici retrouvé ses traces.

Cette question, toutefois, sortant de notre cadre, nous nous bornerons à une seule observation, qui servira peut-être à expliquer pourquoi il n'y a pas d'hommes fossiles.

Les mammifères du monde primitif appartenant à la dernière période, celle du diluvion, n'ont pas été trouvés, comme ceux des périodes plus anciennes, ou comme les sauriens et les poissons, à l'état de pétrification complète, mais, pour la plupart, enfoncés dans le terrain marécageux, dans la vase ou dans le limon, ensevelis comme les ossements des cimetières, et conservés comme eux. Les débris qu'on a trouvés dans les cavernes à ossements, dans les terres bitumineuses ou congelées, sont même beaucoup moins décomposés.

L'irruption des eaux diluviennes a chassé les animaux de leurs pâturages et les a agglomérés par nombreux troupeaux; c'est pourquoi on trouve leurs débris réunis en masses énormes, surtout dans les cavernes à ossements.

Nulle part cependant on ne voit de trace d'hommes fossiles.

Le motif en est fort simple.

L'animal cherche un abri *immédiat* contre le danger; l'homme porte ses regards au loin : il cherche un abri *assuré;* les troupeaux poursuivis par le flot rencontrent une caverne, s'y précipitent, avancent malgré l'obscurité et tombent dans un abîme, qu'ils remplissent de leurs cadavres; les animaux qui suivent n'ont pas été avertis par les premiers et sont poussés à leur tour par ceux qui viennent derrière eux, de sorte que bientôt l'espace est comble.

L'homme sait qu'un pareil refuge ne lui offre qu'un abri momentané; les eaux peuvent monter et, en atteignant l'entrée de la caverne, lui couper la retraite. Ce n'est point là qu'il cherche son salut : il se dirige vers les hauteurs, et quand les eaux l'y atteignent, il périt avec toute sa race, mais il périt à la surface de la terre, où tout organisme se décompose au lieu de se conserver.

Nous avons déjà parlé des prétendus « *préadamites* » ou hommes antédiluviens : nous y revenons pour donner ci-après le dessin de la pierre renfermant les débris de salamandre trouvés par Scheuchzer, qui, tout médecin et savant naturaliste qu'il était, s'est laissé égarer par une idée préconçue, au point de voir dans ces débris ceux d'un squelette humain, et d'en insérer dans un de ses ouvrages (1) la curieuse description que voici : « C'est là un remarquable monument de cette

<hr>

(1) « Bible en estampes, où la physiologie (*physica sacra*) des merveilles naturelles « mentionnées dans les saintes écritures, se trouve expliquée et démontrée par « J. F. Scheuchzer. Ulm, 1751. »

« engeance maudite du monde primitif. La figure nous montre les con-
« tours de l'os frontal, les orbites avec les ouvertures qui livrent passage

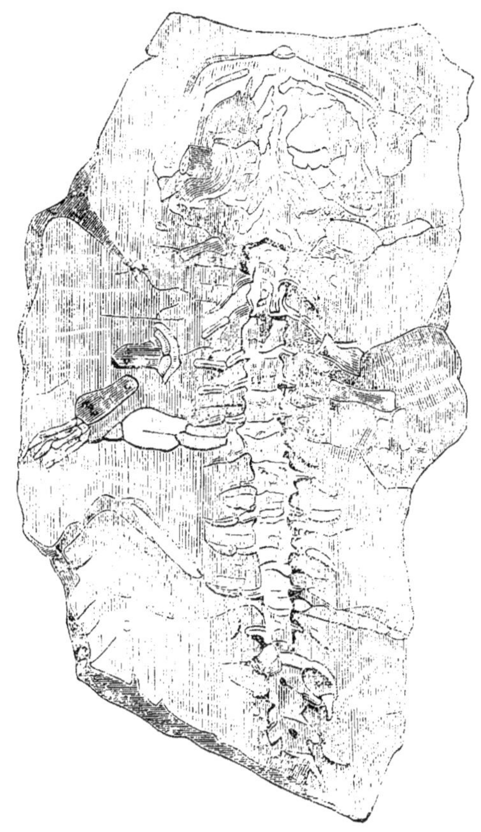

« aux gros nerfs de la cinquième paire ; on y voit des débris du cerveau,
« du sphénoïde, de la racine du nez, un fragment notable du maxillaire,
« et des vestiges du foie.

> « D'un vieux damné déplorable charpente,
> « Qu'à ton aspect le pécheur se repente ! (1) »

Dans ce temps-là, on avait, avec la manie du merveilleux, une bonne

(1)   « Betrübtes Beingerüst von einem alten Sünder,
         « Erweiche, Stein, das Herz der neuen Bosheitskinder ! »

dose de crédulité, ce qui explique beaucoup de choses qui seraient sans cela presque incompréhensibles. Les véritables ossements humains, trouvés dans les fissures du *zechsteingyps*, entre Koestritz et Kaschwitz, sur l'Elster, et ceux que M. Schlotheim désigne comme tels, dans son « *Traité des fossiles* », ne sont pas des fossiles à proprement parler ; ce sont des ossements contenant encore leur principe gélatineux, et par conséquent fort loin d'être pétrifiés.

Il n'y a donc pas lieu d'attacher une grande importance aux ossements humains, voire même aux squelettes plus ou moins bien conservés, qu'on trouve dans certaines cavernes ; ces ossements se rapportent à des terrains si peu anciens, qu'il faut plutôt s'étonner qu'on ait pu leur attribuer la qualité de débris fossiles. Il est plus difficile d'expliquer comment ces ossements sont arrivés dans les cavernes ; aussi, ne pouvant admettre l'hypothèse que les hommes y aient cherché un abri contre l'inondation, suppose-t-on que les cavernes à ossements renfermant des débris humains ont été jadis habitées par des hommes, opinion que l'on étaye de la découverte de fragments d'un foyer, entre autres dans la grotte d'Erpfing, au sud de Tubingen, dans le Wurtemberg.

Il résulte de tout cela que la géologie ne peut fournir aucun renseignement sur l'ancienneté du genre humain, au delà de ce que nous offrent les documents historiques. On croit, cependant, qu'en Europe, du temps des mammouths et des ours gigantesques (*ursus spelœus*), il n'existait pas d'hommes ; mais il est possible qu'à l'époque où l'Europe était encore le séjour de ces monstres, ainsi que des hyènes, des lions et des rhinocéros, l'Asie, dont la culture est plus ancienne, fut déjà habitée par l'espèce humaine ; les migrations de celle-ci vers l'ouest auront fini par chasser ou par détruire les bêtes fauves.

Les restes de ces hommes qui, les premiers, ont pris possession — il y a des milliers d'années — du sol européen, restes retrouvés dans les tourbières de l'Irlande, ainsi que dans celle de Suder-Brarup, en Danemark, encore enveloppés dans leurs vêtements de peau ou de feutre (premier produit de l'industrie humaine), peuvent présenter quelque ressemblance avec les débris antédiluviens ; mais un examen un peu approfondi fait reconnaître immédiatement que ce ne sont pas des fossiles.

Mais reprenons le sujet qui nous occupait, — les ruminants à cornes *pleines*. Ces cornes, que l'on appelle des *bois*, tombent tous les ans, ce qui explique pourquoi on les retrouve en si grand nombre. Le mâle seul porte des bois ; il est deux espèces pourtant, l'une vivante, le renne, et l'autre détruite, le cerf-géant, dont la femelle est également pourvue de ces appendices. Dans les têtes fossiles, on reconnaît le sexe de l'animal à la conformation du râtelier; le mâle a, dans la mâchoire supérieure, des dents canines, presque des défenses, qui font défaut chez la femelle; or, comme on a trouvé des têtes de cerfs-géants sans dents canines et avec des bois, on en conclut, d'après l'analogie du renne, que la femelle du cerf-géant portait des bois.

Le renne, confiné aujourd'hui dans les régions boréales, vivait jadis dans des pays beaucoup plus méridionaux. On a trouvé de ses bois fossiles, avec d'autres ossements, pieds, dents et vertèbres, dans les marais de la Suède et dans plusieurs parties de l'Allemagne; Cuvier en a même découvert dans la vallée de la Somme, et Guettard aux environs d'Étampes, dans le sable diluvien. Ceci prouve une fois de plus que les climats étaient jadis autrement répartis que de nos jours, — à moins toutefois que la nature de ces animaux ne fût différente.

L'élan et le daim existent également à l'état fossile; on trouve les débris de l'élan, de même que ceux du renne, dans des contrées plus méridionales que celles qu'il habite aujourd'hui. Un des plus magnifiques animaux antédiluviens a dû être le cerf-géant, dont les débris se présentent très-fréquemment en Irlande, dans les environs de Dublin, entremêlés de coquillages, à la hauteur de 200 pieds au-dessus du niveau de la mer, aussi bien que dans les dépôts et les tufs calcaires qui s'étendent sous les immenses tourbières, ou bien enfin dans la tourbe même. Près Curragh on trouve des squelettes de cerf-géant — qu'on devrait plutôt nommer *élan*-géant, ses bois ayant le plus d'analogie avec ceux de cet animal, — par monceaux accumulés dans un espace restreint, comme s'il y en avait eu des troupeaux entiers. Il est à remarquer que tous les individus s'y présentent dans la même attitude : la tête haute, le cou tendu, les bois rabattus sur le dos, comme si, enfoncés dans le terrain marécageux, ils s'étaient efforcés de humer l'air le plus longtemps possible.

Le crâne avec les bois pèse, en moyenne, de 75 à 80 livres; on es retrouve généralement très-bien conservés, parce que le bitume de la tourbe en a empêché la putréfaction, tout en leur donnant une teinte noirâtre, ou même tout à fait noire. Parfois, dans le voisinage des sources, les ossements sont recouverts d'un enduit de phosphate de fer, qui leur donne un singulier et très-bel aspect. Les riches propriétaires se réservent les plus beaux parmi ces bois, pour en orner leurs pavillons de chasse ; les moins beaux, ayant peu de valeur à cause de leur abondance, se voient par centaines dans les villages, dans les fermes ou au faîte des maisons : les indigènes prétendent que ces animaux existaient encore à l'époque des premiers chasseurs qui ont pris possession de la verte Erin, et qu'ils ont été détruits par eux. Il n'y a là rien d'impossible, et l'on peut même, à l'appui de cette opinion, citer le fait de la découverte, dans une tourbière, de la peau d'un cerf-géant *sans le squelette*, ce qui révèle évidemment l'action de l'homme qui abandonne la dépouille du gibier qu'il a tiré ; à Dublin, on montre même une côte de cerf-géant, transpercée par une flèche.

Nous avons donné, page 4, le dessin du squelette de ce bel animal, avec les contours, marqués en noir, de l'enveloppe charnue. On voit clairement, par les puissantes articulations du talon, que le cerf-géant était conforme pour s'élancer par bonds prodigieux. Les bois ont parfois une longueur de six pieds et au delà : on n'en trouve guère ayant moins de quatre pieds de long, et ils sont tellement divergents, que, mesurés d'une extrémité à l'autre, ils présentent un écartement de dix à douze pieds. Si cette conformation des bois donnait à l'animal un aspect imposant, elle a dû en même temps le gêner beaucoup, et lui interdire absolument le séjour des épaisses forêts du monde primitif.

Le cerf-géant n'est pas circonscrit aux Iles Britanniques seulement ; on en a découvert des débris, quoique plus rares, dans le nord et même dans le midi de l'Allemagne, entre autres une tête, garnie de ses bois, trouvée dans le Wurtemberg, à proximité du Neckar, en faisant un percement pour une voie ferrée.

Le *cerf commun* a été, comme le cheval, le compagnon des autres mammifères antédiluviens ; fréquemment on a trouvé de ses ossements mêlés avec ceux de ces derniers. Il y a aussi, à l'état fossile, une variété qui atteint une taille plus haute, d'environ un pied et demi, que notre cerf ; mais, à cela près, ces deux variétés, ainsi que celle qui est connue en Amérique sous le nom de cerf du Canada, sont parfaitement identiques.

Les terrains diluviens ne fournissent presque pas de chevreuils ; il s'en trouve parfois dans les alluvions d'eau douce ; par contre, on a découvert quelques rares individus de la plus petite espèce de ruminants, des chevrotains pygmées.

On voit par là que les différents genres de ruminants, vivant aujourd'hui plus ou moins en compagnie de l'homme, existaient déjà à l'époque diluvienne. On peut en dire autant du chameau.

On a longtemps contesté que celui des mammifères dont l'organisation est la plus élevée, celui qui ressemble le plus à l'homme, le singe, en un mot, eût existé à cette même époque ; mais enfin, ses débris fossiles, trouvés par grandes masses dans le sud de l'Asie et de l'Amérique, sa patrie, sont venus lever tous les doutes, d'autant plus que ces fossiles, comparés aux espèces actuelles, ne présentent aucun caractère distinctif. En Europe. on a rencontré quelques ossements isolés qu'on peut rapporter avec certitude à la famille des singes, et. chose étrange. ils se trouvaient dans un terrain plus ancien que le diluvion, dans le *London clay* du Suffolk. à 52 degrés de latitude N. Leur présence. dans l'étage inférieur des terrains tertiaires, semble prouver que l'existence de ces animaux remonte à l'époque des sauriens que. jusque-là, on ne supposait contemporains d'aucun mammifère. à l'exception des familles marines.

Ces dernières se distinguent des mammifères terrestres, principalement en ce que leurs membres sont recouverts d'une peau qui les rend très-propres à la natation. mais qui ne leur permet que peu ou point de marcher. et puis en ce que leurs membres postérieurs sont réunis de manière à former une queue qui leur sert de rame.

Tous les mammifères marins sont carnassiers; ils se nourrissent de poissons et de coquillages. ou, comme la baleine. de mollusques et de vers. Sauf la baleine. qui n'a pas de dents. ils sont armés d'un puissant râtelier. propre à broyer les coquillages et à triturer les poissons. A cette catégorie appartiennent les deux ordres des *pinnigrades* et des *cétacés :* le premier comprend les genres *phoque* (lion marin, chien marin. etc.' et *morse,* ou vache marine; dans l'ordre des cétacés sont compris les genres baleine, rorqual. dauphin. cachalot, et les monstres à demi fabuleux qu'on a nommés « rois de mer » (*Seekönige*). ainsi que l'hydrarchos dont il a déjà été question.

Des restes fossiles de mammifères marins ont été retrouvés dans diverses formations. On ne saurait dire s'ils ont existé avant les mammifères terrestres, les formations marines alternant. dans les terrains où l'on a trouvé ces débris, avec les formations d'eau douce.

Le naturaliste Quenstedt raconte la destruction très-remarquable d'une espèce entière de cétacés par le fait de l'homme. Elle avait été découverte par un voyageur du nom de Steller, en 1741. lors du naufrage que Behring , à son deuxième voyage. fit non loin du Kamtschatka, sur les côtes de l'île qui a reçu le nom de ce célèbre navigateur.

Le *stellère* (*rhytina Stelleri*) était fort abondant dans ces parages. Les matelots. en ayant mangé et trouvant sa chair exquise. en firent grand bruit à leur retour sur le continent: il s'ensuivit une chasse si acharnée qu'en 1768. à peine 27 ans après que Steller eut fait connaître et décrit ce cétacé. l'espèce avait complétement disparu.

On prétend que l'Académie de Saint-Pétersbourg s'est donné les plus grandes peines pour retrouver sur les côtes du nord de l'Asie un individu de cette espèce. non pas dans un intérêt de conservation ou de reproduction, mais pour le faire empailler; toutes les tentatives demeurèrent infructueuses, et de cet animal qui pesait 80 quintaux, il ne reste plus rien que la description de Steller et un mauvais dessin de Pallas.

Voilà donc une espèce détruite, sans l'intervention d'aucune révolution du globe; il en sera bientôt de même de la baleine, si les Américains mettent à la poursuivre dans les mers antarctiques, autant d'acharnement que les Anglais dans les mers du Nord.

Ces animaux sont exposés sans cesse aux coups de l'homme, parce que, respirant à l'aide de poumons, ils sont forcés de venir de temps en temps à la surface, tandis que les poissons, pouvant rester constamment sous l'eau, parviennent à se soustraire aux poursuites.

L'hydrarchos, dont nous avons parlé ci-dessus (pages 176 et 217), a également été classé parmi les mammifères marins; R. Owen l'a nommé *zeuglodon cetoïdes*, à cause de la forme de ses dents à deux racines, terminées par plusieurs pointes (V. la figure ci-dessous), et de son

analogie avec la baleine (*cetus*). Mêlés aux débris de ce monstre, on trouve parfois ceux d'un animal contemporain, la « reine des mers » (*halianassa*), que la conformation de ses dents a fait jadis ranger dans la famille des hippopotames; l'illustre Cuvier lui-même a partagé un instant cette erreur, ajoutant toutefois au nom d'hippopotame, l'épithète de « douteux » (*hippopotamus dubius*).

Les côtes de cet animal ont la consistance et la pesanteur du fer, au point que M. Jaeger, le collectionneur de fossiles du Wurtemberg, les a confondues avec les défenses du *morse* (ce qui ne prouve guère, il est vrai, sa compétence en anatomie comparée).

Dans les étages supérieurs de la formation tertiaire, on a retrouvé des dents coniques, des mâchoires, des becs, longs de 6 à 7 pieds, et d'autres débris de dauphins. On a vu de nos jours des baleines de 70 à 90 pieds de long, échouées sur les côtes; en Norwége, il y a des milliers d'années, il en est venu échouer sur des rochers qui sont aujourd'hui à 200 ou 500 pieds au-dessus du niveau de la mer: ce qui prouve que le sol de la Scandinavie, jadis très-bas, s'est constamment élevé, comme il continue à s'élever encore.

Les cétacés toutefois doivent remonter à une époque plus ancienne que le diluvium, car leurs débris se présentent dans les étages inférieurs des terrains tertiaires; ainsi on a trouvé à 50 pieds au-dessous du sol, en creusant un des bassins d'Anvers, des ossements fossiles du *ziphius* ou *xiphius*. Ils étaient tellement entremêlés de coquillages du terrain tertiaire *éocène,* que l'on est fondé à les considérer comme plus anciens que les animaux antédiluviens du gypse de Montmartre.

Nous terminerons notre revue des mammifères du monde primitif, par l'un des ordres les plus importants, celui auquel la nature a en quelque sorte confié le soin d'arrêter le trop grand développement des autres ordres, en un mot, les carnivores, anneau important dans la chaîne des êtres, et auquel appartiennent les lions, les hyènes, les loups, les renards, les chats, les belettes, tous ceux enfin qui recherchent, pour leur nourriture, la chair d'autres animaux à sang chaud.

Si, dans un étang, il n'y avait que des carpes, et qu'il n'y existât au moins une couple de brochets, les premières se multiplieraient à tel point, que bientôt elles manqueraient à la fois de nourriture et d'espace. Les animaux terrestres aussi en viendraient là, quoique plus lentement, s'il n'y avait pas de carnassiers. On dira peut-être que la nature a été bien cruelle en donnant à ces animaux l'instinct qui les fait déchirer leur proie vivante, qui fait que le faucon arrache les yeux de la perdrix; mais, cruelle ou non, la nature atteint son but, et pare à la multiplication excessive de certaines espèces.

Le règne animal ayant été, dans les temps antédiluviens, beaucoup plus nombreux qu'aujourd'hui, il est probable que les carnivores aussi étaient plus nombreux et plus forts; nous en avons vu des exemples dans les reptiles et les monstres marins : les salamandres, les sauriens, les crocodiles, nous sont apparus avec des formes colossales, en harmonie avec la densité de la population animale de l'époque. Les débris fossiles de carnivores terrestres viennent confirmer cette présomption. On en a trouvé de toutes les espèces, depuis le lion gigantesque jusqu'à la plus petite espèce de chat domestique, entre autres, dans les terrains modernes, des débris de *lynx* en Europe, et d'*once* en Amérique. D'autres ossements de carnassiers se rencontrent dans les terrains tertiaires, le long du Rhin et en France. Le plus ancien de tous est un léopard, découvert dans le plâtre de Montmartre, et dont la taille induisit Cuvier en erreur, jusqu'à ce qu'il reconnut, à l'aide de la zootomie, que ce fossile rentrait dans l'espèce *felis pardoïdes* (chat panthériforme).

Les carnivores ont de très-petites incisives et des canines coniques, pointues et très-proéminentes, d'autant plus propres à saisir et à déchirer la proie, qu'elles ne sont pas suivies immédiatement de molaires, mais que derrière elles s'ouvre un espace vide qui leur permet de s'enfoncer profondément quand l'animal mord. Les molaires sont peu développées et moins propres à broyer les os qu'à les ronger.

Les mêmes caractères distinctifs ont été observés dans les carnassiers fossiles.

Parmi ceux-ci, l'espèce qui prime toutes les autres est le « lion des cavernes » (*felis spelæa*), beaucoup plus grand que les lions et les tigres de notre époque. Comme son nom l'indique, on l'a retrouvé dans les cavernes où s'est déposé le limon d'alluvion ; il en résulte que cet animal rapace et sanguinaire vivait en Europe, à la même époque que l'*ursus spelæus*, dont on rencontre les débris mêlés aux siens.

De nos jours, le lion a disparu du sol européen, pour se réfugier dans les rochers de l'Afrique, et non pas dans le désert, comme on le dit communément ; car ce n'est pas au désert que le lion ira chercher sa proie ; le cavalier solitaire ne doit pas plus l'y redouter que la nombreuse caravane. En Algérie, il a suffi de l'occupation française pour faire disparaître, de tout le versant septentrional de l'Atlas, cet animal anthropophobe ; il devient même plus rare de l'autre côté, depuis que des colons s'y sont établis ; tout ce qui reste de cette race sauvage va chercher un refuge au Maroc ou dans les montagnes de la côte.

La présence, à l'intérieur des roches européennes, de débris d'animaux qui appartiennent aujourd'hui à d'autres contrées, nous a fourni déjà plusieurs fois l'occasion d'appeler l'attention sur la répartition différente que présentaient jadis les climats. Cette remarque, toutefois, ne s'applique pas aux carnivores ; des observations récentes ont démontré que le tigre royal, indigène des plaines de l'Inde, au sud de l'Himalaya, franchit fréquemment cette chaîne, et s'avance à travers les plateaux du Nord, jusque dans les forêts de la Sibérie, à 52 degrés de latitude boréale ; il y séjourne et s'y reproduit, dans une contrée beaucoup plus froide que les latitudes correspondantes de l'Allemagne.

La souplesse de la race féline se prête à tous les climats, pourvu qu'elle trouve des animaux à sang chaud pour lui servir de pâture. Il est donc très-possible qu'en Allemagne, lors même que le climat, contrairement à une hypothèse très-fondée, n'y eût pas été plus chaud que de nos jours, le lion ait vécu à une époque même historique. Cette opinion est partagée par Quenstedt, qui l'appuie de différentes citations ; en ajoutant toutefois : « Je n'attacherai pas une bien grande importance à ce passage du chant des Nibelungen, où, à propos d'une chasse de Sigefroi dans les Vosges, il est dit :

> Il rencontre un lion d'aspect sombre et farouche :
> Il tire, et le lion après trois bonds se couche (1). »

(1)　　« *Darnach er viel sehiere einen ungefugen Leuwen fand.*
　　« *Der Leu lief nach dem Schusse nur dreier Sprünge lange.* »

Ceci peut n'être qu'une licence poétique. Le plus grand exploit des héros mythologiques de la Grèce était aussi de purger la contrée des lions qui l'infestaient. Hercule en a tué dans le Péloponèse et sur le mont Parnasse. Hérodote cependant nous raconte d'une manière positive que les chameaux portant les vivres des Perses en Macédoine, avaient été attaqués sur les bords du Nestus (aujourd'hui le Karafou) par des lions : Aristote parle même de deux espèces de lions, l'une à poils crépus et d'un naturel lâche, l'autre à longs poils, à forte crinière, et aux allures courageuses et nobles. La première espèce est détruite; nous n'en connaissons plus qu'une seule. Or, si, à une époque historique, les lions ont habité la Grèce, ils ont certainement aussi fait des incursions en Allemagne, où ils pouvaient plus librement poursuivre leur proie. L'anneau rattachant la race féline du monde primitif à celle de nos jours n'a donc probablement jamais été rompu.

Que l'animal antédiluvien nommé *felis spelœa* ait été, du reste, plutôt un lion qu'un tigre, c'est ce qu'il est difficile de décider, à cause de l'analogie parfaite qui existe entre les squelettes de ces deux espèces; en tout cas, c'était un monstre énorme : ses restes accusent une longueur de 14 pieds, et une taille qui dépasse de beaucoup celle du plus élevé des taureaux de la magnifique race de Cheviot en Angleterre. Quand on contemple un de ces colosses herbivores, dans toute sa vigoureuse beauté, on admet sans peine qu'un carnivore de cette taille ait dû être un redoutable ennemi, même pour l'éléphant gigantesque du monde primitif. Le *felis spelœa* était d'ailleurs très-répandu, à en juger par les nombreux débris qu'on en a retrouvés, notamment dans le diluvion. Les squelettes complets ne sont même pas rares dans les cabinets d'histoire naturelle.

Au Brésil, on a découvert des restes d'une autre espèce, *felis smilodon*, qui se distingue entre toutes par la longueur extraordinaire de ses dents canines, tranchantes, aiguës comme des stylets, peu courbées et tellement longues, qu'on a peine à comprendre comment la gueule a pu s'ouvrir assez pour saisir la proie ; l'espace entre les molaires d'en haut et celles d'en bas est déjà énorme, lorsque les défenses de la mâchoire supérieure touchent encore celles de la mâchoire inférieure. Si ces défenses atteignent, comme on l'assure, la longueur de 7 à 10 pouces, les os du crâne doivent avoir une puissance proportionnelle, ce qui en ferait un animal de dimensions sans égales aujourd'hui sur la terre, au moins dans l'ordre des carnivores.

Du genre chat au genre chien, lesquels se distinguent l'un de l'autre par la conformation du râtelier et des ongles, — le chien ayant les molaires plus développées que le chat, et les ongles non rétractiles, — la transition est formée par l'hyène, qui réunit en elle les caractères essentiels des deux genres : son râtelier a une telle analogie avec celui du chat, que Cuvier n'a pas hésité à la ranger dans cette famille, tandis que, par le squelette, elle appartient à la race canine. Ainsi, par exemple, le chat ne broie pas les os de sa proie; chez l'hyène, le développement des muscles maxillaires dénote l'instinct contraire, et rend le sommet de la tête, à partir du front, bombé au point de former une sorte de crête. Il n'existe aujourd'hui que deux espèces d'hyènes, habitant toutes deux l'Afrique; dans le monde primitif, l'hyène était répandue en tous lieux, formant peut-être un anneau tout aussi important de la grande chaîne des êtres, que les animaux de proie proprement dits. L'hyène est confondue à tort dans cette catégorie; elle recherche de préférence les cadavres, et ce n'est qu'à leur défaut qu'elle attaque les animaux vivants. Aussi, loin de chercher à la détruire, prendrait-on soin de sa conservation, — comme on fait aux Indes pour l'espèce de vautour dite *percnoptère* (connue en Égypte sous le nom de *poule de Pharaon*), qui rend service dans les pays chauds en les débarrassant des cadavres, — si l'hyène ne se livrait pas à la rapine et au meurtre, quand elle est poussée par la faim.

Les deux espèces vivantes sont l'hyène rayée et l'hyène tachetée; cette dernière présente une conformité si grande avec l'espèce du monde primitif, que Cuvier, n'y remarquant aucune différence, a classé les débris de l'hyène antédiluvienne sous le nom de « hyène tachetée fossile ». Il n'y a, en effet, d'autre différence que celle de la taille, beaucoup plus considérable, de l'espèce fossile, dont on a retrouvé des quantités telles, que certaines cavernes à ossements en ont reçu le nom de cavernes d'hyènes.

Les plus fameuses parmi ces cavernes sont celles de Quedlinbourg, dans une des montagnes du Harz; de Gailenreuth, dans le cercle du haut Mein, en Bavière, 24 autres cavernes voisines, renfermant toutes un grand nombre de fossiles de différentes espèces; en Prusse, la grotte de Sundwig (arrondissement d'Arnsberg), et en Angleterre la grotte de Kirkdale, dans le Yorkshire.

Cette dernière, découverte par suite de l'ouverture d'une carrière dans le calcaire jurassique blanc, a été visitée et mesurée par le célèbre géologue Buckland; elle a une longueur de 250 pieds, mais si peu d'élévation, qu'un homme ne peut presque nulle part s'y tenir debout; dans quelques endroits, elle est remplie, jusqu'à la profondeur de 80 à 140 pieds, d'un limon épais et ferme, dans lequel sont enfouis d'innombrables ossements d'hyènes. M. Buckland est d'avis que cette grotte a été jadis habitée par les hyènes, et que les ossements de chevaux, de bœufs, de cerfs, voire même d'éléphants et de rhinocéros, ne s'y trouvent que parce que les hyènes traînaient leur proie dans ce repaire pour l'y dévorer à loisir.

On reconnaît, il est vrai, que les ossements qui n'appartiennent pas aux hyènes ont été rongés ; malgré cela, nous ne saurions partager l'opinion exprimée par M. Buckland. Il est difficile, d'abord, qu'un grand nombre d'hyènes aient habité simultanément le même antre : s'ils se réunissent pour attaquer une proie, jamais ces monstres ne demeurent ensemble, la réunion par troupeaux n'étant pas dans les mœurs des carnivores ; si le grand nombre d'ossements devait être attribué à une série de générations successives, les débris trouvés à la plus grande profondeur porteraient des traces d'une ancienneté plus grande, tandis que tous, au contraire, sont également bien conservés ; on doit donc ici, nous semble-t-il, admettre la même hypothèse que pour les autres cavernes à ossements, et supposer que ces animaux, poursuivis par l'inondation, se sont réfugiés dans cette grotte, et que, tombés dans les précipices et submergés par les flots, ils sont demeurés ensevelis dans le limon charrié par les eaux.

Les ossements ont été retrouvés, pour la plupart, dans les profondeurs les plus reculées de ces cavernes, où l'on ne peut arriver qu'à l'aide de très-longues échelles, et d'où, par conséquent, ces animaux n'auraient pu sortir. Il ne paraît donc guère possible que ce fût là leur habitation : il est, par contre, d'autant plus probable qu'ils y ont été précipités dans la cohue, que les tibias de presque tous les grands animaux, tels que chevaux et bœufs, ont été trouvés rompus : quant aux éléphants, nous avons peine à croire que, morts ou vifs, ils aient pu être traînés par des hyènes.

Que *l'entrée* de ces grottes, la partie la plus rapprochée de l'extérieur, ait pu servir de repaire à ces animaux, nous l'admettons sans hésiter : le sol porte de fréquentes traces de frottement et l'on y voit des couches entières de coprolithes qui doivent provenir évidemment de carnivores, puisqu'ils renferment des restes d'os et de poils non digérés. Ce que nous contestons, ce n'est donc pas que des hyènes aient pu habiter ces cavernes, mais bien que *tous* les ossements (appartenant la plupart à des carnivores) y aient été traînés par elles. De la seule caverne de Gailenreuth, on a extrait plus de mille squelettes complets, dont 800 de la grande et 80 de la petite espèce d'*ursus spelæus*, et le reste, d'hyènes, de loups, de lions et de gloutons. En présence de ces faits, il faut bien renoncer à supposer que les loups ou les ours aient été traînés dans ces cavernes par leurs pareils ou par les hyènes.

Cuvier croit reconnaître l'ancêtre de notre chien domestique dans une espèce fossile qu'il nomme *canis parisiensis*. Sauf la taille, elle ressemble au renard des régions polaires et a dû exister longtemps avant la période diluvienne; ses débris ont été rencontrés dans les terrains tertiaires. On trouve aussi des renards communs et des loups à l'état fossile; le naturaliste Blainville prétend même avoir reconnu des restes du chien domestique, lequel aurait survécu au dernier cataclysme, grâce aux soins de l'homme, que fuyaient les animaux sauvages.

Cuvier a trouvé, en outre, les restes d'un chien colossal, qui a dû avoir 8 pieds de long sur 5 de haut, et qu'il nomme *canis giganteus*.

Parmi les carnivores antédiluviens, un des plus formidables a été l'*ursus spelœus*. On en possède des squelettes complets, longs de 9 pieds et hauts de 6, c'est-à-dire plus grands que l'ours noir des Montagnes-Rocheuses en Amérique et que l'ours blanc. Les ours fossiles sont tellement nombreux qu'on ne les recherche plus même pour les cabinets d'histoire naturelle; nous avons fait mention ci-dessus des 800 squelettes d'ours de la grotte de Gailenreuth; dans la grotte d'Erpfing (Wurtemberg), Quenstedt en a fait ramasser par deux ouvriers, travaillant pendant une couple de jours seulement, une telle quantité, qu'un chariot n'a pas suffi pour les emmener en une fois, quoiqu'on n'eût enlevé que les restes les mieux conservés d'une centaines d'animaux.

Il est singulier que ce soit précisément l'ours qui fournisse cette quantité extraordinaire de débris, plus considérable en Allemagne que partout ailleurs. Quelques-uns de ces débris gisent dans un limon gras, bitumineux, et parfois noir: cette coloration, et les substances azotées et carbonatées que le limon contient, sont dues à la putréfaction de la chair et de la graisse de ces animaux. Dans ce cas, les fouilles sont faciles, car il suffit d'une bêche mouillée pour pénétrer dans le limon; mais ordinairement les cavernes à ossements sont tapissées de stalactites qui en rendent la voûte d'autant plus difficile à percer, que les derniers animaux ensevelis se trouvent intercalés dans les stalactites, qu'on ne peut souvent détacher sans briser les ossements. Une fois que l'on a traversé la voûte, on atteint l'amas de limon, auquel les ossements sont mêlés en telle abondance qu'on en extrait à chaque coup de bêche.

Parfois les débris d'un même individu gisent épars, mais presque toujours on les retrouve dans un espace d'environ deux pieds de diamètre. C'est de là qu'on a conclu que les animaux dont proviennent les débris ont habité les cavernes et que ces derniers n'y ont pas été amenés par les eaux.

Nous ne prétendons pas. nous l'avons déjà dit, que les *débris* aient été poussés par les eaux dans ces cavernes. mais peut-être bien les *animaux* l'ont-ils été. Quiconque a vu l'incendie d'une des immenses prairies de l'Amérique du Nord et a assisté au spectacle de ces animaux frappés d'épouvante, fuyant par milliers, sans distinction d'espèce, ours, loups. renards. pêle-mêle avec les chevreuils, les cerfs. les lapins et les buffles, sans rien craindre les uns des autres, dominés exclusivement par le sentiment du danger commun. se réfugier dans les fondrières, les ravins. les gorges des montagnes. dans les fentes des rochers ou dans les grottes,— quiconque a vu ce spectacle, comprendra sans peine qu'une vaste inondation ait pu, dans un moment donné. pousser des milliers d'animaux dans quelque caverne, où ils sont demeurés ensevelis dans la vase et le limon. Puis, longtemps après, les eaux du ciel, pénétrant à travers les rochers, ont tapissé les cavernes de stalactites et recouvert le limon d'un tuf calcaire.

Tout cela n'empêche pas qu'à l'époque de ces cataclysmes quelques individus n'aient pu se sauver et reproduire leur espèce ; il est même à peu près certain que l'*ursus spelœus*, entre autres, a encore existé à une époque historique. car on en trouve des ossements dans le tuf calcaire. formé, comme nous venons de le dire. longtemps après que les anciens ossements avaient disparu dans le limon ; et même, à la surface du dépôt calcaire. on voit d'autres débris qui, s'ils ne peuvent être rapportés à l'*ursus spelœus*, proviennent certainement de loups et de renards. et ne présentent point les caractères de fossiles. Peut-être l'*ursus spelœus* était-il encore, du temps des Romains, le gibier de grande chasse sur lequel les Germains exerçaient leur courage et leur vigueur.

Après avoir. dans les nombreuses variétés de mammifères terrestres, contemplé l'organisme animal le plus développé, il nous reste à parler des oiseaux et des insectes.

Si les restes d'animaux terrestres sont beaucoup moins nombreux déjà que ceux des animaux marins. qui, ne pouvant sortir de leur élément. sont restés ensevelis dans la vase. à plus forte raison les restes fossiles d'oiseaux sont plus rares encore : ils ne se trouvent guère plus bas que le terrain crétacé blanc et le plâtre de Montmartre. Près de Weissenau, sur la rive gauche du Rhin. non loin de Mayence. il y a une couche moins ancienne de calcaire d'eau d'ouce ; le village de Weissenau s'appuie aux rochers calcaires qui bordent le cours du fleuve ; dans ces rochers. on a percé quelques galeries pour en faire des caves à bière. les décombres furent jetés dans le Rhin, dont les eaux. désagrégeant le calcaire, mirent à nu des ossements que les

naturalistes reconnurent avoir appartenu à des oiseaux. Malheureusement on a dû faire sur ce point un remblai pour le chemin de fer, et
mettre obstacle ainsi à toute nouvelle découverte, tandis qu'ailleurs ce
sont précisément les travaux pour l'établissement de voies ferrées qui
ont révélé les richesses souterraines.

Dans les terrains modernes mentionnés ci-dessus, on rencontre des
débris isolés de différents oiseaux de proie, d'oiseaux chanteurs et de
pigeons : ce sont principalement des bouts d'aile, auxquels adhèrent
encore les *pennes*, avec les empreintes de plumes, dont toute autre
trace a nécessairement disparu. L'abondance de ce fragment de squelette a suggéré à M. Buckland la remarque très-juste qu'il provenait
probablement d'oiseaux que des carnassiers avaient déchirés, en négli-
geant ce bout d'aile, à cause du peu de chair et des fortes pennes dont
il est garni.

Il y a toute une famille d'oiseaux dont les espèces deviennent de plus
en plus rares et commencent même à disparaître entièrement ; les ossements qu'on en trouve ne sont pas fossiles, mais datent d'une époque
très-récente : ce sont les oiseaux *cursoripèdes* ou *brévipennes,* qui,
impropres au vol, trop lourds et trop gauches, ont, en grande partie,
succombé aux poursuites de l'homme.

L'Europe ne compte aucun représentant de cette famille, à moins
qu'on ne veuille y comprendre l'outarde ; l'Afrique possède l'autruche,
de jour en jour plus rare ; en Australie, on trouve l'émou ; en Amérique, le casoar, et, dans la partie méridionale, le nandou, de moitié
plus petit que l'autruche, dont il ne diffère, d'ailleurs, que parce qu'il a
trois doigts, au lieu de deux, comme cette dernière. De nombreux
débris de nandou ont été trouvés dans les cavernes à ossements de
l'Amérique du Sud.

Trois autres espèces très-remarquables sont déjà éteintes ou sur le
point de s'éteindre. L'une est le dodo ou dronte, déjà nommé, que
Vasco de Gama a vu à l'île de la Réunion, près de Madagascar, et qui,
depuis lors, a disparu de la terre. Cet oiseau, d'un naturel paresseux,
avait de très-petites ailes ; il n'était nullement sauvage ; quoique grand
et fort, et armé d'un bec d'oiseau de proie, il se laissait toucher et
prendre. Rien ne fait supposer qu'on lui ait donné la chasse pour le
goût exquis de sa chair, et pourtant l'espèce est détruite. On n'en a plus
d'autres vestiges qu'un tableau, conservé en Angleterre, et sur lequel il
est représenté ; plus, la tête et les pieds d'un individu qui, d'après un
catalogue de 1755, se trouvait empaillé au musée d'Oxford. (V. la gravure de la page suivante.)

La deuxième espèce détruite, et depuis plus longtemps déjà, est le

dinornis (du grec *deinos*, terrible, *ornis*, oiseau) de la Nouvelle-
Zélande, oiseau de la taille d'un éléphant, à en juger par le tibia, qui a

trois pieds de long; on prétend même avoir trouvé des débris d'un
individu long de seize pieds; en tous cas, ses œufs, dont on trouve les
coquilles dans la Nouvelle-Zélande, sont beaucoup plus grands que ceux
de l'autruche.

La troisième espèce, sinon tout à fait perdue, du moins à la veille de
disparaître, est le *kiwi* ou le *kiwikiwi*, entièrement dépourvu d'ailes,
ayant des plumes filiformes et le bec d'un héron. (V. la gravure de la
page suivante.) Un individu de cette espèce a été amené vivant en Angleterre et placé au jardin zoologique de Regent's Park; mais cet oiseau
est tellement rare qu'on peut considérer sa race comme éteinte, et elle
le sera certainement d'ici à une centaine d'années.

Si ces choses se passent, pour ainsi dire, sous nos yeux, et qu'il soit
désormais impossible de se procurer un exemplaire complet — fût-ce
même le squelette — du dronte, nous ne pouvons guère nous étonner
de ce qu'on ne trouve plus qu'un petit nombre d'oiseaux antédiluviens.
Leurs ossements, épars sur la surface de la terre, se sont décomposés,
et, pour la plupart, ils ont disparu : bien peu ont pu se conserver dans
les archives du globe.

Nous n'en devons attacher que plus d'intérêt à la découverte faite en Amérique de traces de pas d'oiseaux. Celles-ci, comme les traces de

pas de quadrupèdes près de Hildburghausen, nous fournissent des renseignements sur une famille dont nous n'avons pas d'autres vestiges. Les États de Massachusets et de Connecticut renferment une couche de grès rouge de quatre-vingts milles anglais de long sur cinq à vingt milles de large, gisant le long de la mer, parallèlement aux Montagnes-Bleues. Les fossiles qu'on y trouve sont plus récents que ceux de la formation houillère, mais plus anciens que ceux de notre grès pécilien; ce qui veut dire que ce grès rouge fait partie d'une formation déjà très-ancienne.

Dans la région supérieure de cette couche (qui a vingt-cinq pieds d'épaisseur environ), on trouve, au dire du naturaliste Quenstedt, d'innombrables traces de pas d'animaux à deux pieds, ayant, pour la plupart, une allure *croisée* et l'espacement des pas proportionnel à la dimension des pieds, en tant que les empreintes peu distinctes des doigts permettent de la reconnaître. La roche qui porte ces empreintes est un schiste noir, micacé et composé de lamelles très-minces; les pas s'y sont imprimés de telle sorte que le schiste s'est un peu courbé sous eux et que les doigts ont laissé des sillons. De l'autre côté, on voit, il est vrai, les empreintes en relief, mais beaucoup moins distinctes que celles de Hildburghausen (V. page 10). On a cependant découvert, près des cascades que forme le Connecticut, peu après son entrée dans l'État de Massachusets, quelques endroits où les empreintes des ongles et des phalanges des doigts sont assez bien marquées pour permettre de déterminer, d'après elles, le genre d'animaux qui les ont laissées.

Il y a certaines places, tellement sillonnées d'empreintes, qu'elles font l'effet d'un sol argileux sur lequel aurait passé un troupeau de moutons; les routes suivies par les différents oiseaux ont dû s'y croiser dans tous les sens : on n'y distingue aucune direction choisie de préférence par tous ou du moins par la plupart d'entre eux. Dès qu'on s'éloigne de ces places, les sillons deviennent moins nombreux et l'on peut suivre les pas avec certitude. Au *British Museum*, on voit une dalle d'environ 50 pieds carrés de superficie, portant plus de 70 empreintes très-distinctes, distribuées sur onze rangées, dont une est formée, à elle seule, de quatorze empreintes.

Un professeur américain, M. Hitchlock, prétend avoir observé et examiné plus de 2,000 traces de pas, caractérisées par 20 différentes marques distinctives qui lui permettent de déterminer les espèces auxquelles elles se rapportent. Il en est qui ont la longueur de 1/2 à 1 1/2 pouces, les pas étant espacés de 5 pouces; d'autres ont de 2 à 6 pouces de long et un espacement de 8 pouces à 2 pieds. Ces dernières proviennent d'animaux de grande taille, à en juger par la profondeur des empreintes : quelques-unes portent au talon la trace des plumes dont le pied était revêtu, comme chez quelques espèces de gallinacées; certaines variétés de pigeons ont même le pied garni de plumes jusque sur les doigts.

Les pas se suivent sur la même ligne, parce que les animaux posaient le pied chaque fois sur la ligne médiane, c'est-à-dire sous le centre de gravité du corps; c'est ce qu'on appelle une allure *croisée*; plus les animaux sont grands, plus cette allure est prononcée, de sorte que la proximité de la trace à la ligne médiane est un indice de la taille de l'animal; si le pied, en se posant à terre, a dépassé la ligne médiane, on peut être sûr que l'empreinte a été laissée par un oiseau très-grand, beaucoup plus porté à croiser les pieds en marchant, que les oiseaux à jambes courtes.

On a observé des empreintes de 15 à 16 pouces de long et d'autres, d'espèces différentes, atteignant la longueur de 19 à 21 pouces. Ce n'étaient pas des autruches, car les empreintes sont de trois doigts, tandis que l'autruche n'en a que deux. Dans les empreintes de la plus grande dimension, la distance, de l'extrémité d'un doigt à l'autre, est d'un pied, et, comme les doigts avaient six pouces de large, il s'ensuit que la circonférence du pied posé à terre était de 5 1/2 pieds. Les pas présentent un espacement de 7 à 10 pieds.

Ces dimensions sont énormes et dénotent un oiseau de proportions gigantesques et dont nous ne saurions nous faire une idée. Cet oiseau a dû être extrêmement pesant : les lames du schiste encore réal durci se sont brisées sous lui. et le terrain argileux a formé. comme sous les pas de l'éléphant. des saillies latérales de près de six pouces de hauteur. Peut-être l'oiseau dont les pas nous apparaissent ici comme les traces d'un fantôme mystérieux. révélant un monde inconnu. a-t-il été l'origine de la fable de l'oiseau-roc (ou rock). qui joue un si grand rôle dans les traditions orientales.

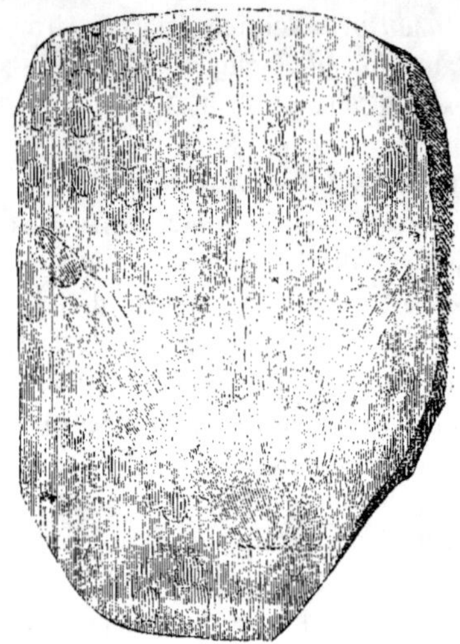

La gravure ci-contre représente une pierre portant l'empreinte du pied de l'*ornitichnites giganteus* ; le doigt du milieu a 19 pouces de long, les deux autres ont de 13 à 14 pouces ; à l'arrière, on voit le rudiment d'un quatrième doigt. qui. prenant sa racine plus haut que les doigts de devant. ne touchait le sol que par son extrémité inférieure.

Tout autour de l'empreinte du pied. on voit de nombreuses cavités rondes. que l'on appelle communément des « gouttes de pluie pétrifiées » ; dénomination fautive, qui pourrait faire croire que l'eau de la pluie s'est réellement pétrifiée. d'autant plus que les empreintes présentent un relief : tandis qu'il suffit d'examiner attentivement le dessin (tiré des *Medals of creation* de Mantell) pour comprendre combien cette supposition serait absurde. Ces gouttes de pluie auraient eu deux à trois pouces de diamètre : on peut s'en convaincre en comparant les cavités avec les empreintes de doigts, dont la largeur, ainsi que nous le disions plus haut, atteint six pouces. En outre, les cavités creusées dans l'argile, et par conséquent les reliefs sur le grès superposé. sont parfaitement ronds ; or, l'empreinte que laisse la goutte de pluie sur le limon devenu consistant. n'est pas ronde, et les gouttes qui suivent modifient les premières empreintes. de sorte qu'un terrain sablonneux battu par la pluie, offre à la vue. au lieu d'une série de cavités. une ondulation très-distincte.

Voici ce qui a produit ces cavités. Le limon dont, après l'évaporation de l'excédant d'eau. il ne reste que la substance argileuse compacte. renferme une notable quantité d'air divisé en bulles infiniment petites ; or, si. dans un verre d'eau fraîche qui ne semble contenir aucune parcelle d'air, on voit. au bout d'une heure, de petites bulles d'air recouvrir la paroi intérieure du verre, le même effet doit se produire, à plus forte raison, dans le limon, à cause des ferments qui s'y trouvent mêlés. Ces petites bulles d'air tendent à s'élever et à se réunir; elles parviennent ainsi, considérablement grossies, à la surface, avant que celle-ci soit entièrement solidifiée, et y demeurent recouvertes d'une pellicule d'argile que le premier coup de vent emporte, lorsque l'évaporation de l'eau détruit la cohésion de l'argile; il ne reste plus alors que les cavités formées par les bulles d'air. On conçoit que ces cavités, une fois l'argile tout à fait durcie, aient fait l'office de vrais moules qu'ont remplis plus tard les dépôts calcaires ou sablonneux, devenus, avec le temps, schiste ou dalles. C'est là l'explication véritable et seule possible de l'origine du phénomène qu'on a improprement nommé « gouttes de pluie pétrifiées. »

Les habitants des États-Unis, tout en se donnant pour « un peuple très-moral », se livrent avec passion à l'élève du *canard*; on ne doit donc accueillir que sous toutes réserves les renseignements même scientifiques qui nous viennent de chez eux. C'est pourquoi on a long-temps conservé des doutes au sujet des « gouttes de pluie pétrifiées », et des traces de pas d'oiseaux antédiluviens; on en conserve encore au sujet du grand nombre des espèces, pas le moindre osselet n'ayant été produit jusqu'ici. Cependant, les cavités formées par des bulles d'air, et les traces de pas d'oiseaux, sont bien réelles; leur grand nombre même en est une preuve : s'il avait fallu les fabriquer en vue d'un *humbug*, la plaisanterie aurait fini par devenir trop coûteuse; et d'ailleurs, on peut voir encore se former de pareilles empreintes tous les jours.

A l'extrémité orientale du Canada, au sud du golfe Saint-Laurent, se trouve l'Acadie ou Nouvelle-Ecosse, longue péninsule que la baie de Fundy sépare du continent, avec lequel elle ne communique que par une étroite chaîne de montagnes, entre Picton et Cumberland. La baie de Fundy est très-large à l'entrée vers le sud-est; elle va en se rétrécissant jusqu'à ce que les monts Cobequid la partagent en deux baies plus petites, celle de Chiquittos et celle de Scotts.

La marée, déjà très-forte à l'entrée de la baie de Fundy, à cause de sa situation spéciale par rapport aux courants marins, s'élève, au fond de la baie, jusqu'à 70 pieds au-dessus de la basse mer. Pendant le flux, les eaux remuent profondément le sol, pénètrent sous les roches de grès, lavent les rivages limoneux ou argileux et déposent à l'extrémité de la baie des masses de vase qui y demeurent jusqu'à la haute mer suivante. Pendant cet intervalle de 12 à 14 jours, la vase a le temps de déposer et de se solidifier à la surface. Ces contrées étant peu habitées, les animaux sauvages y séjournent à l'aise, et l'on peut voir sur la vase d'innombrables traces d'échassiers ; on ajoute que la pluie y produit des cavités semblables à celles qu'on a observées dans l'État du Connecticut ; c'est-à-dire que, là comme ailleurs, la surface argileuse livre passage à des bulles d'air.

Nous n'avons pas besoin d'aller en Amérique pour nous convaincre de la possibilité de ces faits : on peut les observer dans toute mare à canards ; le seul côté merveilleux des observations recueillies en Amérique, réside dans les dimensions colossales des empreintes, dans l'espacement des pas et la taille gigantesque des oiseaux, tout à fait inouïe de nos jours. Cette taille gigantesque ne serait pas, à elle seule, un motif de révoquer en doute l'exactitude des observations ; nous avons vu que plusieurs genres de la faune antédiluvienne se distinguent des genres actuels par la grandeur. Notre incrédulité viendrait plutôt de ce que l'on n'a pas encore trouvé des débris proprement dits de ces oiseaux. Ceci s'explique pourtant. Mieux que les quadrupèdes, les oiseaux ont dû se maintenir à la surface de la terre, sans chercher, contre l'irruption des eaux diluviennes, un abri dans les cavernes où se réfugiaient tout au plus les oiseaux nocturnes, tels que le hibou et ses congénères ; les autres ont dû demeurer, jusqu'au dernier moment, sur les montagnes, les rochers ou les grands arbres ; submergés par les flots, leurs restes ne descendirent point dans les entrailles de la terre, mais se putréfièrent à la surface, où il ne pouvait guère s'en conserver que çà et là quelques débris isolés. Il est néanmoins étrange que pas un seul de ces débris n'ait encore été retrouvé.

Pour épuiser la série des fossiles de la formation tertiaire, il ne reste plus que les insectes, dont nous n'aurions pas grand'chose à dire, si l'ambre jaune n'était là pour nous aider ; grâce à cette substance, les insectes du monde primitif, ou du moins les petites espèces, et notamment celles qui appartiennent à la période diluvienne, sont venus jusqu'à nous. Le docteur Berendt, observateur et collectionneur assidu, dont nous avons déjà fait mention, expose dans son ouvrage intitulé : *Les restes organiques antédiluviens, conservés dans l'ambre jaune*, l'énumération d'une énorme quantité d'espèces, avec leur description scientifique très-détaillée. La substance où ces restes sont renfermés, ayant été jadis un baume liquide qui s'est durci plus tard, était plus propre qu'aucune autre à conserver intactes les parties si frêles dont se composent la plupart des insectes. En outre, l'ambre jaune, par ses propriétés antiseptiques, préserve de toute décomposition les objets qu'il renferme. Si délicats que soient une fibre, un filament quelconque, ils deviennent inaltérables, du moment qu'ils sont englobés dans cette merveilleuse résine. Le fil tendu par l'araignée et atteint par le succin, nous y apparaît encore recouvert d'un enduit de glu cristalline (1), comme s'il datait d'hier; ailleurs, on a même observé des gouttes de rosée, que leur enveloppe résineuse nous a transmises à travers les siècles.

On a prétendu que les insectes englobés dans le succin avaient dû s'accommoder fort bien de leur prison, puisqu'on en a trouvés d'accouplés ; cette étrange supposition semble avoir été occasionnée tout simplement par ce fait que les insectes accouplés se séparent très-difficilement. Des êtres dont l'élément est l'air, devaient au contraire périr dès l'instant qu'ils se trouvaient emprisonnés dans une substance aussi lourde et aussi visqueuse que la résine. Parfois, on remarque, avec les insectes, des matières excrémentitielles, évacuées, sans doute, au moment de la mort. Tout cela est conservé comme dans une enveloppe de cristal ; un de ces morceaux d'ambre jaune renfermant un insecte, a même été taillé de manière à aider, comme une loupe, à observer l'insecte dans des proportions plus grandes que nature. On trouve bien aussi du succin non transparent, tout à fait trouble (c'est même la sorte la plus estimée dans le commerce); dans ce cas, les insectes qu'il renferme sont inaccessibles à l'observateur. Mais ce qui est pis encore, c'est de les voir sans pouvoir cependant les observer, comme il arrive, par exemple, quand l'insecte a été englobé pendant la pluie; alors les gouttes d'eau englobées avec lui rendent l'image tout à fait trouble; elles l'entourent, tantôt sous forme de petits globules, tantôt sous forme de bulles de vapeur, par suite de l'évaporation de l'eau à l'intérieur de la résine. Trompé par l'apparence, on a cru y voir des moisissures; on en trouve parfois, il est vrai, mais c'est quand l'insecte, en putréfaction au moment où il a été englobé, était couvert de moisi qui s'est conservé avec lui, de manière à permettre d'en distinguer tous les éléments au moyen du microscope.

Oswald Heer, auteur de dissertations très-intéressantes sur les insectes du monde primitif, fait ressortir ce fait curieux que, tout comme les premiers végétaux ont été de ceux qui ne portent pas de fleurs, les premiers insectes appartenaient à la catégorie qui ne subit pas de métamorphoses. Les forêts les plus anciennes se composaient de fougères arborescentes, de lycopodes et d'équisétacées, et il n'y séjournait, en fait d'insectes, que des sauterelles, des grillons et des blattes. Encore de

(1) C'est à cette glu que se prennent les insectes quand leur vol rencontre les fils; en se débattant, ils ne font que s'empêtrer davantage, jusqu'à ce que leur hideuse ennemie accoure pour les garotter tout à fait et leur sucer le sang.

nos jours, les autres insectes ne se montrent guère sur nos fougères dégénérées, nos lycopodiacées et nos prêles. Dans les périodes suivantes, aux genres nommés ci-dessus s'ajoutent des mouches, des scarabées et des fourmis, tandis que les insectes qui tirent leur subsistance des fleurs, les mouches à miel et les papillons, font encore défaut.

Ce n'est que dans la troisième des périodes antédiluviennes, avec les arbres à feuillage, les végétaux ornés de fleurs, que les insectes se complètent et revêtent toutes leurs formes les plus variées. Les deux périodes précédentes ne nous ont laissé que 126 espèces, tandis que les deux localités où l'on trouve le plus d'insectes fossiles, le bourg de Radoboy en Croatie et les carrières à ardoise d'Oeningen, dans le grand-duché de Bade, ont à elles seules fait connaître 423 espèces de la dernière époque. Les roches où elles sont renfermées, font partie des terrains tertiaires ; on y trouve tous les genres d'insectes actuellement existants, mais leurs proportions numériques nous rappellent que, pendant la période tertiaire, les organismes n'avaient pas encore atteint le degré de développement qui caractérise la formation diluvienne.

La figure suivante représente une pierre trouvée à Stones-

field près d'Oxford, dans les terrains oolitiques, et renfermant les élytres d'un scarabée. Cette pièce, extrêmement rare et très-bien conservée, permet de distinguer les nervures des ailes et de les rapporter au genre *bupreste*, remarquable par ses belles couleurs métalliques. La figure ci-après nous montre un objet encore plus délicat, le corps et les ailes transparentes et gazées d'une libellule (vulgairement *demoiselle*), trouvé dans la pierre lithographique de Solenhofen, où l'on en a déjà découvert six espèces différentes.

En fait d'insectes inconnus dans les formations plus anciennes, les terrains tertiaires nous amènent, quoique en très-petit nombre, les

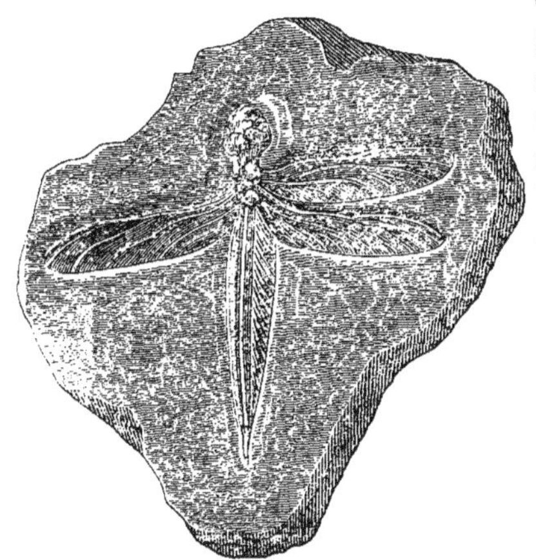

abeilles et les papillons. Il
paraît que la terre ne produisait pas encore cette abondance de fleurs riches en
miel, dont ces insectes ont
besoin pour atteindre leur
développement complet. Les
papillons, pendant la courte
durée de leur vie, prennent
peu de nourriture, mais elle
ne consiste que dans le nec-
tar des fleurs qui forme
aussi l'unique aliment des
abeilles.

LES MODES DE FORMATION DE L'ÉCORCE TERRESTRE.

Répartition égale des minéraux, — inégale des plantes et des animaux. — Formations primordiales et secondiales. — Action de l'eau. — Puissances des glaçons. — Transport des roches des régions polaires vers les contrées méridionales. — Élévation du niveau de la mer dans les temps primitifs. — Action du feu. — Point initial du globe terrestre. — Solidification de la surface. — Fluidité ignée de la masse terrestre. — Formation de l'écorce terrestre par le refroidissement. — Éruptions volcaniques. — Stratifications. — Coquillages caractéristiques des terrains. — Formation tertiaire, — crétacée, — jurassique, — keuprique ; — *zechstein*. — Végétaux caractéristiques de la formation houillère. — Débris organiques dans le psammite ou *grauwacke*.

La partie du globe la plus difficile à explorer, c'est la terre ferme ; l'air et l'eau présentent des difficultés moindres, mais si l'on ne peut qu'à grand'peine s'avancer dans l'air et dans l'eau, à la distance d'une couple de lieues de la surface, il est matériellement impossible de pénétrer dans la substance solide du globe. Aussi nos investigations sur l'intérieur de la terre ne servent, pour ainsi dire, qu'à témoigner de notre impuissance. Nous sommes, sous ce rapport, dans l'obscurité la plus complète, puisqu'une profondeur de quelques mille pieds seulement, qui ne paraît pas, à première vue, devoir être inaccessible, le devient pour nous, par suite de l'eau, dont l'irruption oppose aux explorations une barrière infranchissable.

Pendant des siècles, on ne s'est pas rendu compte de cette imperfection obligée de la science humaine, car, plus de 600 ans avant notre ère, on exposait des théories sur la formation du globe et sa nature intérieure, et l'on vantait

« le grand savoir acquis par tant d'études. »

Or, cet acquis n'était rien à côté du défaut d'expérience ; on se lançait dans des spéculations à perte de vue, on faisait, non pas de la géologie ou de la géognosie, mais tout au plus de la *géogonie ;* et encore ne faut-il pas comprendre ce mot dans le sens que lui donnent les naturalistes allemands, qui partent au moins des données de l'expérience, pour en tirer, il est vrai, des déductions parfois contradictoires. Les anciens systèmes, au contraire, destinés à tenir lieu de la connaissance de faits qu'on ignorait complétement, n'avaient d'autre source que l'imagination féconde des peuples de l'Orient (1).

Pour se livrer à des recherches scientifiques sur l'origine du globe ou de notre système planétaire en général, il faut s'affranchir de toute idée préconçue, se borner à constater des faits, et ne tirer de conclusions que de ceux qui sont parfaitement établis.

Dans cet ordre d'idées, une observation qui se présente tout d'abord, c'est que les minéraux, les terrains et les roches sont répandus sur toute la terre, sans être subordonnés au climat, à la situation géographique ou à l'élévation au-dessus du niveau de la mer. Pour les végétaux et les animaux, au contraire, il n'en est pas ainsi : les palmiers, les fougères arborescentes, les bananiers et les cactus, d'une part, et d'autre part les tatous, les éléphants, les singes et les boas, ne se rencontrent que sous les tropiques, où jamais on ne voit ni violettes, ni sapins, ni pâquerettes, ni bouleaux ; l'ours blanc, le renne, le lagomys et la martre zibeline, n'habitent que les régions polaires.

Le naturaliste qui visite des contrées lointaines, y trouve des familles entières de végétaux et d'animaux, complétement inconnues dans son pays, et qui déploient devant lui leurs formes merveilleuses ou leurs couleurs éblouissantes ; tout au contraire, les terrains et les roches présentent les mêmes caractères et la même succession qu'il a déjà observés chez lui ; le granit, le schiste, le porphyre, le calcaire, sont partout les mêmes, et leur gisement dans les Carpathes, les Alpes ou les montagnes de la Scandinavie, est le même que dans le Caucase, les Cordillères ou l'Himalaya.

Si la nature, en ornant de végétaux et d'animaux la surface de la terre, a prodigué à l'infini la diversité des formes et des couleurs, elle a, par contre, accompli, avec des éléments d'une extrême simplicité, la structure même de la terre. On connaît environ 80.000 végétaux, et seulement 400 espèces de minéraux, dont une vingtaine à peu près entrent comme éléments essentiels dans la composition des *roches*, telles que le granit, le calcaire, le schiste ; les autres espèces n'y figurent que comme

(1) Afin de prévenir toute interprétation erronée, nous ferons remarquer que l'observation ci-dessus s'applique exclusivement aux cosmogonies profanes, « aucun des faits constatés par les observations géognostiques ne pouvant être considéré « comme destructif de la relation contenue dans la Genèse. » (D'Omalius-d'Halloy, *Géologie*, p. 259.)

parties accidentelles, disséminées en petites quantités sous diverses formes.

Il y a bien, sous ce rapport, une analogie avec le règne végétal, en ce sens qu'un petit nombre d'espèces seulement se présentent par quantités assez considérables pour déterminer le caractère d'une contrée ; à cette catégorie appartiennent les graminées et les *éricinées* ou bruyères, qui couvrent parfois des étendues de quelques mille lieues carrées. Mais là se borne l'analogie avec le règne minéral ; sous tous les autres rapports, la différence est telle que, non-seulement les végétaux sont deux cents fois plus nombreux que les minéraux, mais que leur présence, dans un endroit quelconque, dépend rigoureusement du climat et de l'élévation au-dessus du niveau de la mer, à tel point qu'un botaniste expérimenté, transporté subitement sous un ciel inconnu, dirait à l'instant même, par les végétaux qui l'entourent, s'il se trouve dans la zone torride, tempérée ou glaciale, même dans l'hémisphère oriental ou occidental, car les régions tropicales de l'Amérique sont caractérisées par des formes tout autres (par exemple, les cactiers, les fougères arborescentes) que les mêmes latitudes de l'Afrique (euphorbiacées, mésembryanthémées ou ficoïdes, adansoniées ou *baobabs*). Le géologue, au contraire, serait fort embarrassé s'il devait s'orienter d'après les minéraux ; on trouve des diamants tout aussi bien dans l'Inde qu'au Brésil et en Sibérie ; de l'or, dans ces mêmes contrées, et, de plus, en Californie, dans la Nouvelle-Hollande, en Hongrie, dans les montagnes du Harz et en Espagne ; la houille et le fer ne sont pas circonscrits à la Grande-Bretagne, ni la craie à l'île de Rugen, ni le calcaire jurassique à la Suisse ; ces roches contribuent à la structure de l'écorce du globe tout entière.

La surface terrestre présente à nos regards des formes très-irrégulières ; ici, nous voyons des hauteurs escarpées que sillonnent de profondes dentelures ; là, ce sont des plaines unies, paraissant nivelées à l'équerre ; plus loin, le sol s'élève en collines ondulées, dont les sommets ressemblent à des coupoles ; ailleurs, de profonds ravins, de larges précipices s'ouvrent sous nos pas ; ailleurs encore, nous apercevons les crêtes de monts ou de rochers isolés, ou bien de longues chaînes de montagnes ; ou bien encore une succession graduelle de plaines, de plateaux et de montagnes, aboutissant enfin à des roches primitives. Partout nous voyons ce qui a existé jadis, déplacé, renversé ou détruit par ce qui est venu après. Nous reconnaissons partout les traces d'une série d'événements qui ont profondément modifié la situation première.

Un exemple, pris entre mille, expliquera mieux la pensée de l'auteur.

La couche de terre végétale, généralement très-fertile, dont se compose le sol du nord de l'Allemagne, gît sur un terrain formé de sable, d'argile et de fragments arrondis de roches de toutes les dimensions. Ce terrain s'étend depuis le golfe de Finlande jusqu'à la Belgique, sur plusieurs milliers de lieues carrées.

Dans maint endroit, le sable se montre à la surface, comme dans le Lunébourg, dans la Marche, en Pologne ; c'est là qu'on voit tantôt les vastes forêts de conifères, si recherchées pour la marine, tantôt les bruyères et les genêts, comme dans les landes du Lunébourg ; ailleurs, où prédomine la terre grasse, s'élèvent de superbes chênes dont on fait principalement du *bois douvin* ou *merrain*, que l'on exporte vers la France, l'Espagne, la Sicile ou l'île de Madère, d'où il retourne en Allemagne, sous forme de futailles remplies d'excellent vin.

Selon toute probabilité, l'argile, le sable, les cailloux roulés, n'étaient pas en ces lieux dès le commencement du monde, et leurs formes étaient très-différentes. Cette probabilité devient une certitude, lorsqu'on voit ces minéraux gisant eux-mêmes sur d'autres roches, nécessairement plus anciennes, puisqu'elles devaient être là avant que d'autres couches vinssent s'y déposer. Les couches supérieures, à leur tour, se composent de débris de terrains plus anciens : elles constituent par conséquent une *formation récente*, relativement à la roche d'où elles tirent leur origine.

L'immense plaine dont nous parlons ci-dessus, est bordée au sud par les roches dont proviennent les débris stratifiés sous le terreau ; ce sont les Carpathes, les chaînes de montagnes qui s'étendent au nord-est et au nord-ouest de la Bohême (*Riesengebirge, Erzgebirge*), le Harz, les montagnes de la Thuringe, etc. Elles se composent principalement de feldspath et de granit, produisant, par efflorescence, le sable et l'argile que les torrents et les rivières, les pluies et les neiges entraînent dans la plaine, où ils se déposent et se transforment, tantôt en terre glaise par le mélange avec la silice, et tantôt, lorsque la silice et le granit prédominent, en gravier ou en sablon plus ou moins fin.

Les mêmes faits, que les observations des géologues ont constatés comme s'étant produits sur le sol du nord de l'Allemagne, à une époque reculée, se répètent encore tous les jours. Tout ruisseau charrie du sable, toute rivière charrie des galets, débris de la roche à travers laquelle coulent ses eaux : ces débris, en s'usant par le frottement, prennent la forme arrondie et déposent du sable, de l'argile, de la marne, etc.

Les fragments les plus volumineux se déposent les premiers ; après eux, le sable ; l'argile est charriée plus loin ; les eaux des grands fleuves, comme la Vistule ou le Rhin, deviennent troubles ou verdâtres, par l'effet de cette argile, ou de sédiments calcaires qu'ils entraînent jusqu'à leur embouchure. Là, le courant perdant sa force, ces matières se déposent et s'amoncellent, de manière à former une ou plusieurs îles, un *delta*.

Le sable et l'argile, que nous voyons dans les rivières à l'état de galets, se présentent aussi sous forme de masses compactes ; le sable, mêlé d'argile ou, plus rarement, de calcium, comme ciment, devient le grès, l'élément constitutif de puissantes chaînes de montagnes ; on l'emploie, selon qu'il est plus ou moins grenu, comme pierre à bâtir, comme meule ou comme pierre à aiguiser. L'argile, mêlée à un peu de silice, devient schiste argileux et forme également des montagnes.

Ces faits sont produits, sans aucun doute, par l'action de l'eau, par *érosion*, comme on peut l'observer tous les jours pour les petits fragments ; quant aux grandes masses, les eaux ont agi sur elles d'une manière différente.

Il répugne à la raison humaine d'admettre que des blocs d'un volume de plusieurs milliers de pieds cubes aient été entraînés par le mouvement des flots. Si cela se présente dans les avalanches, c'est parce que la masse d'eau qui détermine le mouvement, étant renfermée dans une étroite vallée, a dû exercer une pression énorme ; mais dans les plaines il n'en peut être ainsi. Puis, les blocs de granit trouvés dans le nord de l'Allemagne ne proviennent pas des Carpathes ou du Harz, mais des montagnes de la Scandinavie, où cette roche (le granit) se présente en grande abondance. Or, si ces blocs ont été entraînés du nord au sud, ils ont dû s'élever à une hauteur de 400 à 500 pieds au-dessus de leur station primitive ; ceux qu'on trouve dans le *Fichtelgebirge* ont dû s'élever même à la hauteur de plus de 5,000 pieds.

Il tombe sous les sens que le flot, même le plus impétueux, n'a pu produire de pareils effets : mais il est une force plus puissante que celle de l'eau : c'est la glace. Lorsque commence la gelée, on peut aisément observer, au bord des rivières, comment la glace se forme. La température froide du sol s'étend peu à peu sous l'eau, qui se solidifie par tranches bulleuses ; celles-ci, dès qu'elles ont acquis une certaine consistance, se détachent du rivage et descendent la rivière, en flottant à la surface. On y voit adhérer le sable et le gravier que charrie le courant : c'est ainsi que les menus fragments sont transportés.

Quant aux blocs d'un certain volume, ils se congèlent avec la glace, avant qu'elle puisse les soulever ; mais une fois l'adhérence établie, on ne saurait se faire une idée de la puissance formidable que la glace acquiert. L'auteur a été témoin du fait suivant : dans les environs de

Culm, des prairies que baignait la Vistule étaient bornées par des pyramides irrégulières de granit. On ne voyait à la surface que leur extrémité, à 6 pouces environ de hauteur ; le reste, d'un volume d'au moins 4 pieds cubes, était enfoncé dans le sol gras et argileux.

Après l'hiver, ces bornes avaient disparu ; à la place qu'elles avaient occupée, on voyait des trous profonds : on eût dit qu'on les avait déracinées en enlevant la terre tout alentour.

Le propriétaire crut d'abord qu'on avait volé ses bornes ; mais le voleur n'était autre que la glace, qui les avait charriées jusqu'au milieu des prairies situées en aval, où l'on ne tarda pas à les retrouver.

L'eau, après avoir inondé les terres riveraines, se congèle jusqu'à la surface du sol, de sorte que l'extrémité supérieure des bornes se trouvait emprisonnée dans la glace. Au moment de la débâcle, le fleuve, en montant de nouveau, souleva toute la croûte de glace, épaisse de plusieurs pieds. La glace, par sa ténacité et sa force d'impulsion, arracha du sol les bornes avec la terre qui les entourait, et les transporta au loin, jusqu'à ce que, la croûte s'étant brisée, aucun des fragments ne fût assez volumineux pour faire surnager ce fardeau, qui alors s'arrêta sur le sol, à l'endroit où la glace s'était rompue.

Huit chevaux n'eussent pas été assez forts pour déraciner ces bornes : la glace y était parvenue.

Dans les récits du capitaine James Ross, il est question d'un bloc de granit qu'un glaçon avait transporté dans le voisinage du continent antarctique. Probablement le glaçon l'avait soulevé du fond de la mer et avait été retourné par les flots. Ceci, loin d'être un cas isolé, se présente très-fréquemment, et il est d'autres phénomènes encore par suite desquels on voit des glaçons charrier des roches.

D'autres blocs sont transportés des gorges de montagnes dans les vallées, par les glaciers sur lesquels tombent les débris des rochers avoisinants. Ces blocs, entremêlés de fragments plus petits, se présentent sous forme de moraines terminales ou médianes, et quelquefois, quand ils sont isolés, ils forment des *tables* qui s'élèvent sur un piédestal de glace, au pied même du glacier, et se disposent en digues parallèles. Et comme on peut constater que les moraines se composent de fragments de toutes les espèces de roches qui existent dans la vallée environnante, il est évident que ces fragments ont dû être transportés par le glacier, puisque autrement on n'y verrait que des fragments des roches les plus voisines.

Les mêmes phénomènes que produisent sur le continent les glaciers des Alpes et les glaces charriées par les fleuves, sont en mer l'effet des glaces flottantes des zones polaires s'étendant jusqu'à l'océan.

Et de même que partout les glaciers descendent au-dessous de la région des neiges perpétuelles, de même les glaces flottantes des pôles s'avancent des latitudes boréales vers les latitudes tempérées.

Or, on trouve, dans les mers polaires, des montagnes de glace d'une épaisseur de plusieurs lieues, couvrant des côtes de centaines de lieues d'étendue ; et comme on doit admettre que ces montagnes de glace, au pied desquelles, tout comme au pied des Alpes, s'étendent des moraines, se brisent en arrivant à la mer, et que les glaçons devenus flottants et charriant des blocs de rochers, sont entraînés par les courants polaires jusqu'au 40° degré de latitude, — on conçoit comment, dans ces régions, on rencontre des rochers provenant du Groenland ou de l'Islande. Il ne faut pas oublier, d'ailleurs, que les rochers dont il est question ici, n'ont pas été transportés de nos jours, mais à une époque — il y a de cela des milliers d'années — où le niveau des eaux était beaucoup plus élevé qu'aujourd'hui. Ce n'est pas là une hypothèse, mais une conclusion tirée avec certitude de faits nombreux et positifs. N'en eût-on pas d'autre preuve que celle de la présence de blocs dans des contrées en amont desquelles il n'existe pas de roches similaires (ce qui devrait être pourtant, si ces blocs avaient été entraînés par les eaux), il n'en faudrait pas davantage pour avoir toute certitude à cet égard, car il ne viendra à l'esprit de personne de prétendre que ces blocs aient été jetés sur leur emplacement actuel par une force volcanique. Or, il y a une foule d'autres preuves de la hauteur qu'atteignait jadis le niveau des eaux.

Il suffit, d'abord, d'examiner la surface actuellement habitée du globe : partout on acquiert la conviction que les eaux s'élevaient à plusieurs milliers de pieds au-dessus de leur niveau actuel, encore après que l'écorce solide de la terre eut pris la forme qu'elle a aujourd'hui ; et nous ne parlons pas ici des coquillages et des débris d'animaux marins, trouvés à quatre mille pieds au-dessus du niveau de la mer, phénomène dont la cause pourrait être l'exhaussement subséquent des terrains ; nous fondons notre conviction sur les traces incontestables de puissantes érosions opérées par l'eau aux flancs des montagnes, depuis le soulèvement qui leur a donné leur configuration actuelle, et nous nous associons à la remarque ingénieuse de M. Cotta, d'après laquelle la surface de l'hémisphère boréal devait présenter jadis un aspect analogue à celui qu'offre aujourd'hui la surface de l'hémisphère austral. En effet, si l'on se figure le niveau de la mer à 500 pieds plus haut qu'aujourd'hui, on conçoit que tout ce qui est devenu pays plat, a dû être jadis enseveli sous les eaux.

Les traces que, non-seulement la mer, mais toutes les eaux du globe en général. ont laissées de leur action. sont évidentes même dans les régions élevées des glaciers. qui jadis avaient une plus grande extension.

Les masses de rochers. que l'on nomme *blocs erratiques* (Voir la gravure ci-après). et qui sont d'une homogénéité parfaite avec les

roches centrales des Alpes. ont été rencontrées dans le Jura, à une hauteur de près de 5.000 pieds ; il saute aux yeux que leur transport n'a pu être effectué par les eaux : on peut. au contraire. l'attribuer à la glace. du moment où l'on admet que la profonde vallée qui sépare le Jura des Alpes ait été jadis un golfe. pareil à celui qui sépare le Groenland du Labrador, ou la Suède de la Finlande. Et comme il est prouvé que la mer s'élevait au moins à 2.600 pieds au-dessus de son niveau actuel. puisque des blocs erratiques. détachés du granit de la Norwége. ont été retrouvés sur le *Fichtelgebirge,* il s'ensuit que toute la vallée de l'Aar. bien au delà du lac de Genève. était submergée ; dans ce cas. il n'est pas besoin de supposer que toute cette belle contrée. qu'on appelle la basse Suisse. ait été jadis un glacier d'une seule pièce ; il suffit d'admettre que des glaces flottantes. comme dans les régions polaires, se soient détachées des gorges de l'Oberland et du Mont-Blanc et aient été poussées. à travers le golfe. vers la presqu'île formée par le Jura. Ce que charriaient ces fragments de glaciers. s'est arrêté là où ils sont venus se fondre. L'un ou l'autre a dû avoir lieu. car les nombreux blocs de granit qu'on voit le long des roches calcaires du Jura. proviennent du centre des Alpes. ainsi que M. Hugi l'a démontré d'une manière à peu près irréfutable. dans son intéressant ouvrage, intitulé « *Les glaciers et les blocs erratiques*. » En outre, il y a certains glaciers dont on reconnaît, mieux que des faits isolés ne l'établissent, la station anciennement plus élevée.

En traitant ce sujet dans le 2ᵉ volume de son « *Globe terrestre* », l'auteur a déjà fait mention des digues de cailloux, situées en avant de la plupart des glaciers, sur plusieurs rangées parallèles, démontrant que ces glaciers avaient jadis une plus grande extension et qu'ils s'avançaient plus loin dans la vallée.

Le niveau jadis plus élevé des eaux du fond des vallées peut également se démontrer. Les moraines frottent sans cesse contre le bord des vallées, comme feraient des limes ou des râcloirs gigantesques. Les cailloux, le gravier et le sable, qui se trouvent, non pas à la surface du glacier, mais renfermés dans sa masse, exercent, pendant qu'il descend, une pression énorme. Il en résulte des raies, des rainures, des entailles dans les parois des rochers, faisant voir combien l'action a été violente. A première vue, on dirait des strates de roches différentes; ou bien des fentes ou des fissures, tandis que ce sont simplement des lignes tracées par un corps enfermé dans la glace et plus dur que la roche contre laquelle il frottait.

Dans presque toutes les vallées des Alpes où il y a des glaciers, on peut constater de pareilles traces, à une hauteur prodigieuse, fournissant la preuve que jadis toute la basse Suisse, depuis les Alpes jusqu'au Jura, était envahie par les glaciers provenant principalement des vallées du Rhône et de l'Aar, c'est-à-dire des glaces perpétuelles du Mont-Blanc et du Jungfrau. Il est d'autant plus incontestable que ces entailles ont été formées de la manière indiquée ci-dessus, que les roches situées plus haut et appartenant exactement aux mêmes formations, ont conservé leurs cassures dentelées et leurs angles primitifs, et que plus bas elles nous présentent des surfaces arrondies, sillonnées ou striées parallèlement, ou même polies et luisantes.

S'il a été surtout question jusqu'ici des modifications de la surface terrestre, opérées par les eaux, il ne faut pas en conclure que l'auteur soit *neptuniste* et veuille tout expliquer par l'action de l'eau.

L'auteur n'est pas plus *neptuniste* que *vulcaniste*, car il ne prétend pas davantage expliquer par l'action du feu les transformations du globe. Notre époque a fusionné ces deux systèmes, en constatant que ni l'un ni l'autre n'était le vrai, mais qu'il y a du vrai dans l'un et dans l'autre; en d'autres termes, que la terre n'a pas été transformée par le feu ou par l'eau seulement, mais bien par le feu ET par l'eau.

Nous reconnaissons l'action du feu sur les côtes des provinces napolitaines et de la Sicile, que dominent le Vésuve et l'Etna; nous la voyons, sur une plus grande échelle, dans les tremblements de terre qui ravagent la Syrie ou le Portugal, et mieux encore dans les dévastations sans noms causées en Amérique par le Cotopaxi, ou bien dans la destruction de Lima et de Riobamba, par des phénomènes qu'on pourrait appeler des convulsions du globe, et par lesquels des fleuves tarissent, des lacs se creusent, des montagnes se transforment en vallées et des plaines deviennent des montagnes.

La vue de l'homme est bornée; longtemps il a été en quelque sorte attaché à la glèbe, comme le serf, et, porté à se considérer comme le centre de tout ce qui existe, il n'admettait comme vrai que ce qui lui tombe sous les yeux; il en a été ainsi de tous temps et jusqu'à nos jours, malgré l'accroissement immense de nos moyens de locomotion. Les premières communications entre les hommes des diverses contrées ont eu lieu par de mauvais chemins de terre, remplacés beaucoup plus tard par des routes empierrées et puis par des chaussées; aujourd'hui, un réseau de voies ferrées couvre l'Europe centrale et les États-Unis d'Amérique. On met quelques heures à faire un trajet pour lequel jadis il fallait plusieurs jours; on franchit en peu de jours des distances qui exigeaient naguère des semaines et des mois. Pourtant on trouve encore des milliers de personnes, prétendûment instruites, qui n'ont pas appris à s'élever au-dessus des préjugés et des erreurs, sucés avec le lait de leurs nourrices. Aussi, quoi d'étonnant à ce que les habitants de la vallée du Nil ou du delta du Gange (desquels, soit dit en passant, provenait peut-être toute la science des Égyptiens) aient été neptunistes? Ils avaient sans cesse sous les yeux l'action de l'eau; ils la voyaient former constamment de nouvelles terres et féconder les anciennes; pour eux, l'eau était une divinité bienfaisante, un principe créateur, une source de prospérité.

Quoi d'étonnant, d'autre part, à ce que les habitants de l'Ionie, et leurs descendants en Sicile et en Italie, aient été vulcanistes? Devant eux se dressaient de formidables volcans, l'Etna, le Vésuve, et se déroulait le spectacle de l'action terrifiante du feu; leurs pieds foulaient un sol constamment labouré par les forces volcaniques.

Les opinions des uns et des autres étaient donc toutes naturelles; elles n'avaient de mal fondé que leur exclusivisme, que la prétention de qualifier d'absurde l'opinion contraire et de traiter en ennemis ceux qui la professaient: aussi la géologie eut-elle à souffrir de ces divisions entre ses adeptes, et ne fut-elle longtemps qu'un assemblage des hypothèses les plus téméraires et les plus étranges. Ce ne fut que vers la fin du xviiiᵉ siècle que l'on commença à faire de sérieuses recherches sur cette matière. Alors, à côté de la géologie surgit une science nouvelle, la GÉOGNOSIE, étudiant la structure des éléments du globe terrestre. On ne prétendit plus, désormais, que la nature se pliât à un système appuyé sur un petit nombre de faits, parfois mal observés, lorsque la multiplicité des phénomènes devait faire comprendre qu'il était impossible de les ramener tous à une cause unique. On reconnut que ces causes, également multiples, avaient réagi les unes sur les autres et que la terre avait traversé une longue période de développement, qui n'était point terminée, mais continuait dans deux sens opposés, l'eau tendant sans cesse à faire descendre et à niveler ce qui est en haut, et le feu tendant à soulever ce qui est en bas ; et on reconnut enfin que, si l'action du feu est plus prompte et plus violente, l'eau, par son étendue et son action incessante, la balance constamment.

Depuis environ 70 ans, il est donc passé en principe qu'en fait de géologie, la seule marche à suivre est d'observer, c'est-à-dire de bien voir ce qui est, et non pas d'imaginer ce qui pourrait ou ce qui devrait être.

En partant de ce principe, on a trouvé, — et de nombreuses expériences ont établi la réalité du fait, — que les terrains dont se compose l'écorce du globe se succèdent de haut en bas dans un certain ordre où les couches supérieures ont en général le caractère de sédiments, tandis que, dans les couches inférieures, on remarque des traces de fusion et de solidification à la suite d'une fluidite ignée.

Cette règle, toutefois, n'est pas sans exception : on voit quelquefois se produire le contraire ; mais un examen plus approfondi démontre que l'exception n'est qu'apparente, et ne sert qu'à mieux confirmer la règle ; ces couches formées par la voie ignée, et exceptionnellement superposées à d'autres, ont jailli de l'intérieur de la terre.

Au commencement de cet ouvrage, nous avons exposé les hypothèses admises sur l'origine de l'*univers ;* sur l'origine de la *terre,* nous pouvons dire avec certitude ceci : quel qu'ait été son état primitif, il a dû y avoir un moment (que nous pouvons considérer comme le point initial du globe terrestre), où elle s'est condensée en une masse de substances minérales en fusion.

Nous avons également exposé en détail les raisons pour lesquelles un corps mobile, planant dans l'espace et composé de molécules extensibles, a dû prendre la forme sphérique, conformément aux lois de l'attraction et de la gravitation universelle ; pourquoi il a dû tourner, dans une orbite déterminée, autour d'un corps central et sur son propre axe. A cet égard, le doute est impossible, de même que sur la température de cette masse fluide, qui a dû dépasser de beaucoup tout ce que nous connaissons en fait de chaleur terrestre ; 5,000 degrés au-dessus de zéro sont peu de chose encore, si nous tenons compte de l'immense espace qu'ont occupé les molécules du globe avant de se condenser.

Or, lorsqu'un corps très-chaud se trouve dans un milieu plus froid, il se refroidit d'autant plus rapidement qu'il est plus chaud et que son milieu est plus froid. Si ce corps est fluide, la première conséquence de son refroidissement est la coagulation de sa surface: nous ne connaissons jusqu'ici qu'un seul corps liquide, l'alcool absolu, qui ne soit pas susceptible de se coaguler; tous les autres liquides, même les éthers, se transforment en solides, par le refroidissement au degré voulu.

Mais plus le corps à l'état de fluidité ignée est volumineux, plus il lui faut de temps pour se refroidir; pour un corps du volume de la terre, les moyens de mesurer le temps nécessaire à son refroidissement nous font absolument défaut.

L'homme a adopté, comme étalon de la mesure du chemin qu'il parcourt, une partie de son corps, le pied: lorsque le chemin est long, il comprend sous une même dénomination une quinzaine de mille pieds et les appelle une lieue: de sorte qu'au lieu de dire : Paris est à 2.400.000 pieds de Berlin, il dit tout simplement : à 160 lieues: mais dès qu'il s'agit de mesurer les distances considérables qui séparent la terre du soleil et des planètes, cette mesure est insuffisante, et l'on prend pour unité le rayon terrestre: pour les planètes les plus éloignées, c'est la distance de la terre au soleil qui sert d'unité de mesure; quant aux étoiles fixes, les moyens de mesurer leur distance de notre système planétaire nous font complètement défaut, parce que l'espace qui les renferme peut être considéré comme infini, relativement à l'étendue de ce système.

L'éternité est, par rapport au temps, ce que l'infini est par rapport à l'espace. L'homme a subdivisé le temps d'après ses perceptions : il compte par secondes, par minutes, par heures, par jours, par mois, par années et par siècles. Mais qu'est-ce que des millions de siècles, en comparaison de l'éternité : Si nous disions qu'un million de siècles est à l'éternité ce qu'une seconde est à la durée de la vie d'un homme, nous aboutirions, en dernière analyse, à un nombre fini, car, bien qu'un jour se compose de 86.400 secondes, et que la vie d'un homme puisse aller jusqu'à cent ans, ce chiffre admet une fin, tandis que l'éternité est sans fin, puisque autrement elle ne serait pas l'éternité.

Il est donc oiseux de rechercher combien de milliers de siècles il a fallu au globe terrestre pour se refroidir, par le rayonnement dans l'espace, au point de se couvrir d'une croûte solide : il suffit de savoir que le fait a eu lieu.

Comme nous venons de le dire, la conséquence nécessaire du refroidissement du globe a été la formation, à sa surface, d'une croûte solide, fût-elle d'abord mince comme une feuille de papier.

Tournant autour de son axe, entourée d'une partie du sphéroïde gazeux dont la condensation l'a réduite à son volume actuel, la terre, accompagnée de la lune, parcourt autour du soleil l'orbite qui lui a été assignée dès le principe ; or, comme le soleil et la lune exercent sur elle une attraction incessante, et que, de son côté, elle réagit sur ces corps célestes, dans la mesure de son volume, il a dû s'ensuivre, sur toute la terre, un flux et reflux d'autant plus considérable, que nonseulement la surface, mais la masse totale du globe était à l'état liquide.

Le flot puissant d'une telle marée, circulant sans obstacle autour de la terre, a dû, lorsque s'est formée la première croûte solide, l'engloutir aussitôt ; il a dû en être de même d'une deuxième et d'une troisième croûte, formées successivement, jusqu'à ce que, par le progrès du refroidissement et par le mélange des masses coagulées, entraînées par le flot et puis coagulées de nouveau, il se soit enfin formé une croûte assez compacte pour résister au choc des vagues.

Il lui a fallu pour cela une épaisseur de plusieurs lieues, épaisseur qui peut, au premier abord, nous paraître considérable, et qui est bien peu de chose pourtant, comparée au diamètre du globe.

Si nous nous représentons la terre de la grosseur d'une orange, et que nous considérions l'écorce de ce fruit comme la croûte solide du globe, cette écorce, comparée au diamètre, aurait au moins deux cents lieues d'épaisseur ; aucun instrument ne saurait enlever de l'orange une pellicule assez fine pour représenter l'épaisseur réelle de la croûte solide du globe, épaisseur évaluée à $\frac{1}{320}$ de son diamètre.

A partir du moment où il s'est formé une croûte que la marée n'a plus eu la force de détruire, le refroidissement ultérieur a dû être plus lent. Tant que la terre avait été fluide, de nouvelles parties s'étaient élevées de l'intérieur à la surface. La coagulation a arrêté ce mouvement ; dès ce moment, les roches, mauvaises conductrices du calorique, n'ont laissé se répandre au dehors qu'une plus faible partie de la chaleur intérieure, tandis qu'à la surface cette chaleur s'est dissipée de plus en plus, sans être renouvelée.

Il a dû en résulter, comme conséquence nécessaire, une contraction de l'écorce terrestre ; mais celle-ci n'étant pas élastique, et renfermant un corps liquide peu compressible, elle a dû éclater, se fendre, et livrer passage, par ses crevasses, à la matière liquide de l'intérieur.

La figure ci-après représente un segment de l'écorce terrestre, traversé par deux fissures par lesquelles les matières ardentes de l'intérieur se sont répandues au dehors: par suite de la pression exercée par la contraction de l'écorce, elles ont débordé et formé des élévations : ce furent les premières montagnes, qui, toutefois, n'étaient pas des vol-

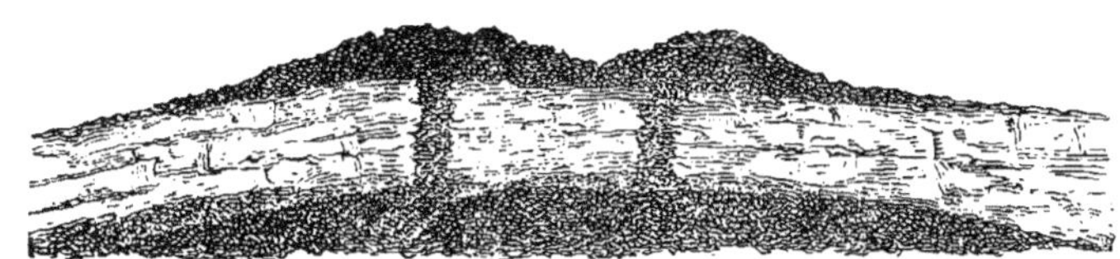

cans, comme on pourrait le croire, mais avaient plutôt de l'analogie avec de simples éruptions de lave.

Tant que le globe fut à l'état fluide, la marée en entrechoqua et mélangea les éléments : une séparation des substances était impossible. Une fois la terre refroidie et entourée d'une écorce solide, le mouvement de la masse liquide, à l'intérieur, a dû se modérer et peut-être cesser tout à fait: pendant les millions d'années de cet état, les différents éléments de la masse terrestre ont pu se séparer et se déposer, en raison de leur pesanteur ou de quelque autre propriété qui les distinguait les uns des autres. Nous recommandons particulièrement ce point à l'attention de nos lecteurs; nous devrons y revenir plus tard.

On ignore jusqu'à présent de quelles substances était formée la première croûte solide du globe, la véritable roche primitive: faute de la connaître, on a donné ce nom au granit, au porphyre, au basalte, au diorite, qu'on appelle aujourd'hui roches *plutoniennes*.

On ignore également à quelle époque l'eau a commencé à se montrer sur la terre, si c'est avant ou après l'éjaculation des roches plutoniennes: mais on suppose qu'elle les a précédées, attendu qu'on n'a pas reconnu la moindre parcelle de ces roches dans les premiers terrains sédimentaires (schiste argileux, micaschiste), dont la texture est extrêmement simple.

L'eau dissout ou décompose presque toutes les substances, les modifie et se combine avec elles: les métaux ne font pas exception à cet égard; l'oxygène de l'eau, en se combinant avec ces derniers, produit des oxydes; dans la plupart des cas, la chaleur facilite cette opération, et la présence de l'acide carbonique (qui se dissout aisément dans l'eau) la facilite plus encore.

Dans les temps primitifs, l'atmosphère s'étendait beaucoup plus haut qu'aujourd'hui, elle était impure et chargée d'acide carbonique.

Actuellement l'eau entre en ébullition à 100° centigrades, parce que l'atmosphère n'exerce sur elle qu'une faible pression ; en augmentant la pression de l'air, on peut maintenir l'eau à l'état liquide à une température beaucoup plus élevée; la machine à vapeur de Perkins, entre autres, fournit le moyen de garder de l'eau liquide à 200 et à 300 degrés.

Il est hors de doute que, dans les temps primitifs, l'atmosphère entourait le globe à une hauteur et en un volume si considérables, qu'il y avait de l'eau à une température de 500 et de 400 degrés, et que cette eau, loin d'être en ébullition, pouvait absorber de l'acide carbonique, tandis qu'actuellement elle le dégage à 100° centigrades. Grâce à la température élevée et à l'acide carbonique, l'eau de cette époque parvenait à dissoudre des substances aujourd'hui insolubles; on voit, par la marmite de Papin (dont la disposition permet de donner à l'eau une température supérieure à son point d'ébullition à l'air), qu'il suffit d'une dizaine de degrés de plus pour extraire des os un bouillon très-substantiel, en séparant la gélatine de la substance calcaire, ce qui n'a pas lieu quand on les fait bouillir à l'air. Combien a dû être plus grande la force dissolvante de l'eau à 500 et à 400 degrés, surchargée d'acide carbonique dont, malgré sa température énorme, elle restait imprégnée, par l'effet de la pression immense d'une atmosphère beaucoup plus élevée que la nôtre.

L'eau réunissant ces conditions a dû fortement entamer les roches, et, en effet, les vestiges de son action dissolvante sont parvenus jusqu'à nous, sous forme de terrains sédimentaires ou stratifiés. Ce que l'eau avait dissous, s'est déposé plus tard, peut-être par suite des progrès du refroidissement et, comme conséquence de ce dernier, d'une diminution de la force dissolvante de l'eau, et a formé les grandes masses stratifiées, dont le gisement a dû être primitivement horizontal, les couches inclinées ou verticales ne pouvant être que le produit des phénomènes subséquents. Telle est l'origine attribuée à la plupart des terrains grésiformes, calcaires et schisteux, que les géologues allemands comprennent sous le nom générique de *grauwacke;* ils se distinguent de tous les terrains similaires, en ce qu'on n'y trouve que très-peu de résidus organiques, et dans les couches supérieures seulement.

Les terrains en couches inclinées ou irrégulières offrent une particularité remarquable : quelques-unes des couches sont parfois cristallines, c'est-à-dire que, tout en conservant d'un côté la texture et la disposition moléculaire qui distinguent les terrains formés par précipitation aqueuse, elles subissent, un peu plus loin, une profonde altération, et finissent par devenir cristallines.

Pour expliquer ce phénomène, on suppose que les terrains qui se sont déposés sur la croûte solidifiée, mais encore ardente, du globe, y ont empêché le rayonnement de la chaleur interne ; qu'ainsi la chaleur renfermée a augmenté d'intensité, au point de liquéfier les couches sédimentaires qui, en se refroidissant plus tard, ont pris la texture cristalline.

Cette explication ressemble un peu trop à celle qu'on a donnée de la température des caves, chaudes en hiver et froides en été. On a dit que la chaleur terrestre, ne pouvant se dégager en hiver, à cause de la terre gelée, restait concentrée dans les caves, tandis qu'en été elle s'échappait à travers la couche de terre superposée, devenue moins cohérente.

Pourquoi ne pas admettre un échauffement simultané des terrains sédimentaires et de la première croûte terrestre? Il est incontestable qu'à cette époque le phénomène de la fusion, à l'intérieur de la terre, n'était pas encore accompli, à beaucoup près; les matières ardentes ont dû se déplacer ; certains points de la surface coagulée ont dû se remettre en fusion : on a vu beaucoup plus tard, on voit encore des phénomènes analogues se produire par l'effet d'incendies souterrains. Par suite de ces élévations partielles de la température, les roches sédimentaires ont dû fondre et se transformer en roches à texture cristalline ou schistoïde, telles que le micaschiste, le schiste amphibolique, le *gneiss*, mélange schisto-critallin de mica (*phengite*), de quartz et de feldspath, avec des fragments d'amphibole, d'andalousite, de *schorl*, de grenat et d'autres roches.

On conçoit que, tourmentés par ces convulsions du globe, les terrains n'aient pu conserver leur stratification primitive, modifiée de mille façons différentes par l'action des roches en fusion. Aussi les couches sont tantôt inclinées ou relevées, tantôt verticales. Les pentes de la couche inclinée s'appellent *mur* et *toit ;* le bord supérieur de la couche en est la *tête*. Quand la pente se montre à la surface du sol, on la nomme *affleurement*. Les deux faces d'une couche sont des *salbandes*. La *direction* d'une couche est l'angle que fait avec le méridien une ligne menée par le milieu de la salbande. Son *inclinaison* est l'angle que fait avec le plan horizontal une perpendiculaire à la direction.

La croûte qui s'est coagulée la première a pu être couverte par l'eau, qui a dissous, ou morcelé par son action mécanique, une partie de la masse coagulée, pour l'entraîner avec elle ; quand, plus tard, l'eau, s'évaporant ou se refroidissant, a laissé tomber les matières qu'elle renfermait, ces précipitations aqueuses ont formé les premiers terrains sédimentaires. D'autre part, la croûte terrestre, en se contractant par suite du refroidissement, a dû se crevasser en plusieurs endroits, ce qui a permis aux masses en fusion à l'intérieur, de s'injecter dans ces crevasses et de former ainsi les premières roches plutoniennes.

Nous avons déjà fait remarquer que très-probablement il a dû s'opérer aussi à l'intérieur une stratification de ces masses en fusion ; il s'ensuivrait que, les masses les plus rapprochées de la première croûte s'étant coagulées et crevassées à leur tour, les matières qui ont jailli à travers cette croûte inférieure, ont dû être d'une autre nature que les premières éjaculations ; il s'ensuivrait en outre que l'eau, dont l'action ne s'est pas ralentie un instant, a dû, après ces nouvelles éjections, s'imprégner, elle aussi, de matières différentes, et que, par conséquent, les terrains sédimentaires, formés subséquemment, doivent présenter une texture moins simple que les premiers.

Ce que nous venons d'exposer comme probable a été pleinement confirmé par l'observation. Les terrains *cristallophylliens* (1), ou schistes cristallins, constituent un point de départ, au-dessus et au-dessous duquel on découvre sans cesse de nouvelles roches ; au-dessus, les roches sédimentaires, dont la composition est d'autant plus compliquée et variée qu'on s'élève plus haut ; et au-dessous, les roches primitives, éjaculées de l'intérieur en fusion, à travers les fentes de l'écorce refroidie. On nomme les premières, *terrains neptuniens,* et les autres, *terrains plutoniens.*

Si l'on avait sous les yeux une coupe de l'écorce terrestre, on la trouverait disposée de la manière suivante (V. la gravure p. 282).

A la surface, — l'humus, le sable, le limon, que l'on désigne par le nom de terrains d'alluvions. Puis un mélange de gros sable, de gravier et de fragments de granit, la plupart arrondis et presque polis, qu'on nomme *blocs erratiques ;* on les rencontre notamment dans les plaines voisines de la mer, où aucun autre strate ne les recouvre.

Sous la couche de gravier gît le terrain *diluvien,* qui s'est déposé à la suite de la grande catastrophe produite par les eaux, immédiatement avant les temps historiques. De même que les couches précédentes, il se compose de matières arénacées et argileuses ; et, de plus, comprend le limon des cavernes et les brèches osseuses, c'est-à-dire des os ou fragments d'os d'animaux antédiluviens, renfermés dans une masse argileuse ou calcaire. Les terrains que nous avons nommés jusqu'ici sont ordinairement compris sous la dénomination commune de « terrains quaternaires » ; ils ont tous été produits ou agglomérés par l'eau ou par la glace ; la hauteur à laquelle on les trouve ne permet

(1) D'Omalius-d'Halloy.

pas toujours de supposer que la mer se soit jadis élevée si haut: le
dépôt a dû avoir lieu. d'ordinaire. dans les plaines très-basses, dans les
vallées marines, que des forces souterraines ont soulevées après des
milliers de siècles.

On donne aux couches qui succèdent au terrain diluvien le nom de
« groupe du *molasse* »; on les comprend communément dans la formation tertiaire, en les distinguant. de bas en haut, en terrain *éocène,*
miocène et *pliocène,* selon leur ancienneté; les géologues anglais et
français ont fait remarquer que le terrain pliocène, ou étage supérieur de la formation tertiaire. renferme des débris d'animaux dont
l'analogie avec les espèces vivantes est telle. que près de 90 pour cent
des espèces fossiles existent encore aujourd'hui. Dans les couches inférieures. la proportion descend graduellement jusqu'à 4 pour cent.

Au-dessous de la formation tertiaire s'étendent. par couches nombreuses. les terrains secondaires, dont l'étage supérieur est le terrain
crétacé. renfermant de fortes quantités de pyromaques.

On se tromperait grandement. si l'on pensait que. pour atteindre le
terrain crétacé. il faut toujours traverser ou déblayer ces couches
supérieures; loin de là. le terrain tertiaire, et même le terrain secondaire. se montrent souvent à la surface. sans être recouverts de couches
diluviennes ou alluviennes; il en est ainsi. par exemple, à l'île de
Rugen. à l'île de Seeland (Danemark). sur les côtes méridionales de
l'Angleterre. etc. En Suisse. on voit à découvert le terrain jurassique:
dans le Wurtemberg, les terrains liasiques et keupriques, et en Thuringe. le grès rouge ou *todtliegendes.* Nous avons déjà fait remarquer
ces faits. mais nous croyons devoir les répéter. parce que celui qui ne
s'est pas encore familiarisé avec la science est toujours porté à
supposer que la règle. déduite de l'ensemble des faits. doit se vérifier
dans chaque cas particulier, tandis qu'elle ne représente qu'un assemblage idéal. se produisant en différents groupes. mais jamais dans sa
totalité.

Si tous les terrains se trouvaient partout réunis, nous trouverions
au-dessous du terrain crétacé. qui constitue l'étage supérieur des
terrains secondaires. le grès de Kœnigstein, puis le groupe *néocomien*
et *reldien;* ces noms désignent tantôt un schiste sablonneux. renfermant peu de fossiles. tantôt un calcaire gris. une marne bleuâtre
ou verte. ou bien un schiste foncé ou un grès marneux. selon que des
sédiments marins (dans les couches néocomiennes) ou des sédiments
d'eau douce (dans les couches veldiennes) ont formé ces assises. devenues le sous-sol du terrain crétacé. Plus bas. on trouve le terrain
jurassique. comprenant le calcaire grossier. le calcaire à polypiers, le

calcaire jurassique proprement dit, le calcaire lithographique, le grès brun renfermant du minerai de fer, et enfin différentes espèces d'argile et de marne.

Le groupe inférieur des terrains jurassiques est formé par l'étage liasique, consistant également en calcaires et en grès plus ou moins argileux, au-dessous desquels s'étend le terrain triasique, qui se divise en étage keuprique, composé de calcaire, d'argile rouge, de grès blanc et gris, de gypse, de lignite argileux (espèce de charbon peu combustible) et d'argile carbonifère. C'est dans cet étage que l'on com-

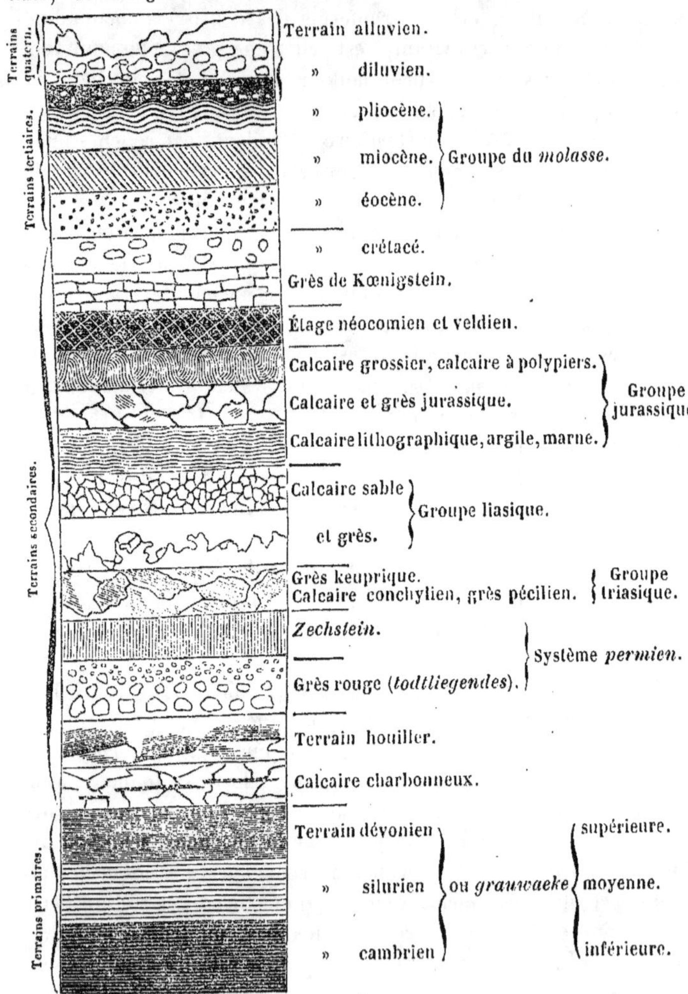

mence à rencontrer les débris de plantes antédiluviennes, en assez grande abondance pour former des gisements charbonneux.

En descendant encore, on trouve le calcaire conchylien, qui doit son nom à la grande quantité de coquillages dont il est composé, puis le grès *pécilien* ou bigarré (*bunter sandstein*), excellente pierre à bâtir, qui ne diffère du marbre qu'en ce qu'elle ne prend pas le poli. Le calcaire conchylien repose sur le *zechstein*, qui se compose d'un calcaire bitumineux, constituant le *zechstein* proprement dit, d'une marne argileuse (*letten*), de gypse, de sel gemme, de schiste marneux, de schiste cuivreux (*kupferschiefer*) et de grès blanc et gris.

Ce système, que l'on désigne aussi sous le nom de terrain *pénéen*, a pour étage inférieur le vieux grès rouge, que les mineurs allemands appellent *roth totdliegendes*, et qui est immédiatement superposé au terrain houiller, sous lequel on trouve le calcaire charbonneux, et les trois groupes compris en Allemagne sous l'appellation générique de *grauwacke*, et constituant tous ensemble la formation primaire, par laquelle se termine la série des terrains neptuniens.

Ce qui se trouve en dessous fait partie du noyau de la terre, des roches plutoniennes compactes, dont nous ne connaissons pas la nature propre et dont les différents mélanges, constituant le granit, le porphyre, le basalte ou la lave, se montrent tantôt à la surface sous forme d'éjections volcaniques, et tantôt comme élément constitutif des montagnes primitives.

Après avoir indiqué la succession des terrains dont se compose l'écorce terrestre, il nous faut passer en revue les différents systèmes et leurs subdivisions. La nature même des roches étant parfois insuffisante pour déterminer l'ancienneté relative des couches, on s'en rapporte aux débris organiques qu'elles renferment, et que l'on a nommés « fossiles caractéristiques » des terrains. La plupart de ces fossiles sont des coquillages.

Les terrains superficiels, les alluvions, ne renferment généralement pas de fossiles proprements dits, mais parfois des débris organiques de plantes et d'animaux de notre époque ; on en a trouvé dans les tourbières, dans les terrains détritiques, dans les *deltas*. (Voir, sur le mode de formation des deltas, le « *Globe terrestre* » de Zimmermann, vol. II.) Les blocs erratiques ne contiennent pas de fossiles appartenant à l'époque où ils se sont déposés, mais bien à des époques plus anciennes, les blocs eux-mêmes n'ayant pas été *formés* pendant la période alluvienne, mais seulement amenés à leur place actuelle.

Il n'en est plus de même pour la formation diluvienne ; soit que les blocs erratiques aient été mis en mouvement par le déluge ou par quelque autre force. toujours est-il que le limon diluvien renferme de nombreux fossiles. se rapportant, à peu d'exceptions près, à des espèces actuelles ; ceci prouverait que la plupart des animaux actuels peuplaient déjà le globe. avant que le déluge eût amené la dernière grande modification de l'écorce terrestre. Un petit nombre d'espèces seulement, telles que le cerf-géant, le *milodon robustus,* ont disparu depuis. La terre avait par conséquent. dès cette époque, à peu près sa configuration actuelle. et les proportions de l'air et de l'eau avec la terre ferme devaient être les mêmes qu'aujourd'hui, le règne animal et le règne végétal ne différant guère de ce qui nous entoure. Seulement, la température a dû être généralement plus élevée. puisque la terre paraît avoir été habitable jusque près des pôles.

La formation tertiaire. subdivisée en terrain éocène, miocène et pliocène, ne renferme plus que très-peu de mammifères, dont quelques-uns de formes étranges et monstrueuses, tels que les espèces que nous avons décrites sous les noms de mastodonte. dinothérium, siwathérium et autres. Par contre. c'est dans les terrains tertiaires qu'on a trouvé en foule les sauriens, ces reptiles cuirassés depuis la gueule jusqu'à l'extrémité de la queue, et munis d'armes formidables. pour l'attaque comme pour la défense.

Le frontispice de ce livre nous offre deux de ces monstres, reconstruits d'après leurs squelettes parfaitement conservés. Celui qui se cramponne au rocher. à gauche. est l'*hylaeosaure ;* l'animal au cou de cygne. qui se dispose à l'attaquer, est le *plésiosaure,* dont nous avons donné le squelette. page 7. L'hylaeosaure ne se distingue de l'ichthyosaure (décrit page 167 et suivantes) que par une corne plantée au-dessus du nez, et par ses pieds. propres à la marche. tandis que l'ichthyosaure n'a que des nageoires. A l'arrière-plan, nous voyons se produire les effets d'une violente commotion du globe : l'écorce terrestre, soulevée par le feu souterrain. va former de puissantes montagnes ; tout en haut, un volcan vomit des flammes, tandis qu'une autre éruption volcanique bouleverse les flots de la mer. Le paysage du premier plan que n'atteint pas le cataclysme du fond. est orné des magnifiques végétaux du monde primitif ; de superbes fougères arborescentes s'élèvent. semblables à des palmiers ; la *clatharia Lyellii.* inconnue de nos jours, étend ses branches couvertes de feuilles du genre de celles du roseau et de gros fruits sphériques ; partout le sol est garni de *zamies,* de cycadées et autres végétaux, de formes étranges et magnifiques.

Les fossiles caractéristiques des terrains tertiaires sont les suivants (V. la gravure ci-après) : fig. 1, *nucula,* petit coquillage dentelé

qu'on trouve par quantités énormes dans le calcaire liasique ; fig. 2,
scaphites, que M. L. de Buch considère comme une ammonite avortée ;
fig. 5, *pleurotomaria*, coquille d'un mollusque de la famille des *pur-
purifères ;* l'ouverture, au lieu d'être arrondie, forme une fente
longitudinale ; fig. 4, est un des plus beaux coquillages de cette formation ; on l'appelle *turrilites* (petite tour) : des ornements semblables
à ceux d'un chapiteau de l'ordre corinthien, entourent les spires ;
fig. 5, *natica*, coquille univalve, dont les spires vont en décroissant ;
fig. 6, *macroptera*, du genre *rostellaria ;* cette espèce a été ainsi
nommée d'après le lobe en forme d'aile dont son ouverture est garnie ;
fig. 7 enfin, *voluta athleta,* est remarquable autant par l'étrangeté de
sa forme que par ses belles couleurs que, naturellement, la xylographie
ne saurait reproduire.

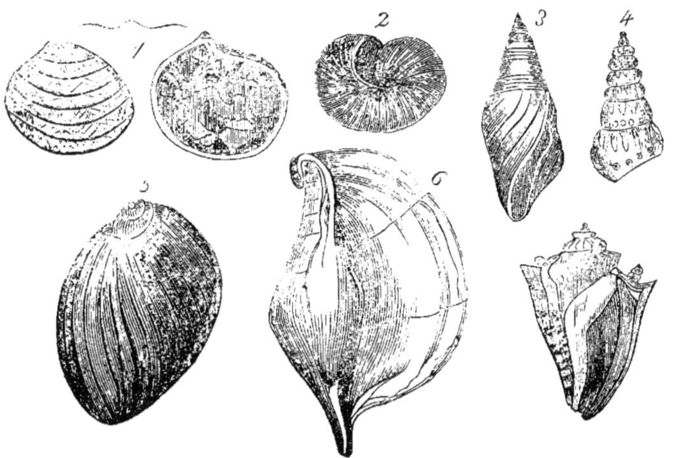

Il importe de connaître ces coquillages, parce qu'ils servent à
déterminer l'époque à laquelle s'est déposée chacune des nombreuses
couches dont souvent se compose un même terrain (1) ; l'identité des

(1) Ainsi par exemple, la formation tertiaire comprend le calcaire jaune d'eau
douce, les *faluns* (dépôts de calcaire très-riche en coquillages et autres débris
fossiles), la marne et le grès, le *molasse* proprement dit, qui est un grès de couleur
grisâtre et d'un grain très-fin (on l'emploie en sculpture ; le lion de Lucerne est en
molasse) ; puis le calcaire gris d'eau douce, le calcaire grossier, le calcaire blanc
d'eau douce, le grès coquillier, la marne gypseuse, le sable marin et l'argile plastique.

fossiles dans deux couches différentes, indique nécessairement que les dépôts se sont formés pendant la même période.

Pour reconnaître l'âge relatif de chacun des nombreux groupes de terrains de la formation secondaire, il faut également recourir aux fossiles caractéristiques; là aussi le calcaire, l'argile et le silex se présentent sous diverses formes, et la nature de la roche ne suffit pas pour en déterminer l'âge. Le terrain crétacé de cette formation se distingue par la grande quantité de pyromaques que renferment ses couches supérieures; la gravure ci-dessous représente les fossiles qui caractérisent les autres assises de ce terrain.

Fig. 1 est un des plus beaux coquillages connus, *turrilites catenata;* on dirait que la main d'un artiste a sculpté les ornements de la coquille; une autre espèce du même genre, *turrilites conoïdea,* est représentée fig. 5; ces élégants coquillages se trouvent en telle abondance dans le marbre de Sussex, qu'ils y forment les dessins les plus variés, selon le sens dans lequel on taille la pierre. Les fig. 2 et 6 représentent le *plagiostoma spinosum,* un des fossiles qui carac-

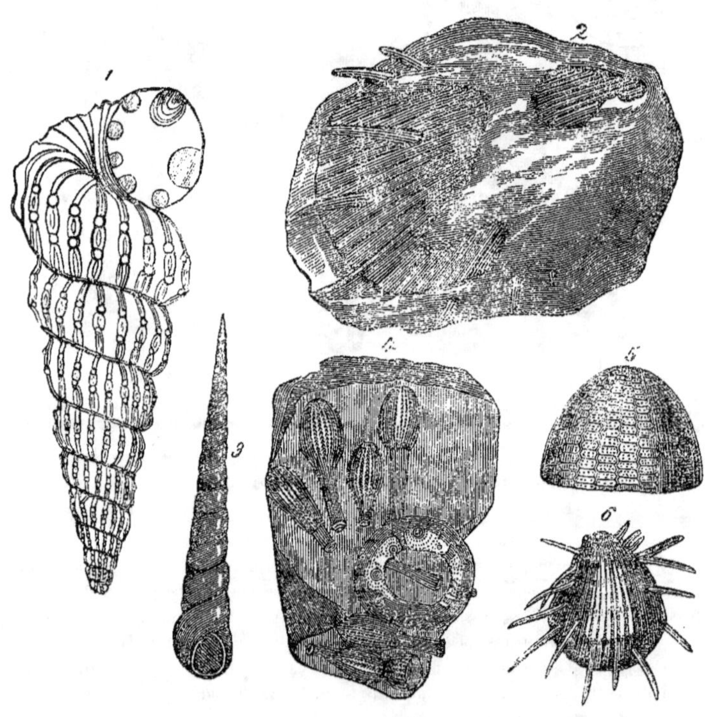

térisent le plus sûrement le groupe crétacé; sa coquille, rayée avec régularité, est polie comme la nacre : elle se distingue par de longues épines, dont on ne saisit pas l'utilité; ce ne pouvaient être des armes, puisque la moindre pression les brise; fig. 4 est une pierre sur laquelle on voit le *cidaris clavigera,* de forme annulaire; tout autour se trouvent les épines ou antennes, en forme de massue, dont l'animal était muni, à l'instar de tous les rayonnés; à la même famille appartient aussi l'*ananchytes ovata* (fig. 5), qui abonde dans le terrain crétacé; fig. 6 représente le *spondylus spinosus,* très-fréquent dans la craie blanche.

Ainsi qu'on l'a vu au tableau donné plus haut, le terrain crétacé repose sur le grès de Kœnigstein; parfois cependant, ce dernier se montre à la surface, ou bien il n'est recouvert que d'une seule ou de quelques-unes des couches plus récentes. Dans la Suisse saxonne, le grès de Kœnigstein est d'une beauté toute particulière; en Westphalie et en Belgique, il existe des roches similaires; le grès verdâtre de France et d'Angleterre s'en rapproche également, de même que certains dépôts très-considérables des Alpes suisses.

La craie, le grès de Kœnigstein et le groupe néocomien (ce dernier composé de calcaire jaune, de marne bleuâtre et de schiste sablonneux) forment ensemble le terrain crétacé, ainsi nommé parce que la craie en est l'élément principal. Les fossiles que nous venons d'énumérer se trouvent également dans ces roches si différentes; ce qui prouve qu'elles sont du même âge, malgré la diversité des matières qui se sont déposées pour les former.

Sur le terrain crétacé on trouve une formation d'eau douce, le groupe veldien. Ce groupe a été reconnu d'abord en Angleterre, mais il existe aussi dans plusieurs autres contrées, notamment en Westphalie, en Saxe, aux environs de Vienne (en Autriche) et ailleurs. Les nombreux organismes d'eau douce et de terre ferme qu'on y rencontre, notamment beaucoup de végétaux terrestres, bien conservés, nous apprennent qu'à l'époque où se sont formés ces dépôts, le sol était émergé, et a pu produire des plantes et nourrir des animaux terrestres.

Le terrain jurassique se compose, dans ses couches supérieures, de calcaires aux couleurs claires et de dolomie; dans ses couches inférieures, d'argile brunâtre, de grès et d'oolithe. M. L. de Buch a fait du terrain jurassique, trois groupes distincts : le blanc, le brun et le noir, et, par respect pour l'autorité de ce savant, on a maintenu cette subdivision, quoique l'expérience ne l'ait guère confirmée. Il est assez difficile de distinguer, par la seule couleur, les roches jurassiques brunes et noires ; le blanc est plutôt gris et ces trois groupes ne se suivent pas dans un ordre régulier.

La gravure ci-dessous nous montre les fossiles caractéristiques de ces terrains : fig. 1 et 2 sont des coquilles de *trigonia,* mollusque dont il n'existe plus qu'une espèce vivante, mais qui a dû être très-répandu dans les temps antédiluviens ; l'une de ces coquilles est ornée de tubercules disposés par rangées régulières ; l'autre est entièrement cannelée ; fig. 5, 6 et 8 représentent des polypiers de la formation jurassique ; fig. 5 est appelée *astrea ananas,* d'après la forme des tubercules de la coquille ; fig. 6, *antophyllum atlanticum,* est divisé par de minces cloisons en nombreux compartiments, dont chacun était l'habitation d'un polype ; fig. 8, *cariophylla,* a beaucoup d'affinité avec la précédente ; ce polypier formait un arbrisseau branchu, d'une certaine épaisseur ; fig. 4 appartient à l'ordre des échinides ; c'est l'espèce dite *cidaris Blumenbachii ;* fig. 5, *ammonites conybearii,* une des plus belles de ce genre se trouve en abondance dans le calcaire liasique ; fig. 7, *gryphaea incurva,* espèce d'huître, dont la coquille ressemble à celle de certains gastéropodes.

Il est une contrée de peu d'étendue, dans le domaine de Pappenheim,

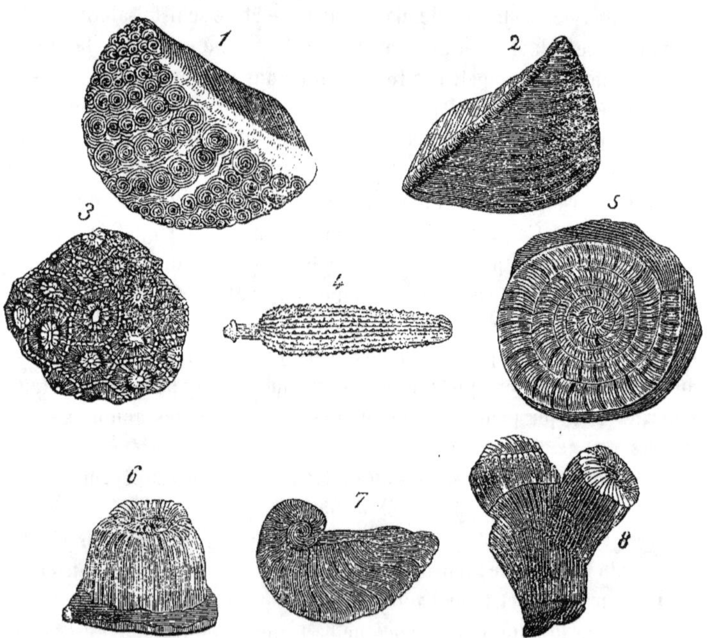

en Bavière, laquelle a dû jadis, lorsque les terrains jurassiques étaient recouverts par la mer, former une baie tranquille et peu profonde. dont les rivages limoneux se sont élevés insensiblement au-dessus du niveau des eaux; on y trouve une espèce particulière de calcaire schisteux. d'un grain très-serré, d'une pâte fine et uniforme, sans aucune veine, que l'on exploite, aux environs de Solenhofen et de Kelheim, sous le nom de calcaire lithographique; cette exploitation. très-productive, constitue, depuis l'invention de la lithographie, la principale industrie de la contrée. Le calcaire lithographique forme comme une écorce, stratifiée horizontalement sur le calcaire à polypiers; il renferme une grande quantité de fossiles propres, dont l'état de conservation est un nouvel indice de la tranquillité avec laquelle s'est formé ce dépôt, puisque l'on y trouve même des insectes et d'autres corps d'une extrême fragilité. Le calcaire lithographique est évidemment un dépôt tout à fait local. qui doit ses caractères particuliers à l'absence d'un soulèvement, qui eût pu modifier son assiette régulière. Le calcaire *portlandien* de la Suisse présente. sur plusieurs points de son étage inférieur, le même grain serré, la même pâte fine et uniforme. que le calcaire de Solenhofen, sans qu'on ait pu, cependant. l'exploiter comme pierre lithographique. et ce, parce que de fréquents soulèvements du sol l'ont fendillé à tel point. qu'on n'en trouve plus de pierres d'une dimension suffisante (1).

L'étage supérieur du terrain jurassique se compose principalement de calcaire à polypiers: il se subdivise en différents systèmes. dont le plus récent présente. dans les montagnes de la Souabe et de la Franconie, les caractères distinctifs les plus tranchés; le système moyen renferme tantôt du calcaire à polypiers, tantôt du *spongite ;* le système inférieur comprend des marnes argileuses et des bancs plus ou moins puissants de calcaire argileux. L'étage tout entier a souvent plus de mille pieds d'épaisseur, et ses principaux fossiles sont les coraux et les échinodermes.

Le terrain jurassique brun (étage moyen) se compose de plusieurs couches, qui diffèrent d'âge entre elles. La couche supérieure est formée par une argile (« *Ornamententhon* ») qui renferme de grandes quantités d'ammonites. présentant l'aspect d'ornements d'architecture (d'où le nom allemand); en dessous se trouve une roche argileuse grasse et noirâtre; puis vient une marne foncée. contenant de nombreux bélemnites. et un calcaire bleuâtre très-dur. qu'on exploite

(1) Vogt. *Géologie.*

comme pavés et comme pierres à bâtir, notamment pour les fondations ; tout en bas on trouve un grès mou qui se durcit à l'air.

L'étage inférieur du terrain jurassique présente d'abord un schiste marno-bitumineux, où l'on trouve le plus de grands sauriens fossiles ; dans les carrières d'une certaine étendue, il ne se passe guère de semaine sans qu'on découvre le squelette d'un ichthyosaure. Le système qui suit cette couche est formé par une marne calcaire grisâtre, ou par un calcaire presque blanc, qui, dans certaines parties de l'*Alp* du Wurtemberg, s'élève jusqu'à la surface du sol, où il est sillonné de crevasses remplies de terreau et de limon, et disposées avec tant de régularité, qu'on croit voir un pavé construit de main d'homme. La présence de cette roche à la surface rend le sol tellement stérile, que c'est tout au plus si les moutons y trouvent à brouter un peu d'herbe.

L'étage inférieur du terrain jurassique est formé par le système du *lias*, qui se compose d'argile schisteuse, de schiste bitumineux, de marne, d'un calcaire bleuâtre très-dur, disposé par couches de 30 à 40 pieds d'épaisseur, très-riches en fossiles, notamment de végétaux : ceci est cause que, dans le système liasique, on trouve parfois des gisements houillers ; en Allemagne, en France, en Suisse, en Pologne et en Russie, ces gisements sont même assez considérables pour qu'on les exploite ; dans l'Amérique du Nord, on a également découvert une formation houillère, contemporaine du système liasique.

Le terrain jurassique est suivi d'un système qu'on a nommé keuprique, d'après un grès grisâtre qui porte en Franconie, où on l'a découvert, le nom de *keuper* ; c'est aussi pourquoi on ne parle ordinairement que de *grès* keuprique, tandis que le système comprend plusieurs roches de nature différente, de même que le terrain jurassique comprend aussi d'autres roches que le calcaire du Jura, auquel il emprunte son nom. Il en est d'ailleurs ainsi pour tous les autres terrains, puisque aucun d'eux n'est composé d'une seule espèce de roche.

Le système keuprique de la Thuringe est formé de marnes gypseuses, de grès grisâtre, de calcaire, de grès brunâtre, d'argile schisteuse et de lignite argileux ; dans le Wurtemberg, il est formé de grès renfermant des végétaux fossiles, de marne, de gypse entremêlé de coquillages, de calcaire gris, de lignite argileux, d'argile schisteuse et de schiste marneux ; le système keuprique de la Souabe comprend toutes les roches que nous venons d'énumérer, et de plus, du grès blanc, de l'argile rouge, du calcaire blanc très-dur et de la dolomie : cette dernière est une roche composée de carbonate de chaux et de magnésie, offrant généralement un aspect cristallin et une texture lamellaire ou grenue.

Au système keuprique succède le système conchylien, dont les assises supérieure et inférieure renferment des calcaires très-riches en coquillages ; l'assise moyenne est formée d'argile, de gypse et de dépôts salifères.

Voici les fossiles caractéristiques de ce système : (Voir la gravure ci-dessous).

Fig. 1, *area interrupta*, coquille à raies transversales coniques, très-fréquentes dans le lias d'Angleterre, où l'on trouve également, fig. 2, *ammonites calloviensis*, ainsi nommés d'après les *Kelloway rocks* qui en renferment le plus ; c'est une espèce d'ammonite qui n'a que quelques pouces de diamètre. Les fig. 5 et 5 représentent un coquillage particulier au calcaire conchylien (« *Orthismuschel* ») ; fig. 4, *fusus contrarius*, est ainsi nommé parce que, exceptionnellement, les spires se dirigent de droite à gauche ; il existe, dans la nature vivante, une espèce similaire qu'on a nommée *fusus sinistrosus* ; fig. 6, *terebratula prisca*, dont nous avons décrit ailleurs la remarquable structure ; fig. 7 enfin, *lituites giganteus*, est classé parmi les

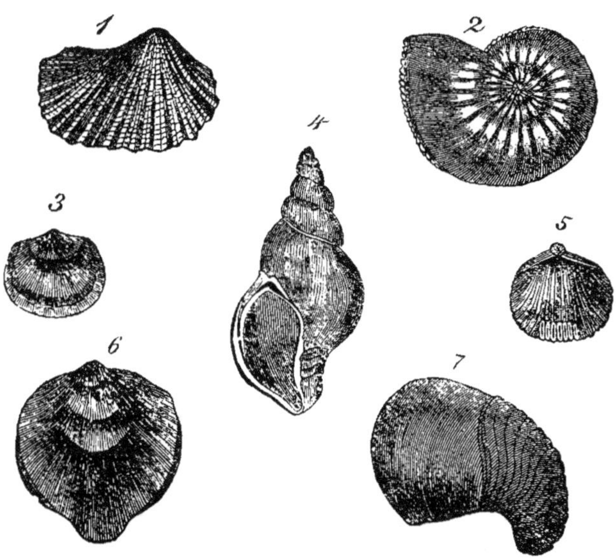

ammonites ; sa coquille est cloisonnée et arrondie, mais beaucoup moins contournée que les ammonites ne le sont ordinairement.

Le grès keuprique et le calcaire conchylien forment avec le grès pécilien (*bunter sandstein*) le groupe triasique; le grès pécilien, ordinairement jaunâtre ou brunâtre, ne renferme que peu de fossiles, mais on y remarque fréquemment des traces de pas d'animaux anté-diluviens. Les couches d'argile schisteuse rouge et verte, qui accompagnent le grès pécilien, offrent encore moins de vestiges d'anciens organismes.

Le groupe triasique est très-répandu en Europe ; c'est en Allemagne que ses caractères distinctifs sont le plus nettement accusés; il se présente aussi en Asie et en Amérique, mais entremêlé avec d'autres systèmes. Dans les Etats-Unis, il est remplacé par le « *new red sand-stone* » qui comprend, toutefois, les deux étages immédiatement inférieurs, c'est-à-dire le *zechstein* et le *todtliegendes*.

Le système du *zechstein*, particulièrement développé dans la Thuringe, a été ainsi nommé d'après les nombreuses mines (en allemand *zechen*) qu'on y exploite. Pour atteindre les couches à minerai, on doit creuser à travers les assises supérieures, composées de calcaire bitumineux qu'on appelle communément *stinkstein* (calcaire fétide), de dolomie, de gypse salifère, de schiste marno-bitumineux et de grès cuivreux, après lesquelles on trouve le membre inférieur de ce système, le *kupferschiefer* ou schiste cuivreux.

Le seul fossile caractéristique à signaler dans ce terrain, est le *productus aculeatus* ou *horridus*, à coquille bivalve, de forme très-singulière, que reproduit la gravure ci-dessous. Il y est représenté tel qu'on le trouve ordinairement ; la ligne horizontale du haut fait l'effet d'une charnière artificielle, garnie de petits boutons et de broches ; ce sont, en réalité, des épines très-pointues, d'une substance nacrée très-fragile, de sorte qu'il est impossible de les extraire tout entières de la pierre qui les renferme; c'est pourquoi on n'en voit jamais que les rudiments, tels que la gravure les montre.

En fait d'autres coquillages, on ne trouve rien de particulier dans ce terrain, caractérisé, en revanche, par la présence de deux genres de poissons fossiles, appartenant à l'ordre des ganoïdes; l'un, le *palaeo-*

niscus Freislebeni, se présente en quantités innombrables dans le schiste cuivreux ; c'est un poisson remarquable par sa forme élégante ; il se distingue de tous les poissons de notre époque par ses écailles presque carrées, et par sa queue non symétrique.

L'autre, le *platystomus gibbosus,* que représente la figure ci-dessous, porte sur un corps très-volumineux et surmonté d'une bosse,

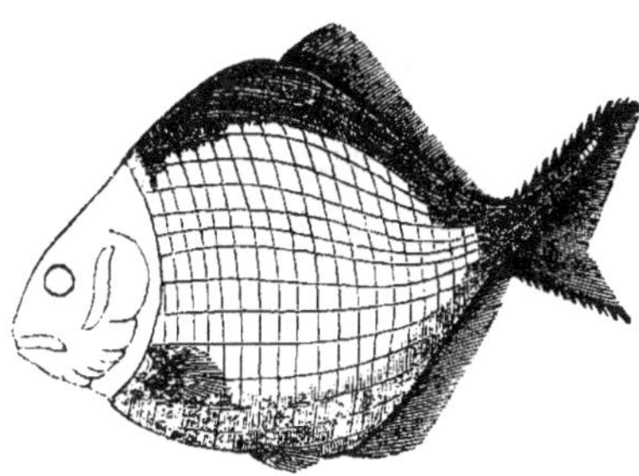

une petite tête, à front déprimé. Les nageoires pectorales et ventrales sont si peu développées, qu'on a peine à comprendre comment elles pouvaient maintenir le corps dans la position qui lui convient, car ce n'était pas un poisson plat, comme la plie ou le turbot. Les nageoires caudales, se confondant avec les nageoires dorsales et anales, entourent la moitié du corps.

Sous le *zechstein,* s'étend le système que les mineurs allemands nomment *roth todtliegendes,* et qui correspond au « vieux grès rouge » des géologues français. Ce système est le produit de la destruction de grandes roches préexistantes ; sa stratification correspond à cette origine. D'énormes masses d'éboulis et de galets, charriées par les flots impétueux, se sont déposées d'abord par gros blocs, qui forment l'assise inférieure du système, et auxquels ont succédé des rognons de plus en plus petits, jusqu'à ce que toute la masse soit devenue un grès très-grenu d'abord, et enfin, dans les couches supérieures, d'un grain très-serré. Tout ce conglomérat est réuni par une espèce de ciment argileux, coloré en rouge par une grande quantité d'oxyde de fer. Dans la Thuringe, en Saxe, dans le Harz, partout où il y a des mines productives, ce système se trouve au-dessous des roches qui renferment le minerai : il en forme donc « le sol » (*das liegende*); en même temps, il constitue le *toit* du terrain houiller, dont il est indubitablement contemporain, les végétaux terrestres prédominant dans les deux systèmes, et trahissant une époque où la mer s'était retirée de la terre ferme, et où la terre était assez sèche pour se couvrir de forêts gigantesques, les voir périr et se reproduire encore, avant que les flots fussent revenus submerger la contrée.

Dans un chapitre précédent, nous avons passé en revue les végétaux des différentes époques ; nous y renvoyons le lecteur, nous bornant à faire remarquer ici que la répartition des végétaux à l'époque dont nous parlons, ne correspond pas à la répartition actuelle des végétaux similaires ; ainsi, dans l'Amérique du Nord, où ne poussent aujourd'hui ni palmiers ni fougères arborescentes, la houille provenant de ces végétaux est très-répandue ; en Angleterre, où le climat est plus doux que dans le nord de l'Amérique, les gisements houillers, quoique très-puissants, n'atteignent pas l'étendue des gisements américains ; en Allemagne, en France, en Espagne, en Italie, en Grèce, plus on se rapproche des contrées à palmiers, moins on trouve de gisements houillers, et parmi les pays que nous venons de citer, c'est l'Allemagne qui en fournit le plus, tandis qu'en Grèce on les cherche en vain.

Les fossiles caractéristiques de ce terrain ne sont plus des coquillages mais des feuilles et des tiges, ou des fruits de végétaux : on les trouve représentés sur la gravure ci-après :

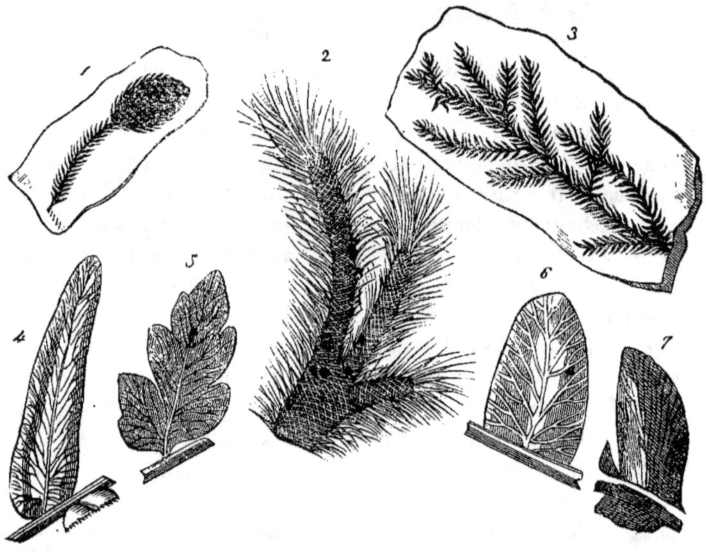

Fig. 4, 5, 6 et 7 sont des fougères, les plus abondants de tous les fossiles de ce système ; fig. 4, *neuropteris*, à feuille simple, et fig. 5, *sphenopteris*, à feuille dentelée, se distinguent des autres espèces, en ce qu'elles sont munies d'un *pétiolule*, leur véritable pétiole étant la tige même ; fig. 6 et 7, *pecopteris* et *odontopteris*, sont au contraire absolument *sessiles*, leurs feuilles s'attachant directement à la tige, comme dans la plupart des fougères. Ordinairement, on classe les fougères, comme tous les végétaux, d'après leurs fleurs et leurs fruits ; dans les végétaux fossiles, surtout d'une nature si délicate, les fleurs et les fruits n'ont presque jamais laissé de trace ; force a donc été de les classer d'après les nervures des feuilles ; on voit au premier coup d'œil combien celles-ci, par leur diversité, se prêtaient à ce classement. Fig. 5 nous montre un rameau de *lepidodendron dichotomum,* et fig. 1 le fruit de cette jolie plante qui, malgré la délicatesse des proportions de ses feuilles et de ses fleurs, atteignait la hauteur d'un grand arbre, rivalisant avec les sigillarias et les fougères arborescentes. De mêmeque le *lycopodites piniformis,* cette plante avait de l'affinité avec nos lycopodiacées, mousses chétives en comparaison de ces puissants arbres, qui, dans les temps primitifs, ont fourni les matériaux de la houille.

Les terrains qui se présentent au-dessous de la formation houillère, sont les roches sédimentaires les plus anciennes du globe ; en Allemagne, on les comprend toutes sous le nom de *grauwacke,* qu'on divise en étage supérieur, moyen et inférieur ; elles se composent de schiste argileux et de grès, entre lesquels se trouvent intercalés du calcaire, de la dolomie, du phtanite (*Kieselschiefer*) (1) et du schiste aluminifère (*alaunschiefer*).

Les assises, plus ou moins anciennes, dont se compose la grauwacke, sont toutefois si peu différentes les unes des autres, qu'on ne les distingue guère que par les roches qui s'y trouvent intercalées. En Angleterre, dans l'Amérique du Nord et en Russie, on a pu y reconnaître trois systèmes distincts, auxquels on a donné les noms de *dévonien, silurien* et *cambrien,* et dont on a également constaté la présence en Norwége, en France, en Espagne, dans l'Afrique méridionale et dans l'Inde.

Le système dévonien, correspondant à la *grauwacke* supérieure, a été nommé d'après le Devonshire, où il a été observé d'abord ; il est très-répandu dans l'Amérique du Nord, ainsi que dans les autres contrées nommées ci-dessus ; il comprend des grès à texture schistoïde (employés comme ardoises, en Angleterre) et ne renferme que des fossiles marins. Sous ce rapport, une trouvaille très-curieuse a été faite dans le comté d'Elgin : c'est un reptile à quatre pattes, du genre salamandre ; la gravure ci-après nous le montre, reproduit d'après l'excellent dessin de Vogt.

La valeur de cette trouvaille consiste en ce qu'elle démontre que la terre ferme et les animaux terrestres existaient déjà à cette époque,

---

(1) D'Omalius-d'Halloy.

ce qui ne résulte pas des autres débris organiques tronvés dans ce terrain, et qui tous, végétaux et animaux, appartiennent exclusivement

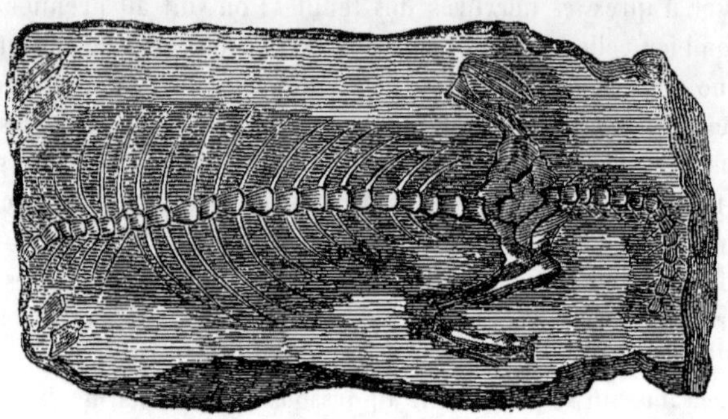

aux organismes marins. Les *ganoïdes*, poissons couverts d'une cuirasse semblable aux écailles des tortues, ont été décrits à propos du
terrain plus récent où on les rencontre. La gravure ci-dessous repré-

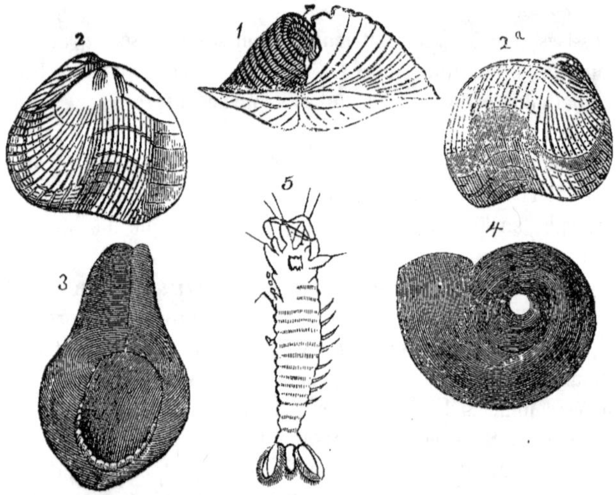

sente les autres fossiles marins de ce système. Nous voyons d'abord
(fig. 5) le *kampsonyx fimbriatus*, crustacé analogue à nos écrevisses
d'eau douce, mais dépourvu de pinces et se rapprochant du crabe, par
sa taille et sa structure ; puis, fig. 1, *spirifer :* une partie de la co-

quille a été supprimée dans la gravure, afin de laisser voir le long bras, contourné en spirale, au moyen duquel l'animal marchait et saisissait sa proie ; fig. 2, *terebratula octuplicata*, fermée, et fig. 2 *a*, la même, ouverte, pour montrer son échancrure arrondie ; fig. 3, *bucardite ;* renversée, elle figurerait assez bien un cœur d'oiseau, dont on aurait enlevé les artères et les veines ; fig. 4, *nautilus Koninkii,* un des plus anciens nautiliens, dont on ne peut reconnaître, extérieurement, les compartiments cloisonnés ; ses spires sont à découvert, les tours supérieurs ne s'enroulant pas sur les tours inférieurs.

Ainsi que nous l'avons dit plus haut, le système silurien d'Angleterre correspond à ce que les géologues allemands appellent *grauwacke moyenne*. Ses principaux fossiles sont reproduits par la gravure ci-dessous. Fig. 1. *lima rudis* (lime rude) a été ainsi nommée à cause de ses saillies aiguës ; fig. 2. *trochus aglutinans,* offre la particularité de spires aplaties, à sutures planes, rendant la coquille entièrement unie ; fig. 3. *bellerophon cornu arietis* (corne de bélier), ne doit pas être confondu avec les ammonites, dont il se distingue notamment par la pesanteur de sa coquille, tandis que celle des ammonites leur servait

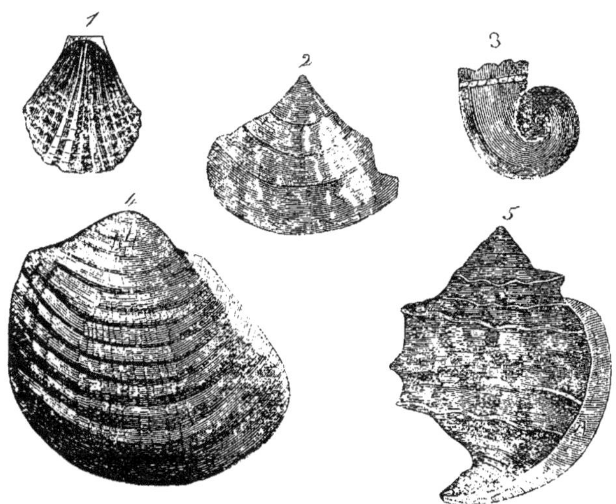

en quelque sorte de vessie natatoire ; fig. 4. *posidonomia,* coquille plate, équivalve, à cercles concentriques ; fig. 5. *cassidaris carinata,* un des plus beaux coquillages connus, se distingue surtout par le repli que la substance nacrée intérieure forme tout autour de l'ouverture.

L'assise inférieure de ce terrain — la dernière où l'on rencontre des débris organiques — renferme le groupe de fossiles, représenté par la gravure suivante :

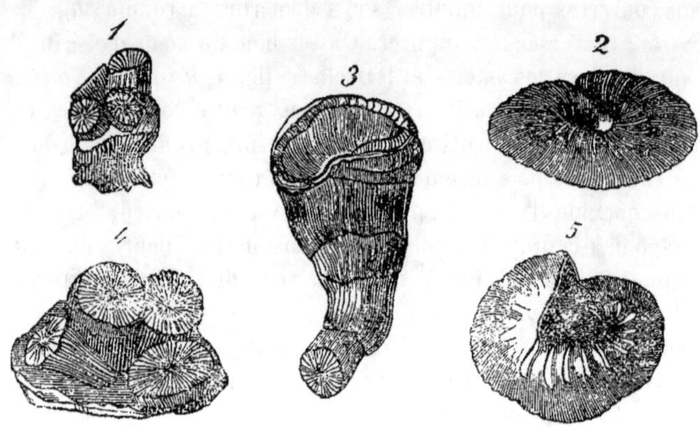

Fig. 1, 5 et 4 sont des coraux du genre *cyathophyllum* : en 1, nous les voyons tout petits, en 2, un peu plus développés, et fig. 5 nous montre une branche parvenue à maturité. On y distingue très-bien la texture rayonnée ; le point noir au milieu représente le polype. La surface rayonnée d'en bas (fig. 5) est la cassure par laquelle le polypier tenait à sa base ; les lignes transversales semblent indiquer des temps d'arrêt dans la croissance du polypier. Chacun des rameaux s'élargissait de plus en plus vers le haut, finissant par prendre tout à fait la forme d'un calice, dont l'intérieur servait de loge au polype. Fig. 2 et 5 sont des *scaphites,* coquillages se rapportant à l'ordre des céphalopodes ; ils ont une grande affinité avec les ammonites, au point que plusieurs naturalistes (M. de Buch, entre autres) les considèrent comme « des ammonites malades » ; lorsque ces coquilles proviennent d'animaux âgés, le dernier compartiment (habitation du mollusque) se prolonge en ligne droite ; en dehors de ce cas spécial, on ne peut pas les distinguer des ammonites.

Le plus ancien des terrains sédimentaires (ou *grauwacke* inférieure) se présente, avec des caractères particulièrement tranchés, dans le système cambrien d'Angleterre ; en Allemagne, comme dans toute l'Europe centrale, il semble faire défaut, à moins de considérer comme tel l'argile bleuâtre, assise inférieure des terrains de transition, qui ne renferme pas de débris organiques. Il ne peut être question ici de fossiles caractéristiques, le caractère distinctif du terrain sédimentaire inférieur étant précisément leur absence ; on en a conclu que ce terrain s'est formé par la précipitation ou le dépôt des masses minérales renfermées dans la mer primitive en ébullition et privée, par ce motif, de tout organisme quelconque.

L'absence de fossiles a aussi fait attribuer à ce système l'épithète d'*azoïque* ; celle de cambrien lui a été donnée d'après la partie septentrionale du pays de Galles ou ancienne Cambrie, où il forme entre autres les crêtes schisteuses de la province de Caernarvon, et notamment le Snowdon, qui atteint la hauteur de 5.568 pieds. Ce schiste argileux primitif, de couleur brune, verdâtre ou noire, est une roche puissante, d'une très-grande étendue, et superposée immédiatement aux roches plutoniennes ou volcaniques, dont la température, jadis très-élevée, a sensiblement modifié sa nature ; sa coloration en noire est attribuée à un mélange de matières charbonneuses. On pourrait conclure de là que, même à l'époque reculée où s'est déposé ce terrain, des végétaux eussent existé, si l'acide carbonique que dégagent les volcans, si le diamant, la chaux et beaucoup d'autres substances n'étaient pas là pour prouver que le carbone appartient aussi au règne minéral, et s'il n'était pas démontré par des expériences très-simples, que l'air même, quoique inodore, insipide, incolore et transparent, mais contenant du carbone, peut donner, par précipitation, une substance charbonneuse, sous forme de suie en flocons noirs. A ce point de vue, l'origine *organique* de la coloration en noir du schiste argileux primitif doit rester à l'état de problème, pour quiconque est familiarisé avec les sciences naturelles, aussi longtemps du moins qu'en dehors de la couleur noire, on n'y aura pas reconnu des matières charbonneuses concrétionnées dans une forme organique, c'est-à-dire, des végétaux carbonisés.

LES FORCES PLUTONIENNES ET VOLCANIQUES.

Celui qui aurait parcouru à la hâte le chapitre précédent ne man-
querait pas de se demander : « Sont-ce donc là toutes les roches de
l'écorce terrestre? Sans être initié à la science, j'en connais plusieurs
autres; à plus forte raison, le savant doit-il trouver cet exposé in-
complet. »

Il le serait en effet, s'il fallait le considérer comme embrassant
l'ensemble de la structure du globe; mais il n'en est pas ainsi : nous
n'avons décrit jusqu'à présent que les minéraux formés par précipitation aqueuse; il nous reste à examiner l'action du feu, aussi bien dans
les modifications apportées aux roches stratifiées, que dans les roches
qu'elle a formées ou injectées dans les fentes de l'écorce terrestre.
Nous traiterons séparément des roches non stratifiées dont se composent les montagnes primitives, pour examiner dans un autre chapitre
les roches volcaniques; alors seulement nous aurons un aperçu complet
des bases du sol que sont venus habiter plus tard les végétaux, les animaux et les hommes.

Les terrains que nous avons considérés jusqu'ici, sont descendus du
haut de l'atmosphère sur l'écorce terrestre, après que les éléments qui
les composent, enlevés par le mouvement des eaux primitives, avaient
été transformés en vapeur par l'ébullition de ces dernières. Considé-

rons maintenant les roches qui se sont élevées de l'intérieur à la surface. Nous avons vu que les terrains neptuniens sont produits tantôt par la destruction de ce qui existait auparavant, tels que les sables et les argiles ; tantôt ils sont l'œuvre de constructeurs assidus (calcaire à polypier, etc.) ; tantôt enfin ils sont une agglomération d'organismes infiniment petits, tels que les coquilles calcareuses de la craie ou les écailles siliceuses des pyromaques, amoncelés par des billions de millions d'animalcules microscopiques, qui tous ont vécu jadis et dont les dépouilles forment aujourd'hui des montagnes.

Les terrains plutoniens, au contraire, ne sont pas l'œuvre d'êtres organisés, et ne renferment même aucun vestige d'un organisme quelconque : ce sont des roches cristallines et massives, jadis en fusion. Le feu seul a exercé son action sur leurs éléments, réunis par une affinité chimique ; il leur a donné une configuration quelconque, les a de nouveau mis en fusion et puis reformés encore : c'est ainsi qu'ont surgi les roches plutoniennes et volcaniques, désignées autrefois sous le nom de roches primitives (« *Urgesteine* »).

Si l'on demandait quelle forme la terre a dû prendre sous l'empire de la gravitation et de la rotation, la réponse serait facile, du moment où l'on admettrait l'état primitif de fluidité de la planète : elle a dû prendre la forme d'un globe, aplati aux pôles, relevé à l'équateur et du reste parfaitement sphérique et comme façonné au tour.

Or, en réalité, la surface terrestre présente, dans ses grands systèmes montueux, des déviations notables de la forme sphérique, déviations contraires aux lois de la gravitation et du mouvement ; il est donc évident que d'autres forces encore ont dû concourir à sa structure. M. de Humboldt appelle « réaction de l'intérieur du globe contre son écorce solide » la force qui a produit les inégalités de la surface, c'est-à-dire les montagnes. Ce sont des gonflements locaux de l'épiderme terrestre, qu'on a comparés aux tumeurs de la peau humaine ; comme ces dernières, ils se produisent du dedans au dehors ; et de même que les tumeurs, en crevant, répandent sur la surface une matière liquide qui s'épanche de l'intérieur, de même nous voyons aujourd'hui les volcans répandre la lave, et nous sommes fondés à croire que jadis l'action plutonienne a ainsi répandu sur l'écorce terrestre les roches en fusion.

Il y a pourtant une grande différence entre l'action plutonienne et l'action volcanique. La première, d'abord, est beaucoup plus ancienne ; ensuite elle avait une extension plus grande, puisqu'elle s'est exercée sur toutes les parties du globe ; mais, par-dessus tout, son apparition à la surface était amenée par de tout autres causes, de sorte que la distinction établie par les géologues entre ces deux actions est parfaitement justifiée.

Supposons la première croûte solide du globe assez refroidie pour que le flux et le reflux de l'intérieur en fusion ne puisse plus ni la briser ni la déformer ; supposons ce vase, qui renferme les minéraux en fusion, parvenu à un degré suffisant de solidité pour résister aux fluctuations de l'intérieur : dès lors se révélera un phénomène, indiqué déjà plus haut. S'il était possible d'introduire dans une boule de verre, creuse comme une bombe, une masse de plomb fondu, de l'y renfermer hermétiquement, et de faire ensuite que le contenu gardât sa température élevée, tandis que l'enveloppe se refroidirait, nous verrions cette enveloppe, devenue trop petite par l'effet de la contraction, éclater et répandre au dehors, à travers les crevasses, l'excédant du liquide.

Dans ces conditions, l'expérience est impossible ; mais la nature nous fournit un moyen très-simple de produire simultanément, par une même force, agissant sur deux corps différents, une augmentation et une diminution de volume.

Tous les corps diminuent de volume par le refroidissement ; ils se contractent et se condensent en raison de l'abaissement de la température. L'eau seule fait exception : elle se condense bien aussi par le refroidissement, mais seulement jusqu'à une certaine limite. On appelle « température de la plus grande densité de l'eau » celle à partir de laquelle l'eau se dilate, soit qu'on la chauffe ou qu'on la refroidisse. C'est la température de 5 ½ degrés Réaumur au-dessus de zéro (4° C.).

Or, si l'on remplit d'eau à cette température une bombe, hermétiquement fermée à l'aide de vis, et qu'on l'expose ensuite à l'air froid, la bombe éclatera avec une violente détonation (quoique sans le moindre danger pour l'opérateur) et le trop plein débordera par la fente.

Si l'on n'a pas eu soin de remplir la bombe de manière qu'il ne reste pas la moindre bulle d'air, il faudra, pour que l'expérience réussisse, que la température soit descendue à plusieurs degrés sous zéro, et alors ce n'est plus l'eau, mais la glace, qui fait éclater la bombe ; ce fait de l'eau congelée brisant le vase qui la contient, est connu et n'étonne plus personne ; il n'est pas moins vrai que c'est toujours l'application de la loi, d'après laquelle un corps non extensible, devenu trop petit par suite de l'abaissement de température, pour le corps qu'il renferme, finit par éclater et expulser son contenu.

Ce contenu débordé de l'immense bombe que nous appelons la Terre, ce sont les roches plutoniennes, les montagnes primitives ; l'action plutonienne est la cause déterminante des montagnes du globe.

Avant de raisonner sur les montagnes, établissons d'abord le sens de cette expression. Chacun croit le connaître et la plupart n'en ont qu'une idée confuse et superficielle. Toute éminence n'est pas un mont, et tout assemblage de montagnes ne forme pas une chaîne; le géologue comprend sous ce nom « les gonflements locaux de l'écorce terrestre, offrant une certaine harmonie entre leur structure interne et externe, » pour nous servir de la définition donnée par M. Cotta. Les remblais, quelle que soit leur grandeur, ne sont donc pas des montagnes, mais de simples amas de terre disposée sur une surface ; une petite motte d'argile, séchée sur la paume de la main, n'y pourrait représenter un mont ; une tumeur, recélant un abcès, se prête, au contraire, à la comparaison. De même que l'anatomiste reconnaît dans une tumeur l'épiderme, le réseau de Malpighi, le corps papillaire et le derme, c'est-à-dire les différentes couches qui forment l'ensemble de la peau, de même le géologue, marchant sur les traces du mineur, rencontre, tant à la cime qu'au pied de la montagne, d'abord le sable, le limon ou la terre végétale, puis les sédiments d'eau douce et les sédiments marins; plus bas, la craie, le terrain jurassique et ainsi de suite, pour atteindre finalement les grandes masses cristallines de l'écorce terrestre, les roches jadis en fusion, le granit, etc.

Dans ce sens, un mont isolé ne se présente qu'exceptionnellement ; il n'arrive guère qu'un petit espace, soulevé par une force intérieure, demeure isolé de toutes parts : l'action des forces terrestres n'est presque jamais circonscrite à une faible étendue; là où il semble en être ainsi, où l'on voit, par exemple, une île s'élever toute seule au milieu de l'océan, à une certaine distance des terres continentales, on peut se convaincre par la sonde que le mont sous-marin, dont le sommet forme ce que nous appelons une île, fait partie de toute une chaîne qui, bien que n'atteignant pas à fleur d'eau, est tout aussi élevée, par rapport à la vallée d'où elle a surgi, c'est-à-dire par rapport au fond de la mer, que les Alpes et l'Himalaya, dont les plus hauts sommets ne dépassent guère, respectivement, 12.000 et 24.000 pieds, tandis que la plus grande profondeur mesurée de l'océan est de 45.000 pieds.

Le géologue, devant fonder la plupart de ses aperçus sur l'aspect extérieur des choses, est nécessairement porté à donner aux objets de ses études des noms basés sur la configuration apparente; il en est ainsi depuis le moindre cristal jusqu'au plus vaste système de montagnes ; voilà pourquoi il appelle « chaîne centrale » celle dont la base présente dans toutes ses dimensions une masse à peu près égale, se rapprochant de la forme circulaire ou elliptique ; le plus considérable des sommets d'un pareil groupe s'appelle le *nœud*; tels sont le Brocken avec le

Blocksberg, les montagnes de la Corse avec le *Monte Rotondo*, l'Olympe avec son faîte, de même nom, et une foule d'autres, formant toujours une réunion de montagnes, jamais un mont isolé.

Une réunion de montagnes s'étendant en longueur s'appelle une *chaîne*, et la série des plus hauts sommets en forme la crête. Quelquefois il s'en détache des embranchements qu'on nomme *rameaux* ou *contre-forts*. Dans les Alpes, comme dans les Pyrénées, ces dispositions se présentent sur la plus grande échelle ; on les observe également dans les chaînes de moindre importance, telles que les montagnes de la Thuringe, et plus encore dans l'*Erzgebirge*, qui sépare la Bohême de la Saxe, dans le *Riesengebirge*, entre la Silésie prussienne et la Bohême ; dans les montagnes qui, longeant les frontières du sud-est et du sud-ouest de la Bohême, concourent avec les deux précédentes à donner à ce pays la forme d'un trapèze, et enfin dans la Forêt-Noire, les Vosges, etc.

Lorsque, entre deux chaînes de montagnes, les plaines se trouvent à une grande élévation au-dessus du niveau des mers, elles prennent le nom de *plateaux*. Un des plateaux les mieux caractérisés se trouve entre les sommets de l'*Alp* du Wurtemberg. C'est une plaine d'environ 110 lieues carrées de superficie, couverte d'une centaine de villages et de plusieurs petites villes, dont les habitants s'adonnent à l'agriculture et à l'élève du bétail. Ils ne s'apercevraient pas qu'ils demeurent au haut d'une chaîne de montagnes, si leurs intérêts ne les appelaient parfois dans les plaines basses qui s'étendent au pied du versant septentrional de l'*Alp*.

Ce plateau ne présente d'autres inégalités de terrain que quelques collines, de 50 à 100 pieds de hauteur ; une seule, le *Sternberg*, atteint 400 pieds, ce qui, en tenant compte de l'altitude du plateau, en porte le sommet à 5,400 pieds au-dessus du niveau de la mer.

La cause de cette conformation particulière de l'*Alp* wurtembergeoise, a été probablement un soulèvement partiel des roches qui lui servent de base ; le phénomène a dû se produire d'une façon inégale, l'élévation étant plus considérable au nord qu'au sud, vers la Suisse ; de là vient que tous les cours d'eau de la contrée se dirigent vers le Danube, et pas un seul vers le Neckar, qui longe le versant septentrional.

Au pied des escarpements du nord de l'*Alp*, d'où les rochers s'élèvent verticalement jusqu'à une hauteur de 800 ou 1.000 pieds au-dessus de la partie supérieure de la plaine, s'étendent de nombreuses vallées, presque horizontales. D'ordinaire, un ruisseau y serpente au milieu de belles prairies, bordées de vergers ; au fond, quelques villages ; à l'embouchure une petite ville telle que Kirchheim, Urach, Neuffen.

La répartition des montagnes sur la surface du globe ne présente aucune régularité. L'imagination des géographes s'est plu pendant longtemps à créer des systèmes erronés, mais la vérité a fini par se faire jour, après bien des luttes et des obstacles.

MM. de Buch et Alexandre de Humboldt ont frayé la route, indiquée déjà par Werner; les géologues français, anglais et suisses, marchant sur leurs traces, ont mis partout l'observation à la place de la théorie, les faits à la place des hypothèses. Sous ce rapport, nous considérons comme un pas en arrière la théorie d'un savant, très-distingué d'ailleurs, M. Elie de Beaumont, qui veut ramener toutes les chaînes de montagnes à un certain nombre de grand cercles; le soulèvement de chacun de ces cercles correspondrait à une période distincte de la formation du globe. Cette opinion nous paraît contredite par le fait que les roches et les fossiles de toutes les périodes sont disséminés sur la terre tout entière, et qu'aucun minéral n'appartient exclusivement à une zone déterminée.

Voici ce que dit à ce sujet M. de Humboldt, dans le *Cosmos* : « Si plusieurs phénomènes naturels, tels que la lumière, la chaleur et l'électro-magnétisme, en les réduisant au fait du mouvement, sont devenus susceptibles d'un développement mathématique, il est d'autres problèmes peut-être insolubles, tels que la cause des différences chimiques entre les substances simples, celle de l'ordre, — en apparence indépendant de toute loi, — dans lequel se succèdent la grandeur, la densité, la position d'axe et l'excentricité d'orbite des planètes, le nombre et la distance de leurs satellites, et enfin la cause de la conformation des continents et de la disposition des hautes chaînes de montagnes. »

Ce jugement sera d'autant plus vrai que l'on connaîtra mieux le véritable état de choses, et que l'on aura de meilleures cartes, exemptes de ces fioritures qu'y ajoutent les dessinateurs, « afin qu'elles n'aient pas l'air trop nues (1). » D'après nous, le seul système raisonnable est d'étudier les chaînes de montagnes telles qu'elles se présentent, sans se lancer dans des hypothèses, si ingénieuses qu'elles puissent être, sur la loi qui a présidé à leurs dispositions.

Il est difficile d'embrasser d'un coup d'œil une plaine d'une certaine étendue. En contemplant du haut du château de Pleissenburg la plaine

(1) C'est la réponse que le dessinateur et géographe Vollrath Hoffman, à Stuttgard (décédé depuis), a donnée à l'auteur, qui lui faisait remarquer quelques inexactitudes dans le tracé d'imposantes chaînes de montagnes séparant les cours d'eau.

(Note de l'auteur.)

20

où fut livrée la bataille de Leipzig, on n'en aperçoit pas les limites, et pourtant cette vaste plaine est peu de chose, comparée à celles du Lunébourg, du Hanovre, d'Oldenbourg, de la Hollande, et mieux encore aux plaines immenses de la Pologne, de la Russie européenne, de l'Amérique méridionale et du nord de l'Asie.

Les montagnes, au contraire, sautent aux yeux ; et plus un pays est plat, plus les habitants sont portés à décorer du titre de « montagne» la plus humble colline ; le Wurtemburgeois voit une plaine dans les terrains qui s'étendent au pied de l'*Alp ;* pour le Frison, ce serait un pays montueux, tandis que pour l'indigène les quelques éminences de ce terrain disparaissent devant la hauteur de l'*Alp,* et l'habitant de ce plateau oublie ses collines, quand il les compare aux crêtes puissantes des Alpes suisses.

En général, on est porté à déprécier l'étendue des plaines, et à s'exagérer la hauteur des montagnes. Pourtant il est difficile de les embrasser du regard, et pour atteindre la base des grands monts, il faut s'être élevé déjà à plusieurs mille pieds au-dessus du niveau des mers. Ainsi, la ville de Quito, dans l'Amérique méridionale, gît au bas du Pinchincha, dont la hauteur totale est de 14,000 pieds ; mais comme Quito compte déjà lui-même 9,000 pieds d'altitude, il s'ensuit qu'on n'aperçoit plus au-dessus de soi qu'un tiers de la hauteur absolue de la montagne ; de même arrivé au pied du Cotopaxi ou du Chimboraço, l'œil n'embrasse plus que la moitié de leur hauteur. L'exagération provient souvent de ce que l'homme se compare à ces hauteurs, au lieu de les comparer à la masse du globe.

D'après le géologue Dolomieu, les montagnes forment sur la surface terrestre des reliefs relativement moins grands que ceux de l'écorce d'une orange ou de la coquille d'un œuf ; cette comparaison elle-même est déjà une hyperbole, donnant une idée très-fausse du rapport proportionnel entre la hauteur des montagnes et le diamètre de la terre.

L'auteur possède un globe de 14 pouces de diamètre ; si les montagnes devaient y être indiquées en relief, c'est tout au plus si leurs cimes perceraient la couche de vernis qui le couvre. Une boule d'argile de 11 pieds de diamètre, faite au tour, serait relativement plus raboteuse que la surface de la terre, rien que par les grains de sable que le desséchement ferait sortir de l'argile, et dont le moindre aurait avec le diamètre de la boule, la même proportion que le Mont Blanc avec celui de la terre.

Si accidenté que soit donc la surface du globe, elle cesse de le paraître dès qu'on la considère dans son ensemble. Mais nous avons le tort de mesurer la terre d'après nous, ce qui équivaut à mesurer la

taille humaine avec une patte de mouche. Comparée à notre corps, la
longueur de la première phalange du pouce est à peu près de $\frac{1}{2}$; si
nous prenons pour unité de mesure la largeur d'une patte de mouche,
la phalange aura la longueur de plus de 200 de ces unités. Il en est de
même des montagnes. Le plus haut pic de l'Himalaya, le Kunchin-
gingal (ou Chamalari?), ne représente que $\frac{1}{1100}$ du diamètre terrestre,
le Dhawalagiri $\frac{1}{1150}$, le Nevado de Sorata (dans l'Amérique du Sud) $\frac{1}{1400}$,
et le Mont-Blanc $\frac{1}{1600}$.

Les montagnes et les plaines sont si irrégulièrement réparties sur la
surface du globe, qu'on serait peut-être fondé à dire qu'aucune loi ne
régit leur disposition.

Toute la terre émergée se divise en trois catégories : plaines basses,
plateaux et montagnes. Les plaines basses sont situées pour la plupart
au bord de la mer, et, quelque loin qu'elles s'étendent à l'intérieur,
elles aboutissent toujours à la côte. Les plaines basses les mieux caractérisées de l'Europe sont la Hollande et la Lombardie; mais on doit
comprendre dans cette catégorie également toute la zone de l'Europe
septentrionale, qui s'étend depuis la Hollande, par l'Oldenbourg, le
Hanovre, le Mecklenbourg, la Prusse, la Russie et la Finlande, jusqu'à
la mer Blanche d'une part; d'autre part jusqu'à l'Oural, la mer Caspienne et la mer Noire, et au sud jusqu'aux Carpathes, aux montagnes
de la Bohême, au Harz, aux montagnes de la Thuringe et aux Ardennes.

La Lombardie, séparée de toutes les autres plaines par les Alpes et
les Apennins, n'est ouverte que du côté de l'Adriatique; malgré les
montagnes qui l'entourent, elle n'est que très-peu élevée au-dessus du
niveau de la mer. Il en est de même des plaines basses du Danube et de
la Theiss, c'est-à-dire de la Hongrie, en aval de Pesth, de la Valachie et
de la Moldavie.

En dehors de celles que nous venons de citer, l'Europe n'a guère de
plaines basses d'une certaine étendue, car les Landes dans le midi de la
France, les Maremmes et les Marais-Pontins en Italie, ne sont pas assez
considérables pour déterminer le caractère de la contrée dont elles font
partie.

Les plaines basses de l'Amérique, au contraire, ont une étendue qui
permet de définir d'après elles la nature de cette partie du monde.
Depuis la Terre de Feu, au 50ᵉ degré de latitude australe, jusqu'à
l'embouchure de l'Orénoque, au 10ᵉ degré de latitude boréale, s'étend
sans interruption une immense plaine, bornée à l'ouest par les Cordillères et à l'est par les montagnes de Pernambuco et par celles de la
Guyane; elle forme les *llanos* et les *pampas*, vastes terrains déserts,
que couvrent, pour toute végétation, de hautes herbes sauvages; par-

tant de la Patagonie et longeant le territoire de Buenos-Ayres, elle comprend la région des sources du Rio de la Plata, ainsi que les nombreux affluents du Paraguay, et plus loin, le vaste territoire que baignent les innombrables cours d'eau qui se jettent dans l'Orénoque.

L'Amérique septentrionale présente une physionomie analogue. Les plaines du Mississipi et du Missouri, d'une part, et de l'autre celles du fleuve Saint-Laurent ou des lacs du Canada, se partagent son territoire. Depuis la Floride jusqu'au Texas, le long du golfe du Mexique, jusqu'au 45e degré de latitude N., et de là jusqu'à la mer Glaciale arctique, le terrain n'offre pas à la vue la moindre éminence, autre que les remblais artificiels ; tout le reste est une surface parfaitement plane, bornée d'un côté par les Montagnes-Rocheuses, interrompue, de l'autre, par une chaîne isolée, l'Alleghany, qu'on a surnommée « la Suisse américaine », quoi qu'elle n'ait guère plus d'étendue ni plus de hauteur que les montagnes de la Silésie.

On connaît très-peu les plaines de l'Afrique, en dehors de la vallée du Nil ; on a visité, il est vrai, les embouchures du Sénégal, du Niger et du Congo, mais les expéditions dans l'intérieur ont eu si peu de succès, qu'on doit ranger cette partie du monde parmi les *terræ incognitæ*. L'occupation de l'Algérie par les Français nous a valu, toutefois, de nombreux renseignements sur l'Atlas et le désert de Sahara. Cette vaste plaine, qui a neuf ou dix fois autant d'étendue que toute l'Allemagne, et trois fois autant que la Méditerranée, se subdivise, d'après les explorations du général Daumas, de l'ingénieur Fournel et de MM. Renon et Carette, en plusieurs bassins ; le nombre des oasis et de leurs habitants est beaucoup plus considérable qu'on ne l'avait cru, tant qu'on ne possédait de notions que sur les zones affreuses qui gisent entre Insalah et Tombouctou, entre Fezzan et Bilma, Tirtouma et le lac Tchad.

Dans les oasis, une petite partie seulement de la plaine est couverte de sable ; en fait d'animaux sauvages, on n'y trouve que des ânes, des gazelles et des autruches. « Le lion du désert, dit M. Carette, dans ses relations sur l'Algérie, est un mythe, créé par l'imagination des poëtes et des peintres. Le lion ne sort pas de ses montagnes, où il trouve un gîte, une proie et de l'eau fraîche. Les indigènes, interrogés au sujet de cet animal, dont les Européens font le compagnon obligé de leurs courses dans le désert, répondent invariablement : Il y a donc chez vous des lions qui boivent de l'air et qui mangent du sable ? Chez nous le lion a besoin d'eau fraîche et de chair vivante. Il ne se montre que dans les contrées boisées, où il trouve l'une et l'autre. Nous ne craignons que les serpents venimeux et les moustiques. »

Des géographes allemands ont attribué à l'intérieur du Sahara une altitude de 2.500 pieds. Le docteur Oudney, qui a voyagé depuis Tripoli jusqu'au lac Tchad, en rabat un millier de pieds, et l'ingénieur Fournel a établi par des observations barométriques, que ce chiffre est encore exagéré de deux tiers, ce qui réduirait l'altitude réelle à 500 pieds ; dans le nord du désert il y a même des zones plus basses que le niveau des mers.

La partie du désert, qui, depuis l'occupation française, s'appelle le Sahara d'Algérie, s'étend du pied de l'Atlas aux collines de Metlily (51° degré de lat. N.), où la plus septentrionale des oasis occupe une surface très-fertile, surtout en dattes, évaluée à plus de 1.600 lieues carrées. Le Sahara d'Algérie est la partie la plus basse et la plus torride à la fois du désert, la chaleur solaire, réfléée par une immense couche de craie, échauffant l'air par un double rayonnement.

Près de Biskra, petit coin du versant méridional de l'Atlas, au bord du désert (35° degré de lat. N.), l'altitude du Sahara n'est que de 220 pieds ; de là, le sol s'abaisse vers le sud et vers l'est, de sorte que, probablement, le niveau des lacs dans lesquels se perd l'Ouèd-Djedi ou Djiddi, est plus bas que celui de la mer. La facilité avec laquelle M. Fournel a pu faire creuser toute une série de puits artésiens, sur une ligne de 50 lieues de longueur, entre Biskra et Turget, prouve à elle seule, — et le nivellement l'a confirmé, — le peu d'altitude du sol et sa connexité avec les terres sous-marines.

Ces faits sont bien connus des Arabes, qui savent en profiter dans leurs migrations. Lorsqu'ils manquent d'eau, et qu'ils se trouvent sur un terrain sablonneux, ils ont recours au « *Bahr toht el erd* » (mer souterraine), que leur imagination transforme en un réservoir d'eau, aussi vaste que le désert, qu'ils supposent flottant sur lui à l'état d'île ; le physicien y voit des nappes d'eau filtrée, qui, tendues par une pression hydrostatique, se maintiennent au-dessus des couches d'argile et, perçant à travers le sable qui les recouvre, se montrent dès que l'on creuse à une profondeur où les rayons solaires ne peuvent atteindre. Lorsque, au lieu de sables mouvants, les couches à percer se composent de craie ou de calcaire, on obtient de véritables sources jaillissantes.

D'autre part, l'énorme abondance de sel révèle aussi le voisinage des eaux de la mer. La partie méridionale du désert, qui est la plus élevée, en est si richement pourvue, qu'on y bâtit les maisons avec des blocs de sel, comme ailleurs avec des pierres de taille. M. F. Hoffmann pense que ces gisements de sel gemme sont une continuation de ceux de la Sicile et de la Palestine, et que la Méditerranée et le Sahara ne sont que deux parties distinctes d'un même bassin, sous lequel le terrain salifère se prolonge sans interruption.

Toute la surface du Sahara semble se rapporter aux formations diluvienne et tertiaire. Les éboulis provenant de cette dernière ne se présentent nulle part aussi fréquemment que dans le Sahara, où ils ont souvent une étendue de plusieurs lieues carrées. Le sol y est ordinairement humide et favorable à la culture des dattes, qui, avec le sel, forment le principal article de commerce entre les habitants du désert, ou plutôt des oasis, et la vaste contrée qui, sous le nom de Soudan, borne le sud du Sahara. Ce nom de Soudan s'est perpétué depuis les anciens géographes jusqu'à nos jours. Les modernes divisent cette région, qui occupe une surface de 1.500 lieues, en Soudan oriental, occidental et central. On se tromperait fort, cependant, en ne voyant là qu'un seul empire, ou même trois empires divers. La série de pays habitables qui longent les limites méridionales du Sahara, comprend déjà, d'après les notions incomplètes que nous en avons, une quinzaine de peuplades et d'États, de mœurs et de langages tout à fait différents, et il est probable que de futures explorations en feront connaître davantage.

On ne trouve guère de cours d'eau dans le désert. Du versant méridional de l'Atlas, plusieurs petits ruisseaux se déversent dans la plaine; presque tous tarissent dans la saison des chaleurs; il en est de même des affluents du Djiddi et des petites rivières qui alimentent les lacs de Warega et Ngusa, dans la grande oasis au sud de l'Algérie; non-seulement ces lacs ne voient pas augmenter leur volume d'eau, malgré ces affluents, mais tout au plus ils conservent quelque humidité, quand la chaleur amène les fortes évaporations.

Le bord occidental du Sahara, cependant, est arrosé par un fleuve qui prend sa source dans l'Atlas marocain. On l'appelle Ouédi Dra et l'on prétend que sa longueur dépasse d'un quart celle du Rhin; mais il n'a de l'eau que pendant et après la saison pluvieuse; tout le reste de l'année il est à sec, hormis sur la côte occidentale de l'Afrique. L'Ouédi Dra se dirige d'abord du nord au sud; sous le 11ᵉ degré de longitude O. et le 25ᵉ de latitude N., il forme un angle à peu près droit, pour couler ensuite, parallèlement aux rameaux de l'Atlas, jusqu'au lac Debaïd qu'il traverse, et se jeter enfin dans la mer, au sud du cap Noun (à 15° 55 de longit. O.), vis-à-vis des îles Canaries. Cette contrée est maintenant un peu plus connue qu'après les découvertes des Portugais, qui l'avaient entourée, comme à dessein, d'un voile impénétrable. Le roi Louis-Philippe y envoya, en 1840, le comte Bouet-Willaumez en mission scientifique. C'est un territoire indépendant de l'empire de

Maroc, et gouverné par le Scheik de Beirouk. Les rapports officiels inédits ont été communiqués à M. de Humboldt ; il en résulte que l'embouchure de l'Ouédi Dra, qui amène à la mer l'eau de toutes les rivières du versant méridional de l'Atlas, est tellement ensablée, que sa largeur, pendant la sécheresse, ne dépasse pas 180 pieds : il en est tout autrement, sans doute, dans la saison des pluies ; mais alors la contrée est impraticable aux voyageurs.

Non loin de l'embouchure de l'Ouédi Dra se trouve celle du Saguiel el Hamra, venant du sud, et dont le cours a, dit-on, une longueur de 250 lieues. Ce fleuve est d'ailleurs très-peu connu ; on sait seulement qu'il existe et que, la plus grande partie de l'année, il est à sec. On serait tenté de s'étonner de la grande étendue de ces lits de fleuves sans eau : mais M. de Humboldt a démontré que ce sont d'anciennes rides de l'écorce terrestre inégalement soulevée ; il en a observé de pareilles dans les déserts péruviens, au pied des Cordillères ; les lits de nos torrents nous les représentent d'ailleurs aussi, quoique sur une très-petite échelle. Partout où le terrain est tant soit peu accidenté, on voit de ces lits de torrents, d'une demi-lieue de large, entièrement couverts de gravier et bordés de quelques saules ; au milieu coule un filet d'eau claire, large de quelques pieds tout au plus, et si peu profond que les petits garçons s'amusent à le passer à gué. Viennent deux jours de pluie, et toute la vallée, jusqu'au pied des saules, formera un vaste torrent, roulant à flots impétueux une eau rougie par le limon. Tel, le Neckar près d'Esslingen, Cannstadt, Heilbronn, etc. ; tels, les fleuves du désert.

En parlant du désert, il importe de tenir compte des oasis, dont on se fait communément une idée très-inexacte, tant sous le rapport de la grandeur, que du nombre, de la nature du sol, de la fertilité, etc.

« On entend par *oasis* tout endroit arrosé et cultivé au milieu d'un désert aride ; » telle est la définition que chacun de nous a apprise à l'école. Elle suffit, en effet, pour des écoliers. Mais, au point de vue scientifique, elle est à la fois incomplète et imparfaite ; car, tout d'abord, les oasis sont des vallées entourées d'éminences, et nul ne songerait à conclure de la définition ci-dessus, que ces « endroits » eussent beaucoup plus que l'étendue et l'importance d'une petite ville, ce qui, pour la plupart, est infiniment au-dessous de la réalité.

Les moins considérables égalent en étendue les plus grandes parmi les principautés d'Allemagne ; d'autres peuvent se comparer à ses royaumes de second ordre : l'oasis de l'Ouéd Afalesseles occupe une surface de 75 lieues de long sur 25 de large, — à peu près le double du royaume de Wurtemberg.

Bien que les oasis soient de grandeurs très-différentes, il n'y en a guère que l'on puisse traverser, dans un sens ou dans l'autre, en moins de deux journées de marche ; et si une journée de marche, dans la zone torride et à dos de chameau, ne peut guère s'évaluer qu'à un peu plus de six lieues, cela n'en donne pas moins une superficie d'environ 150 lieues carrées. qu'on ne peut appeler petite que proportionnellement à l'immensité du désert. En réalité. les grandes oasis sont plus nombreuses que les petites. parce que, résistant mieux au vent du désert. elles sont moins exposées à être ensevelies sous les sables mouvants.

Des royaumes entiers. dans le désert, n'occupent chacun qu'une seule oasis. de ce nombre sont. dans le sud. le Dar-el-For ou Darfour, et dans le nord. le Fezzan (au sud de Tripoli).

Il ne faut pas, d'ailleurs. se représenter une oasis comme un paradis, tombé dans le désert. Le Fezzan, tributaire du dey de Tripoli pour 15.000 piastres fortes d'Espagne. a 100 lieues de long sur près de 70 de large ; son sol est couvert de montagnes. ou plutôt de collines. séparées par de longues vallées fertiles, quoique peu arrosées ; très-peu de cours d'eau descendent des collines : l'humidité du sol paraît due surtout aux nappes d'eau souterraines. Là où il n'en est pas ainsi, la hauteur habituelle du baromètre a fait supposer qu'au lieu de soulèvements qui auraient produit les collines, des affaissements du sol en ont produit les vallées. Quoiqu'il y ait plusieurs sources de bonne eau potable. l'eau qui filtre à travers le sol, est généralement salée et la végétation s'en ressent ; il y vient cependant des pastèques ou melons d'eau, et quelques autres espèces de fruits dont le développement, comme celui des courges. s'accomplit dans un temps très-court. Il est certain qu'on y cultive aussi les dattes, qui sont une des principales denrées alimentaires de ces contrées ; quant à la culture du riz. du froment et de la vigne, nous y croyons peu, malgré les affirmations du voyageur Belzoni.

Le règne animal du Fezzan est peu riche ; on a peine à comprendre comment les lions et les hyènes. très-fréquents dans ces contrées, y trouvent leur pâture. à moins d'admettre qu'ils se nourrissent exclusivement des hommes et des chameaux qui traversent le désert. Cette oasis renferme beaucoup d'autruches, des serpents de l'espèce la plus dangereuse. et une grande quantité d'insectes venimeux, tels que scorpions, scolopendres et autres.

Les habitants du Fezzan vivent dans de misérables cabanes de terre, comme les nègres de l'Afrique centrale ; on les dit paresseux et adonnés à la maraude et au vol.

Les conditions du royaume de Darfour ne sont guère meilleures ;
ce pays. situé aux environs des sources du Nil. à l'ouest de Sennaar,
touche à la limite des pluies tropicales. mais n'y participe que rarement.

C'est par le voyageur Belzoni. nommé ci-dessus. que les renseignements les plus complets sur ces contrées nous ont été fournis. Ce Belzoni
était un jeune moine italien. très-savant en linguistique et en archéo-
logie. très-bel homme et d'une force herculéenne ; fatigué de la vie du
cloître. il profita. en 1895. du bouleversement de l'Italie par les
Français. pour jeter le froc aux orties et se marier ; tombé. peu après.
dans le plus affreux dénûment. il alla de ville en ville. se produire
comme athlète, faisant forger des fers de cheval sur sa poitrine. et les
brisant entre ses doigts comme du verre. Ce métier l'ayant conduit en
Angleterre. il s'engagea comme acteur au théâtre d'Astley. Après un
séjour de neuf années. il quitta Londres pour se rendre en Égypte. et
exerça d'abord à Alexandrie la profession de danseur ; ayant gagné la
bienveillance du pacha. il parvint, le premier. à faire ouvrir la grande
pyramide de Gizeh et plusieurs tombeaux à Thèbes. Il parcourut une
partie du désert et pénétra jusqu'à l'oasis de Jupiter Ammon. si célèbre
depuis l'antiquité la plus reculée.

Il ne sera pas sans intérêt de résumer rapidement la relation du
voyage de Belzoni ; elle fait saisir le caractère propre du désert, qu'avant
lui on avait peint avec des couleurs trop monotones. comme une
interminable plaine de sable ; or. ce lit desséché d'une ancienne mer
n'est. pas plus que le lit desséché d'un fleuve. une surface entièrement plane.

Accompagné d'un petit nombre de Bédouins. Belzoni se porta de
El Soff. sur le Nil. dans la direction de l'ouest ; dès le premier jour.
il atteignit les ruines de Raweye-Toton . grande ville de l'ancienne
Égypte. construite en briques. çà et là sur des fondations de granit.
Des hiéroglyphes sculptés dans le calcaire. et parfaitement conservés,
révélaient la haute antiquité de ces ruines . dont une partie avait servi
à construire un hameau voisin. Belzoni passa la nuit dans un village
un peu plus éloigné. où il constata un sol fertile et une vaste culture
de trèfle. Cette partie de la contrée est encore arrosée par le *Bahr
Yussuf* (fleuve de Joseph). bras du Nil qui coule parallèlement à ce
dernier. depuis Hermopolis jusqu'aux lagunes d'Alexandrie. et communique avec lui par d'innombrables canaux. Dès le lendemain ,
l'aspect du paysage avait changé : Belzoni se trouvait dans le désert, et
ne voyait plus devant lui que des mamelons de sable et des rochers de
peu d'élévation. On trouve là de nombreux dattiers. mais ils sont stériles par manque de culture. Les fleurs des dattiers sont mâles sur

certains pieds, femelles sur d'autres ; pour que ces derniers produisent, il faut qu'ils soient fécondés par la poussière des étamines de dattiers mâles. La fécondation s'opère ou par le vent, ou par les insectes ou par la main de l'homme. Là où celle-ci fait défaut, les dattiers ne produisent que peu ou point du tout.

L'eau qu'on trouve dans cette partie du désert, à une faible profondeur, est presque toujours salée ou saumâtre.

Le quatrième jour, après avoir franchi un vaste banc de sable dans lequel s'était creusée une vallée, Belzoni atteignit une immense plaine, où il remarqua de nombreux amas d'ossements, qu'il fait provenir de l'armée de Cambyse. Or, la conquête de l'Egypte par ce roi, et l'expédition dans le désert (où il perdit presque toute son armée) ont eu lieu vers l'an 525 avant notre ère. Près de vingt-trois siècles avaient donc passé sur cette catastrophe, quand Belzoni vit ces ossements ; exposés pendant tout ce temps à l'air et au soleil, ils auraient perdu tout principe gélatineux et se seraient transformés en poussière calcaire. Les ossements que Belzoni a vus ne peuvent donc être de date fort ancienne.

Le cinquième jour, il traversa une plaine entièrement couverte de silex bruns et noirs ; le sixième, il rencontra le lit desséché d'un fleuve, le *Bahr Selame*, où de nombreuses éminences accusaient autant d'îles. Une ligne très-reconnaissable, le long de leurs bords, indiquait jusqu'où s'était élevé le niveau de l'eau. Belzoni ignore, toutefois, si ce fleuve se remplit tous les ans comme le Nil, ou s'il est toujours à sec. Les Arabes affirmaient que ce fleuve desséché communiquait, au nord, avec les *lacs de Natron* de la basse Egypte. Dans cette vallée gisaient, au dire de Belzoni, plusieurs arbres pétrifiés. Le septième jour, après avoir passé, dans la matinée, devant un grand nombre de rochers et de bancs de sable, le voyageur aperçut, vers midi, derrière une colline très-élevée, les rochers d'El Ouah : *Ouah* est encore aujourd'hui le nom que donnent les Arabes, tout comme dix siècles avant notre ère les Egyptiens, aux endroits habitables du désert ; de là vient le mot grec *oasis*, adopté dans toutes les langues.

Poursuivant sa route à travers El Ouah, Belzoni vit plusieurs terrains tout à fait stériles, sur lesquels s'étendait une couche de sel parcourue par des ruisseaux d'eau douce. Les lits de ces ruisseaux se sont lessivés peu à peu, de sorte que l'eau douce, venant des sources, a fini par ne plus trouver de substances avec lesquelles elle pût se combiner. Dans ces environs se trouvent les ruines d'une ancienne ville, et un peu plus loin, des rochers caverneux, rappelant les tombeaux égyptiens, et renfermant, en effet, des cercueils d'argile, ornés de figures grossièrement sculptées. Les indigènes croient ces cavernes habitées par le démon, et pour rien au monde ils n'oseraient y pénétrer.

Une grande partie des terres d'El Ouah seraient susceptibles de culture, et pourraient nourrir des milliers d'habitants ; mais l'indolence de ces peuplades est telle, qu'elles négligent même la culture du riz, leur principal aliment ; cette céréale y est si mauvaise, que les caravanes n'en veulent pas pour renouveler leurs provisions de route.

Un grand nombre de temples, de catacombes, de sarcophages et de momies, attestent qu'une population industrieuse a vécu jadis dans ces contrées. Mais le sable du désert les ayant peu à peu envahies, les habitants ont disparu.

Près du village d'El Cassar se trouve un puits de 60 pieds de profondeur, à l'eau duquel on attribue la propriété d'être froide pendant le jour et chaude pendant la nuit. Comme il résulte des récits d'Hérodote qu'un pareil puits existait aux environs du temple de Jupiter Ammon, Belzoni suppose que c'était là l'emplacement de ce fameux temple. Cette hypothèse a été reconnue tout aussi mal fondée que celle des variations de température de l'eau du puits. C'est encore l'histoire des caves auxquelles le vulgaire attribue une température plus élevée en hiver qu'en été. L'impression des sens l'emportera toujours sur les raisonnements des savants. Les nuits tropicales sont, relativement, très-froides ; lorsque le ciel est serein et qu'aucun vent ne souffle du midi, la température descend parfois jusque près de zéro, et presque toujours jusqu'à $+ 8°$; pendant le jour on compte $+ 36$ à $40°$ et davantage : en supposant la température ordinaire de l'eau du puits de $+ 20$ à $22°$, il s'ensuit que pendant le jour elle est à 20 degrés au-dessous de celles de l'air, c'est-à-dire relativement froide.

Parmi les voyageurs qui, depuis Belzoni, ont donné des renseignements sur les oasis, il faut tout d'abord nommer Browne. Ses relations concordent avec ce que nous venons de dire ; seulement, il ajoute la remarque importante que les différentes oasis qu'il a parcourues, lui ont semblé n'être que les anneaux d'une même chaîne, s'étendant du nord-est au sud-ouest jusqu'aux régions habitées par les nègres. Pour les indigènes, dit-il en outre, cette connexité entre les oasis est une sorte de mystère, parce que les Bédouins, dont la principale industrie est le brigandage, interrompent toutes les communications entre une oasis et l'autre.

Près de la limite septentrionale du Sahara se trouve une autre série d'oasis, visitée par Browne, et, chose plus importante au point de vue géologique, par le célèbre Ehrenberg.

Le point le plus remarquable de cette série est la grande oasis de

Siwah, que l'on croit celle de Jupiter Ammon, plutôt que l'autre, indiquée par Belzoni. A partir de cet endroit, la chaîne de collines se dirige constamment vers l'ouest, et au pied de son versant maritime s'étendent plusieurs lacs assez considérables. Ces collines sont des rochers calcaires que ne recouvre aucune couche, ni de sable, ni de terre végétale. Les pétrifications y sont si nombreuses, qu'elles forment le principal élément de la composition de ces rochers.

Le versant méridional de cette chaîne est escarpé dans toute son étendue. A un peu plus de 160 lieues de son point de départ, elle est coupée perpendiculairement par une autre chaîne, celle de Morayè, qui se dirige du nord au sud ; le point où se trouve le *nœud* des deux chaînes, et par conséquent la crête la plus élevée, est précisément le seul et très-pénible chemin par lequel on les franchit. La deuxième chaîne se prolonge au sud dans le désert ; sa base s'appuie sur un terrain sous lequel on a constaté également la présence de nappes d'eau, à une faible profondeur. La chaîne de Morayè aboutit à l'ouest également au désert, qui de là s'étend vers le nord sur quelques points jusqu'à la mer, et vers l'ouest jusqu'au Fezzan. Contrairement à ce que nous avons dit plus haut, les relations auxquelles nous empruntons ces renseignements, dépeignent le Fezzan comme une contrée très-abondamment pourvue d'eau, et par suite très-fertile, les plantes tropicales ne demandant sous ce beau ciel qu'un peu d'humidité pour s'épanouir dans une luxuriante végétation.

Dans ces mêmes parages se trouve aussi la contrée demi-fabuleuse de Biledulgerid ou Belad el Djérid (pays des dattes), dont les limites ne sont exactement connues de personne. On la dit bornée au nord par Tripoli, Tunis et l'Atlas, et au sud par le désert, renseignement très-vague, puisque l'on sait à peine jusqu'où s'étendent Tripoli et Tunis. Les descriptions de cette contrée portent que plusieurs rivières y descendent de l'Atlas et se perdent dans les sables, ce qui veut dire sans doute que l'eau de ces rivières est absorbée par le sable que dessèche un soleil ardent, et que, plus loin, l'eau souterraine se montre à la surface, sur quelques points où le sol est très-bas ; il est permis aux Arabes de croire à la disparition et à la réapparition successive d'une rivière dans ces parages, mais non pas à nous, qui savons que les sables, absorbant une eau courante, la dispersent immédiatement dans tous les sens ; l'eau qui jaillit du sol, dans le désert, ne peut jamais être celle d'une rivière disparue, et doit provenir de la mer qui entoure le désert de trois côtés.

Nous ne prétendons pas, du reste, avoir, par ce seul raisonnement, donné une solution satisfaisante du problème de l'origine de l'eau dans les oasis. Toujours est-il que les pluies tropicales de l'Afrique ne dépassent pas le 15e degré de latitude N. ; et si le major Denham a trouvé dans le désert des *fulgurites* ou tubes fulminaires, cela prouve uniquement qu'il s'y produit de temps à autre un orage.

On est parvenu, cependant, à constater avec certitude que les oasis ne constituent pas un phénomène isolé, mais qu'elles se rattachent à un terrain sous-marin plus ou moins rapproché de la surface du sol ; il est plus difficile de déterminer si l'eau filtrant à travers ce terrain, est en communication avec le Nil, comme le pense M. Kaemtz. Au-dessous d'Assouan (l'ancienne Bérénice, située juste sous le tropique), s'ouvre une vallée qui traverse le désert, dans la direction de la grande oasis ; en y pratiquant un nivellement exact, il y aurait moyen de s'assurer si les eaux du Nil sont assez élevées pour que la pression hydrostatique puisse les refouler jusque-là. La rivière desséchée, découverte par Belzoni, fait supposer que parfois, quand les pluies sont particulièrement abondantes sur le plateau, des masses d'eau considérables se dirigent vers le désert. Dans toute l'Egypte on trouve de ces nappes d'eau souterraines, et principalement dans le voisinage du Nil ; pour les atteindre, il suffit toujours de creuser à une faible profondeur : on a même observé que les *lacs de Natron,* distants de 10 à 12 lieues du Nil, montent et baissent en même temps que ce fleuve, sans qu'il y ait de communication visible ; il se pourrait donc fort bien que la pression de l'eau exerçât son action à une distance encore plus grande, et que les eaux souterraines, obtenues en creusant, même au milieu du désert, ne fussent point d'origine atmosphérique, mais dues uniquement à la pression exercée par les eaux du Nil et de la mer.

Mieux que l'Afrique, on connaît aujourd'hui l'Asie. Les conquêtes des Anglais ont rendu accessibles les immenses plaines du Sind (l'ancien Indus), du Gange, du Brahmapoutre, de l'Iraouaddy, du Menam, du Cambodje, c'est-à-dire toute l'Inde en deçà et au delà du Gange, depuis le golfe Persique jusqu'aux frontières de la Chine. On sait même que toutes les parties du Céleste Empire, qui regardent la mer, sont de vastes plaines. Le nord de l'Asie, soumis au sceptre russe, présente également depuis l'Oural jusqu'au Kamtchatka, une surface plane non interrompue, que les innombrables fleuves et rivières, descendus des chaînes de montagnes, ont couverte d'éboulis, de galets, de sable et de limon, transformés à la surface en terre végétale.

L'intérieur de la Nouvelle-Hollande est encore moins connu que l'Afrique ; les excursions partielles dans l'intérieur de ce continent y ont fait voir une plaine étendue, bordée de montagnes sur les côtes seulement ; c'est d'ailleurs la terre des anomalies en tous genres :

cygnes noirs et corbeaux blancs, oiseaux sans plumes et arbres sans feuilles, quadrupèdes avec des becs d'oiseau et des écailles de poisson, mammifères didelphes, rivières coulant de la côte vers l'intérieur, absence de montagnes au centre de la terre ferme. Sur ce dernier point toutefois, il y a quelque analogie avec l'Amérique méridionale.

Ce que nous avons dit jusqu'ici suffira pour convaincre le lecteur exempt de préventions, que la répartition des plaines, pas plus que celle des montagnes, n'est régie par une loi fixe. Si une observation superficielle porte à conclure qu'il faut généralement chercher les plaines basses aux embouchures des grands fleuves, on ne tardera pas à reconnaître, en y regardant de plus près, qu'il n'y a rien d'absolu dans cette doctrine; sans sortir de l'Europe, nous voyons les plaines basses de la mer Noire se prolonger à travers la partie la plus large du continent, jusqu'à la mer Blanche. Les mêmes faits se présentent, mais sur une plus grande échelle, dans toute l'Amérique.

L'examen de la répartition des plateaux nous conduira au même résultat. On ne peut pas davantage les classer systématiquement : la nature ne se laisse point parquer dans les systèmes imaginés par l'homme.

Les plateaux sont, en grande partie, aussi des plaines, avec cette différence que leurs surfaces sont moins unies que celles des plaines basses, dont ils se distinguent essentiellement par leur altitude. Si l'on peut, en général, considérer les plaines basses comme des terrains sédimentaires formés par les fleuves, c'est-à-dire par les fragments que l'eau, la neige et les ouragans ont charriés des montagnes dans les sillons les plus profonds de l'écorce terrestre, les plateaux, au contraire, nous apparaissent comme les résidus de ce travail d'érosion ; ils tirent de cette origine deux caractères distinctifs : d'abord, les lits des fleuves qui les traversent sont généralement plus encaissés entre les rives que dans les plaines basses, où le niveau de l'eau est parfois plus élevé que celui des terrains environnants, ce qui nécessite des travaux d'endiguement très-dispendieux; puis la couche de terre végétale y est moins épaisse que dans les plaines, où il ne suffit pas de deux coups de bêche, ni même de la charrue *à buter*, pour atteindre le sous-sol; dans les plaines, la terre végétale a parfois 20 à 50 pieds d'épaisseur; sur les plateaux, elle ne descend guère à plus de six pouces de la surface. Des agriculteurs très-compétents du plateau badois ont déclaré à l'auteur qu'ils n'oseraient pas faire labourer à un pouce au delà de la profondeur habituelle, parce qu'ils amèneraient infailliblement à la surface un terre stérile qui endommagerait leurs semailles, au point de réduire des trois quarts le produit de leur exploitation. Ces cultivateurs admettent qu'en fumant cette terre et la retournant, de manière à la mélanger avec l'ancien terreau, ils parviendraient à la rendre fertile et à obtenir une couche d'humus plus profonde qu'auparavant ; mais le bénéfice ne compenserait pas la perte occasionnée par trois années sans moisson.

Ces difficultés sont inconnues dans les plaines basses ; quand la couche végétale y est épuisée, on en amène une nouvelle à la surface, en labourant à une plus grande profondeur. Dans les parties les plus basses des plaines, on pourrait creuser à plusieurs toises avant d'atteindre un terrain stérile ; les vallées du Rhin et de la Vistule, et plus encore les les vallées du Gange, de l'Orénoque et du Mississipi, nous en donnent la preuve ; dans ces dernières, il est à peu près impossible d'atteindre le sous-sol de la terre végétale ; des sondages à plusieurs centaines de pieds ont toujours constaté la présence du limon d'alluvion sans atteindre un terrain résistant.

Les habitants des plateaux ont sans cesse à lutter contre la tendance des cours d'eau à tout niveler. Ainsi, par exemple, dans les vignobles, il faut creuser un fossé au bas du coteau, pour y recueillir l'humus que l'eau de pluie entraine et que le vigneron doit remettre en place, véritable labeur de Sisyphe. Malgré cela, une notable quantité d'humus est encore entrainée dans les rivières qui coulent au fond de la vallée. C'est ainsi qu'après la pluie, les cours d'eau provenant d'un plateau, charrient du limon, tandis que ceux qui ne traversent que des plaines basses, conservent toujours une eau limpide ; telles, la Sprée, la Netze et la Brahe, dans le nord de l'Allemagne. Le Rhin et la Vistule, au contraire, qui descendent des hauteurs avant d'arriver à la plaine, roulent une eau constamment trouble ; il en est de même du Missouri, dont les eaux troublent celles du Mississipi, restées limpides jusqu'au confluent. Le Missouri prend sa source dans les montagnes et traverse un plateau ; le Mississipi est, d'un bout à l'autre, un fleuve de plaine, sa source étant située près des lacs du Canada.

Les terres que les fleuves ont enlevées des plateaux, forment, aux embouchures de quelques fleuves, les atterrissements connus sous le nom de *deltas*. En général, les rives des fleuves gagnent en terre végétale ce que perdent les plateaux.

On trouve aux environs de Munich un exemple saillant de la pauvreté des plateaux en humus. Lorsque le colonel Thomson, devenu plus tard le comte de Rumfort, voulut doter d'un parc la capitale de la Bavière, il se trouva arrêté par l'insuffisance de la terre végétale. Tout le terrain environnant est couvert de dépôts caillouteux, que le cours impétueux de l'Isar apporte sans cesse des montagnes. Le parc, planté par le duc Charles-Théodore, et agrandi par son successeur, le roi

Maximilien, n'aurait jamais vécu, si le comte de Rumfort n'avait imaginé de l'établir sur de la terre rapportée. Mais pour donner au parc (ou jardin anglais, comme on l'appelle à Munich) une couche d'humus d'un pied d'épaisseur, il fallut acheter des milliers de bonniers de terre : on ne trouvait nulle part une couche de plus de trois à quatre pouces. Les terrains dépouillés sont encore stériles aujourd'hui, après 60 ans écoulés. Le parc, qui n'a pas le sixième de leur étendue, est superbe de richesse et de goût, si bien qu'il éclipse le *Prater* de Vienne, les jardins de Stuttgard et les parcs de Londres. Il n'est pas à comparer cependant au *Thiergarten* de Berlin, que son étendue, autant que la variété des plantations et la magnificence des arbres, placent au premier rang parmi les jardins d'agrément, grâce à son terrain limoneux et fertile. Cet éloge paraîtra peut-être suspect à ceux qui sont habitués à se figurer le nord de l'Allemagne comme une espèce de Sahara européen ; les habitants de l'Allemagne méridionale sont de ce nombre, et s'imaginent que le nord ne produit que de l'avoine et des pommes de terre, préjugé que la facilité des communications n'est pas encore parvenu à dissiper, mais qui, heureusement, ne nuit en rien à la belle végétation de ces contrées.

L'Allemagne centrale forme un plateau vers lequel le sol s'élève graduellement depuis la mer du Nord et la Baltique. Tous les fleuves de l'Allemagne, le Danube excepté, coulent du sud au nord, — preuve que le sol s'élève du nord au sud. En remontant le Rhin, le Weser ou l'Elbe, on atteint peu à peu des régions de 1.000 et 1,500 pieds d'altitude et cependant planes et unies, comme dans les environs de Munich, ou bien légèrement accidentées, comme l'*Unterland* du Wurtemberg.

C'est là l'étage inférieur du plateau; en passant par la région moyenne de la Forêt-Noire et de ses nombreux rameaux, ou en Bavière par les rameaux de l'*Alp* wurtembergeoise, on atteint l'étage moyen du plateau ; l'*Oberland* de la Bavière et du Wurtemberg en est l'étage supérieur, où se trouvent les sources du Danube, et qui comprend également le plateau de la *Rauhe Alp* et de la Forêt-Noire, dont le versant s'incline vers le Danube.

En Espagne, on trouve un plateau semblable : celui de la Nouvelle-Castille. Madrid est à 2,012 pieds (500 de plus que Munich) au-dessus du niveau de la mer. L'altitude de Tolède est de 1,750 pieds, celle de Guadalaraja de 2.250, et celle de Molina de 3.250 pieds. Des plateaux beaucoup plus étendus et plus élevés sont ceux du Mexique et de Quito; les plus étendus et les plus élevés de tous se trouvent au centre de l'Asie, où ils occupent des centaines de mille lieues carrées, et égalent en hauteur, sur toute cette immense surface, les sommets des Alpes (12.000 pieds environ).

Les plateaux forment en quelque sorte le pied, le soubassement des chaines de montagnes qui s'élèvent au-dessus d'eux. Du plateau de l'Allemagne centrale surgissent les Alpes, de celui de l'Amérique, les Cordillères, et de celui d'Asie, l'Himalaya; la hauteur absolue de ces montagnes est en raison directe de la hauteur de leurs plateaux. Les Alpes, dont les cimes atteignent 12 à 14.000 pieds, se dressent au-dessus d'un plateau de 2.000 pieds de hauteur moyenne, les Cordillères s'élèvent à 18.000 pieds et leur plateau à 6.000; l'Himalaya à 26.000, dont 12.000 pieds constituent le plateau. Par contre, plus les plateaux sont élevés, moins les montagnes ont de hauteur relative. Les Alpes ont six fois la hauteur de leur plateau, les Cordillères trois fois, l'Himalaya un peu plus du double seulement.

Nous sommes loin, du reste, de vouloir présenter ces données comme une règle absolue; de nouvelles découvertes pourraient renverser toutes nos théories.

Le soulèvement des montagnes a toujours eu lieu d'une manière toute particulière et sans aucune symétrie. Rarement les deux versants d'une montagne ont la même configuration. Les Carpathes s'inclinent en pente douce vers les sources de la Vistule et de l'Oder, et forment des escarpements très-raides vers le midi, du côté des plaines de la Theiss et du Danube. La Transylvanie, qu'entoure d'un vaste hémicycle le rameau le plus méridional des Carpathes, présente la même physionomie que l'autre extrémité de la chaine. La partie du versant *extérieur*, qui est tournée vers le nord, s'abaisse insensiblement, tandis que la partie tournée vers le sud se termine par des rochers à pic, au pied desquels coule le Danube, traversant la Valachie. Ce pays forme une plaine enclavée entre les Carpathes et le Balcan, à peu près comme la Lombardie entre les Alpes et les Apennins; les deux chaines qui bordent la Valachie communiquent entre elles par une puissante arête, s'étendant de la Servie au Banat, et à travers laquelle le Danube a dû se frayer un passage, comme le Rhin, à Bingen, à travers le *Siebengebirge*. Pour compléter la ressemblance avec la Lombardie, la surface occupée par la Valachie, quoique trois fois aussi grande, a été jadis un golfe de la mer Noire, à l'époque où l'Adriatique couvrait le sol vénitien et lombard. Le delta que forme le Pô, de même que le delta du Danube, s'avance de plus en plus dans la mer; les terres emportées par le Danube aux Alpes et à la Forêt-Noire, fécondent et agrandissent d'année en année la Bessarabie.

Le côté *intérieur* de l'hémicycle formé par les Carpathes en Transylvanie, présente une physionomie toute différente ; ses versants tournés vers le nord et vers l'ouest forment les bords escarpés des plaines de la Theiss, tandis que le versant méridional se confond insensiblement avec les plateaux de la Transylvanie.

Les Alpes ont donné lieu à des observations analogues ; le versant septentrional se perd dans le plateau qui forme ce qu'on appelle « la basse Suisse » (Zurich, Neufchâtel, Bâle et Constance), et auquel se rattachent ceux de la Bavière, du Wurtemberg et de Bade ; le versant méridional, au contraire, surplombe de toute sa hauteur les plaines de la Lombardie. C'est ce qui fait que de ce côté l'aspect des Alpes est beaucoup plus imposant qu'au nord, où il faut gravir une hauteur de 2 à 5,000 pieds, avant de les embrasser du regard.

Des allures semblables ont été constatées dans les montagnes de la Scandinavie, s'étendant du cap Lindesnaess, jusqu'au cap Nord, sur une longueur de 550 lieues. Du côté de l'ouest et du nord-ouest, leurs pentes sont abruptes et forment une multitude de promontoires, entre lesquels s'avancent les bras de mer qu'on appelle « *fiorden* » ; à l'est et au sud-est la montagne descend graduellement jusqu'au rivage de la mer.

En Amérique, on voit la même chose se produire dans de plus vastes proportions ; les Cordillères, se prolongeant dans l'isthme de Panama et dans les Montagnes-Rocheuses jusqu'au détroit de Behring, s'abaissent en immenses plateaux qui se transforment peu à peu en plaines basses ; leur versant occidental descend, sur un espace de moins de 25 lieues, d'une hauteur de 22,000 pieds à la mer, qu'il borde de rochers verticaux. De ce côté, la crête n'est éloignée de la mer que d'un degré de l'équateur ; de l'autre côté, elle en est séparée par 45 degrés.

Le même caractère a été observé dans les deux versants de l'Himalaya. Au sud, la montagne s'élève de toute sa hauteur de 26,000 pieds, immédiatement au-dessus de la vaste plaine formée par les bassins de l'Indus, du Gange et du Brahmapoutre. Au nord. elle aboutit au plateau du Thibet, dont l'altitude moyenne est de 11,000 et, sur quelques points, de 15,000 pieds, et dont l'étendue dépasse 64,000 lieues carrées.

Une nouvelle crête sépare le Thibet du Turkestan chinois ou Petite-Boukharie, que les Chinois nomment *Thian-chan-nan-lou* (pays au sud des Monts-Célestes), et qui forme comme une deuxième terrasse du massif de l'Himalaya, d'où l'on descend à la troisième terrasse, la Dzoungarie (*Thian-chan-pe-lou*, pays au nord des Thian-chan ou Monts-Célestes) ; au pied de celle-ci enfin s'étend la terrasse inférieure, la Sibérie. Chacune de ces terrasses est, en moyenne, à 5,000 pieds au-dessous de celle qui la précède du côté de l'Himalaya, dont le versant septentrional se prolonge, au total, sur une ligne de plus de 1.200 lieues, avant de descendre au niveau de la mer, tandis que le versant méridional descend par une pente dont la base n'a pas plus de 50 lieues de longueur.

Malgré la conformité de la disposition des versants des différentes chaînes de montagnes que nous venons de citer, il faut bien se garder, encore une fois, de généraliser ces observations au point d'en former un système, que viendraient bientôt renverser de nombreuses exceptions. Ainsi, les Pyrénées ne forment pas du côté de l'Èbre une pente plus raide que du côté de la Garonne ; le Caucase borde d'un versant également escarpé le bassin du Terek et celui du Kouban ; l'Alleghany s'incline en pente douce, aussi bien vers l'Ohio que vers l'Atlantique. A propos des monts Alleghany, nous croyons devoir rectifier une erreur accréditée par certaines cartes, dans le genre de celles de Vollrath Hoffman, d'après lesquelles ces monts s'étendraient *le long de la mer,* depuis la Floride jusqu'au Nouveau-Brunswick ; en réalité, la Floride, la Géorgie, les deux Carolines, la Virginie et la Pensylvanie, ne sont montueuses qu'au centre, tandis que, le long de la mer, sur une largeur de 60 à 100 lieues, le sol en est parfaitement uni et constitue une plaine basse, ce qui résulte d'ailleurs suffisamment de ce fait que, hormis dans la Pensylvanie, la culture du riz y est très-répandue.

Au sud des monts Alleghany se trouvent les États d'Alabama et de Mississipi, à l'ouest ceux de Tennessee, de Kentucky et d'Ohio, et les grands lacs du Canada ; là aussi, la plus grande partie du sol est une vaste plaine, formée par les bassins du Mississipi et de l'Ohio, et le versant des monts Alleghany n'est ni plus ni moins escarpé au sud-est qu'au nord-ouest.

Un exemple analogue nous est offert par l'Atlas ; le grand Atlas (le plus méridional et le plus voisin du désert) et le petit Atlas (plus au nord et plus rapproché de la Méditerranée) sont presque parallèles ; de l'un à l'autre s'étend un plateau habité par les tribus insoumises ; les chaînons qui unissent entre elles les deux chaînes principales, sont encore peu connus, quoiqu'ils aient été visités récemment par M. Carette, le géographe. Sur un seul point, l'Atlas septentrional est interrompu par le Chélif, qui se jette dans la Méditerranée entre Tennis et Arzew, non loin de Mostaganem. Cette rivière entraîne ainsi les eaux qui découlent des versants intérieurs des deux chaînes de l'Atlas ; ce qui s'en évapore est dissipé par le courant d'air qui s'élève constamment du Sahara, de sorte qu'il n'en retombe rien sous forme de pluie ; les seules pluies de ces contrées sont dues au vent d'ouest, qui souffle parfois de l'Atlantique.

Le versant septentrional du grand Atlas et le versant méridional du petit Atlas sont aussi escarpés l'un que l'autre ; le désert central, au sud du grand Atlas, est si bas que, sur certains points, on croit que son niveau descend au-dessous de celui de la mer ; le Djiddi, rivière puissante pendant la saison des pluies, mais à sec pendant le reste de l'année, malgré ses nombreux affluents, ne dépasse pas 48 pieds d'altitude, vers le milieu de son cours ; le lac ou marais de Melgig, situé entre l'Algérie et Tunis, et long de 100 lieues, lequel reçoit le Djiddi, n'a aucun écoulement vers la Méditerranée, à moins qu'on n'en trouve du côté de la Kabylie ; le petit ruisseau Ouèd el Akareith, enfin, dont le cours est de moins de six lieues, n'atteint pas le niveau du lac Melgig.

Tous ces différents exemples prouvent encore une fois que la nature refuse de se plier à un système quelconque ; nous nous abstiendrons, par conséquent, de donner, au moyen de ce qu'on est convenu d'appeler un profil, la hauteur moyenne de telle ou telle partie du monde, d'une mer à l'autre, d'autant plus que ces profils ne prouvent rien, car on peut leur donner la hauteur qu'on veut, selon le sens dans lequel on fait la section ; de pareilles moyennes, telles qu'on les trouve dans quelques ouvrages élémentaires, ne servent même qu'à embrouiller les idées au lieu de les éclaircir.

Quoique le progrès incessant de tous les arts laisse peu de place à l'impossible, on peut cependant considérer comme un problème insoluble la reproduction, par un dessin, du rapport proportionnel entre une hauteur et une étendue, lorsque cette dernière est mille et mille fois plus considérable que la première. Supposons que nous ayons un profil de l'Asie, du sud au nord, gravé en travers sur cette page ; pour rester dans le vrai, nous devrions, sur une étendue de moins de 10 1/2 centimètres, donner en hauteur à l'Himalaya $\frac{1}{10}$ de millimètre, au Thibet $\frac{1}{10}$ et à la Mongolie $\frac{1}{50}$; or, la hauteur d'une lettre minuscule de nos caractères, d'un n par exemple, est de deux millimètres pleins ; une fraction de millimètre serait à peu près imperceptible.

Si l'on altère le rapport proportionnel, le prétendu profil devient une image tout à fait fausse, qu'il vaut mieux ne pas mettre sous les yeux du lecteur.

Reprenant l'examen détaillé des trois grandes formes (plaines, plateaux et montagnes), sous lesquelles se présente à nos regards la surface émergée du globe, nous ferons remarquer que les montagnes (« la charpente osseuse de la terre », comme les appelle Buache, géographe français du XVIIIᵉ siècle), n'ont pas entre elles une corrélation déterminée. comme les pièces de la charpente osseuse d'un corps organisé, bien que. du temps de Buache. on ait prétendu considérer comme tel le globe terrestre ; les chaînes de montagnes n'ont pas non plus de points centraux répartis d'après une règle fixe et reliés entre eux par des lignes de communication, se prolongeant à travers les plaines et les mers, comme on l'a dit des Alpes, que l'on rattachait à l'Oural par les Carpathes et les monts Valdaï (1), qu'une large plaine sépare de ces derniers. La vérité est que les forces plutoniennes, à l'intérieur de la terre, ont produit d'abord l'asséchement des diverses parties émergées, et plus tard, à différentes époques, le soulèvement des plateaux et des montagnes, et que, par cette raison, il ne saurait y avoir de corrélation obligée entre ces dernières.

Le premier exposé vrai de cette importante partie de la géographie, est dû à deux illustres géognostes, MM. de Buch et Alexandre de Humboldt, et surtout au plus grand géographe des temps modernes, M. C. Ritter. Des voyages accomplis dans plusieurs parties du monde, et une érudition prodigieuse ont permis aux deux premiers de réformer la géographie physique, en l'enrichissant du résultat de leurs observations. basées sur la connaissance parfaite de la nouvelle doctrine géognostique de Werner. Ritter. moins favorisé par la fortune que ses deux confrères, parcourut en qualité de précepteur, accompagnant ses élèves. la France. l'Allemagne. la Suisse et l'Italie ; mais il suppléa au peu d'étendue de ses aperçus personnels. par la lecture assidue des relations de voyages, qui sont devenues la meilleure base de la géographie réelle.

Depuis les travaux de ces hommes éminents. on commença à étudier la structure intérieure des montagnes. la nature des roches qui les composent et la direction de leurs couches ; trois points auxquels se rattachent intimement les rapports de forme et de direction des grandes chaînes. Ce principe. si simple, avait pourtant échappé à toutes les investigations antérieures.

Du moment que l'on se fut placé à un point de vue général, on ne sépara plus ce qui est connexe ; on ne réunit plus des choses qui n'ont entre elles aucun lien. Mais il est très-difficile de bien voir de si haut ; on cède à la tentation de chercher des règles générales là où il n'y en a point : c'est ce qui est arrivé à M. de Humboldt lui-même, quand il déclara, d'après ses explorations des Alpes et des Cordillères, que tous

(1) « Très-petites collines en Russie d'Europe (Novogorod). courent 500 kilom. » vers l'O. et le N.-O.. limitant au N. le bassin du Volga ; elles n'ont guère que 500 » mètres de haut. » (*Dict. géogr.* de Bouillet. 1856).

les principaux systèmes de montagnes sont répartis parallèlement, et forment un angle de 45 à 57 degrés avec l'axe de la terre, et qu'il se donna une peine inutile pour démontrer ce phénomène par la force d'attraction de la matière et par la vitesse de rotation du globe, à l'époque de sa formation. Nous disons une peine inutile, et, en effet, des recherches ultérieures, entreprises de concert avec M. de Buch, ont prouvé que cette prétendue loi était tout aussi peu solide que celle de Saussure, d'après laquelle les lignes principales de la direction d'une chaîne de montagnes devaient avoir un rapport intime avec les lignes *isodynamiques,* c'est-à-dire réunissant les points où l'intensité de la force magnétique terrestre est la même.

Partout la lisière des continents est formée par des plaines basses ; il n'y a d'exception à cet égard qu'en Norwége et dans l'Amérique méridionale ; ailleurs, les montagnes qui s'avancent le plus vers la mer, en sont séparées par une plage plus ou moins large ; dans certaines contrées, on voit des plaines de plusieurs centaines de lieues s'étendre entre la mer et les montagnes ; telle, la plaine qui s'étend de la Baltique aux Carpathes et à l'Oural, ou celle de l'Amérique du Sud, à l'est des Cordillères.

C'est la distance plus ou moins grande de la mer aux montagnes, qui donne à un pays sa physionomie, son caractère distinctif ; plus les montagnes présentent d'échancrures, c'est-à-dire plus elles avancent et reculent alternativement, plus les côtes, découpées en golfes et en baies, auront d'étendue et faciliteront la culture des terres alentour.

Toutes les côtes de l'Europe sont profondément échancrées, au point que cette partie du monde forme en quelque sorte une vaste presqu'île, souche d'un grand nombre de presqu'îles plus petites. Elle ne tient au continent asiatique que par l'Oural ; partout ailleurs, la mer l'environne, en dessinant une ligne de côtes d'une longueur prodigieuse ; au nord, c'est la mer Glaciale, dont la côte, depuis l'embouchure du Petchora, a 1,500 lieues de long ; puis l'océan Atlantique, avec la Baltique et les golfes de Bothnie et de Finlande, baignant 5,033 lieues de côtes ; et enfin, la Méditerranée avec les Dardanelles et la mer Noire, dont les côtes forment une ligne de 2,833 lieues, ce qui fait en tout plus de sept mille lieues (7,166) de côtes.

Or, la superficie totale de l'Europe est d'environ 426,500 lieues carrées ; l'Afrique en a près de quatre fois autant ; un peu moins de 1,550 mille lieues carrées, et l'ensemble de ces côtes ne forme qu'une ligne de 5,833 lieues de longueur (dont 2,433 lieues sur l'Atlantique, 1,000 sur la Méditerranée, 567 sur la mer Rouge, et 1,833 sur la mer des Indes), c'est-à-dire, un tiers de moins que l'Europe, qui n'a que le quart de son étendue. Cette prodigieuse différence explique comment la plus petite des trois parties de l'ancien monde a pu devenir la plus cultivée, la plus commerçante et la plus riche entre toutes.

Cette configuration avantageuse des côtes a été pour beaucoup dans la civilisation de l'ancienne Grèce et de l'Italie, lorsque leurs habitants occupaient le premier rang parmi les nations ; c'est à une situation semblable que l'Angleterre doit sa prospérité commerciale et le Nord de l'Europe ses progrès dans les sciences, dans l'industrie et dans les arts.

D'autres exemples prouvent combien l'éloignement de la mer est pour un pays une condition défavorable à la civilisation. Le paysan de l'Allemagne centrale, ou le paysan hongrois, est beaucoup plus arriéré que ses voisins de Hanovre, de Hollande ou de Valachie ; ces derniers, tout méprisés qu'ils sont par les fiers Magyars, les surpassent de beaucoup en intelligence et en habileté.

La superficie de l'Asie est de 2.280.000 lieues carrées ; celle de l'Amérique, de 2.190.000 seulement ; mais tandis que l'Asie a moins de 15.500 (15.555) lieues de côtes, l'Amérique en a plus de 15.000, et cette étendue plus grande de ses rivages, — à laquelle il faut ajouter, il est vrai, une nombreuse émigration d'aventuriers de tous genres, — a favorisé le développement du commerce et de l'industrie, à ce point que l'Amérique a laissé bien loin derrière elle le « berceau du genre humain. » En Amérique, la civilisation diffère beaucoup du Nord au Midi ; le Midi est fréquenté par les Européens depuis plus longtemps que le Nord, et cependant ce dernier, grâce à sa configuration plus favorable aux relations commerciales, jouit d'une civilisation plus avancée.

Le continent australien est le plus mal partagé : sur une superficie totale de 404.500 lieues carrées, c'est-à-dire, presque aussi grande que l'Europe, sa ligne de côtes est de moitié moins longue ; elle n'a que 5.166 lieues.

Nous avons déjà fait remarquer que presque partout les côtes sont attenantes à des plaines basses, et que souvent celles-ci s'avancent très-loin à l'intérieur des continents. L'altitude de ces plaines varie sensiblement ; parfois, elles sont même plus basses que le niveau de la mer, comme en Hollande, ce qui oblige les habitants à des travaux incessants pour les mettre à l'abri des eaux.

On ne saurait établir une ligne de démarcation entre l'altitude des plaines basses et celles des plateaux ; on a dit assez arbitrairement : « les plateaux commencent à 500 pieds au-dessus du niveau des mers ; » il n'en est pas moins vrai que beaucoup de terrains biens moins élevés ont tous les caractères distinctifs des plateaux. Les *swamps* de l'embouchure du Mississipi, espèces de marais qu'habitent les serpents, les crocodiles et les vampires (*phyllostome spectre*), doivent être rangés, sans aucun doute, parmi les terres basses, leur niveau étant à peu près celui de la mer ; non loin de là, les bords de la Rivière-Rouge constituent un véritable plateau, quoique leur altitude ne soit que de 500 pieds ; mais ils s'élèvent presque verticalement au-dessus de la plaine ; au lieu de limon, comme les *swamps*, ils ont pour sous-sol une roche compacte ; la végétation diffère du tout au tout ; d'autres espèces d'animaux y séjournent, et le climat y est aussi sain que celui des *swamps* est pernicieux. En Russie, par contre, on trouve d'immenses étendues de terrain, tantôt fertile et tantôt sablonneux, situé parfois à 80 pieds au-dessous du niveau des mers, mais parfois à plus de 700 pieds d'altitude, et qu'on ne peut cependant considérer comme des plateaux, parce que ce sont ou des sédiments d'eau douce ou des terrains que couvrait jadis la mer.

Les plaines basses ont beaucoup plus d'extension que les plateaux ; elles forment, à elles seules, près de la moitié des terres émergées, et il s'en faut de beaucoup que tout le sol arable, dont elles se composent pour la plupart, soit mis en culture ; nous n'avons pas besoin d'aller en Asie ou en Amérique pour nous convaincre de ce fait ; la Hongrie, la Pologne et la Russie renferment des espaces de plusieurs centaines de lieues carrées, qui attendront peut-être encore pendant des siècles après la charrue. Des espaces encore plus considérables, cependant, ne sont susceptibles d'aucune culture : tels les déserts pierreux et sablonneux de l'Afrique, les *llanos* et les *pampas* de l'Amérique et les steppes du nord de l'Asie. On conçoit sans peine la stérilité des déserts de l'Afrique et des steppes de l'Asie ; quant aux *llanos* du fleuve des Amazones et de l'Orénoque, on en douterait volontiers. Il est vrai que sous leur climat, heureux en apparence, croissent abondamment des herbes aromatiques, que viennent brouter de nombreux troupeaux de bœufs, de chevaux et de mulets, qui, à leur tour, attirent toute espèce de bêtes féroces, des alligators, des boas, des vampires, etc. Mais tout cela ne dure qu'une partie de l'année ; à peine le soleil a-t-il commencé à darder ses rayons sur les *llanos*, que les herbes se dessèchent et meurent ; les troupeaux se réfugient dans les terres basses, sur les bords des fleuves et des marais, où ils deviennent plus facilement la proie des bêtes féroces, obligées bientôt elles-mêmes de chercher, comme le boa et l'alligator, un abri dans le sol marécageux.

Mais la scène change de nouveau. La saison des pluies revient ; les herbes repoussent et fournissent aux troupeaux d'abondants pâturages, et bientôt les fleuves, dont le lit était naguère à sec, grossissent et débordent ; les plaines ne sont plus qu'une vaste nappe d'eau, dont l'œil n'atteint pas les limites, et les troupeaux, qui mouraient de soif quelques mois auparavant, sont exposés maintenant à périr dans les flots. Il en périt, en effet, tous les ans un si grand nombre, que l'on comprend à peine qu'au milieu de tant de périls, ils puissent se multiplier si prodigieusement.

Telles sont les causes qui ne permettent pas de songer à cultiver les *llanos* ; les produits élevés de la culture, les céréales, les plantes tuberculeuses, le tabac, le coton, auraient à souffrir autant des chaleurs que des pluies. Pour préserver ces plaines, au moins de l'inondation, il faudrait pouvoir endiguer le fleuve des Amazones et l'Orénoque, entreprise que l'immense quantité d'eau déversée par les pluies tropicales, suffit à rendre impossible. Et puis, quelles digues il faudrait pour refouler une mer de trente à quarante pieds de profondeur ! Quelle est l'œuvre faite de main de l'homme, qui pourrait résister à la pression d'une pareille masse d'eau ? Les levées de la Vistule, malgré 50 pieds de hauteur, et 20 pieds de largeur à la couronne, sont fréquemment rompues par le fleuve, et qu'est-ce que ce fleuve, en comparaison de l'Amazone, qui, d'une lieue de large dans sa partie supérieure, s'agrandit au point qu'à l'embouchure les rives sont à 64 lieues l'une de l'autre, et que la marée remonte jusqu'à 146 lieues dans les terres !

Les causes de la stérilité du Sahara sont d'une autre nature. Cette contrée est privée de pluie, parce qu'elle ne produit pas de végétaux. Si les populations de l'Atlas, de Maroc et de Tunis devenaient un jour assez nombreuses pour entreprendre et continuer pendant des siècles d'ensemencer les parties du sol qui sont susceptibles d'une certaine culture, la zone qui, dans le Nord de l'Afrique, jouit deux fois par an d'une saison pluvieuse, finirait par s'élargir vers le sud et par renfermer dans des limites de plus en plus étroites la contrée absolument dépourvue de végétation et, par conséquent, d'eau de pluie. Le versant de l'Atlas, quoique tout aussi sablonneux que le désert, produit le plus beau blé avrillet, partout où les Kabyles ayant un domicile fixe ont pratiqué des irrigations suffisantes. La possibilité de fertiliser le Sahara existerait donc, à la rigueur, sauf, naturellement, là où le sol est une roche nue. L'obstacle consiste dans l'étendue du terrain stérile. Le Sahara occupe une superficie de 415,000 lieues carrées : pût-on même y faire travailler 100,000 hommes à la fois, chacun d'eux aurait à défricher plus de quatre lieues carrées ; pour accomplir une pareille œuvre, il faudrait 12,000 ans.

Au cœur même de l'Europe, il n'a pas été possible de mettre en culture certaines landes, celles du Lunébourg, par exemple; l'activité incessante et éclairée du paysan de l'Allemagne du Nord y a fait surgir des villages de quelque importance; les habitants jouissent d'un certain bien-être; mais c'est parce que, sans vouloir transformer les landes en terres arables, ils en ont su tirer parti telles qu'elles sont. Les jolies fleurs rouges des bruyères nourrissent des millions d'abeilles, dont les ruches donnent une abondante récolte de cire et de miel; entre ces bruyères, il vient encore assez d'herbe pour que de nombreux troupeaux de moutons puissent s'y repaître.

Au sud-est de l'Allemagne, et à peu de distance d'une de ces provinces les mieux cultivées et les plus fertiles, se trouvent les landes de la Hongrie, à gauche du Danube et des deux côtés de la Theiss. Le sol parfaitement horizontal de cette immense plaine, couverte de hautes herbes comme les *pampas,* est formé, sans aucun doute, de sédiments d'eau douce, provenant d'un lac qui a dû jadis, sur une surface de plus de 5.500 lieues carrées, occuper toute la vallée que bornent au nord les Carpathes et à l'ouest les montagnes de la Moravie et de la Styrie, jusqu'à ce que ce lac se soit écoulé en se frayant un passage à travers le défilé qu'on nomme les *Portes-de-fer.* Cette origine du sol est encore révélée par l'eau qu'on trouve en creusant à quelques pieds de profondeur, et par son altitude, qui ne dépasse pas 200 pieds, à une distance de plus de 160 lieues de la mer.

La stérilité de ces landes n'a d'autre cause que l'absence de culture; le sol est gras et fertile, mais la population clair-semée, insouciante et ennemie du travail; de sorte que d'immenses terrains, qui pourraient faire de magnifiques champs de blé, ne servent, aujourd'hui comme du temps d'Attila, qu'aux ébats de nombreux troupeaux de chevaux et de bœufs sauvages. Les camps des Huns et les *rings* (1) des Avares, épars dans la plaine, ont été remplacés par des villages plus ou moins considérables, mais tout aussi dispersés; les demeures passagères des nomades sont devenues des habitations fixes, mais le peuple a hérité de l'indolence de ses devanciers : le serf seul est voué au travail.

Dans ces contrées, on voyage pendant une journée entière sans voir un village, ni un arbre, sans apercevoir autre chose que des troupeaux et parfois un berger (2). L'horizon même contribue, par le phénomène

---

(1) Camps entourés d'un rempart et disposés en forme de cercles concentriques, d'où le nom de *ring,* anneau.

(2) Tout cela commence à changer, depuis qu'une ligne de voies ferrées traverse la Hongrie de l'ouest à l'est, de Presbourg à Debretzin.

(*Note du traducteur*).

du mirage (pendant les chaleurs), à compléter l'illusion et à donner à
la contrée une physionomie semblable aux *pampas* ou au Sahara, où,
comme on sait, le mirage constituait pour les soldats français un
véritable supplice de Tantale, en leur faisant voir, dans l'éloignement,
des nappes d'eau qui se transformaient en sables brûlants, à mesure
qu'ils avançaient.

Les steppes du Nord de l'Asie, et celles de la Suède, de la Laponie,
de la Finlande et de la Russie européenne, ne diffèrent des autres contrées désertes que par le climat. Au climat tempéré succède insensiblement, sans qu'il soit possible de déterminer une limite, le climat froid.
Les rapports de durée entre l'été et l'hiver se renversent peu à peu, et
la végétation va en s'amoindrissant, pour cesser tout à fait dans la zone
la plus septentrionale de l'Asie, tout comme elle cesse en Afrique dans
les sables brûlants. A part les différences de climat, les autres conditions sont les mêmes dans toutes les plaines basses : même altitude,
même surface plane, même composition du sol, en ce sens qu'il est
toujours formé de roches siliceuses, calcaires et argileuses, tombées en
efflorescence, mélangées de limon ou de marne, auxquelles la végétation ajoute plus ou moins d'*humus* et finit ainsi par former les terres
arables, la richesse caractéristique des plaines basses.

Les plateaux sont, sous ce rapport, beaucoup moins bien partagés.
Quand on est sur le plateau de Munich, et qu'on a les yeux tournés
ailleurs que du côté des Alpes tyroliennes, on croit voir une plaine de
l'Allemagne du Nord ; mais lorsqu'on apprend que les qualités de fruit
les plus communes n'y viennent que dans des enclos et à force de soins ;
qu'on n'y possède, en fait de cerises et de prunes, que celles que les
paysans apportent des vallées du Tyrol; que les raisins n'y mûrissent
jamais et que la vigne n'y est cultivée, comme à Stockholm, que pour
l'ornement des berceaux de verdure ou des murailles; enfin, que la
température moyenne de Munich est de + 7° centigrades, tandis qu'à
Swinemunde, sur la Baltique, elle est de + 9 3/4°. — on se demande
avec étonnement d'où peut venir une pareille infériorité, en présence
d'une différence de latitude de six degrés en faveur de Munich. Pour
la comprendre, il faut savoir que Munich est située sur un plateau, à
1.620 pieds d'altitude, 1.520 plus haut que Berlin, dont la température
moyenne est de 2 degrés centigrades plus élevée, quoique sa position
soit de 4 degrés de l'équateur plus au nord.

D'après la définition donnée par Ritter, et généralement adoptée, les
plateaux sont « des soulèvements en masse d'un ensemble de terrains.»
Lorsque leur altitude est telle que cette position géographique nuit au
climat, la végétation en souffre et perd la richesse et la variété qui dis-

tingue celle des plaines basses ; la flore des plateaux est généralement
la même que dans les plaines avoisinantes, mais plus exiguë. Sur le
plateau de Reutlingen, par exemple, on fait tout aussi bien du vin que
dans les plaines d'alentour, — mais il est détestable (les Wurtembergeois eux-mêmes disent qu'il est bon... « *pour tirer des chevreuils*»);
dans la vallée de Stuttgard, les coteaux exposés au midi donnent un
vin excellent, auquel ne manquent que des soins mieux entendus, pour
le rendre comparable au meilleur vin du Rhin. En Hongrie, les célèbres vignobles d'Oedenburg, d'Erlau et de Tokay sont à peu près sous
la même latitude que Munich et Stuttgard, entre le 48e et le 49e degré ;
les vins qu'ils produisent sont exquis, et le Tokay est réputé, à juste
titre, le roi des vins de liqueur. Mais ces coteaux de la Hongrie sont
situés à 200 pieds d'altitude, sur la lisière d'une plaine basse ; Stuttgard,
bien qu'à 800 pieds plus haut, est au fond d'une vallée abritée par de
hautes montagnes, et par là même susceptible d'une végétation excep-
tionnelle, dans ces conditions de latitude et de hauteur au-dessus du
niveau de la mer ; Reutlingen est à 1,600 pieds d'altitude et sur un
terrain ouvert de tous côtés ; on y obtient du froment, d'excellentes
cerises et des pommes à cidre ; mais la vigne et les fruits délicats n'y
mûrissent point.

Sur les plateaux de l'Asie, la végétation laisse encore plus à désirer.
En Europe, le terrain intermédiaire entre la plaine et les montagnes
ne forme qu'un seul étage ; en Asie, il en forme deux, bien caractérisés
et distincts, qui ont ensemble le double de l'étendue de toute l'Europe,
leur longueur étant de 1,500 lieues, sur une largeur variable de 500 à
600 lieues.

Le grand plateau de l'Asie, qui comprend la Petite-Boukharie, la
Dzoungarie, le Thibet et la Mongolie, est situé, d'après les renseignements fournis par M. de Humboldt, entre le 36e et le 48e degré de
latitude N., et entre le 59e et le 96e de longitude E. C'est une
erreur assez commune que de considérer tout l'intérieur de l'Asie
comme un seul plateau, d'une hauteur uniforme. Cette erreur est due
à un passage d'Hippocrate, qui, il y a deux mille ans, décrivit ces
contrées comme étant « les plateaux stériles du pays des Scythes,
» lesquels, sans être couronnés de montagnes, vont en s'élevant jusqu'à
» la constellation de l'Ourse. » M. de Humboldt, après ses recherches
sur la répartition géographique des végétaux, éleva des doutes sur
l'existence d'un plateau continu entre l'Altaï et l'Himalaya. Il était
réservé à Klapproth fils de nous faire connaître, dans une partie de
l'Asie plus centrale que le Cachemire, le Baltistan et les lacs sacrés de
Manasa et de Ravanahrada, la véritable position et le prolongement de

deux grandes chaines de montagnes tout à fait distinctes. les Kouen-
loun et les Thian-chan. Le naturaliste Pallas avait déjà pressenti, il est
vrai. l'importance de cette dernière chaine (les Thian-chan ou Monts-
Célestes). sans en connaître encore la nature volcanique : mais, imbu
de la géologie fantastique de son temps et de la théorie des chaines de
montagnes disposées en rayons partant d'un même centre, il vit dans le
Bagdo-Oola (sommet des Thian-chan. couvert de neiges éternelles), le
nœud central auquel devaient se rattacher toutes les grandes montagnes de l'Asie.

La supposition erronée d'un seul plateau immense. occupant le centre
de l'Asie. a surgi en France dans la seconde moitié du xviii° siècle.
Elle fut le résultat de combinaisons historiques, d'une étude trop superficielle des ouvrages du célèbre voyageur vénitien Marco-Polo. et
des récits naïfs des moines diplomates qui, au xiii° et au xiv° siècle,
grâce à l'étendue d'un empire unique des Mongols. avaient parcouru
tout l'intérieur du continent. depuis la mer Caspienne jusqu'au litto-
ral de la Chine.

Si. d'ailleurs. la connaissance de la langue et de la littérature de
l'Inde datait chez nous de plus d'un demi-siècle. l'hypothèse d'un plateau central. s'étendant de l'Himalaya aux frontières de la Sibérie, eût
pu s'étayer d'une très-ancienne et respectable autorité. Le *Mahabha-
rata*, grande épopée indienne. contient. dans le livre *Bhischmakanda*,
des renseignements géographiques où le *Mérou* figure plutôt comme
un vaste terrain élevé que comme une montagne. et pourvoit d'eau les
sources du Gange. du Bhadrasoma ou Irtyche et du Djihoun bifurqué
l'Oxus des anciens). A ces opinions géographiques se rattachaient en
Europe des idées d'un autre ordre. Les hautes régions. émergées les
premières. — on n'admettait pas. à cette époque. la théorie du soulèvement des terrains. — devaient avoir reçu les premiers germes de
civilisation. Le système géologique des neptunistes. s'appuyant sur
des traditions mal interprétées. donnait de la vraisemblance à ces
hypothèses.

La corrélation intime entre le temps et l'espace. entre le commencement de l'ordre social et la configuration de l'écorce terrestre, donnait
une importance toute particulière à ce plateau central . supposé continu. Peu à peu. les connaissances positives, fruit tardif des voyages
scientifiques et des opérations de nivellement. appuyés par l'étude
des langues et de la littérature de l'Asie. et notamment de la Chine. ont
démontré les inexactitudes et les exagérations de tous ces systèmes
hypothétiques.

On a cessé de considérer les plateaux de l'Asie centrale comme

« le berceau du genre humain », comme le siége primitif des sciences et des arts. On a voué à l'oubli le peuple des Atlantes, rêvé par Bailly, et dont d'Alembert a dit spirituellement : « Ce peuple nous a tout enseigné, hormis son nom et son existence. » Les Atlantes océaniques, du reste, avaient été déjà le sujet des railleries de Posidonius.

Un plateau d'une élévation énorme, mais variable, s'étend du sud-ouest au nord-est, depuis le Thibet oriental vers le nœud des Kentei, au sud du lac Baïkal, sous les noms de Kobi, Chamo (désert sablonneux) et Haufaï. Ce plateau, probablement plus ancien que la chaîne de montagnes qui le traverse, est situé entre le 80ᵉ et le 116ᵉ degré de longit. E.; ses dimensions sont de 500 lieues dans la partie sud, depuis Ladak jusqu'à Gertop et H'lassa (résidence du Grand-Lama), de 200 lieues entre Hami et le coude que forme le Hoang-ho, au pied des monts In-chan, et de 520 lieues dans la partie nord, entre le Khang-gaï (où gisait jadis Karakhorin, la capitale du vaste empire de Gengis-Khan) et la chaîne de Khingan-Petcha, dans la partie du Kobi, qu'on traverse pour se rendre de Kiakhta par Ourga à Pé-king. On peut évaluer à peu près au triple de l'étendue de la France la superficie totale de ce plateau, que, du reste, il ne faut pas confondre avec les terrains plus élevés qu'on trouve non loin de là.

La carte des plateaux et des volcans de l'Asie centrale, dressée par M. de Humboldt en 1859, et publiée en 1845, indique d'une manière très-claire les proportions de hauteur entre le plateau de Kobi et les chaînes de montagnes. Elle est basée sur l'examen raisonné de toutes les observations astronomiques, accessibles à cet illustre savant, et sur les renseignements orographiques si abondants que fournit la littérature chinoise, et qui ont été vérifiés par MM. Klapproth et Stanislas Julien, à la demande de M. de Humboldt. Cette carte, indiquant à grands traits la direction moyenne et la hauteur des chaînes de montagnes, représente l'intérieur du continent asiatique, entre le 50ᵉ et le 60ᵉ degré de lat. N. et entre les méridiens de Pé-king et de Cherson.

Pour recueillir, dans leur plus ancienne littérature, de si nombreux renseignements orographiques sur la haute Asie, et notamment sur les régions, si peu connues en occident, d'In-chan, du lac alpestre de Khouka-noor, et sur les bords de l'Ili et du Tarim, au nord et au sud des Monts-Célestes, — les Chinois ont été favorisés par trois circonstances distinctes. Ce sont :

1° Les expéditions guerrières dans l'ouest, suivies des conquêtes pacifiques des pèlerins de Bouddha. Dès l'époque des dynasties des Han et des Tang, 122 ans avant notre ère, et plus tard, au ıxᵉ siècle, des conquérants chinois se sont avancés jusqu'à Ferghana et jusqu'aux rives de la mer Caspienne ;

2° L'intérêt religieux que les sacrifices prescrits par la loi donnaient aux sommets des montagnes, où on les célébrait périodiquement ;

3° La connaissance ancienne et l'emploi universel de la boussole, 1.200 ans avant notre ère, pour reconnaître l'orientation des montagnes et des fleuves ; c'est là ce qui a donné aux travaux orographiques des Chinois une supériorité si grande sur ceux des auteurs grecs et romains. Strabon ne connaissait la direction ni des Pyrénées ni des Alpes.

Toute la partie septentrionale de l'Asie, au nord-ouest des Thian-chan, ainsi que les steppes au nord de l'Altaï et des monts Sayaniens, rentrent dans la catégorie des plaines basses ; cette vaste région comprend tous les pays qui, depuis les monts Belour ou Boulyt-tagh (monts nuageux), et depuis le haut Djihoun (Oxus), dont les pèlerins bouddhistes, puis Marco-Polo et enfin le lieutenant Wood (en 1838) ont reconnu les sources dans le lac de Sir-i-koï, s'étendent jusqu'à la mer Caspienne, et depuis le lac de Tenghiz ou Balkhach, par les steppes des Khirghises jusqu'à la mer d'Aral et à l'extrémité sud de l'Oural.

Nous pensons, du moins, qu'à côté de plateaux s'élevant à 6.000 et à 10.000 pieds, on peut donner le nom de plaine basse à un terrain dont l'altitude varie entre 200 et 1.200 pieds.

Le premier de ces deux chiffres représente l'altitude de la ville de Mannheim, le second celle de Genève et de Tubingue. Ces dernières nous prouvent combien la valeur des expressions de *plateau* et de *plaine basse* est purement relative. Les contrées de l'Asie, dont il est question ci-dessus, sont incontestablement des plaines basses, tandis que la région de Tubingue ne sera jamais considérée comme telle, quoique son altitude soit exactement celle des points culminants des plaines basses de l'Asie ; mais son climat et sa végétation, essentiellement différents de ceux des Pays-Bas et même de la vallée du Rhin, permettent de poser en principe que 1.200 pieds constituent en Europe l'altitude des plateaux, ce qui n'est pas le cas en Asie ni dans l'Amérique méridionale. S'il fallait étendre la dénomination de plateaux à des terrains élevés dépourvus des caractères distinctifs tirés de la végétation et du climat, il faudrait renoncer à établir une corrélation entre les idées d'altitude et de climat, d'élévation du sol et d'abaissement de la température.

M. de Humboldt, quand il se trouvait dans la Dzoungarie chinoise, entre la frontière de la Sibérie et le lac de Scisan, à une égale distance de la mer Glaciale et des embouchures du Gange, pouvait bien se considérer comme étant au centre de l'Asie, sur le plateau proprement dit ; il lui suffit cependant de quelques observations barométriques pour se convaincre que la plaine traversée par le cours supérieur de l'Irtyche n'est que de 800 à 1,100 pieds au-dessus du niveau de la mer ; plus à l'est, le lac de Baïkal, formé par le Selenga qui en sort près d'Irkoutsk sous le nom d'Angara, et que l'on avait supposé très-élevé, n'a lui-même que 1,332 pieds d'altitude.

Afin de fixer les idées sur les rapports d'altitude entre les plaines et les plateaux, au moyen d'exemples basés sur des nivellements exacts, M. de Humboldt donne la liste ci-après des plateaux mesurés tant en Europe qu'en Afrique et en Amérique.

Le plateau d'Auvergne dans le midi de la France	a 1200′	d'altitude.
» de Bavière, avec Munich	» 1560′	»
» de la Nouvelle-Castille (Espagne).	» 2100′	»
» de Mysore (Hindoustan).	» 2760′	»
» de Caracas (Amérique du Sud).	» 2880′	»
» de Popayan (ibid.).	» 3400′	»
» d'Abyssinie, avec le lac Tzana.	» 3700′	»
» du fleuve Orange (Afrique méridionale)	» 6000′	»
» d'Aroun (Abyssinie)	» 6600′	»
» du Mexique.	» 7020′	»
» de Quito, sous l'équateur	» 8940′	»
» de la province de Pasto.	» 9600′	»
» du lac Titicaca ou Chucuito, au Pérou, entre les plus hautes crêtes des Cordillères.	» 12060′	»

On pourra comparer à ces données ce que nous disons plus haut, au sujet des plaines du nord et du centre de l'Asie.

La région de Gobi ou Kobi, que l'on nomme à tort un désert, puisqu'elle est couverte de gras pâturages, a été explorée très-exactement dans toute la zone de 250 lieues qui s'étend de l'est à l'ouest, depuis les sources du Selenga jusqu'à la grande muraille de la Chine. En 1832, des moines grecs furent envoyés en mission à Pé-king. L'Académie de Saint-Pétersbourg fit en sorte que deux savants distingués, l'astronome Georges Fuss et le botaniste Bunge se joignissent à l'expédition, afin d'établir à Pé-king une station d'observations magnétiques, comme l'avait proposé M. de Humboldt. En route, ces savants procédèrent à un nivellement barométrique, dont il résulta que l'altitude moyenne de Kobi est de 4,000 pieds environ ; entre Erghi et Durma (45°31′ de lat. N. et 109 de long. E.), elle n'est que de 2,400 pieds, environ 500 de plus que celle du plateau de Madrid.

Ce n'est là toutefois qu'une sorte d'enfoncement de 100 lieues de large, une vallée dans le plateau. Une vieille tradition des Mongols en fait le fond d'un ancien lac; on y trouve des roseaux et des plantes salines, comme sur les bords de la mer Caspienne. Ce point central du désert renferme aussi des marais salants dont les produits alimentent le commerce avec la Chine. Les Mongols paraissent croire que la mer reviendra un jour combler la vallée de Kobi; c'est pourquoi ils se considèrent comme des hôtes passagers, et parcourent le pays en nomades, changeant sans cesse le lieu de leur demeure et les pâturages de leurs troupeaux.

La belle vallée de Cachemire, vantée à l'excès par les uns, injustement dépréciée par les autres, a été tout aussi mal jugée au point de vue de son altitude. L'appréciation différente de ses agréments provient sans doute de ce que, parmi ses visiteurs, les uns venaient du Turkestan ou de la Perse, contrées relativement arides, et les autres de l'Inde, dont la végétation exubérante était encore présente à leur esprit.

D'après les niveaux pris par M. Jaquemont à l'aide du baromètre, l'altitude du lac Voulour ou Dall, non loin de Sirinagor, serait d'un peu plus de 5,000 pieds; les appréciations du baron de Hugel faites au moyen du point d'ébullition de l'eau, ont donné le chiffre de 5,500 pieds.

Cette belle contrée ne se trouve donc pas, comme on le supposait jadis, sur les hauteurs de l'Himalaya, mais au pied de ces monts, qui l'entourent d'un côté comme d'une haute muraille; des trois autres côtés, elle est bornée par la grande courbe que fait le Sind en longeant le versant des montagnes du royaume de Lahore. On est porté, du reste, à rabattre une bonne partie du charme de ce pays, quand on apprend que, dans la capitale, la neige couvre parfois le sol pendant quatre mois de l'année.

On avait jadis sur le Thibet des idées tout aussi inexactes que sur Kobi et Cachemire, tant que l'on n'eut pas fait, sur les lieux, des explorations scientifiques; on confondait la hauteur des plateaux avec celle des crêtes des montagnes, et l'on attribuait au Thibet lui-même la hauteur des immenses chaînes de l'Himalaya, et du Kouen-Loun, qui l'entourent au sud et au nord. Le Thibet présente, dans de plus vastes porportions, quelque chose d'anologue au plateau de Quito, dans l'Amérique du Sud. C'est le terrain formant le soubassement des grandes montagnes qu'il relie entre elles. Sa plus grande étendue se mesure de l'est à l'ouest, mais les montagnes au sud dessinent un arc si prononcé, qu'au centre le pays est quatre fois plus large qu'à l'extrémité occidentale.

Les indigènes, comme les géographes chinois, divisent le Thibet en trois parties. La partie supérieure est la plus considérable ; elle comprend les sources du Brahmapoutra et du Fleuve-Bleu, à l'embouchure duquel est situé Nan-king. Ce fleuve, que les Chinois appellent Yang-tse-kiang, est formé du Kin-cha-kiang et du Ya-loung-kiang ; il coule d'abord au nord-est et puis au sud-est, traverse plusieurs provinces de l'empire chinois, reçoit des affluents très-considérables et atteint, à son embouchure, la largeur de près de sept lieues : son nom chinois signifie *grand fleuve*.

A 25 lieues environ au nord des sources du Brahmapoutra se trouve H'lassa, la ville sainte, où réside le Dalaï-Lama. Dans le Thibet, le Brahmapoutra est appelé Yarou-tsang-botson. Le haut Thibet s'étend jusqu'au 88ᵉ degré de longitude E. Le grand lac de Tengri-noor fait partie du Thibet inférieur, dont l'altitude, du reste, est au moins égale à celle de la partie dite supérieure. H'lassa est à 9,000 pieds au-dessus du niveau des mers, et le chef-lieu du Thibet central, la ville de Leh, est à 5 ou 400 pieds plus haut. Ces deux villes sont d'ailleurs à plus de 500 lieues l'une de l'autre. Entre les deux se trouvent le terrain moins élevé des lacs. Leh est à 75° de longitude E., sur le haut Sind.

La partie la plus occidentale de ce plateau est nommée Petit-Thibet ou Baltistan ; quelques-uns l'ont appelée le *Thibet des abricots ;* son chef-lieu, Iskardiou, est à 50 lieues O. de Leh, sur la rive méridionale du Sind ; le terrain en est très-élevé ; le plateau de Deotsou, mesuré par M. Vigne, a 11,258 pieds d'altitude.

Grâce aux nombreux voyages entrepris récemment dans toutes les parties du Thibet, et aux délimitations que la Compagne des Indes y a fait exécuter, on est enfin parvenu à mieux le connaître ; on sait qu'il ne forme pas une plaine continue, comme on le pensait autrefois, mais qu'il est entrecoupé de plusieurs groupes de montagnes, dont le soulèvement remonte à des époques différentes, et qu'il renferme même très-peu de plaines proprement dites. Les plus importantes se trouvent dans le voisinage des sources du Sind, entre Gertop et Chepke, et autour du bassin, au fond duquel s'élève la ville de Ladak ; au sud et à l'est des monts Kouen-Loun s'étend, à l'altitude de 14.000 pieds, la plaine des lacs saints de Manasa-hrada et Ramara-hrada, lieux de pèlerinage des Bouddhistes, tenus par eux en vénération plus grande encore que la Mecque et Médine par les musulmans.

Dans toutes les autres parties du Thibet, le sol est tellement couvert de montagnes, que, pour employer l'expression d'un voyageur anglais, « elles offrent l'aspect des vagues d'un océan agité par la tempête. »

Les différents fleuves que nous venons de citer se précipitent en plusieurs cascades successives, de l'étage supérieur des plateaux, à l'étage moyen, sur le versant septentrional des montagnes au midi desquelles ils atteignent leur développement complet. L'altitude de cet étage moyen varie de 6 à 8,000 pieds. De plusieurs niveaux, comparés avec soin, M. de Humboldt conclut que l'altitude moyenne du plateau du Thibet ne dépasse guère 11,000 pieds, à peu près la hauteur de la vallée de Caxamarca au Pérou, 1,200 pieds de moins que le niveau du lac Titicaca, et 2,000 pieds de moins que le pavé de la ville haute de Potosi.

Au delà du Thibet et du désert de Kobi, dans la région où l'on plaçait autrefois un plateau sans fin, on ne trouve au contraire aucun terrain de pareille altitude; on n'en a pas encore, il est vrai, déterminé la hauteur absolue par des nivellements; mais la culture de végétaux exigeant une certaine intensité de chaleur prouve qu'à la place des plateaux supposés il se trouve en réalité de véritables plaines basses. Dans les ouvrages de Marco-Polo, il est déjà question de la culture de la vigne et du coton dans ces contrées, et Klapproth a trouvé, dans un ouvrage chinois, intitulé : « *Renseignements sur les barbares nouvellement soumis,* » l'indication que le pays d'Aksou, un peu au sud des Monts-Célestes, près des rivières dont le confluent forme le Tarim-Go, produit des raisins, des grenades et autres fruits de qualité exquise; que le coton, comme un nuage jaunâtre, y recouvre les champs, et qu'enfin l'été y est très-chaud et l'hiver très-doux, sans neiges ni frimas.

La province de Kachgar, à l'est de l'Himalaya, jadis un royaume dont Yarkand était la capitale, acquitte encore aujourd'hui, comme au temps de Marco-Polo, en coton de sa production, le tribut qu'elle doit à l'empire chinois; dans l'oasis de Khamil, au pied du dernier rameau oriental des Thian-chan, à 45° de lat. N., on trouve des oranges, des grenades et de magnifiques raisins.

Les faits constatés au sujet de la répartition des végétaux sur la surface terrestre, permettent de conclure que le sol donnant les produits que nous venons de citer ne peut avoir une grande altitude. A une distance si considérable de la mer, un plateau qui aurait l'altitude de Madrid ou de Munich, pourrait bien être exposé à de fortes chaleurs en été, mais sa longitude orientale même serait une cause d'hivers rigoureux. Il y a, sans doute, des exceptions qui confondent toutes les théories : ainsi, Bellinzona (Suisse) et Méran (Tyrol), deux localités situées à 1,500 pieds d'altitude environ, entre le 46e et le 47e degré de lat. N., approvisionnent tout le midi de l'Allemagne d'oranges et de citrons, qu'on y expédie par le St-Gothard (tandis que le Nord de l'Europe reçoit ces fruits par une voie beaucoup plus longue, c'est-à-dire par mer, provenant de la Corse et de la Sicile); mais pour les faire mûrir en pleine terre, dans une situation comme celle de Méran, il faut de grands soins, quoique cette vallée soit ouverte aux vents chauds qui viennent d'Italie, et abritée, des trois autres côtés par des montagnes de plus de 6,000 pieds de hauteur, qui l'entourent comme une muraille.

Il importerait de savoir si l'oasis de Khamil jouit de l'effet de circonstances analogues; ce qui seul y pourrait expliquer la croissance des oranges et des grenades; il ne suffit pas de supposer que l'altitude en est minime, car si M. de Humboldt a observé, près d'Astracan, sur la mer Caspienne, dans une plaine à 80 pieds au-dessous du niveau de la mer, une température d'été favorisant la culture de la vigne, à tel point qu'il déclare n'avoir mangé nulle part d'aussi délicieux raisins, il a reconnu en même temps que, sous cette latitude (46° N.), la température descend en hiver à — 20° et même — 25°, de sorte que, dès le mois de novembre, on doit enfouir la vigne à un pied sous terre, et renoncer à la culture des grenadiers ou des orangers, qu'on ne pourrait abriter de la sorte pendant la saison rigoureuse. Il faut donc admettre que l'oasis de Khamil où les fruits de ces arbres mûrissent, est douée d'un climat tout à fait exceptionnel.

Les steppes du Nord de l'Asie, qui ont beaucoup à souffrir des rigueurs de l'hiver, quoique situées à une altitude bien moindre que les contrées dont nous venons de parler, ont sur les vastes plaines de l'Amérique mérionale l'avantage d'être traversées par de nombreuses collines et de jouir d'une végétation beaucoup plus variée. Leur monotonie est rompue par des forêts de conifères, tantôt identiques à nos pins et sapins, tantôt variés en espèces distinctes, telles que le cèdre de Sibérie (*pinus cembro*), qui fournit au dessert des tables russes les « *kedrowe orechi* », espèce de pignons doux. Alternant avec ces forêts, on voit de vastes surfaces couvertes de buissons de rosacées à fleurs blanches, de fritillaires impériales, de tulipes et de cypripèdes, qui atteignent dans ces contrées une hauteur considérable.

M. de Humboldt raconte qu'en parcourant ces régions désertes, dans les petites voitures basses des Tartares, il faut, pour reconnaître la direction qu'on doit suivre, se tenir debout sur la carriole et écarter les épaisses broussailles qui obstruent la route. Cependant quelques-unes de ces steppes ne produisent que de l'herbe; là, se reposent les peuples nomades, avec leurs troupeaux; dans d'autres on voit des plantes alcalines; d'autres enfin reluisent au loin en été : elles sont couvertes de sel qui jaillit du sol limoneux.

Ces steppes de la Mongolie et de la Tartarie, sillonnées de montagnes, forment la ligne de démarcation entre l'ancienne civilisation de l'Inde et du Thibet, et la barbarie du nord de l'Asie. Elles ont exercé une grande influence sur les destinées de la race humaine : mieux que l'Himalaya et que les neiges des crêtes de Sirinagor et de Gorka, elles ont refoulé les populations vers le midi; elles ont entravé les communications entre les nations, et posé dans le nord de l'Asie un obstacle infranchissable à l'adoucissement des mœurs et au progrès des arts et de l'industrie.

Les plateaux de l'Amérique n'ont pas la centième partie de l'étendue de ceux de l'Asie. Ici, c'est tout un tiers du continent qui s'est soulevé pour former la base des hautes montagnes; là, une chaîne de plusieurs mille lieues de longueur s'est élevée directement du sein de l'Océan jusqu'à une hauteur de 20 à 22.000 pieds ; entre les crêtes de ces montagnes se sont formés les plateaux, dont le rapport avec les montagnes est tout autre qu'en Asie, où ils occupent une étendue beaucoup plus grande que les chaînes qu'ils supportent. Les plateaux de l'Amérique sont relativement petits, quoiqu'ils occupent une surface plus considérable que maint royaume européen.

Ils se distinguent aussi des hautes régions des autres parties du monde, par le climat et par la végétation. Les plateaux d'Asie sont généralement stériles. On n'y cultive les céréales, les légumes et les fruits, que dans les localités jouissant d'une position particulièrement abritée. Les plateaux de l'Europe, qu'on ne peut, d'ailleurs, comparer à ceux de l'Amérique, ni pour l'étendue ni pour l'élévation, se distinguent cependant, comme nous l'avons déjà fait remarquer, par un climat plus rigoureux et une végétation plus pauvre que ceux des plaines basses. En Amérique, au contraire, les plateaux des Cordillères produisent les plus riches moissons de grains. On y voit un grand nombre de villes agréables, dotées d'universités, de bibliothèques publiques, de fondations civiles et religieuses. A des hauteurs égalant celles du Mont-Blanc ou du pic de Ténériffe, on trouve des villages, des mines en pleine exploitation, telles que les célèbres mines d'argent de Potosi, où l'on travaille à 15.000 pieds d'altitude. Et ce n'est pas là un état de choses récent, dû aux progrès modernes: il a existé de temps immémorial et se trouve en dégénérescence plutôt qu'en progrès. Ces plateaux ont été jadis le berceau d'une grande nation, avancée dans les sciences, les arts, les institutions religieuses et politiques, excitant la juste admiration des Espagnols; et il a fallu toute l'abjection d'un Pizarre et la soif insatiable de l'or, pour amener les épouvantables boucheries qui ont anéanti cette nation.

Un des plus beaux parmi ces plateaux est celui de Puonas, avec le lac Titicaca : son altitude moyenne est de 12,100 pieds, sa longueur de 200 à 255 lieues, sur une largeur variable de 40 à 70, entre le 14ᵉ et le 22ᵉ degré de l'altitude australe ; il occupe donc, au total, une superficie de 11.900 lieues carrées, presque le double des quatre royaumes secondaires d'Allemagne (Bavière, Wurtemberg, Hanovre et Saxe) réunis.

Sur les bords de ce plateau s'élèvent, des deux côtés, à 8 ou 10,000 pieds, les hautes cimes des Cordillères, atteignant, par conséquent, l'altitude de 20 à 22,000 pieds.

D'après les explorations de MM. de Humboldt et Pentland, la chaîne occidentale est la continuation du groupe principal des Cordillères, qui se prolonge au nord et au sud, s'appelle ici *Cordillera de Bolivia*, et prend plus loin le nom de *Cordillera real*. Leurs cimes sont des volcans, les uns éteints, les autres en activité, mais tous couverts de neiges perpétuelles. La chaîne de Potosi, à l'est, est généralement moins élevée que celle de l'ouest, et n'atteint pas la région des neiges ; mais, dans sa partie nord, on trouve les plus hauts sommets de tout le groupe des Cordillères, l'Illimani, de 22,500 pieds de hauteur, le Soupaïvasi, de 19,100 pieds, et le Nevado de Sorata, de 25,700.

Du nord au sud, la chaîne orientale s'abaisse peu à peu, de manière à ne plus dépasser que de 2 à 3,000 pieds le niveau de la vallée. Le dernier glacier qui descend de l'Illimani finit à 15.000 pieds d'altitude : c'est la limite des neiges, au-dessous de laquelle s'ouvrent les mines. Là se trouve aussi la ville la plus élevée du monde entier, Potosi, au pied d'une montagne célèbre par la richesse de ses mines d'argent.

Le plateau qu'entourent ces chaînes n'est pas également élevé partout, et présente de notables différences de climat. Au nord, les environs des villes de Puno et La Paz d'Ayacucho, aux deux extrémités du lac Titicaca, sont très-peuplés et produisent toute espèce de grains, depuis le maïs jusqu'à l'orge. Le lac, dont l'étendue est vingt fois celle du lac de Genève (c'est-à-dire presque autant que le royaume de Saxe), jouit d'une grande célébrité, tant à cause de son altitude que des ruines grandioses de temples et de palais qu'on admire sur ses bords et sur ses îles, et dont on fait remonter l'origine à un peuple qui aurait habité ces contrées longtemps avant les Incas. La Paz d'Ayacucho, ville de 40,000 habitants, a peut-être la plus belle situation du monde, sans en excepter Rio-Janeiro et Naples : à l'ouest, elle domine l'immense lac, et de l'autre côté se dressent les cimes neigeuses des Cordillères avec l'Illimani, à huit lieues de distance.

Au nord des montagnes qui bordent le plateau de Titicaca, parcouru dans toute sa longueur par le Desaguadero, se trouve, sur un plateau plus élevé encore, la ville de Cuzco, jadis la capitale du vaste empire des Incas. Les ruines de ses palais somptueux et de ses murailles cyclopéennes (1), témoignent de l'ancienne splendeur de l'empire, comme les deux célèbres chaussées, de 500 lieues, qui menaient à Quito, sont dignes d'être comparées aux plus beaux travaux romains, et attestent une haute intelligence des intérêts des peuples. L'une de ces chaussées franchit des défilés dont l'altitude dépasse de plus du double celle des routes les plus élevées de l'Europe.

Plus au nord, les Cordillères se divisent de nouveau et forment trois chaînes distinctes, l'occidentale, l'orientale et la centrale, séparées par de magnifiques plateaux. Du 11e au 5e degré de latitude australe, s'étend d'abord le plateau du Maragnon, ou fleuve des Amazones, qui, descendu par le défilé de San-Borga dans les plaines de l'est, y devient le plus large et le plus long de tous les fleuves de la terre. On fait sortir le Maragnon du lac Lauricocha, mais il n'est pas démontré que la rivière indiquée sur les cartes les plus récentes (entre autres sur celle de Ziegler, publiée par Reimer, à Berlin) sous le nom de Maragnon, soit le bras principal du fleuve des Amazones: il nous semble qu'on devrait plutôt considérer comme tel l'Ucayale, qui passe à Cuzco, et dont le cours est plus long et le lit plus large que celui du Maragnon.

A l'extrémité de ce plateau, on trouve, à 15.000 pieds d'altitude, les importantes mines d'argent de Pasco. Sa surface, de même que dans plusieurs autres des hautes régions des Cordillères, est couverte d'un grand nombre de petits lacs, d'une grande limpidité et d'une profondeur immense : il en est dont la sonde n'a jamais touché le fond ; alimentés par les neiges des hautes montagnes, ils ont tous une eau glacée.

Au sein du plateau voisin, entre la chaîne centrale et celle de l'ouest,

(1) On appelle « murailles cyclopéennes » celles qui sont construites de pierres brutes, non taillées, polygonales et choisies avec tant de soin, que les creux de l'une s'adaptent exactement aux reliefs de l'autre. Les enclos des jardins dans la Prusse orientale, la Lithuanie et la Pologne, sont généralement des murailles cyclopéennes, construites avec les blocs de granit qu'on trouve épars sur le sol, dans tout le nord de l'Europe, et qu'on cimente avec de la terre glaise ; en Saxe, les fondations de la plupart des maisons sont posées de la sorte, sauf qu'on obtient les blocs de granit en faisant sauter les rochers à l'aide de mines. On a ainsi des fondations indestructibles et des caves d'une délicieuse fraîcheur. Ce mode de construction était en usage chez les anciens Étrusques pour les monuments les plus importants ; il a dû être celui de tous les peuples à qui le fer était inconnu, tels que les Péruviens et les anciens habitants du midi de l'Europe. (On sait que les armes des Grecs, au siège de Troie, étaient en bronze ou airain). Sans fer et sans acier, il n'y a pas moyen de tailler les pierres.

coule la rivière Huallaga, l'un des nombreux affluents du Maragnon, et dont la source est à 12,000 pieds d'altitude.

Ce plateau est encore plus beau et plus fertile que le précédent, il brille de toute la magnificence d'une végétation tropicale, due à sa situation abritée.

A l'est de ces plateaux, on descend dans la vallée de Yenyalli, qu'on n'a pas encore suffisamment explorée pour la ranger avec certitude dans la catégorie des plateaux. S'ouvrant à l'est sur les immenses plaines du Brésil, elle n'est pas entièrement abritée par les montagnes, et produit néanmoins des forêts entières de cacaotiers et de vanilliers, qui font supposer qu'elle se rapproche des plaines basses. Cette contrée est le refuge des indigènes refoulés par les Portugais vers l'intérieur ; c'est ici qu'habitent les tribus improprement appelées indiennes, des *Piros*, des *Remos*, des *Mayorunos*, des *Maynos* et des *Abyras ;* aussi les trésors végétaux de ces régions ne sont-ils pas encore exploités par les Européens, et la vanille et le cacao nous rrrivent de Caracas et de Surinam.

Des trois chaînes de montagnes qui bordent les plateaux dont nous parlons plus haut, l'occidentale seule a quelques-uns de ses sommets couverts de neiges perpétuelles, et seule elle se prolonge au nord pour se partager en deux, sous le 5e degré de latitude australe. C'est là qu'elle forme le nœud de Loxa, et que, sur un des plateaux les plus élevés, bordé de montagnes qui le dépassent d'une hauteur de 9,000 pieds, se succèdent à peu de distance les villes de Loxa, Cuença, Riobamba, Ambuto, Tacunoa, Quito, Ibarra (ou San-Miguel de Ibarra) et Pasto.

Le fait de la réunion, sur un même plateau, de toute une série de cités populeuses, est à lui seul très-remarquable ; il ne se reproduit nulle part, au moins dans des proportions analogues ; la construction de tant de villes, à une altitude si considérable et presque sur une même ligne, s'étendant au nord et au sud de l'équateur jusqu'au 56e degré environ, n'a pu être amenée que par une cause physique ; on la découvre en observant qu'à mesure qu'on approche de l'équateur, l'altitude des villes augmente, sauf quelques exceptions, telle que Potosi, établie dans le voisinage des mines d'argent.

Ces villes ont été fondées par suite des migrations des montagnards. Ceux-ci craignent les plaines voisines de la mer, où règne en général un climat pernicieux, où séjournent les animaux malfaisants, les insectes venimeux, les reptiles et les bêtes féroces ; où d'ailleurs la végétation, toute différente, entraîne une modification de toutes les habitudes.

Venant des contrées lointaines, au nord et au midi, et se dirigeant

vers l'équateur, ces émigrants apportaient avec eux les céréales du sol
natal, et cherchaient le terrain et le climat propres à leur culture : ils
ne pouvaient les trouver qu'en montant plus haut, à mesure qu'ils se
rapprochaient de l'équateur.

La cupidité effrénée des conquérants espagnols et le zèle aveugle et
barbare de leurs missionnaires, ont fait disparaître de la terre deux
grands peuples et leurs institutions. Des fruits de leur civilisation, il
n'est resté d'autre trace que les trésors scientifiques et artistiques
transportés en Europe, et enfouis dans les greniers avec tout ce qui
n'était pas or ou pierreries, les seuls trésors dont on fût avide. Il a
fallu les travaux d'un Humboldt pour ramener l'attention sur ces objets,
et pour sauver d'un complet naufrage une faible partie des manuscrits,
des tableaux et des sculptures, tristes débris de l'ancienne splendeur du
Pérou et du Mexique.

Profitant des magnifiques chaussées qui reliaient entre eux les points
les plus éloignés de ces vastes empires, les Espagnols occupaient une
ville après l'autre, la dépeuplant d'abord, puis la repeuplant d'aventuriers et de bâtards, de fils obtenus des Péruviennes et des Mexicaines,
épargnées grâce à leur beauté, quand les hommes étaient par milliers
livrés à tous les supplices.

Les études que l'Institut de France fit faire sur la configuration de
la terre ; le séjour prolongé de plusieurs savants français, et plus tard,
au commencement de notre siècle, la présence, dans ces contrées, de
MM. de Humboldt et Bonpland, y ont fait naître une grande vénération
pour la science et surtout pour les sciences naturelles : on s'y occupe,
avec plus d'intérêt que dans mainte grande ville d'Europe, d'observations météorologiques, et nous sommes parvenus ainsi à obtenir de ces
régions, que M. de Humboldt appelle « de futurs instituts des sciences »,
une connaissance plus détaillée que des plateaux du midi de l'Asie, où,
au lieu de séries de villes, reliées par de larges routes, on ne trouve
que des hameaux ou des villages, épars sur les plateaux ou les versants des montagnes.

Le rameau des Cordillères, qui traverse du sud au nord le territoire
de la république de l'Équateur, sur une longueur de 150 lieues, est
devenu célèbre en Europe par l'arbre du quinquina (*Cinchona*), si
abondant dans ses forêts, et dont l'écorce est le puissant fébrifuge que
chacun sait. Ce rameau est partagé en deux chaînes réunies par des
arêtes transversales, qui subdivisent le plateau en trois grands carrés
longs : au sud, celui de Cuença, le moins intéressant ; au centre, le
plateau de Riobamba, dominé par le Cotopaxi, offrant l'aspect le plus
grandiose ; au nord enfin, le pittoresque plateau de Quito, surmonté

des sommets du Pichincha, du Chimboraço. de l'Antisana et du Cimbo-Ciambe; ce dernier est placé précisément sous l'équateur.

Ces hautes régions qu'on a nommées « des îles de la mer aérienne », forment en quelque sorte un monde à part, que ses montagnes, ses vallées, ses lacs et ses fleuves. son climat salubre, sa végétation et ses belles cités. les mœurs et la civilisation de ses habitants, distinguent essentiellement des régions plus basses; et tous ces caractères distinctifs sont l'effet exclusif de son altitude. A 9 ou 10.000 pieds plus bas, des pluies continuelles désoleraient le pays, les forêts seraient des marécages, le sol fourmillerait de crocodiles et de serpents, et l'air de moustiques; des plantes vénéneuses donneraient la mort aux imprudents séduits par leurs fruits tentateurs, une chaleur suffoquante remplacerait l'air frais et serein. alourdirait l'esprit des habitants et étoufferait en eux les nobles aspirations vers les beautés de l'art et de la science.

Des deux chaînes parallèles que les Cordillères forment jusqu'à quelques degrés au nord de l'équateur, l'occidentale se dirige en ligne droite vers l'isthme de Panama; mais. avant d'y atteindre, elle s'abaisse insensiblement et finit par se perdre dans la plaine basse qui unit l'isthme à l'Amérique méridionale. et que la saison des pluies transforme régulièrement en un immense marais. C'est là l'endroit si souvent indiqué par Humboldt pour le creusement d'un canal de jonction entre les deux mers. Invité à donner son avis sur cette question, l'illustre savant a déclaré à plusieurs reprises que ce terrain lui paraissait non-seulement le meilleur, mais même le seul convenable pour la construction projetée. Il y revient encore dans un de ses derniers ouvrages, la nouvelle édition de ses *Tableaux de la nature*, et avec une sorte de dépit de voir qu'on n'a pas suivi son avis, ajoutant « qu'après avoir si souvent échoué dans la recherche de la meilleure ligne de jonction, on finirait par où on aurait dû commencer. en adoptant son opinion. »

Sur la chaîne orientale des Cordillères, au nord de l'équateur. se trouve, aux environs de Santa-Fè de Bogota. un des plus beaux plateaux du monde. la *Llanura de Bogota*, qui a. d'après M. de Humboldt, 8,130 pieds d'altitude. Le sol en est parfaitement horizontal (1) et présente plusieurs phénomènes assez remarquables. pour que nous reproduisions ce qu'en dit le célèbre naturaliste.

« En quittant le bassin du Rio-Magdalena (2) et sa luxuriante végé-

_____

(1) Une légende du pays en fait le fond d'un ancien lac.

(2) Grand fleuve qui prend sa source dans les Cordillères, coule vers le nord et se jette dans la mer des Antilles. près de Carthagène.

tation tropicale, on passe, après deux jours de marche, de la « *tierra caliente* » (pays torride) à la « *tierra fria* » (pays frais) du plateau de Bogota, heureux d'avoir échappé aux innombrables crocodiles, et plus encore, aux épaisses nuées de moustiques. Après un climat dont la température moyenne est de + 27° 7', on atteint une zone où elle n'est plus que de + 14° 5'. Jusqu'en 1816, la route ne consistait qu'en une sorte de ravin, où deux mulets auraient eu de la peine à passer, et pourtant elle conduisait à la capitale, peuplée de 28 à 50.000 habitants. Lorsque les Espagnols reprirent momentanément possession de la Nouvelle-Grenade, ils firent élargir et améliorer la route par des condamnés du parti républicain, — autant pour faciliter les communications militaires que pour exercer une vengeance politique. Depuis lors, la route est transformée, et l'on a vu s'accomplir, pendant une sanglante guerre civile, ce que les vice-rois espagnols avaient négligé pendant trois siècles de possession paisible.

« La petite ville de Honda, où l'on quitte le bateau, est située au confluent du rio Guali avec le Magdalena. Boussingault assigne à cette localité (dont les habitants sont goîtreux) 656 pieds d'altitude ; d'après cela, le Magdalena, dont le cours est de 208 lieues, aurait une pente de plus de 5 pieds par lieue.

« Après avoir passé les vallées riantes et tempérées de Guaduas et de Viletta, on monte sans interruption, à travers une épaisse forêt, jusqu'au plateau. Près du village de Facatativa, on atteint une plaine interminable, presque entièrement dénuée d'arbres, mais où l'on cultive avec soin le blé et les pommes de terre ; un peu plus loin est le village de Funzha que les Espagnols appelaient Bogota. Depuis la révolution, le nom de ce village est devenu celui de la capitale, et la province a repris son ancien nom indien de Cundinamarca. »

La ville de Bogota, entourée d'allées de *daturas* gigantesques, gît tout au pied d'un rocher vertical, sur le sommet duquel, à une hauteur de 2.000 pieds, on voit, comme des nids d'oiseaux, deux petites chapelles ; de ce point, on jouit d'une vue magnifique sur le plateau et sur les Cordillères, dont les cimes neigeuses bordent l'horizon. Au sud-ouest, on aperçoit une colonne de vapeur : elle marque le point où se trouve l'énorme cascade de Tequendama. Le caractère de ce paysage, quoique grandiose, est mélancolique et sombre.

La température moyenne de l'année est, à Bogota, inférieure de 7,10 de degré à celle de Quito, quoique cette dernière ville soit à 850 pieds plus haut, ce qui devrait la rendre plus froide. Est-ce sa position abritée, dans une vallée étroite, au pied d'un volcan et sur un vaste foyer volcanique, qui donne à Quito une température plus élevée? Nous n'oserions résoudre la question.

En toute saison, la température ordinaire de la journée est à Bogota de + 12 à 14° R., et la température de la nuit de + 8 à 10°. On n'y a peut-être jamais vu le thermomètre au-dessous de + 2° 1/2; à Quito, à l'altitude de 9,000 pieds, il ne descend jamais à zéro, même à 12 pieds au-dessus du sol.

D'après les recherches ingénieuses de M. Dove, ce n'est pas, cependant, la température moyenne qui caractérise le climat d'une localité, mais bien l'écart de la température d'une saison à l'autre. Bogota, située à 4 1/2 de lat. N., a la même température moyenne que Rome, dont la latitude est de 42 degrés. Mais à Bogota, l'écart de température de l'été à l'hiver n'est que de 1° 1/2, tandis qu'à Rome cet écart est de 15°. Le mois le plus chaud de l'année, à Bogota, a 15° 1/2; le plus froid, 12. A Rome, le mois le plus chaud a 19° 1/2 et le plus froid 6 1/2. Somme toute, le climat de Bogota est beaucoup moins agréable qu'on ne serait tenté de le croire, du moins pour l'homme; quant aux végétaux, il en est autrement : de fréquents brouillards les désaltèrent et leur donnent une fraîcheur peu commune dans les régions tropicales.

L'immense rocher sur lequel sont placées les deux chapelles dont nous avons parlé ci-dessus, est partagé en deux, du haut en bas, par une large fente, d'où se précipite la rivière San-Francisco, qui traverse la ville et se jette, avec deux autres ruisseaux, dans le Rio-de-Funzha, ou Rio-de-Bogota, coulant dans le milieu de la plaine. Cette dernière rivière, qui reçoit toutes les eaux du plateau, descend par un étroit défilé, où elle forme la célèbre et magnifique cascade de Tequendama; puis, après avoir parcouru la vallée dont le défilé est l'entrée, elle déverse ses ondes dans le Rio-Magdalena.

Les roches du défilé sont stratifiées horizontalement; la fente semble moins ancienne que le soulèvement des roches; elle n'est pas l'effet d'une stratification à angles inégaux, mais révèle plutôt l'impulsion des mêmes forces mystérieuses qui se manifestent dans toute réaction de l'intérieur de la terre contre la surface.

D'après l'opinion de quelques savants de Bogota, ce serait l'érosion qui aurait élargi à 36 pieds (la largeur actuelle) la fente, d'abord étroite; M. de Humboldt hésite à y reconnaître l'action des eaux. Le fait se reproduit dans toutes les vallées alpestres du continent; les eaux courantes ont transformé d'étroits sillons en larges vallées où elles serpentent à l'aise. Ce sont là les petits phénomènes de la nature, qui n'ont rien de commun avec les causes anciennes et puissantes des modifications diverses de la surface terrestre.

Les forces relativement petites et faibles que nous voyons transformer une contrée, produire peu à peu des atterrissements du genre des deltas, ou soulever du sein de la mer les îles de corail, ne nous offrent pas de base suffisante pour expliquer les grands phénomènes de la nature, pour établir une théorie de la formation des débris terrestres qui composent notre sol. Les gouttes de pluie, tombant sans cesse, finissent bien par creuser la pierre, mais elles ne sauraient donner à notre planète sa configuration actuelle (1).

Chez les peuplades sauvages qui habitaient ces contrées bien avant les temps historiques, l'étrange conformation de ces roches formait le sujet d'une légende qui nous paraît mériter de trouver ici sa place, à cause de son caractère géologique, et des réflexions qu'elle a suggérées à l'illustre savant auquel nous empruntons une grande partie de nos aperçus.

Le plateau de Bogota, dit M. de Humboldt, forme, comme celui du Mexique, une sorte de bassin tout à fait clos, d'où l'eau ne peut s'échapper que sur un seul point. Le terrain sédimentaire de l'un et de l'autre renferme des fossiles d'éléphants. Du bassin du Mexique, qui a 1,100 pieds d'altitude de moins que l'autre, et qu'entourent des roches trachytiques et porphyriques, les eaux ne découlent que par une percée artificielle, pratiquée en 1607, près de Huehuetuca, par laquelle elles se précipitent dans le Rio-de-Tula, et avec lui dans l'océan Pacifique. Le défilé de la cataracte de Tequendama est, au contraire, une percée naturelle, une fissure de toute la masse du rocher, dont l'origine se rattache au soulèvement de ce dernier, ou remonte tout au moins à quelqu'une des catastrophes des temps primitifs, peut-être à un tremblement de terre, comme il y en a encore de nos jours dans ces contrées.

Si le défilé de Tequendama venait à se fermer, le petit marais de Funzha se transformerait infailliblement en un lac, nonobstant l'évaporation d'une partie de ses eaux, évaporation qui serait d'ailleurs peu considérable, à cause de l'humidité de cette vallée et de sa température peu élevée.

D'après la tradition, il fut un temps où le défilé n'existait pas. Avant que la lune devînt le satellite de notre planète, le peuple des Muyscas vivait dans ces contrées à l'état sauvage, sans religion comme sans cul-

---

(1) Humboldt, *Écrits divers*. L'observation est déjà ancienne ; les Romains l'ont exprimée par ce vers connu :

Gutta cavat lapidem, non vi, sed sæpe cadendo

ture. Soudain, on vit apparaître un homme à longue barbe, descendu des montagnes, et d'une autre race que les Muyscas. Cet homme, qui se nommait Botchica, enseigna, comme Manco-Capac, aux montagnards, à se vêtir, à semer du maïs et du quinoa, et à se constituer en peuple.

Mais Botchica était suivi par une femme qui, dans sa méchanceté, s'évertuait à détruire tout ce que le vénérable vieillard avait imaginé pour le bonheur des hommes. Par ses maléfices, elle fit gonfler la rivière Funzha, si bien que tout le plateau devint un lac, et un petit nombre d'hommes seulement purent trouver leur salut sur les montagnes environnantes. Botchica, courroucé, chassa cette femme néfaste, qui, expulsée de la terre, devint la lune, inconnue aux premiers Muyscas, tout comme aux premiers Arcadiens ou *prosélénites*. Puis, afin de réparer les désastres que la femme malfaisante avait causés, Botchica entr'ouvrit de sa main vigoureuse le rocher de Cunoas, précipita le Funzha par la fente dans l'abîme, et dessécha ainsi tout le plateau. La cataracte, merveille de la contrée, fut le produit grandiose de son œuvre. Ce haut fait rappelle celui du héros indien Kasyapa, qui avait ouvert la montagne de Baramaulch pour faire écouler les eaux de la vallée alpestre de Cachemire, nommée jadis, d'après lui, Kasyapour.

Botchica rassembla les hommes dispersés par l'inondation, leur apprit à construire des villes, introduisit le culte du soleil, promulgua une constitution politique, partageant l'autorité suprême entre un souverain pontife et un chef séculier, et, après avoir ainsi accompli sa mission, se retira dans la vallée d'Iraca pour se vouer à la vie contemplative et disparaître.

« Cette légende, continue M. de Humboldt, véritable roman géognostique, comme il s'en trouve dans les livres sacrés de plusieurs peuples, doit son origine en partie aux dispositions locales de la haute vallée de Bogota, et en partie à la tendance générale des anciens peuples à exprimer leurs idées dans un langage symbolique. Dans toutes les zones, en Asie aussi bien que dans l'ancienne Grèce, et même sur les plus petites îles de l'Archipel australien, on retrouve de semblables mythes géognostiques ou politico-moraux. Botchica et Huythaca (la femme malfaisante) représentent le bon et le mauvais principe, se combattant l'un l'autre. Botchica est un fils du soleil, comme Manco-Capac, peut-être le soleil qui s'est fait homme. Huythaca, le principe *humide*, soulève les flots et devient la lune. Botchica, le principe réchauffant, sec, fait écouler les eaux en ouvrant une fente dans le rocher. »

Considérée au point de vue physique, cette vieille légende a le mérite d'attribuer à une cause soudaine et violente, l'ouverture de la vallée et l'écoulement du lac; elle est conforme aux conditions que nous pouvons constater dans ce phénomène, ainsi qu'à la configuration du défilé. On n'y voit rien qui ressemble à une transformation lente et successive; c'est d'un seul coup, par quelque catastrophe violente, que le rocher a été fendu depuis le sommet jusqu'à la base.

La superbe cascade qui s'engouffre dans cette crevasse, doit son imposant aspect au rapport proportionnel entre sa hauteur et la masse d'eau. Le Rio-de-Funzha, après s'être élargi, près de Facatativa, en un marais couvert de belles plantes aquatiques, se resserre près de Cunoas en un lit plus étroit. M. de Humboldt lui reconnut une largeur de 150 pieds, et il évalue de 700 à 780 pieds carrés, dans la saison de sécheresse, la surface de la masse d'eau, au point où commence la cascade.

L'énorme rocher qui se dresse juste en face, et dont la blancheur et la stratification régulière rappellent le calcaire jurassique; — les reflets irisés de la lumière dans le nuage de vapeur qui s'élève constamment de la cascade; — le fractionnement de la masse d'eau dans sa chute;— les traînées qu'elle laisse derrière elle comme des queues de comètes; — le grondement sonore des eaux englouties dans l'abîme ténébreux; — le contraste entre les chênes de la zone supérieure et la flore tropicale de la plaine, — tout cela donne à cette scène indescriptible un caractère grandiose.

Pendant les fortes crues, les eaux se précipitent tout d'un jet, en formant un arc au point où elles s'élancent; mais, quand la rivière est basse, elles offrent un spectacle encore plus admirable : le rocher sur lequel elles descendent forme deux saillies, l'une à 50 pieds de profondeur, l'autre à 180 pieds; les eaux, déversées de saillie en saillie, semblent alors s'évaporer en un tourbillon d'écume.

M. de Humboldt a voulu mesurer, à l'aide du baromètre, la hauteur de la chute; à cet effet, il s'est rendu, par trois heures d'un chemin pénible, de Cunoas à la vallée de Povasa; mais comme la rivière, malgré l'eau qu'elle a perdue, est encore très-rapide au bas de la cascade, il ne put établir son baromètre qu'à une grande distance, ce qui enlève, ainsi qu'il le reconnaît lui-même, toute certitude à son opération. Il évalue néanmoins à 552 pieds la hauteur verticale de la cascade de Tequendama. Vingt ans après, MM. Boussingault et Roulin ont répété l'expérience; d'après eux, la hauteur serait de 870 pieds. Le baron Gros et le colonel Joaquin Acosta l'ont mesurée à l'aide de la sonde, qu'ils firent descendre verticalement d'un échafaudage construit sur le bord de la cime, avec une saillie horizontale de dix-huit pieds ; ce procédé n'a donné qu'une hauteur de 450 pieds, hauteur déjà énorme et sans égale sur la terre. Se précipitant par sauts de cette hauteur, la cascade, vue d'en bas, ressemble, d'après l'expression pittoresque de M. de Humboldt, à un large tapis d'argent, descendant du ciel à la terre.

Sur le plateau de Bogota, tout près des magnifiques champs de blé de Cunoas, on trouve un gisement de houille, probablement le plus élevé du monde entier. A quelques lieues au nord-est, au point où les vallées d'Usme et de Futcha aboutissent au plateau, le soc de la charrue met à découvert de gigantesques ossements fossiles d'animaux appartenant au genre éléphant. Ce lieu s'appelle *Campo de Gigantes,* nom que lui ont donné les premiers Espagnols venus dans ces contrées. A l'extrémité opposée du plateau, près de Zipaquira, on exploite un vaste gisement de sel gemme. Il résulte de l'ensemble de ces conditions géognostiques, que le sel et la houille ne sont pas ici des formations locales ou des résidus d'un lac desséché, mais qu'ils se rattachent à des phénomènes généraux, puisqu'ils se présentent également dans les profondeurs du lit du Rio-Magdelena, comme dans les bassins du Meta et de l'Orénoque, c'est-à-dire aussi bien à l'est qu'à l'ouest de la grande chaîne des Cordillères ; le grès, la principale formation dans la région de Bogota, s'étend sur toute la chaîne orientale, tandis que le calcaire n'y figure qu'accessoirement. M. de Humboldt a constaté la présence de roches grésiformes, sur toute sa route, à travers le plateau, le bassin du Rio-Magdalena, Pandi et le fameux pont naturel de Fusagafuga, formé de trois blocs tombés simultanément au milieu du ravin, et d'une façon si curieuse, qu'ils forment une voûte presque régulière. Un peu plus au nord, le terrain grésiforme repose sur un schiste argileux, renfermant du minerai de cuivre et beaucoup de fossiles.

La présence d'une même espèce de terrain sur une étendue si considérable, et sur un plateau d'au moins 12,000 pieds d'altitude, est un fait d'une grande importance, parce qu'il explique presque avec certitude le mode de formation de la chaîne des Cordillères. Si peu que l'on soit favorable à la théorie du soulèvement des montagnes, on doit admettre pourtant l'impossibilité du dépôt d'un même terrain sédimentaire sur un sol si vaste et d'un niveau si varié ; il faut donc bien que les Cordillères se soient soulevées postérieurement au dépôt des couches de grès.

Nous avons examiné successivement les plaines basses et les plateaux : nous arrivons maintenant aux éminences les plus considérables de l'écorce terrestre, aux montagnes primitives.

Celles-ci occupent la moindre partie de la surface du globe ; nous avons dit plus haut qu'on s'exagère beaucoup la hauteur des montagnes ; quelques chiffres feront voir jusqu'à quel point il en est ainsi.

Il n'est guère besoin de dire que, si l'on devait niveler toute la terre et combler les profondeurs de la mer, la surface du globe se trouverait entièrement submergée ; chacun comprend que, la mer occupant trois fois autant d'espace que la terre ferme, et ses profondeurs connues (sans compter celles que la sonde n'a pas encore atteintes) étant de près du double de la hauteur des plus hautes montagnes, — la terre, complètement nivelée, descendrait de beaucoup au-dessous du niveau actuel des mers.

Voulant établir un rapport proportionnel entre l'étendue des montagnes et celle des plaines, il faut donc faire abstraction de la mer ; même ainsi, l'exiguïté relative des premières sera encore un sujet d'étonnement.

Afin d'obtenir les bases d'une pareille comparaison, nous chercherons à déterminer le volume des montagnes, depuis la crête jusqu'au point où leur pied descend au niveau de la mer, et ensuite, nous calculerons l'étendue de la surface sur laquelle ce volume devrait être réparti.

Comme exemple de la facilité avec laquelle s'implantent des idées inexactes, grâce parfois à une expression qui peut sembler impropre, nous citerons ici l'unité qu'on appelle cheval-vapeur. On dit communément : « une force de cheval est capable d'élever 56,000 livres par minute à la hauteur d'un pied. » Quel non-sens ! s'écriera celui qui ne connaît pas la valeur de ce terme ; j'ai deux magifiques chevaux, bien nourris et vigoureux, mais tous les deux ensemble ne parviendraient pas à soulever 56.000 livres, même après un an d'efforts.

Or, si, dans cet énoncé, au lieu du chiffre 1, on prenait pour facteur le chiffre 100, et au lieu de 56.000 le chiffre 560, ce qui donnerait exactement la même proportion $(1 \times 56.000 = 100 \times 560)$, chacun saisirait à l'instant l'idée de la force d'un cheval-vapeur et ne songerait pas à nier qu'un cheval ne soit capable d'élever 560 livres par minute à la hauteur de cent pieds, au moyen d'une poulie.

Considérons maintenant les Pyrénées, imposante chaîne de montagnes, de 10.000 pieds de hauteur, qui s'étend de l'Océan à la Méditerranée, sur la ligne qui sépare la France de l'Espagne : nous serons tentés de leur attribuer un volume au delà de toute expression ; tandis que, si l'on pouvait les répartir sur toute la surface de l'Europe, le sol ne se trouverait exhaussé que de six pieds au plus.

Prenons le groupe de montagnes le plus considérable de l'Europe, les Alpes dans leur étendue totale, c'est-à-dire en commençant par

les Alpes Maritimes, sur les côtes de Gênes, et en y comprenant toutes
les subdivisions en Alpes Cottiennes, Grecques, Pennines, Helvétiques,
Rhétiques, Noriques, Carniques, Juliennes et Dinariques, ces dernières
unissant les Alpes proprement dites au Balkan sur les rives de la mer
Noire ; cette chaîne immense, dont la largeur varie de 25 à 50 lieues,
n'exhausserait le sol que d'une vingtaine de pieds, si elle était étendue
uniformément sur toute la surface de l'Europe.

Et si, au lieu d'un seul groupe, nous prenons à la fois toutes les montagnes de l'Europe, en y ajoutant tous les plateaux, et que nous suppo-
sions toute cette masse de terrain distribuée sur la surface de l'Europe,
de manière à combler d'abord les parties les plus basses des plaines et
à donner à l'ensemble un même niveau, l'altitude de ce sol nivelé ne
sera que de 600 pieds, un peu moins que le maximum d'altitude d'une
plaine basse.

Dans l'Amérique du Sud, ces proportions sont encore plus surprenantes. La chaîne des Cordillères, exactement calculée depuis le
détroit de Magellan jusqu'à l'isthme de Panama, occupe une surface de
plus de 88,000 lieues carrées ; elle a environ 1,800 lieues de long, sur
une largeur moyenne de 50 lieues, ce qui ne paraîtra pas trop, quand
on songe que, si sur certains points sa largeur est d'un peu moins de
16 lieues, elle atteint par contre dans le Pérou 125 lieues, dans la Nouvelle-Grenade 150, et dans la Bolivie près de 200 lieues.

En répartissant sur une surface nivelée, égale à celle de l'Amérique
méridionale, cette masse immense de terrain, que M. de Humboldt a
comparée à un prisme triangulaire, de la base indiquée et de 8,000 pieds
de hauteur moyenne, — on aurait une plaine horizontale de 385 pieds
d'altitude, la surface totale de l'Amérique du Sud étant de près de
900,000 lieues carrées ; en effet, un prisme triangulaire de 8,000 pieds
de hauteur, étant égal à un parallélipipède de 4,000 pieds de haut, on
se convaincra facilement de l'exactitude du calcul : 4,000 pieds, répartis
sur le décuple de la base des montagnes, donneraient partout 400 pieds ;
mais comme la superficie totale de l'Amérique du Sud est un peu plus
que décuple de la base des Cordillères, il ne reste que 385 pieds, pour
avoir partout une hauteur égale.

L'étendue de l'Amérique du Nord surpasse de près de 85,000 lieues
carrées celle de l'Amérique du Sud, et la moitié de cette étendue
consiste en plaines basses. L'aplanissement des parties montueuses du
Mexique, des Montagnes-Rocheuses et des Alleghanys, suffirait à peine
à élever leur niveau d'une manière sensible, la surface occupée par ces
montagnes n'étant que de 67,000 lieues carrées.

D'après les niveaux barométriques établis par MM. de Humboldt,

Buckart et Wislizenus, le prolongement des Cordillères dans l'Amérique du Nord s'abaisse depuis le 18° degré de lat. N., c'est-à-dire depuis le groupe des volcans Orizaba et Popocatépetl (ou La Puebla) jusqu'à Santa-Fé et Toas, dans le Nouveau-Mexique, à tel point que, sur toute cette ligne, il n'atteint nulle part la limite des neiges perpétuelles, qui pourtant descend à mesure qu'on avance vers le nord. Dans le groupe des Monts-Rocheux, vers le 45° degré de lat. N., l'intrépide voyageur Frémont n'a trouvé, parmi les différents sommets dont il a fait l'ascension dans les années 1842 et 1844, qu'un seul pic atteignant la hauteur de 12.750 pieds. Entre le 54° et le 47° degré de lat. N., l'altitude de 400 points différents a été déterminée, c'est-à-dire qu'on a pris le nivellement d'une ligne de 1.500 lieues de long (en comptant les détours de la route), depuis le confluent du Kansas avec le Missouri, jusqu'au fort Vancouver et aux rivages de l'océan Pacifique, — ligne qui dépasse de plus de 460 lieues la longueur de la route de Madrid à Moscou. Vers le milieu de cette ligne, entre 57° et 45° de lat. N., les Montagnes-Rocheuses sont entrecoupées de plateaux d'une étendue sans égale ; leur largeur de l'est à l'ouest atteint près du double de celle des plateaux du Mexique. A partir du groupe de montagnes qui commence à l'ouest du fort Laramie, jusqu'au delà des *Wahsatch Mountains*, le sol présente un soulèvement non interrompu de 5 à 7.000 pieds d'altitude. Ce terrain, connu dans le pays sous le nom de *the great Basin*, forme une espèce de vallée entre les Montagnes-Rocheuses et la chaîne occidentale qui longe le golfe de Californie ; il est couvert de lacs salés, dont le plus grand, qu'on appelait jadis *laguna de Timpanogos*, a 5.940 pieds d'altitude. La rivière Timpan-ogo (1) se jette dans le petit lac Outah (ou lac des Mormons) qui communique avec le *grand lac salé*.

En calculant le volume de toutes ces montagnes, d'après une hauteur moyenne de 4.800 pieds, et en y ajoutant les Apalaches ou Alleghanys (comme on les appelle communément, d'après le rameau principal, les Alleghanys proprement dits), dont la base occupe une surface de près de 4.000 lieues carrées, avec 2.400 pieds de hauteur moyenne, — on obtiendrait une masse de terrain dont la répartition sur les plaines de l'Amérique du Nord en élèverait le niveau de 250 pieds à peine.

La plus vaste des cinq parties du monde est l'Asie : son étendue, ainsi que nous l'avons dit plus haut, est de 2.280.000 lieues carrées (2), dont près d'un tiers est occupé par les plaines de la Sibérie. Les terrains élevés qui s'étendent de l'Himalaya au Kouen-Loun, entre 28 et 56°

---

(1) Dans le langage des indigènes, ce nom signifie *fleuve des rochers*.

(2) D'après un autre calcul, elle serait d'un peu moins de 2.100.000 lieues carrées.

de lat. N., couvrent une surface de 65,000 lieues carrées. La longueur de toute la chaîne de montagnes, depuis Gilgit jusqu'à Brahma-kound, est évaluée par Hodgson à 750 lieues, la largeur moyenne à 40 environ, et la hauteur moyenne de la crête de 9.500 à 15.000 pieds. Toute cette masse énorme de terrain, répartie également sur toute l'Asie, n'y élèverait que de 500 pieds le niveau des plaines.

Toutes les données ci-dessus sont le fruit de savantes recherches de M. de Humboldt; nous n'avons reproduit que ce qui nous paraissait nécessaire pour arriver à cette conclusion, que les montagnes représentent une masse de terrain infiniment moindre qu'on ne serait tenté de le croire de prime abord, tandis que l'étendue des plateaux est, relativement, beaucoup plus considérable. Plateaux et montagnes, d'ailleurs, c'est-à-dire tout ce qui est plus haut que le niveau moyen de la surface terrestre, doivent leur origine à une action partant de l'intérieur de la terre, et qui n'est autre que la chaleur, ou pour mieux dire la fluidité ignée du noyau du globe.

Les roches primitives étaient des roches cristallines; des forces extérieures, l'atmosphère et l'eau, sans cesse agitées, rongeaient l'écorce terrestre fraîchement coagulée, mélangeaient les parcelles enlevées par le frottement, et les laissaient se déposer aux endroits les moins élevés, pour y former de vastes gisements; de la sorte, une partie des roches cristallines jadis en fusion, se transformaient, par l'effet du frottement, en roches stratifiées, recouvrant toute la surface de la terre, en couches d'une épaisseur variable.

Ce mode de transformation tranquille et lent a été interrompu ou modifié par l'action probablement soudaine des forces intérieures du globe. Aujourd'hui encore, malgré les millions d'années écoulées depuis la coagulation première de l'écorce terrestre, l'intérieur du globe est à l'état de fluidité ignée, et si la surface, beaucoup plus épaisse par l'effet du refroidissement, n'est pas encore assez forte pour résister à l'action des forces plutoniennes, elle l'était bien moins à l'époque où l'écorce solide n'avait pas le cinquantième de son épaisseur actuelle. Subissant la pression de ces forces intérieures, les masses stratifiées se sont soulevées, et d'autant plus haut que la résistance de la surface était moindre. Le soulèvement a dû produire de chaque côté une pente, et ces pentes ont dû être irrégulières, à cause de la résistance inégale. Voilà pourquoi, sur tel point de la surface, il ne s'est formé qu'une bosse, sans déchirure de la croûte solide, tandis que, sur tel autre, le soulèvement d'une vaste étendue de terrain a produit un plateau; ailleurs, au centre d'un plateau, ou bien sur ses bords, a surgi une série de nouvelles éminences; ailleurs enfin, l'écorce terrestre a crevé, et les matières en fusion se sont répandues au dehors, en petite quantité, eu égard à leur volume, mais formant des masses énormes aux yeux de l'homme, insecte chétif en proportion de l'immensité du monde.

Ces phénomènes n'ont pas seulement rendu inégale la surface de la terre, mais ils en ont modifié ou augmenté les éléments. D'horizontales qu'elles étaient, les couches stratifiées sont devenues inclinées ou verticales, et leur nature s'est altérée par la proximité des masses en fusion : leurs éléments, après avoir subi l'action de cette chaleur ardente, se sont refroidis de nouveau; c'est ainsi que les dépôts calcaires se sont transformés en marbres à l'aspect cristallin, et que, dans la masse terreuse, il s'est formé des fissures où sont venues s'injecter d'autres roches; telle est l'origine des *gangues,* renfermant les minerais et les métaux.

On conçoit que ces transformations de l'écorce terrestre aient dû avoir lieu successivement, à des époques différentes, séparées par de longs intervalles; les terrains qui se rapportent à chacune de ces époques ont été divisés, soit d'après leur âge, en terrains primaires, secondaires, tertiaires, etc., soit d'après leurs éléments, en terrains calcaires, schisteux, crétacés, etc., soit enfin d'après l'action qui les a produits, en terrains neptuniens (aqueux) ou plutoniens (ignés). De ces terrains se compose toute l'enveloppe solide du globe ; mais sa configuration n'est déterminée que par l'action du feu et de l'eau, et l'on a pu constater partout que, si la *formation* est due au feu, à l'eau est due la *transformation.*

Nous avons parlé à plusieurs reprises des différentes couches de terrains dont est formée l'écorce terrestre. En résumé, la masse primitive, coagulée à l'extérieur et refroidie au point que l'eau a pu s'y maintenir à l'état liquide, a subi l'action corrosive de l'eau, qui en a transformé une partie, de façon à former, au bout d'un certain temps, les premiers terrains sédimentaires.

Il va de soi que ces faits se sont renouvelés mainte et mainte fois, et que la composition et la configuration actuelles de l'écorce terrestre, sont le résultat de l'ensemble des phénomènes qui ont tour à tour soulevé ou abaissé la surface, et produit tout ce que nous voyons autour de nous, sous forme de mers, d'îles, de terres fermes, de plateaux ou de montagnes.

La formation de plateaux par l'effet de soulèvements lents, est tout aussi peu douteuse que celle des montagnes par l'effet d'éruptions violentes. L'une et l'autre sont démontrées par des exemples que nous avons sous les yeux ; les côtes de la Scandinavie et du Chili continuent toujours à s'élever, et nous aurons à citer plus loin plusieurs faits récents de montagnes qui ont surgi tout d'un coup. La configuration de la surface terrestre n'est encore rien moins qu'immuable ; sa force de résistance dépend de l'épaisseur de l'écorce coagulée et de l'extensibilité des substances qui la composent. Si, dans les temps primitifs, la croûte cédait facilement à la pression de l'intérieur, elle a dû acquérir, dans le cours de millions de siècles, par le progrès de la coagulation, et par le durcissement des masses qui augmentaient son épaisseur, une force de résistance de plus en plus considérable.

La gravure ci-contre représente un soulèvement violent du sol dessiné par Murchison sur les rives du Wye, dans le pays de Galles. Ici, les couches soulevées n'ont pas opposé aux forces impétueuses de l'intérieur une résistance assez forte pour en être bouleversées ou dérangées ; peut-être n'étaient-elles pas entièrement durcies, et est-ce là ce qui leur a permis de former, au-dessus des roches plutoniennes s'élevant de l'intérieur, une sorte de dôme ou de coupole, qui rappelle une voûte artificielle. Les masses arrondies que l'on voit sur le versant de droite et au bas de la voûte, et qu'on serait tenté de prendre pour des blocs de rochers, ne sont que des broussailles que Murchison a reproduites dans son dessin, en guise de hors d'œuvre.

A moins que les couches soulevées ne fussent ou des roches compactes, ou des terrains transformés en roches cristallines par la température élevée de l'intérieur de la terre, elles ont dû subir des modifications ultérieures par l'action de l'eau. Le docteur M'Culloch, dans sa description de l'île Lewis (la plus grande et la plus septentrionale des Hébrides), donne le dessin, reproduit ci-après, d'un énorme rocher, entièrement miné par les eaux de la mer, et qui a dû jadis former une voûte naturelle, comme celle de la gravure précédente. Tout ce qui était soluble, ou sujet à efflorescence, comme le grès, le schiste ou la craie, a été enlevé, et ces terrains formant peut-être la base de l'un des pieds-droits de la voûte, celui-ci s'est écroulé, sans laisser d'autre trace que les blocs jetés au pied du rocher bizarre qui est resté debout, pour témoigner de l'action puissante des forces de la Nature.

Là où le mouvement de bas en haut n'a été ni violent ni impétueux, il ne s'est produit qu'un faible soulèvement, comme l'indique la figure placée au milieu de la page suivante. La surface des couches est simplement ondulée, comme on le voit souvent dans les plaines ; mais, lorsque le soulèvement s'étend fort loin, il peut arriver que la couche supérieure

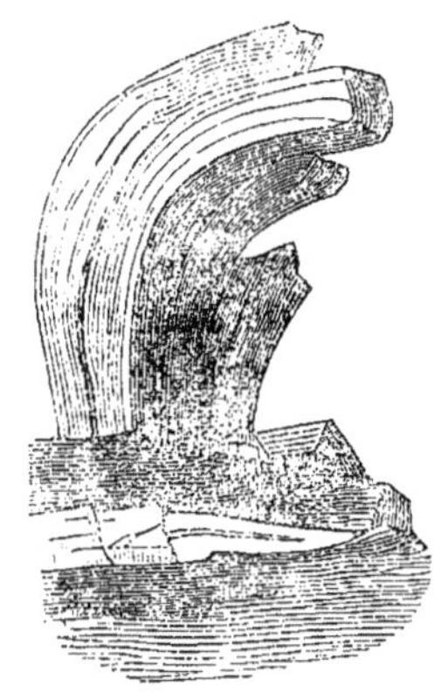

se déchire. Dès lors se présente un des modes de formation des vallées ; l'eau déversée par les nuages trouve, dans la crevasse, une matière facilement soluble qu'elle entraîne vers les régions plus basses. Bientôt se forme une excavation, comme l'indique la dernière gravure ci-dessous, où les couches supérieures, aussi loin qu'elles étaient destructibles, sont emportées, et laissent le sous-sol à découvert. Ces vallées sont appelées vallées d'*érosion*, parce qu'elles sont pour ainsi dire rongées par les eaux. La ligne de section, tracée au travers de chacune de ces deux figures, indique la courbe formée par les roches soulevées. On croira peut-être que des roches devenues rigides n'ont pu se courber, mais ont

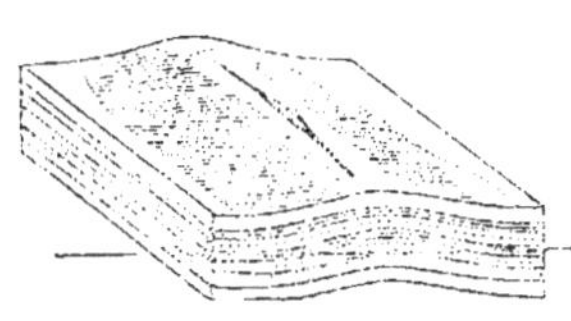

dû se fendre et se briser. C'est une erreur ; d'abord, le soulèvement a pu avoir lieu à l'époque où elles étaient encore à l'état de plasticité produit par la chaleur ; puis, il n'y a pas de minéral si cassant qu'il ne supporte un certain degré de flexion ; et ici nous ne voulons pas même parler du verre à vitres (qui est élastique), ni du grès flexible, qu'au Mexique (d'où M. de Humboldt en a rapporté

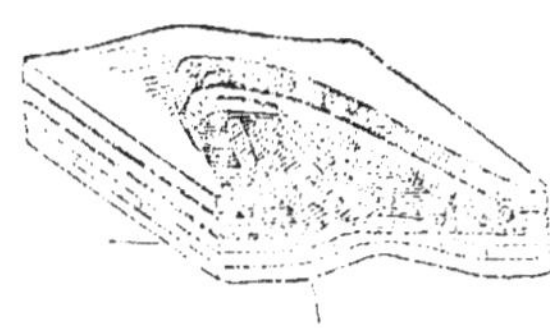

des fragments) on désigne sous le nom d'*ytakolumite ;* nous entendons, par exemple, une touche d'ardoise qui, pourvu qu'elle soit d'une certaine longueur, supporte, avant de se casser, une flexion perceptible à l'œil. Le fait de courbes formées par des roches dures ou rigides, a été remarqué en grand, pour la première fois, dans les houillères d'Angleterre, où on les désigne sous le nom de *creeps*. Elles se forment par l'exploitation des filons de houille, lorsqu'on ne laisse dans ceux-ci que les blocs formant les piliers latéraux qui soutiennent le toit du filon. On voit alors le sol du filon exploité se soulever et former une voûte qui devient de plus en plus bombée, jusqu'à ce qu'elle crève et livre passage à la roche sur laquelle repose le gisement houiller, et qui monte jusqu'au toit du filon, par suite de la pression immense exercée par les piliers latéraux. On peut alors enlever ceux-ci, les *creeps* suffisant à soutenir le toit.

Ces soulèvements du sol s'opèrent avec une rapidité prodigieuse ; moins de quatre semaines après l'extraction de la houille, le vide est ordinairement comblé, à moins que le sol même ne soit une roche puissante et compacte, telle que le grès de Koenigstein (*quadersandstein*) ou quelqu'autre semblable.

Lorsqu'une roche de cette espèce est soulevée par une forte pression intérieure, elle présente l'aspect que nous avons cherché à rendre par la gravure ci-dessous : ses côtés forment des murailles à pic, qu'on

dirait construites en maçonnerie. Quand elles ne s'élèvent que d'une couple de pieds au-dessus du sol, on les appelle *bancs ;* il en existe un grand nombre dans les déserts de l'Amérique du Sud. Quand elles atteignent une grande hauteur, leur aspect devient parfois étrange ; la pluie, la gelée et le vent emportent les matières molles, pour ne laisser subsister que les plus dures, qui revêtent des formes tout à fait singulières.

Les soulèvements d'une certaine étendue, à un niveau à peu près égal, ont produit les plateaux : les soulèvements inégaux ont produit les sommets arrondis en coupoles ; les chaînes de montagnes sont issues de soulèvements plusieurs fois répétés. Un soulèvement simple, en forme de voûte, ne serait pas visible à vol d'oiseau ; mais, si la couche inférieure s'était élevée au point de déchirer la couche supérieure, comme en 2, 2, de la figure ci-contre, celui qui regarderait la terre du haut d'un aérostat, aurait à peu près l'image que donne la gravure suivante, c'est-à-dire que le terrain soulevé lui apparaîtrait jeté comme une île au milieu des terrains environnants.

Si nous supposons un nouveau soulèvement, atteignant les couches qui ont déchiré précédemment le terrain superposé, nous verrons plu-

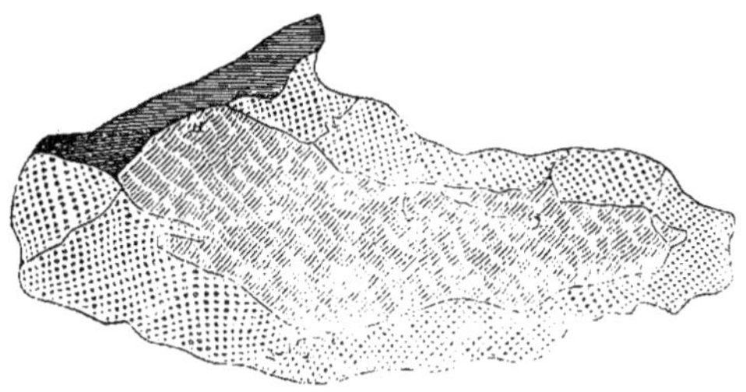

sieurs stratifications : en moyenne, il y a deux ou trois couches inclinées
(parfois davantage, selon le nombre des dépôts qui se sont accumulés
sur le sol), qu'une force souterraine a dérangées de leur gisement
horizontal (V. le profil ci dessous) ; vues à vol d'oiseau, elles offriront
l'aspect que reproduit la gravure suivante exécutée d'après nature.

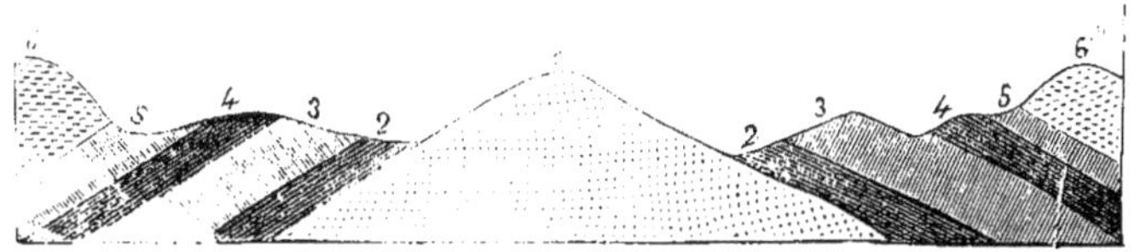

Près de la ville de Tunbridge (comté de Kent, en Angleterre), célèbre
par ses eaux minérales, se trouve une montagne de grès de Hastings ;
cette roche, qui fait partie du groupe veldien (elle est marquée 1 sur
la gravure précédente, et occupe le milieu de la figure ci-dessous), renferme beaucoup de houille et de débris de végétaux ; elle est entourée
d'*argile veldienne,* sans laquelle on ne la rencontre presque jamais ;
cette dernière est indiquée sur la première gravure par les chiffres
2, 2, et pointillée ci-dessous, tandis que le grès de Hastings est repré-

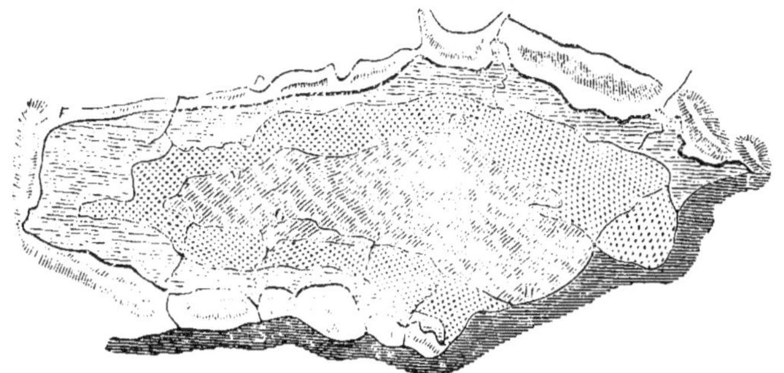

senté par des hachures ondulées ; plus loin vient une assise de *sable chlorité* ou sable vert (*greensand*), et le terrain extérieur, formant une chaîne annulaire autour du cône isolé, est un calcaire, soulevé plus haut que toutes les autres couches.

Pour ceux qui seraient tentés de croire que la théorie du soulèvement des montagnes n'est que le produit de l'imagination des géologues, nous répéterons ici que tous les terrains sédimentaires ont nécessairement dû avoir, dans le principe, une stratification horizontale, ce qui résulte à l'évidence du mode de leur formation, combiné avec les lois de la pesanteur ; les couches que l'on trouve autrement stratifiées, ont

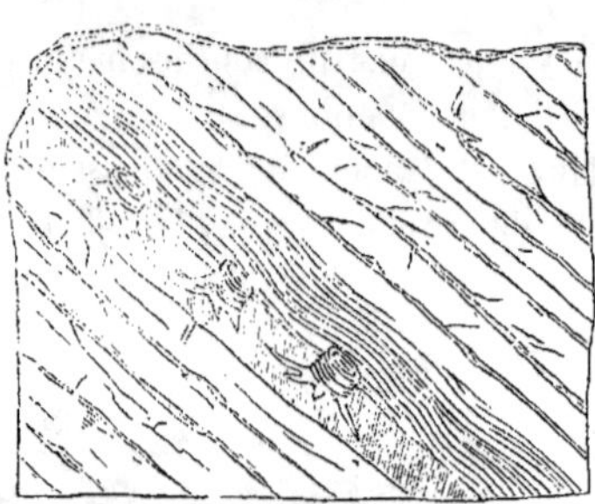

donc été déplacées. Cette démonstration indirecte serait suffisante, à elle seule ; mais on a découvert, en outre, des preuves directes de la stratification primitivement horizontale. La figure ci-contre représente la coupe verticale d'une série de terrains sédimentaires, l'un desquels était planté de grands arbres, dont les souches existent encore à l'état fossile. La position de ces arbres a nécessairement dû être verticale ; plus tard, ils ont été recouverts de nouvelles couches sédimentaires, et maintenant leur direction forme un angle de 45 degrés, tant avec l'horizon qu'avec sa perpendiculaire. Les arbres qui garnissent nos montagnes, forment, au contraire, avec leur sol un angle plus plus ou moins aigu (selon le degré d'inclinaison de celui-ci), car ils poussent toujours verticalement ; les fossiles en question n'ayant point cette position, fournissent donc une preuve directe que la stratification primitive des terrains où ils se trouvent a été modifiée.

La figure ci-contre fait voir à quel point la direction des couches peut se modifier ; elle représente le château fort de Powis, jadis si célèbre ; on y voit, posées sur champ, toute la série des couches qu'on retrouve, non loin de là, en stratification horizontale ou à peu près.

On conçoit que si un soulèvement isolé forme un mont, un soulèvement prolongé sur une grande étendue doit former une chaîne de montagnes ; lorsque par suite du soulèvement, l'écorce terrestre s'est crevassée, les matières en fusion, qui se sont répandues au dehors, donnent parfois à ces montagnes une hauteur considérable ou un développement prodigieux ; l'exemple le plus frappant, sous ce rapport,

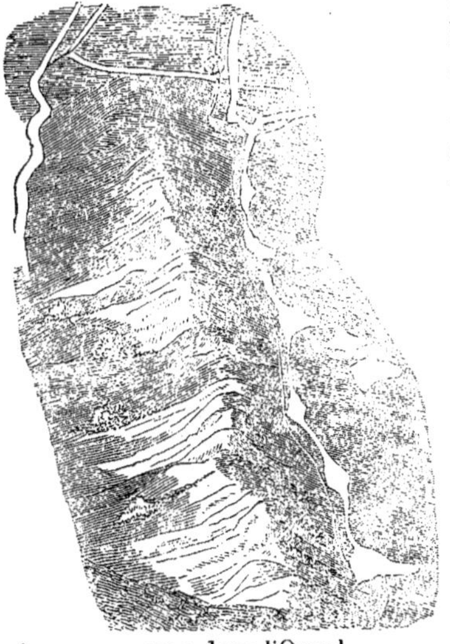

est la vaste chaîne des Cordillères, dont le prolongement, dans l'Amérique du Nord, porte le nom de Montagnes-Rocheuses. Les roches primitives qu'on y voit à découvert étaient jadis des matières en fusion.

Lorsque le soulèvement d'une grande étendue n'a pas été assez fort pour crevasser le terrain, il se produit une chaîne de montagnes, du genre de celle que représente la figure ci-contre ; les versants au lieu d'être escarpés, forment des pentes douces, dont les couches inférieures restent parallèles aux couches supérieures, comme dans l'Oural.

Si le soulèvement s'est produit sur plusieurs lignes à la fois, il en

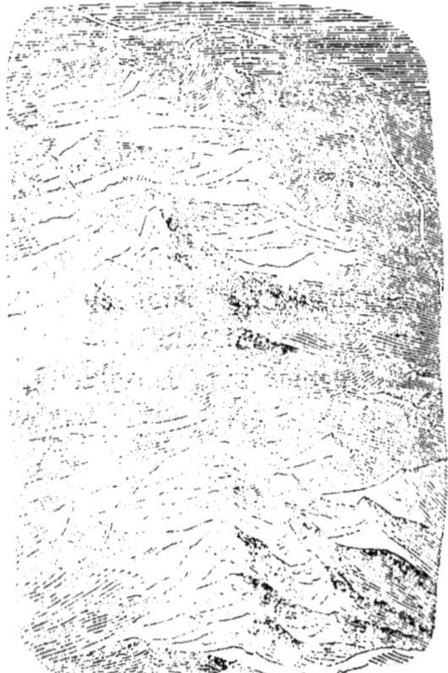

résulte des chaînes de montagnes plus ou moins parallèles, comme dans la gravure ci-contre ; le terrain intermédiaire forme dans ce cas une série de vallées longitudinales, tandis que les vallées des chaînons latéraux suivent une direction perpendiculaire à la chaîne principale (V. la figure). Cette disposition est celle des Alleghanys dans l'Amérique du Nord.

Quand le soulèvement, au lieu de se produire sur une ligne prolongée, décrit des courbes autour d'un point central, ou part de ce point sous forme de rayons, il en résulte ce qu'on appelle un groupe central de montagnes.

Sur un espace aussi restreint, il est difficile de rendre cette idée d'une manière complète ; aussi la gravure de la page suivante ne représente-t-elle que le *nœud* d'un groupe central ; l'imagination du lecteur y suppléera, en se figurant, prolongées dans toutes les directions, les montagnes qui, sur la gravure, entourent le sommet principal.

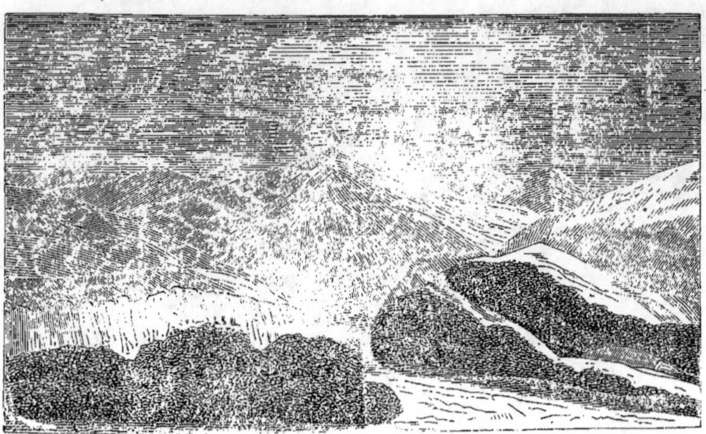

Cette explication de l'origine des montagnes ne repose pas sur de simples hypothèses ; il est prouvé qu'elles ont dû se produire ainsi par les faits identiques qui se passent sous nos yeux ; on a vu de nos jours, non-seulement se former de petites crevasses du sol, ou se soulever de petites collines ; on a vu des abîmes s'ouvrir tout d'un coup et engloutir des provinces entières ; on a vu surgir des chaînes de montagnes, dont l'apparition a bouleversé d'immenses contrées.

On possède des preuves très-anciennes d'îles ou de bancs de sable qui se sont élevés du sein de la mer. Pline, Strabon et d'autres écrivains dignes de foi, attestent que telle a été l'origine de l'île Santorin et des îlots voisins, entourant un petit port circulaire qui paraît être un cratère mal éteint. Des faits encore plus remarquables ont eu lieu au XVIe siècle, dans les environs de Naples, et de nos jours dans l'Etat de Valladolid au Mexique ; de ces derniers il existe encore des témoins oculaires.

En 1536, les environs de Naples furent agités par de fréquents tremblements de terre ; quoique ceux-ci ne fussent pas assez violents pour renverser des villes et ensevelir les habitants sous les ruines, ils tinrent, pendant deux ans, les populations en émoi, jusqu'à ce que, en 1538, on vit le territoire de Baies (l'ancien *Baiæ*), près de Pouzzoles, s'élever sensiblement, se gonfler et former comme une immense ampoule.

Dans la nuit du 28 septembre 1538, cette ampoule creva tout à coup avec un épouvantable fracas, après avoir atteint la hauteur de 500 pieds, sur 8,000 de circonférence. Au milieu se forma un profond abîme, et tout alentour s'ouvrirent des crevasses, disposées en rayons autour de ce centre et lançant du feu, de la fumée, des cendres, bref, tout ce qui constitue une éruption volcanique, à la suite de laquelle le terrain se trouva occupé par une nouvelle montagne, qui s'appelle encore aujourd'hui le *Monte Nuovo*. Au sommet s'ouvre un cratère, et les flancs sont couverts de laves éjaculées par les bouches ignivomes: la mer s'était retirée à une grande distance de l'ancien rivage. Pendant les six jours qu-suivirent l'éruption, le mont continua à s'élever jusqu'à la hauteur de 450 pieds, par l'entassement des cendres que lançait le cratère. Puis tout sembla fini, et une foule immense accourut pour contempler le phénomène; mais soudain, le 6 octobre, une nouvelle éruption se déclara, dans laquelle des centaines d'imprudents trouvèrent la mort. Depuis cette catastrophe, le *Monte Nuovo* est resté tranquille et semble tout à fait éteint ; il n'en émane même aucune espèce de vapeur souterraine ; il est verdoyant et couvert de buissons et d'arbres.

L'origine du volcan Jorullo est beaucoup plus récente. A six journées de marche de la ville de Mexico, se trouvait, dans l'État de Valladolid, une contrée fertile et bien cultivée, où croissaient en abondance le riz, le maïs et les bananes. L'aménité de ce pays, éloigné d'environ 70 lieues de la mer et situé à 2.400 pieds d'altitude, y avait attiré, depuis plus d'un siècle, une nombreuse population ; personne ne supposait que le sol fût volcanique, aucune ancienne tradition ne suppléant au défaut d'expérience ; jamais on n'y avait ressenti la moindre secousse de tremblement de terre, quoique le Mexique soit entièrement entouré de volcans. Nous disons « quoique », et c'est peut-être *à cause de cela*, que le centre de la contrée n'avait jamais éprouvé de pareilles secousses. Les habitants n'en furent que plus saisis d'épouvante, lorsque, en juin 1759, retentit tout à coup un grondement souterrain, qui continua pendant des semaines et fut suivi d'effroyables tremblements de terre, renouvelés sans cesse pendant deux mois entiers. Au commencement de septembre, les secousses cessèrent, et les habitants commençaient à se calmer, quand, dans la nuit du 28 au 29, la terre trembla avec une force redoublée, et un terrain de plusieurs lieues d'étendue se souleva peu à peu, en forme de masse arrondie et boursouflée, puis se détacha du sol environnant, mettant à découvert, sur une hauteur de 40 à 50 pieds, les couches dont il était formé, et finit par atteindre, au sommet, voûté comme un dôme, la hauteur de 500 pieds, sur une surface de près de 10 lieues carrées.

Les infortunés habitants pouvaient contempler, du haut des montagnes où ils s'étaient réfugiés, les horreurs de cette catastrophe, que, trente ans après, M. de Humboldt entendait décrire par des témoins oculaires, avec autant d'émotion que si elle eût eu lieu la veille. La surface du terrain ondulait comme les vagues d'une mer soulevée par la tempête; des milliers de monticules, de 10 à 20 pieds de hauteur, s'élevaient et s'abîmaient alternativement; puis le terrain boursouflé creva tout à fait, et vomit, par un gouffre de près de trois lieues carrées d'ouverture, de la fumée, du feu, des pierres embrasées et des cendres, à la hauteur de plusieurs milliers de pieds; de ce gouffre béant surgirent enfin six montagnes, parmi lesquelles le volcan auquel on a donné le nom de Jorullo, et dont le sommet s'élève à 16 ou 1,700 pieds au-dessus de l'ancienne plaine, appelée depuis lors *el Malpays*.

Depuis son apparition jusqu'à la fin de l'année suivante (1760), le nouveau volcan fut constamment en activité; sans cesse il lançait des blocs de basalte, des scories et des masses de lave, dont l'entassement l'entoura d'un cône régulier. Peu à peu cependant, les éruptions devinrent moins fortes; mais elles n'ont jamais cessé entièrement, et il lance encore de la fumée et des tourbillons de vapeur. On doit considérer comme un bonheur que le cratère soit resté ouvert; car, si les gaz souterrains étaient sans issue, leur tension pourrait amener quelque nouvelle catastrophe.

Les forces volcaniques agissent ici sur une grande étendue; ce n'est pas seulement le cratère du Jorullo qui fume sans cesse, mais tout alentour des milliers de bouches, ou *hornitos,* comme on les appelle dans le pays, lancent constamment des colonnes de vapeur. Ces *hornitos* sont des pyramides irrégulières, d'une masse argileuse, calcinée par la chaleur, creuses et percées d'une ouverture qui communique directement avec l'intérieur, ou bien sillonnées de nombreuses fissures, laissant échapper la fumée et la vapeur. La pâte argileuse dont elles se composent, doit s'être élevée d'une grande profondeur, car elle est pétrie de fragments de basalte et de lave.

Au moment où commençait le soulèvement du sol, les deux petites rivières, Rio-di-Cuitimba et Rio-San-Pedro, refluant en arrière, inondèrent toute la plaine, occupée aujourd'hui par le Jorullo; mais, dans le terrain qui continuait à s'élever, il s'ouvrit tout à coup un gouffre profond, dans lequel les deux rivières s'engloutirent. Après avoir, selon toute probabilité, parcouru l'excavation qui doit s'être formée sous la nouvelle montagne, elles ont reparu à l'ouest, sur un point très-éloigné de leur ancien lit. Aujourd'hui, elles sont devenues les sources minérales les plus considérables du globe, joignant à une largeur de 25 pieds une température de $+$ 55 degrés.

Un événement presque semblable a été décrit par un témoin oculaire, le géognoste Fr. Hoffman, qu'une mort prématurée a enlevé à la

science. C'est l'apparition d'un nouvel ilot au sud-ouest de la Sicile. A
25 lieues de la côte, dans le voisinage d'une des pointes les plus septentrionales de l'Afrique, le Cap-Bon, ou Ras-Adaïr, se trouve l'île assez
importante de Pantellarie, formée tout entière par des éruptions volcaniques antérieures aux temps historiques. Vis-à-vis de cette île, sur la
côte méridionale de la Sicile, près de Sciacca, on voit s'élever, d'un
rocher calcaire de plus de 1,000 pieds de haut, de fortes colonnes de
vapeur, et jaillir de sa base des sources sulfureuses. C'est sur la ligne
qui unit ces deux points, caractérisés par les effets d'une action volcanique, à 12 lieues environ de Sciacca, que surgit du sein de la mer le
nouvel ilot. Du 29 juin au 5 juillet 1831, son apparition fut précédée de
tremblements de terre, peu violents, il est vrai, mais si fréquemment
renouvelés, que la population de Sciacca était en proie aux plus vives
angoisses ; quelques secousses furent même ressenties jusqu'à Palerme.

A Sciacca, comme ailleurs, on était loin de prévoir la suite de ces
phénomènes, qui se terminèrent par l'apparition de l'ilot, sur un point
qui, d'après les données fournies par Prévost dans le *Bulletin de la
science géologique,* devait avoir auparavant une profondeur de 6 à
700 pieds. Les premiers bouleversements de la surface de la mer
avaient été aperçus le 8 juillet, par un navire passant non loin de là (le
Gustavo, capitaine Trefiletti). On avait vu une grande masse d'eau se
soulever, avec un épouvantable fracas, pendant une dizaine de minutes
et atteindre la hauteur de 90 à 100 pieds, puis s'abîmer et s'élever de
nouveau, à des intervalles de 15 à 30 minutes, pendant qu'il s'en échappait un épais nuage de fumée obscurcissant tout l'horizon. La mer, tout
alentour, était violemment agitée, et un grand nombre de poissons
morts flottaient à la surface. Sur les côtes de la Sicile, on ne se doutait
nullement de l'étrange phénomène qui se produisait à quelques lieues
en mer. Après quatre ou cinq jours, pendant lesquels un ciel brumeux
empêchait de distinguer quoi que ce fût à l'horizon, on vit, dans la
matinée du 12 juillet, d'abord une grande quantité de menus fragments
de scories flotter sur la mer et arriver à la côte, poussés par une brise
fraîche du sud-ouest. En même temps, une odeur étrange et fétide
d'hydrogène sulfureux, se répandit sur Sciacca et les environs. Ces
menus fragments, dont la provenance était une énigme, s'amoncelaient
sur le rivage, par couches de plusieurs pouces d'épaisseur. A une petite
distance de la terre, ils se montraient en telle abondance, que les pêcheurs devaient les écarter avec leurs rames pour se frayer passage.
Le 15 juillet, au point du jour, on découvrit à l'horizon une haute
colonne de fumée, qui, la nuit suivante, apparut sillonnée de feu, et
leva tous les doutes sur la nature volcanique du phénomène. A Sciacca,

on ne pouvait rien distinguer de plus, à cause de l'éloignement. On voyait constamment la colonne de fumée s'élever verticalement : de temps à autre, on entendait comme un grondement de tonnerre, et le soir des éclairs scintillaient pareils aux fulgurations (vulgairement dits *éclairs de chaleur*) des chaudes nuits d'été.

« Moi aussi, — raconte Frédéric Hoffmann, — je vis ce phénomène que, du sommet des montagnes à l'intérieur de l'île Pantellarie, on avait pu apercevoir de très-loin ; le 24 juillet on finit par trouver moyen d'approcher du théâtre de l'événement. En s'y rendant de Sciacca, on put reconnaître, à la distance de deux lieues et demie environ, un petit îlot noir, peu élevé au-dessus du niveau de la mer, et formant le point de départ de la colonne de fumée. Nous étant approchés jusqu'à un petit quart de lieue, nous vîmes distinctement que l'îlot formait le bord émergé d'un cratère d'environ 600 pieds de diamètre, dont les éruptions, continuant sans relâche, tendaient à l'élever de plus en plus, les matières éjaculées venant s'entasser autour de sa base, avec une régularité que modifiait uniquement la direction du vent. De l'orifice de ce cratère s'échappaient d'abord, avec violence mais sans bruit, de gros ballons de vapeur, blanche comme la neige. S'entremêlant et se fondant, en quelque sorte, les uns dans les autres, ces ballons s'unissaient en une colonne que les rayons du soleil faisaient resplendir d'un vif éclat, et dont nous évaluâmes à près de 2,000 pieds la hauteur au-dessus du niveau de la mer. De temps à autre, des jets de scories la traversaient rapidement et restaient, pendant quelques instants, comme tenus en suspension par la vapeur. Mais le plus magnifique effet du phénomène était l'éruption des masses de scories, de sable et de cendres, se renouvelant à intervalles inégaux.

« Immédiatement au-dessous et à côté de la colonne de vapeur blanche, surgissait, parfois à la hauteur de 600 pieds, une épaisse colonne de fumée noire, dont le sommet s'épanouissait en gerbe. On pouvait y observer le tourbillonnement continuel de masses de cendres, de sable et de pierres, tantôt lancées en l'air, tantôt retombant dans le gouffre. Lorsque, par une impulsion plus forte, une pierre était jetée hors de la circonférence de la masse principale, elle traînait derrière elle une queue de sable noir, produisant comme des bouquets de fusées sombres ou de branches de cyprès, entrelacées et tournoyantes, le tout d'une beauté indescriptible.

« Pendant toute la durée du phénomène, on entendait le frémissement produit dans la mer par la chute des masses ardentes de sable et de cendres ; les vapeurs blanches qui s'en élevaient eurent bientôt soustrait l'île à nos regards. Alors on n'entendit plus que le pétillement des pierres qui s'entre-choquaient dans l'air, et un bruissement semblable à celui de la grêle ou d'une averse. Il ne sortait plus de flammes du cratère, qui ne donnait plus aucune lueur. Mais, dès que l'éruption reprenait avec plus de force, de vifs éclairs serpentaient à travers la colonne de cendres noires, et chacun d'eux était suivi d'un retentissant coup de tonnerre, dont la fréquente répétition devait faire, dans le lointain, l'effet d'un grondement continuel. Cet imposant spectacle durait alternativement une dizaine de minutes ou une heure entière, interrompu par un repos plus ou moins prolongé, pendant lequel on n'apercevait plus que la colonne de vapeur. C'est ainsi que le phénomène a été décrit encore par d'autres observateurs, dont les renseignements concordent, d'ailleurs, parfaitement avec ceux qu'a fournis Tillard sur les faits analogues qui se sont passés à Sabrina. L'île (Julia) atteignit, par des éruptions successives, une hauteur de près de 200 pieds au-dessus du niveau de la mer, et un quart de lieue de circonférence, puis les phénomènes volcaniques devinrent de plus en plus faibles, pour cesser tout à fait le 12 août, un peu plus d'un mois après leur première apparition.

« Alors seulement on a pu visiter l'île sans danger, et se livrer à l'observation attentive des éléments qui la composaient. J'y suis retourné le 26 septembre ; deux jours après moi, Constantin Prévost l'a visitée. Les vagues de la mer ne tardèrent pas toutefois à exercer leur action corrosive sur les montagnes de sable et de scories, les minant insensiblement et les amoindrissant de plus en plus, jusqu'à ce que, dès le mois de décembre de la même année, l'île fut entièrement submergée. Son sol a été si bien balayé par la mer, qu'au bout de quelque temps les navires pouvaient passer au-dessus de l'emplacement, sans rencontrer le moindre banc de sable. »

Deux ans plus tard (le 16 mai 1853), de nouvelles éruptions ont eu lieu sur le même point, mais elles n'ont pas soulevé d'autre île, ni laissé une trace quelconque : elles prouvent cependant que l'action volcanique n'était pas épuisée. Nous pourrions citer une foule d'exemples analogues ; ceux qui précèdent suffiront néanmoins pour démontrer d'une manière irréfragable, que des terrains plus ou moins étendus peuvent être soulevés par une force émanant de l'intérieur de la terre ; que cette force subsiste encore de nos jours, et que la formation de l'écorce terrestre, loin d'être achevée, est sujette à des modifications dont nul ne peut prévoir la portée.

Et si de nos jours, où la croûte solide du globe possède une épaisseur évaluée par les géognostes entre 25 et 75 lieues, il se produit des soulèvements et des bouleversements si considérables, quelle n'a pas dû être l'importance de ces phénomènes dans les temps primitifs !

La gravure ci-dessous représente un fragment de la croûte solide du globe, déchiré par quelque cataclysme. Supposons la cause la plus simple, la contraction de la croûte par suite de l'abaissement de la température. La conséquence naturelle de cette contraction a dû être une pression plus énergique sur l'intérieur en fusion, puis la réaction de cette même pression vers l'extérieur, amenant, sur le point le plus faible, un déchirement, et, à sa suite, l'injection des matières en fusion dans la crevasse et leur expansion au dehors, où elles forment une montagne, ou une chaîne de montagnes, si la crevasse s'est prolongée sur une grande étendue et si l'expansion de l'intérieur a eu lieu sur plusieurs points voisins les uns des autres.

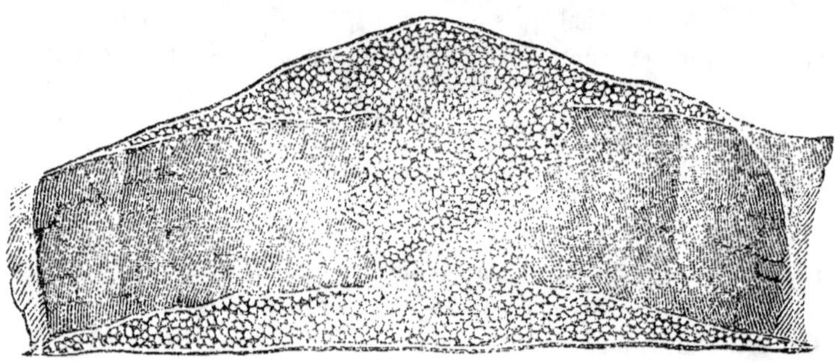

Les montagnes nous renseignent sur la nature des substances renfermées à l'intérieur de la terre ; les roches d'éruption (roches plutoniennes) nous disent clairement de quoi se compose l'intérieur du globe. Et s'il y en a plusieurs espèces, entièrement distinctes des terrains sédimentaires, c'est que toute chaîne de montagnes un peu considérable est le résultat de plusieurs phénomènes successifs du même genre, renouvelés peut-être à des milliers d'années d'intervalle.

La figure de la page suivante pourra faire comprendre cette succession d'éruptions plutoniennes. Nous y voyons d'abord reproduite, comme point de départ, la figure précédente. Par la crevasse primitive, entre b et c, les masses intérieures en fusion se sont répandues au dehors et ont formé une montagne. Depuis lors, le refroidissement de l'écorce a pénétré plus bas ; il n'y a de masses en fusion qu'à une profondeur plus grande ; elles déterminent, dans les couches superposées et contractées par le refroidissement, une nouvelle crevasse qu'elles remplissent d'abord, et d'où, ensuite, elles débordent, recouvrant de nouvelles éjections les masses répandues au dehors les premières. Dans le cours de milliers ou de millions de siècles (peu importe la durée) le refroidissement a encore progressé au-dessous de la ligne a, b, c, d; il atteint la couche restée fluide jusque là et sous laquelle s'agite ce qui,

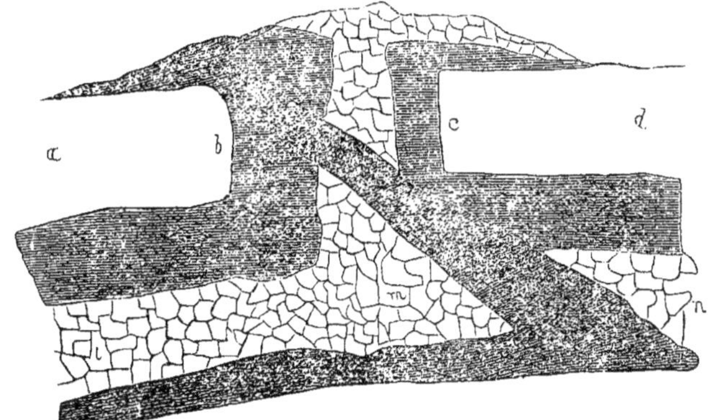

tout en bas, est encore en fusion; la pression produit, peut-être au même point, ou au travers des crevasses antérieures (comme on l'a supposé sur la gravure) une nouvelle fente que remplit, à son tour, la masse inférieure, et nous avons ainsi, à la surface, une montagne formée de trois roches différentes.

Les roches qu'on trouve soulevées de la sorte sont la phonolite, le trachyte, le basalte et quelques autres roches feldspathiques; parmi elles, le basalte est la plus remarquable, à cause de son aspect cristallin;

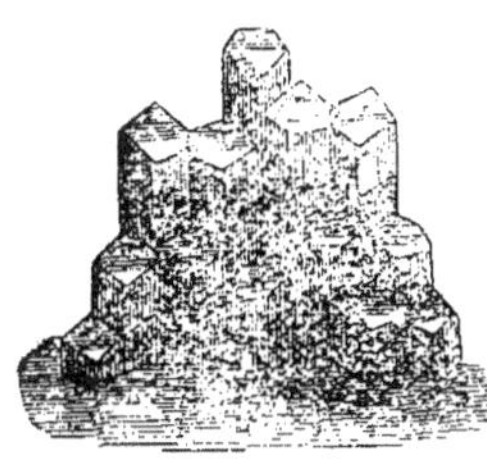

il se présente par colonnes polyédriques, comme l'indique la figure ci-contre, tantôt verticales et agencées de telle sorte, que les faces en contact, étant toujours l'une creuse et l'autre bombée, s'adaptent parfaitement l'une à l'autre, ou se rangent en lignes, comme dans la célèbre grotte de Fingal à l'île de Staffa, l'une des Hébrides (V. la figure suivante, qui en reproduit une partie); tantôt les colonnes basaltiques se présentent couchées: parfois cette roche n'a point la texture cristalline et forme des masses compactes. La gravure de la

page 570 reproduit la configuration des roches basaltiques, près de Marksuhl, dans les environs d'Eisenach. On y a trouvé, au-dessus du grès pécilien (représenté sur la gravure par des hachures foncées), un cône isolé de basalte (représenté par le dessin granuliforme) fournissant une matière sans pareille pour les fondations, les pavés ou les chaussées, si bien qu'on a peu à peu déblayé le cône, et qu'il n'en reste plus de trace. Mais ce cône n'était à la masse totale de la roche basaltique de cette localité, que ce qu'est le chapeau d'un champignon à sa tige ; on se mit donc à exploiter le filon cylindrique que surmontait naguère le cône, et l'on parvint à la profondeur de 100 pieds, sans que la roche parut près d'être épuisée. Ce fait démontre à l'évidence la théorie développée ci-dessus, de l'injection d'une roche plutonienne dans une crevasse du terrain superposé, et de son épanchement au dehors, formant une élévation sur ce terrain. Des phénomènes du même genre ont dû avoir lieu fréquemment aux époques primordiales ; jamais ils ne se sont reproduits dans les temps historiques ; car, si l'on trouve tous les terrains sédimentaires recouverts parfois de roches plutoniennes, il n'en est pas ainsi du diluvion et des alluvions qui forment le sol habité par la race humaine ; ce sol est donc nécessairement postérieur aux dernières éjections plutoniennes, et très-souvent il s'est formé au-dessus d'elles.

Si l'on avait poursuivi, au delà de 100 pieds de profondeur, l'exploitation de la carrière d'Eisenach, aujourd'hui comblée, on aurait certainement continué à trouver du basalte ; et s'il était possible de pousser une pareille exploitation à la profondeur de plusieurs lieues, on atteindrait un développement de la roche analogue à celui qu'indique la figure ; peut-être cette masse serait-elle en fusion ; en tout cas, elle se trouverait en communication non interrompue avec le cône qui existait à la surface.

Ainsi que nous l'avons déjà dit, ces injections plutoniennes sont tout à fait distinctes des phénomènes volcaniques ; ces derniers amènent bien aussi à la surface les matières en fusion qui se trouvent à l'intérieur, mais c'est par l'action de forces différentes.

On a soulevé la question de savoir si le refroidissement du globe terrestre continue encore, et, à la suite d'un examen superficiel, on a cru pouvoir répondre négativement, parce que le refroidissement est avancé à tel point, que la chaleur du soleil produit sur la terre un effet sensible. Il est démontré, en effet, que le rayonnement de notre globe dans l'espace planétaire continue toujours ; c'est à ce rayonnement qu'est dû le froid de l'hiver ; mais, comme le soleil envoie une certaine dose de chaleur à la terre, cette chaleur compense la perte occasionnée par le rayonnement, et nous voyons le sol, gelé en hiver, se ramollir à l'approche de l'été. Les doutes qui restaient à l'égard de cette compensation ont été levés par le résultat des études de l'illustre Arago sur la température moyenne de différentes contrées à des époques diverses (1); depuis deux mille ans, la température moyenne de la Palestine, de l'Egypte, de la Sicile, etc., ne s'est pas abaissée d'un demi-degré; s'il en était autrement, la terre aurait perdu quelques lieues de son diamètre, et, dans ce cas, sa rotation autour de son axe serait plus rapide. Or, la durée de cette rotation n'ayant pas diminué d'un dixième de seconde depuis deux mille ans, il s'ensuit que, pendant ce laps de temps, le refroidissement de la masse terrestre n'a pas été d'un millième de degré.

Les observations qui servent de base à ces calculs semblent tellement exactes, que le doute n'est plus permis; le savant géognoste B. Cotta, professeur à l'Académie des mines de Freyberg, a néanmoins démontré que le refroidissement de l'intérieur de la terre doit nécessairement progresser, moins par suite du rayonnement dans l'espace que comme conséquence de l'action volcanique. Toute éjaculation de lave soustrait une certaine dose de chaleur de l'intérieur : la roche, sortie ardente, se refroidit à la surface et les sources chaudes, répandues sur toute la terre, amènent à la surface, depuis des siècles, un écoulement non interrompu de la chaleur intérieure.

Ce sont là des faits qu'on ne peut pas révoquer en doute: on ne peut non plus supposer une compensation du dehors à la perte constante de chaleur; les rayons du soleil ne pénètrent pas à cette profondeur; à 70 pieds au-dessous de la surface, l'influence des saisons ne se fait plus sentir.

La diminution de chaleur de l'intérieur de la terre est donc nécessairement progressive, mais elle est nulle, eu égard au volume du globe; alors même que ce refroidissement amènerait au bout de deux mille ans une accélération de $\frac{1}{...}$ de seconde dans la rotation de la terre autour de son axe (ce qui supposerait un refroidissement de $\frac{1}{...}$ de degré), l'abaissement de la température du globe à zéro ne pourrait avoir lieu que dans 170 millions d'années, abstraction faite de l'accroissement d'épaisseur de la croûte solide qui pourrait empêcher les éruptions volcaniques. D'ailleurs, on n'en viendra jamais à ce point, par la raison que l'intérieur d'un corps ne peut pas se refroidir plus que sa surface, et que la chaleur du soleil suffit à maintenir la surface du globe à une température moyenne bien supérieure à zéro.

Si nous admettions que la coagulation de l'écorce terrestre soit déjà trop avancée pour qu'elle puisse encore se contracter et se fendre sur une grande étendue, de façon à livrer passage à des chaînes de montagnes telles que les Alpes ou les Cordillères, et que malgré cela nous trouvions encore, sur les points du globe les plus divers, des volcans

(1) V. le *Globe terrestre* de Zimmermann, vol. 1, page 258 et suivantes.

en activité, soit isolés, soit disposés en longues chaînes, sur la terre ferme ou au milieu des mers, vomissant des laves, des roches en fusion, des cendres, etc., — nous devons chercher une autre cause à ce soulèvement des masses en fusion à l'intérieur, et nous la trouverons dans l'élasticité des fluides aériformes.

On raconte que l'emploi de la vapeur d'eau comme force motrice a été imaginé par Salomon de Caus, que les Français rangent à tort au nombre de leurs compatriotes. Il aurait communiqué sa découverte au cardinal de Richelieu, par ordre duquel, étant plusieurs fois revenu à la charge avec ses plans toujours repoussés, il fut enfermé dans une maison d'aliénés. Les Français partent de là pour s'attribuer l'invention des machines à vapeur (1).

C'est l'élasticité des fluides transformés en gaz, qui fait voler en éclats la marmite de Papin, sauter des centaines de pyroscaphes sur les fleuves de l'Amérique, couler des masses de lave par-dessus les bords des cratères et surgir de terre des montagnes et des terrains de plusieurs lieues carrées d'étendue. L'élasticité de la vapeur produit une force irrésistible, et, s'il y avait au centre du globe un espace de 16 lieues de diamètre seulement, rempli d'eau, et que, par suite de la température probable de l'intérieur, cette masse d'eau se transformât en vapeur, elle ferait éclater le globe, comme la combustion de la poudre fait éclater une bombe ; rien ne prouve même qu'une semblable catastrophe ne puisse arriver un jour, puisque c'est à des phénomènes de ce genre qu'on attribue l'origine des *petites planètes*, dont le nombre connu est actuellement de 62 (2). De toute manière il est

(1) C'est François Arago lui-même qui, dans l'*Annuaire du Bureau des Longitudes,* a prétendu que Salomon de Caus était Français et qu'il eut la première idée de la machine à vapeur. L'illustre savant, pour faire de de Caus un Français, s'appuie sur ce que les ouvrages de ce mathématicien ont paru en langue française ; à ce compte, Euler (né à Bâle), Leibnitz et M. de Humboldt seraient aussi des Français. Deux ans après l'édition française, l'ouvrage de de Caus parut en allemand (ce qu'Arago ignorait sans doute), et le frontispisce porte la mention suivante : « Édité d'abord en « langue française et maintenant dans notre idiome maternel allemand, par S. de « Caus, architecte de son Éminence palatinale. Heidelberg, 1618. » Quant à la *machine à vapeur* de de Caus, ce n'est autre chose que la fontaine inventée deux cents ans avant notre ère par le mathématicien Héron d'Alexandrie ; les prêtres égyptiens connaissaient, cinq cents ans auparavant, le principe dont elle est l'application.

(Note de l'Auteur.)

(2) Lorsque l'auteur écrivit ces lignes, le nombre des petites planètes connues n'était que de quinze ; quant il eut à revoir les épreuves de cette feuille, on en connaissait déjà 51, et au moment d'imprimer la 11e édition du présent ouvrage, ce nombre était monté à 62. Quel temps que celui où les sciences naturelles marchent ainsi à pas de géant !

certain que la surface terrestre est sans cesse modifiée par cette force,
et que nous devons considérer son action comme nécessaire pour que
la terre puisse rester habitable ; sans le soulèvement de nouvelles
parties de la croûte solide, la tendance des eaux à tout niveler finirait
par aplanir toutes les inégalités de la surface, et produirait ainsi des
plaines interminables et désolées, au-dessus desquelles ne tarderait pas
à s'élever le niveau de la mer.

Les volcans sont les voies de communication établies entre l'intérieur
en fusion et la surface, et là où celle-ci est exposée à des modifications,
par l'élasticité des vapeurs comprimées, la présence des volcans, dans
les régions habitées, est un bienfait, car ils empêchent la destruction
plus qu'ils ne la produisent. Tant que le volcan fume, la soupape de la
grande chaudière est ouverte ; dès qu'elle se ferme, dès que les vapeurs
n'ont plus d'issue, elles s'accumulent, se condensent, et, comme leur
élasticité augmente en raison de l'élévation de la température, il vient
un moment où le couvercle de la chaudière n'est plus assez fort pour
opposer la résistance voulue, la surface crève et il se produit un tremblement de terre ; voilà pourquoi les Napolitains ne voient pas sans
crainte disparaître ce que, dans leur langage pittoresque, ils appellent
la pigna (le pin pinier). C'est une colonne de fumée, tenant en suspension une grande quantité d'eau et s'élevant verticalement à travers
la couche d'air plus lourde, pour atteindre la couche qui lui fait
équilibre et où elle s'épanouit, arrondie et étendue en forme de parasol, comme la tête du pin pinier ou pin cultivé (*pinus pinea*). La présence de cette colonne indique que les vapeurs s'échappent en quantité
suffisante, et qu'il n'en faut pas craindre l'accumulation. Sa disparition
indique le contraire : elle est suivie tôt ou tard de tremblements de
terre, du gonflement d'une surface plus ou moins étendue, produisant
toujours des effets désastreux.

Il est étrange pourtant, que le soulèvement de grandes masses de
terrain ne soit pas, en général, accompagné de tremblements de terre.
Sur les côtes du Chili, au sud-ouest de l'Amérique, on a constaté,
depuis trente ans, le soulèvement de portions considérables du sol ;
malgré cela aucun changement ne s'est produit dans leur situation par
rapport aux plaines ou aux montagnes : ce qui était horizontal l'est
resté ; aucune pente n'est devenue plus ou moins escarpée : l'altitude
seule a changé. Des faits semblables, quoique sur une moindre échelle,
se sont produit en Italie, en Suède, en Norwége et dans l'Inde : on a
démontré que ces soulèvements ne sont pas une illusion des sens,
causée par l'abaissement du niveau des mers ; car, dans ce cas, les côtes
de l'Allemagne, de la Courlande, de la Livonie, etc., auraient dû

paraître se soulever autant que les terrains situés vis-à-vis ; or, de ce côté-ci, il n'y a pas le moindre indice d'un soulèvement, ce qui prouve à l'évidence que le niveau de la mer intermédiaire ne s'est point abaissé, et que la Scandinavie seule s'est élevée, mais d'une façon tellement imperceptible et uniforme, que pas une maison ne s'est écroulée, que pas la moindre secousse ne s'est fait sentir. Il en est de même au Chili, avec cette différence que le soulèvement est moins lent et peut se mesurer à de courts intervalles de temps, tandis que dans la Scandinavie il ne devient sensible qu'au bout d'une longue période. Le soulèvement des côtes du Chili n'a pas été non plus accompagné de tremblements de terre ; ceux que l'on a ressentis n'avaient aucun rapport avec l'ascension graduelle et générale du sol, qu'ils n'ont ni accélérée ni ralentie.

Voici ce que dit à ce sujet sir Henry de la Bèche : « En suivant le soulèvement ou l'abaissement d'une côte d'après les monuments construits de main d'homme, qui se sont élevés ou abaissés relativement au niveau d'une mer voisine, il est très-difficile de démontrer la fixité du niveau de la mer ; on y est parvenu cependant, et l'on s'est convaincu que ces modifications ont eu lieu dans les temps historiques et qu'il faut les attribuer à la température variable de la surface des terrains volcaniques. Des variations de température, capables de faire disparaître en peu d'instants les neiges *perpétuelles* qui recouvrent, dans la zone torride, un volcan comme le Cotopaxi, ou, dans la zone glaciale, les montagnes de l'Islande, ont dû nécessairement produire une forte dilatation de ces masses de terrains. »

La même chose peut arriver également là où il n'y a pas de montagnes ; l'action volcanique n'est pas circonscrite aux terrains élevés ; elle se produit tout aussi bien dans les plaines et dans les vallées ; nous citerons, comme exemple, une partie du petit golfe de Baies, près de Naples, qui a subi, dans les temps historiques, des modifications qu'on ne peut reconnaître qu'à leurs résultats et qui n'ont probablement inquiété en aucune façon les habitants de ces contrées, si ce n'est en les obligeant à reculer devant la mer, qui venait envahir leurs maisons. Le temple de Sérapis, près de Pouzzoles, fournit des points de repère pour déterminer même les époques auxquelles ont eu lieu les changements de niveau. Trois colonnes de marbre, de 40 pieds de hauteur, restées debout pour attester que leur élévation et leur descente n'ont pas été le résultat d'un tremblement de terre, sont parfaitement intactes jusqu'à la hauteur de 12 pieds, tandis que plus haut, sur un espace de 9 pieds, elles sont endommagées et percées de trous profonds, œuvre d'un mollusque de la Méditerranée, qu'on désigne sous

le nom de *saxicave* ou *lithophage*. Le restant de la hauteur présente
les traces de l'action atmosphérique, c'est-à-dire de l'humidité, de la
sécheresse, du soleil, etc., mais n'a subi aucune autre modification.
Gisant sur le sol du temple, on voit d'autres fragments de colonnes,
percées de trous non-seulement à la circonférence, mais aussi aux
surfaces de la cassure.

De ces faits on a tiré la conclusion qu'à une certaine époque les colonnes ont dû descendre au-dessous du niveau de la mer, à une profondeur assez grande pour que les lithophages aient pu les entamer à
20 pieds au-dessus de leur base; qu'à l'époque où ceci a eu lieu, le
temple était écroulé, les colonnes renversées ayant dû l'être dès lors,
sans quoi leurs cassures ne seraient pas forées par ces mollusques;
qu'enfin le restant a dû être toujours hors de l'eau, et que tout le monument a de nouveau atteint un niveau plus élevé. Ses variations de
niveau peuvent s'évaluer de 20 à 50 pieds, car il n'est pas probable que
le temple, tel qu'il est maintenant, ait été construit à un pied au-dessous
de la marque du flux ordinaire, ce qui ferait 2 ou 5 pieds au dessous
de la marée haute.

Le célèbre géologue Lyell a calculé que le sol dans lequel gisent les
fondations du temple, se trouvait, à l'époque où a été posé le pavé en
mosaïque qui en décorait l'intérieur, c'est-à-dire à peu près cent ans
avant notre ère, à 12 pieds environ au-dessus du niveau de la mer; que,
dans le cours des deux siècles suivants, il s'était peu à peu abaissé de
6 pieds; qu'ayant continué à s'abaisser, à raison de 5 pieds par siècle,
il se trouvait, vers l'an 500, descendu juste au niveau de la mer (ce qui
est confirmé par des documents historiques), et que cet abaissement a
continué jusqu'au ixe siècle, où, par conséquent, il était à 19 pieds
au-dessous du niveau de la mer. Depuis lors, il a remonté tout aussi
lentement (mais on ne connaît pas la durée du temps d'arrêt entre la
descente et la montée); au bout de neuf siècles, le mouvement ascensionnel s'est de nouveau arrêté à deux pieds au-dessus de son niveau
actuel, qui est l'effet du nouvel abaissement depuis cette époque.

Ce monument n'est pas le seul, d'ailleurs, où l'on puisse constater,
par des preuves matérielles, les changements de niveau. A la sixième
colonne du *pont de Caligula*, près de Pouzzoles, on voit, à quatre
pieds au-dessus du niveau de la mer, toute une série de trous, percés
par la même espèce de lithophages qui a endommagé les colonnes du
temple de Sérapis. A la douzième colonne de ce même pont, des trous
semblables existent à dix pieds d'altitude. Les colonnes du temple des
Nymphes et de Neptune, entièrement submergées, accusent indubitablement un changement de niveau, car il est bien sûr qu'on ne les a pas

construites sous l'eau, mais sur le rivage; aujourd'hui, on les voit, jusqu'à la profondeur de cinq pieds, dans une eau parfaitement claire; à partir de là jusqu'à leur base, elles sont enfouies dans le sable et dans la vase; si l'on pouvait les faire visiter par des plongeurs, ou les entourer d'une digue pour les mettre à sec, on y recueillerait sans doute les mêmes indices que sur les colonnes du temple de Sérapis.

Il existe aussi des voies romaines entièrement submergées; on en voit un tronçon entre Pouzzoles et le lac Lucrin; un autre dans le voisinage du château de Baies; mais le plus remarquable est celui qui, couvert de débris d'anciens édifices, longe la côte de Sorrente, sur le golfe de Naples; un des palais de Tibère, dans l'île de Capri, est également enseveli dans la mer; sur un récif, en face de l'île de Nisida, on voit, à trente-deux pieds d'altitude, des trous percés par les lithophages. Ce sont là des faits faciles à vérifier et qui prouvent les variations considérables et réitérées du niveau de toute la contrée, depuis le Vésuve jusqu'à Pouzzoles, et depuis Naples jusqu'à Capri.

Le géologue anglais Babbage, après avoir groupé cette série de faits, en déduit que, par suite des variations de température, l'écorce terrestre modifie continuellement sa configuration, et que ses contractions et ses dilatations sont capables de former de larges fentes et d'abaisser ou d'élever des chaînes de montagnes et même des continents tout entiers; il fonde son opinion sur la température qui s'élève de plus en plus, à mesure que l'on pénètre à une plus grande profondeur; sur la dilatation des roches compactes, par l'effet de la chaleur, effet qui, au contraire, condense l'argile et en diminue le volume; sur la différence de conductibilité du calorique de certains minéraux; sur le rayonnement inégal du sol, selon qu'il est couvert de forêts, de landes ou d'eau, et enfin sur la diversité des influences atmosphériques agissant sur la surface de la terre.

D'après ces considérations, Babbage est d'avis qu'à l'époque où a été construit le temple de Sérapis, le sol avait une température élevée, dont l'abaissement a occasionné sa contraction, et, par suite, une descente de la surface; que celle-ci ayant atteint un certain point, une addition de chaleur, provenant peut-être de quelque volcan voisin, en dilatant le terrain, l'a de nouveau élevé au-dessus du niveau actuel. Si depuis lors il a recommencé à descendre, c'est un indice d'un nouvel abaissement de température. On pourrait objecter qu'il est tout aussi probable que le niveau de la mer se soit élevé; mais un examen attentif démontre aussitôt que, si la mer s'était élevée d'une trentaine de pieds, ce mouvement ascensionnel n'eût pas été circonscrit au golfe de Baies, mais aurait dû s'étendre sur toute la Méditerranée, ainsi que sur la

mer Noire : un pareil phénomène eût occasionné des désastres inouïs :
64.000 lieues carrées de terres habitées (toutes les plages et les plaines
basses, la Lombardie entière, le midi de la France, l'est et le sud de
l'Espagne, le nord de l'Afrique, l'Egypte jusqu'aux cataractes du Nil,
la plus grande partie de la Grèce, etc., etc.) eussent été submergées,
et l'histoire n'aurait certainement pas passé sous silence un événement
aussi important : en outre, le désastre n'aurait pu durer que quelques
semaines, ou tout au plus quelques mois, les eaux de la Méditerranée
étant maintenues par le détroit de Gibraltar au niveau de celles de
l'Océan : or, il est démontré, par les traces des lithophages, que les
eaux ont séjourné longtemps à la hauteur indiquée. Tout ceci prouve
donc à l'évidence qu'il faut chercher dans le soulèvement et l'abaissement alternatif du sol, l'origine des indices d'une variation apparente
du niveau des eaux.

Il est plus difficile de déterminer les abaissements du sol que ses soulèvements. Cependant, s'il est constaté que le volume de la terre ne va
pas en augmentant (puisque la vitesse de sa rotation est toujours égale)
il faut pourtant admettre qu'autant sa surface s'est élevée d'un côté,
autant elle s'abaisse de l'autre.

Il semble qu'on ne puisse guère se procurer à cet égard la certitude
requise pour une démonstration scientifique, car là où le rivage s'enfonce sous l'eau, l'action érosive de cette dernière aura bientôt effacé
les traces du niveau antérieur. Le géologue Darwin, dont il est fait
mention dans le *Globe terrestre*, à propos des îles de corail, est parvenu à signaler, dans l'océan Pacifique, à peu près autant de points en
voie d'abaissement, qu'en voie de soulèvement, l'un et l'autre imperceptibles, mais cependant mesurables. Les premiers correspondent à la
série de volcans échelonnés sur une ligne de quelques mille lieues dans
l'océan Pacifique ; les autres correspondent aux constructions des polypes du corail.

Tout cela, cependant, est encore fort hypothétique, et ce qui nous
importe, c'est de faire connaître, non pas des opinions, mais des faits.
Or, ceux-ci, nous les trouvons sur les côtes occidentales de l'Europe,
où des forêts entières, avec leurs troncs élancés et leurs racines plantées en terre, ont été trouvées à une grande profondeur au-dessous du
niveau de la mer, depuis l'extrémité nord de la Grande-Bretagne jusqu'au midi de l'Espagne.

Sur beaucoup de points, le rivage s'est tellement abaissé, qu'aujour-
d'hui le niveau de la mer, au moment du reflux, est celui où jadis elle
n'atteignait que lors des plus hautes marées. Or, sur les côtes occidentales
de l'Europe, l'écart entre les hautes marées et la basse mer n'est pas,

comme au milieu du grand Océan, de trois pieds seulement, mais
bien de 30 ou 40 pieds. (V. le *Globe terrestre,* vol. II). C'est donc de
30 à 40 pieds que s'est élevé (en apparence) le niveau de la mer.

Un autre argument, dans ce sens, nous est fourni par les innombrables gisements houillers de l'Angleterre, de la Belgique et de la France,
situés, pour la plupart, à une grande profondeur au-dessous du niveau
de la mer; en Angleterre, on trouve même des galeries percées sous le
sol marin, et la cupidité de certains propriétaires, peu soucieux d'épar-
gner les dangers à leurs ouvriers, a fait entamer à tel point le toit des
filons, que, pendant l'ouragan, les houilleurs, entendant les flots écu-
mants mugir au-dessus de leur tête, se précipitent, saisis d'épouvante,
vers les issues des galeries.

Or, comme la houille, ainsi que nous l'avons démontré, est un produit végétal et *terrestre,* et que, par conséquent, les terres où s'accu-
mulait la végétation qui devait fournir à la postérité cet inestimable
trésor, étaient nécessairement sèches, sa présence actuelle à 200 et à
500 pieds au-dessous du niveau de la mer démontre, mieux que les îles
de corail de Darwin (quelques ingénieuses que soient d'ailleurs ses hypothèses), l'abaissement successif du sol.

Dans ces derniers temps, d'autres faits sont venus fournir, à cet
égard, des preuves encore plus directes. Des pêcheurs ont amené à la
surface, dans leurs filets, des racines à peine détachées de leur sol; des
navires ont même relevé, accrochées à leurs ancres, des souches entières de grands arbres, encore couvertes de terre. Et, en dernier lieu,
les constructions de canaux, de chaussées et de railways le long de la
mer, ont mis à nu des portions considérables d'anciennes forêts.

La gravure ci-dessous représente une de ces forêts sous-marines,

découverte dans le comté de Cornouailles, en Angleterre, et dessinée,
avec son sous-sol et son toit, par sir H. de la Bêche, dans son traité de
géologie.

Les arbres *a a a* sont encore situés à l'endroit où ils ont poussé; les
arbres couchés *b b,* les crânes, les cornes de bœuf et les bois de cerf

c c, mêlés de feuilles, de branches et de fragments de racines, gisent là où ils sont tombés, sans que rien ne les ait dérangés. Au-dessous de la couche végétale qui a produit les arbres, les roches du sous-sol sont indiquées par *e e*. Toute cette ancienne forêt est recouverte d'argile, de limon et de sable durci, tandis que, dans la partie supérieure *f f*, on voit la ligne du rivage garni de végétaux, le long duquel s'étend la forêt sous-marine.

On a découvert de semblables forêts le long des îles d'Orkney et des Hébrides, ainsi que près des côtes du Pas-de-Calais et des comtés de Cambridge et de Lincoln. Au pied des côtes méridionales de la Baltique, on trouve des troncs de chênes, de sapins et d'autres arbres, adhérant aux racines, dans leur position naturelle ; on a même constaté la présence de plusieurs étages successifs, séparés par des couches de sable et d'argile ; il en est ainsi dans le voisinage de Greifswalde, de l'île d'Usedom et de Colberg. Là, ces forêts sous-marines sont séparées de la mer par des dunes de sable et gisent parfois dans de profondes tourbières, renfermant de nombreux débris d'animaux et de végétaux, dans un état de conservation parfaite, mais d'origine exclusivement terrestre et fluviatile. On y a trouvé des insectes fossiles, des ossements et même des traces de pas de mammifères ; ces faits ont de l'importance, parce qu'ils nous offrent une image de la flore et de la faune de l'époque où ces êtres étaient vivants à la surface.

Dans une forêt sous-marine des bords du Humber, large fleuve de la côte orientale de l'Angleterre, qui forme à Spurnhead, où il se jette dans la mer, une grande baie, on a trouvé des débris d'élan et de daim, de même que dans une autre forêt près de Minehead, dans le comté de Somerset. Les chênes dont se composent cette dernière sont encore aussi fortement enracinés que s'ils étaient en vie ; les ossements et les bois des cerfs ont conservé leur adhérence, ce qui prouve qu'ils n'ont pas été amenés là par les eaux, d'autant plus que des cerfs, appartenant à la même espèce, vivent encore, à l'état sauvage, tout près de là, dans la forêt d'Exmoor : le changement de niveau, l'abaissement d'une partie de cette surface au-dessous de la mer, ont donc eu lieu à une époque où la terre était déjà habitée par les mêmes familles d'animaux qu'aujourd'hui ; on peut même établir qu'il existait déjà des hommes : d'après les calculs généralement adoptés pour déterminer l'ère de la création de l'homme, l'époque de cette transformation du sol ne remonte donc pas aux temps primitifs.

Voici le fait sur lequel est basée cette supposition. Le comté de Cornouailles est très-riche en mines d'étain. On rencontre ce métal dans la terre franche, par grains, le plus souvent à l'état pur, ou très-peu oxydé, et on l'en extrait par l'opération du lavage. En faisant cette opération, on a trouvé, mêlés aux débris végétaux, des débris d'animaux et des crânes humains dont les caractères étaient parfaitement reconnaissables. Les arbres se présentent debout, à l'endroit même où ils ont poussé, avec leurs racines plantées dans la couche de terre qui renferme l'étain ; les troncs sont ensevelis dans des sédiments d'*eau douce*, à près de 50 pieds au-dessous du niveau de la mer.

Il résulte de ces trouvailles, qui se sont renouvelées sur plusieurs points dans les mines d'étain d'Angleterre, qu'après que la substance métallique se fut introduite, par voie de précipitation, dans son gisement actuel, — peu importe que ceci ait eu lieu plus haut ou plus bas que le niveau de la mer, — la terre a eu le temps de se couvrir de végétaux et de forêts dont les arbres différaient peu de ceux de nos jours ; puis le sol dans lequel ils étaient plantés s'est abaissé à tel point, qu'il a pu être entièrement couvert de galets roulés par les rivières, et descendre avec ces derniers bien au-dessous du niveau de la mer. Cette hypothèse n'exclut pas la possibilité qu'il soit descendu de prime abord jusqu'à son niveau actuel ; dans ce cas, il y aurait eu une baie où se seraient accumulés les galets d'eau douce ; les choses se sont passées ainsi en Égypte, où le limon du Nil a peu à peu refoulé la mer et transformé la baie en un sol fertile. (V. le *Globe terrestre*, vol. II).

Il est très-intéressant de retrouver ici aussi la certitude que ces contrées ont été habitées par des races d'animaux, aujourd'hui éteintes, en même temps que par les cerfs, les élans, les chevaux et autres, dont la race s'est perpétuée jusqu'à nos jours. En Angleterre, les fouilles incessantes, entreprises en vue des richesses minérales du sol, ont amené les plus belles découvertes géognostiques. Dans la partie méridionale du pays de Galles, où l'on trouve beaucoup de forêts sous-marines, une longue plage s'étend depuis l'embouchure du fleuve Neath vers l'est jusqu'au delà de Port-Talbot ; une double ligne de dunes l'abrite contre la mer. Sur cette plage, on est parvenu à mettre à découvert, dans leur position naturelle, un grand nombre de souches d'arbres provenant d'anciennes et vastes forêts, et à en suivre les ramifications jusque sous les dunes. Sur la surface du terrain argileux dans lequel étaient plantées ces racines, on peut reconnaître la succession des animaux qui ont habité ces forêts, aux traces profondes de leurs pas dans les sentiers, si bien qu'on distingue parfaitement les traces du cerf de celles du taureau. Les taureaux étaient d'une espèce beaucoup plus grande que ceux de nos jours, car l'espacement des pas, qui n'est, chez les nôtres, que de 2 à 3 pieds, atteint près de 7 pieds, ce qui, chez un mammifère quadrupède, accuse une taille colossale. Des traces semblables ont été constatées sur le sol de la forêt sous-marine de Pembre, dans le comté de Caermarthen. On avait creusé près de Pembre un bassin dans le delta formé par le Barry et une autre petite rivière. Après le déblai du sable, on découvrit la forêt sous-marine, dont le sol était sillonné de sentiers dûs au passage des cerfs et des taureaux, et conservant les empreintes très-distinctes de leurs pas. On y découvrit, en outre, des ossements et des cornes de la grande espèce du taureau qu'on a nommé *bos primigenius*, et dont les cornes avaient plus de cinq pieds de longueur.

A l'intérieur des collines que longent ces rivières, il y a de nombreuses cavernes renfermant des débris de rhinocéros, d'éléphants, d'hyènes, d'ours gigantesques, et de l'espèce de lions dite *felis spelœa*, beaucoup plus grande que l'espèce actuelle. Il est difficile de distinguer l'époque où ont vécu ces animaux dont la race est éteinte, de celle où les forêts avec les traces de pas d'animaux ont été submergées; en tous cas, la submersion doit avoir eu lieu sans aucune secousse, puisque les arbres ont gardé leur position naturelle, et que les empreintes de pas n'ont pas même été effacées.

De ces différents phénomènes, on peut conclure avec certitude que les îles Britanniques et toute la côte occidentale de l'Europe ont subi un abaissement suffisant pour compenser le mouvement ascensionnel d'autres contrées; il est probable, en outre, que l'abaissement de la température a été la seule cause de la contraction, et, par elle, de la descente des roches et des terrains; ceci semble résulter également du fait qu'en Angleterre, et même sous des latitudes plus méridionales, on a trouvé des fossiles marins d'espèces qui vivent exclusivement dans le Nord; à l'époque où ces espèces séjournaient sur le terrain argileux ou sablonneux dont s'est formé le grès ou le schiste qui les renferme aujourd'hui à l'état fossile, le climat de ces contrées a dû être beaucoup plus rigoureux. Les variations de la température terrestre et de l'élévation de la surface au-dessus du niveau de la mer, sont donc parfaitement démontrées, et leurs effets ne peuvent être attribués qu'à l'action des forces plutoniennes.

L'action volcanique n'est guère moins répandue que celle des forces plutoniennes et occupe une grande place parmi les causes des modifications de la surface terrestre. Les volcans fournissent le moyen, aux masses en fusion à l'intérieur, de s'élever à la surface par de hautes cheminées, et de couler, à l'état de fluidité ignée, par-dessus les bords des cratères, ou bien, lorsque la pression contre les parois du volcan devient trop forte, de briser cet obstacle, en se frayant un passage par les flancs de la montagne.

Lorsque ces masses en fusion viennent à se trouver en contact avec l'eau, ainsi qu'il arrive ordinairement, il en résulte, comme conséquence nécessaire, la transformation de l'eau en vapeur; tout ce qui se trouve au-dessus de la vapeur, est lancé hors du cratère avec une violence qui dépasse toute idée. Le Vésuve, un des plus petits parmi les volcans connus, est ordinairement surmonté, au moment de l'éruption, par une colonne de feu de 9 à 10,000 pieds de hauteur (c'est-à-dire trois fois plus haute que le volcan lui-même), jusqu'au sommet de laquelle il lance des blocs de rochers de plusieurs pieds cubes, comme si c'étaient des balles à jouer. Il n'existe aucun engin, construit de main d'homme, qui puisse faire faire à un simple boulet de douze une ascension verticale, de la durée de 50 secondes; d'après les lois de la gravitation, il faudrait, pour cela, que le boulet s'élevât avec une vitesse de 755 pieds pendant la première seconde, pour monter avec une vitesse décroissante pendant une demi-minute, et puis retomber avec une vitesse progressive pendant une autre demi-minute; ce sont là des conditions à l'accomplissement desquelles les forces humaines sont impuissantes, tandis que les forces de la nature les accomplissent, pour ainsi dire en se jouant, et cela pendant des journées et des mois entiers, à la stupéfaction du spectateur, qui voit les étincelles dont se compose l'éblouissante *girandola* du Vésuve retomber sous forme de blocs de rocher, de force à écraser une maison.

Partout on peut constater les effets de l'action volcanique. A l'époque où la croûte solide du globe était moins épaisse, les masses en fusion à l'intérieur pénétraient à travers ses larges crevasses, qu'elles remplissaient, se répandant parfois au-dessus des bords et formant ainsi les bases des chaînes de montagnes. De nouvelles éjections venaient plus tard s'amonceler sur les premières; une de ces crevasses s'est prolongée presque d'un pôle à l'autre : c'est celle d'où ont surgi les Cordillères des Andes, qui traversent, du midi au nord, sous différents noms, l'Amérique tout entière. D'autres crevasses se sont formées, parallèlement à l'équateur, sur près d'un tiers de la circonférence du globe : leurs éjections s'appellent les Pyrénées, les Alpes, le Balkan, le Caucase et les montagnes qui séparent l'Inde du Thibet (l'Himalaya). Ailleurs, elles ont donné naissance à des groupes de montagnes dont les chaînes partant d'un même centre, se ramifient dans plusieurs directions.

Aujourd'hui que la croûte terrestre, solidifiée, a acquis une force de résistance plus grande, elle ne se fendra probablement plus sur une vaste étendue; si jadis il a fallu l'épanchement au dehors pour calmer les vagues tumultueuses de l'intérieur en fusion, aujourd'hui, elles possèdent des issues constamment ouvertes; jadis, il n'existait pas de volcans, dans le sens actuel ; toute la terre était un volcan ; aujourd'hui, il n'existe plus d'action plutonienne : elle s'est transformée en action volcanique, ou, en d'autres termes, elle se manifeste dans des proportions plus restreintes.

Les effets de cette manifestation relativement restreinte n'en sont pas moins formidables et dévastateurs ; les cendres et les laves éjaculées par le Vésuve, ce nain des volcans, ont enseveli, peu après le commencement de notre ère, toute une province sous une couche de 70 pieds d'épaisseur ; cette effroyable éruption était accompagnée d'un tremblement de terre qui bouleversa de fond en comble une surface de près de 140.000 lieues carrées.

Les volcans tirent leur origine des forces plutoniennes, mais ils se sont développés par leur action propre. Dans tout volcan, il faut considérer d'abord le mont lui-même, à cime presque toujours arrondie en coupole, et à pentes douces, et ensuite l'excavation, située ordinairement au sommet, et qu'on appelle le *cratère* (les Napolitains disent *la caldera*, la chaudière). Ce n'est qu'après un examen approfondi que l'on parvient à distinguer, de l'effet du soulèvement primitif, le produit du tassement des matières éjaculées.

Sous ce rapport, des géognostes allemands, et surtout M. L. de Buch, ont grandement contribué à faire prévaloir une classification rationnelle. C'est d'après ce dernier qu'on a établi la distinction entre les cratères *de soulèvement* et les cratères *d'éruption*.

Le cratère de soulèvement est un effet de l'action plutonienne. Une partie de la surface terrestre, stratifiée d'une manière quelconque, et que nous supposerons parfaitement plane, comme la représente la figure ci-contre (1), se fend par la pression inégale de l'intérieur en fusion contre la surface ; elle présente alors l'aspect qu'indique la figure ci-après. L'ouverture qui se forme de cette manière, et qui descend de *a b* en *c d*, est un cratère de soulèvement : ce que l'on appelle aujourd'hui « action volcanique » n'a pas contribué à sa formation. Lorsque l'action ne cesse pas après ce premier effet, mais que

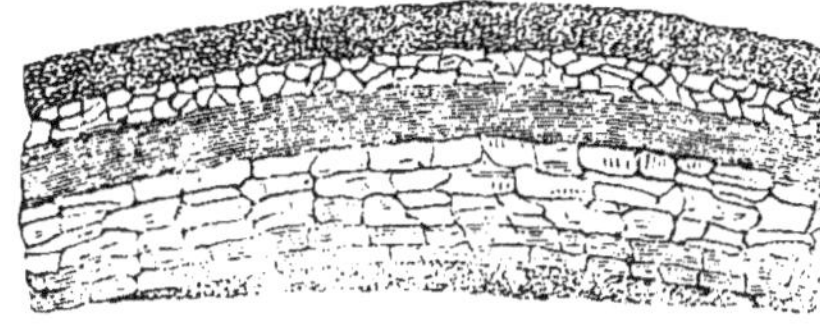

(1) Si nous la supposons stratifiée, c'est pour mieux faire comprendre, par le dessin, les modifications qui se sont produites ; il est évident que la stratification n'est pas indispensable pour qu'un soulèvement puisse avoir lieu ; les forces plutoniennes agissaient tout aussi aisément là où la croûte terrestre se composait de roches massives.

l'éruption continue, alors, ou bien les masses fluides de l'intérieur

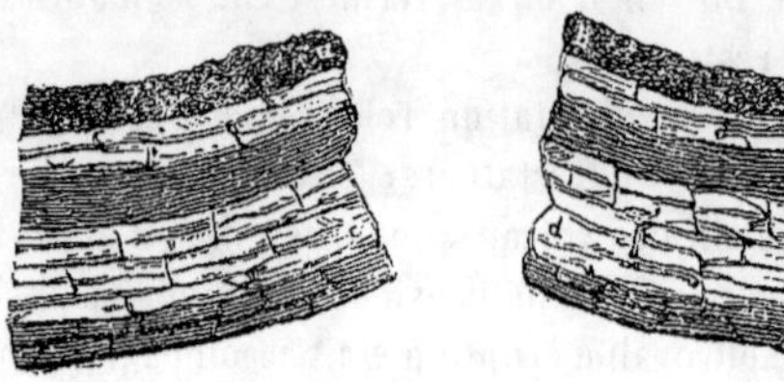

s'injectent dans ce cratère, en débordent même, ou bien des matières
à demi fondues, des scories, des roches infusibles, sont éjaculées avec
plus ou moins de violence. Dans le premier cas, le profil du cratère
sera probablement celui de la figure qui suit; les roches en fusion qui

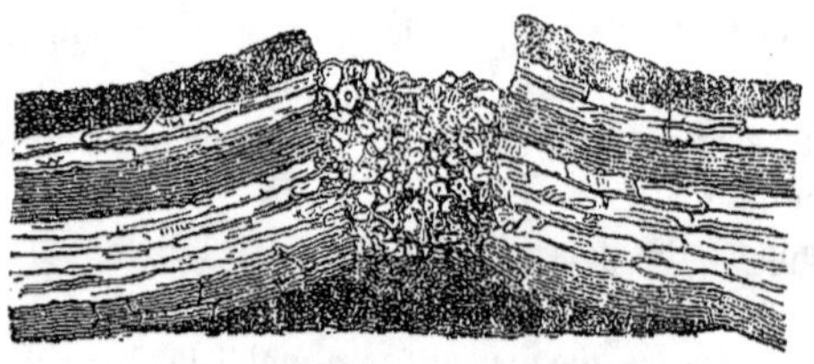

bouillonnent sous la croûte solide se sont plus ou moins soulevées; ce
soulèvement n'a pas suffi pour contre-balancer, par une pression plus
forte, les masses qui tendaient à se faire jour, et la cavité tout entière
s'est trouvée remplie; les matières liquides se sont répandues au-dessus
des bords du cratère, et les ont recouverts tout alentour. S'il s'y forme
alors une nouvelle excavation, comme sur la gravure de la page suivante, ce n'est plus un cratère de soulèvement, mais bien un cratère
d'éruption, et la montagne au sommet de laquelle il se trouve, s'appelle
un *cône d'éruption*.

Il peut également se produire un véritable cratère, sans que des
matières liquides aient concouru à sa formation. Supposons que les
éjaculations soient de la nature des scories, ou bien des roches infusibles, des cendres volcaniques, des masses vitreuses chargées de gaz,
telles que la pierre ponce, on aura un profil dans le genre de celui que
nous donnons ci-après; au lieu de laves compactes, on n'y voit que des
roches réduites en menus fragments, et, au milieu du cratère de soulèvement *a b*, il s'en forme un deuxième qui devient parfois, comme
dans les chaînes volcaniques de l'Amérique du Sud, une haute montagne, en quelque sorte un volcan dans un volcan.

Il peut toutefois se présenter un troisième cas, qui est celui de presque tous les petits volcans et de la plupart de ceux de moyenne

grandeur : l'accumulation de fragments de roche, de l'espèce men-

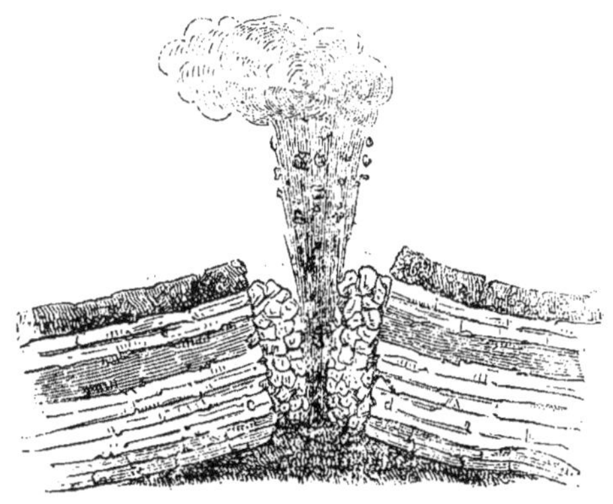

tionnée ci-dessus, et qu'on désigne sous le nom de *rapilli*, ne s'arrête pas lorsque la crevasse du sol est à demi comblée ; elle continue de manière à s'élever par-dessus les bords, et à former un mont considérable, qui devient le volcan proprement dit, avec un orifice qui est un véritable cratère d'éruption.

Parfois il arrive aussi, et quelques-uns parmi les plus petits volcans en offrent l'exemple, que la montagne tout entière ne consiste qu'en une accumulation de *rapilli* ; dans ce cas, il ne s'est pas formé de cratère de soulèvement, comme conséquence d'une crevasse de la croûte terrestre et du mouvement ascensionnel des couches horizontales.

mais les *rapilli* se sont fait jour à travers une simple fissure de 50 à
500 pieds d'étendue, et leur accumulation a produit une montagne, à

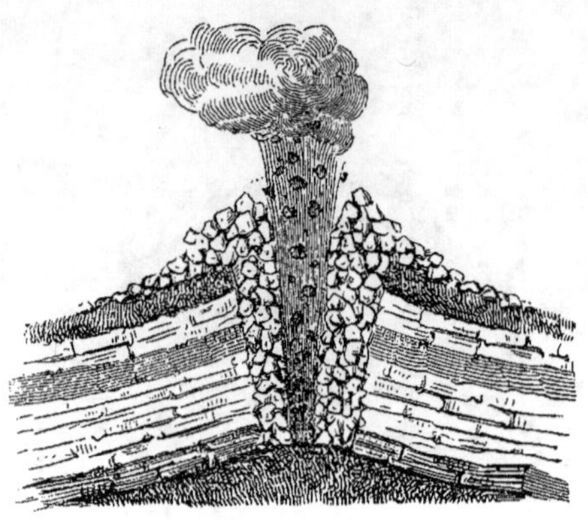

peu près comme l'indique la figure ci-après, dont les lignes courbes

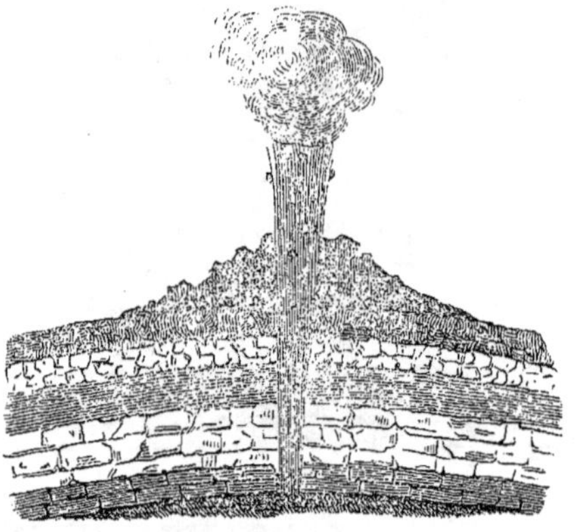

représentent l'écorce solide du globe, avec la fissure à travers laquelle
les *rapilli* se sont répandus et amoncelés sur la surface. C'est ainsi
qu'autour du Vésuve et de l'Etna se sont formés de nombreux monticules, de dimensions plus ou moins considérables. Fr. Hoffmann en a
indiqué 70, sur la carte que, du sommet de l'Etna, en quelque sorte à vol
d'oiseau, il a dressée de ce groupe volcanique. Lorsque le cratère s'est
refermé, rien ne trahit, au bout d'un siècle, la nature volcanique du
monticule, et il n'est donné qu'à un habile géognoste de reconnaître les
causes auxquelles est due son origine.

Dans tout volcan on pourra reconnaître l'un des cas énumérés ci-dessus; aucun autre n'est possible : mais il est parfois très-difficile de faire la distinction. S'il s'agissait d'un rivage escarpé, le premier coup d'œil ferait reconnaître la structure cristalline ou stratifiée de la roche, et sa disposition ou horizontale ou en pentes plus ou moins inclinées. On pourrait observer le même fait dans une tranchée de chemin de fer, pratiquée dans un terrain dont l'inclinaison ne serait, par exemple, que de deux pour cent, et qui obligerait, pour obtenir un tracé à peu près horizontal, à descendre à 250 pieds, pour une tranchée d'une lieue de long. Ici encore, le géologue reconnaîtrait au premier coup d'œil toutes les particularités du terrain. Mais, pour les volcans, il en est tout autrement; il n'y a pas là de rives de fleuve, et des tranchées ou des tunnels ne viennent pas faire reconnaître la stratification des roches ; c'est pourquoi il devient très-difficile de distinguer si l'on a devant soi un cratère de soulèvement ou un cratère d'éruption.

Les volcans les plus rapprochés de nos contrées, le Vésuve, l'Etna, les volcans des îles de la Méditerranée et le pic de Ténériffe (dont la dernière éruption date de 1798), nous fournissent des renseignements très-complets sur le mode de leur formation et sur le développement de leurs cratères; ils ont tous été soulevés par l'action des forces plutoniennes, qui en a fait des montagnes; ils ont tous des cratères de soulèvement très-distincts, et dans ceux-ci, des cratères d'éruption qui s'élèvent parfois au-dessus des premiers; autour de l'Etna, une multitude de petits volcans s'élèvent au pied du mont central; ce sont incontestablement de simples cratères d'éruption, leur élévation ne provenant que du tassement des matières éjaculées.

Dans ces grands volcans, le sol s'est, en général, soulevé à tel point, que des crevasses se sont formées en guise de rayons partant du point central du soulèvement, et se sont prolongées jusque dans la plaine, restée d'ailleurs en dehors de l'action des forces plutoniennes. Mais, comme le foyer d'un volcan de ce genre s'étend fort loin, il arrive parfois que, du milieu ou de l'extrémité de la crevasse, longue de plusieurs lieues, s'épanchent des laves, ou que des fragments de roche sont lancés en l'air. Ils retombent alors tout autour de l'orifice qui les a vomis, à moins que la force du vent ne les entraîne plus loin, et ils forment ainsi un nouveau volcan, ne possédant qu'un cratère d'éruption. De cette manière, un mont se joint à l'autre, et à la suite d'un premier volcan se forme tout un groupe volcanique central, pareil à l'Etna, et tels qu'on en voit sur plusieurs points de l'Europe, quoique dans de plus petites proportions.

Le superbe groupe volcanique qui entoure le Puy-de-Dôme, en Auvergne, de manière à former l'ornement du plateau central de la France, et le groupe analogue qui a percé les couches de grauwacke du plateau qui s'élève sur les bords du Rhin, dans leur partie septentrionale, sont plus près de nous que les volcans de la Sicile ; il en est de même des montagnes de l'Eifel, entre Bonn, Andernach et Trèves, très-riches en volcans éteints et en produits de leur ancienne activité ; c'est là que se rendent les géognostes allemands, lorsqu'il ne leur est pas donné d'aller observer les phénomènes plus grandioses dont la nature a gratifié les contrées lointaines, tels que ceux de l'Etna, dont les cratères éteints et en activité, sont au nombre de près de 70.

Supposons que, sur la gravure ci-dessus, *a* représente le terrain soulevé, et *a b, a c, a d*, etc., les crevasses produites par le soulèvement ; on comprendra sur-le-champ que, sur un point quelconque de chacune de ces crevasses, les forces volcaniques, rencontrant une résistance moindre, se feront jour plus aisément qu'à travers les masses de rochers, amoncelées sur les intervalles des crevasses. Si nous apercevons, autour du point *a*, des masses en forme de montagnes, nous serons fondés à conclure qu'elles se trouvent au-dessus d'ouvertures de l'écorce terrestre, et nous pourrons même, du haut du sommet du mont central *a*, suivre, à l'aide des monticules qui s'élèvent l'un derrière l'autre, la direction des crevasses, encore qu'elles soient entièrement comblées.

Il va de soi que les vapeurs et les gaz souterrains ne se frayent passage et ne lancent les matières compactes qui leur faisaient obstacle, que là où les crevasses ont le plus de largeur. Ces éjaculations retombent nécessairement tout autour de l'orifice qui les a vomies, et s'y accumulent de manière à combler d'abord la crevasse, et puis à la couvrir d'une élévation.

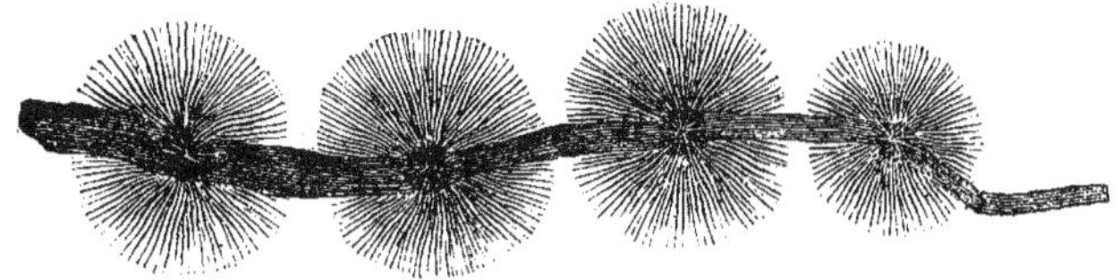

Lorsque la crevasse présente, comme dans l'esquisse ci-dessus, plusieurs points d'où les *rapilli,* les laves, les sables ou les cendres ont fait irruption, il peut fort bien arriver que la crevasse tout entière finisse par disparaître sous ces matières, entassées après l'éjaculation ; il suffit pour cela que le pied du premier monticule atteigne le pied du second, celui-ci le pied du troisième, et ainsi de suite, de sorte qu'à la fin l'existence d'une ancienne crevasse n'est plus révélée que par la série de cratères qui s'y succèdent.

Ce sont là tous des cratères d'éruption, de la catégorie de ceux que nous avons décrits page 586 et 587 ; d'après leur disposition, on pourra reconnaître la direction de la crevasse d'où ils ont surgi. Parfois, ils couvrent toute l'étendue du cratère de soulèvement : il s'en faut de bien peu qu'il n'en soit ainsi de l'Etna ; les soixante-dix cratères, éteints ou en activité, qui s'élèvent depuis la vaste circonférence de son pied jusqu'à son sommet, constituent un tel assemblage de cônes d'éruption, qu'il faut un œil expérimenté pour retrouver le sol primitif de tout ce fouillis de monticules accumulés les uns sur les autres.

On est parvenu cependant à en déterminer la structure primitive, et à constater qu'un vaste terrain a été soulevé à la hauteur de 9 à 10.000 pieds par les forces plutoniennes ; de ce terrain, on aperçoit tantôt les couches peu inclinées, tantôt les fragments de roches, résultat du soulèvement et du bouleversement des couches ; leur caractère sauvage et escarpé les fait distinguer aisément des cônes à pentes douces, formés par le tassement des cendres et des *rapilli.* On voit la montagne centrale (appelée *Mongibello* par les Siciliens), sur une circonférence de 50 lieues environ, s'élever doucement de la plaine pour devenir de plus en plus escarpée ; à la zone de jardins richement cultivés, on voit succéder une zone de forêts, puis une zone de roches stériles, et l'on peut ainsi distinguer avec certitude ce qui appartient au terrain soulevé, de ce qui est venu plus tard le recouvrir. Cela n'est possible, toutefois, qu'à l'aide de profondes connaissances en géognosie ; or, comme cette science est encore toute nouvelle, il n'y a pas lieu de s'étonner de ce que les phénomènes parfois inexplicables et contradictoires que présente l'Etna, soient restés une énigme pour les anciens naturalistes, et n'aient été scientifiquement exposés qu'à une époque très-récente. L'ascension de l'Etna, d'ailleurs, est très-ardue par elle-même, et le devient plus encore par la difficulté de trouver, parmi les indolents Siciliens, un guide, comme ceux de la Suisse, aux indications duquel on puisse se fier.

Le sommet de l'Etna est aujourd'hui à plus de 10,000 pieds d'altitude ; il dépasse donc de beaucoup la limite des neiges perpétuelles : aussi est-il couvert de neige et de glace, et presque toujours caché dans les nuages, sauf par un vent du nord ou du nord-est ; mais alors on est amplement dédommagé de la fatigue de l'ascension par une vue qui s'étend sur toute « l'île aux trois caps (*Trinacria*), » comme les anciens appelaient la Sicile. Ce n'est pas là sans doute la principale préoccupation du géognoste : s'il admire le magnifique spectacle des îles qui entourent la Sicile comme une guirlande de fleurs, baignée par les eaux que dorent les rayons du soleil, le temps le plus défavorable ne l'empêche pas de distinguer des laves et de la pierre ponce, les roches primitives, le trachyte, le porphyre, le trapp, ni d'explorer la structure extérieure et intérieure de la montagne. En tout temps, l'aspect du cratère, dont nous donnons ci-après un croquis, est d'un saisissant effet. Partout s'offre à la vue un mélange de scories noirâtres, de fragments de lave et de basalte ; les interstices sont comblés par des cendres, de la pierre ponce et de l'*obsidienne* (verre de volcans) en paillettes ou en larmes ; du soufre cristallisé ou sublimé obstrue les conduits et les tuyaux qui communiquent avec l'intérieur ; on n'y descendrait pas sans danger, car il exhale sans cesse de l'acide carbonique et des vapeurs sulfureuses : le centre du cratère est absolument inaccessible, à cause des nombreux orifices vomissant simultanément des roches en fusion, des cendres ardentes, du soufre enflammé. Après avoir contemplé l'horreur grandiose de ce spectacle, on est heureux de reporter ses regards au dehors, sur le riant paysage qui entoure le volcan.

Quand on a le bonheur assez rare de faire l'ascension du sommet par un temps parfaitement serein, l'étude du terrain de la montagne devient d'autant plus facile ; on voit au-dessous de soi, comme sur une carte, les collines et les villages un à un. D'après la disposition des monticules, on peut suivre la direction des rayons que formaient les fissures primitives, produites par les forces plutoniennes, lorsque s'ouvrit le premier cratère de soulèvement, dont la circonférence est de près d'une lieue ; on le reconnaît à ses parois rocheuses, larges et abruptes. s'élevant à pic. à des milliers de pieds au-dessus du *Val di bove* ; il est aujourd'hui comblé en partie par le cratère d'éruption, qui le dépasse d'au moins trois mille pieds de hauteur.

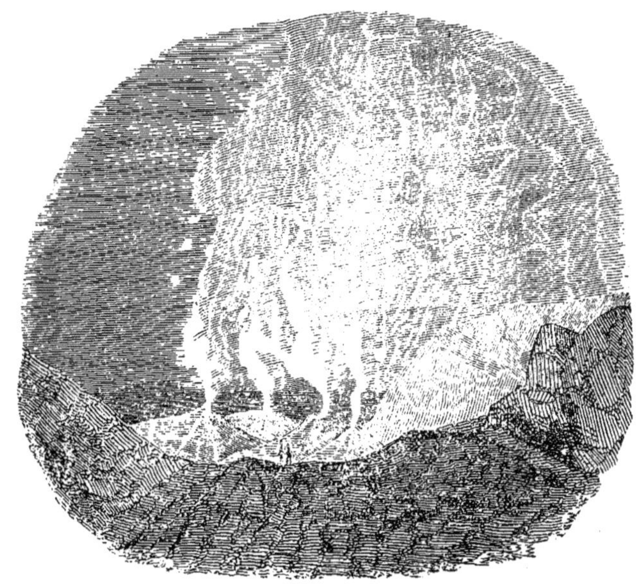

Les coulées de lave, vues du sommet, présentent un coup d'œil merveilleux : elles forment aussi des rayons partant du centre ; mais, à cause de leur couleur sombre. on croit voir, au lieu de masses rocheuses, d'affreux abîmes sans fond , séparant les massifs de verdure ; plus bas. on les voit traverser la luxuriante végétation des jardins et des champs encadrés de vignes, et enfin atteindre la mer. dans laquelle elles se prolongent, comme des digues gigantesques.

Du sommet. le spectateur émerveillé voit aussi se dérouler à ses yeux, en un même tableau. tous les produits de la flore européenne. Il n'existe pas. dans toute l'Europe, un autre point aussi favorable à l'étude de la géographie des végétaux; les montagnes de la Savoie, qui pourraient. par suite des différences d'altitude , présenter des phénomènes analogues. ne descendant pas aussi près du niveau de la mer, et ne jouissant pas. comme la Sicile. d'une latitude presque tropicale.

Les différentes zones (*nevosa, silvosa* et *colta*) qui se partagent la surface de la montagne. s'entremêlent de la façon la plus variée, une situation mieux abritée faisant parfois que la forêt empiète sur la région des neiges, ou la zone cultivée sur la région boisée; mais, pour l'observateur placé au sommet, toutes les petites inégalités disparaissent, et les lignes de démarcation entre les zones se montrent nettement accusées; une ceinture de forêts, d'un vert foncé presque bleu, succède à la blanche tunique de neige du sommet, et la sépare de l'immense tapis verdoyant et fleuri qui s'étend sur toute la Sicile. Passant à l'examen des détails, on remarque d'abord, dans la région des neiges, plusieurs anciens cônes d'éruption, dont l'intérieur recèle une abondante végétation qui a pris racine dans les cendres volcaniques; ceux qu'on appelle *Monte Arso* et *Bamboloso* se distinguent particulièrement sous ce rapport; seulement, au lieu de palmiers et d'agaves, il y croît des sapins noirs comme le comporte l'altitude et la température rigoureuse, correspondant à celle du 70e degré de latitude boréale. Un peu plus bas, on trouve des bouleaux, des hêtres et des chênes, analogues à ceux du 60e degré de lat. N. Sur la limite de la région boisée et de la région cultivée, se montrent d'abord des marronniers d'Inde, et plus bas de magnifiques châtaigniers (arbre qui se rapporte au 45e degré à peu près, quoiqu'on en trouve à Bade sous le 48e, mais ne donnant que de mauvais fruits). Au châtaignier succède le pin cultivé, conifère tout à fait méridional; ici, les deux zones empiètent l'une sur l'autre d'une manière encore plus sensible qu'en haut, la culture de la vigne s'avançant dans les forêts de châtaigniers et de pins, qu'enlacent des pampres chargés des plus beaux raisins.

A partir de là, le caractère de la végétation devient de plus en plus méridional; au lieu du saule de nos contrées, on voit l'olivier décorer les jardins; les ruisseaux sont ombragés de rhododendrons aux fleurs merveilleuses; des cyprès élèvent dans les airs leurs rameaux élancés; les lauriers, les citronniers et les orangers fleurissent, et portent des fruits en toute saison; au lieu de blé, on voit les champs couverts du maïs dont le Sicilien fait sa *polenta*. Descendu tout à fait dans la plaine, on rencontre une végétation qui se rapproche encore plus de celle des tropiques; le figuier de Barbarie (*opuntia ficus indica*) forme les haies des jardins; les quelques endroits non cultivés de cet éden portent des aloès aux larges feuilles, ou bien des agaves américaines, qui, dans nos serres, n'atteignent qu'une taille moyenne, tandis qu'ici elles portent des feuilles longues de trois aunes, larges d'un pied, épaisses de 6 pouces et terminées par une longue épine qui a la dureté du fer. Çà et là, des palmiers aux belles formes sveltes sont réunis par groupes, et dans des bas-fonds, où le Nord ne produirait que des aulnes, on voit le palmier à éventail (*chamœrops humilis*) donner à la contrée un cachet tout à fait tropical. Les dattiers, cependant, ne por-

tent pas de fruits comestibles, et les noix du palmier nain ne le sont
pas davantage, c'est à quoi l'on reconnaît que ces arbres ne sont pas
encore acclimatés, pas plus que le laurier et le myrte ne le sont en
Irlande, quoiqu'ils y croissent en plein vent, et sans aucun abri pendant la mauvaise saison. (V. le *Globe terrestre,* vol. I.)

Tout ce que la nature a disséminé sur une zone de 55 degrés de largeur (du 55e au 70e degré de lat. N.) se trouve ici rassemblé sur un
espace de quelques lieues carrées, et séparé seulement par des différences d'altitude. L'Etna est, parmi tous les volcans, un des plus grands
et des plus terribles; pendant longtemps, on l'avait cru éteint, et une
population nombreuse et intelligente était venue habiter le terrain environnant, auquel les cendres volcaniques donnaient une fertilité sans
égale; des villes considérables avaient été bâties tout alentour, et
jouissaient de tous les bienfaits d'une existence politique indépendante
et d'une industrie prospère.

Les Romains ravirent à la Sicile son indépendance; la décadence de
l'empire fit retomber dans le néant la splendeur de Syracuse et la riche
culture de la Sicile orientale. Sous ses anciens tyrans, les Gélon, les
Hiéron et les deux Denys, Syracuse avait atteint une puissance qui lui
permit de résister aux forces des Carthaginois; devenue sujette du
vaste empire romain, elle ne posséda bientôt que l'ombre de son ancienne opulence. Il en fut de même du reste de la Sicile, et dans le
cours de cinq siècles la population des alentours de l'Etna se réduisit
à un ramassis d'une couple de cent mille mendiants, ayant à peine
assez d'énergie pour cultiver le plus délicieux des produits de ce sol,
le vin de l'Etna (ou de Syracuse) si recherché pour son bouquet et sa
saveur exquise.

Plus tard, cette population, déjà si misérable, fut encore cruellement
décimée par les éruptions de 1556 et 1557. Mais la catastrophe la plus
terrible fut celle du 9 mars 1669, qui détruisit 49 villes ou bourgades
et 700 églises, et fit périr 94,000 personnes. Aujourd'hui, ce chiffre
représente à peu près le nombre total des habitants de la région de
l'Etna; sur les décombres des anciennes cités populeuses ont surgi de
petites villes malpropres et misérablement bâties, et les somptueuses
villas sont remplacées par des huttes de terre. Mais, pour le géognoste,
qui s'occupe moins des habitants que des roches qu'ils foulent aux
pieds, l'Etna sera toujours un des points les plus intéressants du globe.

Un autre mont qui, sous plusieurs rapports, a beaucoup d'analogie
avec l'Etna, est le célèbre pic de Teyde à l'île de Ténériffe. C'était jadis
un volcan non moins formidable; mais, depuis 1798, il paraît éteint;
il est plus haut que l'Etna, et il a, comme lui, une grande importance

pour la géographie des plantes; la flore de toute une zone du globe s'y trouvant réunie sur un espace restreint, dont les différences d'altitude modifient le climat. Ce n'est pas à ce point de vue, cependant, que nous voulons établir la comparaison ; ce dont nous nous occupons ici, c'est la ressemblance entre les phénomènes volcaniques de ces deux montagnes ; le pic de Ténériffe possède un cratère de soulèvement tout aussi bien caractérisé que celui de l'Etna ; le cône d'éruption, qu'on aperçoit à la distance de 50 lieues en mer, est entouré d'un cirque de 7,000 pieds de hauteur, qui s'élève du rivage vers le milieu, et se termine à l'intérieur par une pente presque verticale, montrant, d'un côté, les têtes de couches, et de l'autre les faces du terrain soulevé par les forces plutoniennes.

Au centre du cratère de soulèvement, qui a plusieurs lieues de diamètre, s'élève le cône d'éruption, dont la parfaite régularité, produite par le tassement des matières éjaculées (pierre ponce et obsidienne), révèle clairement l'origine. Ce qui facilite l'étude de ce terrain, c'est que non-seulement les têtes de couches sont à découvert sur la circonférence du cratère, mais qu'en outre le soulèvement a produit d'innombrables crevasses, prolongées parfois sur toute la surface de l'île, jusqu'à la mer.

Ces circonstances permettaient aux géologues que n'auraient pas effrayés les dangers, d'explorer l'écorce terrestre jusqu'à la profondeur de 7,000 pieds ; c'est ce qu'a fait M. L. de Buch, visitant une à une les couches déposées sur la première croûte coagulée, et recueillant ainsi, pour l'étude de la structure du globe, des matériaux inconnus avant lui. Comme nous venons de le dire, la surface terrestre a été soulevée, sur les bords du cratère, à la hauteur de 7,000 pieds ; dans l'intérieur de la montagne on rencontre des gouffres dont le fond descend beaucoup plus bas que le niveau de la mer : dès lors, il a été possible de suivre la série des terrains stratifiés, depuis la surface jusqu'à la profondeur indiquée.

Dans des proportions moins vastes, le Vésuve aussi nous montre un cratère de soulèvement, distinct du cratère d'éruption. Pour mieux nous faire comprendre, nous reproduisons ci-dessous un profil du Vésuve, tel que le docteur Dieffenbach l'a joint à sa traduction allemande de la géologie de sir H. de la Bèche.

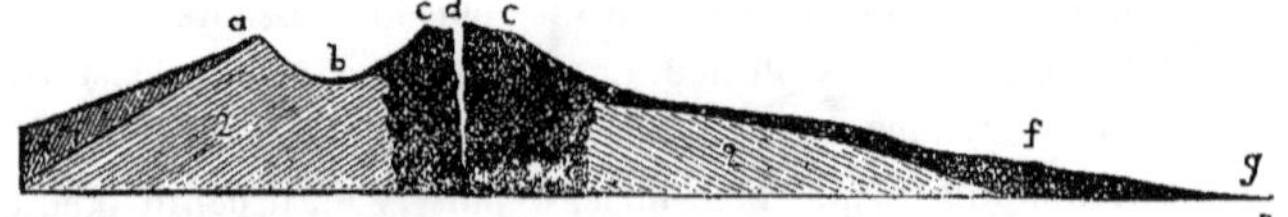

Nous voyons d'abord, en 1, le tuf volcanique qui constitue le sol des environs de Naples ; 2 est la roche primitive, soulevée par les forces plutoniennes, et consistant principalement en amphigénite (*leucito-phyre*) ; en *a*, cette roche se montre à découvert et forme le mont connu sous le nom de Somma, l'un des bords du cratère de soulèvement. Les hachures foncées, au milieu du profil, représentent la partie de cet ancien cratère qui a été comblée par les laves et autres roches volcaniques. Partout ailleurs que du côté de la Somma, les éjections volcaniques se sont répandues par-dessus les bords du cratère ; du côté de Camaldoli, en *f*, et de Torre dell' Annunciata, en *g*, tout le versant, cultivé ou non, de la montagne, est couvert de matières éjaculées par le volcan et transformées, par efflorescence, en une terre végétale d'une extrême fertilité. On ne saurait dire à quelle époque les premières éruptions ont eu lieu. A en juger par les proportions anciennes et actuelles du cratère, elles ont dû être, en tout cas, d'une épouvantable violence et d'une portée incalculable. Tout ce qui, entre 2 et 2, est ombré en noir, a formé le cratère de soulèvement ; *c c* est le cratère resté ouvert, après que le premier fut comblé ; *d* indique l'orifice actuel du volcan ; de sorte que l'immense largeur primitive du cratère a successivement diminué, pour ne plus occuper aujourd'hui que l'espace restreint indiqué par la ligne blanche qui descend, sous la lettre *d*, dans l'intérieur du volcan.

Le sol des environs de Naples doit sa configuration actuelle à la terrible éruption qui eut lieu l'an 79 de notre ère, et qui ensevelit, comme chacun sait, la ville de Pompéï sous une pluie de cendres, et les villes de Stabies et d'Herculanum d'abord sous le sable et les scories incandescentes, et puis sous une vaste coulée de lave.

Les études du célèbre géognoste Dufrénoy, sur la nature des matières éjaculées par le Vésuve, ont produit des résultats très-intéressants. Le tuf volcanique des environs de Naples se compose presque exclusivement de fragments de trachyte et de pierre ponce. Cette dernière a dû se présenter d'abord en filaments capillaires qui, brisés et irrégulièrement recuits, sont devenus un silicate volcanique : elle est donc indubitablement un produit igné. Le trachyte ne se présente que partiellement dans des conditions analogues. Tel qu'on le trouve dans les environs de Naples, c'est-à-dire à l'état de matière éjaculée par le Vésuve, il constitue une roche moitié cristalline, moitié grenue, d'aspect terne et terreux, de peu de dureté et d'une texture poreuse, renfermant des cristaux de feldspath, et très-souvent aussi de l'amphibole, du mélaphyre, du mica, parfois du quartz et de l'aimant ; toutes ces substances indiquent que le trachyte a été formé ou tout au moins transformé par le feu.

Ici, toutefois, se présente cette circonstance remarquable, que les débris de trachyte, qui constituent le sol des alentours du Vésuve, et qui, par efflorescence et par le mélange avec les cendres volcaniques et la lave décomposée, sont devenus un terreau très-fertile, renferment souvent des fossiles marins et des coquillages, dont quelques-uns proviennent d'espèces encore vivantes, comme les serpules ou tuyaux de mer, qui séjournent au pied du rocher de Scylla.

Ces faits, dûment établis par les géognostes de notre temps, nous amènent à conclure que les matières éjaculées par ce volcan proviennent d'un sol qui — quelle que fût sa nature première — a formé à une époque peu reculée le fond d'une mer, et ce pendant un temps assez long pour que des roches sédimentaires aient pu s'y déposer, et y ensevelir une partie des animaux qui l'habitaient. Les roches de la Somma sont très-différentes de celles du Vésuve, ce qui prouve la diversité de leur origine; les matières provenant d'éruption et trouvées dans l'ancien cratère, ayant beaucoup d'analogie avec la roche dont il est formé, on est fondé à les considérer plutôt comme les débris de l'ancienne surface déplacée par le soulèvement de la Somma, et déchirée par le phénomène qui a fait surgir le Vésuve. Les matériaux dont se compose ce dernier, au contraire, ont été tirés évidemment de profondeurs beaucoup plus considérables.

Le peu d'ancienneté du Vésuve est démontré d'ailleurs par les relations des anciens naturalistes (Pline et autres), lesquels ne connaissaient que la Somma, dont la cime formait, de leur temps, une vaste cavité, un vallon orné de petits lacs, de buissons et de bosquets, au centre duquel il n'y avait encore aucune trace du Vésuve. La Somma était habitée et cultivée sur toute sa hauteur, et sa nombreuse population prospérait, grâce à l'extrême fertilité du sol. Vitruve et Diodore de Sicile disent, il est vrai, que cette montagne a été *jadis* un volcan, mais ce « jadis » est donné par eux comme une époque tellement reculée, qu'il ne leur paraît plus possible de se procurer à cet égard des renseignements certains. Aussi, lorsqu'en l'an 79 de notre ère eut lieu l'effroyable éruption qui donna au Vésuve sa configuration actuelle, le phénomène sembla si nouveau et si étrange, que Pline l'ancien, emporté par son zèle pour la science, s'approcha de trop près du volcan et périt, suffoqué probablement par le gaz carbonique.

S'il est vrai qu'il fut un temps où l'Etna passait pour éteint, ce ne peut avoir été qu'à une époque très-ancienne, à demi-fabuleuse même; Pindare, qui vécut l'an 449 avant J.-C., en parle déjà comme d'un volcan, et Thucydide donne une relation détaillée de la grande éruption de l'an 476 avant J.-C. Ceux qui sont d'avis que, dans les temps antérieurs,

on avait réellement cru l'Etna éteint, se fondent sur ce qu'Homère,
qui fait débarquer Ulysse en Sicile, non loin de Scylla et Charybde
(qu'il décrit), passe complétement sous silence le volcan. Or, Homère
étant réputé très-savant, et enclin à faire briller son érudition, on conclut de son silence que le volcan n'existait pas encore lorsqu'il a composé son poëme.

Cette conclusion nous paraît quelque peu hasardée. Si, dans un
avenir aussi éloigné du siècle de Shakespeare, que notre époque l'est
de celui d'Homère, on s'avisait, par exemple, de prétendre que la
Bohême, du temps de l'illustre poëte anglais, fut un pays maritime, —
parce que Perdida, ayant quitté la Sicile en bâteau, *débarque* en
Bohême, — on commettrait une étrange bévue. Il pourrait bien en être
ainsi des conclusions géographiques, basées uniquement sur l'érudition
d'Homère.

Le vaste foyer souterrain dont l'Etna et le Vésuve sont les cheminées principales, a probablement fait surgir aussi les volcans plus petits,
mais très-actifs, des iles Stromboli, Volcano et Volcanello, ainsi que le
mont Epomeo, à Ischia, volcan éteint dont la dernière éruption eut lieu
en 1505.

Le dessin ci-dessus offre une vue exacte de la petite ile de Volcano.
Il est digne de remarque qu'on trouve ici, comme dans la plupart des
cas, un volcan emboîté, en quelque sorte, dans un autre plus ancien.

La ceinture extérieure est le cratère primitif, soulevé par des forces probablement plus puissantes que celles qui agitent l'île aujourd'hui. A l'intérieur de la ceinture est situé le cratère d'éruption, ou volcan proprement dit, presque toujours en activité. C'est sans doute pour cette raison que l'île est inhabitée, quoiqu'elle possède un sol plus fertile et une végétation plus abondante que Stromboli, où l'on compte un millier d'habitants.

Du foyer volcanique dont ces îles sont les orifices, partit en 1785 une éruption qui fit surgir, à 10 lieues environ de Volcano, un nouvel îlot et vomit en même temps des masses si considérables de *pumite* (pierre ponce), que la mer en était couverte à 50 lieues à la ronde. Un navire danois qui, le premier, aperçut cet îlot, en prit possession au nom du roi de Danemark et le nomma Nijoe (île neuve); mais un an n'était pas écoulé, que ce nouveau joyau de la couronne danoise disparut comme il avait surgi; aujourd'hui il en reste un ou deux rochers, qui marquent la place qu'il occupa un instant.

M. de Humboldt a dit quelque part que l'activité des volcans semble se manifester en raison inverse de leurs dimensions. En ce qui concerne les volcans des îles Lipari, cette appréciation est parfaitement justifiée; on n'en connaît, il est vrai, aucune forte éruption, depuis les temps historiques, mais leurs cratères lancent sans relâche des flammes, de la fumée et des *rapilli*; peut-être la cause de ces phénomènes est-elle qu'ils n'ont pas à vaincre, comme les volcans de 4 à 10,000 pieds de hauteur, la résistance considérable de masses en fusion; leur orifice étant de près d'une lieue plus voisin du foyer souterrain, les gaz ne sont pas comprimés avec assez de force pour causer une éruption violente.

Pour compléter l'aperçu des volcans de l'Europe, il nous reste à parler de ceux de l'Islande qui, malgré son éloignement, forme une dépendance de cette partie du monde. Les anciens traités de géographie ne parlent que d'un seul volcan en Islande, l'Hécla; en réalité, elle en possède 21, dont 13 sont aujourd'hui éteints et 8 en activité. L'Hécla

n'est, parmi eux, ni le plus grand ni le plus formidable; s'il est le mieux connu, c'est parce qu'il se trouve tout près de la côte méridionale, où la population a le plus de densité relative, et parce qu'on l'a parfois confondu sous la même dénomination avec deux autres volcans situés dans son voisinage.

Sur la petite carte au bas de la page précédente. l'Hécla, dont la hauteur est de 5.110 pieds. se trouve désigné par le chiffre 1; les petits points blancs. marqués des chiffres 2 à 7. représentent les autres volcans en activité. et les points sans chiffres indiquent les volcans éteints; ceux marqués du signe ┼ sont des volcans sous-marins : leurs éruptions ont été désastreuses. notamment en 1851, où une grande partie de la population de la côte occidentale fut détruite; plusieurs navires baleiniers. qu'un ouragan avait forcés de se réfugier dans des ports ordinairement très-sûrs. y périrent sur leurs ancres.

Le volcan le plus rapproché de l'Hécla (2) est appelé Wester Jökull; il atteint 5.680 pieds de haut, et eut en 1821 et 1825 des éruptions très-violentes.

Nº 3 est le Köttlunga ou Kattlagia Jökull. dont les trois éruptions. en 1825. furent accompagnées de fortes secousses de tremblement de terre : pendant l'année 1756, il avait eu cinq éruptions.

L'Oraego Jökull (4) de 5,927 pieds. est constamment en activité, depuis ses fortes éruptions de 1755; son cratère fume sans cesse et vomit des fragments de roche. dont l'état d'incandescence se reconnaît parfaitement à la lueur qu'ils projettent dans l'obscurité de la nuit.

L'Herdubreid Jökull (5) se distingue par la fréquence de ses éruptions: en 1818. il en eut plusieurs consécutivement. pendant lesquelles les colonnes de feu et de fumée s'élevaient à 4.000 pieds au-dessus du sommet.

En 1810. une partie de l'île avait été ravagée par les éruptions du Trolladingur Jokull (6). Mais les plus remarquables des volcans d'Islande sont le Krabla 7) et le Skapta Jökull 8). qui donnèrent lieu. en 1785. à l'étrange phénomène (décrit dans le *Globe terrestre*, vol. I) d'une pluie de fines cendres. lancée sans interruption pendant six mois. et chassée par les vents sur toute l'Europe, où elle produisit une coloration anormale de l'atmosphère et l'obscurcissement momentané du soleil. Plusieurs de ces volcans, que surmontent sans cesse leurs colonnes de feu et de fumée. ont éjaculé des laves en quantités si énormes. que des vallées entières ont été comblées; des milliers de personnes ont péri. et les trois quarts de l'île, jadis relativement florissante. sont devenus inhabitables. Tout une zone traversant l'île d'une extrémité à l'autre (elle est indiquée sur la carte par des lignes pointillées) est un terrain complétement volcanique ; une petite partie de la côte au midi et une autre un peu plus grande au nord. ont seules été épargnées par le phénomène dévastateur. Mais là aussi. on voit les puissants effets de l'action plutonienne : partout se montrait des laves épanchées : sur quelques points. mises à nu par des soulèvements postérieurs et lessivées par les eaux, elles présentent les formes les plus étranges ; tel, par exemple, le colossal arc de lave, qu'on dirait une ruine d'édifice construit par les Titans, un arc de triomphe, comme jamais triomphateur romain n'en a rêvé. La roche en fusion a pris cette forme à l'intérieur de la terre ; puis, elle s'est durcie, et plus tard elle a été soulevée par quelque nouveau phénomène plutonien et dénudée par érosion.

Les groupes d'îles à l'ouest de l'Afrique, — les Açores, les Canaries et les îles du Cap-Vert, — sont tout aussi volcaniques que l'Islande. Parmi les Açores, l'île de Pico est surtout remarquable par son cône d'éruption parfaitement régulier et formé exclusivement de trachyte. Ce cône est d'ailleurs le seul volcan encore en activité de tout le groupe, on pense même que les puissantes coulées de laves qui détruisirent, en 1812, une partie de l'île San-Jorge, située au nord-ouest de Pico, étaient également sorties de ce volcan ; si cette supposition est déjà bien hardie, on peut encore moins admettre celle qui attribuerait à ce même volcan l'origine de l'îlot qui surgit, en 1811, dans le voisinage de San-Miguel, c'est-à-dire à plus de cinquante lieues de Pico. Ce serait donner à une montagne par trop d'étendue, que de lui supposer une base de cent lieues de diamètre ; il est certain, toutefois, que l'ensemble du groupe des Açores a une base volcanique dont le diamètre est encore plus considérable, et que chacune des îles est le sommet d'une voûte de soulèvement dont le caractère volcanique est nettement accusé, bien qu'il ne s'y soit pas formé de cratère. De cette base, commune au groupe entier, a surgi le nouvel îlot, pour y redescendre au bout de très-peu de temps. Aujourd'hui la mer a 80 brasses de profondeur à l'endroit que l'îlot a momentanément occupé.

Les îles Canaries sont, d'après les explorations minutieuses de M. L. de Buch, le produit d'une action volcanique dans ses plus vastes proportions. On a pu reconnaître distinctement, d'après le gisement des minéraux et d'après les stratifications des roches, les périodes consécutives de leur formation, ainsi que la succession des produits de nombreuses éruptions, amoncelés les uns sur les autres. Aux détails que nous avons déjà donnés sur le pic de Ténériffe, nous ajouterons que, parmi les autres îles Canaries, Lancerote est celle qui offre le spectacle le plus grandiose et le plus surprenant des effets d'une éruption volcanique, une étendue de plusieurs lieues carrées étant couvertes de masses de laves, éjaculées en une seule fois et avec une violence inouïe. L'ensemble des phénomènes de ce groupe d'îles, a suggéré à M. de Buch sa belle théorie des îles de soulèvement, théorie qu'il expose d'une manière si claire et si ingénieuse. D'après cet illustre géologue, le terrain de toutes les îles de la même catégorie s'étendait jadis horizontalement sur le fond de la mer ; les forces pluto-niennes, en le soulevant, l'ont fait émerger au-dessus du niveau des eaux ; après quoi, ou l'île a conservé sa forme de sommet arrondi en coupole, ou, par un dernier effet de l'action volcanique, elle s'est transformée en cratère de soulèvement. Par ces différentes modifica-tions, les couches jadis horizontales ont été plus ou moins inclinées, et les fissures de toute dimension que présente le terrain permettent de reconnaître avec certitude leur stratification, leur direction et le degré d'inclinaison qu'elles ont successivement atteint.

Depuis le moment où le cône d'éruption du fameux pic de Ténériffe s'est élevé à 7,000 pieds au-dessus de son cratère de soulèvement, le volcan n'a plus jeté de flammes ; le cratère est un des plus petits que l'on connaisse : il a tout au plus 260 pieds de diamètre, sur 100 pieds de profondeur. Son travail n'indique pas une puissance assez considé-rable pour soulever des couches aussi énormes que celles qui se trouvent amoncelées au-dessus de son foyer ; les parois, au contraire, ne parais-sent pas de nature à opposer aux éruptions une résistance efficace ; aussi l'éruption du 7 juin 1798 se fit-elle par les flancs du mont Chahorra, situé latéralement au pic ; des masses pierreuses furent lancées avec une violence telle, qu'il leur fallut une demi-minute pour retomber à terre, ce qui — en supposant égales la durée de l'ascension et celle de la chute, — implique une projection verticale de plus de 5,500 pieds.

Les îles du Cap-Vert sont peu connues, mais assez cependant pour que l'on puisse affirmer d'une manière positive que, de même que les Açores et les Canaries, elles ont une origine volcanique. Il ne s'y trouve, néanmoins, qu'un seul volcan en activité, le Fuego ou Fogo ; les autres paraissent éteints.

De ce même côté de l'Afrique, à 450 lieues du cap des Palmes, par 8° lat. S., se trouve, complétement isolée, l'île de l'Ascension ; elle possède aussi un ou plusieurs volcans, mais ils n'ont encore été ni décrits ni explorés.

A l'est de l'Afrique est située la grande île de Madagascar. On n'a pas, sur les volcans que l'on croit devoir y exister, des renseignements assez certains pour que nous puissions les reproduire ici ; en revanche, on connaît d'autant mieux les volcans de l'île de la Réunion (île Bour-bon) : l'un d'eux, le Gros-Morne, est éteint ; l'autre dit le piton de Fournaise, brûle encore. L'éruption du 27 février 1812 a produit trois coulées de laves, répandues par les bords supérieurs du cratère, qui en paraissait tout rempli ; il est à remarquer que ces laves, n'étant probablement pas tout à fait fondues, coulaient avec une telle lenteur qu'il leur fallut dix jours pour franchir le petit espace qui séparait le cratère de la mer. Toutes les roches ne possédant pas le même degré de fusibilité, et la chaleur qui produit la fusion pouvant être plus ou moins intense, la lenteur de l'écoulement des laves ne doit pas nous étonner plus que son extrême rapidité, observée en 1805, par M. de Buch au Vésuve, où une coulée de laves parcourut en trois heures un mille d'Allemagne (une lieue et deux tiers).

On cite, comme une particularité de l'éruption du piton de Fournaise, ce fait, qu'avec les cendres fut projetée une énorme quantité de « verre filé »; ce qui veut dire, sans doute, qu'aux cendres se trouvaient mêlées des substances métalliques en filaments luisants et diaphanes; on a observé la même chose au Vésuve : la pumite (et plus encore l'obsidienne ne se présentent même qu'à l'état de filaments ou de bulles vitreuses, mais avec des couleurs moins vives que dans l'île de la Réunion.

Dans la mer Rouge, entre Moka et Zéboul, par 15° de lat. N., se trouve une île volcanique, Zéboul-Their, visitée par le célèbre voyageur anglais J. Bruce; il y existe un volcan à quatre cratères, lançant constamment des colonnes de fumée : jamais, cependant, on n'a ouï parler d'éruptions violentes.

Voilà pour les volcans qui entourent l'Afrique; quant à ceux de l'intérieur, on ne possède pas de données assez positives, pour pouvoir en présenter un aperçu quelque peu complet. Les alentours de l'île de Zéboul-Their ont été un peu mieux explorés; toujours assez du moins, pour qu'on puisse affirmer que les régions avoisinant la partie méridionale de la mer Rouge, tant en Arabie qu'en Afrique, près du détroit de Bab-el-Mandeb, constituent un terrain éminemment volcanique. Dans le détroit, il existe neuf îles où l'on a observé des phénomènes de cette nature; en Arabie, on connaît le volcan Bir-hout, dont la hauteur de 10,000 pieds et la position voisine du rivage ont permis aux navigateurs de constater les fréquentes éruptions. Sur la terre africaine, et probablement au-dessus du même foyer que tous les autres volcans de ces parages, on en a vu cinq, nommés Haïk, Abida, Fanlaï, Vinzegour et Sabou, mais on n'en sait rien de plus que le nom et à peu près la situation. Si l'on connaît un peu mieux les volcans de la mer Rouge, c'est parce qu'ils se trouvent sur la route du courrier des Indes.

Dans les royaumes de Congo et d'Angola, à l'ouest de l'Afrique, on prétend avoir découvert deux volcans, le Pemba et le Zambi. On attribue à ce dernier une hauteur de 10,000 pieds, chiffre rond dont on fait usage, à ce qu'il paraît, toutes les fois qu'on ne possède pas de données certaines. Au fond du golfe de Guinée, à l'est des bouches du Djoliba ou Niger, sur une presqu'île entre les fleuves Cross et Donga, on a observé trois volcans à la suite l'un de l'autre, on les appelle Qua, Rumbi et Cameron. Ce dernier a, dit-on, 12.720 pieds de haut. La chaîne formée par ces volcans se prolonge en ligne droite, à une grande distance en mer. Tout près de la côte se trouve d'abord l'île Fernando-Po, puis l'île du Prince, puis au sud l'île St-Thomas, avec le pic Ste-Anne (6.480 pieds), et enfin, par 2° de lat. S., l'île Annobon, dont le sommet atteint 2.400 pieds.

Les volcans américains sont beaucoup mieux connus que ceux d'Afrique. Dans les régions septentrionales on trouve d'abord le volcan de Wrangel ; à l'ouest, sur l'isthme par lequel la presqu'île d'Alaska communique avec le continent, s'élève à 12.000 pieds de hauteur, l'Illaman, et non loin de là, un autre volcan presque aussi haut, mais encore inconnu. Puis vient une des plus hautes montagnes de la terre, le Saint-Élie, de près de 18.000 pieds, et un peu plus vers le sud, le Buen-tempo (ou Fairweather), de 15.000 pieds ; dans l'île Sika enfin, on voit le volcan Edgecombe, dont le sommet n'atteint que 5.000 pieds.

Dans le voisinage de la partie méridionale des Monts-Rocheux, qui s'étendent depuis le 65e jusqu'au 50e degré de lat. N., se trouve une autre chaîne de montagnes (la Sierra-Madre), qui se prolonge, sous le nom de Sierra-Nevada, jusqu'à l'extrémité sud de la presqu'île de Californie. Cette chaîne recèle toute une série de volcans, parmi lesquels nous ne nommerons que les plus importants ; ce sont, au nord, le Saint-Helens, puis le volcan *de las Virgenes*, et, dans la Basse-Californie, le volcan *de la Giganta*.

On doit à M. de Humboldt des renseignements très-complets sur les volcans du Mexique. Il en existe six sur le plateau mexicain, allant en ligne droite de l'ouest à l'est. En venant de l'océan Pacifique, on trouve d'abord le Colima, haut de 12.000 pieds, lançant depuis des siècles de la fumée et des cendres, quoique sans éruption violente.

A la suite du Colima vient le Jorullo, dont nous avons déjà parlé ; ajoutons qu'il est venu s'intercaler juste sur la même ligne que les cinq autres : ce qui porte M. de Humboldt à le considérer comme ayant surgi, ainsi qu'eux, d'une même crevasse de l'écorce terrestre, traversant perpendiculairement la Cordillère du Mexique. Le troisième volcan de cette série se nomme le Tolnea, qui atteint 15.200 pieds ; après lui vient le Popocatépetl, qui vomissait de la fumée et des flammes, dès l'époque de la conquête du Mexique par les Espagnols. Fernand Cortez envoya dix de ses plus courageux compagnons explorer l'origine de la colonne de feu qui se dressait sans cesse devant lui, et qu'il prenait pour un signal ennemi. Comme de raison, ils revinrent tout aussi savants qu'au départ. M. de Humboldt lui-même n'est pas parvenu à gravir cette montagne. Fernand Cortèz voulut faire entreprendre l'ascension du Popocatépetl à l'occasion de la marche hardie qu'il exécuta au mois d'octobre 1510, à travers le défilé d'Ahualco, à 9,970 pieds d'altitude, accompagné de 6,000 Tlascaltèques, en se rendant de Cholula à Tenochtitlan (Mexico). A ce moment, le volcan déployait une activité extraordinaire. Cortèz dit, dans un rapport adressé à l'empereur Charles-Quint, qu'il avait organisé cette expédition pour se rendre compte de la fumée qui surgissait de cette montagne. Bernal Diaz del Castillo, un des historiens de ce temps, nomme, comme chef de l'expédition, le fameux Diego de Ordaz, qui, dit-il, est arrivé jusqu'au cratère du volcan. M. de Humboldt fait remarquer (*Écrits div.*, I, p. 465) qu'il a peut-être prétendu y être arrivé, puisque l'empereur lui permit de mettre dans ses armes un volcan en éruption, mais que Cortèz lui-même déclare que l'expédition a manqué son but, par suite des fortes neiges qui encombraient le passage. On dit encore qu'en 1522 des Espagnols auraient non-seulement atteint le cratère, mais qu'ils s'y seraient fait descendre jusqu'à une profondeur de 450 pieds environ, dans le but d'aller chercher du soufre pour faire de la poudre. Tout cela nous paraît fort invraisemblable, et la première ascension authentique est celle des frères William et Frédéric Glennie, au mois d'avril 1827. En novembre de la même année, Samuel Birkbek parvint également au sommet. Le ministre de Prusse à Washington, M. F. de Gerolt, qui a publié une excellente carte géognostique du Mexique, visité par lui en 1834, a fait, lui aussi, l'ascension du Popocatépetl. La dernière ascension connue est celle de M. Charles Stone, qui l'effectua avec cinq autres officiers américains.

Au fond du vaste cratère de ce volcan s'élèvent plusieurs cônes d'éruption, qui lançaient fréquemment de la vapeur, des cendres ou des *rapilli*. Les plus légères parmi ces substances étaient emportées par le vent; mais, en général, la direction des éruptions était si parfaitement verticale, que toutes les masses rocheuses d'un certain poids retombaient dans le cratère. Depuis plusieurs siècles, cependant, on n'a remarqué ni phénomènes lumineux ni éruption de flammes, mais le volcan a constamment manifesté son activité, tout au moins par d'épais nuages de vapeurs qui s'élevaient de son sein, et que le vulgaire confond avec la fumée, quoique celle-ci soit aisément reconnaissable à sa couleur plus foncée. M. de Humboldt, pendant qu'il était occupé au nivellement trigonométrique du Popocatépetl, eut occasion d'observer une éruption de cendres, et très-souvent on peut apercevoir, à l'aide d'une longue-vue, des fragments de pierre ponce roulant par-dessus les bords tapissés de neige du cratère. Les indigènes disent alors que le volcan rejette du sable, mais les grains de ce « sable » ont parfois plusieurs pieds de diamètre.

Le cinquième volcan de cette série est le Ciltlaltépetl, de 17,574 pieds, le premier par ordre de grandeur après le Popocatépetl. Dans les anciens mythes mexicains, ces deux monts sont appelés « mari et femme. » La géographie moderne a remplacé celui du premier par celui d'Orizaba. Il est important pour la navigation dans le golfe du Mexique, et notamment pour l'entrée dans le port de Vera-Cruz, de connaître exactement la situation de ce mont, qu'on voit de très-loin en mer. C'est pourquoi M. de Humboldt a mis tant de soin à en donner la description très-précise.

A l'époque de la guerre entre les États-Unis et le Mexique, pour la cession du Texas, la présence d'une armée dans ces parages donna lieu à l'ascension de l'Orizaba, entreprise, en mai 1848, par les lieutenants Reynolds et Maynard.

Au sud-est de Vera-Cruz, et plus près de la côte que le précédent, se trouve le volcan Tuxtla, dont la dernière éruption, très-violente, eut lieu en 1793. Le craquement souterrain était si formidable qu'on l'entendit sur un espace de cent lieues de diamètre. Les cendres furent transportées par les vents à une distance de 95 lieues en ligne directe. C'est à la disposition de cette série de six volcans en activité, au-dessus d'une même crevasse du sol, qu'on attribue le peu de fréquence des tremblements de terre dans cette contrée : les soupapes de sûreté étant constamment ouvertes, les vapeurs souterraines ne peuvent pas s'accumuler au point d'occasionner des catastrophes désastreuses.

L'isthme qui forme le lien entre l'Amérique du Nord et l'Amérique du Sud est couvert, dans le Guatemala et le Nicaragua (entre le Mexique et le continent austral), d'une autre série de volcans, encore plus considérable. Cette série comprend 21 volcans, agglomérés sur un espace de moins de dix degrés de l'équateur ; dans toute cette contrée on a sans cesse devant les yeux une couple de volcans très-rapprochés et quelques-uns plus éloignés (1). Tous sont alternativement en activité. Les dernières éruptions furent celles de Fuegos de Guatemala, de

(1) Voici leurs noms, en commençant par les plus voisins du Mexique : Sosconusco, Sacatépéqué, Hamilpas, Atitlan, Fuegos de Guatemala, Acatinango, Sunil, Tolinan, Isalco, Sacatecoluga (près du Rio del Empa), San Vicente, Traapa, Bisotlen, Concivina ou Conseguina (près du golfe de Conchagua), El Biego (près du port de Rialejo), Momotombo, Talica (près de San Leon de Nicaragua), Grenada, Bambocho, Papagallo et Barna, au sud du golfe de Niloya.

l'Isalco, du Momotombo, du Talica, du Bambocho et du Conseguina. Cette dernière, qui eut lieu le 20 janvier 1835, ébranla la plaine, les montagnes et la mer, sur une immense étendue. A la distance de 250 lieues, en ligne directe, on ressentit le tremblement de mer et de terre, qui se propagea, au nord jusqu'à Cuba et la Jamaïque, et au sud jusque près de l'équateur ; son extension de l'ouest à l'est fut encore plus considérable.

Un troisième groupe de volcans est situé dans le département de Cauca (Nouvelle-Grenade) ; là se trouvent les volcans de Popayan, Sotara, Purace, Pasto, Fragua, Cambal, Chiles et Azufral ; ils sont assez rapprochés l'un de l'autre, pour les comprendre dans le même système, et très-probablement il y a connexité entre eux et le groupe de Quito, qui comprend le Cayambé, le Colima, le Nevado de Corazon, l'Ilinissa, l'Antisana, le Pichincha, le Cotopaxi, le Tunguragua, le Capac Urcu ou Cerro del Altar et le Sangaï.

Voici le fait d'où l'on déduit cette connexité. Depuis des années, le Pasto était surmonté d'une grosse colonne de fumée noirâtre, qui tantôt s'élevait en forme de pin parasol, tantôt enveloppait le sommet comme d'un épais brouillard. Tout à coup cette colonne de fumée disparut, le 4 février 1797, à l'heure même où la ville de Riobamba, située non loin de Tunguragua, fut détruite par un effroyable tremblement de terre, accompagné d'éruptions des volcans voisins. La disparition soudaine de la colonne de fumée fit une sensation telle, que l'heure en fut notée par tout le monde, et il se trouva plus tard qu'elle coïncidait exactement avec celle de la catastrophe qui avait coûté la vie à plus de cent mille personnes.

Le groupe volcanique de Popayan et de Pasto n'est pas suffisamment connu ; celui de Quito, au contraire, a été minutieusement exploré par M. de Humboldt, qui a fait dans cette contrée un séjour de huit mois. L'illustre savant désigne le plateau de Quito comme le terrain où l'on peut le mieux étudier, sous toutes leurs faces, les phénomènes du volcanisme, qu'il appelle « la réaction des masses fluides de l'intérieur » contre la surface coagulée. » Les volcans de Quito et ceux de Popayan sont disposés sur deux chaînes de montagnes d'environ cent lieues de long, et séparées par une vallée, dont la largeur, sur certains points, ne dépasse pas huit lieues. Cette vallée est subdivisée par des chaînons transversaux, en cinq vallons d'une forme presque régulièrement carrée ou oblongue. Le sol de chacun de ces vallons est une surface parfaitement plane, un plateau dans toute la force du terme, ce qui fait supposer que les débris des montagnes formées par le soulèvement ont comblé la partie la plus profonde de l'espace qui les séparait et qu'ensuite l'action de l'eau a nivelé ses débris et produit des couches sédimentaires. nécessairement horizontales. Sur le plateau de Cuença, on est à 8.100 pieds d'altitude, dans la vallée de Tacunha à 8.040, et à Quito à 8.150 pieds. et sur chacun de ces points. on a plusieurs lieues d'un chemin parfaitement uni à parcourir pour atteindre le pied des montagnes, qui s'élèvent tout d'un coup par pentes escarpées.

Deux de ces vallons se trouvent retracés sur la petite carte ci-contre. Les deux hautes chaînes de montagnes qui bordent les plateaux de Quito et de Riobamba , sont réunies par les chaînons ou nœuds de Catocachi, au nord, de Chisinche. au centre. et d'Alaüsi. au midi. La grande chaîne de l'ouest renferme les volcans Catocachi. Pichincha. Ilinissa et Chimboraço ; dans la chaîne de l'est, on voit le Cayambé, le Guamani, le formidable Cotopaxi et le Cerro del Atar. Au milieu de la vallée de Riobamba se dresse. isolé, le Tunguragua. Il paraît que tous ces colosses de la gigantesque Cordillère des Andes ont été jadis des volcans ; aujourd'hui . les principaux. parmi ceux qui brûlent encore. sont le Pichincha. le Cotopaxi et le Tunguragua : on ne connaît cependant aucune éruption récente des volcans de ce dernier groupe. hormis celle du Cotopaxi. dont M. de Humboldt a été témoin oculaire en 1805.

La double chaîne des Andes se prolonge au nord de la manière indiquée sur la carte ci-dessus : le quatrième vallon est appelé par M. de Humboldt « le Thibet américain ; » c'est le plateau de Pasto.

dont l'altitude atteint près de 10,000 pieds. Le vallon d'Almaquer, le plus septentrional de tous, ne s'élève qu'à 6,600 pieds.

Tous ces plateaux qui, s'ils étaient isolés, constitueraient des montagnes déjà très-considérables, sont dominés de si haut par les principaux sommets des Andes, que le Chimboraço, par exemple, s'aperçoit de très-loin en mer; même du sommet du Pichincha, qui est beaucoup moins haut, le regard, planant par-dessus les impénétrables forêts de la province de las Esmeraldas, atteint l'océan Pacifique, de sorte qu'on devrait, de la mer, voir aussi la montagne, si son sommet n'était pas trop peu élevé au-dessus de l'horizon pour qu'on pût le distinguer des objets environnants.

Dans le récit de son ascension du Pichincha, M. de Humboldt fait remarquer que la courbe de la terre laisse pour la hauteur de ce mont un horizon de 2°15′ de rayon, sans tenir compte de l'effet de la réfraction, avec lequel l'horizon atteint 2°25′. Il est donc hors de doute que, du sommet du Pichincha, on peut voir très-loin en mer. L'horizon visible de la mer (qui atteint, comme on sait, toujours la hauteur de l'œil de l'observateur, de sorte que les objets plus rapprochés paraissent en projection sur la surface de l'eau) s'étend, par rapport au sommet du Pichincha, à près d'un degré (56 minutes ou 25 lieues et demie) au delà du rivage; les forêts de las Esmeraldas, traversées par un grand nombre de cours d'eau, font monter dans les airs une grande quantité de vapeur aqueuse; il s'ensuit que si, du haut du Pichincha, on regarde vers l'intérieur des terres, vers Quito, on jouit d'une vue presque sans bornes, sous un ciel du plus bel azur, grâce à la transparence de l'air et à l'altitude considérable du plateau; par contre, la partie occidentale de l'horizon est voilée par d'épais nuages, qui s'élèvent de la plaine couverte d'une abondante végétation. Une éclaircie permit cependant à M. de Humboldt d'entrevoir un vaste espace azuré. Etait-ce une de ces couches de nuages, comme il en avait déjà vu, le matin de bonne heure, du haut des cimes des Cordillères, ou du pic de Ténériffe, et dont la surface semble parfois tout à fait plane, ou bien était-ce la mer, comme la couleur azurée paraissait l'indiquer, et comme le croyaient ses compagnons? L'illustre naturaliste ne crut pas pouvoir résoudre la question, par la raison que, quand l'horizon visible de la mer est éloigné de plus de deux degrés, la quantité de lumière réfléchie par l'eau est si faible, que la plus grande partie en est perdue par absorption, dans son parcours jusqu'au sommet d'un mont de 15,000 pieds de hauteur. Alors ce n'est plus l'air, aboutissant à la ligne de l'eau, qui paraît être la limite de l'horizon, mais on voit dans le vide, comme si l'on était dans un aérostat, où, d'après les expériences de

Gay-Lussac, les ondes sonores parviennent à une plus grande hauteur
que la lumière terrestre réfléchie par l'horizon.

Le Pichincha, bien qu'un des moins hauts parmi les volcans de ce
groupe, est encore intéressant sous un autre rapport, sa configuration
s'écartant de la règle commune à presque tous les volcans. En Europe,
ce mont a joui pendant assez longtemps d'une grande célébrité, à cause
du séjour qu'y firent en 1742 La Condamine et Bouguer, qui, pendant
trois semaines, y eurent leur habitation, à une altitude presque égale
à celle du sommet du Mont-Blanc. La cabane qui les abritait pendant
la nuit était à 14,580 pieds au-dessus du niveau de la mer. Les noms
de La Condamine et de Bouguer étant, en dehors du monde savant, à
peu près oubliés aujourd'hui, la popularité du Pichincha s'est évanouie
avec eux.

La particularité de configuration que présente le Pichincha, consiste
dans la déviation de son cratère de la ligne suivie par la chaîne volcanique. L'axe du cratère forme un angle de 50 degrés avec la direction
de ce rameau des Cordillères, auquel appartiennent les majestueux
pics d'Ilinissa, de Corazon et de Catocachi. Cette disposition irrégulière constitue un phénomène très-rare, auquel se joint celui des nombreuses crevasses, ouvertes et très-profondes, qui de Quito se dirigent
perpendiculairement vers la montagne, et semblent être des prolongements du cratère. Quelques-uns s'étendent jusque sous le pavé de la
ville, et de leurs profondeurs retentit, lors des tremblements de terre
(peu violents, du reste) qui se font sentir à Quito presque chaque mois,
un formidable bruit, plus effrayant, pour celui qui n'y est pas habitué,
que les ébranlements du sol, lesquels d'ailleurs n'accompagnent pas
toujours le grondement souterrain. Parmi ces gouffres, il y en a deux
dont la largeur est de 40 pieds, et qui se réunissent à angle aigu, tout
près de Quito. Sur l'espace intermédiaire, on a construit un couvent
entouré d'un beau jardin, et l'on a jeté un pont au-dessus de l'abîme
formé par le confluent des deux crevasses, non loin de l'église *de la
Merced.* Presque au centre de Quito, sur la place de *San-Francisco,*
les crevasses ont été voûtées et recouvertes par de vastes édifices. La
profondeur mesurée de plusieurs d'entre elles est de 80 pieds, mais il
en est dont la sonde n'a pas atteint le fond, à six fois cette profondeur.
Çà et là, et sur une étendue de quelques centaines de pieds, elles sont
couvertes de ponts naturels, sous lesquels elles se prolongent en forme
de galeries souterraines.

D'après une croyance populaire, la ville de Quito, qui possède d'immenses édifices publics, de superbes églises d'une architecture somp-
tueuse, et un grand nombre de maisons particulières, bâties en pierre

de taille, serait redevable à ces crevasses, ou *guaycos*, comme on les appelle dans le pays, de ce que, malgré la proximité du volcan, les tremblements de terre n'y occasionnent pas de plus grands dommages. On suppose que les *guaycos*, s'avançant fort loin dans la montagne, facilitent l'issue des vapeurs de l'intérieur et empêchent ainsi leur accumulation, source des plus formidables ébranlements du sol. Les anciens Romains avaient la même opinion, ce qui les portait à creuser des puits profonds et très-larges, comme préservatifs contre les tremblements de terre. Cette opinion est partagée par le savant espagnol Ant. d'Ulloa, mais non par M. de Humboldt, si plausible qu'elle soit d'ailleurs.

Si les habitants de Quito ne sont pas très-rassurés à cet égard, les motifs de crainte ne manquent pas ; dans d'autres contrées, on n'aurait pas osé construire un village aussi près d'un volcan : la distance de l'église *de la Merced* au cratère du Pichincha n'est que d'environ deux lieues.

Le Pichincha a quatre sommets, dont trois ont un nom particulier. Tout au sud se trouve le *Rucu* Pichincha (le père) qui renferme le cratère proprement dit ; puis vient, au nord-est du précédent, le *Picacho de los ladrillos*, dont les roches sont si étrangement découpées, qu'on les prend de loin pour une muraille gigantesque. Le troisième sommet est le *Guagua* Pichincha (le petit du volcan père) ; le quatrième est un cône sans nom particulier, d'où s'élance une haute crête rocheuse, que M. de Humbold appelle le « sommet aux condors, » parce qu'il y a vu nicher un grand nombre de ces oiseaux de proie.

Cette singulière disposition des sommets fait que le volcan ressemble à une chaîne de montagnes ; la colonne de fumée paraît s'élever tantôt de l'un, tantôt de l'autre sommet, selon le point de vue de l'observateur, si bien que, pendant longtemps, on n'a pas su lequel, parmi les quatre pics, était véritablement le volcan. Les indigènes, dans leur indifférence, ne se sont jamais donné la peine d'éclaircir le fait. Et quoique, en chassant, ils parcourent une partie de la montagne, ni La Condamine, ni M. de Humboldt ne purent trouver parmi eux un guide expérimenté ; les individus qui se présentaient comme tels et se faisaient payer en conséquence, laissaient aux voyageurs le soin de choisir la route : aussi M. de Humboldt dut-il abandonner sa première tentative, et faillit-il, à la deuxième, tomber dans le gouffre enflammé du cratère, sur les bords duquel il s'était avancé au milieu d'un épais brouillard, jusqu'à trois pieds d'une pente à pic au-dessus du précipice.

Voici en quels termes le célèbre voyageur raconte lui-même son aventure : « Lorsque nous — (lui et un seul indigène, les autres n'ayant pas eu le courage de le suivre) — eûmes atteint la roche nue, et pendant que nous continuions à grimper péniblement, mais pleins d'ardeur, de saillie en saillie, sans connaître notre chemin, nous fûmes peu à peu enveloppés dans un nuage de vapeur de plus en plus épaisse, mais encore inodore. Nous trouvâmes alors des tablettes de rocher un peu plus larges et moins ardues à gravir, et, à notre satisfaction, il ne se présentait que çà et là des espaces de 10 à 12 pieds de long, couverts d'une couche de neige, de moins de 8 pouces d'épaisseur. Nous ne craignions rien tant que la neige à demi gelée (parce qu'elle pouvait cacher des précipices, tout en n'étant pas assez forte pour porter les voyageurs) ; le brouillard ne nous permettait de voir que le sol à nos pieds, et nous avancions comme dans un nuage. Tout à coup, une forte odeur d'acide sulfureux nous révéla la proximité du cratère, mais nous étions loin de nous douter que nous nous trouvions en quelque sorte déjà au-dessus du gouffre. Nous marchâmes lentement vers le nord-ouest, sur un petit espace couvert de neige, Aldas (l'indigène) devant, et moi derrière, un peu à gauche. Nous gardions tous les deux un profond silence, précaution qu'on a toujours soin d'observer quand on connaît par expérience les périls d'une ascension par des sentiers inconnus.

« Grande fut mon émotion, lorsque soudain j'aperçus, droit devant nous, un bloc de rocher suspendu au-dessus d'un abîme, et entre ce bloc et la croûte de neige placée, sur laquelle nous nous trouvions, la lueur d'une flamme s'agitant à une immense profondeur au-dessous de nous. Je saisis rapidement l'Indien par son *poncho,* pour le faire reculer et je l'obligeai à se jeter avec moi sur le sol, qui était une roche nue de 12 pieds de long sur 7 à 8 de large. L'Indien parut comprendre immédiatement ce qui avait nécessité cette précaution. Nous étions donc là, tous les deux, étendus sur une dalle qui paraissait faire voûte au-dessus du cratère. Sous nos yeux s'étalait, horriblement rapproché, le sombre gouffre, d'une effrayante profondeur. Une partie de la crevasse qui s'ouvrait verticalement au-dessous de nous, était remplie de vapeurs tournoyantes. Rassurés sur notre situation, nous commençâmes à examiner le lieu où nous nous trouvions. Nous reconnûmes que la dalle dégarnie de neige sur laquelle nous étions couchés, n'était séparée que par une fissure de 2 pieds de large de la croûte de neige glacée par laquelle nous étions venus, et qui ne recouvrait qu'en partie cette fissure : en marchant dans la direction de cette dernière nous avions fait quelques pas sur ce pont éphémère, suspendu sur l'abîme.

« La lueur que nous avions d'abord aperçue entre la croûte de neige et le bloc isolé, n'était pas une illusion : nous la revîmes au même point, et par la même ouverture, à notre troisième ascension. C'est une région du cratère, où se produisaient alors le plus fréquemment, au fond du gouffre, de petites flammes provenant sans doute de la combustion du soufre au contact de l'air.

« En frappant avec une pierre sur la croûte de neige, nous parvîmes à élargir la fissure. Une quantité considérable de glace et de neige tomba au fond du gouffre ; à l'endroit où nous avions frappé, l'épaisseur ne paraissait pas être de plus de 8 pouces, mais là où sa résistance nous a sauvés, la croûte de neige doit avoir été beaucoup plus épaisse.

« Les mots manquent, continue M. de Humboldt, pour décrire le chaos qu'offraient à la vue les profondeurs du cratère du Rucu Pichincha. C'est un bassin ovale, dont le grand axe peut avoir près d'une demi-lieue. Le bord oriental du cratère figure deux côtés d'un triangle obtus ; le bord opposé est plus arrondi, plus bas, et échancré, du côté de l'océan Pacifique, en forme de vallée. Du haut de ce pinacle, on aperçoit, à l'intérieur, les sommets dentelés et, en quelque sorte, vitrifiés de montagnes surgissant du fond même du cratère. Les appréciations de la profondeur — (on ne peut pas songer à la mesurer) — sont rendues fort incertaines par l'état de surexcitation où l'on se trouve. J'éprouvai le même effet que si, du sommet du Pichincha, mon regard eût plongé sur la ville de Quito, qui en est à plus d'une lieue de distance verticale, et pourtant la partie visible du cratère n'a guère plus de 1,500 pieds de profondeur.

« En 1742, c'est-à-dire 82 ans après la dernière éruption violente, La Condamine crut le cratère éteint ; nous, qui avons fait notre ascension 60 ans après celle de La Condamine, et 142 ans après la dernière éruption, nous avons vu les traces distinctes du feu ; des lueurs bleuâtres serpentaient au fond du gouffre, et quoique le vent soufflât de l'est, nous sentîmes, sur le bord oriental du cratère (ayant donc le dessus du vent) l'odeur de l'acide sulfureux, tantôt plus forte et tantôt plus faible. Le point où je me trouvais alors était, d'après le niveau que j'ai pris plus tard, à 14,940 pieds d'altitude. Le Rucu Pichincha ne dépasse que de 210 pieds la limite des neiges perpétuelles ; pendant mon séjour à Chillo, je l'ai vu même complétement dégarni de neige. »

Bientôt après, M. de Humboldt fit sa troisième ascension de ce même volcan, laquelle emprunte un intérêt tout particulier à cette circonstance — caractéristique de l'incessante activité du volcan — que le rocher où se tenaient les observateurs fut fortement ébranlé par des secousses de tremblement de terre : l'intrépide naturaliste en compta quinze dans l'espace de 56 minutes, et se convainquit, dès le soir même, que ce phénomène était circonscrit aux abords du cratère, la ville de Quito n'en ayant pas ressenti le moindre indice.

On trouve, dans la *Revue indépendante* et dans les *Comptes rendus des séances de l'Institut,* deux rapports sur les explorations détaillées de l'intérieur du cratère du Pichincha, entreprises par MM. Sébastien Wisse et Garcia Moreno, le 15 janvier et le 12 août de l'année 1845. Ces rapports ont paru à M. de Humboldt tellement intéressants, qu'il n'a pas dédaigné de les traduire en allemand, dans ses *Écrits divers,* de 1853. Nous nous bornerons à en extraire le récit de la deuxième ascension.

Le 13 août 1845, les voyageurs parvinrent à cheval plus loin qu'à leur première ascension, au mois de janvier précédent; leur intention était d'atteindre le cratère par la route que Bouguer et la Condamine s'étaient proposé de suivre, afin d'y arriver plus aisément que par des montées et des descentes alternatives. Ils durent néanmoins renoncer bientôt à ce projet. Sébastien Wisse descendit alors du sommet vers le bord oriental du cratère, en compagnie d'un seul indigène. A leur première ascension, les voyageurs avaient constaté que le volcan possédait deux cratères, séparés par un rocher en forme de digue. M. Wisse atteignit, vers 2 heures et demie, le sol du cratère oriental, et fut rejoint vers 4 heures et demie par M. Garcia Moreno et ses compagnons, lesquels avaient voulu essayer d'un autre chemin, qu'ils ne purent poursuivre, comme étant trop dangereux. A une profondeur de 1,000 pieds au-dessous des bords du cratère oriental, se trouve le lit d'un torrent, constamment à sec, hormis pendant la saison des pluies; à cet endroit, les voyageurs avisèrent un rocher surplombant, sous lequel ils établirent leur gîte; ils couvrirent le sol de mousses et d'herbes, et *passèrent une nuit,* enveloppés dans leurs *ponchos* et dormant, *à l'intérieur du volcan,* par une température de deux degrés sous zéro. Le 14 août, ils employèrent leur journée à prendre le niveau exact du torrent, et passèrent une deuxième nuit sous le même rocher. Le 15, ils franchirent la digue qui sépare les deux cratères; il leur fallut deux heures entières pour descendre, du point le plus bas de cette digue, dans le cratère occidental, quoique la différence d'altitude entre les deux cratères ne soit que de 1,280 pieds. Une étroite bande de terrain, presque horizontale, entoure les bords du cratère; les voyageurs en tirèrent parti pour procéder à quelques opérations trigonométriques, pendant lesquelles M. Wisse fut tout à coup saisi de vertiges dont il devinait d'autant moins la cause, que ses compagnons n'éprouvaient rien de semblable. Ce ne pouvait donc pas être un ébranlement du sol, et ce n'étaient pas non plus les gaz délétères,

puisque M. Wisse les respirait au-dessus des crevasses et des fumerolles, sans en être incommodé.

L'espèce de chaudière formée par le cratère occidental est parfaitement circulaire, et ses pentes ont un escarpement tel, qu'elles forment
des talus de 50 à 70 degrés. Le sol du cratère est sillonné par le lit
d'un deuxième torrent, creusé, lui aussi, par les pluies périodiques.
Entre les deux torrents s'élève le cône d'éruption, de forme arrondie,
et qui, pendant la saison des pluies, vient à se trouver sur une espèce
de presqu'île. Il a environ 250 pieds de hauteur et 1,380 pieds de diamètre, n'est rien moins que régulier, et révèle son incessante activité
autant par les blocs de rocher, éparpillés tout alentour, que par les
profondes excavations de ses flancs. La partie orientale est couverte de
terre végétale et « produit un grand nombre d'herbes et de roseaux,
ainsi qu'une plante très-touffue, à feuilles d'ananas, que les indigènes
appellent *achupaya*. » Cette plante fait partie, en effet, de la famille
des broméliacées, dont l'ananas (*bromelia ananas*) est l'espèce type.

Ce qui fait qu'on trouve ici, au fond de l'horrible cratère d'un volcan
en activité, un pareil luxe de végétation, c'est que les matières lancées
par le volcan ne s'élèvent point en ligne droite, mais avec une inclinaison vers l'ouest, de sorte qne, sur le sol de la partie orientale, on ne
trouve ni scories, ni *rapilli*, ni aucune autre matière provenant d'anciennes éruptions. Les orifices brûlants et éteints du volcan se trouvent tous sur ce cône, réunis pour la plupart par groupes circulaires
de 75 à 80 pieds de diamètre. Six parmi eux étaient en pleine éruption,
trois autres paraissaient plutôt obstrués qu'éteints ; le moindre ébranlement du sol suffira pour rouvrir ces issues momentanément fermées
aux vapeurs souterraines. « Au pied du cratère, tout à fait à l'est, se
trouve une espèce de bassin, en forme de chaudière, de 60 à 70 pieds
de profondeur et d'à peu près 150 pieds de diamètre. Nous y comptâ-
mes trois groupes de bouches de vapeur ; le groupe du centre paraissait éteint, mais les deux autres étaient en activité. Ce sont les seules
que l'on peut distinguer du haut des bords du cratère, lorsque l'atmosphère est tout à fait sereine. » On aperçoit partout de longues crevasses
d'où s'élèvent sans relâche des vapeurs, et, chose étrange, une de ces
bouches de vapeurs se trouve au milieu du terrain couvert de végétation, ce qui n'empêche pas qu'à trois pieds plus loin, de magnifiques
arbustes ne déploient toute la richesse de leur floraison. Au sommet
du cône d'éruption se montre le plus considérable des groupes de
fumerolles fumantes ; on y compte près de quarante orifices, formant
une cavité de 66 pieds de profondeur, sur 250 de diamètre. C'est là le
véritable cratère du volcan. Il présente un imposant tableau de la puis-

sance de l'action volcanique : des blocs de rocher, de douze pieds
cubes, amoncelés les uns sur les autres, laissent voir, dans leurs
instertices, de profondes cavités, qu'une chaleur intense rend inaccessibles. Dans les mêmes fissures d'où les voyageurs, à leur première
expédition, pouvaient retirer à la main les plus beaux cristaux de
soufre, il régnait maintenant une température de 87° centigrades. Les
jets de vapeur des fumerolles produisaient un bruit sourd et confus,
comparable au mugissement de plusieurs locomotives réunies, laissant
échapper la vapeur par leurs soupapes.

« Les fentes des rochers et les interstices des éboulis sont garnis de
cristaux de soufre, d'un très-bel aspect, qui se produisent par sublimation, le long des parois intérieures, lorsque les émanations gazeuses se
mettent en contact avec l'atmosphère plus froide.

« Autour de quelques-unes des fumerolles, le sol est si peu ferme
qu'on est forcé de se tenir à la distance de 12 ou 15 pieds, sous peine
d'enfoncer et d'y demeurer enseveli. Ce sol paraît se composer de terre
argileuse, mélangée de soufre pulvérulent.

« Les crevasses des fumerolles ont une température très-élevée, qui
cependant ne s'étend pas très loin, par suite du peu de conductibilité
de la roche. Aussi, le sol du cratère n'était-il, en général, pas beaucoup
plus chaud que l'atmosphère. »

Ayant terminé leurs explorations, les voyageurs se disposaient à
quitter le cratère occidental, pour regagner le gîte qui les avait abrités
pendant les deux premières nuits; mais ils perdirent leur chemin, à
cause d'un épais brouillard qui ne leur permettait pas de voir à plus de
dix pas devant eux. M. Garcia Moreno, accompagné d'un indigène,
s'était approché du bord du cratère, à la recherche d'une meilleure
route, lorsque soudain plusieurs blocs, détachés du sommet, roulèrent
du haut en bas dans l'abîme avec un épouvantable fracas, et en passant
si près d'eux, qu'ils furent contusionnés par les éclats. En même temps
une pluie torrentielle vint inonder le sol.

Trempés et meurtris, mais à cela près sains et saufs, ils parvinrent
néanmoins à regagner le cratère oriental, et passèrent, dépourvus
de vivres, et n'ayant pour se désaltérer qu'un peu de glace, encore
une nuit sous leur rocher, qui ne les abritait même pas contre la pluie.

Vers l'aube, si peu restaurés qu'ils fussent par un sommeil goûté
dans une position incommode (assis par terre, la tête entre les genoux,
à la manière des indigènes), ils se mirent en devoir de gravir la paroi
du cratère, dont ils atteignirent le bord après trois heures d'une
marche des plus pénibles.

Les résultats obtenus par ces deux ascensions du Pichincha, entreprises à six mois de distance, sont très-importants. On leur doit la connaissance exacte des vastes proportions de ce cratère, proportions que M. de Humboldt avait entrevues cinquante ans auparavant, mais qu'il n'avait pas eu le moyen de mesurer. Le fond du cratère brûlant (celui de l'ouest) a 2,154 pieds de diamètre, et le diamètre des deux cratères réunis atteint, à leur bord supérieur, 4,614 pieds. Les parois intérieures de ce gouffre, avec leurs sombres rochers amoncelés les uns sur les autres ; le demi-jour qui règne dans cet antre, où les rayons du soleil ne pénètrent que de 9 heures du matin à 3 heures de l'après-midi ; les colonnes de vapeur qui s'élèvent de toutes parts ; tout cela joint à l'effrayante profondeur de 2,500 pieds, donne à ce spectacle un caractère imposant et terrible.

M. de Humboldt qui, de crainte d'exagérer, n'avait évalué qu'à 1,500 pieds (voir plus haut, page 414) la profondeur du cratère, fait remarquer à ce propos que c'est la seule fois de sa vie qu'il lui ait été donné de laisser plonger ses regards d'une hauteur verticale de 2,500 pieds (plus de cinq fois la hauteur du fameux clocher de Strasbourg).

M. Sébastien Wisse est d'avis que la partie orientale du cratère est de beaucoup la plus ancienne, et que l'action volcanique peut y être considérée comme à peu près éteinte ; on n'y découvre aucune trace de fumerolles ; de plus, ce qui constitue le caractère distinctif d'un cratère en activité, le cône d'éruption, qui a dû s'y trouver aussi bien que dans la partie occidentale, a complétement disparu, probablement enseveli sous les matières rejetées par l'autre cratère encore en ignition. Les dépôts de sable et de pumite y sont si considérables, qu'on ne voit plus nulle part la roche primitive sur laquelle les éjections volcaniques sont venues s'accumuler. L'arête de rocher, qu forme la séparation entre les deux moitiés du cratère, descend par une pente douce vers la moitié éteinte, tandis que de l'autre côté ses parois se trouvent presque à pic au-dessus du gouffre embrasé. C'est le cratère oriental qui paraît s'être ouvert le premier, et tout juste au sommet de la montagne, l'autre étant situé un peu de côté.

La pumite est un produit de la dernière éruption violente ; s'il en était autrement, on ne la trouverait pas exclusivement à la surface. Les flancs de la montagne, au-dessous de la roche stérile du sommet, sont couverts de végétation, le sol consistant en un mélange de sable, de terreau et de galets de pumite, en fragments très-menus. Les matières lancées par le volcan, antérieurement à la pumite, ont par conséquent disparu sous l'influence dissolvante de l'atmosphère. Les catastrophes qui ont fait surgir les deux cratères actuels ont pourtant

dû être formidables, et il semble hors de doute que des masses
rocheuses considérables aient été lancées à de très-grandes distances.
Néanmoins, on ne connaît aucune tradition relative à un événement de
ce genre.

La première éruption, constatée par l'histoire, est celle de 1354.
Lorsque Pedro d'Alvarado, un des compagnons de Fernand Cortez,
eut accompli ce prodige, de franchir avec ses cavaliers les Cordillères,
depuis la côte de l'océan Pacifique jusqu'au plateau de Quito, à travers
des forêts impénétrables où jamais l'homme ne s'était aventuré, sa
troupe, parvenue à 80 lieues de distance du Pichincha, fut surprise par
une pluie de cendres, accompagnée de jets de flammes et d'un formidable grondement répercuté par tous les échos d'alentour.

L'histoire de l'empire des Incas ne fait mention d'aucune éruption
du Pichincha, antérieure à l'arrivée des Espagnols au Pérou ; il est
vrai que les moyens employés par les Péruviens pour perpétuer leurs
souvenirs, n'avaient pas la précision de l'écriture telle que la possédaient, depuis la plus haute antiquité, les peuples de l'ancien continent.
Cependant, l'absence de toute tradition, au sujet des éruptions du
Pichincha, doit faire attribuer une date très-reculée à celle qui produisit les strates de pumite qu'on trouve à Quito sous une couche de
marne de 15 pieds d'épaisseur. Aucune des éruptions qui eurent lieu
depuis 1354, et dont quatre se succédèrent encore au XVI° siècle, à de
courts intervalles, ne produisit de pumite ; toutes, y compris la dernière, en 1660, consistèrent en pluie de cendres, parfois assez considérables pour détruire les pâturages de tout le pays environnant, et
même pour menacer d'ensevelir la ville de Quito. Les blocs de 800 pieds
cubes et plus, qu'on voit épars sur tout le plateau, ne peuvent donc
provenir d'aucune de ces éruptions, quoi qu'on ait dit à cet égard. En
admettant même que le volcan eût la force d'impulsion voulue, on
comprendra que des blocs de cette dimension, pour retomber à une
telle distance de leur point de départ, auraient dû être lancés suivant
un angle de 45°, ce que la proportion entre la profondeur et la largeur
de l'orifice actuel du cratère rend absolument impossible. S'ils avaient
été lancés verticalement, ils seraient retombés, sinon dans le cratère,
du moins dans son voisinage immédiat, où, au contraire, on n'en
trouve point. En définitive, il nous paraît douteux que les blocs dont
il s'agit puissent provenir d'éruptions du Pichincha.

Nous nous étendrons beaucoup moins sur les autres volcans de cette
contrée, d'abord parce qu'ils n'ont pas été explorés avec la même
exactitude, et ensuite parce qu'il suffit d'en avoir étudié un seul, les
caractères principaux ayant chez tous une certaine analogie.

Quant au Cayambé, au Nevado del Corazon et au Chimboraço, il est douteux que ce soient des volcans ; le premier, dont le sommet atteint 18,100 pieds, offre, dans son cône tronqué, une certaine ressemblance avec un cratère d'éruption et notamment avec celui du volcan Tolima, mais on ne l'a jamais vu lancer ni fumée ni flammes. Ce mont présente encore la particularité que son sommet se trouve exactement sous la ligne équinoxiale.

Le Corazon, haut de 14,820 pieds, a dû une certaine célébrité à ce que La Condamine et Bouguer en firent l'ascension, et se vantèrent d'y avoir vu le baromètre descendre plus bas qu'aucun autre observateur n'avait pu le constater ailleurs. Depuis lors, M. de Humboldt, accompagné de Bonpland et de Charles Montufar, a atteint, sur le Chimboraço, un point qui se trouve à 5,270 pieds plus haut que le sommet du Corazon.

Le Chimborazo, qui atteint 20,100 pieds de hauteur, a bien la structure d'un volcan, en ce sens que son sommet arrondi a été probablement soulevé par le feu intérieur, mais il ne possède pas de cratère, tandis qu'à son pied s'élève, à 14,700 pieds, le Carguairazo, qui est un véritable volcan. Dans la nuit du 19 juillet 1698, le sommet de ce dernier s'affaissa pendant un effroyable tremblement de terre qui dévasta toute la contrée de Llactacunga à Hambato ; tout le plateau fut couvert d'éjections de boues et de cendres de pumite ; des milliers de personnes perdirent la vie. Arago a supposé, comme cause de l'éruption, que le sommet, en s'écroulant, était tombé à l'intérieur de la montagne remplie d'eau, et que le débordement de l'eau avait amené la catastrophe. Cette supposition ne nous paraît pas fondée : l'affaissement du sommet n'était pas un fait assez considérable, à lui seul, pour causer la dévastation d'une étendue de plusieurs centaines de lieues carrées.

Le volcan Capac-Urcu — que les Espagnols nomment Cerro del Altar — possède un cratère de soulèvement dont l'orifice est énorme, mais on ne peut y distinguer du dehors aucun cratère d'éruption, et nul, parmi ceux qui ont essayer de gravir ce mont, n'est parvenu assez haut pour voir dans l'intérieur, le sommet étant à 16,140 pieds d'altitude et dépassant de 2,000 pieds la limite des neiges, qu'on ne franchit pas dans ces régions aussi aisément que dans les nôtres, où l'on a pu atteindre des points situés à 6,000 pieds au-dessus de la limite des neiges.

Les indigènes prétendent que le Capac-Urcu a été jadis beaucoup plus haut que le Chimboraço, mais qu'après huit années d'éruptions non interrompues, son sommet s'est effondré, et que sa chute a donné au volcan sa configuration actuelle. L'aspect extérieur du cratère vient à l'appui de cette tradition ; les bords en sont crénelés comme les murailles d'un château féodal ; deux immenses saillies, à contours tellement hardis qu'elles ne peuvent avoir été produites que par un cataclysme, surmontent l'enceinte du gouffre, qu'elles dépassent de plusieurs milliers de pieds. L'observateur placé à Riobamba aperçoit à droite et à gauche deux cornes gigantesques, surplombant l'intérieur du volcan, et qui, si elles se trouvaient isolées au milieu d'une plaine, constitueraient déjà de hautes montagnes ; ce sont là évidemment les débris des parois de l'ancien cratère de soulèvement, des masses de rochers indestructibles, et tellement cohérentes que leurs contours n'ont pas subi, depuis des siècles, la moindre modification ; leurs anciens supports se sont brisés et elles se dressent aujourd'hui, pareilles à des obélisques de grandeur démesurée, dont l'inclinaison semble annoncer la chute imminente. De Riobamba, on aperçoit entre ces deux saillies l'objet qui a valu à la montagne son nom espagnol : c'est une plate-forme de rocher, unie comme une table et de dimensions correspondantes à celles des saillies : on a trouvé sans doute qu'elle avait quelque ressemblance avec un autel (*altar*).

D'après les données de la tradition, on a calculé que l'éruption à laquelle le Cerro del Altar doit sa configuration actuelle, a pu avoir lieu dans les dernières années du xvᵉ siècle. Ces éruptions ont été si formidables, que toute la plaine environnante, jadis habitée et cultivée, a été rendue stérile par les épaisses couches de pumite qui l'ont recouverte. L'ancien nom de cette montagne, Capac-Urcu (prince des monts), semble confirmer ce que la tradition rapporte de son élévation au-dessus de tous les autres : les lignes régulières du cône à la limite des neiges, prolongées en imagination depuis le point où l'affaissement du sommet les a modifiées, jusqu'à plusieurs mille pieds au-dessus, ne se réunissent qu'à une hauteur beaucoup plus considérable que celle du Chimboraço ; on est donc porté à croire qu'il a perdu à peu près un tiers de sa hauteur au-dessus du sol de la plaine.

Aujourd'hui on sait parfaitement qu'il est moins haut que le Chimboraço : les indigènes le savaient déjà lors du voyage de La Condamine, puisqu'ils lui désignèrent le Chimboraço comme le plus haut parmi les *nevados* (pics neigeux). Tout en ne possédant ni instruments de trigonométrie, ni les moyens d'entreprendre l'ascension de ce mont colossal, ils s'étaient fort bien aperçus que la limite des neiges suivait une ligne parfaitement horizontale, et que, de tous les sommets environnants, le Chimboraço la dépassait le plus.

Le Cotopaxi s'élève à 17.712 pieds ; de tous les sommets de la Cordillère des Andes, c'est le plus beau et celui dont le cône d'éruption a la forme la plus régulière, à tel point que les Espagnols disent qu'il paraît façonné au tour. (V. la gravure ci-dessous).

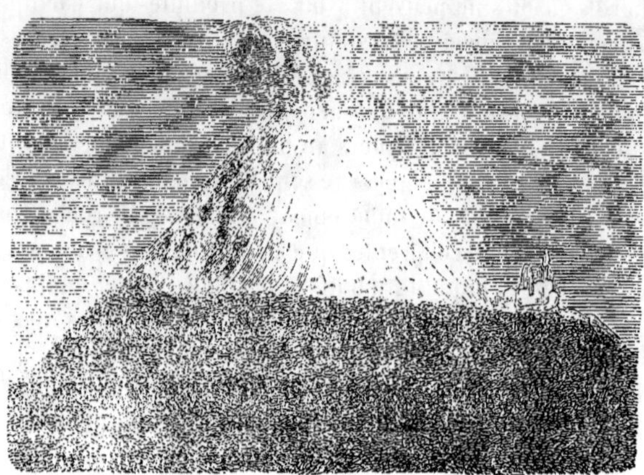

On y aperçoit d'un côté, juste sur la limite des neiges, une masse rocheuse d'environ mille pieds de hauteur, un pic s'élevant sur une plate-forme qui fait saillie à la base du cône d'éruption. Les indigènes l'appellent « la tête de l'Inca », et s'appuient sur une tradition généralement répandue, pour affirmer qu'il formait jadis le sommet du Cotopaxi, jusqu'au jour où le dernier des Incas, Atahualpa, fut étranglé à Caxamarca par les Espagnols. La mort de ce roi aurait été comme le signal d'un violent ébranlement du sol de toute la contrée, et le Cotopaxi, dépouillé soudain de son pic, se serait transformé en volcan.

Ce mont ignivome a été observé par Bouguer et La Condamine, pendant une de ses plus terribles éruptions, à l'époque où ils étaient occupés dans ces parages à mesurer un degré de l'équateur, afin de déterminer la grandeur et la figure de la terre, mission qui leur avait été confiée d'après le vœu de l'Académie des sciences.

Le Cotopaxi lançait une colonne de feu de 5,000 pieds de hauteur, et le cône d'éruption acquit, par la température élevée de l'intérieur, une chaleur tellement intense, que les neiges amoncelées sur ses flancs depuis des siècles, fondirent sans laisser la moindre trace. L'eau de neige, mêlée de cendres et d'autres matières éjaculées par le volcan, se transforma en une boue noire et bouillante, roulant avec une épouvantable rapidité, en larges torrents, des vagues de 60 à 100 pieds de hauteur. Ce dernier point nous fait l'effet d'une exagération, quoique Arago n'ait pas craint de le répéter. Les autres détails sont conformes aux lois de la nature, la descente d'une hauteur de 9,000 pieds (depuis le sommet du Cotopaxi jusqu'au plateau de Quito) ayant dû accélérer le mouvement des eaux au point de leur donner, même à la distance de six lieues, une vitesse de 40 à 50 pieds par seconde, c'est-à-dire égale à la vitesse de l'ouragan. Des milliers de maisons furent emportées, et l'on put constater que près de 800 personnes avaient péri dans les flots. De vastes étendues d'un terrain fertile et cultivé ou boisé, furent transformées en une mare de boue fumante, dépouillée de toute trace de végétation. Ce ne fut qu'après trois années de fureurs incessantes, vers la fin de 1744, que le terrible volcan finit par se calmer.

Dans notre description du Pichincha, nous avons fait mention des blocs épars dans la plaine et attribués aux éruptions de ce dernier, et nous avons rapporté les doutes élevés à cet égard par MM. de Humboldt et Wisse : les deux académiciens du xviiie siècle n'avaient pas été si scrupuleux; se fondant sur les traditions péruviennes, ils avaient, sans hésiter, fait provenir de l'éruption du Cotopaxi en 1555, tous les blocs de rochers disséminés dans la plaine au pied du Cotopaxi, à cinq lieues à la ronde, parmi lesquels il y en avait d'un volume de trois à quatre mille pieds cubes, ou, pour nous servir de l'expression employée par La Condamine, beaucoup plus grands que les cabanes des indigènes. Ils citent, à l'appui de cette hypothèse, le fait que les blocs sont distribués par rayons, dont le volcan est le centre; — malheureusement pour la probabilité de l'hypothèse, le fait cité n'est pas exact.

L'Antisana, qui se dresse en face du Pichincha sur le plateau de Quito, à la hauteur de 18,000 pieds, paraît éteint depuis plus de 500 ans; c'est le seul des volcans de l'Amérique du Sud où l'on ait constaté la présence de laves; les autres, malgré leur formidable violence, ne semblent pas pouvoir élever des roches en fusion jusqu'au dessus des bords de leurs cratères. La cause de cette impuissance relative est précisément leur grande hauteur. Quelques chiffres le feront comprendre. La pression d'une atmosphère de 16 lieues de hauteur est égale à la pression d'une colonne d'eau de 32 pieds ou d'une colonne de mercure de 28 pouces, c'est-à-dire qu'elle est à peu près de 15 livres par pouce carré. Pour qu'un objet puisse être soulevé par la vapeur, il faut que celle-ci ait une tension supérieure à la pression exercée par l'objet à soulever. Nous ne pouvons considérer l'action volcanique, telle qu'elle se présente de nos jours, que comme l'effet des vapeurs comprimées sur les matières comprimantes (laves, cendres, roches); la question à poser sera donc celle-ci : quel est le poids des matières qu'il s'agit de soulever? La lave pèse ordinairement trois fois autant que l'eau; une colonne de dix pieds de lave sera donc égale à une atmosphère. Si la lave en fusion vient d'une profondeur d'une lieue et demie, et qu'il s'agisse de la soulever encore à 16.000 pieds au-dessus du niveau de la mer, la tension des vapeurs à l'intérieur du volcan devra être égale à 4,000 atmosphères ; or. il n'est pas à supposer que la tension atteigne jamais ce degré : l'écorce terrestre, n'ayant qu'environ deux lieux d'épaisseur. céderait à l'effet de la tension, avant que les roches en fusion se fussent élevées à une hauteur à peu près double.

De l'importante série de volcans qui traverse les républiques du Pérou et du Chili. on ne sait guère plus que les noms et la situation géographique. Les volcans du Haut et du Bas-Pérou sont au nombre de dix : Chacumi, Arequipa, Pichupichu, Chipicani, Junguara, Gualatieri, Uvinas, Viego, Volcan-de-Agua et Atacama ; les quatre derniers passent pour éteints. Dans le Chili. on a connaissance de douze volcans en activité; on les nomme : Aconcagua, Bancagua. Peteroa, Chilan, Antuco, Cara, Villarica, Ossomo, Quechucabi, Minchinmadom, Cocobado, et Yanteles. Sept autres sont désignés comme éteints, affirmation qui n'est jamais sûre, tout volcan pouvant, d'un moment à l'autre, manifester de nouveau son activité, comme le prouve le terrible exemple du Vésuve. que l'on croyait éteint jusqu'au moment de sa célèbre éruption de l'an 79. Les volcans éteints du Chili sont généralement nommés d'après les villes voisines : tels ceux de Mendoza, San Iago, Valparaiso, Concepcion et Valdivia ; à l'intérieur du pays, on trouve encore le Punmahuidda, et l'Unalavquen. Sur la Terre-de-Feu, on a également reconnu trois volcans éteints : le Buckland, le Sarmiento et le Clement. Certaines cartes du Chili indiquent encore plusieurs autres volcans, mais ils ne sont dûs qu'à l'imagination des dessinateurs.

En examinant avec attention la carte de l'Amérique du Sud, on demeure étonné de voir qu'entre les trois principaux groupes de volcans de la chaîne des Andes, il existe de vastes lacunes, dont la première, entre le groupe de Quito et celui de la Bolivie (Haut-Pérou). atteint la largeur de 550 lieues (14 degrés de l'équateur), et la seconde. entre les groupes de la Bolivie et du Chili, constitue un espace de 250 lieues (10 degrés). Ces espaces dépourvus de volcans sont relativement les moins favorisés. parce que les tremblements de terre y sont d'autant plus fréquents et plus désastreux, l'impétuosité du travail souterrain n'y ayant point le dérivatif que présentent ailleurs les bouches toujours ouvertes des monts ignivomes. Ceci est prouvé, entre autres, par les crevasses qui se forment soudain à la suite des tremblements de terre, parfois à travers les voies de communication entre les différentes parties du pays. de sorte que, pour rétablir les routes, on est contraint de jeter des ponts au-dessus de ces abîmes. Toutes les crevasses au-dessus desquelles on trouve des ponts dans ces contrées,

se sont formées depuis l'arrivée des Espagnols, car il n'existait aucun
pont sur les routes construites par les indigènes : les Espagnols ont fait
les réparations, au fur et à mesure qu'ils y ont été forcés par les tremblements de terre. Pendant la catastrophe qui, en 1746, détruisit la
ville de Lima, il se forma aussi une crevasse de ce genre : elle avait une
profondeur immense, plus de trois lieues de long et 6 1/2 pieds de
large, et provenait de ce qu'un rocher naguère très-compact, s'était
fendu verticalement sur toute sa hauteur. On conçoit que de pareils
phénomènes soient accompagnés de détonations, auprès desquelles le
fracas du tonnerre et le grondement de l'artillerie ne sont rien du tout.

On connaît beaucoup moins bien les volcans de l'Asie que ceux de
l'Amérique ; on ne sait pas encore si l'on doit ranger parmi eux le
mont Elbrouz, dans le Caucase, toujours est-il que depuis l'occupation
russe d'une partie de ce territoire, on n'a pas ouï parler d'éruptions
volcaniques. La configuration du mont Elbrouz est celle d'un volcan,
mais le cône est tellement aigu qu'on n'a pas encore osé en entreprendre
l'ascension. Les mêmes doutes existent au sujet du mont Ararat, que
plusieurs auteurs rangent au nombre des volcans éteints. Au sud de la
mer Caspienne, se trouve le pic volcanique de Demavend ou Dama-
vend, non loin de la ville du même nom. Tout près de la côte, on voit
les célèbres *fontaines ardentes,* qui furent jadis l'objet du culte des
Persans, et qu'on emploie aujourd'hui plus utilement à la cuisson des
briques et à l'extraction du sel. Dans les Thian-chan ou Monts-Célestes
(qui séparent la Petite-Boukharie de la Dzoungarie), on a reconnu tous
les éléments d'un terrain éminemment volcanique : tels sont d'abord les
monts ignivomes Péchan et Tourfan, les importantes solfatares aux
environs de la ville du même nom, les nombreuses sources thermales
et sulfureuses, etc. Il semble que ce soit là l'extrémité orientale d'un
vaste rayon d'ébranlements du sol, rayon dans lequel il y a toujours
une certaine connexité entre les tremblements de terre, soit simultanés
soit successifs. Ce rayon s'étend, de l'est à l'ouest, depuis le lac Baïkal,
à travers toutes les chaînes de montagnes de l'Asie et de l'Europe,
situées en deçà du 45° degré de lat. N., jusqu'à l'Espagne et l'Afrique
septentrionale, et embrasse au sud les deux Indes, la Perse, la Syrie et
l'Arabie.

La Chine aussi est très-riche en phénomènes volcaniques. Les monts
ignivomes et les fontaines ardentes jouent même un grand rôle dans
l'industrie chinoise : on y a tiré parti des gaz combustibles pour l'alimentation de nombreuses fabriques. Aux environs de Pé-king ou
Pékin, trois volcans s'élèvent à peu de distance l'un de l'autre ; on les
nomme : Tha-thung-ho, Ho-kiou-hian et Lin-hian. Un peu plus au

sud, on trouve le Fou-chan et le Tching-ha-chan. Chacun d'eux est entouré de fontaines ardentes; la province de Tchi-li ou Pé-tchi-li (où se trouve Pékin) est celle qui fournit à tout l'empire le soufre et le sel.

Sur le continent asiatique, on ne connaît pas aujourd'hui d'autres volcans que ceux que nous venons de citer; par contre, la presqu'île de Kamtchatka, les îles Kouriles, le Japon et les nombreux groupes d'îles disséminés entre l'Asie et le continent australien, et entourant ce dernier au nord et à l'est jusqu'à la Nouvelle-Zélande, sont en quelque sorte parsemés de volcans, formant une chaîne immense qui se rattache au sud à ceux de la terre polaire australe et au nord-est à ceux des îles Aléutiennes. Il serait peu intéressant de les nommer tous : nous nous bornerons à en indiquer le nombre. Aux îles Aléutiennes, on compte 3 volcans éteints et 18 en activité; au Kamtchatka, 7 éteints et 15 en activité; aux îles Kouriles 5 éteints et 6 en activité; les quatre grandes îles qui, avec plusieurs petites, constituent l'empire japonais, possèdent 20 volcans en ignition; l'île Formose en renferme trois brûlants et un éteint. Les volcans actifs des Philippines sont au nombre de 15, dont 11 sur la péninsule qui forme la partie méridionale de l'île Luçon. Les Moluques en contiennent 17 et les îles de la Sonde 28, plus 16 qui ne brûlent plus. L'île de Java, à elle seule, a 28 volcans. Dans le groupe des Nouvelles-Hébrides, qui s'étend sur un espace d'environ cent lieues, depuis la Nouvelle-Guinée (Papouasie) jusqu'à la Nouvelle-Zélande, on trouve 12 volcans en ignition, et on en connaît 4 sur la terre Victoria, découverte en 1841. La chaîne se continue par quelques volcans isolés, qu'on trouve épars aux îles de Tonga (archipel des Amis), de la Société, de Mendana (Marquises), de Sandwich et de Galapagos.

Un phénomène très-remarquable est celui de l'énorme quantité de volcans à Java; ils se succèdent tous sur l'axe longitudinal de l'île, à peu près de la même manière que dans l'Amérique du Sud, où ils sont également situés tous du même côté du continent, et l'un derrière l'autre, tandis que sur aucun autre point de cette immense contrée on ne voit la moindre trace de terrain volcanique.

La côte nord et la côte sud de l'île de Java sont composées de roches calcaires, fendues dans toute leur longueur par le cataclysme qui fit surgir la série des volcans. La zone intermédiaire se compose en grande partie de roches basaltiques, et l'on peut considérer l'île tout entière en quelque sorte comme un vaste foyer volcanique, dont les bords, au nord et au midi, constituent le cratère de soulèvement, et le milieu le cratère d'éruption, tandis que les volcans proprement dits représentent les cônes formés par voie de tassement. L'un de ces cônes consiste en trachyte, roche qui ne se voit guère ailleurs dans l'île. Les éruptions de lave ou de pumite sont assez rares ; les matières éjaculées par les volcans de Java sont principalement le soufre, les scories, les cendres et d'énormes torrents de boue. L'île a d'ailleurs manifesté ses propriétés volcaniques encore par d'autres phénomènes tout particuliers. Le Popandayang comptait parmi ses volcans les plus actifs, lorsque tout à coup, dans la nuit du 11 au 12 août 1772, on aperçut, au-dessus de son sommet, un gros nuage lumineux ; le lendemain matin, le mont avait disparu ; il s'était écroulé au milieu d'un ébranlement formidable de l'île et des mers environnantes ; le gouffre, creusé par sa disparition, avait, dit-on, 25 lieues de long sur 10 lieues de large. Ce phénomène extraordinaire est mentionné par Arago, dans ses *Annales* ; nous ne pouvons toutefois nous empêcher de regretter que l'illustre savant ait omis de citer son garant. M. Berghaus, dans sa carte des volcans de Java, porte, d'après les niveaux pris par le géographe Junghuhn, la hauteur du Popandayang, au centre du cratère, à 6,600 pieds.

Dans le groupe des Philippines, comme nous l'avons dit plus haut, onze volcans sont accumulés sur une seule partie de l'île Luçon, appelée la presqu'île de Camarines. Ils sont disposés sur une même ligne qui n'a guère plus de 50 lieues de longueur, de sorte qu'il y a, en moyenne, un volcan de cinq en cinq lieues. Une chaîne de montagnes traverse l'île dans toute sa longueur, mais ce n'est point sur sa crête, ni même sur l'un ou l'autre versant que se trouve le groupe volcanique. Il se dresse tout à fait au pied des montagnes, sur une espèce de tertre qui les sépare de la mer : les volcans ne sont donc presque nulle part à plus de deux lieues de la côte, à peu près comme le Vésuve, qui se détache, pour ainsi dire en avant-poste, de la chaîne des Apennins.

Le terrain volcanique des îles de la Sonde se prolonge au nord, par les îles Nicobar et Andaman, jusqu'à la côte d'Aracan, à l'ouest de la presqu'île transgangétique, où la petite île de Reguain (sous la même latitude que la ville de Pégou) paraît terminer la série des volcans.

Nous avons parlé plusieurs fois, dans le cours de cet ouvrage, des cas de soulèvement de l'écorce terrestre par l'action continue des forces plutoniennes ; nous avons cité l'île Santorin, le temple de Sérapis, le Monte-Nuovo et le Jorullo ; il faut y ajouter la découverte, faite en 1840, sur la côte d'Aracan, d'un groupe d'îles qui est en voie de soulèvement progressif.

Toutes les îles de l'archipel d'Aracan portent d'ailleurs les traces de phénomènes volcaniques ; la petite île de Tcheduba ou Tchedaba a quatre volcans qui vomissent de la vase, et l'île Ramri renferme des monts ignivomes.

C'est dans cet archipel que les officiers d'un navire anglais eurent connaissance d'un tremblement de terre qui avait ébranlé, il y a deux cents ans, le sol de toute la Péninsule; ils y rencontrèrent un homme de 106 ans, qui se rappelait parfaitement un deuxième tremblement de terre, survenu quatre-vingt-dix ans auparavant, lorsqu'il était âgé de 16 ans. De là est venue une croyance populaire, d'après laquelle les tremblements de terre devraient, dans cette contrée, se répéter tous les cent ans. Il semble que ce soient ces phénomènes qui ont soulevé les rochers de la côte d'Aracan, ainsi que les îles qui les entourent, mais ce fut lentement, sans secousses et sans effets désastreux; les officiers anglais constatèrent que toutes les marques de l'ancien niveau de la mer se trouvaient plus haut que le niveau actuel.

Ces marques ont été reconnues former une ligne de plus de 40 lieues de longueur, et dont la hauteur au-dessus du niveau de l'eau varie pour les différentes îles de 12 à 22 pieds. Ce dernier chiffre

représente l'émersion des côtes de l'île Tchedouba, la plus grande de cet archipel, dont la plus méridionale est l'île Reguain, que les Anglais appellent *Flat island*.

Cette île se compose de trois terrasses distinctes, dont chacune est entourée d'une ligne de côtes; la terrasse centrale, qui constitue la partie la plus élevée, s'étend du sud au nord, en forme d'arc peu courbé; c'est l'île primitive; elle renferme un petit volcan, de cent pieds de hauteur environ, et plusieurs villages (V. la carte ci-contre); le sol est très-fertile et on y trouve des sources d'eau douce qui s'unissent en petits ruisseaux.

Cette partie centrale est entourée d'une large bande de terrain très-bas, où l'on pratique en grand la culture du riz, l'article unique, mais très-abondant, du commerce de l'île. Çà et là, des roches de calcaire madréporique se montrent à la surface de la terre végétale; le terrain est beaucoup plus uni que celui de l'île centrale; il descend néanmoins

en pente douce vers la mer, ce qui fait qu'il n'est point marécageux,
mais que son excédant d'eau s'écoule sous forme de ruisseau vers la
mer. Deux points de la terrasse supérieure, l'un au nord et l'autre au
midi, ne sont pas entourés par les rizières; au point nord, l'île haute
se prolonge en un banc de sable qui aboutit à un autre ilot, doté égale-
lement d'un petit volcan en ignition ; au point sud, l'île haute se termine par un monticule volcanique, s'élevant presque verticalement
au-dessus de la rizière et vomissant de grandes quantités de bitume.
Ces rizières qui, jusqu'en 1760, s'étendaient le long de la mer, dont ne
les séparait qu'un banc de sable , en sont aujourd'hui éloignées de deux
à quatre kilomètres ; l'espace intermédiaire est occupé par une langue
de terre qui s'élève de quelques pieds au-dessus du niveau de l'eau,
tout autour de l'île.

Des trois terrasses que forme l'île, la plus basse n'est pas encore
cultivée, mais elle commence à se couvrir de mousses, de lichens, de
plantes marécageuses et salines. La deuxième terrasse, élevée de 9 à
12 pieds au-dessus de la première, sert, ainsi que nous venons de le
dire, à une vaste culture de riz; la troisième enfin, qui s'élève à son
tour de 12 à 15 pieds au-dessus de la deuxième, renferme les jardins
et les maisons des habitants, plus le pic volcanique. Le nom anglais
(*flat island*, ile plate) a été donné à l'île, parce que, vue de la mer,
elle ne présente qu'une surface plane. Sur la terrasse inférieure se
dressent, à la hauteur de vingt pieds environ, deux rochers (marqués
A A sur la carte), lesquels portent, juste à la hauteur des rizières, les
marques de l'ancien niveau d'eau, indiquant ainsi la ligne jusqu'à
laquelle ils plongeaient dans la mer. Sur plusieurs points de l'île, on a
reconnu des indices qui dénotent clairement qu'elle a été construite en
entier par les polypes du corail. La terrasse inférieure, au-dessus de
laquelle le centenaire mentionné plus haut avait bien souvent passé en
barque, se compose exclusivement de calcaire madréporique, dont la
surface est un peu altérée par efflorescence et recouverte de sable.
Même dans les parties plus élevées de l'île, le calcaire madréporique
perce en plusieurs endroits, révélant ainsi la nature du sous-sol.

Ces faits, avec quelques autres qui s'y rattachent, ont renversé l'ancienne théorie sur l'origine des îles de corail, pour les remplacer par
les notions actuelles, basées sur la réalité (V. le *Globe terrestre*,
vol. II).

Parmi les volcans épars au milieu de l'océan Pacifique, nous ne citerons que ceux des îles Sandwich ; la plus grande de ces îles, Hawahi ou
Owhyhee, ne forme, pour ainsi dire, qu'un seul volcan, comme l'Etna,
et avec un grand nombre de cratères; il y a toutefois cette différence

que l'île d'Hawahi occupe une surface de plusieurs centaines de lieues carrées, tandis que les dépendances de l'Etna ne s'étendent que sur 80 lieues carrées environ, et que le sommet de ce mont n'atteint pas à beaucoup près la hauteur du pic principal d'Hawahi, le Mamaroa ou Moumouroa.

Ce pic est situé dans la partie septentrionale de l'île, à dix ou douze lieues de la mer. La forme du cratère est elliptique et la circonférence de son bord supérieur dépasse quatre lieues ; il est donc un des plus grands — mais non des plus hauts — volcans de la terre ; on est descendu à l'intérieur jusqu'à la profondeur de 1,200 pieds.

M. Goderich, le premier voyageur qui l'ait exploré, y a reconnu douze places couvertes de lave ardente, et quatre orifices d'où il en coulait des torrents de 30 à 40 pieds d'épaisseur. Tout le cratère a dû parfois se remplir de lave en fusion, car M. Goderich a observé, à moins de cent pieds au-dessous du bord, une ligne décrivant tout le pourtour intérieur, jusqu'à laquelle les roches des parois étaient transformées et brûlées par la chaleur des masses en fusion. Jamais cependant les laves ne se sont répandues par dessus les bords ; mais, par suite de l'immense pression hydrostatique, une crevasse s'est ouverte au-dessous du niveau de la mer, par laquelle les laves s'écoulent, de sorte que le cratère se désemplit par en bas.

Le travail souterrain y continue sans relâche ; les vapeurs sulfureuses, notamment, se dégagent de nombreuses fissures avec une telle véhémence, qu'elles produisent un bruit semblable à celui des machines à vapeur à haute pression, quand on ouvre leurs soupapes. La température du foyer paraît au-dessus de la moyenne admise communément pour les autres volcans, car les fragments de pumite, disséminés tout alentour, sont tellement bulleux et d'une texture si peu compacte, qu'ils se conservent difficilement sans tomber en poussière. Le verre volcanique (obsidienne), qui couvre les flancs du cratère en couches de plusieurs pouces d'épaisseur, est si menu et si fin, que le vent l'emporte à la distance de dix ou douze lieues, par longs filaments, comme les filandres ou fils de la Vierge qui voltigent dans l'air en automne.

Le 23 décembre 1824, M. Goderich observa une violente éruption de ce volcan ; il vit et mesura des jets de lave, sortant avec impétuosité de larges crevasses, et lancées par bonds à la hauteur de 40 à 50 pieds. Parfois tout le cône était enflammé, probablement par les gaz qui en émanaient, et au milieu de ces flammes, autour du cratère principal, on en voyait cinq autres qui vomissaient des nuées de pierres incandescentes. Des versants du pic central surgissent plusieurs autres volcans qui portent des noms différents, mais dont la connexité permet de les considérer tous ensemble comme un seul et même volcan, alimenté par de nombreuses fournaises.

Non loin de là, sur un plateau de 4,000 pieds d'altitude, dont le niveau presque horizontal aboutit à un des versants du Moumouroa, se dresse un autre volcan, le Kirauea. Son cratère est probablement le plus vaste du globe; il a, dit-on, plus de six lieues de circonférence à son bord supérieur.

Du haut de ce bord, on voit à l'intérieur un vaste bassin entouré de parois verticales, et dont le fond, à 760 pieds de profondeur, forme une surface plane, au milieu de laquelle est creusé un deuxième bassin, de 550 pieds de profondeur et de près d'une lieue de diamètre. Ce deuxième bassin est constamment rempli de lave bouillante, d'une fluidité telle qu'on peut l'étirer en filaments comme le verre.

Les masses de lave en fusion à l'intérieur de la montagne sont si considérables, que la vaste cavité centrale n'est pas assez spacieuse pour les contenir; très-souvent elles s'élèvent par-dessus ses bords, et à plusieurs centaines de pieds de hauteur, dans le premier bassin, de six lieues de circonférence. Les vagues de ce lac de feu, de ces roches en fusion, viennent se briser contre les parois du bassin, et y font rejaillir leurs éclaboussures incandescentes, de sorte qu'il est très-périlleux de visiter le bassin pendant le flux des laves, tandis qu'il n'y a aucun danger à y pénétrer lorsqu'elles sont retirées dans le bassin intérieur. Les dimensions de celui-ci correspondent à peu près à celles des villes de Berlin ou de Vienne (faubourgs compris).

Les laves n'ont jamais dépassé les bords du bassin extérieur; mais il arrive parfois qu'après avoir atteint un niveau très-élevé, elles baissent tout à coup; dans ce cas, elles ont fait éruption par une fente au pied de la montagne, par suite de quelque ébranlement du sol qui a crevassé la roche. Les laves qui s'écoulent ne tardent pas à obstruer l'ouverture, et alors les masses en fusion à l'intérieur reprennent peu à peu leur niveau habituel.

De tout ce que nous avons dit jusqu'ici, il résulte qu'il est difficile, peut-être même impossible, de tracer un tableau d'ensemble qui s'applique à tous les volcans. Parfois le cratère se présente en forme de vallée profondément encaissée; parfois il forme un cône. La profondeur de l'un est aussi variable que la hauteur de l'autre; le même volcan subit parfois des transformations qui en modifient subitement la physionomie; le fond du cratère s'élève ou s'affaisse; il s'y forme des monticules de scories ou des cônes d'éruption; les bords du cratère s'écroulent et la hauteur du sommet diminue tout d'un coup de centaines ou de milliers de pieds ; ou bien, les matières rejetées comblent peu à peu le bassin du cratère et se répandent par-dessus ses bords ; il se forme un nouveau sommet. qui finit par recouvrir entièrement la roche primitivement soulevée, si bien qu'on ne peut plus distinguer le cratère de soulèvement du cratère d'éruption.

L'action volcanique se manifeste également de bien des manières différentes. Tandis que le Stromboli n'a jamais été vu en repos, depuis le temps d'Homère, où il est déjà cité comme un phare lumineux de la mer Tyrrhénienne, les grands volcans sont caractérisés par de longues intermittences de tranquillité. Les éruptions des majestueux pics volcaniques des Andes se sont presque toujours produites à des intervalles d'un siècle. Lorsque, par exception, les volcans de petite dimension se signalent par des intermittences, c'est que les voies de communication entre le foyer volcanique et le cratère d'éruption se sont trouvées momentanément obstruées, ce qui peut rendre les éruptions moins fréquentes, sans que pour cela le volcan soit près de s'éteindre.

Pendant le temps qui s'écoule d'une éruption à l'autre, on remarque, dans certains cratères, un dégagement continuel de gaz délétères, sulfureux ou carboniques, lesquels non-seulement en remplissent toute la cavité, mais descendent parfois le long des bords extérieurs, où, comme tous les fluides élastiques. ils finissent par se mélanger avec l'atmosphère. D'autres cratères renferment sans cesse, au fond de leurs cavités, des phénomènes qui révèlent l'action du feu souterrain ; les masses de laves bouillantes se trahissent par les vapeurs qui s'en dégagent. Ailleurs, on ne rencontre, pendant l'intervalle des éruptions, aucun des phénomènes cités plus haut : ni gaz délétères, ni chaleur suffoquante, ni vapeurs lumineuses. Le fond du cratère a la température ordinaire du sol terrestre ; on y trouve des cônes et des monticules de scories, dont on peut approcher impunément, que l'on peut même explorer et déblayer. Enfin. on voit des cratères momentanément éteints, renfermant çà et là des cavités d'où se produisent de temps à autre des éruptions partielles, qui s'annoncent par un léger tremblement du sol.

La même diversité existe, quant à l'altitude des volcans. Il y a des volcans sous-marins ; d'autres dont l'orifice est au niveau de la mer ; on en connaît de 2,000 pieds de haut (Stromboli), de 5,600 (Vésuve), de 10,200 (Etna), de 11,000 (pic de Ténériffe), de 14,000 (Moumouroa) et de 18,000 (Cotopaxi). Il est un phénomène qui se présente toujours en raison inverse de la hauteur du volcan ; c'est le niveau auquel s'élèvent les laves en fusion. Les volcans de peu de hauteur sont les seuls qui les laissent se répandre par-dessus les bords du cratère. Plus un volcan est élevé, plus est rare l'ascension des laves jusqu'à ce point ;

elles s'épanchent alors au-dessous du cratère, ou même seulement par les flancs de la montagne. Lorsque celle-ci est très-élevée, l'épanchement a lieu par la base, ou bien il n'a pas lieu du tout.

S'il n'est pas possible de réduire à un même type les différents effets des forces volcaniques, nous essayerons du moins de tracer le tableau du travail d'un volcan quelconque; une éruption volcanique, même peu violente, étant toujours un spectacle des plus grandioses que l'on puisse contempler. Les bornes de cet ouvrage ne permettent pas d'énumérer tous les faits qui se rattachent à l'éruption des flammes, des cendres ou des matières pierreuses, et qui modifient le caractère de ce phénomène, selon qu'ils se présentent isolément ou plusieurs à la fois; mais nous parviendrons peut-être à esquisser l'ensemble de ces faits.

En général, les éruptions volcaniques, quels que soient les maux et les pertes qu'elles occasionnent, constituent néanmoins pour la totalité du pays un bienfait plutôt qu'un sujet d'appréhension. Il est hors de doute aujourd'hui que l'ouverture complète du foyer volcanique, en livrant un libre passage aux vapeurs et aux gaz enflammés, préserve toute la contrée des tremblements de terre, d'autant plus désastreux, que les cratères des volcans se trouvent plus complétement obstrués. Plus l'intervalle a été long, plus l'éruption est forte; tandis qu'au contraire elle est d'autant moins violente qu'elle se présente plus fréquemment. Le Stromboli, le Volcano et le Volcanello ne font plus aucune impression sur les habitants des provinces napolitaines, parce que ces volcans, de peu d'élévation, sont constamment en activité et ne peuvent, pour cette raison, produire des phénomènes grandioses comme ceux du Vésuve, dont le repos s'est parfois prolongé pendant des siècles.

On ne connaît pas de véritables symptômes précurseurs d'une éruption volcanique; les modifications de la forme du cratère, la projection d'une colonne de fumée, sont des faits qui peuvent se produire sans être suivis d'une éruption; d'ordinaire, cependant, quant le volcan a été longtemps en repos, ne lançant plus même de fumée, la réapparition de celle-ci constitue un premier indice; elle s'élève alors plus ou moins haut, plus ou moins verticalement. La hauteur dépend du degré de tension des vapeurs à l'intérieur et de la violence avec laquelle elles sont expulsées. L'ascension plus ou moins verticale de la colonne de fumée dépend de l'état de l'atmosphère. Quand le vent est très-fort, il fait dévier la colonne de fumée, au moment même où elle sort du cratère; quand l'air est tout à fait calme, la colonne s'élève de trois à neuf mille pieds de hauteur, selon que la couche d'air calme est plus ou moins épaisse. Dans les régions supérieures de l'atmosphère, où l'air est toujours agité, la fumée et la vapeur s'étendent horizontalement, ce qui donne au phénomène une certaine ressemblance avec le tronc et la cime d'un pin-parasol, ressemblance d'après laquelle les Napolitains ont nommé cette colonne de fumée *la pigna*.

Quelques semaines ou quelques jours avant l'éruption, la colonne de fumée devient de plus en plus épaisse, au point qu'elle paraît remplir tout l'orifice du cratère; au dernier moment, elle perd tout à fait la forme d'un pin, pour descendre sur le sommet du volcan, qu'elle enveloppe comme d'un gros nuage noir. L'éruption alors est imminente : le sol commence à trembler; on entend un bruit semblable à celui d'une cascade lointaine; ce bruit se rapproche de plus en plus, et devient un fracas étourdissant, alternant avec des détonations épouvantables, auprès desquelles les décharges de l'artillerie et les plus violents coups de tonnerre ne seraient que des jeux d'enfants. Ces détonations occasionnent des secousses si formidables que les plus fortes murailles en sont lézardées, sans qu'il y ait cependant un véritable tremblement de terre. Au palais du roi, à Portici, construit en marbre, on voit encore les crevasses produites par des détonations de cette espèce.

C'est alors que commence ordinairement l'éruption proprement dite. Pendant une des plus fortes détonations, une colonne de feu s'élance tout à coup, avec la rapidité de l'éclair, et illumine le sombre nuage de fumée. Cette colonne de feu prend la forme d'un cône renversé et atteint parfois la hauteur de 8 à 10,000 pieds comme dans les éruptions du Vésuve, tandis que les volcans gigantesques des Andes et du Mexique, le Cotopaxi, le Popocatépetl, lancent des gerbes de feu beaucoup moins colossales. Des étincelles se dégagent, comme de l'enclume d'un forgeron, et montent avec une grande rapidité. Ce sont des fragments de lave incandescente, qui ont jusqu'à six pieds de diamètre, mais qui paraissent à peine plus gros que des étincelles ordinaires; ils lancent des éclairs de tous côtés et sont encore lumineux en retombant. D'autres sont simplement ardents à leur sortie du cratère et noirs en retombant : ce sont les masses poreuses qu'on appelle pumite ou pierre ponce, et qui se refroidissent les premières.

Ces explosions et ces secousses violentes finissent par ouvrir le fond de l'entonnoir qui descend dans le sein du volcan; c'est de là, d'un foyer situé peut-être à la profondeur de plusieurs lieues au-dessous de la base de la montagne, que les pierres incandescentes et les scories s'élèvent dans la colonne de feu, à laquelle leur chute dans toutes les directions donne la forme d'une gerbe. De ces mêmes profondeurs remontent en même temps les masses de roches en fusion et les laves liquides, qui remplissent peu à peu toute la cavité du cratère. Parfois ce dernier se fend sous leur pression ; il s'y amoncèle des cônes de scories, et les nuages de fumée en sortent avec un fracas de plus en plus retentissant. Cet accroissement de fumée est un indice que l'éruption est dans toute sa force ; les vapeurs obscurcissent la lumière du jour et permettent à peine d'entrevoir le disque d'un soleil sans rayons : une poussière de fines cendres descend du haut des airs, et prouve que les vapeurs renferment des parcelles terreuses, qui retombent, mêlées à l'eau des nuages. Ces épaisses vapeurs couvrent, comme un drap mortuaire, toute la contrée environnante, et font périr les animaux et les plantes, autant par leur chaleur intense que par les gaz sulfureux ou les acides dont elles sont imprégnées. D'autre part, la base de la colonne de fumée paraît toujours lumineuse ou même enflammée : c'est le reflet de la lave en ébullition qui monte à l'intérieur du cratère ; ce reflet devient plus vif chaque fois que la lave déborde, tandis qu'au sommet de la colonne il se perd dans la nuée, dont les tourbillons paraissent lisérés d'un ruban de feu.

Cependant, le grondement devient de plus en plus sonore ; les secousses et les explosions, se succédant sans répit, chassent à des hauteurs incroyables les masses de vapeurs flamboyantes. Parfois les blocs incandescents décrivent de grands arcs et viennent, en retombant, se briser avec fracas au pied du cône d'éruption, où ils s'éparpillent, comme les scories de mâchefer sous le marteau de la forge. D'autres fois, ils se divisent dans l'air, quand la force d'impulsion n'agit pas également sur toutes leurs parties, et alors ils se répandent en rayons, comme les fusées d'un feu d'artifice.

Chaque secousse est suivie d'une détonation plus forte que la précédente ; les matières enflammées sont lancées en l'air par masses de plus en plus considérables, et le craquement des blocs broyés dans leur chute va toujours en augmentant. Les fragments qui retombent rencontrent ceux qui s'élèvent, et le choc couvre de leurs éclats les abords du volcan.

Et soudain, justifiant l'anxiété des témoins de cette scène d'horreur, se déclare ce qu'ils appréhendaient le plus, l'ébranlement du sol, qui se tord, se fend, s'étoile en crevasses rayonnant du centre de la montagne jusqu'au milieu de la plaine abîmée. De toutes les phases de l'éruption, c'est pour l'homme la plus terrible ; elle l'oblige à quitter l'abri de son toit, à se jeter dans l'arène où luttent les éléments déchaînés, à voir de près l'imposant phénomène, qui, jadis, dans de plus vastes proportions, a formé la surface terrestre, a fait émerger ce même sol qu'une nouvelle catastrophe replonge aujourd'hui dans les flots.

En n, le désastre, dont l'aspect saisit en même temps d'admiration et d'effroi, paraît toucher à son terme : le flot bouillonnant des laves atteint les bords les moins élevés du cratère ; sur quelques points elles s'épanchent et coulent majestueusement le long des flancs du cône d'éruption, allumant au passage les buissons qu'elles rencontrent et qui pétillent en flamboyant sur leur surface. Ce ne sont encore là que les avant-coureurs du torrent principal, qui, s'élevant peu à peu comme un dôme au-dessus des bords du cratère, se précipite tout d'un coup, avec un bruit de tonnerre et une épouvantable commotion du sol. Il s'épanche en même temps par des issues qu'il s'ouvre au pied du cône. Il s'élargit à chaque pas et se déverse enfin sur la campagne, dont il anéantit la culture. Les vapeurs souterraines, affranchies de la pression exercée par ces masses en fusion, se dégagent avec une force redoublée, entraînant avec elles des nuées de cendres, et s'élancent de nouveau en colonne arborescente, comme au début du phénomène.

Cette immense et majestueuse colonne forme le tableau final du grand drame de l'éruption ; son vaste chapiteau s'étend, comme un sinistre présage, au-dessus de la plaine qu'elle ne tardera pas à couvrir d'ombres éternelles. Telles, les nuées de cendres descendirent autrefois sur Herculanum et sur Pompéi. Elles laissent aux hommes le temps de fuir, mais tout leur avoir, le sol même qu'ils habitaient, demeurent ensevelis. L'épaisseur des couches de cendres qui recouvrent Herculanum, varie de 70 à 112 pieds ; Pompéi, plus éloigné du Vésuve, gît sous une couche de 12 à 20 pieds d'épaisseur. Les tranchées pratiquées dans les cendres sous lesquelles Herculanum a été englouti, permettent de reconnaître six éruptions différentes, sans que jamais les laves aient atteint la ville.

Au déclin de l'éruption, la colonne de fumée qui surmonte le volcan revient insensiblement à son point de départ, en traversant une série de phases inverses de celles qu'elle a parcourues pendant la marche ascendante du phénomène.

Lorsque enfin la clarté du jour succède aux ténèbres que sillonnait la lueur des feux du volcan, le tableau des effets désastreux de l'éruption se déroule à la vue. Tout le sol naguère cultivé a disparu sous une couverture de cendres ; sur les versants de la montagne et à sa base sont amoncelés par milliers les blocs de roches volcaniques ; entre les couches de terrain que le tremblement a mises a découvert, roule avec lenteur le torrent de laves ardentes, creusant son lit à mesure qu'il descend et ne s'arrêtant que là où l'absence de toute pente fait cesser la force d'impulsion. Toute la contrée respire la solitude et la désolation ; la campagne a perdu son tapis verdoyant ; les arbres desséchés et blanchis par la poussière tracent sur un lugubre horizon la silhouette de leurs branches sans feuilles; aucun accent joyeux ou plaintif ne révèle la présence d'êtres animés ; c'est à peine si l'on trouverait sous la cendre ardente les vestiges de ceux qui, la veille, étaient pleins de vie. Tel a dû être, le lendemain de la catastrophe de l'an 79, l'aspect des lieux que le Vésuve, réveillé soudain après douze siècles de sommeil, avait ravagés sur une étendue de près de 80 lieues carrées, ensevelissant sous un linceul de cendres trois grandes villes, dont les ruines, reparues au jour 1700 ans plus tard, sont venues, ombres muettes du passé, révéler la richesse et la splendeur.

Tous ces phénomènes effrayants sont basés sur l'action réciproque de quatre substances, très-inoffensives en elles-mêmes : les vapeurs, les cendres, les roches concassées et les roches en fusion. Il n'est pas de volcan où l'on ait trouvé autre chose.

Les vapeurs, qui se présentent toujours les premières et que certains volcans (le Vésuve, entre autres) ne cessent jamais de produire, sont aqueuses pour la plupart, du moins tant qu'on les voit de couleur blanchâtre. Pour qu'elles se dégagent, il suffit d'un faible degré de chaleur, qui existe à peu près constamment. Parfois, on aperçoit des vapeurs colorées en jaune, en vert ou en brun ; cette coloration provient de matières fondues et volatilisées par la température élevée du volcan, ou bien décomposées par d'autres causes, telles que le soufre, le sel marin, l'acide carbonique, etc.

On a souvent demandé d'où vient l'eau dont la présence est accusée par les vapeurs, et l'on a cherché à cette question des solutions parfois étranges ; ainsi, l'on a dit qu'elle venait uniquement de la mer : là où les volcans sont à une grande distance du rivage, des canaux souterrains (dont, soit dit en passant, on a été très-prodigue, les supposant partout où ils facilitaient une explication quelconque) devaient l'avoir amenée au foyer volcanique. Mais à la fin, on a découvert des volcans au centre de l'Asie, et alors il a bien fallu renoncer à cette hypothèse : il eût été par trop extravagant de vouloir faire arriver l'eau de la mer par des canaux souterrains, naturels, de quelques centaines de lieues de longueur.

Il est donc hors de doute que ce sont les eaux du ciel qui pénètrent jusqu'au foyer volcanique. Les roches stratifiées du globe, dont l'épaisseur nous est inconnue, renferment de nombreuses cavités ; lorsque les parois en sont poreuses, comme il arrive quand elles sont formées de grès, de calcaires ou d'autres roches de sédiment, l'eau qui filtre à travers le sol s'y rassemble et forme des lacs souterrains. Le nombre de ces lacs est peut-être mille fois plus grand que nous ne le supposons, puisqu'ils doivent leur origine à la même source, la pluie, qui suffit à alimenter les mers. Cette explication ne tend pas, d'ailleurs, à exclure les eaux de la mer de toute participation aux phénomènes volcaniques, lorsqu'elles sont à proximité ; il s'agissait seulement de démontrer que ces phénomènes peuvent s'accomplir sans leur concours.

On sait que le soufre se trouve en grande quantité à l'intérieur de la terre ; rien d'étonnant donc à ce que, volatilisé par la chaleur, il se dégage par les crevasses d'un cratère, et s'y dépose sous forme de sublimé ; parfois on l'y trouve en très-beaux cristaux.

Lorsque le soufre se combine avec l'oxygène de l'air ou de l'eau, il produit *l'acide sulfureux* ou *l'acide sulfurique ;* le premier se trahit par son odeur connue de quiconque a brûlé des allumettes.

Si la présence de l'acide sulfureux n'était pas révélée par l'odeur, elle se manifesterait encore par les propriétés décolorantes de cet acide. La lave est généralement de couleur noire, à cause de la présence de la pierre d'aimant parmi ses éléments rocheux. Comme tous les oxydes de fer, la pierre d'aimant est aisément soluble par la plupart des acides. L'acide sulfureux dissout la combinaison du fer avec l'oxygène, et produit un sulfite qui donne à certaines roches du Vésuve une couleur presque aussi blanche que celle de la craie. La célèbre Solfatare près de Naples est une chaudière de lave blanchie par le sulfite de fer.

L'acide *sulfurique,* au contraire, n'étant ni volatil ni aériforme comme l'acide sulfureux, ne se présente généralement que dans les sources minérales jaillissant d'un terrain volcanique ; on l'observe en grande quantité dans la rivière de Purace ou Pusambio (affluent du Cauca), dans l'Amérique du Sud, dite pour cette raison *Rio Vinagre,* sur laquelle on trouve de plus amples détails dans le *Globe terrestre,* vol. II.

L'acide sulfurique se combine avec un grand nombre de substances ; avec la chaux, après en avoir expulsé l'acide carbonique, il produit le plâtre ; avec l'alumine, il forme *l'alunite* ou pierre d'alun. C'est là ce qui explique la présence de l'albâtre et de l'alun dans les contrées volcaniques.

L'acide carbonique, expulsé de la chaux par suite de la combinaison de celle-ci avec l'acide sulfurique, ne se présente à l'état liquide que sous une pression ou un refroidissement considérable. Aucune de ces deux conditions n'étant remplie dans les volcans, où au contraire la température élevée de l'intérieur empêcherait la liquéfaction, même si la pression existait, il s'ensuit que l'acide carbonique s'y rencontre toujours à l'état gazeux, mélangé avec l'air atmosphérique ou avec l'eau des sources.

Son mélange avec l'air produit des *mofettes,* c'est-à-dire qu'en certains endroits la terre exhale beaucoup d'acide carbonique, qui, plus pesant que l'air, ne s'élève que très-peu au-dessus du sol. Il s'accumule parfois en quantités si considérables, qu'il devient dangereux pour les êtres animés qui le respirent. Ce phénomène est très-fréquent dans le voisinage du Vésuve, où l'on trouve la fameuse Grotte du Chien; lorsque des étrangers visitent cette grotte, les guides prennent avec eux un chien qu'ils déposent à terre en arrivant. L'animal, qui ne respire à peu près que de l'acide carbonique pur, tombe en convulsions et perd le sentiment. Emporté immédiatement au dehors, où l'air est frais et respirable, il revient à lui, mais quelques secondes de retard lui seraient mortelles. Ce qu'il y a de barbare dans cette expérience, c'est qu'elle n'a d'autre but que de satisfaire la curiosité oiseuse des visiteurs, et qu'elle se répète sur le même animal jusqu'à ce qu'il succombe à l'épuisement et à l'action réitérée de ce gaz délétère. Les pauvres bêtes auxquelles on fait jouer ce triste rôle, dès qu'elles en ont fait une fois l'expérience, savent très-bien ce qui les attend : elles tremblent de tous leurs membres quand le guide les prend pour les traîner dans cette grotte, où elles devront endurer le supplice d'une agonie cent fois renouvelée.

Les terrains volcaniques, même lorsqu'ils ne se signalent plus par les phénomènes de l'ignition, abondent en acide carbonique. Toutes les caves, dans les environs de Naples, contiennent ce gaz délétère ; il y va de la vie à descendre dans celles qui ont été longtemps fermées. Dans les montagnes où il existe de fortes sources minérales, le gaz acide carbonique est aussi très-fréquent ; à Selters, à Cannstadt, etc., il se sépare de l'eau dès qu'elle sort de terre, et que cesse la forte pression sous laquelle il s'est dissous ; c'est pourquoi on doit toujours prendre des précautions, quand il s'agit de visiter les *regards* ou les réservoirs de pareilles sources.

Les vapeurs aqueuses de couleur blanche proviennent simplement d'eau évaporée; mais quand ces vapeurs passent à travers des substances incandescentes et solubles, elles les dissolvent, ou bien elles y sont décomposées: dans ce dernier cas, il se produit de l'hydrogène et de l'oxygène ; l'oxygène est absorbé par les métaux, tandis que l'hydrogène se dégage ; s'il rencontre du soufre ou du sulfure de fer, sa combinaison avec le soufre produit le gaz sulfhydrique (ou hydrogène sulfuré), aisément reconnaissable à son odeur fétide.

Le sel, qui, mêlé au plâtre dans la terre, se présente par filons ou par amas, donne lieu à des vapeurs de chlore, très-fréquentes dans le voisinage des volcans. La plus importante des combinaisons de chlore est l'acide chlorhydrique ou muriatique, qu'on reconnaît à son odeur piquante et à la parfaite blancheur de ses vapeurs. Combiné avec l'ammoniaque, cet acide donne le sel ammoniacal, produit volcanique, qui se dépose par sublimation le long des parois des cratères.

Dans le langage ordinaire, on entend par *fumée* un mélange d'eau et d'acide carbonique, entraînant de la cendre, du charbon très-divisé et des parties non brûlées ; par *cendres,* on entend le résidu incombustible des matières consumées par le feu : la fumée et les cendres que produisent les volcans sont d'une nature différente. Ce qu'on y appelle fumée, sont toujours des vapeurs. La cendre se compose de matières terreuses très-divisées, de roches ou de laves pulvérisées ; elle a l'aspect d'une terre grisâtre, parfois grenue comme le gravier ; dans ce cas, on l'appelle sable volcanique ; dans les fragments les plus gros, on peut distinctement reconnaître du fer titané, de la pierre d'aimant, du péridot (*olivine*), du pyroxène (*augite*), du feldspath, etc. Une découverte très-remarquable a été faite par M. Ehrenberg : c'est que les cendres des volcans renferment des tests siliceux d'animalcules microscopiques. Cette découverte a fait examiner avec une plus grande attention les cendres de différents volcans, et l'on a trouvé que ceux de l'Islande produisent des cendres mélangées de coquillages d'eau douce ; ceux des îles Canaries ne renferment dans leurs cendres aucun corps organisé, tandis que les volcans de la Patagonie vomissent, avec leurs cendres, des coquillages marins. On aurait ainsi la preuve que l'eau douce peut, aussi bien que l'eau de mer, pénétrer dans les foyers volcaniques. Ce fait, d'ailleurs, devient encore plus évident par la présence de grandes masses de poissons d'eau douce dans les éruptions de quelques-uns des *volcans de boue* de l'Amérique du Sud et de l'île de Java. En 1691, le volcan presque éteint d'Imbaburu vomit une si grande quantité de ces poissons, que les fièvres putrides qui régnèrent à cette époque furent attribuées aux miasmes qu'exhalaient ces animaux, tombés en putréfaction.

Quant à la force qui réduit en poussière les roches et les laves, il est probable qu'on ne la découvrira jamais ; on sait seulement que cette poussière est parfois transportée par le vent à des centaines de lieues, ce dont plusieurs exemples ont été cités ici et ailleurs (Voyez le *Globe terrestre,* vol. I). Les quantités de cendres rejetées par les volcans sont tellement considérables, qu'elles interceptent la lumière du soleil pendant la durée de l'éruption ; la ténuité des molécules dont elles se composent fait qu'elles demeurent en suspension dans l'air, comme le brouillard ; pour ne pas les respirer, il n'y a d'autre moyen que de tenir un linge mouillé devant la bouche. Les animaux cherchent à s'en garantir, en enfonçant le museau dans la terre fraîchement grattée. Dans leurs étables, ils ne peuvent recourir à aucun préservatif, car les cendres pénètrent partout, même dans les chambres les mieux closes, et jusque dans les armoires vitrées ; elles produisent bientôt une toux convulsive, et finissent par enduire les poumons d'une pâte terreuse qui obstrue le passage de l'air et cause parfois la mort par suffocation.

On peut se faire une idée de l'immense profusion avec laquelle ces cendres sont lancées par les volcans, en visitant les environs du Vésuve, dont la terre végétale, sur plusieurs lieues d'étendue, se compose exclusivement de cette matière. Dans certains endroits très-abrités, c'est-à-dire qui formaient jadis des vallées comblées aujourd'hui par les cendres, la terre végétale descend à la profondeur de quelques centaines de pieds. Nous avons dit l'épaisseur de la couche qui recouvre Herculanum ; au moment où cette ville fut ensevelie, on vit à Rome les cendres couvrir le sol d'une couche de l'épaisseur d'un pouce ; et jusque dans l'Asie-Mineure et en Syrie, le ciel devint d'abord jaunâtre, puis rougeâtre, et il tomba une pluie de cendres fines et brunes, qui se répandirent sur les champs à l'épaisseur d'une lame d'épée. Dans le voisinage du Vésuve, c'est-à-dire à dix lieues à la ronde, il régnait une obscurité complète ; les cendres tombaient par torrents, et leur densité augmentait à mesure qu'on se rapprochait du volcan. Aujourd'hui, après plusieurs éruptions successives, et quoiqu'elles soient comprimées par le poids des matières superposées, les couches ont encore une une épaisseur de plus de 50 pieds, ce qui permet de supposer que jadis cette épaisseur a été plus que double. L'obscurcissement de l'atmosphère dure parfois des semaines et des mois entiers ; il en a été ainsi du fameux *brouillard sec* de l'année 1785, qui, comme nous l'avons dit plus haut, n'était autre chose qu'une éruption de cendres de deux volcans de l'Islande.

Le savant français Menard de la Groye explique de la manière suivante le phénomène de la division des cendres volcaniques en molécules si fines. On sait que, lors d'une éruption, les laves en fusion remplissent les voies qui communiquent avec l'intérieur du volcan, ainsi que l'entonnoir du cratère. Or, ces laves sont traversées par des vapeurs en si grande quantité, et avec une force d'impulsion si puissante, qu'il se produit des colonnes de feu de plusieurs mille pieds de hauteur. Les courants de vapeur entraînent des parcelles de ces roches en fusion, que leur bouillonnement transforme en écume et finit par pulvériser. La pierre ponce se compose d'écume non pulvérisée ; le sable volcanique est, pour ainsi dire, le résidu de l'opération, la partie qui n'a pas été entièrement tamisée par les vapeurs, et dans laquelle on trouve des fragments de pyroxène, de pierre d'aimant, de péridot et d'autres roches semblables, qui tombent comme une grêle mêlée à la pluie de cendres, dont les molécules les plus fines demeurent en suspension dans l'air, comme un nuage, et sont transportées d'autant plus loin qu'elles sont plus ténues.

Les matières solides rejetées par les volcans consistent en scories ou bien en fragments de laves en fusion, qui bouillonnent à l'intérieur; lancées en l'air à l'état de fluidité ignée, elles s'y pelotonnent et retombent plus ou moins arrondies par le bas et pointues par le haut, formant ce qu'au Vésuve on appelle des *larmes volcaniques*. En arrivant à terre, elles sont parfois encore assez molles pour s'aplatir et prendre l'empreinte du sol. Quelquefois on leur donne l'empreinte de monnaies ou de tel autre objet, et on les vend aux voyageurs. Après le refroidissement, les larmes volcaniques ont parfois une texture schisto-globuleuse, c'est-à-dire que les feuillets y sont disposés à peu près concentriquement, comme s'ils s'étaient moulés successivement sur un noyau central. Cette particularité est digne de remarque, parce qu'elle se rencontre également dans certaines variétés de basalte ou de diorite, tels que le diorite *orbiculaire* ou granit globuleux de Corse (*kugeltrapp*). Les dimensions des larmes volcaniques varient d'ordinaire de la grosseur d'une noix à celle du poing; au Vésuve, on en trouve cependant dont le diamètre est de près d'un pied et le poids de 50 à 60 livres. L'observateur les entend siffler au-dessus de sa tête, ou éclater à ses pieds comme une bombe, lorsqu'elles ont atteint dans l'air le degré de refroidissement voulu. L'Etna produit des larmes volcaniques d'un volume encore plus considérable; Fr. Hoffmann en a trouvé une, à une certaine distance du cratère, de forme parfaitement symétrique, de dix pieds de long, qui s'était brisée en plusieurs morceaux en atteignant le sol.

Les laves ne prennent toutefois la forme de larmes que quand lancées en l'air à l'état de fluidité parfaite, elles peuvent se modeler conformément aux lois de l'attraction et de la gravitation; si les parcelles de lave, lancées en l'air, au lieu d'être fluides, ont la ténacité d'une pâte visqueuse, la résistance de l'air et les vapeurs qui se dégagent par le refroidissement, auront pour effet de les boursoufler et les tordre, ce qui leur fera prendre, en tombant, toute espèce de formes étranges et bizarres. Souvent elles ressemblent à des morceaux de câble, de tronc d'arbre ou de glaçon, éparpillés sur les flancs du volcan.

Lorsque des scories retombent, déjà durcies, à l'intérieur du cratère, elles sont parfois rencontrées par d'autres qui en jaillissent; par le choc, elles se brisent mutuellement et sont lancées dans toutes les

directions, roulent le long des parois extérieures du cratère et forment
ce que les Napolitains ont appelé *rapilli* ou *lapilli*, nom qui a été
adopté dans le langage scientifique.

Outre ces différentes matières, il en est encore d'autres rejetées par
les volcans, qui se composent des roches massives formant les parois
des cavités que les matières volcaniques ont traversées pour arriver au
jour. Ces roches sont détachées et emportées par les masses en fusion
ou par les vapeurs ardentes, qui élargissent ainsi le passage qui leur
sert d'issue ; elles se montrent principalement dans les premiers
moments de l'éruption, aussi longtemps que les obstacles qui s'opposent
à la sortie des matières volcaniques n'ont pas été écartés. C'est pourquoi il s'en présente toujours davantage dans les premières éruptions
d'un volcan, tandis que les éruptions subséquentes, trouvant leur route
déjà frayée, n'ont plus d'entraves à briser. Aussi les *rapilli* et les fragments de pierre ponce sont-ils plus abondants dans les couches les plus
profondes de cendres volcaniques.

Les fragments de roches cristallines, trouvés soit à la surface du
sol, soit à cent pieds de profondeur, se rapportent toujours au terrain
qui prédomine dans les environs du volcan. Ainsi, dans la chaîne des
Puys, en France, on trouve, parmi les roches provenant d'éruptions,
principalement des blocs de granit, des fragments de gneiss et de
micachiste. Quelques-uns des volcans du pays de Limagne (département
du Puy-de-Dôme), dont la base se compose de calcaire, présentent également des blocs de cette roche, parmi les matières sorties de leur sein.
Il en est de même dans l'Eifel (Prusse rhénane), où les cônes d'éruption des cratères éteints se rapportent, comme le sous-sol de cette
contrée, à la formation des schistes cristallins.

Un autre fait très-remarquable est celui de la découverte, par
Fr. Hoffmann, de fragments épars au pied des volcans, et se rapportant
à des terrains qui ne se présentent nulle part à la surface. L'attention
des géologues a été d'autant plus attirée sur ces fragments, que leur
nature a subi des modifications toutes particulières par suite de la
fusion d'abord, puis d'une nouvelle cristallisation, et enfin, du mélange
avec des substances étrangères, injectées dans leur masse.

Parmi tous les volcans connus, il n'en est guère qui offre sous ce
rapport plus d'intérêt que le Vésuve, grâce aux explorations minutieuses dont il a été l'objet. S'élevant isolé au milieu d'une plaine basse,
il a probablement formé jadis une île, qui ne s'est rattachée au continent que plus tard et par suite de l'entassement des matières provenant
de ses éruptions.

En face du Vésuve s'élève la haute chaîne des Apennins, composée d'une puissante formation de calcaires et de grès, relativement récents. Les roches plus anciennes, telles que le granit et quelques autres dont le feldspath est le principal élément, ne se montrent qu'à une grande distance de Naples, à la pointe la plus-méridionale de l'Italie et dans les montagnes qui bornent la Péninsule au nord. Ces roches doivent par conséquent former le sous-sol du Vésuve, à une grande profondeur au-dessous du fond de la mer.

Malgré cela, les différents conglomérats qui apparaissent à découvert, entassés dans les crevasses de la Somma, renferment une quantité de fragments qui se rapportent aux roches dont nous venons de parler. Çà et là, on y aperçoit des amas de marnes durcies, contenant des fossiles marins, d'espèces encore vivantes. Ce qu'on en trouve à la surface du sol, ne porte que peu de traces d'altération par le feu volcanique. On rencontre plus fréquemment des blocs de calcaire de plusieurs pieds de diamètre, parfaitement analogues à la roche qui prédomine dans la chaîne des Apennins. Mais très-souvent ces blocs sont transformés, par l'effet de la fusion, en un marbre parfaitement blanc, grenu et cristallin, comparable aux plus beaux marbres de Paros et de Carrare.

Ce fait très-remarquable a été démontré par les recherches entreprises sur les lieux. On a pu reconnaître que des fragments de lave, de pierre ponce ou de roches feldspathiques, sont parfois mêlés par la fusion à la masse du marbre de cette espèce, et tout semble indiquer que le refroidissement de toutes les parties de ce mélange a été simultané; l'intérieur de ces blocs renferme, comme on sait, des *druses,* consistant en cristaux de pyroxène, de vésuvienne, de leucite, de haüyne et d'autres produits volcaniques.

Outre ces calcaires, on trouve, aux abords des volcans, d'innombrables blocs de roches feldspathiques rappelant le granit, le gneiss ou la syénite. D'ordinaire ils ont une enveloppe consistant en scories de laves récentes, et ils diffèrent toujours quelque peu de la roche-type à laquelle ils se rapportent, ayant subi un certain degré de fusion ou du moins d'altération par le feu. La prédominance du feldspath est d'autant plus remarquable, que les produits du nouveau cône du Vésuve ne renferment aucune trace de cette roche, ni dans les laves ni dans les dépôts de scories. La rencontre de substances hétérogènes, et la diversité des conditions dans lesquelles elles se sont fondues et refondues, ont produit, dans les environs du Vésuve, une quantité de combinaisons ou de variétés de minéraux vraiment extraordinaire, et telle qu'on ne la retrouve sur aucun autre point du globe. Les gorges de la Somma, et parmi elles principalement la « *fossa grande,* » qui est d'un accès facile, sont devenues, pour les minéralogistes, les sources de précieuses découvertes; on y a reconnu jusqu'à présent 82 espèces différentes de minéraux (à peu près le quart du nombre total des espèces connues), et tous les ans on en découvre de nouvelles.

On voit par là, — ce qu'on eût pu savoir depuis longtemps, si l'on avait songé à grouper les faits constatés, au lieu de créer des systèmes et des théories hypothétiques — que le siége des phénomènes volcaniques est situé bien au-dessous des roches massives qui composent les terrains primaires. Aujourd'hui, l'étude de ces phénomènes offre un intérêt particulier pour le chimiste, qui puise, dans la manière dont les minéraux volcaniques se présentent dans la nature et se combinent entre eux, des renseignements sur l'origine de ceux qu'il ne parvient pas à imiter artificiellement.

Nous ferons remarquer, d'ailleurs, que ces espèces particulières de minéraux, quoique retrouvées principalement parmi les plus anciennes éjections du Vésuve, sur les flancs de la Somma, sont encore parfois rejetées de nos jours par le cratère actuel du volcan. Ainsi, le géologue Scipion Breislack (1) a trouvé un bloc de marbre sur les bords de l'orifice formé par l'éruption de 1794, et lors de l'éruption de 1822, plusieurs blocs semblables, de différentes dimensions, furent rejetés par le volcan. Des roches cristallines, granitoïdes, très-abondantes en feldspath, ont été trouvées aussi par M. de Buch à l'embouchure du cratère de 1794, et par Fr. Hoffmann sur les versants de la montagne, où elles étaient mêlées de noyaux de mica vert et d'*idocrase* ou vésuvienne.

Le cône d'éruption de l'Etna est aussi très-remarquable par la diversité des minéraux que l'on y trouve; ses plus anciens conglomérats renferment des blocs de roches qui se rapportent aux terrains primaires. M. Gemellaro, professeur à l'université de Catane, dont l'auteur a fait la connaissance personnelle, à l'occasion des congrès de naturalistes en Allemagne, possède un fragment de granit, injecté de pierre d'étain ou *cassitérite,* roche qu'on ne trouve nulle part en Sicile, et dont la présence dans le granit prouve par conséquent que celui-ci provient d'un terrain situé à une très-grande profondeur.

(1) Né à Rome en 1768 et destiné à l'église. Son goût pour les sciences naturelles le fit renoncer à l'état ecclésiastique, et ses travaux de géologie le rendirent célèbre dès l'âge de 50 ans (comme le fut un demi-siècle plus tard Fr. Hoffmann) En 1798, il publia à Florence sa *Topografia fisica della Campania,* explora, pendant son séjour en France, la contrée volcanique de l'Auvergne, et fit paraître, de retour en Italie, où le Gouvernement l'avait appelé à un poste important, son *Introduzione alla Geologia* (Milan, 1811)

Les faits de cette catégorie, dont on pourrait citer de nombreux exemples, prouvent que les volcans ont leurs foyers au-dessous des roches les plus anciennes du globe ; ils font reconnaître en même temps combien a dû être puissante la force qui a élevé, à plusieurs milliers de pieds au-dessus du sommet, de pareils blocs, dont quelques-uns ont jusqu'à neuf et dix pieds de diamètre. La lueur que les roches incandescentes, lancées par les volcans, projettent à travers l'obscurité de la nuit, a permis de suivre l'orbite qu'elles parcourent et de mesurer le temps qui s'écoule depuis l'instant où elles ont atteint le point culminant de leur ascension, jusqu'à celui où elles retombent à terre. On a trouvé que la durée de leur chute est de 21 secondes, ce qui implique une hauteur de 6,615 pieds. On assure que le Vésuve, dont la colonne de feu s'élève très-souvent à 9.000 pieds de hauteur, lance des masses rocheuses jusqu'à la hauteur de 4,000 pieds, et La Condamine a observé au Cotopaxi, le plus élevé de tous les volcans, des hauteurs de projection de 5,000 pieds au-dessus du sommet.

Comme on ne possède aucune donnée concluante au sujet des profondeurs d'où ces roches sont lancées, on peut les supposer aussi bien au-dessus du niveau des mers, qu'à 50 ou 60,000 pieds au-dessous ; il n'y a donc aucun moyen de calculer la puissance de la force d'impulsion. À défaut de calculs, nous nous bornerons à enregistrer quelques faits qui se rattachent à cet ordre d'idées.

Naples est situé sur un golfe semi-circulaire ; d'un côté, le Vésuve fait une forte saillie ; vis-à-vis, à la distance de quatre lieues en ligne droite, s'étend jusqu'à la mer un rameau occidental des Apennins, qui sépare Amalfi de Castellamare. Au pied du versant nord de ce rameau, du côté de Naples, se trouve Stabies, l'une des trois villes ensevelies par l'éruption de l'an 79. La crête de la montagne est couverte d'une couche épaisse de pumite et de fragments de lave durcie, si bien qu'on croit fouler un sol tout à fait volcanique, tandis qu'au contraire la roche massive de la montagne se compose exclusivement de calcaire. Fr. Hoffmann y a trouvé des noyaux de *leucite* ou amphigène, gros comme le poing, qui proviennent évidemment du Vésuve.

Les matières réduites en parcelles assez fines pour suivre l'impulsion du vent, sont emportées beaucoup plus loin ; les vallées lointaines des Apennins, les plateaux de deux à trois mille pieds d'altitude, sont couverts d'un terreau très-fertile, qui s'est déposé sur le massif calcaire. Ce terreau se compose uniquement de cendres volcaniques, dans lesquelles on distingue encore de petits cristaux de pyroxène. Le même fait a été constaté sur le versant oriental, du côté de la mer Adriatique, où il n'existe pas le moindre volcan, à moins d'y comprendre les monts Euganéens, qui se trouvent à une distance par trop considérable.

A l'état sec, les cendres transportées au loin sont un excellent engrais pour la végétation future ; à l'état humide, c'est-à-dire mêlées aux vapeurs qui se dégagent du volcan, ou saisies par les fortes pluies qui accompagnent ordinairement les éruptions, elles couvrent les feuilles d'un mince enduit de limon qui, en séchant, fait périr la plante. Les cendres volcaniques doivent à l'acide sulfurique qu'elles contiennent à faible dose, la propriété d'activer la germination, et en même temps de rendre plus solubles les substances nécessaires à l'alimentation des jeunes plantes ; c'est ainsi qu'elles réparent, dans la suite, le dommage qu'elles ont commencé par causer à la végétation. Ce dommage n'en est pas moins sensible à ceux qui, en le subissant, sont peu disposés à s'en consoler par la perspective d'une fertilité plus grande dans l'avenir.

Parmi les produits volcaniques, il nous reste à considérer les laves. Nous avons déjà fait remarquer que l'intensité et la fréquence des éruptions de laves sont en raison inverse de la hauteur du volcan : les petits volcans rejettent des laves à chacune de leurs éruptions ; les volcans de hauteur moyenne en rejettent moins, et les plus hauts de tous n'en rejettent jamais. Des vapeurs capables de soulever les roches en fusion à 18 ou 20.000 pieds au-dessus de la surface terrestre, devraient avoir un degré de tension qui suffirait à faire éclater le globe. Selon toute probabilité, la température qui pourrait produire une pareille tension n'existe pas.

Les volcans de la chaine des Andes ne répandent jamais la lave par torrents, comme l'Etna ou le Vésuve ; tout en bouillonnant sans cesse, la lave n'est lancée par-dessus les bords du cratère que par fragments ou par monceaux ; les substances vitreuses sont étirées en filaments très-fins, qui couvrent parfois d'une couche luisante comme la soie des étendues considérables de terrain. Les éruptions de ces volcans gigantesques ne sont si longues et si violentes, que parce que les masses de lave, qui barrent le passage aux vapeurs souterraines, ne se laissent pas facilement déplacer.

Dans les volcans de peu de hauteur, les choses se passent tout autrement. Une masse considérable de roches en fusion s'élève à l'intérieur du cratère, jusqu'à ce que, par sa pression, elle tienne en équilibre les vapeurs qui se trouvent en dessous. Alors, si la pression hydrostatique n'est pas assez forte pour vaincre immédiatement l'obstacle que les parois du cratère lui opposent, les laves communiquent à ces parois leur température élevée. Cet accroissement de chaleur entraine une dilatation inégale des parois, c'est-à-dire beaucoup plus forte à l'intérieur qu'à l'extérieur. L'effet d'une dilatation inégale sur un corps soumis à une forte chaleur est tellement puissant, que rien ne peut lui résister ; il suffit d'une différence de température de 40° entre la paroi intérieure et la paroi extérieure d'un vase de verre de l'épaisseur d'un pouce, pour le faire voler en éclats, surtout lorsque l'accroissement de température a lieu subitement.

Telle est la loi qui régit d'ordinaire les volcans de hauteur moyenne. Une couple de jours après que les laves se sont élevées à l'intérieur du cratère, et en ont fortement échauffé les parois, la ceinture extérieure n'a plus la force de résister aux effets de la dilatation. La chaleur se propage avec trop de lenteur pour agir sur cette dernière dans la même mesure que sur les parois intérieures. Un formidable craquement se fait entendre : la cohésion des roches a cédé, en un point, à la pression des masses dilatées, et il se déclare une large crevasse, qui parfois s'étend du sommet à la base du volcan. M. de Buch a reconnu à la crevasse qui s'est formée au Vésuve, en 1794, une longueur de 5,000 pieds, et une largeur, au sommet, de 240 pieds ; la crevasse que l'éruption de 1660 produisit à l'Etna est encore visible aujourd'hui, et on peut la suivre sur une longueur de près de quatre lieues.

La crevasse permet aux laves de se répandre, avec plus ou moins de violence, d'après la hauteur de leur niveau et leur degré de fluidité. Elle a sa plus grande largeur à l'extérieur, et se rétrécit vers l'intérieur ; souvent même, elle ne pénètre pas jusqu'à la roche qui est en contact immédiat avec les laves bouillonnantes, parce que cette roche, échauffée et ramollie par le feu, tout en déterminant la fente par sa dilatation, ne s'est pas fendue elle-même. Il faut alors que les laves se frayent passage jusqu'à la crevasse, ce qui a lieu d'ordinaire par le dégagement tumultueux des gaz et des vapeurs, dégagement plus facile par la voie nouvelle, qu'à travers les masses de lave incandescente. Dès lors, l'éruption se produit par le flanc de la montagne. L'éjection des masses pierreuses, de sable et de cendres, par le cratère principal, diminue peu à peu ; mais, au-dessus de la crevasse, il se forme un nouveau cratère, qui rejette ces matières à son tour ; leur entassement autour de l'orifice produit un cône d'éruption, tandis que, dans le cratère principal, la lave ne tarde pas à descendre au niveau du point culminant de son nouveau débouché.

Au bout d'un certain temps, les laves déversées par cet orifice commencent à se refroidir, cessent de couler et obstruent le passage aux matières solides qui avaient pris la même voie. Aussitôt, elles reprennent leur mouvement ascensionnel à l'intérieur du cratère principal ; mais comme il existe déjà une large crevasse, elles ne doivent pas monter bien haut, pour l'élargir en un point quelconque, au-dessous du cône d'éruption qui vient de se former, et pour s'épancher par ce point. L'éjection des cendres, du sable, etc., se répète encore une fois, produit un nouveau cône d'éruption, qui s'obstrue à son tour, et cela continue ainsi une troisième et une quatrième fois, jusqu'à l'épuisement des matières en fusion renfermées dans le sein du volcan.

La succession de ces phénomènes nous est révélée par les séries d'éminences qui entourent les principaux monts ignivomes ; ces éminences sont presque toujours disposées en rayons partant du centre de la montagne (Cf. pp. 588 à 590)..

Ceci n'est pas une simple hypothèse ayant pour but d'expliquer l'accumulation des monticules autour des volcans : c'est l'exposé de faits qui se sont accomplis sous les yeux de nos contemporains. L'éruption du Vésuve, en 1794, fit surgir, l'un à la suite de l'autre, cinq monticules, dont M. de Buch a publié une description très-exacte ; il en avait été de même lors de l'éruption de 1760 ; sur les bonnes cartes de ce volcan, on les voit indiquées sous le nom de *vicili* ou *vocole*, se prolongeant depuis le centre de la montagne jusqu'à sa base, au delà de Torre dell'Annunziata.

Si l'on a constaté de ces phénomènes au Vésuve, dont la hauteur n'est pas si considérable que les laves ne puissent pas se répandre par-dessus les bords du cratère, on croira sans peine qu'ils doivent être d'autant plus fréquents à l'Etna. Tous les voyageurs qui ont fait l'ascension de ce magnifique volcan ont été frappés de la particularité qu'offre l'assemblage, autour de sa base, d'un grand nombre de monticules de forme conique presque régulière. En 1819, M. Scrope en compta près de 70. Spallanzani dit qu'il y en a plus de cent, et Fr. Hoffmann, en dressant avec M. Gemellaro, à Catane, une carte détaillée de l'Etna, en a indiqué 70, que les habitants de cette contrée considèrent comme assez importants pour les désigner par des noms particuliers. Vus du sommet, ces monticules se présentent disposés sur des lignes presque droites, divergeant du centre.

Sans doute, un grand nombre de ces monticules, ayant surgi avant les temps historiques, ne donnent lieu qu'à des hypothèses ; mais il en est beaucoup d'autres dont l'origine, constatée par des témoins oculaires, est hors de toute contestation. Ainsi, l'éruption de 1536 produisit, d'un côté du mont central, douze de ces cônes. Le 11 mars 1669 eut lieu une des plus violentes éruptions de l'Etna : les laves qui envahirent à moitié la ville de Catane s'étaient épanchées par une crevasse formée quelques instants auparavant, et que l'on peut encore reconnaître; peu après surgit, près de Nicolosi, le *Monte Rosso*, que les voyageurs vont ordinairement visiter; il s'élève à 820 pieds au-dessus de la plaine (ce qui lui fait 3007' de hauteur absolue), et il s'est amoncelé dans l'espace de peu de jours, sous les yeux des habitants épouvantés.

Au sommet du *Monte Rosso*, on aperçoit encore aujourd'hui deux cratères parfaitement conservés, qui se joignent en partie; sa base a près d'une lieue de circonférence; toute la masse, par le tassement de laquelle il a surgi, se compose de blocs noirs de pyroxène (*augite*), recouverts de scories rougeâtres d'un feldspath feuilleté, dont la couleur lui a valu son nom. C'est l'éruption du *Monte Rosso* qui a désolé toute la contrée, à plus d'une lieue et demie à la ronde, en la couvrant d'une couche de sable noir de plusieurs pieds d'épaisseur. Les environs de Nicolosi lui doivent leur aspect sombre et stérile, qui forme un pénible constraste avec la fertilité dont le terrain volcanique est doué partout ailleurs.

La réalité de ce fait, que les roches massives des volcans se crevassent, et que l'épanchement des laves produit, par voie de tassement, de nouveaux cônes d'éruption, nous est d'ailleurs attestée *de visu* par M. Gemellaro lui-même. En 1811, il y eut une éruption violente de l'Etna; à l'est de la montagne, dans la vallée encaissée que les Siciliens appellent *Val di bove*, s'ouvrit un profond abîme, d'où surgirent l'un après l'autre, sous les yeux de M. Gemellaro, sept cratères qui devinrent autant de cônes d'éruption, formés par le tassement des matières volcaniques que chacun des cratères avait successivement rejetées. Un bruit de tonnerre annonçait le moment de leur ouverture, qui ne se déclarait qu'après l'obturation du cratère précédemment ouvert.

Les mêmes faits se sont reproduits, sans aucun doute, aux volcans de l'Islande, des îles Sandwich et des Philippines : on peut donc les considérer comme parfaitement établis. Mais ces faits expliquent encore un autre phénomène très-intéressant, dont on ne savait pas se rendre compte.

On rencontre dans le nord de l'Angleterre, en Écosse, à l'île d'Elbe et ailleurs, des *dykes* ou arêtes de roches porphyriques et basaltiques, s'élevant à pic au-dessus du sol, étroites et aplaties sur deux faces commes des murailles; dans le Harz et dans l'Erzgebirge, où l'on en trouve aussi, quoique de formes moins régulières, on les a nommées « murailles du diable » (*Teufelsmauern*). Parfois ces *dykes* ne sont que la crète d'une montagne formée par soulèvement, et dont les couches sédimentaires, ramollies par efflorescence, ont été emportées par les eaux. Ailleurs cependant, elles sont le résultat des premières injections des masses liquides de l'intérieur du globe, dans les fentes des roches coagulées de l'écorce terrestre. Cette explication du phénomène est basée sur les faits identiques, observés dans les volcans. En effet, partout où la roche d'un volcan s'est fendue, la lave en fusion ne tarde pas à combler la crevasse; se trouvant encaissée dans un espace relativement étroit, et en contact avec les parois froides et résistantes de la roche, elle se refroidit plus vite que la masse restée au-dessous de la crevasse. La pression des vapeurs à l'intérieur continuant toujours, la lave déjà refroidie est expulsée de la crevasse par l'ouverture d'en haut, au-dessus de laquelle elle finit par s'élever en forme de muraille, n'ayant parfois que quelques pieds d'épaisseur.

Lorsque la roche d'où le *dyke* a surgi est molle ou peu cohérente, la pluie, le vent et l'orage la rongent sans cesse, et au bout d'un certain temps on ne voit plus au-dessus du sol que les parois verticales de la muraille. Dans le nord de l'Angleterre, il existe une masse de basalte, de plus de 20 lieues de longueur, et d'une épaisseur de six pieds, s'étendant à travers l'île, depuis la baie de Middleton jusqu'à la baie de Robin-Hood, en passant par les bassins de deux grandes rivières. Des arêtes basaltiques du même genre se trouvent dans le nord et dans l'ouest de l'Irlande; la *Chaussée des Géants* (également en Irlande) et la grotte de Fingal, à l'île de Staffa (l'une des Hébrides), ont une origine analogue.

Mais les masses les plus importantes de basalte se rencontrent en Islande, où elles occupent une étendue de plus de 5,800 lieues carrées, et dans l'Hindoustan, où elles couvrent une superficie de près de 55,000 lieues carrées; ici leur hauteur dépasse 4,000 pieds, et leurs parois s'élèvent à pic, preuve manifeste qu'elles ont surgi par l'effet de l'impulsion souterraine à travers les fentes de roches superposées, et que, refroidies ensuite, elles ont conservé à perpétuité la forme qu'elles avaient prise.

Ce que nous avons dit plus haut de l'injection des laves dans les crevasses du cratère d'un volcan est constaté par des témoins authentiques. Partout où l'on découvre des résultats analogues, on est fondé à les attribuer à des causes semblables, et à dire, par conséquent, que les *dykes* que l'on voit s'élever sur les roches sédimentaires de la surface terrestre, sont dus à des causes qu'aujourd'hui nous appelons *volcaniques,* et dont l'action, beaucoup plus considérable dans les temps primitifs, est désignée sous le nom de *plutonienne.* Toutes les roches que l'on considère comme ayant été jadis en fusion, telles que les trapps, les granits, les porphyres, etc., se présentent dans des conditions à peu près identiques.

Afin de donner une idée aussi complète que possible des circonstances qui accompagnent l'éruption des laves, nous suivrons les phases que cette substance parcourt depuis son origine jusqu'à sa transformation en roche compacte, telle qu'on la retrouve sur les versants et au pied des volcans.

Il n'a été donné qu'à bien peu de naturalistes de saisir une de ces rares occasions où il est possible d'observer de près comment les laves se comportent à l'intérieur du cratère. Nous nommerons parmi eux d'abord le célèbre Spallanzani, l'inventeur du « sixième sens » des chauves-souris (1). Le 4 septembre 1788, se trouvant au sommet de l'Etna, il vit, au fond du cratère, dont il évaluait la profondeur à 800 pieds environ, un épais nuage de vapeur blanche s'échapper d'une ouverture circulaire d'à peu près 60 pieds de diamètre. Ayant le dessus du vent, il put distinguer, à l'intérieur de ce gouffre, les laves à l'état de fluidité ignée, tournoyant sans cesse en bouillons impétueux. Les circonstances ne lui permirent point d'approcher davantage.

Fr. Hoffmann eut occasion, en décembre 1851 et en janvier 1852, d'observer de beaucoup plus près, sur le Stromboli, le bouillonnement des laves. Le Stromboli est un rocher stérile, en forme de cône tron-

(1) Il avait remarqué que les chauves-souris ont, non-seulement dans l'obscurité mais lors même qu'on leur a crevé les yeux, le vol si parfaitement sûr, qu'elles ne se

qué, presque entièrement dépourvu de surfaces planes, susceptibles de culture. et possédant malgré cela plus d'un millier d'habitants. Une large fente le sépare en deux, du haut en bas, comme l'indique la figure ci-dessus; les parois du cratère ne forment que d'un côté une espèce d'enceinte semi-circulaire. A l'intérieur de cette enceinte à moitié ruinée se trouvent plusieurs bouches d'éruption. De ce côté-là, les parois descendent presque verticalement : il y a donc moyen de choisir un emplacement favorable, quoique toujours dangereux, pour examiner de près le foyer.

Lorsque Fr. Hoffman visita le volcan, trois bouches y étaient en ignition. Celle du milieu pouvait avoir 200 pieds de diamètre, mais elle ne présentait aucune particularité remarquable ; des vapeurs s'en échappaient sans relâche, et ses bords étaient garnis de cristaux de soufre d'un jaune clair. Latéralement, plus près des parois du cratère, se trouvait, sur un plan un peu plus élevé, une deuxième ouverture, de vingt pieds seulement de diamètre, mais dont le travail était aussi actif que continu.

A cet endroit, la lave bouillante, sur le point de s'épancher, n'apparaissait pas, comme on pourrait le croire, à l'état de masse embrasée, flamboyant au-dessus de l'orifice, mais elle projetait une vive lueur, comme le fer fondu sortant du haut fourneau, ou comme le verre dans le feu de chaude. C'est ainsi que l'a également décrite Spallanzani, et avant lui sir W. Hamilton, qui eut occasion, en 1765, de l'observer dans le cratère du Vésuve.

Le niveau de ce puits de lave, dont les vagues s'élevaient et s'abaissaient tour à tour, restait pourtant constamment à une vingtaine de pieds au-dessous des bords de l'orifice ; la lave était évidemment tenue en supension par la formidable tension des vapeurs élastiques, renfermées à l'intérieur. On voyait distinctement le jeu de la pression de haut en bas, alternant avec la réaction en sens contraire, exercée par la tendance des vapeurs à s'élever ; d'ordinaire, le balancement de la surface

heurtent nulle part, dans la chambre la plus étroite ; que, se dirigeant avec rapidité vers un mur, elles rebroussent chemin à la distance d'un pouce, sans jamais se cogner, et qu'elles gagnent à tire-d'aile leurs cachettes les plus dérobées. Il attribua cette faculté à un sixième sens, et mourut, en 1799, peu après avoir publié le résultat de ses observations. Des recherches postérieures ont démontré que le prétendu sixième sens réside dans le tact exquis dont est douée la membrane qui sert au vol. Une chauve-souris dont on avait rendu la membrane insensible au moyen d'un acide, donnait de la tête contre tous les obstacles. « Le sixième sens » fut donc enterré peu de temps après son inventeur.

(Note de l'auteur.)

avait lieu régulièrement, presque en mesure, à intervalles d'une seconde et sans produire de grandes différences de niveau. On entendait un bruit tout particulier, que Fr. Hoffmann était tenté de comparer au bourdonnement de l'air qui pénètre par la porte intérieure d'un fourneau à réverbère. Chaque fois que la masse de lave s'était élevée, on voyait s'échapper de la surface un ballon de vapeur blanche, après la sortie duquel la lave descendait de nouveau. Chacun de ces ballons de vapeur entraînait avec lui des parcelles de lave incandescente, que des forces invisibles paraissaient agiter en l'air avant de les lancer hors du cratère. La parfaite régularité de ces mouvements augmentait encore ce que le spectacle avait de pittoresque.

De quart d'heure en quart d'heure à peu près, la régularité des allures de la lave s'interrompait pour faire place à des mouvements plus tumultueux. Au bout de quelques instants d'une ascension, plus forte qu'à l'ordinaire, de la masse bouillonnante, le nuage de vapeur qui la surmontait semblait soudain s'arrêter et faire un mouvement rétrograde. Au même moment, l'observateur s'apercevait avec effroi d'un ébranlement du sol ; les parois peu fermes du cratère vacillaient sensiblement ; en un mot, il se produisait un tremblement de terre, plus ou moins violent. Il était suivi presque aussitôt d'un grondement sinistre au fond de la bouche d'éruption, d'où s'échappait avec un bruit éclatant une puissante masse de vapeurs, qui soulevait à la fois toute la surface des laves, morcelée en milliers de fragments incandescents. Une bouffée de chaleur ardente frappait l'observateur au visage, et une immense gerbe de feu se répandait sur les alentours en pluie crépitante. Quelques fragments s'élevaient à près de douze cents pieds et décrivaient, au-dessus de sa tête, de grandes courbes en retombant. Immédiatement après, les laves avaient disparu du cratère ; elles s'étaient retirées à l'intérieur du gouffre, et il se présentait un moment de calme. Mais bientôt les laves remontaient à leur niveau précédent, et reprenaient les allures que nous venons de décrire, jusqu'à ce qu'une nouvelle explosion vint rejeter encore une fois hors du cratère la couche supérieure des masses en fusion.

Telles furent, en substance, les phases principales du travail de ce laboratoire volcanique, modifiées quelquefois par des circonstances accidentelles ; comme par exemple la fluidité claire ou visqueuse des laves et leur plus ou moins de rapprochement de l'embouchure du cratère.

Spallanzani eut occasion d'observer un fait qui démontre d'une manière évidente que les mouvements décrits ci-dessus sont produits exclusivement par la puissance des vapeurs. Il faisait nuit lorsqu'il contemplait le spectacle de l'éruption : soudain les laves disparurent au fond du cratère, sans se représenter ; le brasier, dont la lueur avait éclairé tout l'entourage du volcan, fut remplacé par d'innombrables petites colonnes de vapeur, s'échappant de toutes les fissures de la montagne, avec un sifflement que Spallanzani compare à celui des soufflets de forge. Cela dura quelques minutes, et déjà les vapeurs s'élevant de toutes parts commençaient à incommoder beaucoup l'observateur, lorsque tout à coup la nappe incandescente se montra de nouveau dans les profondeurs du cratère, et le balancement des laves reprit comme auparavant. Spallanzani fait remarquer avec raison que, s'il arrive que la viscosité de la surface des laves qui s'abaissent, obstrue le passage aux vapeurs qui tendent à s'élever, ces dernières, trouvant une autre issue par les fissures du cratère, n'ont plus la force de faire remonter les laves. Il faut alors un nouvel accroissement de chaleur pour les rendre fluides, et leur faire reprendre le mouvement ascensionnel que les vapeurs tendent à leur imprimer.

Les faits que Fr. Hoffmann avait observés au Stromboli, il put les constater également au Vésuve, en visitant de nouveau ce volcan. Au milieu du cratère se trouve un cône d'éruption dans lequel s'ouvre la véritable bouche ignivome ; c'est là que bouillonnent les laves en fusion, avec cette différence que les explosions de ballons de vapeurs ont lieu dans de plus vastes proportions ; les fragments de lave incandescente, lancés au dehors, sont plus volumineux, et les secousses se succèdent avec une effroyable violence, parfois coup sur coup, sans interruption.

Au Stromboli en revanche, on pouvait se rendre compte, d'une manière plus complète, de la connexité des différents phénomènes : nous avons dit qu'il s'y trouvait trois bouches en ignition ; la situation de la troisième, à cent ou peut-être cent cinquante pieds plus bas que celle dont Fr. Hoffmann avait observé le travail, permet de supposer qu'elle n'était en quelque sorte qu'une ouverture latérale du conduit aboutissant à l'autre bouche ignivome. Une étroite coulée de lave en sortait avec une lenteur uniforme, sous la pression des masses qui bouillonnaient en haut, et descendait le long du versant de la montagne. Cette coïncidence rendait la localité particulièrement convenable pour y étudier l'ensemble des phénomènes volcaniques.

Nous avons fait remarquer à plusieurs reprises que, dans les volcans d'une très-grande hauteur, les laves ne se répandent qu'exceptionnellement par-dessus les bords du cratère : leur mode d'éruption est déterminé par le niveau qu'elles atteignent au-dessus du point où elles finissent par s'épancher. C'est là une conséquence nécessaire des lois de l'hydrostatique ; au Vésuve et à l'Etna, ces mêmes lois amènent un effet contraire : il se forme parfois une superbe fontaine parabolique de roches en fusion, d'une étendue si merveilleuse et d'un tel éclat, que l'esprit poétique d'un Alexandre de Humboldt ou d'un sir William Hamilton s'est trouvé insuffisant pour dépeindre l'impression que ce phénomène avait produite sur eux.

Sir W. Hamilton a vu d'aussi près que possible une de ces fontaines de lave, lorsqu'il observa, en 1794, la violente éruption du Vésuve, dont nous avons déjà plusieurs fois fait mention. A moins de mille pas de lui, la terre s'entr'ouvrit avec fracas, et il vit s'élancer un jet formidable de roches fondues, décrivant une courbe sous laquelle une ville entière aurait tenu avec tous ses clochers. L'instant d'après toute l'apparition fut enveloppée d'un nuage de sombres vapeurs, tandis qu'une multitude de globules de métal ardent remplissaient l'air et frappaient de tous côtés l'observateur, qui chercha, par une prompte fuite, à se soustraire à cette pluie de feu.

Spallanzani a été témoin d'un phénomène semblable ; Fr. Hoffmann raconte qu'en 1852, lors d'une éruption beaucoup moins forte que celle de 1794, il a vu la lave s'élancer de bas en haut d'une profonde crevasse, et décrire une courbe imposante.

On conçoit que ce jet ne dure pas longtemps ; sa largeur même fait que le niveau de la masse en fusion à l'intérieur du cratère s'abaisse promptement ; la lave doit fournir, avant d'arriver au cratère, un long parcours hérissé d'obstacles : elle cesse donc de jaillir sous une pression qui serait plus que suffisante pour élever à une hauteur considérable une puissante colonne d'eau. Sa viscosité, d'ailleurs, exige déjà une forte pression, rien que pour vaincre les difficultés qui s'opposent à sa marche ascensionnelle.

Arrivée à cette deuxième phase, la lave, au lieu de jaillir, se précipite simplement, avec plus ou moins de violence, selon le degré d'inclinaison du terrain, et forme un torrent de feu d'un aspect magnifique, surtout pendant la nuit. Il est surmonté d'un épais nuage, auquel le reflet de la masse ardente et des flammes qui s'élancent des buissons, des arbres, des maisons, voire même des villages entiers que la lave incendie sur son passage, donne l'apparence d'un deuxième torrent de feu, planant dans l'air.

Peu après sa sortie du cratère, la lave coule déjà très-lentement ; passé une couple de jours, sa surface, noirâtre tant qu'il fait clair, ne projette pendant la nuit qu'une sombre lueur ; plus elle avance, plus le torrent devient large, et on dirait qu'aucun mouvement n'a lieu à sa surface. Le mouvement, toutefois, est incontestable, puisque le torrent coule toujours ; mais il s'accomplit du dedans au dehors, à peu

près comme celui d'une outre ou d'une manche dont on tourne le
revers à l'endroit : la partie qui était à l'intérieur se développe. et prolonge la surface par l'effet du renversement.

Parfois il arrive que, chemin faisant. une pente escarpée facilite
tout à coup la descente du torrent; alors on voit la partie la plus fluide
s'échapper de l'espèce d'enveloppe que forme la surface à moitié
refroidie ; elle se précipite en cascade sur le plan inférieur, où elle
reste plus longtemps ardente qu'en coulant sur un sol peu incliné,
parce que la chute incessante du torrent empêche la surface de se
coaguler.

Si, au-dessous de la cascade. le sol présente une excavation, il se
forme une mare de lave ; sinon le torrent poursuit sa marche. S'il rencontre une muraille ou une maison, il se divise, pour se réunir de
nouveau, immédiatement au-dessous de l'obstacle. Parfois il se subdivise en plusieurs bras et s'arrête faute d'aliment ; mais si de nouvelles
masses de lave continuent à affluer. il se prolonge jusqu'à la mer.

Dans les commencements, le rayonnement de la chaleur est si considérable, qu'on ne peut approcher qu'à une certaine distance du torrent
de lave ; mais ce rayonnement même fait que bientôt la surface se
refroidit et se couvre d'une croûte à demi-coagulée, encore assez molle
pour recevoir, comme la cire. une empreinte quelconque ; aussi, les
gens du pays cherchent-ils à en détacher des morceaux, pour y em-
preindre des monnaies et les vendre fort cher aux voyageurs.

Quand la lave est à ce point, une pierre jetée sur la surface n'y produit qu'une légère impression. et ne brise jamais la croûte coagulée,
comme elle ferait d'une mince couche de glace, flottant sur l'eau. En
réalité. la croûte n'est ni complétement coagulée ni complétement
immobile ; mais elle en a l'apparence. parce que son mouvement est
imperceptible. comparé à celui de l'extrémité du torrent. Une pierre
jetée sur la surface peut servir précisément à démontrer le mouvement ;
on la voit descendre le courant avec lenteur. mais d'une manière continue. A la fin cependant. la croûte se durcit tout à fait et se refroidit
au point qu'on peut passer dessus sans danger.

Parvenue à cette phase. la lave ne conserve pas longtemps sa surface
unie : il s'opère un fendillement. un déchirement. qui produit des
scories et des *mottes ;* les morceaux coagulés se déplacent et s'entremêlent. et le torrent de lave devient semblable, à la couleur près, à
un cours d'eau qui se serait figé au moment où les glaçons étaient en
mouvement.

La lenteur du flux des laves et la coagulation de leur surface donnent
lieu encore à un autre phénomène très-singulier. La lave en fusion

continue pendant des semaines entières à couler sous son enveloppe durcie ; mais à la fin, elle se perd, sans qu'il en afflue de nouvelle ; l'enveloppe demeure alors en forme de tube creux, presque toujours circulaire, et de dimensions variables. Ces tubes, qui se prolongent souvent sur un espace de 200 pieds de long, forment à coup sûr une des plus merveilleuses particularités des volcans. Presque tous les voyageurs en ont constaté l'existence ; Fr. Hoffmann décrit une grotte de lave, à l'Etna, qui n'est autre chose qu'un débris d'un ancien torrent ; elle avait encore une profondeur de 20 pieds, sur 12 de large et 6 de haut. Le frottement des laves qui s'écoulaient, en avait rendu les parois unies et luisantes comme si elles eussent été formées d'une couche de verre. De la voûte descendaient des scories, aux formes les plus étranges, et enduites également d'une couche vitreuse ; elles ressemblaient à des stalactites noires et rougeâtres, d'un aspect très-singulier.

On a prétendu que la lave possédait la propriété de conserver, plus longtemps qu'aucune autre matière, sa température élevée, ce que l'on considérait comme d'autant plus merveilleux que sa surface se refroidit si vite ; ce dernier fait est parfaitement exact, mais l'autre ne l'est pas. Des masses très-considérables de lave conserveront, sans doute, pendant de longues années une grande chaleur ; mais il en serait de même de tout autre substance accumulée par masses également considérables et non moins ardentes. Si donc une couple d'heures après qu'une maison a été entourée par un torrent de lave, les habitants peuvent se sauver en fuyant au-dessus de la surface, cela prouve combien cette surface se refroidit vite ; si, au contraire, on a pu, quatre-vingts ans après le soulèvement du volcan Jorullo, allumer un cigare dans les profondes fissures des masses de lave amoncelées à sa base, ceci prouve uniquement combien étaient énormes ces masses qui, sur quelques points, n'avaient pas moins de 500 pieds d'épaisseur.

La lave étant formée par la fusion de roches très-diverses, il en résulte que sa couleur et sa densité varient considérablement. Les bracelets qu'à Rome et à Naples on fabrique en lave, en polissant chacun des petits fragments dont ils se composent, ont ordinairement de vingt à vingt-quatre nuances, depuis le noir, en passant par le brun et le gris, jusqu'au blanc. Sous le rapport de la densité, la lave est tantôt compacte, tantôt poreuse ; on a des laves pyroxéniques et des laves porphyriques ; ce qui leur est commun à toutes, c'est l'aspect, en tant qu'il est déterminé par le mode de leur formation et par le mouvement de la masse.

La lave est un mélange plus ou moins dense et parfois homogène de différents minéraux. Quand elle s'est formée sous l'influence d'une chaleur extraordinairement forte, elle peut avoir la densité du pyromaque noir. Les scories de mâchefer qui, dans les hauts fourneaux, viennent à la surface des métaux qu'on purifie par la fusion, sont de véritables laves ; elles offrent le même aspect que la croûte coagulée d'un torrent de cette matière. Un fragment exempt de boursouflures, que l'on détacherait d'une de ces scories, recevrait le poli tout aussi bien que les petites pierres dont se composent les bracelets qu'on vend à Naples comme souvenirs du Vésuve. Toute la lave qui coule au milieu du torrent, a la même densité que chacune de ces petites pierres. Les bulles d'air qui se dégagent de la partie fluide s'élèvent et sortiraient tout à fait de la masse, si la surface visqueuse ne s'y opposait pas ; les bulles d'air se trouvant arrêtées, s'accumulent et donnent à la surface un aspect spongieux. Quand la masse de laves refroidies se fend de haut en bas en gros blocs, on voit distinctement que cette texture spongieuse ne se trouve que dans la partie supérieure ; plus bas, la lave devient de plus en plus compacte, et les bulles d'air, diminuant graduellement de volume, finissent par disparaître tout à fait.

LES TREMBLEMENTS DE TERRE.

-------- ------

Il nous reste encore à considérer un phénomène qui se rattache intimement au volcanisme, dont il est le produit, avec cette différence que sa sphère d'action est beaucoup plus étendue que celle des éruptions volcaniques; ces dernières ne constituent même souvent que le dernier acte des tremblements de terre.

La manie des systèmes, dont l'homme est dominé, lui a fait subdiviser les tremblements de terre en trois catégories distinctes : nous avouons ne pas comprendre le but de ce classement; que les secousses soient *subsultantes, ondulatoires* ou *rotatoires,* elles ne bouleversent ni plus ni moins tout ce qui couvre la surface. Nous avons peine à croire que, pendant un violent tremblement de terre, il se trouve quelqu'un doué d'un flegme assez stoïque, pour observer imperturbablement à quelle catégorie se rapportent les ébranlements du sol qui menace de l'engloutir, ou de le suffoquer par les gaz délétères qu'il déchaîne.

Mais puisque l'on a introduit ces subdivisions, nous dirons donc que les secousses sont appelées *subsultantes,* quand le sol s'ébranle par saccades de haut en bas et de bas en haut ; *ondulatoires,* quand les mouvements ressemblent à ceux des vagues de la mer, et *rotatoires,* quand elles ont lieu tantôt par saccades et tantôt par mouvements ondulatoires. Cette dernière catégorie de tremblements de terre est, dit-on, la plus désastreuse ; mais quel est celui, parmi les 10.000 individus qui ont péri à Caracas, ou parmi les 40.000 victimes de la destruction de Lima, qui a mesuré la violence des secousses ?

Dolomieu et sir W. Hamilton, deux naturalistes consciencieux, rapportent que, dans les Calabres, lors de l'effroyable tremblement de terre du 28 mars 1785, on vit bondir et se balancer en l'air les sommets granitiques des contre-forts des Apennins, et que des maisons, enlevées soudain du sol, y furent déposées de nouveau, sans avoir éprouvé aucun dommage. Mais ces relations, que sont-elles, sinon la reproduction toute palpitante des récits que leur avaient faits, dans l'égarement de la douleur, les infortunés à qui la catastrophe venait de ravir tout ce qu'ils possédaient, et peut-être les objets de leurs plus chères affections ?

Le tremblement de terre que nous venons de mentionner ayant été, depuis celui qui ravagea Lisbonne en 1755, le plus terrible qui soit survenu en Europe, nous entrerons à son égard dans quelques détails, en comparant les renseignements fournis par sir W. Hamilton et par Spallanzani.

Les deux narrateurs concordent en ce point, que le phénomène a eu son siège principal et son point de départ à l'extrémité la plus méridionale de l'Italie, là où elle n'est séparée de la Sicile que par le célèbre détroit ou Phare de Messine. Ce terrain forme un groupe isolé de montagnes, qui s'aplanit entre la petite ville de Santa-Eufemia, sur le golfe du même nom, et Catanzaro, pour s'élever de nouveau entre Nicastro et Isola, où il prend une direction perpendiculaire à celle qu'il vient de quitter.

C'est de ce groupe de montagnes, long de 40 lieues sur 10 à 12 de large, et entouré de toutes parts de plaines étendues, qu'est partie la première secousse (1). Elle fut terrible. Tout ce qui couvrait la surface de la montagne fut détruit de fond en comble. Les villages, les châteaux, les villes et les forêts mêmes, tout était si complétement bouleversé, que les rares habitants qui avaient survécu au désastre ne

(1) Ce terrain est célèbre dans l'histoire romaine par la bataille du Silare (71 avant J.-C.) où Crassus mit fin à la *Guerre des Esclaves,* en anéantissant les troupes de l'intrépide Spartacus, à qui il n'a manqué qu'une meilleure cause pour éclipser presque la gloire militaire d'Alexandre et la générosité de Scipion.

(Note de l'Auteur.)

parvenaient plus à s'orienter. Les fondations des maisons étaient arrachées du sein de la terre et dispersées, le mortier pulvérisé et les pierres entassées sur les lieux où s'élevaient les maisons. Sur mille points différents, la terre s'était entr'ouverte, et les hommes enfonçaient soudain, là où ils se trouvaient ; heureux encore ceux que la terre avait en même temps recouverts et suffoqués : ils étaient morts sans souffrir, tandis que d'autres, enfoncés seulement jusqu'à mi-corps dans des crevasses qui se renfermaient aussitôt, avaient péri d'un supplice lent et atroce.

Le nombre des victimes de cette affreuse catastrophe a été évalué à plus de 100,000. On eut plus tard beaucoup de peine à retrouver des ayants droit aux nombreuses successions devenues vacantes : des familles entières, avec tous les collatéraux jusqu'au degré le plus éloigné, avaient disparu de la terre, sans qu'il restât d'eux la moindre trace.

Plus de deux cents villes ou bourgades furent ravagées ; cent treize monts ou monticules s'affaissèrent ou furent déplacés, obstruèrent les rivières et les ruisseaux, et les transformèrent en lacs, qui disparurent à leur tour dans les nombreuses crevasses du sol. Une de ces dernières, sur le territoire de Sansil, avait près d'une lieue de long et 24 pieds de profondeur ; une autre, dans le district de Plasiano, avait plus d'une lieue et demie de long sur 150 pieds de large, et l'œil n'en atteignait pas le fond ; non loin de là, deux autres, quoique moins longues et moins larges, étaient également d'une profondeur insondable. Sur d'autres points, le sol était lacéré et abîmé, comme on le voit sur la gravure ci-dessous ; parfois les déchirures étaient en forme d'étoile,

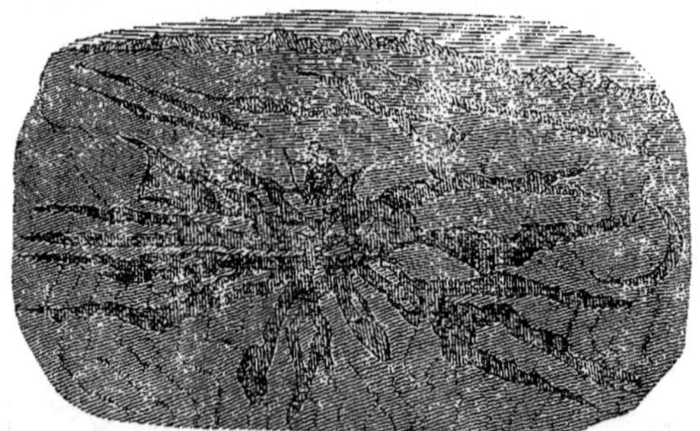

parfois elles se prolongeaient sur une même ligne, que traversaient d'autres crevasses perpendiculaires. Dans le terrain limoneux, les fentes s'étaient formées par milliers, de sorte que d'innombrables îlots (comme sur la gravure) émergeaient de l'abîme.

Ces fentes n'étaient pas, toutefois, du genre de celles que produisent les éruptions volcaniques, et d'où s'élancent des flammes ou des cendres ; c'étaient simplement des déchirures du sol, formées par les mouvements convulsifs de la surface terrestre.

Depuis ce point central, le tremblement de terre se propagea dans toutes les directions, par terre et par mer, à la distance de près de 70 lieues, ravageant Messine et une grande partie de la Sicile. Les secousses, auxquelles on croyait être préparé par les oscillations qui se faisaient sentir depuis plusieurs jours, se produisirent néanmoins d'une façon si soudaine, qu'à Messine aussi des milliers de personnes furent ensevelies sous les décombres des maisons qui s'écroulaient. Il était évident que les effets du tremblement de terre se communiquaient de proche en proche : lorsque tombèrent les premières maisons en Sicile, les secousses avaient déjà cessé dans les Calabres, et l'on voyait toute la contrée, aussi loin que le regard pouvait atteindre, enveloppée dans un immense nuage de poussière ; de Messine, on put voir les *villas* construites sur les bords de la mer, s'affaisser bien avant que les oscillations eussent atteint les maisons de la ville et la rangée de palais qui entouraient le port, et qui, peu après, furent tous renversés.

Dolomieu a publié une description circonstanciée de cette horrible catastrophe ; nous en extrairons quelques passages, pour donner une idée de l'effet désolant que, longtemps après, ces lieux dévastés produisaient encore sur le visiteur.

« A Messine et à Reggio, je n'avais pu trouver aucune maison qui fût encore habitable, qui ne dût pas être reconstruite de fond en comble : toutes les murailles restées debout étaient profondément lézardées et menaçaient ruine. Mais du moins on voyait encore ce qu'on pourrait appeler le squelette de ces deux villes : on voyait qu'elles avaient existé. Messine, vue à distance, présentait même une faible image de sa splendeur précédente : chacun pouvait reconnaître sa maison, ou tout au moins l'endroit où elle s'élevait. Ensuite je vis Tropea et Nicotera (sur le golfe de Santa-Eufemia) : là, presque toutes les maisons étaient entièrement en ruines : les quelques-unes restées debout avaient essuyé les plus graves dommages. Je crus cependant avoir une idée complète du désastre qui avait frappé cette malheureuse contrée. Mais lorsque, du sommet d'une éminence, je jetai les yeux sur les ruines de Polistena, la première localité qui se montrait à l'intérieur de la vallée, lorsque je vis des monceaux de pierres qui n'avaient rien conservé de leur forme ou de leur disposition précédente, à tel point qu'il ne restait plus la moindre trace de l'aspect antérieur de cette bourgade ; que rien n'avait été épargné ; que toutes les maisons, sans exception, étaient rasées au niveau du sol, oh ! alors je frémis d'horreur et d'épouvante, et je demeurai abîmé dans un sentiment de profonde commisération. »

Au sujet de Messine, le même auteur s'exprime comme suit : « La capitale produisit une impression toute différente ; je fus moins saisi de l'aspect de ses ruines, que de la solitude et du profond silence qui régnaient dans ses murs. On se sent pénétré de mélancolie et d'une sombre tristesse, en parcourant les rues d'une grande ville, sans rencontrer un être vivant, sans entendre d'autre bruit que tout au plus le grincement d'un battant de porte ou de fenêtre, resté accroché à la muraille et ballotté par le vent ; on se sent encore plus oppressé qu'épouvanté. Le désastre paraît avoir frappé les habitants, plus encore que la ville ; il semble que les ruines qu'on a sous les yeux, ne le soient devenues que par suite du dépeuplement. Tel doit être l'aspect d'une ville que la peste a ravagée. »

Ce tremblement de terre, dont les premières secousses furent ressenties le 5 février, se termina par l'effroyable cataclysme du 28 mars. Comme nous l'avons dit plus haut, ses effets se propagèrent à 70 lieues à la ronde ; les bâtiments en mer éprouvèrent des commotions si violentes, que les navigateurs crurent qu'ils avaient touché. Les bateliers conduisant des barques d'un faible tirant d'eau, furent sujets à la même illusion : ils étaient persuadés que la quille avait donné contre un banc de sable, d'autant plus qu'au moment de la secousse, ils avaient entendu un bruit « qui devait être causé évidemment par le choc. »

Les secousses se propagèrent en suivant une ligne droite ; le centre de l'ébranlement fut d'abord à Oppido, dans la Calabre Ultérieure ; plus tard, il remonta vers le nord à Sorrano, et vers la fin de mars, il se trouva à Girifalco, dans la vallée qui s'étend du golfe de Gioja au golfe de Tarente, entre les deux rameaux des Apennins.

Cette ligne se prolongeant parallèlement à la chaîne des montagnes de la Calabre méridionale et au bras de mer qui longe cette contrée, il est permis de supposer que la progression du tremblement de terre dans cette direction, est due à une crevasse qui s'est formée dans l'écorce terrestre le long de la montagne. Cette crevasse offrait aux vapeurs souterraines une voie toute frayée pour se faire jour : il en est de même lorsque plusieurs volcans sont situés sur une même ligne ; leurs éruptions ne sont jamais simultanées, mais elles se propagent de l'un à l'autre, sans en passer un seul.

Des faits identiques ont été constatés lors du tremblement de terre de Lima, en 1746 ; les garde-côtes échelonnés le long de la mer ont pu indiquer exactement l'instant où chacun d'eux a commencé à ressentir les effets du tremblement de terre. On est parvenu ainsi à déterminer sa marche vers le nord et vers le sud, depuis le point central, à Lima, et à établir qu'il s'était propagé sur une ligne parallèle à la chaîne des Andes. M. de Humboldt rapporte des faits exactement semblables, en parlant du tremblement de terre qui, en 1797, détruisit la ville de Cumana, dans la république de Vénézuela.

Ces faits, d'ailleurs, sont inhérents à la nature du phénomène. Du moment que l'on considère une chaîne de montagnes comme le sommet d'une puissante masse de matières injectées dans une crevasse de l'écorce terrestre, et dont la base s'étend à une grande profondeur au-dessous de cette crevasse, on doit sentir que des forces moindres que celle qui a soulevé cette masse, ne peuvent que suivre la même direction qu'elle, mais non pas la traverser. La chaîne de montagnes est en quelque sorte le couronnement d'une digue, mais la digue même descend beaucoup plus bas que les eauxdu courant qui vient se briser sur ses flancs.

Il se présente bien aussi quelques cas où l'action volcanique se propage à travers une chaîne de montagnes, mais ces cas sont excessivement rares, et presque toujours on peut y démontrer l'existence d'une rupture de la digue, d'une crevasse laissée ouverte lors du soulèvement de la masse. Quand les eaux de la Vistule se montrent à droite et à gauche de la jetée du fleuve, il est certain qu'une rupture s'est déclarée quelque part, qu'un endroit faible a cédé à l'impétuosité du torrent ; — quand le tremblement de terre du 24 juin 1826 s'est propagé depuis Mantoue, par la plaine de la Lombardie, jusqu'au cœur du Tyrol, on a constaté d'une manière positive le défaut de la digue dans la vallée de l'Adige. Il est évident que cette profonde fissure de la montagne n'a pu opposer la résistance voulue. Mais la véritable arête des Alpes, sur leurs parcours de l'est à l'ouest, n'a pas été franchie par les forces volcaniques ; elles ont échoué contre ces puissantes masses, sans doute parce que leur foyer n'est pas situé à une aussi grande profondeur que les rochers qui forment les racines des Alpes.

Si les grandes chaînes de montagnes sont, en général, un obstacle à la propagation des tremblements de terre, on ne peut pas nier, cependant, que ceux-ci ne se fassent parfois sentir (quoique plus faiblement) même au delà de ces limites. Les secousses qui ont ébranlé l'Italie du Nord, furent ressenties jusque dans les vallées de la Suisse, près de Constance et de Bâle. Les tremblements du Chili ont eu leur contre-coup dans les *pampas* de l'intérieur du continent. Ces faits sont conformes aux lois de la nature. Une secousse se communique à tous les corps qui se trouvent en contact les uns à la suite des autres, jusqu'à ce que, par le défaut d'élasticité de ces corps, elle soit assez affaiblie pour devenir imperceptible. Ceci se manifeste le plus clairement là où des corps de compacité différente se trouvent en contact. Si les plaines de la Lombardie ou du bas Danube sont ébranlées par un tremblement de terre, dont les ondulations rebondissent contre les Alpes ou le Balkan, les masses en contact sont aussi différentes que possible; c'est pourquoi le choc d'un terrain mou contre le nœud d'une chaîne de montagnes, est extrèmement faible, mais pourtant il a lieu, et la montagne en est ébranlée. Cet ébranlement se communique à la base du versant opposé, qui aboutit de nouveau à un sol mou, à un terrain d'alluvion. La secousse, affaiblie par son passage à travers la montagne, se communique néanmoins à ce terrain, qui l'affaiblit à son tour, mais la ressent néanmoins dans toute son étendue, dans laquelle (comme le tremblement de Bâle) elle finit par s'évanouir.

Lorsque les forces souterraines bouleversent une masse de terrain mou, elles lui impriment des mouvements plus violents, par suite de sa malléabilité, que ceux des roches inflexibles, et l'eau éprouve des commotions encore plus intenses. A travers les corps élastiques et fermes, la secousse se propage, sans déranger sensiblement leur position; l'extrémité opposée éprouvera seule une violente commotion. Lorsque plusieurs billes de billard sont rangées sur une ligne de manière à se toucher, et qu'on pousse la première, la dernière seule se détachera de la série, tandis que les autres ne seront pas dérangées. Si l'on compose, avec de petits cubes de bois, collés l'un à l'autre, une barre d'une certaine longueur, on peut, dès que la colle est bien sèche, faire une expérience analogue, mais plus concluante, parce que les pièces, au lieu d'être simplement en contact, comme les billes, sont fixées les unes aux autres par la colle.

A cet effet, on étend la barre sur une table, et l'on frappe, avec un marteau de grosseur proportionnée à l'épaisseur de la barre, un coup sec sur l'une des extrémités, assez fort pour que le coup puisse se propager sur toute la longueur : aussitôt on verra les deux ou trois derniers cubes, à l'extrémité opposée, se détacher du reste, malgré la colle.

La figure ci-après représente l'un des deux obélisques placés devant l'Abbaye de St. Bruno à Santo-Stefano en Piémont. Les fractures qu'on y remarque sont censées démontrer le mouvement *rotatoire* du tremblement de terre qui les brisa; nous pensons qu'elles démontrent plutôt l'action des forces dont nous parlons ci-dessus. La partie carrée se composait d'une seule pièce; sa rupture déplaça les morceaux, de la manière qu'indique la figure. Pour que ce déplacement fût une preuve du mouvement *rotatoire* du sol, il faudrait d'abord que l'axe du déplacement coïncidât avec l'axe de l'obélisque, et ensuite que le socle aussi se fût déplacé. Au lieu de cela, il est évident qu'il y a eu fracture de l'extrémité opposée à celle d'où venait la secousse.

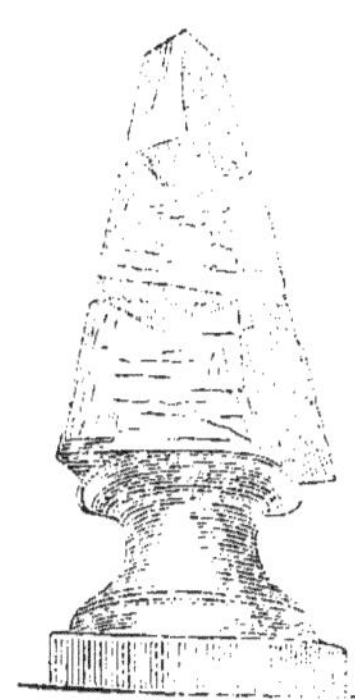

Les tremblements de terre ont permis de constater les mêmes effets, dans de plus vastes proportions, sur les corps solides qui constituent les montagnes. La surface des roches de l'île de Quiriquina, près de la côte du Chili, non loin de Concepcion, fut ravagée par le tremblement de terre du 20 février 1855, et brisée en fragments tellement menus, qu'on l'eût dite morcelée à coups de ciseau. La secousse, dirigée de bas en haut, avait trouvé dans chacune des couches qu'elle avait traversées, la résistance voulue, sauf dans la couche supérieure qui, par conséquent, se détacha de la masse, comme les petits cubes de bois se détachent de la barre frappée à l'extrémité opposée.

Si la roche est couverte d'une couche de terre molle, elle ne se brise pas, mais la terre, le sable, l'argile, qui constituent les couches molles, sont bouleversées avec d'autant plus de violence ; il se forme des crevasses, des déchirements, des gouffres, qui engloutissent tout ce que l'homme avait construit sur ce terrain.

Il peut arriver que des mineurs, travaillant à une grande profondeur au-dessous de la surface, ne s'aperçoivent pas du tremblement de terre qui, en haut, ravage le sol et renverse leurs chaumières. Le célèbre Berzélius observa, le 24 novembre 1825, plusieurs faibles secousses de tremblement de terre, dont les ouvriers qui étaient occupés au même moment dans les mines de Persberg, de Falun et de Bisperg, n'éprouvèrent pas la moindre sensation. La même chose eut lieu dans les houillères de Mühlheim et d'Unna (Prusse rhénane), qui furent fortement agitées, quoique sans subir de dommages, par le tremblement de terre du 23 février 1828 ; les hommes qui travaillaient dans les galeries ne se doutèrent de rien, tandis que ceux qui étaient aux halles virent s'écrouler leurs tas de houille.

Lorsque les couches meubles sont superposées à la roche massive, ou en contact immédiat avec elle, les ébranlements sont d'autant plus violents ; les commotions se propagent le plus loin et causent les désastres les plus formidables. Cela s'est vu ainsi dans tous les tremblements de terre dont on a pu exactement observer les effets. La catastrophe de 1783 bouleversa, à Messine, plus particulièrement la partie construite le long de la mer, sur un terrain d'alluvion, tandis que celle qui s'élève sur un sol granitique, tout en éprouvant des dommages considérables, ne fut du moins pas renversée de fond en comble. Les toits étaient effondrés, pas une croisée n'était restée entière, toutes les murailles avaient des crevasses, mais elles étaient encore debout; ce qu'on apercevait sur les quais, au contraire, ne pouvait plus même s'appeler des ruines de palais ou de maisons : c'étaient des amas de décombres.

Plusieurs autres faits viennent à l'appui de cette observation : elle a été faite, entre autres, lors du tremblement de terre de Lisbonne, en 1755. Le quartier de l'ouest repose en partie sur un sol basaltique et en partie sur une roche calcaire; le reste de la ville s'élevait sur des terrains argileux, marneux et alluviens. Dans le quartier de l'ouest, la catastrophe renversa quelques toits et quelques cheminées des édifices dont les fondations reposaient sur le basalte; elle endommagea un peu plus les maisons construites sur le calcaire; mais tout ce qui était bâti sur les terrains tertiaires fut complétement ravagé. La ligne de démarcation très-sensible entre la partie de la ville totalement détruite, et celle qui n'était qu'endommagée, se trouvait exactement déterminée par la nature différente du sol. Il en fut de même des localités environnantes : celles dont le terrain était une roche massive n'éprouvèrent que peu de dommage; les autres tombèrent en ruines.

Une chose étrange qui s'est présentée à chacun de ces tremblements de terre c'est que les habitants des pays les plus exposés aux catastrophes de ce genre, tels que l'Italie, le Portugal, la Grèce, l'Amérique du Sud, tout en sachant fort bien que le plus pressé, en pareil cas, est de sortir des maisons et de se réfugier en rase campagne, courent néanmoins s'enfermer dans les églises et s'y font ensevelir par milliers. A Messine, à Lisbonne, à Lima, à Riobamba, le plus grand nombre de victimes ont été frappées dans les cathédrales, les temples et les chapelles. Si fortes que soient les murailles de ces édifices, elles ne résistent pas à la violence des secousses d'un tremblement de terre. Quant à ceux qu'y poussait le besoin d'implorer l'assistance divine, ils oubliaient, les infortunés, qu'il a été dit à l'homme : Aide-toi, le Ciel t'aidera.

Dans les tremblements de terre, les commotions du sol sont presque toujours verticales : le terrain s'élève et s'affaisse tour à tour. Les secousses ondulatoires, que l'on considère comme les plus dangereuses, ne sont autre chose qu'un soulèvement et un affaissement alternatif, se propageant sur une certaine étendue de terrain, à peu près comme une puissante vague qui s'avance sur la surface de la mer. Lorsque les

terrains que parcourt l'ondulation sont de nature différente, il arrive
parfois que les affaissements et les soulèvements du sol deviennent per-
manents. A Lisbonne, une partie d'une rue s'est élevée à quelques pieds
plus haut que l'autre partie; une moitié de maison a été exhaussée de
telle sorte, que son rez-de-chaussée se trouvait de niveau avec le premier étage de l'autre moitié. Une tour ronde, dont les murailles avaient
onze pieds d'épaisseur, a été séparée en deux, de haut en bas, et une
différence de 15 pieds s'est établie, et existe encore, entre le niveau des
deux moitiés.

Outre les mouvements du sol, produits par les secousses ondulatoires,
il se présente aussi des affaissements locaux, offrant l'aspect que montre
la gravure ci-dessus, exécutée d'après le dessin des phénomènes qui ont
été observés lors du tremblement des Calabres, notamment aux environs de Rosarno. On eût dit que le sol avait été foré au moyen d'un
cône : il se formait des trous circulaires de deux à six pieds de diamètre,
en entonnoirs, et comme frangés par de petites crevasses sur tout le
pourtour. Ces trous étaient remplis d'eau, et quelquefois de sable parfaitement sec. Le sable ou l'eau s'élevait du fond, et l'on a pu constater
que l'entonnoir aboutissait à un conduit tubulaire, dans lequel ces matières étaient amenées par l'effet d'une pression souterraine. La figure
ci-après représente le profil d'un de ces entonnoirs, avec le commencement du conduit qui se perd dans les profondeurs du terrain.
Ce phénomène, d'ailleurs, n'est pas circonscrit à la Calabre : on a
découvert en Valachie, des trous à peu près pareils, mais presque toujours remplis de sable. Lors du tremblement de terre qui, pendant les
années 1811 et 1812, agita la vallée du Mississipi, il se forma, entre la
Nouvelle-Madrid et Prairie-du-Chien, un très-grand nombre de trous
semblables, mais de dimensions plus grandes; ils avaient 30 à 40 pieds
de diamètre, sur autant de profondeur. Encore aujourd'hui, on les

montre comme une curiosité, et, en effet, leur présence dans ce sol parfaitement uni et provenant d'alluvions, constitue un phénomène très-singulier.

Il est difficile de dire la durée moyenne d'un tremblement de terre. Il est des lieux où le sol est ébranlé si fréquemment qu'on serait tenté de considérer les tremblements de terre comme y étant en permanence. Ailleurs, des secousses se font sentir consécutivement pendant six mois ou un an; puis, il se passe des siècles sans qu'elles se renouvellent. Ailleurs encore, le phénomène n'a duré qu'un jour, qu'une heure, qu'une seconde. Sa durée est donc tout aussi variable que le sont ses effets. Le léger ébranlement qui se borne à produire un cliquetis de verres s'entre-choquant sur une table, ou à faire arrêter la pendule sur la cheminée, est tout aussi bien un tremblement de terre que les épouvantables catastrophes qui détruisirent Lisbonne ou ravagèrent la Calabre.

Quelle que soit, d'ailleurs, la fréquence des secousses, chacune d'elles ne dure jamais plus qu'un instant. Les plus effroyables désastres s'accomplissent en une seconde. Le tremblement de terre peut, comme l'orage, durer quelque temps, mais la *secousse* est instantanée comme l'éclair.

En 1693, un tremblement de terre dévasta cinquante localités en Sicile (parmi lesquelles la ville de Catane) et fit périr 60.000 personnes; en 1812, un autre détruisit Caracas et transforma cette ville en un monceau de ruines et de cadavres : l'un et l'autre n'eurent qu'une

durée de CINQ SECONDES. Le fait a été établi avec une précision toute
particulière. quant à la deuxième de ces catastrophes. En trois secousses. l'œuvre de destruction fut consommée. La première mit en branle
les cloches de toutes les églises ; à la deuxième, les toits des maisons
s'effondrèrent avec fracas ; avant qu'on eût pû, par la pensée, se rendre
compte de ce qui se passait. la troisième se déclara... et la ville entière
ne fut plus qu'un amas de décombres.

Lors du tremblement de terre de 1808, qui désola la province de
Pignerol pendant près de sept semaines (du 2 avril au 17 mai). tenant
toute la population dans des angoisses incessantes. les secousses, tout
en se répétant jusqu'à trois. quatre et plusieurs fois par jour, n'eurent
jamais que la durée de quelques secondes chacune.

Ces convulsions instantanées. dont la puissance est telle qu'elles ont
changé la face de vastes contrées. paraissent avoir leur cause motrice
bien loin dans les profondeurs du globe terrestre. Ceci résulte de
l'étendue de terrain sur laquelle elles se propagent. Dans le voisinage
des volcans. les tremblements de terre sont parfois circonscrits sur un
espace moindre, toujours cependant de quelques centaines de lieues
carrées. mais d'ordinaire ils agissent sur des surfaces de plusieurs
milliers de lieues carrées. Les tremblements du Chili, embrassant une
côte de plus de 590 lieues de longueur, ont été ressentis à environ
170 lieues en mer. ce qui donne une superficie de plus de 50.000 lieues
carrées. Lorsque. en 1839. la Martinique fut bouleversée par un tremblement de terre. les secousses se propagèrent sur toutes les Antilles,
sur la Floride. sur les côtes du golfe du Mexique et sur une partie de
l'Amérique du Sud. c'est-à-dire sur une étendue de 575,000 lieues
carrées. Les effets du tremblement de Lisbonne en 1755 se manifestè-
rent. d'après les renseignements fournis par Kant (le célèbre philosophe). dans toute l'Europe. dans le nord de l'Afrique et jusqu'à l'autre
côté de l'océan Atlantique, donc presque sur un hémisphère entier. Il
est constaté qu'outre le Portugal et l'Espagne, qui furent le plus mal-
traités. la France. l'Italie et la Suisse. toute l'Allemagne, mais surtout
la Bavière. la Bohème et la Thuringe. souffrirent des dommages considérables ; dans la mer du Nord et dans la Baltique. jusqu'à la Suède et
à la Finlande. on éprouva de violentes commotions ; même les eaux des
lacs de la Suède et de l'Écosse étaient agitées et bouillonnaient, sans
qu'il y eût apparence de tempête.

La connexité de ce formidable tremblement de terre avec les ébranlements ressentis simultanément en Italie. est établie d'une manière
presque certaine par ce fait. que la colonne de fumée du Vésuve disparut tout à coup. comme absorbée par le cratère. On prit note de

l'heure de sa disparition, et il se trouva plus tard qu'elle coïncidait exactement avec celle où s'accomplissait la destruction de Lisbonne.

Un des tremblements de terre qui prouve le mieux, et d'une manière merveilleuse, dans quelles profondeurs il faut chercher le siége des forces qui produisent ces violentes commotions du sol, nous paraît être celui du 16 novembre 1827 : il ébranla des zones de terrain que sépare le diamètre du globe, le Pérou et la Bolivie, d'une part, et d'autre part le détroit d'Okhotsk en Sibérie. Sur toute la ligne qui aboutit, à la surface du globe, de l'une à l'autre de ces contrées, depuis la partie orientale de l'Amérique du Sud, en passant par l'océan Atlantique, l'Espagne, la France, l'Allemagne, la Pologne, la Russie d'Europe, jusqu'à la partie occidentale de la Russie d'Asie, nulle part on n'éprouva la moindre secousse qui permit de conclure qu'il y eût, à une faible profondeur, connexité entre les deux tremblements, et cependant leur simultanéité fut telle, qu'on ne peut s'empêcher de les faire remonter tous les deux à une même cause motrice. Cette cause, il faudrait donc la chercher à une profondeur immense, peut-être dans une commotion ou dans un bouillonnement du noyau terrestre en fusion, phénomène qui se serait fait sentir dans deux directions opposées. En réalité, il doit toujours en être ainsi, à moins que l'agitation de l'intérieur en fusion ne soit assez violente pour agir de tous les côtés à la fois. Si elle se produit jamais dans ces conditions, il en résultera un nouveau cataclysme qui bouleversera l'aspect de notre planète. Rien ne nous dit, d'ailleurs, que nous soyons à l'abri d'un événement de ce genre.

Il est hors de doute que le globe terrestre a déjà subi plusieurs transformations amenées par des causes semblables ; sa configuration actuelle est le résultat de la dernière de ces transformations. Elles se sont produites soit par la contraction de l'écorce coagulée, par les crevasses de laquelle se répandait au dehors l'intérieur en fusion, soit par les fluctuations de ces masses à l'état de fluidité ignée, fluctuations qui devaient occasionner des déchirements encore plus considérables de la surface.

De nos jours encore, ce dernier fait (les fluctuations des masses liquides à l'intérieur du globe) produit des ébranlements de la surface, sur une étendue plus que décuple de la base des plus grandes montagnes. Nous ne possédons aucune espèce de garantie qu'un jour ou l'autre il ne puisse survenir un phénomène analogue, mais dans des proportions infiniment plus considérables : s'il ne survient pas, cela voudra dire que le globe terrestre est parvenu à la dernière phase de son développement, qu'il est en quelque sorte *achevé* ; et s'il survient ?... eh bien, alors, il se peut que les lecteurs et l'auteur se rencontrent un beau jour, proprement rangés et étiquetés, dans un cabinet d'histoire naturelle, en qualité de débris fossiles d'un monde qui, à son tour, sera devenu antédiluvien.

Les commotions que les tremblements de terre, comme nous l'avons dit déjà, font éprouver aux navires, même au milieu de l'océan, ont été parfois d'une violence telle, que des bâtiments ont fait eau, par suite de la secousse, et ont perdu leurs mâts. Et pourtant, ces commotions sont peu de chose auprès de l'impétuosité avec laquelle les flots se précipitent contre les rivages des pays agités par un tremblement de terre.

Lors de la catastrophe de Lisbonne, le reflux avait commencé depuis plus d'une heure, et il soufflait un vent de terre assez fort; malgré cela, les flots montèrent en peu d'instants à une hauteur qui dépassait de quarante pieds le niveau des plus fortes marées. Cette montagne d'eau se déversa, avec une puissance irrésistible, dans les rues de la ville bouleversée, détruisant ce que le tremblement de terre avait épargné, et en même temps elle inonda, jusqu'à la même hauteur, toutes les côtes ouvertes du côté de l'ouest. Trois fois les flots revinrent à l'assaut, entraînant dans les profondeurs de l'océan tous les objets meubles qu'atteignaient leurs élans furibonds.

Près de Cadix, où le tremblement de terre de 1755 n'occasionna par lui-même aucun dommage important, les vagues, se brisant à l'ouest contre le cap St.-Vincent, vinrent rebondir jusqu'à 60 pieds au-dessus du niveau de la plus haute mer, et emportèrent les murailles de la forteresse, épaisses de 30 pieds et construites en pierres de taille. Les canons du plus gros calibre, montés sur des affûts à roulettes pleines, furent entraînés au fond de la mer. Les flots se retiraient beaucoup plus loin que n'était jamais descendu le reflux, puis ils revenaient, comme à Lisbonne, mais avec une violence encore plus formidable. On repêcha les canons à l'aide de grappins, mais quelques-uns ne furent retrouvés qu'à la distance de 2.000 pas de l'endroit d'où ils avaient été enlevés. L'isthme qui joignait Cadix au continent fut coupé en deux, et la ville se trouve depuis lors sur une île; elle aurait été détruite de fond en comble, n'était la solidité du roc sur lequel elle est bâtie.

Le gonflement de la mer se prolongea, dans l'océan Atlantique, depuis les côtes africaines jusqu'à celles de l'Ecosse; autour de toutes les îles de cet océan, il atteignit à vingt pieds au-dessus du niveau des marées hautes, et il se fit sentir même aux Antilles. Ce phénomène embrassa donc toute la moitié septentrionale de l'Atlantique; sur l'autre moitié on n'a pas eu de renseignements assez authentiques pour pouvoir déterminer les limites atteintes de ce côté.

Dix ans avant la catastrophe de Lisbonne, la ville de Lima et les côtes du Pérou avaient essuyé un épouvantable désastre, causé autant par le débordement de la mer que par le tremblement de terre. Ce dernier, qui éclata le 28 octobre 1746, avait très-peu endommagé Callao, le port de Lima, lorsque soudain la mer s'éleva à la hauteur de 80 pieds, se rua sur la malheureuse ville et l'engloutit tout entière ; une nouvelle irruption entraîna même le terrain sur lequel elle était construite. D'après une autre version, toutefois, elle se serait abîmée par l'effet du tremblement de terre. Une croyance populaire veut même que, quand la mer est parfaitement calme, on puisse voir distinctement les ruines de Callao, y compris les clochers, « dont les flèches seulement auraient été brisés par le passages des navires d'un fort tirant d'eau. »

Ce sont là des fables, sans doute, comme l'imagination ardente des populations espagnoles en invente à tout moment, quand il s'agit de décrire quelque événement terrible, que les auditeurs ne trouvent jamais assez effrayant ; mais le gonflement de la mer et la destruction de Callao sont des faits positifs. Parmi les navires mouillés dans le port, les plus petits, fortement amarrés, furent submergés sur place ; les grands bâtiments eurent leurs câbles rompus et furent jetés sur la côte ; il y en eut quatre que les vagues transportèrent à une lieue et demie au delà des murs de la ville. Les uns et les autres se perdirent corps et biens. Des navires engloutis par la mer, pas une âme ne réchappa ; les équipages de ceux qui avaient été jetés à la côte furent écrasés, comme les navires, par l'effroyable choc. De toute la population de Callao, quinze personnes en tout parvinrent à se réfugier à Lima. Lorsque les habitants de cette dernière ville eurent repris assez de calme pour s'occuper du malheur d'autrui, on ne retrouva plus, sous les amas de débris qui avaient été naguère des vaisseaux, que des cadavres en putréfaction, et quelques malheureux mutilés, qui se mouraient d'inanition, incapables qu'ils étaient de se traîner jusqu'aux abondantes provisions de vivres qui gisaient éparses à deux pas de là.

Si plusieurs de ces récits peuvent être taxés d'exagération, on ne contestera pas la relation publiée par le naturaliste Darwin sur le tremblement de terre qui ravagea le Chili, il n'y a guère plus de vingt-cinq ans (en 1855), relation dans laquelle il déclare que les navires *Adventure* et *Beagle*, côtoyant cette malheureuse contrée, ont vu sur une étendue de plus de 500 lieues, ses rivages couverts de débris de toute espèce jusqu'à plusieurs lieues dans les terres, « comme si des milliers de vaisseaux y avaient échoué. »

Il est à remarquer que ces mouvements de la mer commencent presque toujours par un *reflux*, que suit immédiatement l'irruption des flots amoncelés (1). On a donné de ce phénomène différentes explications, toutes plus ou moins étranges. Les uns ont dit que le retrait de la mer n'était qu'apparent ; que c'était la terre qui s'élevait tout à coup à cinquante ou à cent pieds de hauteur, pour s'affaisser tout aussi subitement ; ils oubliaient qu'une pareille secousse n'eût guère passé inaperçue, tandis qu'au moment même du soulèvement de la mer, on n'a jamais vu ni un toit s'effondrer, ni même une cloche se mettre en branle. D'autres ont prétendu que le fond de la mer s'ouvrait inopinément pour se refermer aussitôt, après avoir englouti une masse énorme d'eau, et que le déplacement de celle-ci amenait l'irruption des flots qui la suivaient. Ces explications, on le voit, sont presque aussi forcées que le phénomène est violent. Il est plus simple de demander aux lois de la physique comment doivent se comporter les eaux de la mer lorsque le fond est agité par un tremblement. La réponse sera aussi courte que précise.

Personne ne supposera que les ébranlements du sol, ses soulèvements ou ses affaissements, n'atteignent que la terre émergée ; ces phénomènes, embrassant parfois une surface de plusieurs milliers de lieues carrées, se manifestent tout aussi bien au-dessous du niveau de la mer, qu'au-dessus ou latéralement. Or, si une certaine portion du fond de la mer est soulevée, la masse d'eau qui se trouve au-dessus, sera nécessairement soulevée avec elle, et les masses avoisinantes, entraînées par le déplacement de la première, abandonneront la place qu'elles occupaient, et par conséquent se retireront des côtes. Pour qu'il en fût autrement, il faudrait qu'entre la masse soulevée et celles que le soulèvement n'atteint pas, il se formât un vide, un gouffre, proportionné

(1) Les lecteurs penseront que les données sur la hauteur à laquelle atteignent les flots soulevés, ne sont pas non plus exemptes d'exagération, et personne peut-être n'était assez calme, pendant l'événement, pour pouvoir repousser tout à fait le reproche d'avoir vu par des verres grossissants. Mais il s'est produit un fait matériel, qui lève tous les doutes. Pendant un tremblement de terre sur les côtes de la Jamaïque, la mer s'étant soulevée, Dieu sait à quelle hauteur, une frégate anglaise fut portée par les vagues au-dessus des maisons et des clochers de la ville de Port-Royal, et déposée sur un des édifices les plus éloignés, dont elle enfonça le toit, restant suspendue entre les murailles. Voilà des vagues dont la hauteur était certainement de plus de 80 pieds.

(Note de l'auteur.)

à l'étendue du soulèvement. Ceci serait contraire aux lois de la nature en général, et plus particulièrement aux propriétés de cohésion des molécules de l'eau entre elles aussi bien qu'avec les corps solides. Le reflux qui se produit par l'effet d'un tremblement de terre est donc la conséquence du soulèvement de la mer à une certaine distance, et le flux qui lui succède est dû au rétablissement du niveau, par suite de la pesanteur.

Si les effets désastreux d'un tremblement de terre sont déjà effrayants par eux-mêmes, l'impression qu'ils produisent atteint les proportions d'une affreuse épouvante, par suite du fracas étourdissant dont ils sont accompagnés. Des bruits qui rappellent tantôt celui de charrettes chargées de ferrailles, cahotées sur un pavé raboteux, tantôt le grondement lointain du tonnerre, tantôt des coups de canon se succédant à intervalles inégaux, tantôt enfin des détonations semblables à l'explosion d'une poudrière, — se font entendre, soit simultanément, soit alternativement, pendant que le sol tremble et que les édifices s'écroulent : quoi d'étonnant que toutes les facultés de l'homme demeurent absorbées par le sentiment de son impuissance absolue, en face d'une catastrophe qu'il est tenté d'attribuer au déchaînement de tous les démons de l'enfer!

Ce fracas, qui ressemble à la fois au roulement d'une multitude de tambours, au mugissement des plus furieuses tempêtes et au cliquetis de lourdes chaînes qui s'entre-choquent, c'est-à-dire à l'assemblage des sons les plus dissemblables, — ce fracas se propage, comme le tremblement lui-même, à de très-grandes distances, et se fait entendre partout avec une simultanéité qui prouve son origine souterraine, les corps liquides et les corps solides étant de meilleurs conducteurs du son que l'air.

Il s'est présenté des cas où ce fracas souterrain n'était pas accompagné de tremblements de terre. A Guanaxuato, capitale de la province du même nom, au Mexique, située à une grande distance des volcans de cette contrée, on entendit, du 8 janvier au 12 février 1784, des bruits de tonnerre, interrompus par de violentes détonations, si bien qu'au premier moment les habitants, qui n'avaient jamais essuyé de tremblements de terre, en furent horriblement effrayés, et s'empressèrent de quitter la ville. M. de Humboldt, qui visita ces lieux une dixaine d'années après l'événement, a donné sur ce phénomène des renseignements très-précis, puisés en partie dans les déclarations de nombreux témoins, et en partie dans les actes de l'autorité municipale. Du 13 au 16 janvier, on eût dit que sous le sol s'était déchaîné un violent orage, dont les sourds grondements, entremêlés d'éclatants coups de tonnerre, retentissaient à la surface. Dans la ville se trouvaient, à ce moment, de fortes quantités d'argent en barres : profitant de la fuite des citoyens, les voleurs, plus courageux qu'eux, avaient fait main basse sur ces trésors, si bien que l'autorité finit par adopter des mesures quelque peu tyranniques pour mettre un frein à l'émigration. Toute famille riche, qui quittait la ville, fut frappée d'une amende de 1.000 *douros*; les pauvres furent condamnés à l'emprisonnement. De plus, on afficha une proclamation portant que l'autorité « dans sa sagesse » saurait prévoir l'imminence du péril; qu'il n'en existait aucun pour le moment, et que le moyen le plus efficace de le détourner était « de faire des processions à l'église de l'Immaculée Conception. »

Cette assurance, et plus encore l'intervention énergique d'une partie de la milice urbaine, déterminèrent les fugitifs à rentrer dans leurs foyers, pour reconquérir leurs biens sur l'autre partie de la milice, que la circonstance avait transformée en pillards et brigands. La sagesse de l'autorité avait, cette fois, deviné juste : pendant tout le temps que durèrent les « *bramidos y truenos subterraneos* » dont parle la proclamation, on ne ressentit pas le moindre ébranlement du sol, ni à la surface, ni dans les mines, jusqu'à 1.500 pieds de profondeur. Que ces bruits venaient réellement de dessous terre, cela résulte de ce qu'on les entendait au fond des mines encore plus fort qu'à la surface, tandis que le bruit du tonnerre qui éclate dans les nuages, ne parvient pas jusqu'au fond des galeries des mines.

L'audition de ces bruits était circonscrite à un espace de 20 à 25 lieues de longueur, sur une largeur relativement faible, ne comprenant qu'une petite partie des montagnes voisines. A quelques lieues de la ville, qui est située à 6.420 pieds d'altitude, on ne les entendait plus du tout.

Un fait semblable s'est produit de nos jours : quelques lecteurs se souviendront peut-être encore des relations publiées par les journaux, sur les fracas souterrains qui, de 1822 à 1826, mirent en émoi l'île de Meleda, située dans l'Adriatique, sur les côtes de la Dalmatie. Ils se répétaient si fréquemment que, par exemple, dans la nuit du 2 au 3 septembre 1825, on compta plus de cent détonations. Au premier moment, la population, induite en erreur par l'analogie avec les décharges de l'artillerie, crut entendre, qui une cannonade dans les montagnes de la Bosnie, qui une bataille navale. Mais le vacarme continuant toujours, on finit par se persuader qu'il devait avoir son siége au-dessous de l'île, ce qui fut pleinement confirmé par ce fait, que les habitants du continent voisin n'en avaient rien entendu. Ici aussi, les détonations n'étaient accompagnées d'aucun ébranlement du sol; au bout d'un an, on ressentit cependant une secousse, mais elle ne causa aucun dommage aux édifices, se bornant à détacher du *Veliki Grad* un bloc de rocher surplombant.

Ce fait, si peu important qu'il fût, accrut néanmoins les inquiétudes des habitants : ils craignirent qu'un volcan ne surgît au milieu de l'île, et ils adressèrent au gouvernement autrichien la demande de les faire transférer en masse sur la terre ferme. Les autorités de Vienne commencèrent par envoyer sur les lieux deux naturalistes, MM. Franz Riepel et Paul Partsch. Ces savants firent un rapport détaillé sur le phénomène, et parvinrent à tranquilliser la population et le gouvernement, au sujet des chances de péril; les bruits, toutefois, ne cessèrent entièrement qu'en 1826.

De même que, dans les exemples cités, les bruits souterrains se sont fait entendre sans qu'il y eût ébranlement du sol, de même on a vu des tremblements de terre qui n'étaient accompagnés d'aucun bruit particulier; d'ordinaire, toutefois, les deux phénomènes se présentent conjointement, et l'impression qu'ils produisent est telle, que les hommes qui en ont fait l'expérience, sont hors d'état de décrire les scènes d'épouvante par lesquelles ils ont passé.

LES MINERAIS ET LEURS GITES.

Autant les roches dont est principalement composée l'écorce terrestre, telles que le calcaire, le grès, le granit, le schiste, etc., ont d'importance pour la géographie physique, autant les minerais en ont peu : ce ne sont, pour ainsi dire, que des fils excessivement fins, perdus dans la masse énorme des roches. Pour l'industrie, au contraire, les minerais sont très-importants : c'est pourquoi nous ne pouvons nous dispenser de dire quelques mots des conditions dans lesquelles ils se présentent.

Nous avons vu, dans le chapitre précédent, qu'il se produit des phénomènes dont un des effets est de déchirer dans tous les sens l'écorce solidifiée du globe. Dans les temps primitifs, dans le premier âge de

notre planète, ces mouvements tumultueux ont été beaucoup plus fréquents ; les innombrables fentes et crevasses qu'on voit dans les montagnes en sont la preuve. Lorsque ces fentes ne contiennent pas de
minerai, le mineur les appelle *failles* ou *fentes vides ;* lorsqu'elles en
renferment, il leur donne le nom de *filons*. Les filons constituent le
gîte ordinaire des minerais ; mais quelquefois ceux-ci se présentent par
nids isolés, remplissant la cavité qu'une bulle d'air a formée dans la
roche ; par exception on les trouve injectés directement dans une roche
de nature différente.

Le nom de *minerai* a une signification assez vague : un minerai
contenant de l'or pur, dans la proportion de 1 p. c. de son poids, sera
considéré non-seulement comme une mine d'or, mais comme une mine
riche, puisque le quintal aura la valeur d'une livre d'or pur, c'est-
à-dire de plus de 1.600 francs. On ne trouve même que très-rarement
une mine de cette richesse. En revanche, un minerai qui donnerait par
quintal une ou même deux livres de fer, de zinc ou de plomb, ne
paraîtrait guère valoir la peine d'être exploité ; c'est tout au plus si on
lui donne le nom de minerai. La définition du mot *minerai* ne peut
donc pas être basée uniquement sur la *quantité* de métal qu'une roche
contient. La question de savoir si elle est exploitable, n'est pas non
plus concluante : tout en trouvant qu'une roche ne contient pas assez
de métal pour mériter qu'on l'exploite, on dira cependant : CE MINERAI
ne vaut pas l'exploitation. Bornons-nous donc à dire qu'on appelle
communément *minerais,* les roches composées d'un mélange de différentes matières, parmi lesquelles se trouve un métal. C'est ainsi que
la combinaison d'oxygène et de fer (1), qu'on appelle *pierre d'aimant,*
constitue un des meilleurs minerais de fer. Le soufre, en combinaison
avec le fer, sous forme de *pyrite* ou sulfure de fer, est aussi un minerai
riche, mais de mauvaise qualité ; on peut en dire autant de la combinaison de l'acide phosphorique avec le fer, que l'on nomme *fer azuré.*
De ces différents minerais, le premier et le dernier sont les seuls qu'on
exploite pour en retirer le fer ; la pyrite, quoiqu'elle contienne du fer
pour près de la moitié de son volume, est exploitée exclusivement
comme minerai de soufre. Combiné avec le mercure, le soufre forme
aussi un minerai, le cinabre, qui sert autant comme matière colorante
que pour l'extraction du mercure. La galène est aussi bien un minerai
de plomb qu'un minerai d'argent : ces deux métaux s'y trouvent combinés avec le soufre.

---

(1) Ou, pour parler plus exactement, de protoxyde et de peroxyde de fer, autrement dite *fer oxidulé magnétique.*

C'est ainsi que les métaux sont répandus par tout le globe et se présentent sous des centaines de formes diverses. Il n'y en a que bien peu, cependant, dont les minerais constituent des montagnes entières ou des gisements de grande étendue, tels que, par exemple, le calcium dans la chaux ou le plâtre (y compris, naturellement, le marbre, le calcaire liasique et la craie), — ou bien comme l'aluminium dans l'argile et le cryolite, ou enfin comme les demi-métaux, par exemple le sel gemme, qu'à ce point de vue on pourrait appeler un minerai de natrium. Les autres métaux ne se présentent jamais que sous forme de matières injectées dans les fentes des rochers; il n'ont donc, comme nous le disons plus haut, qu'une importance secondaire pour la géogénie, tandis qu'ils en ont une très-grande pour la civilisation du genre humain, les progrès de laquelle se rattachent intimement à ceux de la métallurgie.

Les filons proprement dits.

Il n'y a guère que les métaux précieux qu'on trouve à l'état natif; les autres sont presque toujours mêlés à leurs gangues, avec lesquelles ils forment les minerais qui remplissent les filons.

Nous avons parlé à plusieurs reprises des bouleversements qu'a subis l'écorce du globe : certains de ces bouleversements ont élevé des montagnes et creusé des vallées; d'autres ont aplani les montagnes et comblé les vallées ; tout cela n'a pu avoir lieu sans que les roches ne se fussent fendues dans tous les sens. L'origine des fentes s'explique donc tout naturellement; il est moins facile d'expliquer comment elles se sont remplies de minerais. Dans celles qui sont ouvertes par le haut, les pluies amènent peu à peu du sable, de l'argile et des fragments des roches environnantes, lessivées par l'action des eaux. On y trouvera rarement des minerais, mais plutôt des débris d'animaux, que les matières minérales, qui les ont recouverts, ont préservés de la putréfaction. Mais comment se remplissent celles qui n'aboutissent point à la surface? Vers la fin du siècle dernier, on partageait assez généralement l'opinion du célèbre minéralogiste Werner, que tous les filons étaient des fentes remplies de haut en bas, par l'effet des eaux qui baignaient la surface de la terre; mais alors, comment expliquer qu'on ne trouve pas, au dehors de ces fentes, des dépôts analogues à ceux qui se sont formés dans leur intérieur? Aujourd'hui, il est reconnu que tous les filons n'ont pas été remplis de la même manière. Des faits constatés démontrent que plusieurs causes diverses ont concouru à ces phénomènes. Pour rechercher ces causes, il nous faut d'abord remonter à l'origine des fentes. Quelques-unes d'entr'elles se rétrécissent vers le bas, d'autres vers le haut, n'atteignant même pas la surface. Voulût-on admettre que les premières se sont remplies de haut en bas , il n'en serait pas moins évident que cela n'a pu arriver pour les autres, et notamment pour celles dont la direction est horizontale ou à peu près, comme, par exemple, le filon de quartz qui, dans la montagne de Tronstad, près de Christiania, traverse un gisement de gneiss, dont une fente verticale, formée antérieurement, s'est remplie de diorite. Le filon de quartz se rétrécit et s'élargit successivement , comme cela se voit ailleurs aussi, et traverse les deux roches, dont la densité différente ne paraît avoir exercé aucune influence sur ses allures. Ici, évidemment, le filon n'a pas été rempli de haut en bas, et ce d'autant moins qu'il se trouve à une grande profondeur au-dessous de la surface.

Un examen attentif des allures des filons prouve d'une manière indubitable qu'ils ont été formés par des ébranlements du terrain, à des époques très-éloignées les unes des autres.

Supposons que nous ayons rencontré un filon formé d'un mélange de différentes roches, parmi lesquelles le minerai d'étain ; que, tout à coup, ce filon soit interrompu et qu'il se retrouve, quelques toises plus bas, exactement de la même largeur et formé des mêmes éléments : nous serons autorisés à dire que le filon de minerai d'étain, formé à une époque quelconque, a été, plus tard, dérangé par un phénomène analogue à celui qui l'avait formé. Il arrive fréquemment que, par le dérangement du premier filon, il s'en forme un second, rempli d'un minerai d'une autre espèce. En pareil cas, les deux fentes peuvent être dues à la même cause, mais elles ont certainement été remplies par des causes différentes.

C'est ainsi que, dans l'*Erzgebirge,* on a constaté que six filons se croisent en sens divers ; dans le *Harz,* les mineurs en ont reconnu jusqu'à huit, ce qui suppose autant d'ébranlements du terrain.

Il n'y a pas le moindre doute que ce sont ces ébranlements qui ont ouvert les fentes, car on trouve dans tous les filons des fragments de la roche constitutive du terrain qui s'est fendu, et les deux *salbandes* qui se font face sont toujours de même nature ; mais, lorsqu'il y a eu dérangement du filon par un ébranlement subséquent, il ne faut pas prendre au pied de la lettre les mots « *qui se font face* » ; seulement, s'il y a d'un côté une saillie, on trouvera, non loin de là, le creux qui y correspond.

Lorsqu'on rencontre de ces formes qui s'adaptent les unes aux autres, cela indique que les fentes du terrain et les dérangements des filons se sont produits sans secousse ; mais, plus la masse de décombres dans le filon est considérable, et plus les *salbandes* sont lisses, plus a dû être énergique la commotion qui a fendu le terrain. Des phénomènes tout à fait analogues ont été remarqués aux murailles des maisons qu'un tremblement de terre avait ébranlées sans les renverser. Après avoir vu ces murailles vaciller pendant quelques minutes, on a reconnu qu'elles étaient fendues de haut en bas, et que non-seulement la fente était remplie de fine poussière de briques, mais que celle-ci formait tout un tas sur le sol, en-dessous de la fente.

Ce qui là s'est produit en petit, par l'effet d'un phénomène volcanique, a eu lieu en grand dans les montagnes, où de puissants ébranlements du sol ont fendu d'immenses rochers et ouvert des abîmes de plusieurs lieues de longueur, comme on en rencontre en grand nombre dans la Cordillère des Andes, en Amérique.

Comment les filons se remplissent de minerai.

Si la cause de la formation des fentes est toujours la même, bien des causes diverses concourent, par contre, à remplir ces fentes de minerai et à les transformer ainsi en filons. On trouve des filons remplis d'une manière tout à fait symétrique ; d'autres où la roche varie très-irrégulièrement : cela seul indique qu'ils se sont remplis par des causes différentes. Dans le premier cas, les deux salbandes sont recouvertes de la même substance, par exemple de quartz ; au-dessus du quartz se dépose, des deux côtés, du fluorure de calcium, que recouvrent, d'abord, du sulfure de fer, puis encore du fluorure de calcium, et au-dessus de tout encore du sulfure de fer, de sorte que, sur chaque salbande, on trouve cinq couches distinctes de minerai se suivant dans le même ordre. D'ordinaire, le milieu du filon est occupé par une substance différente, par exemple, du spath ou carbonate de chaux lamellaire ; il ne faut pas croire, cependant, que tout filon renferme exactement les onze couches de minerai que nous venons d'énumérer : il y en a tantôt plus et tantôt moins ; le nombre et la nature du minerai diffèrent d'un filon à l'autre, mais sont toujours les mêmes aux deux salbandes d'un même filon.

Lorsque le filon s'est rempli d'une manière non symétrique, il renferme, d'ordinaire, des fragments de la roche qui forme les salbandes et ces fragments sont entourés d'autres minéraux à texture cristalline. Le tout constitue les roches conglomérées ou *poudingiformes*.

On a expliqué ces différents modes de formation des filons, en disant que les minéraux qu'on y trouve ont été dissous dans l'eau bouillante et se sont cristallisés plus tard. On comprend difficilement, il est vrai,

que le quartz, la fluorine ou la blende aient pu être dissous par l'eau ;
mais il ne faut pas oublier qu'à une grande profondeur dans l'intérieur
de la terre, la pression de l'atmosphère, d'une part, et d'autre part la
proximité du noyau incandescent du globe, élèvent la température et
maintiennent l'eau à l'état liquide à 3 ou 400 degrés au-dessus de zéro,
laquelle eau doit avoir des propriétés dissolvantes bien plus considérables que l'eau qui, à l'air, bout à la température de 100°.

Il n'est guère possible d'apprécier au juste les effets que peut produire l'eau dans ces conditions là, attendu que toute expérience, à ce
sujet, serait extrêmement dangereuse, à cause de la puissance irrésistible de la vapeur que développerait une température aussi élevée ,
jointe à la pression nécessaire ; mais, pour la nature, ces difficultés
n'existent pas : son laboratoire ne court pas risque d'éclater ; tout au
plus s'y forme-t-il une crevasse d'une centaine de lieues de long sur
quelques mètres de large ; et si l'eau, à la température de 400 degrés,
est venue, il y a un millier de siècles, remplir cette crevasse et y déposer les minéraux qu'elle tenait en dissolution, ceux-ci ont dû s'y cristal-
liser par le refroidissement. Que le même phénomène se soit reproduit,
à plusieurs siècles d'intervalle, et la symétrie de la succession des
couches de minéraux dans les filons sera parfaitement expliquée. Il
semble même qu'aucune autre explication ne soit admissible, au moins
dans l'état actuel de la science.

Même le ciment cristallin qui tient ensemble les fragments dont se
composent les roches poudingiformes, doit être attribué à cette cause,
ne consistât-il qu'en cristal de roche tout pur. Nous savons que le quartz
est soluble dans la soude caustique, ainsi qu'on le voit dans la composition dite *wasserglas,* qu'on produit artificiellement pour les usages
techniques. Les sources siliceuses, telles que le fameux Geyser, en
Islande, nous prouvent d'ailleurs que le quartz est soluble même sans
le concours d'un alcali, ce qui résulte d'ailleurs aussi de la transformation du bois en silice et de la composition des pyromaques, dont les
éléments (coquilles siliceuses d'animaux microscopiques) sont agglutinés par un ciment qui a dû être jadis de la silice liquide.

Nous voyons encore un autre phénomène se reproduire tous les
jours : celui de fentes ou de cavités remplies par des fragments de la
roche qui les entoure ; c'est ainsi que les parois des cavernes à stalactites
se couvrent de concrétions calcaires ; que des concrétions semblables
descendent de la voûte sous forme de cônes allongés, au-dessous desquels des cônes semblables s'élèvent du sol (on les appelle stalagmites)
et finissent par se réunir aux premiers, de manière à former des colonnes.

En pareil cas, la roche au-dessus de la cavité est un calcaire, ou bien elle contient de la chaux comme ciment des autres minéraux ; l'eau qui suinte à travers la voûte, dissout une partie de la chaux et s'évapore en déposant celle-ci au plafond ou le long des parois, où elle forme cette belle roche dont les Italiens font des vases, des chambranles de cheminées et des tablettes pour fenêtres, etc., parce qu'elle est facile à travailler et prend un beau poli. C'est ce calcaire concrétionné, semblable au marbre et orné de belles veines, qui est connu sous le nom de *travertin*. On l'extrait des carrières de Ponte-Lucano, entre Rome et Tivoli, où il forme des montagnes tout entières dont l'origine est due aux eaux très-calcareuses du Teverone ou Anio.

De même qu'ici la chaux, on peut voir ailleurs l'alumine qui s'est dissoute et a revêtu de schiste les parois d'une cavité ou les *épontes* d'une fente. Parfois, elle passe à la texture cristalline et forme alors des pierres précieuses, telles que rubis et autres. Tout comme, au-dessus des cavernes à stalactiques, on trouve de la chaux, de même les roches qui remplissent un filon se retrouvent d'ordinaire tout autour de la fente occupée par le filon. Mais souvent aussi, c'est le contraire qui a lieu, et le terrain autour du filon ne renferme aucune des roches qui composent ce dernier.

C'est depuis que l'on a observé ces faits qu'on a dû se départir de l'ancien système d'attribuer à une seule cause le remplissage de tous les filons, et reconnaître que, si la théorie de Werner s'applique à un grand nombre d'entre eux, il en est d'autres où il faut admettre les dépôts formés par l'eau en ébullition à une température très-élevée. Mais ni l'une ni l'autre de ces deux hypothèses n'explique la présence des métaux dans les filons. La théorie de la vaporisation des métaux et de leur dépôt par sublimation, est également insuffisante. Les métaux très-fusibles se vaporisent facilement, sans doute : tel, le plomb, qui, dans la préparation de la litharge, se dépose, à l'état métallique, sur les parois de l'usine, et dont les vapeurs, absorbées par l'ouvrier, lui causent la terrible maladie qu'on appelle *colique de plomb* et qui est presque toujours mortelle. Il en est ainsi du mercure, qui se vaporise même avant d'entrer en ébullition. Dans les mines d'Idria (Illyrie), les ouvriers ne résistent guère plus de deux ans à leur pénible travail.

Mais d'autres métaux, l'or, l'argent et le platine, se vaporisent beaucoup moins ; le cuivre et le fer, d'une manière imperceptible. Il devient donc difficile d'expliquer par la sublimation leur présence dans les filons. On est parvenu, il est vrai, à mettre l'or en ébullition : M. Tschirnhausen a atteint ce résultat au moyen de son miroir ardent, et pour prouver la vaporisation, il a tenu une pièce d'argent au-dessus de l'or bouillant, et celle-ci s'est couverte d'une couche d'or ; mais il n'est pas dit qu'à l'intérieur de la terre il existe le degré de chaleur que peut produire un miroir ardent de quatre pieds de diamètre.

On a donc eu recours encore à une autre théorie, celle de l'*injection*. D'après celle-ci, les métaux, à l'état de fluidité ignée, ont pénétré dans les fentes, et comme, en effet, les métaux précieux notamment ne se présentent guère que sous forme de petits grains ou de *pépites*, cette théorie, mieux qu'aucune autre, permet de se rendre compte de la formation des gîtes aurifères, argentifères, etc.

Par l'examen attentif des faits, on parvient donc à la certitude que ce n'est point par l'action d'une seule force, mais par le concours, soit simultané, soit successif, de plusieurs phénomènes, que les différentes espèces de minéraux ont pénétré dans les fentes de l'écorce du globe.

Un des plus grands géognostes de l'Allemagne, M. B. Cotta, dit, à ce sujet : « La plupart des filons, notamment ceux qui, comme à Freiberg, se composent principalement de quartz, de spath calcaire, de braunite, de tungstène, de fluorine et de sulfures métalliques, semblent, sans doute, s'être formés par le dépôt d'eaux saturées, de substances minérales. Mais d'autres, dont les gangues consistent en amphibole, pyroxène, granit, feldspath, etc., portent le cachet d'une injection violente, à l'état de fluidité ignée, tandis que, plus tard, la circulation de l'eau paraît y avoir apporté seulement différentes modifications. Dans d'autres encore, on voit les traces manifestes de sublimation, ou bien de sécrétion de la roche environnante ; le premier cas se présente dans les filons de mica ferrugineux, le second dans ceux de spath calcaire. »

L'âge des filons.

Si les filons ont commencé à se remplir depuis des millions d'années, il ne s'ensuit pas que ce fait ne se produise plus de nos jours ; il est le résultat de l'action prolongée des forces qui agitent l'intérieur du globe et, probablement, il continue encore. Il en est ainsi, incontestablement, pour les cavernes à stalactites et pour les coulées de lave : nous voyons donc là déjà deux sortes d'actions : la sécrétion de la roche alentour, et l'injection par une force souterraine. Les dépôts formés par des eaux minérales sont aussi un fait qui se produit encore actuellement : témoin les fleurs incrustées des sources de Carlsbad, les *confetti* de Tivoli et les pierres à bâtir de Huancavelica, au Pérou (V. le *Globe terrestre*, vol. II, sources incrustantes).

Or, comme les volcans nous montrent une partie de ce qui se passe à l'intérieur du globe ; comme ils lancent les roches en fusion à des milliers de pieds au-dessus des sommets où s'ouvrent leurs cratères, on peut admettre, à bon droit, que le fait de l'injection de substances à l'état de fluidité ignée, dans les fentes et les fissures des roches, continue encore aujourd'hui, tout aussi bien que celui de la formation des stalactites.

D'autres faits nous permettent également de considérer comme probable que le commencement de la formation des filons remonte aux époques les plus reculées. Le mineur expérimenté s'aperçoit tout de suite que les filons sont d'autant plus fréquents que la roche est plus ancienne. Plus elle a été exposée, par suite de son ancienneté, à l'action des forces de l'intérieur du globe, plus elle a dû être crevassée en tous sens, et plus les différents minéraux ont dû la pénétrer, tantôt sous forme de vapeurs d'eau, tantôt par l'effet de la sublimation et tantôt à l'état de fluidité ignée.

Cette observation nous dit, en effet, que les roches les plus anciennes, les schistes cristallins, sont celles que traversent le plus de filons ; la formation qui vient après, sous le rapport de l'ancienneté, la grauwacke, ou terrain silurien, en contient déjà un peu moins ; et ainsi de suite, à mesure que les terrains sont moins anciens, jusqu'à la formation stratifiée, la plus récente, qui renferme moins de filons qu'aucune des formations antérieures. Les roches d'éruption modernes, les laves et les basaltes, quelque crevassées qu'elles soient, ne présentent que des *failles,* c'est-à-dire des fentes où il ne se trouve presque jamais de dépôt minéral. Il est vrai qu'on n'y a point pénétré jusqu'à la profondeur où il faudrait atteindre pour trouver des filons de minerai ; mais le basalte n'a pas assez de valeur pour en faire l'objet d'une exploitation, et de plus, il est difficile à entamer.

Ce qui est certain, c'est qu'on ne trouve de filons que là où la stratification primitive a été dérangée, c'est-à-dire dans les montagnes, où l'écorce terrestre a été soulevée par des forces souterraines. Creuser un puits dans la plaine, pour y trouver du minerai, cela n'est encore venu à l'esprit d'aucun mineur : dans les plaines, les allures des couches n'ont pas été modifiées ; il n'y a là ni fentes ni fissures, et par conséquent aucune probabilité d'y rencontrer des filons, même si l'on descendait jusqu'aux roches les plus anciennes, qui doivent naturellement exister à une certaine profondeur, puisqu'elles sont répandues sur toute la surface du globe. Il y a bien des mines qu'on exploite dans la plaine, mais c'est à la recherche de substances qui s'y sont déposées, telles que le charbon et le sel. Ceux qui ne comprennent pas que, dans les plaines du nord de l'Allemagne on ait des caves taillées dans le roc, prouvent qu'ils ne connaissent pas la physique du globe. Des rochers, il y en a partout, sur toute la surface terrestre : ils forment, pour ainsi dire, le sous-sol des couches de sable, de gravier, d'argile et de terreau qui s'y sont déposées, ou qui y ont été amenées par alluvion, et ils se trouvent tantôt à dix ou à cent pieds au-dessous de la surface, et tantôt à fleur de terre, comme dans le Sahara, où sur des milliers de lieues carrées, le sol n'est autre que la roche nue, recouverte d'un peu de sable. Seulement, ces roches de la plaine ne renferment jamais de filons qu'on puisse exploiter.

Les typhons et les dykes.

Lorsque le minerai ne se présente point par filons, il forme ce qu'on appelle des typhons, lorsque la plus grande étendue de la masse minérale est dans le sens horizontal, ou des dykes, lorsque sa plus grande étendue est dans le sens vertical. Les premiers, qui constituent des cavités irrégulières au milieu de la roche dont se compose le terrain, ont le minerai ou le métal renfermé dans une gangue d'origine aqueuse, telle que le calcaire coquillier ou le calcaire charbonneux, dans lequel on trouve le mica ferrugineux, la calamine, la galène, etc. Comment le minerai a pénétré dans ces formations neptuniennes, c'est ce dont on n'a pas encore su donner une explication satisfaisante.

On conçoit mieux l'origine des dykes. Dans leur aspect extérieur, ils n'offrent rien qui les distingue des typhons, sauf qu'ils s'étendent plus en hauteur et en longueur qu'en largeur ; mais on ne les rencontre que dans les roches plutoniennes, et, par ce motif, on suppose qu'ils ont eux-mêmes été jadis à l'état de fluidité ignée et que, dans cet état, ils ont été injectés dans la roche d'où ils surgissent. Après le refroidissement, la masse entière a peut-être été soulevée, et le toit a disparu ou sous l'action de l'efflorescence ou entraîné par les eaux pluviales, de sorte que très-souvent ils sont entièrement mis à nu. Tels sont, dans l'Oural, la puissante montagne d'aimant de Katchkanas ; à l'île d'Elbe, les montagnes d'oligiste ; dans les Alleghanys, en Amérique, le minerai de nickel, qui forme aussi toute une montagne ; et enfin, près de Fahlun, en Norwége, l'immense dyke de minerai de cuivre, qui est le spécimen le plus considérable des phénomènes de cette espèce.

Les bancs et les lits de minerai.

On trouve les minerais encore autrement disposés que par filons, typhons ou dykes, savoir par bancs et par lits. Les uns et les autres sont toujours horizontaux, mais ils diffèrent des filons en ce sens que ce ne sont pas des fentes où le minerai s'est injecté, mais bien des dépôts qui se sont formés sur une couche de terrain et qui ont été recouverts d'une nouvelle couche du même terrain ou d'un autre semblable.

Les dépôts de ce genre ne se trouvent que sur les roches neptuniennes. On y rencontre parfois aussi de véritables filons, mais alors ceux-ci, par leurs allures irrégulières, traversant plusieurs couches, et par la nature de leurs gangues, indiquent clairement qu'ils doivent leur origine à un phénomène plutonien qui les a injectés dans la roche environnante.

Il en est autrement des bancs et des lits : là tout s'est passé tranquillement ; des couches horizontales de calcaire, de sable, de schiste, se sont formées par voie de sédiment ; au-dessus se sont déposés différents minerais, tels que, par exemple, le schiste cuivreux (*kupferschiefer*) au-dessus du vieux grès rouge ; l'argilite ferrifère (*thoneisenstein*) dans le terrain houiller ; la limonite (*brauneisenstein*) dans le grès de Königstein ; le mercure entre des couches de calcaire et de marne, et enfin la variété de limonite que les Allemands appellent *raseneisenstein* ou *morasterz*, au-dessus de tous les autres strates et à peine recouverte par le gazon des prairies marécageuses.

De toutes ces formations, celle du *raseneisenstein* seule est parfaitement expliquée ; elle se produit encore tous les jours. Les sources ferrugineuses sont très-fréquentes en Allemagne ; on les reconnaît aisément à la couleur de rouille que prend le sable dans leur voisinage. Lorsque ces eaux ferrugineuses deviennent stagnantes, l'acide carbonique se dégage et le fer se dépose sous forme de rouille. Les pluies subséquentes mélangent cette rouille avec l'argile ou avec les substances végétales de la prairie ; celles-ci, en se décomposant, font que la rouille s'accumule de plus en plus et finit par former des gîtes étendus de mottes terreuses, noirâtres et irrégulières, que l'on peut, à la rigueur, exploiter pour en tirer le fer. Cependant on ne le fait que lorsqu'on n'a pas d'autre minerai. Le *raseneisenstein* est phosphaté et donne toujours un fer mauvais et cassant.

Comment les autres minerais de fer, comment les minerais de cuivre et de mercure ont pu se former à la surface ou venir s'y déposer par bancs et par lits pour être, plus tard, recouverts par d'autres roches, c'est ce que l'on ne sait ni expliquer, ni presque même comprendre. Dans les gîtes de *kupferschiefer*, on trouve un grand nombre de poissons fossiles, presque toujours tordus comme s'ils étaient morts dans les convulsions ; on a essayé de baser là-dessus une explication, d'après laquelle le cuivre en fusion aurait pénétré dans la mer par une crevasse sous-marine ; l'eau de la mer l'aurait dissous et empoisonné ainsi les poissons. On oublie de dire comment, dans cette hypothèse, l'irruption du cuivre en fusion n'a pas bouilli les poissons avant que le cuivre n'ait pu se décomposer pour les empoisonner. Cette explication n'explique donc rien du tout. Quant à la présence du mercure dans les gîtes stratifiés, aucune explication quelconque n'a encore été produite.

Les dépôts d'alluvion.

Il nous reste à considérer les gîtes métallifères qu'on rencontre dans les terrains d'alluvion. Ici, la présence de métaux s'explique d'une manière toute naturelle. Ils y ont été transportés par les eaux; le terrain d'alluvion n'est pas leur gîte primitif. Les métaux natifs, injectés dans des roches quelconques, dans des filons ou des nids, ont été emmenés après que la roche qui les entourait eut été détruite par efflorescence ou par érosion. C'est pourquoi on ne trouve les dépôts d'alluvion qu'au pied des montagnes qui renferment des minerais; mais là, ces minerais sont parfois disséminés par quantités si minimes qu'on n'aurait aucun profit à les exploiter, tandis que, entraînés par les eaux dans les terrains d'alluvion, ils s'y trouvent mêlés au sable ou au limon, d'où on les retire facilement par le lavage.

C'est dans ces conditions que l'or se présente en Californie, à la Nouvelle-Hollande et dans l'Oural, où il est souvent accompagné de platine. Dans l'Oural, on a déjà trouvé des pépites du poids de un ou plusieurs *pud* (40 ℔); mais, comme on le pense bien, c'est là une trouvaille excessivement rare; les pépites ordinaires sont à peu près de la grosseur d'un pois ou encore plus petites. Le platine affecte la forme de limaille; il ressemble, à s'y méprendre, au zinc mat.

Il existe dans l'Oural près de cinquante usines pour le lavage de l'or et seize pour celui du platine; ces dernières sont fort négligées depuis qu'on a cessé de frapper des monnaies de ce métal. Dans cette contrée, il n'y a pas une rivière, pas un ruisseau, dont le sable ne charrie pas de l'or ou du platine. Aussi, le lavage des métaux précieux se ferait-il dans des proportions beaucoup plus considérables, si la population n'était par si clairsemée.

L'abondance de l'or est au moins tout aussi considérable, si pas plus encore, en Californie et en Australie, sauf que les pépites y sont généralement d'un plus petit volume. Si le produit de ces mines n'a pas encore sensiblement altéré la valeur de l'or en Europe, il faut l'attribuer en grande partie à ce fait que les nombreux émigrants, attirés par la soif de l'or, sont forcés, par la cherté qu'entraîne l'accroissement incessant de la population, à dépenser dans le pays la plus grande partie de l'or qu'ils recueillent.

Quant à la manière d'extraire l'or des dépôts d'alluvion, l'homme n'a fait que suivre en petit le procédé que la nature emploie en grand. Le sable ou le gravier aurifère est arrosé d'eau sur un plan légèrement incliné; l'eau entraîne d'abord le sable, puis on jette les cailloux, on arrose de nouveau, et l'eau finit par entraîner tout ce qui n'est pas le métal pur, que sa pesanteur retient au fond du lavoir.

Ce mode d'extraction de l'or remonte à la plus haute antiquité, sauf que les anciens employaient, pour recueillir les pépites, des peaux de mouton avec la laine. C'est de là qu'est venue la fable de la toison d'or : les Scythes avaient établi, sur les rivières du Caucase et de l'Oural, des lavoirs de sables aurifères, et les toisons où l'on recueillait la poudre d'or devenaient ainsi des toisons d'or. Aujourd'hui, on emploie des planches non rabotées ou, mieux encore, des auges garnies de petites tringles en bois qui arrêtent la poudre d'or, tandis que les substances plus légères passent au-dessus, entraînées par l'eau.

Ce n'est pas seulement l'or et le platine qui se présentent dans ces conditions, mais aussi l'étain, la pierre d'aimant et le diamant. Pendant des siècles, on n'a pas eu d'autre étain que celui qu'on retirait des dépôts d'alluvion, comme dans le comté de Cornouaille et dans la presqu'île de Malacca, jusqu'à ce que l'on apprit à l'extraire des minerais où il se trouve en combinaison avec d'autres substances.

Les gîtes diamantifères.

De même que de l'or et du platine, mais beaucoup plus rarement, les dépôts d'alluvion renferment des diamants. C'est là qu'on les trouve, dans le Bedjapour ou Visapour, dans l'Hindoustan, dans la province brésilienne de Minas Geraes et, depuis quelque temps, dans l'Oural, par suite de recherches faites d'après les indications d'Al. de Humboldt.

Dès 1825, ce grand naturaliste avait fait remarquer, dans son *Essai géognostique sur le gisement des roches*, que quelques métaux et autres minéraux se rencontrent également dans les deux hémisphères, soit ensemble, soit séparément, pourvu qu'il y ait le concours de certaines circonstances, et qu'il en est ainsi de l'or, du platine, du palladium, des diamants, etc. En faisant, plus tard, un voyage dans l'Oural, Humboldt dirigea sur ce point une attention toute spéciale. Arrivé à l'usine d'Adolphskoï, sur la rivière Poludenaïo, à vingt milles à l'est de Perm, il fit examiner soigneusement le sable et le gravier aurifère, mais ne trouva d'abord point de diamants. Cela le fit d'autant moins changer d'avis que, par suite de cet examen, on avait trouvé d'autres minéraux qui, dans les sables aurifères du Brésil, accompagnent ordinairement les diamants, par exemple de très-beaux zircons et de l'*ana-*

tase, minerai de titane. extrêmement rare, cristallisant en octaèdres.

En effet. en continuant à explorer avec soin les substances soumises à l'opération du lavage, on ne tarda pas à découvrir successivement jusqu'à quarante-deux diamants, parmi lesquels il y en avait de deux carats et demi. Mais, peu après, les recherches furent de nouveau abandonnées. parce que le gîte aurifère où l'on avait trouvé les diamants semblait épuisé. Cependant, on en a encore trouvé en quatre endroits différents, sur le versant occidental de l'Oural. ce qui prouve que la rencontre de ce précieux minéral n'est nullement un accident isolé et que ces recherches peuvent devenir très-productives, une fois qu'on les fera avec méthode et surtout si, comme le minéralogiste G. Rose le considère comme très-probable. on parvient à découvrir le véritable gîte diamantifère.

L'âge des métaux.

Nous avons déjà dit ci-dessus que, sans aucun doute, la formation des fissures des roches. ainsi que celle des filons. remonte à la période la plus reculée de la coagulation de l'écorce terrestre, et que ces phénomènes se produisent encore tous les jours, de sorte qu'à la rigueur il ne peut pas être question de déterminer l'âge ni des filons ni des substances qu'ils renferment. Tout ce que nous pouvons dire, c'est que les formations que traversent les filons diffèrent d'ancienneté entre elles, et que, par conséquent, tel filon qui traverse une roche des plus anciennes doit aussi probablement être très-ancien. Nous disons *probablement,* mais nous n'avons aucune certitude à cet égard. car, tous les jours encore, une fente peut s'ouvrir dans la roche la plus ancienne et se remplir de minerai, soit par infiltration de haut en bas. soit par injection, ou bien, après s'être ouverte. elle peut encore rester vide pendant des siècles, ou bien, enfin, une fente ouverte et remplie depuis des milliers d'années, peut s'élargir par suite d'une nouvelle commotion du terrain et livrer passage à d'autres minéraux que ceux qui la remplissaient précédemment.

Malgré tout cela. quelques géologues ont été d'avis que. tout au moins. l'ancienneté relative des métaux pouvait être déterminée jusqu'à un certain point. C'est ainsi qu'on a dit que l'étain était plus ancien que le cuivre. le cuivre plus ancien que le plomb ou l'argent, et l'argent plus ancien que l'or. Il est facile de démontrer toutefois que cette manière de voir est basée sur les conditions dans lesquelles les métaux se présentent en une contrée déterminée. mais qu'en d'autres contrées la succession des différents métaux n'est nullement celle que nous venons de citer. et que l'on a même constaté l'existence de filons d'une ancienneté incontestable où tous les métaux énumérés ci-dessus se trouvaient réunis.

Ailleurs encore, des filons d'une origine évidemment récente, puisqu'ils traversent des terrains appartenant à la formation tertiaire, renferment des minerais d'étain et de cuivre. c'est-à-dire qu'ici une fente relativement nouvelle a été remplie par les métaux qu'on voudrait considérer comme les plus anciens. Mais un phénomène plus étrange encore est celui que nous offrent les mines d'argent de Joachimsthal, en Bohême.

Les filons argentifères y traversent de puissantes masses de basalte; le basalte repose sur un gisement de charbon de bois, produit peut-être par une vaste coulée de basalte en fusion sous laquelle d'épaisses forêts ont été enfouies. Quoi qu'il en soit de cette hypothèse, ceci est certain que les arbres dont provient le charbon appartiennent à la classe des *dicotylédones*, à en juger par les branches à demi-carbonisées ou englobées dans l'argile, qui en a conservé les formes intactes. Or, les dicotylédones. c'est-à-dire les végétaux dont l'embryon, en se développant, étale deux ou plusieurs feuilles (qu'on appelle *cotylédons*), ne se rencontrent que dans la formation la plus récente; les végétaux des époques antérieures, tels que les palmiers, les fougères et les équisétacées, étant tous ou des *monocotylédones*, c'est-à-dire des végétaux moins parfaits dont l'embryon ne possède qu'un seul cotylédon, ou des *acotylédones*, c'est-à-dire dépourvus de cotylédons.

Or, si une forêt de la période tertiaire a été ensevelie sous une éjection de basalte plus récente encore, et si dans ce basalte il s'est formé, nécessairement plus tard, des fentes que des minerais de plomb et d'argent sont venus remplir, il devient difficile de prétendre que ces métaux appartiennent à la formation la plus ancienne.

Quant à l'or que l'on trouve parmi les galets de la Californie, de la Nouvelle-Hollande et de l'Oural, le fait que son gîte actuel est une formation toute récente n'implique pas qu'il soit lui-même aussi d'origine récente. Le gîte seul est récent, les galets sont anciens, et ce n'est pas dans les galets que l'or s'est formé, mais il est descendu des montagnes avec eux. On ne pourrait qualifier cet or de récent que si le quartz, auquel il est mêlé dans les filons à l'intérieur des roches, était de formation récente. Il en est de même du diamant, dont le gîte ordinaire est dans les dépôts d'alluvion, qui font partie des terrains modernes. Au Brésil, le diamant se présente dans un schiste micacé très-quartzeux, *l'itacolumite*, d'où il se détache en très-beaux octaèdres. L'âge du diamant correspond donc à celui de cette dernière roche, et non pas à l'âge des dépôts d'alluvion.

Combien est récente l'époque où les métaux précieux se sont déposés dans le terrain d'alluvion, c'est ce qui résulte aussi du fait que ce terrain renferme des débris d'animaux terrestres de la dernière période antédiluvienne. En Russie, on y trouve fréquemment le mammouth; en Australie, les différentes espèces de marsupiaux, dont quelques-unes ont de l'affinité avec l'espèce vivante que les naturels de la Nouvelle-Hollande appellent *wombat* (*phascolomys ursina* Shaw.). Dans les galets des Monts-Rocheux, on a trouvé beaucoup d'ossements de mastodontes. Tout cela prouve de plus en plus que les galets sont d'origine récente, qu'ils se sont formés à une époque où la terre était habitée déjà par les grands mammifères terrestres. Mais on ne peut en conclure que l'or soit un métal d'origine plus récente que les autres. On l'a trouvé, au contraire, dans presque toutes les roches, dans le quartz, le schiste, le calcaire, le grès, le granit et l'ophiolite (ou serpentine), injecté dans des filons et dans la roche elle-même. En Australie, on en a trouvé dans le schiste du terrain silurien (qui correspond à la *grauwacke* inférieure des géologues allemands).

Au Chili, les filons aurifères traversent aussi bien le terrain oolitique que le terrain crétacé. Dans les monts Alleghanys, en Virginie et en Géorgie, on trouve l'or dans la grauwacke inférieure et dans les galets au pied de la montagne, qui proviennent de cette roche. En Californie, l'or se présente encore en trop grande abondance dans le sable des rivières pour que l'on ait songé à le chercher dans les filons de minerai, à l'intérieur des montagnes.

Les profondeurs très-diverses où le mineur doit descendre pour trouver les minerais dans les filons, s'expliquent par ce fait que les filons sont des produits qui ne dépendent ni de la roche qu'ils traversent, ni de la formation dont celle-ci fait partie. La roche existait ; il s'y est ouvert une fente et la fente a été remplie : voilà les faits incontestables. La distance que le mineur doit franchir pour atteindre le minerai dépend de la profondeur où la fente s'est ouverte, et de la distance du point où elle s'est arrêtée au-dessous de la surface. Si tout était resté dans l'état où les roches se trouvaient à l'époque de l'ouverture des fentes, nous ne posséderions aucune espèce de minerai, sauf le fer et le cuivre qui arrivent à la surface, en combinaison avec l'acide sulfurique et sous forme de sulfates; mais d'innombrables dérangements des roches stratifiées se sont produits, les couches ont été brisées et redressées de manière à porter à la surface celles qui étaient le plus au fond, et de la sorte on a pu atteindre les substances qu'elles renferment.

On peut démontrer de la façon la plus indubitable que la surface terrestre a été itérativement et violemment transformée ; que de hautes montagnes se sont élevées ; qu'à côté d'elles se sont creusées de vastes excavations ; telles, par exemple, que les plaines basses qui, le long de la Cordillère des Andes, s'étendent, depuis les *pampas*, à travers les *llanos* et le golfe de Mexique, jusqu'aux lacs du Canada et jusqu'à la mer Polaire ; ou bien que des fissures et des fentes, d'une étendue égale à celle des montagnes, se sont ouvertes à côté de celles-ci, comme le long du versant maritime des Andes, où la profondeur de l'Océan est presque insondable. On peut également démontrer, ailleurs, que de longues chaînes de montagnes ont surgi de la plaine, d'une manière uniforme, sans que l'un des deux versants soit plus escarpé que l'autre, comme on en voit un exemple dans l'Oural ; ou bien encore, que des plateaux d'une immense étendue, comme celui de l'Asie centrale, se sont formés par voie de soulèvement, et que le même phénomène les a surmontés de montagnes gigantesques, telles que l'Himalaya, sur les limites de l'Hindoustan et du Thibet.

Il est arrivé aussi que la mer et la terre ferme ont changé de place ; les plaines basses du nord de l'Allemagne étaient jadis un sol sous-marin, tandis que la mer Méditerranée couvre des terres jadis habitées, ou du moins habitables ; probablement, il en est de même du golfe du Mexique, et les différentes traditions d'un déluge *universel* sont peut-être fondées, en partie, sur ces déplacements des mers.

Qui peut dire combien de fois ces phénomènes se sont produits et jusqu'où ils se sont étendus ? Ce que des recherches assidues et approfondies sont parvenues à établir, c'est que jamais, depuis la création, le monde animal et végétal n'a été détruit complétement ; que chaque période a transmis à la période suivante un grand nombre de ses habitants de la terre et de l'eau, auxquels sont venues se joindre de nouvelles espèces, toujours parfaitement appropriées aux conditions que présentait la surface du globe, ce qui est prouvé par ce fait qu'elles se multipliaient pendant de longs intervalles de temps, jusqu'à l'arrivée d'un nouveau cataclysme.

Le tableau de ces générations d'animaux et de végétaux, disparues de la terre, et dont le dernier anneau est formé par les êtres qui vivent aujourd'hui, ce tableau, disons-nous, est tellement sublime et merveilleux que ce serait chose absurde si l'on voulait considérer comme sa principale merveille l'étrangeté des formes et les grandes dimensions de quelques-uns parmi les animaux et les végétaux antédiluviens. Que les polypes du corail aient créé des montagnes tout entières, c'est là certainement un fait plus merveilleux que celui de l'existence de quadrupèdes de la taille des mammouths et des mastodontes.

Sans doute que les ours et les lions des cavernes, les sauriens et les chauves-souris, les éléphants et les bradypes étaient plus grands que leurs congénères existant aujourd'hui ; mais il ne s'ensuit pas de là que les animaux, en général, fussent plus grands. Nos chevaux et nos bêtes bovines atteignent une plus haute taille que ceux des époques primitives ; nos chameaux et nos girafes n'ont point de représentants dans les périodes antédiluviennes, pas plus que nos baleines et les autres cétacés. Quel est le colosse du monde primitif qu'on puisse comparer, par exemple, à la baleine de 120 pieds de long qui s'est échouée, vers 1850, sur les côtes de la Belgique, où un industriel, après l'avoir vidée et réduite à l'état de squelette, a établi, dans l'espace intercostal, un cabinet de lecture, avec une table autour de laquelle s'asseyaient douze personnes, comme l'auteur l'a vu de ses propres yeux ?

La végétation du mond primitif donne lieu à des observations analogues. Elle nous montre des fougères, des équisétacées, des lycopodes, de dimensions gigantesques ; mais cela ne veut pas dire que ses produits, en général, fussent plus grands que ceux de la flore actuelle. Aucun arbre des espèces éteintes ne peut se comparer à nos chênes, aux pins et sapins du Nord, et moins encore au *Washingtonia gigantea*, de la Californie, dont le tronc a 75 pieds de circonférence sur plus de 300 de hauteur, ou à l'*Eucalyptus globulus*, de l'Australie, dont les dimensions sont encore plus colossales.

Et maintenant, l'auteur croit avoir rempli sa tâche, mais avant de terminer, il tient encore à rappeler ce qu'il a dit déjà en plusieurs endroits de cet ouvrage, savoir que le fait le plus intéressant qui ressort de l'étude du monde primitif n'est pas celui des formes plus ou moins étranges des animaux et des végétaux qui le peuplaient, mais bien celui de la transformation successive du globe, d'un corps étheriforme en un corps gazeux, passant, par condensation, d'abord à l'état liquide, puis à l'état de fluidité ignée ; ensuite, se couvrant, par coagulation, d'une croûte solide, sur laquelle les eaux déposèrent plus tard leurs sédiments en couches stratifiées, que les forces plutoniennes ont soulevées, en partie, pour y faire surgir les montagnes ; — jusqu'à ce qu'enfin la terre, rendue habitable, soit devenue le séjour d'êtres animés, à la tête desquels le Créateur a placé le genre humain, qu'il fait graduellement avancer vers l'accomplissement de ses destinées, dont seul il a le secret.

FIN.

www.ingramcontent.com/pod-product-compliance
Lightning Source LLC
LaVergne TN
LVHW010608180726
843502LV00001B/183